U0609777

国防工业出版社

"十二五"国家重点出版规划项目

《航天器和导弹制导、导航与控制》丛书 Spacecraft Guided Missile

房建成　孙津济　樊亚洪　著

磁悬浮惯性动量轮技术

Magnetically Suspended Inertial Momentum Wheel Technology

国防工業出版社
National Defense Industry Press

图书在版编目(CIP)数据

磁悬浮惯性动量轮技术 / 房建成,孙津济,樊亚洪著. —北京:国防工业出版社,2012.12

(航天器和导弹制导、导航与控制丛书)

ISBN 978-7-118-07991-3

Ⅰ. ①磁… Ⅱ. ①房… ②孙… ③樊… Ⅲ. ①航空航天器-姿态控制-飞轮-电磁轴承-转子动力学 Ⅳ. ①V42

中国版本图书馆 CIP 数据核字(2013)第006605号

磁悬浮惯性动量轮技术

著　　者	房建成　孙津济　樊亚洪
责任编辑	王　华
出版发行	国防工业出版社(010-88540717　010-88540777)
地址邮编	北京市海淀区紫竹院南路23号,100048
经　　售	新华书店
印　　刷	北京嘉恒彩色印刷有限责任公司
开　　本	710×960　1/16
印　　张	32¼
印　　数	1—2500册
字　　数	570千字
版印次	2012年12月第1版第1次印刷
定　　价	160.00元

(本书如有印装错误,我社负责调换)

致读者

本书由国防科技图书出版基金资助出版。

国防科技图书出版工作是国防科技事业的一个重要方面。优秀的国防科技图书既是国防科技成果的一部分，又是国防科技水平的重要标志。为了促进国防科技和武器装备建设事业的发展，加强社会主义物质文明和精神文明建设，培养优秀科技人才，确保国防科技优秀图书的出版，原国防科工委于1988年初决定每年拨出专款，设立国防科技图书出版基金，成立评审委员会，扶持、审定出版国防科技优秀图书。

国防科技图书出版基金资助的对象是：

1. 在国防科学技术领域中，学术水平高，内容有创见，在学科上居领先地位的基础科学理论图书；在工程技术理论方面有突破的应用科学专著。

2. 学术思想新颖，内容具体、实用，对国防科技和武器装备发展具有较大推动作用的专著；密切结合国防现代化和武器装备现代化需要的高新技术内容的专著。

3. 有重要发展前景和有重大开拓使用价值，密切结合国防现代化和武器装备现代化需要的新工艺、新材料内容的专著。

4. 填补目前我国科技领域空白并具有军事应用前景的薄弱学科和边缘学科的科技图书。

国防科技图书出版基金评审委员会在总装备部的领导下开展工作，负责掌握出版基金的使用方向，评审受理的图书选题，决定资助的图书选题和资助金额，以及决定中断或取消资助等。经评审给予资助的图书，由总装备部国防工业出版社列选出版。

国防科技事业已经取得了举世瞩目的成就。国防科技图书承担着记载和弘扬这些成就，积累和传播科技知识的使命。在改革开放的新形势下，原国防科工委率先设立出版基金，扶持出版科技图书，这是一项具有深远意义的创举。此举势必促使国防科技图书的出版随着国防科技事业的发展更加兴旺。

设立出版基金是一件新生事物，是对出版工作的一项改革。因而，评审工作需要不断地摸索、认真地总结和及时地改进，这样，才能使有限的基金发挥出巨大的效能。评审工作更需要国防科技和武器装备建设战线广大科技工作者、专家、教授，以及社会各界朋友的热情支持。

让我们携起手来，为祖国昌盛、科技腾飞、出版繁荣而共同奋斗！

国防科技图书出版基金

评审委员会

国防科技图书出版基金第六届评审委员会组成人员

主 任 委 员　刘成海

副主任委员　宋家树　蔡　镭　程洪彬

秘　书　长　程洪彬

副 秘 书 长　邢海鹰　贺　明

委员（按姓氏笔画排序）

于景元	才鸿年	马伟明	王小谟	甘茂治
甘晓华	卢秉恒	邬江兴	刘世参	芮筱亭
李言荣	李德仁	李德毅	杨　伟	肖志力
吴有生	吴宏鑫	何新贵	张信威	陈良惠
陈冀胜	周一宇	赵万生	赵凤起	崔尔杰
韩祖南	傅惠民	魏炳波		

孟执中* 段广仁 侯建文 姚　郁 秦子增

夏永江 徐世杰 殷兴良 高晓颖 郭　雷*

郭　雷 唐应恒 黄　琳* 黄培康* 黄瑞松*

曹喜滨 崔平远 梁晋才* 韩　潮 曾广商*

樊尚春 魏春岭

常务委员　（按姓氏笔画排序）

孙柏林 任子西 吴　忠 吴宏鑫* 吴森堂

张天序 陈定昌* 周　军 房建成 孟执中*

姚　郁 夏永江 高晓颖 郭　雷 黄瑞松*

魏春岭

秘　书　全　伟 宁晓琳 崔培玲 孙津济 郑　丹

注：人名有*者均为院士。

总　序

航天器(Spacecraft)是指在地球大气层以外的宇宙空间(太空),按照天体力学的规律运行,执行探索、开发或利用太空及天体等特定任务的飞行器,如人造地球卫星、飞船、深空探测器等。导弹(Guided Missile)是指携带有效载荷,依靠自身动力装置推进,由制导和导航系统导引控制飞行航迹,导向目标的飞行器,如战略/战术导弹、运载火箭等。

航天器和导弹技术是现代科学技术中发展最快、最引人注目的高新技术之一。它们的出现使人类的活动领域从地球扩展到太空,无论是从军事还是从和平利用空间的角度都使人类的认识发生了极其重大的变化。

制导、导航与控制(Guidance Navigation and Control,GNC)是实现航天器和导弹飞行性能的系统技术,是飞行器技术最复杂的核心技术之一,是集自动控制、计算机、精密机械、仪器仪表以及数学、力学、光学和电子学等多领域于一体的前沿交叉科学技术。

中国航天事业历经50多年的努力,在航天器和导弹的制导、导航与控制技术领域取得了辉煌的成就,达到了世界先进水平。这些成就不仅为增强国防实力和促进经济发展起了重大作用,而且也促进了相关领域科学技术的进步和发展。

1987年出版的《导弹与航天丛书》以工程应用为主,体现了工程的系统性和实用性,是我国航天科技队伍30年心血凝聚的精神和智慧成果,是多种专业技术工作者通力合作的产物。此后20余年,我国航天器和导弹的制导、导航与控制技术又有了突飞猛进的发展,取得了许多创新性成果,这些成果是航天器和导弹的制导、导航与控制领域的新理论、新方法和新技术的集中体现。为适应新形势的需要,我们决定组织撰写出版《航天器和导弹制导、导航与控制》丛书。本丛书以基础性、前瞻性和创新性研究成果为主,突出工程应用中的关键技术。这套丛书不仅是新理论、新方法、新技术的总结与提炼,而且希望推动这些理论、方法和技术在工程中推广应用,更希望通过“产、学、研、用”相结合的方式使我国制导、导航与控制技术研究取得更大进步。

本丛书分两个部分:第一部分是制导、导航与控制的理论和方法;第二部分是制导、导航与控制的系统和器部件技术。

本丛书的作者主要来自北京航空航天大学、哈尔滨工业大学、西北工业大学、国防科学技术大学、清华大学、北京理工大学、华中科技大学和南京航空航天大学等高等学校,中国航天科技集团公司和中国航天科工集团公司所属的研究院所,以及“宇航智能控制技术”、“空间智能控制技术”、“飞行控制一体化技术”、“惯性技术”和“航天飞行力学技术”等国家级重点实验室,而且大多为该领域的优秀中青年学术带头人及其创新团队的成员。他们根据丛书编委会总体设计要求,从不同角度将自己研究的创新成果,包括一批获国家和省部级发明奖与科技进步奖的成果撰写成书,每本书均具有鲜明的创新特色和前瞻性。本丛书既可为从事相关专业技术研究和应用领域的工程技术人员提供参考,也可作为相关专业的高年级本科生和研究生的教材及参考书。

为了撰写好该丛书,特别聘请了本领域德高望重的陆元九院士、屠善澄院士和梁思礼院士担任丛书编委会顾问。编委会由本领域各方面的知名专家和学者组成,编著人员在组织和技术工作上付出了很多心血。本丛书得到了中国人民解放军总装备部国防科技图书出版基金资助和国防工业出版社的大力支持。在此一并表示衷心感谢!

期望这套丛书能对我国航天器和导弹的制导、导航与控制技术的人才培养及创新性成果的工程应用发挥积极作用,进一步促进我国航天事业迈向新的更高的目标。

丛书编委会

2010 年 8 月

序

随着我国航天事业的飞速发展，对航天器姿态控制能力的要求越来越高。惯性动量轮和控制力矩陀螺，正是卫星、飞船和空间站等航天器进行高精度姿态稳定或姿态机动所必须采用的惯性控制执行机构。传统惯性执行机构采用机械轴承支承技术，由于存在接触摩擦和不平衡振动，成为制约航天器平台实现高精度、高稳定度和长寿命的主要技术瓶颈。

磁悬浮惯性动量轮具有高精度、长寿命、低噪声，以及能够实现多自由度动量交换和高速储能等显著的技术优势，是高分辨率对地观测卫星、激光通信卫星、空间武器平台和空间望远镜等实现高精度空间指向和高稳定度姿态控制的理想执行机构。

本书作者房建成同志带领科研团队自 20 世纪 90 年代末开始，以高分辨力对地观测卫星和载人航天为背景，瞄准国际前沿技术，进行了长达十余年的磁悬浮姿控储能两用飞轮、磁悬浮惯性动量轮以及磁悬浮控制力矩陀螺的探索研究，取得了一系列原创性科研成果，部分成果已完成工程化研制并逐渐进入工程应用，该团队已经成为推动我国磁悬浮惯性执行机构技术发展的中坚力量。

作为北京航空航天大学的兼职教授，我对本书作者房建成同志及其带领的科研团队是了解的，他们一贯敬业、勤奋工作，在航天相关活动中都很积极，并颇有成就。本书是他们多年科研教学成果的总结与提炼，凝聚了作者多年来从事磁悬浮惯性执行机构技术研究和工程研制的理论成果和实践经验，融合国内外的最新技术进展，突出创新性和前瞻性的研究成果及工程应用中的关键技术，是国内第一部介绍磁悬浮惯性动量轮技术的专著。本书力求创新、理论与实践相联系，既可供从事相关专业技术研究和应用领域的工程技术人员参考，也可作为高等学校相关专业研究生的教材或教学参考书，对于我国未来航天器姿态控制系统实现跨代式发展具有重要的推动作用。

吴宏鑫

2012 年 10 月

前　言

惯性执行机构是卫星、飞船和空间站等航天器进行高精度姿态稳定或姿态机动必须采用的控制执行机构，主要包括惯性动量轮（简称飞轮）和控制力矩陀螺两类。飞轮输出力矩精度高，是各类三轴稳定卫星实现高精度、长寿命姿态稳定控制的高精度执行机构；控制力矩陀螺不仅输出力矩精度高，而且输出力矩大，是空间站和大型卫星平台进行姿态稳定控制必不可少的大力矩控制执行机构，也是新一代“敏捷”卫星平台实现快速姿态机动的关键控制执行机构。

传统惯性执行机构的高速转子采用机械轴承支承，由于存在接触摩擦和不平衡振动，成为制约卫星平台实现高精度、高稳定度和长寿命的主要技术瓶颈。而采用磁悬浮轴承支承的磁悬浮惯性执行机构，转子无接触摩擦，可通过主动振动控制，有效抑制转子不平衡等扰动，实现微振动，不仅输出力矩精度比机械轴承飞轮提高 1 ~ 2 个量级，而且可实现长寿命，被誉为未来航天器理想的高精度长寿命姿态控制执行机构，是我国高分辨率对地观测卫星发展急需的关键部件。

西方发达国家早在20世纪60年代就已开始进行磁悬浮惯性执行机构技术的理论和实验研究。法国在 1986 年将 Alcatel Space Industries 公司研制的磁悬浮反作用飞轮用于高分辨力对地观测卫星 SPOT－1 的姿态控制，此后的 SPOT2 ~ 5 系列卫星均采用磁悬浮飞轮作为主要的高精度长寿命姿态控制执行机构，尤其是 2002 年发射入轨的地球观测卫星 SPOT－5 采用了 3 个两自由度磁悬浮反作用飞轮。德国 Teldix 公司从 20 世纪 70 年代末开始相继研制出单自由度和两自由度磁悬浮惯性动量轮，并于 2007 年研制成功了一种具有微框架能力的大力矩高精度洛仑兹力五自由度磁悬浮惯性动量轮。与此同时,日本也开展了多种磁悬浮惯性动量轮的研究,在2010年6月发射的新技术试验卫星SERVIS-2上搭载了一种采用倾斜磁极磁轴承的五自由度磁悬浮惯性动量轮,计划用于未来高分辨率对地观测卫星和空间望远镜。美国在NASA的大力支持下,不仅研制成功磁悬浮惯性动量轮,而且从20世纪90年代初开始相继开展了IPACS(集成能量与姿态控制系统)等多个基于高速磁悬浮飞轮的研究计划,主要研究目标是实现航天器的姿控储能一体化。

苏联最早在“礼炮”号空间站上使用了磁悬浮球飞轮作为姿态控制执行机构,并在“和平”号空间站上正式采用了名为Gyrodyne的单框架磁悬浮控制力矩陀螺,“和平”号从1986年升空到2001年完成使命,单框架磁悬浮控制力矩陀螺群Gyrodynes作为主要的姿态调整和稳定控制执行机构,为其超期服役发挥了巨大作用。另外,法国和日本也开展了磁悬浮控制力矩陀螺的研究。

随着我国航天事业的飞速发展及其对航天器提出的高精度长寿命的迫切需求,研制航天器姿态控制用高精度长寿命磁悬浮惯性执行机构被提上重要日程。作者及其科研团队自“九五”末开始了高精度长寿命磁悬浮惯性执行机构的研究;“十五”期间,重点开展了卫星新型姿控/储能两用飞轮技术的研究,突破了高精度磁悬浮支承和高速高精度驱动两大关键技术,在此基础上完成了新一代卫星高精度长寿命磁悬浮反作用飞轮的工程化研制;“十一五”期间,研制成功我国第一个五自由度全主动磁悬浮惯性动量轮型号产品,并首次在新技术试验卫星中进行搭载应用。此外,以载人航天工程为背景,从“九五”末开始同时进行了磁悬浮控制力矩陀螺的研究,历时13年,取得了一系列科研成果,同时培养了一批优秀研究生,推动了我国磁悬浮惯性执行机构技术的发展。作者以十多年来北京航空航天大学在该技术领域所取得的最新研究成果为主,结合国内外的最新技术进展,撰写成《磁悬浮惯性动量轮技术》和《磁悬浮控制力矩陀螺技术》两部专著。

《磁悬浮惯性动量轮技术》以新型永磁偏置混合磁悬浮轴承及其控制技术为核心内容,以主被动磁悬浮反作用飞轮和五自由度大力矩偏置动量轮等前沿技术为主线,重点介绍了磁悬浮惯性动量轮总体设计技术、新型磁轴承的电磁设计和分析方法,以及磁悬浮大惯量扁平转子的稳定控制方法和主动振动控制方法,另外,分别介绍了几类典型磁悬浮惯性动量轮的设计和空间应用等内容。全书重点突出了基础性、创新性和前瞻性的研究成果及工程应用中的关键技术。

全书共7章,分四部分内容。第一部分包括第1章和第2章,主要介绍空间用惯性执行机构的相关基础知识和基本理论,以及磁悬浮惯性动量轮的工作原理、分类和总体设计方法;第二部分为第3章,主要介绍新型永磁偏置磁轴承的分析方法与电磁设计方法;第三部分包括第4章和第5章,主要介绍磁悬浮惯性动量轮转子的稳定性分析方法、稳定性判据,以及高速高稳定度控制方法、磁悬浮高速转子弹性模态振动抑制方法、动框架控制方法、高精度不平衡主动振动控制方法以及鲁棒控制方法等;第四部分包括第6章和第7章,主要介绍主被动磁悬浮反作用飞轮和磁悬浮大力矩偏置动量轮的设计及其空间应用。

本书力求原创性强、理论联系实际,但由于涉及多门学科前沿,内容较新,作者水平有限,难免存在不足之处,恳请各位专家和广大读者批评指正。本书可供从事相关专业技术研究和应用领域的工程技术人员参考,也可作为高等学校相关专业研究生的教材或教学参考书。

特别感谢中国空间技术研究院的吴宏鑫院士在本书撰写过程中所给予的热情鼓励、支持和指导!感谢“惯性技术”国家级重点实验室、“新型惯性仪表与导航系统技术”国防重点学科实验室、“导航制导与传感—先进惯性仪表与系统技术”国家自然科学基金委创新研究群体和“新型惯性仪表与系统技术”教育部长江学者创新团队给予的大力支持和帮助。在十几年的研究过程中,作者所带领科研团队中的十多位教授及四十多位博士和硕士先后参加了相关课题的研究工作。此外,本书部分内容还参考了国内外同行专家、学者的最新研究成果,在此一并向他们致以诚挚的谢意!

感谢国防科技图书出版基金评审委员会、《航天器和导弹制导、导航与控制》丛书编委会、国防工业出版社在本书出版过程中给予的大力支持,以及北京航空航天大学在科研工作中给予的支持和帮助,最后感谢在本书撰写过程中所有给予关心、支持和帮助的人们!

作者

2012年8月于北京航空航天大学

目 录

CONTENTS

第1章 绪 论

1.1 惯性执行机构概述

自从1957年10月4日苏联将第一颗人造地球卫星成功送入地球轨道以来,航天技术有了飞速迅猛的发展。航天器(卫星、空间站等)的控制包括轨道控制和姿态控制两个方面。其中,航天器的轨道控制包括两类,一类是轨道机动、轨道转移或简称变轨,另一类是轨道保持;而姿态控制中所谓的姿态[1-3]就是指航天器相对于空间某参考坐标系的方位或指向,在轨运行的航天器都要承担特定的探测、开发和利用空间的任务,为了完成这些任务,需要把航天器姿态保持在给定方向或从原方向机动到另一要求方向的过程,即姿态控制,其目的是通过控制作用克服干扰以消除由姿态测量给出的实际姿态与期望姿态的偏差,分为姿态稳定控制和姿态机动控制两类。其中姿态稳定控制是指克服内外扰动力矩使航天器姿态保持对某参考方位的定向,如通信卫星的定向天线要指向地面特定目标区,对地观测卫星的观测仪器应瞄准地球上某目标或按一定规则对目标扫描等。作用于航天器的外扰动力矩是由航天器与周围环境通过介质接触或场的相互作用而产生的环境力矩,主要有气动力矩、太阳辐射压力矩、重力梯度力矩和磁力矩等,由航天器自身因素产生的干扰力矩称为内干扰力矩,这些因素包括变轨机动时推力器的缺陷(如推力偏心或偏斜)、航天器内部活动部件与航天器本体之间相对运动产生的作用/反作用力矩、航天器向外的电磁辐射和热辐射,以及航天器漏气、漏液和升华等。姿态机动控制是指航天器从一种姿态转变到另一种姿态，如当任务要求航天器改变其运行轨道时，必须启动通常与航天器固连的变轨发动机，在某给定方向上产生速度增量，为此，需要将航天器姿态从机动前状态变更到满足变轨要求的状态。

航天器的姿态控制系统一般由姿态敏感器、姿态控制器和执行机构三部分组成，如图 1－1 所示。

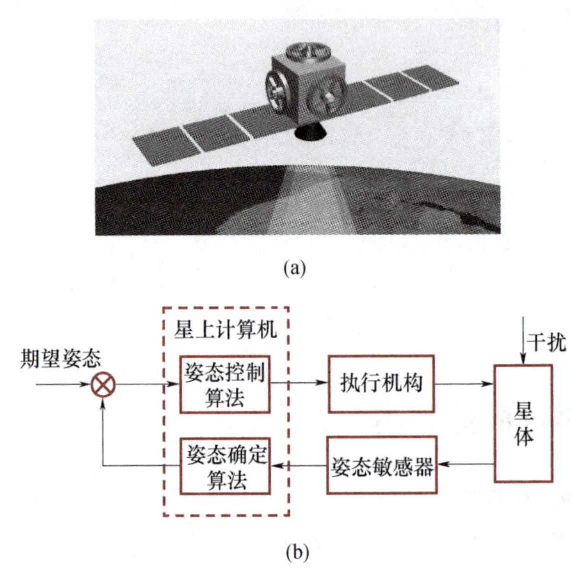

图 1－1　动量轮三轴姿态稳定控制示意图与卫星姿态控制系统框图

（a）动量轮三轴姿态稳定控制示意图；（b）卫星姿态控制系统框图。

姿态敏感器用来测量卫星相对于某一基准方位的姿态信息，常用的有光学姿态敏感器（太阳敏感器、地球敏感器、恒星敏感器）、惯性姿态敏感器（陀螺）以及磁强计和加速度计等；姿态控制器由控制计算机及相关电路组成，主要对姿态敏感器的测量信息进行采集、分析和处理，确定出卫星的姿态（这一过程称为姿态确定，是姿态控制必要的组成和前提），按事先设计的控制律产生控制指令，发给执行机构；执行机构根据控制器发出的指令为卫星提供控制力矩，实现卫星的姿态稳定或姿态机动。常用的卫星姿态控制执行机构主要有反作用推进系统、磁力矩器和惯性执行机构等。其中反作用推进系统是以喷气发动机（或称推力器）喷出各种工质（冷气、热燃气、离子）和能源（高压气体、化学能、电能），从而产生反作用力矩的一种零动量姿态控制系统，其优点是响应快、指向精度较高，主要用于航天器刚入轨道后的消除初始姿态偏差、速率阻尼、姿态捕获、姿态机动、正常轨道运行期间和变轨发动机工作期间的姿态稳定等，也可用于卫星的返回控制和交会对接;其缺点是使用消耗性原料——推进剂,使卫星的工作寿命受到限制。磁力矩器控制是利用卫星产生的磁矩与地球磁场作用产生的力矩来改变卫星角动量的大小和方向,其优点是可靠(无灾难性故障)、经济(寿命与重量比高)、清洁(不存在对周围环境的污染)和易实现(不需活动部件、复杂的硬件或可伸展的部件),还可实现连续控制,无冲量扰动;其缺点是控制力矩小且与轨道位置密切相关,只能提供低速机动,同时要求严格控制整星剩磁力矩。惯性执行机构采用角动量交换原理产生反作用力矩,具有下述优点:

(1) 不需消耗工质,电能由星上太阳能电池阵不断补充,不存在能源耗竭问题,适于长期工作;

(2) 能产生较精确的控制力矩,其控制精度较小推力器系统可高出一个数量级;

(3) 适于吸收周期性干扰的影响,用于中高轨道航天器的姿态控制。

其缺点是结构和控制系统相对复杂,需要卸载。

由于惯性执行机构的诸多优点,因此在中高轨道上长期工作的航天器,都是采用惯性执行机构组成三轴稳定系统,以确保系统高精度、长寿命性能。上述的各种姿态控制执行机构各自的特点如表1-1所列[4]。

表1-1 各种姿态控制执行机构的优缺点

类别	原理	子分类	优点	缺点
推力器	质量排出产生反作用推力	冷气推力器、热气推力器、电推力器	可轨控,也可姿控	精度差;需要工质燃料,增加体积和重量
环境力矩执行机构	利用磁场、引力场太阳辐射、大气与航天器相互作用产生力矩	磁力矩器、重力梯度力矩、太阳辐射力矩、气动力矩	基本不消耗能量	力矩小,受干扰影响大。 一般作为辅助执行机构
惯性执行机构	改变高速转子角动量的大小或方向,输出控制力矩	惯性动量轮、控制力矩陀螺	精度高;输出力矩大;不需要工质;适合长期工作	结构、控制复杂;需要卸载

从表中可以看出,惯性执行机构作为卫星的姿态控制执行机构,具有无需消耗工质、控制力矩精度高的优点,适用于高精度、大力矩长时间运行的航天器。

1.2 惯性执行机构工作原理及分类

1.2.1 惯性执行机构工作原理

惯性执行机构主要包括惯性动量轮(简称飞轮)和控制力矩陀螺两类,其工作原理都是建立在动量矩定理基础上的,即星体的总动量矩矢量(各部件动量矩矢量之和)对时间的导数,等于作用在星体上外力矩矢量之和,如式(1-1)所示,特别当外力矩矢量之和为零时,则星体动量矩守恒。如果设法使星体的某一部分的动量矩发生改变,则星体的其余部分的动量矩将发生大小相等、方向相反的改变。因此,为了保证星体的某一部分(主体)的动量矩按给定的规律变化,多余的动量矩(由于干扰引起的或由于机动所要减去的)将转移到星体的另一部分(惯性执行机构)。

$$\frac{\mathrm{d}H}{\mathrm{d}t} = T \tag{1-1}$$

式中:H 为星体角动量;T 为作用于星体的力矩。

设

$$H = H_0 + H_t \tag{1-2}$$

式中:H_0 为卫星初始角动量;H_t 为作用于星体的力矩对时间的积分。

根据星体角动量的大小,卫星姿态控制系统有偏置动量和零动量两种工作方式[4]。

(1) 偏置动量工作方式($H_0 \gg H_t$)。卫星以很大的偏置动量获得稳定,其有以下三种情况:

① 单自旋卫星:整个卫星是一个旋转体,可被看成是一个大飞轮,产生偏置角动量,使星体稳定。

② 双自旋卫星:星体一部分是旋转体,等效于一个大飞轮,使星体稳定;另一部分是消旋平台,静止不动。

③ 三轴稳定卫星:星体静止,其中高速飞轮是旋转体,产生偏置角动量,使星体稳定。

(2) 零动量工作方式($H_0 \approx 0$)。此时 H_t 产生的作用力矩对卫星的姿态起支配作用,必须以某种方式不断地吸收 H_t,保持整星的角动量为零,实现星体稳定。吸收干扰力矩的方式可以有多种,如喷气、地球磁场和重力梯度等,比较常用的方法是采用反作用飞轮,当卫星的某个轴上有干扰力矩时,装在该轴上的反作用飞轮反向加速,产生大小相等、方向相反的控制角动量使得整星角动量为零,从而使得卫星该轴的姿态保持不变。当然,也可以采用控制力矩陀螺,利用其框架的改变使角动量矢量的方向变化,吸收干扰力矩,使星体保持稳定。

为进一步阐述各类飞轮的原理,设飞轮角动量为 $\boldsymbol{H}_w$,卫星角动量为 $\boldsymbol{H}_s$,星体相对于惯性空间的角速度为 $\boldsymbol{\omega}_s$,作用于卫星的干扰力矩为 T,则有下式所示的力矩平衡方程式:

$$\frac{\mathrm{d}\boldsymbol{H}_s}{\mathrm{d}t} = T - J_w \frac{\partial \omega_w}{\partial t}\boldsymbol{j} - H_w \frac{\partial \boldsymbol{j}}{\partial t} - \boldsymbol{\omega}_s \times \boldsymbol{H}_w \tag{1-3}$$

式中:$\boldsymbol{j}$ 为单位矢量;$\boldsymbol{J}_w$ 为转子转动惯量;$\boldsymbol{\omega}_w$ 为飞轮转子相对于惯性空间的角速度。式中右侧第二项代表飞轮转速变化产生的控制力矩,第三项代表飞轮角动量方向变化产生的控制力矩,第四项代表卫星姿态角速度与飞轮转子角动量相互作用(牵连运动)产生的陀螺力矩。当考虑飞轮框架相对星体的角速度 $\boldsymbol{\Omega}_w$ 时,式(1-3)也可表示为

$$\frac{\mathrm{d}\boldsymbol{H}_s}{\mathrm{d}t} = T - J_w \frac{\partial \omega_w}{\partial t}\boldsymbol{j} - H_w \frac{\partial \boldsymbol{j}}{\partial t} - \boldsymbol{\Omega}_w \times \boldsymbol{H}_w - \boldsymbol{\omega}_s \times \boldsymbol{H}_w \tag{1-4}$$

不同类型飞轮的力矩平衡方程如下所述:

(1) 偏置动量轮。此时,$H_w \frac{\partial \boldsymbol{j}}{\partial t} = 0$,则式(1-3)变为

$$\frac{\mathrm{d}\boldsymbol{H}_s}{\mathrm{d}t} = T - J_w \frac{\partial \omega_w}{\partial t}\boldsymbol{j} - \boldsymbol{\omega}_s \times \boldsymbol{H}_w \tag{1-5}$$

利用多个偏置飞轮组合,可以使其工作在零动量控制方式,这时有 $\sum_{i=1}^{n}(\boldsymbol{\omega}_s \times \boldsymbol{H}_w)_i = 0$。

(2) 反作用飞轮。此时,$H_w \frac{\partial \boldsymbol{j}}{\partial t} = 0$,而且有$\boldsymbol{\omega}_s \times \boldsymbol{H}_w \approx 0$,则式(1-3)变为

$$\frac{\mathrm{d}\boldsymbol{H}_s}{\mathrm{d}t} = \boldsymbol{T} - J_w \frac{\partial \omega_w}{\partial t}\boldsymbol{j} \tag{1-6}$$

从式(1-5)和式(1-6)可以看出,偏置动量轮和反作用飞轮均是通过改变角动量的大小实现力矩输出,在实际应用时通过飞轮电机的加减速来改变飞轮的转速。

(3) 控制力矩陀螺。此时,$J_w \frac{\partial \omega_w}{\partial t} = 0$,则式(1-3)变为

$$\frac{\mathrm{d}\boldsymbol{H}_s}{\mathrm{d}t} = \boldsymbol{T} - H_w \frac{\partial \boldsymbol{j}}{\partial t} - \boldsymbol{\omega}_s \times \boldsymbol{H}_w \tag{1-7}$$

从式(1-7)可以看出,控制力矩陀螺是通过改变角动量的方向实现力矩输

出，同样，利用多个控制力矩陀螺组合，可得 $\sum_{i=1}^{n}(\omega_s \times H_w)_i = 0$。

可以认为，控制力矩陀螺由定常转速的飞轮、支承飞轮的框架以及框架转动伺服系统组成，框架转动迫使飞轮的角动量改变方向，即飞轮的角动量进动将产生陀螺反作用力矩（简称陀螺力矩）作用在框架基座上，陀螺力矩等于框架转速矢量与动量轮角动量矢量的叉积，其框架轴线与飞轮转轴始终垂直，并通过飞轮质心，飞轮角动量的进动限于框架轴的垂直平面内。控制力矩陀螺的力矩放大倍数是框架转角速度与星体自身转动角速度的比值。该放大倍数不受框架力矩器能力的限制，由于星体转动惯量远大于控制力矩陀螺框架的转动惯量，两者的转速相差甚大，因而力矩放大倍数很大，这就是单框架控制力矩陀螺的最大优点。

在实际应用时，至少采用三个单框架控制力矩陀螺实现三自由度姿态控制。另外，双框架控制力矩陀螺具有内、外两个框架，其框架轴的轴线相互垂直，并通过飞轮质心，飞轮的进动不限于某个平面内，内、外框架可使飞轮作两自由度进动，产生两自由度的陀螺力矩。因此，仅需要两个双框架控制力矩陀螺就能实现三轴姿态控制，这是双框架控制力矩陀螺的主要优点，但其陀螺力矩的输出会受到内、外框力矩器能力的限制。

（4）框架飞轮。可以利用框架隔离星体运动，这时有 $\Omega_w + \omega_s = 0$，消除了牵连运动产生的陀螺力矩，则有

$$\frac{\mathrm{d}\boldsymbol{H}_s}{\mathrm{d}t} = \boldsymbol{T} - J_w \frac{\partial \omega_w}{\partial t}\boldsymbol{j} - H_w \frac{\partial \boldsymbol{j}}{\partial t} \tag{1-8}$$

由于框架飞轮兼顾飞轮和控制力矩陀螺的特点，因此利用其控制卫星姿态时既可通过转速的变化也可改变转轴的方向。

（5）球飞轮。球飞轮的特殊结构，使其角动量矢量的大小和方向能在三维空间内任意变化，并且有 $\boldsymbol{\omega}_s \times \boldsymbol{H}_w = 0$，若设 $\boldsymbol{H}_w = J_w(\omega_{wx} j_x + \omega_{wy} j_y + \omega_{wz} j_z)$，则球飞轮系统的力矩平衡方程可表示为

$$\frac{\mathrm{d}\boldsymbol{H}_s}{\mathrm{d}t} = T - J_w\left(\frac{\partial \omega_{wx}}{\partial t} j_x + \frac{\partial \omega_{wy}}{\partial t} j_y + \frac{\partial \omega_{wz}}{\partial t} j_z\right) \tag{1-9}$$

1.2.2 惯性执行机构分类

卫星及空间站等各类航天器高精度姿态控制和长寿命运行必须采用高精度、长寿命的惯性执行机构，惯性执行机构根据其角动量大小和方向的变化方式不同，其分类如表 1-2 所列。其中角动量大小和方向不变实际上就是自旋稳定卫星所采用的姿态稳定方式；目前最常用的主要为惯性动量轮和控制力矩

陀螺两类,其优缺点如表1-3所列[4]。

表1-2 惯性执行机构分类

<table>
<tr><th colspan="2" rowspan="2">分类</th><th colspan="4">角动量大小</th></tr>
<tr><th colspan="2">不变</th><th colspan="2">可变</th></tr>
<tr><td rowspan="4">角动量方向</td><td rowspan="2">不变</td><td colspan="2" rowspan="2">自旋稳定卫星</td><td rowspan="2">惯性动量轮(IW)</td><td>反作用飞轮(RW)</td></tr>
<tr><td>偏置动量轮(MW)</td></tr>
<tr><td rowspan="2">可变</td><td rowspan="2">控制力矩陀螺(CMG)</td><td>单框架控制力矩陀螺(SGCMG)</td><td colspan="2" rowspan="2">变速控制力矩陀螺(VSCMG)
框架动量轮(GMW)
球飞轮(RS)</td></tr>
<tr><td>双框架控制力矩陀螺(DGCMG)</td></tr>
</table>

表1-3 惯性动量轮与控制力矩陀螺的特点比较

惯性执行机构	优　点	缺　点
惯性动量轮	输出力矩分辨力强、精度高	输出力矩小
控制力矩陀螺	同等角动量情况下输出力矩大,体积、重量相对较小	控制复杂,力矩精度低于惯性动量轮

就惯性动量轮而言,根据其角动量转速的标称值是否为零又可分为零动量轮(或反作用飞轮(Reaction Wheel,RW))和偏置动量轮(Momentum Wheel,MW)。控制力矩陀螺(Control Moment Gyroscopic,CMG)、变速控制力矩陀螺(Vary Speed Control Moment Gyroscopic,VSCMG)和框架动量轮(Gimbal Momentum Wheel,GMW)根据框架的多少又有单框架和双框架之分。其中框架动量轮是带有框架具备一定偏转自由度(±15°~±20°)的偏置动量轮,而控制力矩陀螺的框架转动范围较大(±175°或不受限制)。球飞轮(Reaction Sphere,RS,也称动量球或反作用球)则采用球形转子,其角动量大小不仅可以任意改变,其角动量方向更是可以实现三自由度的任意指向。

由于变速控制力矩陀螺(VSCMG)、框架动量轮(GMW)和球飞轮(RS)的角动量大小和方向均可改变,因而具有输出力矩大、精度高的优点,由于其结构、控制复杂,目前虽未广泛应用,但具有广阔的应用前景。

惯性执行机构根据转子的支承方式不同,分为机械轴承支承和磁轴承支承两种方式。传统的惯性执行机构普遍采用机械轴承支承,广泛应用于各类卫星和空间站等航天器,而采用磁轴承支承的磁悬浮惯性执行机构也不乏其成功的空间应用。

目前,基于机械轴承支承的传统惯性执行机构,其主要研制生产单位有美国的L-3、Honeywell公司、俄罗斯的圣彼得堡指挥装置研究所和德国Teldix公司等,其中:美国L-3 Communications Space & Navigation Division(前身为Bendix公司和AlliedSignal公司),天空实验室(Skylab)和国际空间站(ISS)所采用的双框架控制力矩陀螺均由该公司提供;美国Honeywell是世界上最大的CMG供应商,产品包括SGCMG、DGCMG、偏置动量轮和反作用飞轮等,哈勃空间望远镜(HST)所采用的反作用飞轮即为该公司所生产;俄罗斯圣彼得堡指挥装置研究所(Command Devices Research Institute)主要生产SGCMG,形成了100N·m·s~1000N·m·s的系列产品;德国Teldix(隶属Rockwell Collins公司)作为国际上知名的惯性动量轮研制生产单位,其产品已经有30多年的空间应用历史,角动量范围覆盖0.04N·m·s~68N·m·s,可以满足质量在30kg~7000kg范围内的各类卫星的姿态控制需求。

而基于磁轴承支承的磁悬浮惯性执行机构,西方发达国家早在20世纪60年代就开展有相应的技术理论和实验研究,但形成产品的研制生产单位主要是俄罗斯的NPP VNIIEM研究所、法国的Alcatel公司、德国的Teldix公司以及日本三菱公司等,其中:

(1) 俄罗斯NPP VNIIEM(Scientific and Production Enterprise All-Russian Scientific and Research Institute of Electro mechanics with Plant named after A. G. Iosifian)是磁悬浮控制力矩陀螺"Gyrodyne"(图1-2)的主要研制生产单位[5]。"和平"号空间站上的Kvant-1和Kvant-2舱各安装有一套Gyrodyne,每套包含6个磁悬浮Gyrodyne组成5棱锥构型[5]。"和平"号空间站从1986年2月20日升空到2001年3月23日坠毁,共在轨运行15年,Gyrodyne作为其主要的姿态控制执行机构,为"和平"号空间站的超期服役发挥了巨大作用。Gyrodyne为球形单框架磁悬浮控制力矩陀螺,单个功耗90W,质量165kg(含控制箱),额定转速10000r/min,设计寿命3年~5年,实际在轨平均使用寿命约为6.5年。

图1-2 苏联"和平"号空间站用球形单框架MSCMG——Gyrodyne

(2) 法国Alcatel Space Industries(原Aerospatiale公司)是国际上磁悬浮惯性动量轮的主要供应商,其产品分为科学观测卫星用和通信卫星用MSRW两个系列,已向世界各国出售50余套(截止到1999年8月),在轨累计运行时间超过150年[6],SPOT系列卫星以及HELIOS和ENVISAT等卫星所采用的磁悬浮惯性动量轮均由该公司提供。另外,该公司也研制生产磁悬浮控制力矩陀螺产品。

(3) 德国Teldix公司从20世纪70年代末开始相继开展了单自由度、两自由度和五自由度磁悬浮惯性动量轮的研究,并于2007年正式推出了一种具有微框架能力的磁悬浮惯性动量轮产品,具有输出偏转控制力矩的功能。

在国内,惯性执行机构的自主研制起步较晚,目前已经推出基于机械轴承支承的惯性动量轮产品的研制单位主要有北京控制工程研究所和上海航天控制技术研究所,其中前者还生产有单框架控制力矩陀螺产品。

就上述各惯性执行机构研制生产单位的产品类别及其所采取的支承方式归纳为表1-4所示。

表1-4 惯性执行机构主要研制生产单位产品类别及其所采取支承方式

	惯性动量轮		控制力矩陀螺	
	机械轴承支承	磁悬浮	机械轴承支承	磁悬浮
美国L-3 S&N	•	—	•	—
美国Honeywell	•	—	•	—
俄罗斯圣彼得堡指挥装置研究所	—	—	•	—
俄罗斯NPP VNIIEM	•	—	—	•
德国Teldix	•	•	•*	—
法国Alcatel	—	•	—	•
北京控制工程研究所	•	—	•	—
上海航天控制技术研究所	•	—	—	—

注:• 表示生产有该类产品;
— 表示尚未见到推出该类产品;
* 指由欧洲航空防务及航天公司(EADS Astrium-Teldix公司)研制

近年来,新一代对地观测卫星要求卫星平台同时具备姿态机动和高精度控制能力,促进了大力矩、高精度、轻小型CMG的发展。欧洲航空防务及航天公司(EADS Astrium-Teldix公司)率先研制成功轻小型机械式SGCMG(质量15kg,角动量15N·m·s,输出力矩45N·m),已应用于2011发射的Pleiades-HR高分辨力光学成像敏捷卫星。

而随着微小型卫星的迅猛发展,国际航天市场上还涌现出了一批微小飞轮产品,普遍采用机械轴承支承。另外,还出现了以陀螺飞轮、扫描飞轮等为代表的一些多功能惯性执行机构产品。如英国的 Surrey 卫星技术有限公司就推出了一系列的微小飞轮(MicroWheel);加拿大的 Bristol 宇航有限公司则研制成功了将执行机构惯性动量轮与惯性敏感陀螺仪结合在一起的挠性陀螺飞轮(GyroWheel);美国 NASA 的 Goddard 空间飞行中心研制成功了将反作用飞轮与高精度红外地平仪结合在一起的扫描飞轮(ScanWheel)。

传统惯性执行机构采用机械轴承支承,存在以下问题:

(1) 反作用飞轮转向频繁切换,转速频繁过零,机械轴承过零时出现的静摩擦力矩严重影响其输出力矩精度;

(2) 飞轮旋转过程中产生的不平衡振动将直接传递给卫星,从而对卫星带来扰动;

(3) 转子振动同样影响轴承寿命;

(4) 机械轴承的润滑还会导致黏滞力矩、力矩扰动以及静摩擦等。

因此,传统机械轴承支承的飞轮和控制力矩陀螺也是航天器姿态控制系统扰动力或扰动力矩的主要来源之一,这些扰动力或扰动力矩会直接降低航天器指向精度和姿态稳定度。基于机械轴承支承的惯性执行机构从根本上制约了其性能、可靠性和寿命的进一步提升,难以满足新一代卫星平台的性能指标需求。

自 20 世纪 70 年代以来,随着磁轴承技术的不断发展和成熟,研制高精度、长寿命磁悬浮惯性执行机构成为可能。磁悬浮惯性执行机构采用磁轴承支承技术,具有如下优点:

(1) 无接触、无摩擦、无需润滑,可实现长寿命。

(2) 精度高,如转子的回转精度主要取决于传感器的检测精度和轴承控制系统。

(3) 高转速(可达到几万转/分钟甚至十几万转/分钟)。

(4) 可实现主动控制,刚度和阻尼等特性能够通过控制器进行调节。

(5) 振动小,由于磁气隙的存在,在航天器姿态控制应用中,允许转子在可控范围内"涡动",以减小转子不平衡对卫星等航天器造成的影响。

由于上述优点,使得磁悬浮惯性执行机构具有精度高、寿命长、功耗低等潜在优势,被誉为"航天器理想的姿态控制执行机构"。

1.2.3 磁悬浮惯性执行机构分类

磁悬浮惯性执行机构采用磁悬浮支承技术,根据其输出力矩的特性和方式不同,主要有磁悬浮惯性动量轮(MSIMW)和磁悬浮控制力矩陀螺(MSCMG)两类,其中磁悬浮惯性动量轮(也称磁悬浮飞轮)又分为磁悬浮反作用飞轮和磁悬浮偏置动量轮两种。从概念上讲,转速恒定的磁悬浮偏置动量轮加上框架就成为磁悬浮控制力矩陀螺。

（1）磁悬浮反作用飞轮。反作用飞轮的工作特点是飞轮旋转方向频繁切换，转速频繁过零。磁悬浮反作用飞轮由于无接触摩擦，它的过零摩擦力矩小，可进行不平衡振动抑制，输出力矩精度高，特别适用于高精度、高稳定度等高分辨力对地观测卫星。

（2）磁悬浮偏置动量轮。磁悬浮偏置动量轮能保持在较高速度旋转，能输出较大的角动量和力矩，使用寿命长，不仅能通过不平衡振动抑制大幅减小其高频振动，而且能够通过主动控制转子偏转，输出较大的偏转力矩。

（3）磁悬浮控制力矩陀螺。磁悬浮控制力矩陀螺不存在机械摩擦，可以从根本上解决控制力矩陀螺的寿命、可靠性问题，同时可进行振动的主动抑制，实现高精度、大力矩姿态控制，是空间站姿态控制执行机构的理想选择。磁悬浮控制力矩陀螺根据角动量和输出力矩的大小可分为小型磁悬浮控制力矩陀螺、中型磁悬浮控制力矩陀螺和大型磁悬浮控制力矩陀螺三大系列[4]；根据角动量和输出力矩的方向可分为单框架磁悬浮控制力矩陀螺和双框架磁悬浮控制力矩陀螺两大类。

磁悬浮惯性执行机构的用途如表1-5所列。

表1-5 磁悬浮惯性执行机构的用途

惯性执行机构	应用的航天器
磁悬浮飞轮 （高精度、高稳定度、长寿命）	高分辨力对地观测卫星 （通信、气象、资源、海洋、环境、军事侦察等）
大型磁悬浮控制力矩陀螺（>1000N·m·s） （大力矩、长寿命）	大型空间站
中型磁悬浮控制力矩陀螺 （大力矩、高精度、长寿命）	空间实验室、大型卫星（5t~20t）
小型磁悬浮控制力矩陀螺（<20N·m·s） （高精度、大力矩、快响应）	侦察、立体测绘等敏捷机动卫星

空间用磁悬浮惯性执行机构从磁轴承技术发展来看，主要有常规磁悬浮和超导磁悬浮两个分支。超导磁悬浮由于受到温度条件等因素的制约，目前尚未有航天应用的先例[7]。常规磁悬浮按照磁轴承悬浮力产生的机理不同，主要分为磁阻力型和洛仑兹力型[8]两种。其中磁阻力型磁轴承根据其磁力是否主动可控，又有主动和被动之分。主动磁轴承多为吸力型；而被动磁轴承可以是吸力型，也可以是斥力型。

传统的磁悬浮飞轮除了驱动电机所控制的一个转动自由度外，其余五个自由度均需由磁轴承悬浮支承，由于单独依靠被动磁轴承无法实现转子的五自由度稳定悬浮，需要与主动磁轴承相配合，因此根据磁悬浮飞轮主动控制自由度的多少，常将其划分为单自由度、两自由度、三自由度、四自由度和五自由度五种，其中五自由度磁悬浮飞轮也称全主动磁悬浮飞轮，而其他四种磁悬浮飞轮则统称为主被动磁悬浮飞轮。图1－3给出了单自由度至五自由度磁悬浮飞轮构型基本原理示意图，A表示主动控制自由度，P表示被动非主动控制自由度。

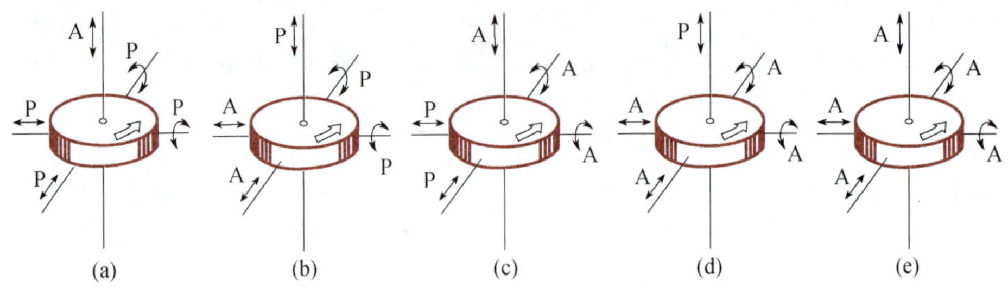

图1－3　磁悬浮飞轮构型基本原理示意图

(a) 单自由度；(b) 两自由度；(c) 三自由度；(d) 四自由度；(e) 五自由度。

磁悬浮飞轮主动控制自由度的多少与其性能指标密切相关，一般而言，主动控制自由度越多，飞轮系统越复杂，功耗越大，但主动控制具有控制精度高、刚度阻尼可调、抗扰动能力强等优点。主被动磁悬浮飞轮的非主动控制自由度由永磁力或磁偏拉力实现其被动稳定控制，功耗低；全主动磁悬浮飞轮可实现高精度主动振动控制和大偏转力矩输出，各自由度磁悬浮飞轮构型特点如表1－6所列[4]。

表1－6　各自由度磁悬浮飞轮构型特点

<table>
<tr><th colspan="2">受控自由度数</th><th>单</th><th>两</th><th>三</th><th>四</th><th>五</th></tr>
<tr><td rowspan="2">平动自由度(3)</td><td>轴向(1)</td><td>主动</td><td>被动</td><td>主动</td><td>被动</td><td rowspan="3">主动</td></tr>
<tr><td>径向(2)</td><td rowspan="2">被动</td><td>主动</td><td>被动</td><td rowspan="2">主动</td></tr>
<tr><td colspan="2">偏转自由度(2)</td><td>被动</td><td>主动</td></tr>
<tr><td rowspan="3">特点</td><td>控制通道
（主动控制）</td><td>1</td><td>2</td><td>3</td><td>4</td><td>≥5*</td></tr>
<tr><td>微框架能力</td><td colspan="2">无</td><td colspan="3">有</td></tr>
<tr><td>功耗</td><td>小</td><td colspan="3">中</td><td>大</td></tr>
</table>

注：* 对于五自由度 MSFW 磁轴承系统，在控制通道数目上来讲，最少需要五路控制，若采用三对极锥形偏转构型或四对极轴向偏转构型，则需要六路控制

一般而言,被动磁轴承无控制损耗,系统结构简单,可靠性高;而主动磁轴承则在控制精度和振动抑制方面有着独特的优势。

1.3 磁悬浮惯性动量轮组成

磁悬浮惯性动量轮采用磁轴承支承,可以从根本上解决传统机械轴承支承动量轮所存在的摩擦和振动问题,不仅具有高精度、长寿命、高转速等突出优点,而且在功能密度、可靠性、体积、重量和功耗等方面都存在潜在的技术优势,磁悬浮动量轮根据其转子结构形式的不同,分为内转子和外转子两种,主要由转子组件、壳体组件、磁轴承及其控制系统、电机及其控制系统、锁紧机构及其控制系统等五部分组成,内转子结构的磁悬浮动量轮与外转子结构的磁悬浮动量轮如图1-4和图1-5所示。

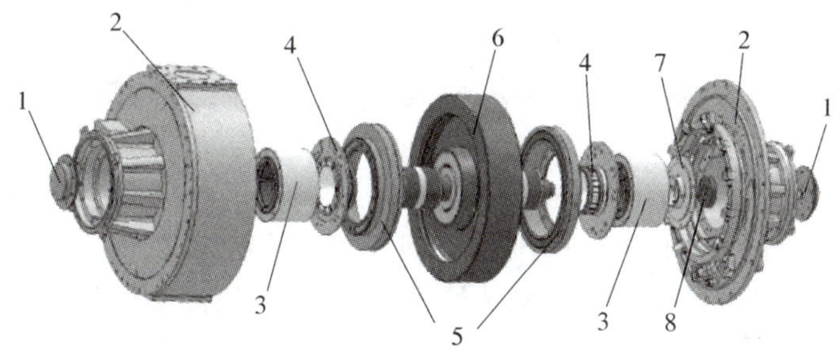

图1-4 内转子结构磁悬浮动量轮

1—轴向位移传感器;2—壳体组件(含锁紧机构);3—径向磁轴承;4—电机;5—轴向磁轴承;6—动量轮转子;7—径向位移传感器;8—保护轴承。

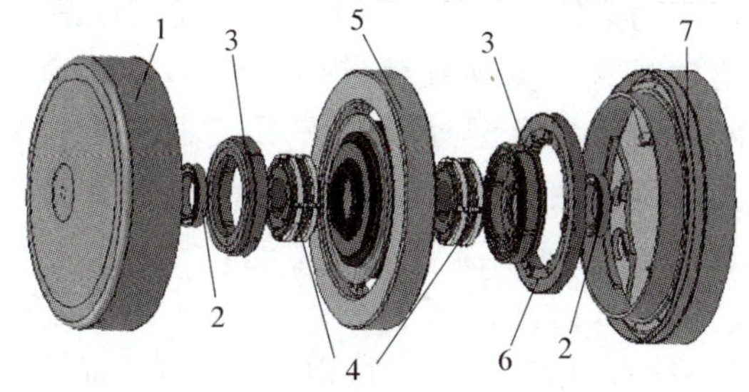

图1-5 外转子结构磁悬浮动量轮

1—密封罩;2—保护轴承;3—轴向磁轴承;4—径向磁轴承;5—动量轮转子;6—径/轴一体化位移传感器;7—底座(含锁紧机构)。

磁悬浮动量轮各部分的主要功能如下:

(1) 转子组件,轮盘为其主要的质量组成,具有较大的转动惯量,通过角动量交换控制卫星姿态,并可实现高速能量储存。转子上安装有磁轴承转子组件和电机转子组件。

(2) 壳体组件,一般由密封壳(罩)和底座组成,为动量轮转子的最终承重支承构件,在提供部件支承的同时,具有安全防护、散热和密封等功能。其上安装有磁轴承定子、电机定子、保护轴承、锁紧机构,以及电器接插件、抽气嘴、基准镜(提供角动量矢量方向基准)等,同时也提供动量轮机械安装界面与星体连接。一体化动量轮的电子线路也安装在壳体上。其中保护轴承在系统静止、调试或过载等情况下起保护作用。

(3) 磁轴承及其控制系统,磁轴承一般包括径向磁轴承定转子组件和轴向磁轴承定转子组件,用于动量轮转子五个自由度(电机控制一个转动自由度)的稳定悬浮控制。磁轴承控制系统主要包括位移传感器、控制器和功率放大器等三部分。

(4) 电机及其控制系统,主要根据卫星姿态控制系统的指令,通过对动量轮转子加、减速产生反作用力矩,实现动量轮与星体之间的动量交换(和能量交换),达到卫星姿态控制(和能量存储释放)的目的。就电机的控制方式而言,通常分为速率控制模式和力矩控制模式。对于速率控制模式,采用霍耳元件或光电码盘进行测速,其控制信号与角动量成正比,动量轮内部的各类阻力矩在控制之内,因此控制精度高;对于力矩控制模式,利用电机电流与电机电磁力矩成正比进行控制,动量轮内部阻力矩与外界干扰力矩一起成为对星体的干扰,因此这种控制模式精度相对较低。

(5) 锁紧机构及其控制系统,它是 MSFW 所特有的,是在航天器发射主动段,用于保护磁悬浮动量轮转子组件,避免其承受过载造成轮体变形、损坏的主要机构,一般要求具有重复锁紧/解锁功能。航天器在发射过程中将产生剧烈的振动和冲击,由于磁悬浮动量轮采用磁轴承技术,定子和转子之间存在间隙,为了防止动量轮系统损坏,需要额外的锁紧装置对其进行保护;而当磁悬浮动量轮进入预定轨道,需要对动量轮转子进行解锁,便于其工作。另外,由于磁悬浮动量轮发射前需通过一系列的力学环境试验(扫频、振动、冲击、离心等),需经常对动量轮转子进行锁紧和解锁。而磁悬浮动量轮具备灵活的在轨重复锁紧/解锁功能,也有利于满足航天器实现某些特殊的姿态轨道调整的需求。

此外,就磁悬浮控制力矩陀螺的组成而言,还包括框架及其伺服控制系统。

1.4 磁悬浮惯性动量轮应用概况与发展趋势

1.4.1 研究应用概况

国外航天用 MSFW 的研制始于 20 世纪 60 年代末，美、苏、德、法、日等国几乎同时开展有相应的研制计划。其中法国最早将 MSRW 用于 1986 年 2 月发射的 SPOT－1 卫星的姿态控制。同年 8 月，日本在 H－1 火箭上搭载了一颗名为 MABES(Magnetic Bearing)的 MSFW 实验卫星[9]。而 1987 年苏联“和平”号空间站上启用的基于球形(单)框架的 MSCMG——Gyrodyne，则是 MSCMG 成功应用的典范。近年来，随着磁轴承技术的快速发展，MSFW 迎来了其第二个空间应用研究热潮。2007 年，德国 Teldix 公司推出了一系列基于洛仑兹力的具有微框架能力的五自由度磁悬浮偏置动量轮/反作用飞轮产品 MWI。日本无人宇宙实验飞行研究开发机构(USEF)则在 2010 年 6 月 2 日发射的 SERVIS－2 上进行了五自由度磁悬浮飞轮 MBW 的搭载飞行实验。

1. 美国(磁悬浮姿控储能飞轮)

在美国空军和 NASA 的大力支持下，从 20 世纪 90 年代初开始，美国相继开展了 FESS、IPACS、HEFF、FACETS、AMPSS、COMET 等多个基于高速 MSFW 的研究计划，主要应用方向为航天器的集成能量存储和姿态控制[10,11]。其中最具代表性的是 NASA Glenn Research Center(GRC)研制的高速磁悬浮姿控储能飞轮系统 G2(图 1－6)，实验最高转速达到 41000r/min(2004 年)，主要研究应用

(a)

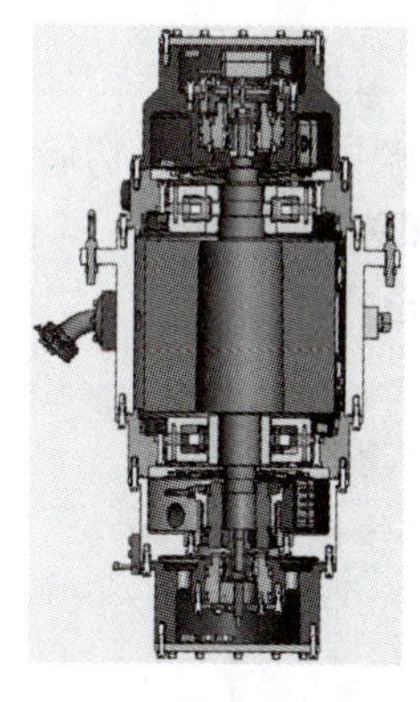

(b)

图 1－6 美国 NASA GRC 研制的高速 MSFW—G2(41000r/min)

(a) 实物;(b) 内部结构。

方向为国际空间站的姿控和储能[12]。在磁轴承控制方法上,主要采用了基于模态的比例增益交叉反馈控制[13]和自适应扰动抑制控制[14]。同期,美国 Honeywell 公司还进行了磁悬浮控制力矩陀螺(图 1 -7)的研究,计划用于系统级的航天器三轴姿态控制与储能。

2. 法国(主被动磁悬浮反作用飞轮)

1986 年2 月,法国发射的 SPOT -1 地球资源观测实验卫星采用了3 个单自由度 MSRW 进行姿态控制,卫星的姿态稳定度达到0. 0001°/s,在轨运行 17 年,能提供地面分辨力为10m 的立体照片。这是世界上 MSRW 第一次在卫星上的应用,显示了磁悬浮技术用于姿态控制的优越性。

2002 年发射入轨的遥感卫星 SPOT -5 则采用了 3 个两自由度的 MSRW (图1 -8),最高地面分辨力达到2. 5m(视场60 km ×60 km)。

图1 -7 美国 Honeywell 公司研制的 MSCMG

(a)

(b)

图1 -8 法国 SPOT -5(2002 年)所用磁轴承反作用飞轮
(a) 轮体内部;(b) 轮体外观。

3. 德国(微框架洛仑兹力磁悬浮反作用飞轮)

2007 年,德国 Teldix 公司研制并推出一系列基于洛仑兹力悬浮的五自由度 MSMW 产品 MWI(图 1 -9),具有 ±1. 7°的微框架能力,能够输出 3N · m 的偏转力矩,不仅自身的振动极其轻微,而且对环境结构振动有显著的抑制效果,非常适用于太空望远镜等高指向精度航天器的振动抑制和姿态控制。该 MSMW 采用数字控制,在控制上采用了自学习滤波算法进行主动振动抑制[15]。

4. 日本(锥形磁阻力磁悬浮反作用飞轮)

在日本航空宇宙技术研究所(NAL)的组织下,东芝、日立、三菱、东京电机大学等单位先后研制了单自由度、两自由度、三自由度、四自由度、五自由度等5 种类型、9 种型号的 MSFW[9],并于 1986 年由 H -1 火箭发射了名为 MABES 的 MSFW 实验卫星,对两自由度 MSFW 进行了3 天的空间实验,取得成功[16]。

近年来,日本三菱先端技术研究所、ISAS 与宇宙航空研究开发机构(JAXA)

合作研制了一种高精度 MBW(图 1－10),于 2010 年 6 月 2 日搭载日本无人宇宙实验飞行研究开发机构(USEF)的 SERVIS－2 上进行飞行试验,该 MBW 采用了三对极倾斜磁极磁轴承,在飞轮的可靠性上做了各种考虑,进行了控制系统等方面的冗余和容错设计[17－22]。另外,日本 NAL 针对民用小型通信卫星还研制了一种小型 MSFW,该飞轮采用了无轴承电机技术。

5. 瑞士(磁悬浮反作用球飞轮)

从 2005 年开始,瑞士电子与微型技术中心(CSEM)在 ESA 的支持下,开始磁悬浮反作用球(Reaction Sphere)(图 1－11)的研制,集反作用飞轮与 CMG 功能于一体,可以输出三自由度的控制力矩,用于航天器的姿态控制[23]。反作用球转子重 14.1kg,分析表明,该反作用球在转速为 6000 r/min 时,角动量达到 27 N·m·s,可以输出 6 N·m 的控制力矩(功耗 70 W)。

图 1－9 德国 Teldix 公司研制的 MSMW 产品——MWI

图 1－10 日本研制的 MBW

图 1－11 瑞士 CSEM 研制的磁悬浮反作用球(2009 年)

6. 中国

国内空间用 MSFW 的研究起步相对较晚。20 世纪 90 年代末以来,北京航空航天大学、上海航天控制技术研究所、国防科技大学等单位相继开展了以空间应用为目的的 MSFW 研究。

北京航空航天大学于 1999 年开始研制大型航天器用单框架 MSCMG,相继开展了单框架、双框架磁悬浮控制力矩陀螺原理样机、磁悬浮姿控储能飞轮原理样机(最高转速可达 42000r/min,图 1－12(a))和磁悬浮反作用飞轮工程样机(图1－12(b))的研制,并与航天东方红卫星有限公司合作,在 2012 年 10 月 14 日发射的新技术试验卫星“实践”九号上进行了磁悬浮反作用飞轮的搭载试验,并获得成功[24－26]。另外,北京航空航天大学还研制成功国际首台双框架磁悬浮控制力矩陀螺原理样机(图 1－12(c))[27－33],目前正在进行球形单框架磁悬浮控制力矩陀螺系列工程样机(图 1－12(d))的研制。

图 1-12 磁悬浮惯性动量轮样机以及磁悬浮控制力矩陀螺样机
(a) 姿控储能飞轮原理样机;(b) 反作用飞轮工程样机;
(c) 双框架磁悬浮控制力矩陀螺原理样机;(d) 球形单框架磁悬浮控制力矩陀螺工程样机。

上海航天控制技术研究所研制有全电磁悬浮外转子结构的 MSFW 和轴向永磁被动悬浮的 MSFW 样机。国防科技大学开展了两自由度主动控制型 MSFW 和四自由度主动控制型 MSMW 的研究[34-36]。

综上,表 1-7 给出了各国 MSMW 和 MSRW 的一些主要技术指标。

表 1-7 各国 MSMW 和 MSRW 主要技术指标

	中国北京航空航天大学	法国 Alcatel	德国	德国 Teldix	日本三菱	日本 USEF	意大利都灵理工
代表性空间应用	"实践"九号	SPOT-1 ~ SPOT-5	AMSAT OSCAR 40	美国太空望远镜		SERVIS-2	
额定转速(最高转速)/(r/min)	±5000 (8000)	2400	1000 (3000)	±3700 ±10000	5000 (8000)	4000	±10000
角动量/N·m·s	15	40	15	30 100	30	30	3.81
最大输出力矩/N·m	0.05	0.45		0.4 0.1	0.05	0.5	0.03
类框架偏转角度(输出力矩/N·m)				±1.7° (±0.3)	±0.1°		
总质量/kg	13.5+4	17+WDE	10	15.3	9	19	

（续）

	中国北京航空航天大学	法国 Alcatel	德国	德国 Teldix	日本三菱	日本 USEF	意大利都灵理工
尺寸/mm	$\phi310\times145$		$400\times300\times100$	$\phi300\times150$	$\phi350\times150$	$\phi346\times164$	$\phi220\times78$
稳态功耗/W	25	50		20	15		6
最大功耗/W	65.66	190	20	300(+180)			40
主动自由度	5	2	2	5	5	5	5
磁轴承类型	永磁偏置轴向偏转	永磁偏置	永磁偏置	洛仑兹力轴向偏转		锥形磁极	锥形磁极
控制系统	数字			数字	模拟	数字	数字

1.4.2 研究发展趋势

从国内外的研究现状来看，MSFW 的研究主要有以下几方面的特点[37]：

（1）以美国、俄罗斯为首的第一航天集团，其研究主要集中于大型 MSFW，均采用五自由度主动控制的内转子结构，其中俄罗斯以 MSCMG（电磁偏置）为主，而美国则以 MSACESFW（永磁偏置）为主，应用方向主要是航天站等大型航天器的姿态控制（和储能）。

（2）以法、德、日为代表的第二航天集团，其研究主要集中于 MSMW 和 MSRW，均采用外转子结构，其应用方向主要为卫星的高精度姿态控制。早期的研究多采用主动被动结合的磁轴承构型，近年来，五自由度永磁偏置 MSFW 和洛仑兹力 MSFW 的研究成为一个主要的发展趋势。

（3）对于五自由度 MSMW 和 MSRW，控制飞轮转轴偏转的偏转力矩，既可以由径向磁轴承来提供，也可以由轴向磁轴承来提供，还可以由锥形磁轴承来提供。而为了在不增加飞轮轴向长度的前提下，增大其类似框架偏转力矩输出能力和抗偏转力矩承载能力，普遍采取大偏转力臂的设计，如采用倾斜磁极磁轴承，或由轴向磁轴承控制飞轮的两个转动自由度。

（4）从 MSFW 磁轴承控制系统来看，或基于分散 PID 控制，或基于模态控制，普遍采用了交叉反馈控制方法来实现飞轮章动和进动的稳定控制。而为了能够实现主动振动控制，更多地采用了数字控制器。另外，对于 MSMW 和 MSRW，控制线路箱与飞轮本体进行一体化设计也是其中一个发展趋势。

（5）磁悬浮微框架飞轮、磁悬浮球飞轮、磁悬浮陀螺飞轮和磁悬浮扫描飞轮等多自由度、多功能飞轮正在成为新的研究和发展方向[38]。

近年来，美国、俄罗斯、日本等航天发达国家纷纷开展了多类新型磁悬浮惯性动量轮的研制工作，以满足新一代航天器的高性能、多用途应用需求。下面主要对磁悬浮球形惯性动量轮、磁悬浮姿控储能两用飞轮和高温超导磁悬浮惯性动量轮等的技术研究现状和发展趋势进行简要介绍。

1. 磁悬浮球飞轮

磁悬浮球飞轮[39]用于航天器控制系统最大的优点是控制性能优良，球飞轮转子不受任何机械约束，这种特殊结构使其转子角动量的大小和方向能在三维空间任意变化，相当于一个万向惯性动量轮。利用一个球飞轮就可以代替三轴稳定系统中的三个惯性动量轮，并且可以完全消除陀螺耦合效应，很好地解决陀螺力矩引起的动力学耦合问题，这对提高控制精度极为有利。

磁悬浮球飞轮首先要解决的是球形转子的三自由度支承（平动）和三自由度驱动（转动）问题，可以在利用磁悬浮技术实现对球转子的三自由度支承的同时，采用六个扇形定子合成空间旋转磁场，利用电磁感应原理实现对球转子的三自由度驱动，旋转磁场的合成原理与直线电机相似，绕组也类似，但球转子材料必须同时具备良导电体和良导磁体两种属性。

目前，球飞轮未能得到预期的发展，但其优良的控制性能仍然会在未来航天控制技术中发挥重要作用，球飞轮能够大大提高可靠性，降低成本，使体积、重量显著减小。因此，研究和发展球飞轮技术，对未来我国航天技术发展意义重大。

2. 磁悬浮姿控储能两用飞轮

随着航天技术的迅猛发展，航天器对能源的要求越来越高，能源问题已经成为航天器寿命短、可靠性低的主要制约因素之一，提高电源的供给能力、电源的寿命和可靠性是新一代大载荷卫星亟待解决的核心问题。

目前航天器所应用的化学电池使用寿命有限、储能密度低、电量不确定、性能不稳定。而储能飞轮储能密度大、能量转换效率高、寿命长、电量确定、工作性能稳定，对于诸多航天器来说，在提高电源供给能力、延长寿命、提高可靠性等性能方面具有显著意义。磁悬浮惯性动量轮无接触、无摩擦，可以高速旋转，在实现卫星姿态控制的同时，还可以进行储能，从而实现姿控/储能一体化（IPACS）。近年来，随着磁轴承技术的发展，高速磁悬浮姿态/储能飞轮（MSAC-ESFW）已经成为航天器技术发展的一个新的方向。

首先，磁悬浮姿控/储能飞轮作为储能设备集姿控系统的执行部件（如反作用飞轮、偏置动量轮和控制力矩陀螺）和能源储存部件于一体，这样就可部分替代航天器用于存储能量的化学蓄电池，极大地减小航天器的体积和质量；其次，飞轮的充、放电速度比蓄电池快，能量转换效率高，相应地，能源管理与分配系统可以做得比较简单，质量也会更轻，从而增加有效载荷。

另外，磁悬浮姿控/储能飞轮作为能源储存设备[40]，其循环寿命取决于电子线路和转子材料的(期望)寿命，远远超过化学电池的寿命(3 ~5 年)。飞轮储能(充电)状态只需根据飞轮转速即可确定。

磁悬浮姿控/储能飞轮以其无可比拟的姿态储能多功能和高效率、长寿命等优点，成为未来航天器技术发展的一个新的研究方向，对于提高宇宙飞船、空间站、人造卫星等航天器的性能具有重要意义[41-44]。

3. 高温超导磁悬浮动量轮

超导体除了零电阻特性外，一个很重要的性质是对磁力线的排斥——迈斯纳(Meissner)效应。超导磁悬浮起因于 Meissner 效应。第Ⅰ类超导体呈完全 Meissner 效应，磁通被完全排斥在超导体外，磁铁只能在碗形超导体上不稳定悬浮；对第Ⅱ类超导体，当外磁场低于其下临界磁场时，也具有完全抗磁行为，也能悬浮起磁铁，但由于悬浮力太小以至限制了实际应用。而当外磁场高于临界磁场时，磁通能部分进入超导体，致使超导体不仅能稳定地悬浮在磁铁上，而且可以悬挂在磁铁下。磁通在非理想的第Ⅱ类超导体内，分布是高度不均匀的，进入超导体中的磁通线被“锚”在被称为钉扎中心的各种晶体缺陷上，此时超导体处于混合态。进入超导体的磁通线以涡旋电流方式存在，磁通线相互排斥呈规则点阵排列，超导体内大部分处于被屏蔽的状态，此时超导体具有不可逆的磁化行为。正是这种不可逆的磁化行为导致了超导磁悬浮[45-47]。

高温超导磁悬浮系统由高温超导体和永磁体构成，主要利用超导体的抗磁性和磁通钉扎性来实现转子的稳定悬浮，即利用超导体的完全抗磁性提供静态悬浮力，利用超导体的磁通钉扎性提供稳定力[48]。由高温超导体与永磁体构成的磁悬浮系统本身是一个自稳定系统，无需有源控制，但是其承载能力低、刚度小、阻尼低等缺点束缚了其自身的发展。另外，由于超导磁轴承需要低温制冷和密封设备，确保超导体工作在临界温度以下，因而结构复杂，成本较高，需要提高冷却系统效率、降低成本和解决实用化等普遍性的问题，目前还不具备空间应用的条件。然而，将高温超导磁悬浮轴承与永磁被动轴承、主动磁轴承配合使用是一个具有研究价值的探索方向[49]。

利用高温超导体的抗磁特性和自稳定特性将高温超导技术运用到磁悬浮动量轮中主要有轴向与径向两种形式，形成两种技术路径的超导磁悬浮储能飞轮[50-53]。

技术路径 1：利用高温超导体和永磁体组合实现飞轮的轴向承载和系统稳

定。其特点是:将高温超导体和永磁体组合,利用高温超导体的部分抗磁性和钉扎性所产生的高温超导斥力/吸力悬浮实现飞轮的轴向承载,解决了超导磁轴承承载能力低的问题,同时使系统更加稳定[54]。

该形式的储能飞轮可以利用现有的磁悬浮技术,采用有源/高温超导磁悬浮组成的永磁偏置磁轴承系统,其中超导磁轴承提供稳定磁悬浮力,有源磁轴承用以提高刚度、抑制振动。结构相对简单,对高温超导块材的形状没有特殊要求,易于在工程上实现。而且系统有高温超导体提供稳定的磁悬浮力,有源磁轴承能节省能耗并使用无偏流方式,易于控制并有利于采用 PID 及非线性控制等,简化了控制方式。

技术路径 2:利用高温超导体和永磁体组合实现飞轮的轴向/径向支承[55]。其特点是:将环状高温超导体和环状永磁体组合使用,利用高温超导体的部分抗磁性和钉扎性的高温超导斥力/吸力悬浮实现飞轮的径向/轴向支承,实现了磁悬浮系统的变刚度支承,降低了储能飞轮系统的能耗。但由于高温超导体的超导磁悬浮力和磁悬浮刚度都较低,磁悬浮系统体积大、结构复杂[56-58]。同时对高温超导块材的结构形状、力学性能的要求都较高,易受高温超导材料本身研究进展的制约[59,60]。

近年来,微小卫星和敏捷机动卫星技术迅猛发展,成果显著,受到了世界各国航天机构乃至航天科研院所的普遍关注。实现卫星部件的多功能化、集成化和一体化成为一个崭新的发展方向,出现了以小型超导姿控储能飞轮、扫描飞轮以及陀螺飞轮等为代表的多种新型多功能一体化惯性部件[61]。其中扫描飞轮将红外地平仪和惯性动量轮组合在一起使用,既可作姿态确定又可以作姿态控制使用,主要应用在小卫星的控制系统当中;陀螺飞轮则是一种兼有姿态控制和角速度敏感功能的惯性执行机构,可同时进行三自由度姿态控制与两自由度姿态敏感。磁悬浮陀螺飞轮可采用洛仑兹力磁轴承对陀螺飞轮转子进行五自由度支承,在提高姿控精度和实现多自由度动量交换的同时,还可利用洛仑兹力磁轴承中轴承力与电流的线性特性,间接测量陀螺飞轮的输入角速度,从而降低卫星姿态控制系统的体积、重量、功耗和成本,特别适合于在微小卫星中推广应用。

总之,新型磁性材料和磁轴承结构的涌现以及控制技术的进步持续推动着磁悬浮惯性动量轮技术的不断向前发展。随着航天技术的进步,磁悬浮惯性动量轮技术在高精度姿态控制以及空间储能等多个方向具有广阔的应用前景。

1.5 本章小结

本章从航天器姿态控制技术的发展及其对姿态执行机构的需求出发,概述了惯性执行机构的工作原理和分类,重点对磁悬浮惯性执行机构的分类、磁悬浮惯性动量轮的组成及其技术发展、研究趋势和应用前景进行了介绍,目的在于使读者对磁悬浮惯性动量轮技术在航天器姿态控制技术发展中的重要地位有一个全面综合的认识,后续章节将围绕磁悬浮惯性动量轮的具体技术细节和设计控制方法逐一展开论述。

参考文献

[1] 章仁为. 卫星轨道姿态动力学与控制[M]. 北京:北京航空航天大学出版社,1998.

[2] 屠善澄. 卫星姿态动力学与控制(1)[M]. 北京:中国宇航出版社,1999.

[3] 屠善澄. 卫星姿态动力学与控制(2)[M]. 北京:中国宇航出版社,1998.

[4] 屠善澄. 卫星姿态动力学与控制(4)[M]. 北京:中国宇航出版社,2006.

[5] David Michael Harland. The story of space station Mir[M]. UK,Springer,2005.

[6] Gerlach Bernd,Ehinger Markus,Raue Hans Knut,et al. Digital Controller for a Gimballing Magnetic Bearing Reaction Wheel[A]. Collection of Technical Papers-AIAA Guidance,Navigation,and Control Conference[C]. San Francisco,CA,USA:American Institute of Aeronautics and Astronautics Inc. ,2005:6244 - 6249.

[7] 詹三一,唐跃进,李敬东,等. 超导磁悬浮飞轮储能的基本原理和发展现状[J]. 电力系统自动化,2001,25(16):67 - 72.

[8] 施韦策 G,布鲁勒 H,特拉克斯勒 A. 主动磁轴承—基础、性能及应用[M]. 虞烈,袁崇军译. 北京:新时代出版社,1997.

[9] 金永德. 日本的磁悬浮飞轮技术[R]. 航天出国考察技术报告,1991,(1):138 - 149.

[10] Babuska V,Beatty S M,DeBlonk B J,et al. A Review of Technology Developments in Flywheel Attitude Control and Energy Transmission Systems[A]. Proceedings of the IEEE Conference on Aerospace[C],Big Sky,MT,2004,4:2784 - 2800.

[11] Lappas V,Richie D,Hall C,et al. Survey of Technology Developments in Flywheel Attitude Control and Energy Storage Systems[J]. Journal of Guidance,Control,and Dynamics,2009,32(2):354 - 365.

[12] Kenny B H,Jansen R,Kascak P,et al. Integrated Power and Attitude Control with Two Flywheels[J]. IEEE Transactions on Aerospace and Electronic Systems,2005,41(4):1431 - 1449.

[13] Brown Gerald V,Kascak Albert,Jansen Ralph H,et al. Stabilizing Gyroscopic Modes in Magnetic-Bearing-Supported Flywheels by Using Cross-Axis Proportional Gains[A]. Collection of Technical Papers-AIAA Guidance,Navigation,and Control Conference[C]. San Francisco,CA,USA:American Institute of Aeronautics and Astronautics Inc. ,2005:1132 - 1143.

[14] Legostaev Victor P. Russian Space Programs:Achievements and Prospects of Automatic Control Applications[J]. Annual Reviews in Control,2005,29:1 - 11.

[15] Gerlach Bernd,Ehinger Markus,Raue Hans Knut,et al. Gimballing Magnetic Bearing Reaction Wheel with Digital Controller[A]. European Space Agency,(Special Publication) ESA

SP[C]. Loutraki,Greece:European Space Agency,2006:293 – 299.

[16] Nakajima A. Research and Development of Magnetic Bearing Flywheels for Attitude Control of Spacecraft[A]. Proceedings of the 1st International Symposium on Magnetic Bearings [C]. ETHZurich,Switzerland,1988:3 – 12.

[17] Saito Mitsunori,Horiuchi Yasushi,Fukushima Kazuhiko,et al. Development of Magnetic Bearing Wheel(MBW) with Inclined Magnetic Poles(1st Report,Magnetic Bearing Control and Compensation of Surface Distortion of Sensors and Magnetic Poles)[J]. Transactions of the Japan Society of Mechanical Engineers,Part C,2005,71(5):1429 – 1437.

[18] Saito Mitsunori,Fukushima Kazuhiko,Sato Norio,et al. Development of Magnetic Bearing Wheel(MBW) with Inclined Magnetic Poles(2nd Report,Analysis of Disturbance Factors and Motion of MBW)[J]. Transactions of the Japan Society of Mechanical Engineers,Part C,2006,72(4):1345 – 1353.

[19] Saito Mitsunori,Fukushima Kazuhiko,Sato Norio,et al. Development of Magnetic Bearing Wheel(MBW) with Inclined Magnetic Poles(3rd Report,Low Disturbance Control Based On Disturbance Feedback)[J]. Transactions of the Japan Society of Mechanical Engineers,Part C,2006,72(3):698 – 705.

[20] Saito Mitsunori,Fukushima Kazuhiko,Yamada Katsuhiko. Development of Magnetic Bearing Wheel(MBW) with Inclined Magnetic Poles(4th Report,Fine Tuning of Magnetic Bearing Controller)[J]. Transactions of the Japan Society of Mechanical Engineers,Part C,2007,73(6):1691 – 1698.

[21] Saito Mitsunori,Yamada Katsuhiko,Sato Norio,et al. Equations of Motion of a Magnetic Bearing Wheel(MBW) with Inclined Magnetic Poles[J]. Transactions of the Japan Society of Mechanical Engineers,Part C,2008,74(3):569 – 577.

[22] Saito Mitsunori,Yamada Katsuhiko,Sato Norio,et al. Analysis of Dynamics Interaction Between Satellite and Magnetic Bearing Wheel(MBW) with Inclined Magnetic Poles(1st Report,Stability Analysis)[J]. Nihon Kikai Gakkai Ronbunshu,C Hen/Transactions of the Japan Society of Mechanical Engineers,Part C,2008,74(7):1817 – 1824.

[23] Doty John. Reaction Sphere for Spacecraft Attitude Control[P]. WIPO Patent Application: WO/2010/117819,2010 – 10 – 14.

[24] 韩邦成,虎刚,房建成,等. 50N · m · s 磁悬浮反作用飞轮转子优化设计方法的研究[J]. 宇航学报,2006,27(3):536 – 540.

[25] Han Bangcheng,Fang Jiancheng. Design of Magnetic Bearing Reaction Wheel for High Precision Attitude Control of Spacecraft[A]. Proceedings of the 10th International Symposium on Magnetic Bearings[C]. Martigny,Switzerland,2006.

[26] 刘虎,房建成. 新型永磁偏置轴向磁轴承的磁力特性[J]. 机械工程学报,2010,46(8):167 – 174.

[27] 赵建辉. 单框架控制力矩陀螺磁悬浮支承系统关键技术研究[D]. 北京:北京航空航天大学,2002.

[28] 徐衍亮,房建成. 磁悬浮支承低功耗储能飞轮[J]. 电工技术学报,2008,23(12):11-16.

[29] 栾胜. 基于电磁轴承的控制力矩陀螺高速转子动力学与控制技术仿真研究[D]. 北京:北京航空航天大学,2003.

[30] Fan Yahong,Fang Jiancheng. Experimental Research On the Nutational Stability of Magnetically Suspended Momentum Wheel in Control Moment Gyroscope(CMG)[A]. Proceedings of the 9th International Symposium on Magnetic Bearings[C]. 2004.

[31] 董淑成. 基于主动磁轴承的控制力矩陀螺运动稳定性及控制技术的研究[D]. 北京:北京航空航天大学,2004.

[32] 魏彤,房建成. 磁悬浮控制力矩陀螺的动框架效应及其角速率前馈控制方法研究[J]. 宇航学报,2005,26(1):19-23,38.

[33] 魏彤,房建成,刘珠荣. 双框架磁悬浮控制力矩陀螺动框架效应补偿方法[J]. 机械工程学报,2010,46(2):159-165.

[34] 刘侃,刘昆. 大角度万向磁悬浮动量轮结构设计[A]. 第一届中国电磁轴承学术会议论文集[C]. 北京,2005.

[35] 刘侃. 动量矩可偏置磁悬浮动量轮结构设计[D]. 长沙:国防科技大学,2005.

[36] 吴刚,张育林,刘昆,等. 万向磁悬浮动量轮研究[J]. 中国空间科学技术,2004,24(4):30-35.

[37] 樊亚洪. 空间用磁悬浮飞轮磁轴承系统高稳定度高精度控制方法与实验研究[D]. 北京:北京航空航天大学,2011.

[38] 盖振伟. 多自由度动量交换技术研究的新进展[J]. 航天控制,2006,24(6):84-89.

[39] John A Christian,Michael A Turbe,Erik M Kaobo,et al. Development of a Variable Inertia Reaction Wheel System for Spacecraft Attitude Control[R]. AIAA Guidance, Navigation, and Control Conference and Exhibit 16-19 August 2004,providence,Rhode Island.

[40] Chi Zhang,King Jet Tseng. A Novel Flywheel Energy Storage System With Partially-Self-Bearing Flywheel-Rotor[J]. IEEE Transactions on Energy Conversion,2007,22(2):477-487.

[41] Keigo Murakami,Mochimitsu Komori,Hisashi Mitsuda. Flywheel Energy Storage System Using SMB and PMB[J]. IEEE Transactions on Applied Superconductivity,2007,17(2):2146-2149.

[42] IBK21 Mechatronics Group atChungnam National University. Division of Mechatronics,Chungnam National University. Optimal design of micro flywheel energy storage system [J]. International Conference on Control, Automation and Systems 2008, Oct. 14-17,2008 in COEX,Seoul,Korea.

[43] Hebner R,Beno J,Walls A. Flywheel Batteries Come Around Again[J]. IEEE Spectrum,2002(4):46-51.

[44] Xue X D,Cheng K W E, DSutanto. A study of the status and future of superconducting magnetic energy storage in power systems [J] . Supercond. Sci. Technol. 19 (2006): R31-R39.

[45] 谭凤顺,金能强. 无源高温超导磁浮轴承磁悬浮力的计算[J]. 电工电能新技术,

2002,21(1),16-19.

[46] 谭凤顺,金能强. 无源高温超导磁浮轴承两种方案比较[J]. 低温与超导,2001,29(3),44-47.

[47] 谭凤顺,金能强. 应用曲面镜成像原理仿真高温超导体磁悬浮力[J]. 低温与超导,2001,29(3),40-43.

[48] 汤双清. 飞轮储能技术及应用[M]. 武汉:华中科技大学出版社,2007.

[49] 方家荣. 高温超导混合磁悬浮轴承系统的研究与实验[D]. 中国科学院电工研究所,2001.

[50] 詹三一,唐跃进,李敬东,等. 超导磁悬浮飞轮储能的基本原理和发展现状[J]. 电力系统自动化. 2001,67-72.

[51] 吴刚,刘昆,张育林. 磁悬浮飞轮技术及其应用研究[J]. 宇航学报. 2005,26(3):385-390.

[52] 汤继强. 高温超导磁悬浮储能飞轮与磁悬浮反作用飞轮关键技术研究. 博士后出站报告[R]. 北京:北京航空航天大学,2008.

[53] Amit Rastogi, David Ruiz Alonso, Coombs T A, et al. Axial and Journal Bearings for Superconducting Flywheel Systems[J]. IEEE Transactions on Applied Superconductivity, 2003, (13):267-270.

[54] Coombs T A, Cansiz A, Campbell A M. A superconducting thrust-bearing system for an energy storage flywheel[J]. Supercond. Sci. Technol. 2002, (15):831-835.

[55] Matthias Zeisberger, Tobias Habisreuther, Doris Litzkendorf. Optimization of Levitation Forces [J]. IEEE Transactions on Applied Superconductivity, 2001, 11:1741-1744.

[56] Hans J Bomemann, Andrea Tonoli, Tobias Ritter, et al. Engineering Prototype of a Superconducting Flywheel for Long Term Energy Storage[J]. IEEE Transactions on Applied Superconductivity, 1995, (5):618-622.

[57] Siems S O, Canders W-R. Advances in the design of superconducting magnetic bearings for static and dynamic applications[J]. Supercond. Sci. Technol, 2005, (18):S86-S89.

[58] Werfel F N, Floegel-Delor U, Riedel T, et al. Operation and design selection of high temperature superconducting magnetic bearings [J]. Supercond. Sci. Technol, 2004, (17):1192-1195.

[59] Tang Ji-qiang, Fang Jian-cheng, Zhang Yan-shun. Modeling of Superconducting Gyro Rotor Drift and Measuring Scheme[J]. Transactions of NUAA, Nanjing, 24(1), 2007.

[60] Tang Ji-qiang, Zhang Yan-shun, Fang Jian-cheng, Superconducting Levitation Styles for Superconducting Energy Storage Flywheel[C]. 2007 IEEE International Conference on Mechatronics and Automation(IEEE ICMA2007), August, 2007.

[61] 刘付成,夏永江. 卫星用惯性技术发展动态、发展趋势[C]. 惯性技术发展动态发展方向研讨会文集,2004,22-42.

第 2 章 磁悬浮惯性动量轮的总体结构

2.1 引言

磁悬浮惯性动量轮以磁轴承为支承，作为高精度、长寿命的航天器姿态控制惯性执行机构，是集机、电、磁和电子与控制一体化的精密机电系统，涉及到转子动力学、固体力学、材料学、电磁学、机械学、电子学与自动控制等多门学科。

磁悬浮惯性动量轮以磁轴承技术为核心，主要有磁悬浮反作用飞轮/偏置动量轮、大力矩磁悬浮偏置动量轮以及磁悬浮姿控储能两用飞轮等几类，不同的性能指标需求决定了磁悬浮惯性动量轮不同的总体结构形式，而不同的磁轴承总体构型则在很大程度上决定了磁悬浮惯性动量轮的输出力矩精度、功耗、体积、重量、可靠性等具体性能指标。

本章从磁悬浮惯性动量轮的整体结构出发，在对磁阻力和洛仑兹力两类磁轴承基本工作原理及其结构形式进行介绍的基础上，按可控自由度，力求对各类磁轴承构型及其特点进行较为全面的讨论。对于各类磁悬浮惯性动量轮均涉及的强度、模态、热、剩磁等共性技术问题，则主要以实例的方式对其设计方法进行介绍。另外，本章还对磁悬浮惯性动量轮电机结构设计，以及磁悬浮惯性动量轮所特有的锁紧/解锁机构的工作原理、分类及设计进行了介绍。

2.2 磁悬浮惯性动量轮整体结构

磁悬浮动量轮轮体主要由转子组件和定子组件两部分组成，其总体结构剖面图如图 2-1 所示。其中转子组件也简称为转子，主要包括轮盘、磁轴承转子组件和电机转子组件等；定子组件主要包括磁轴承定子组件、动量轮底座和密封罩等。

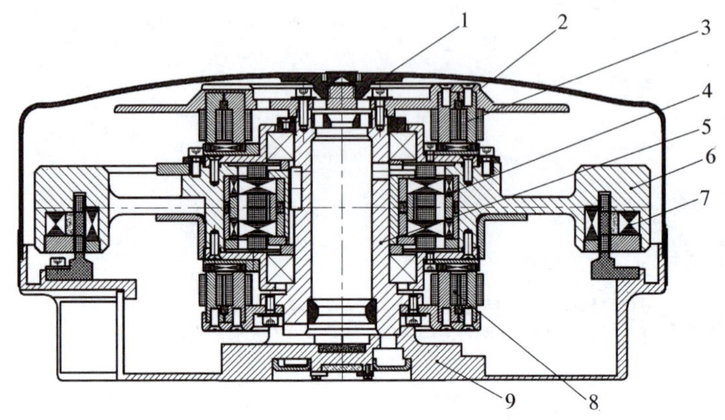

图 2-1　磁悬浮动量轮的总体结构剖面图

1—密封罩；2—端盖；3—上轴向磁轴承；4—径向磁轴承；
5—芯轴；6—动量轮转子；7—电机；8—下轴向磁轴承；9—底座。

1. 磁悬浮惯性动量轮转子结构

磁悬浮惯性动量轮通过与卫星进行动量矩交换实现其姿态的高精度控制，而动量轮转子是磁悬浮惯性动量轮系统的核心部件之一[1]，它的质量、静力学和动力学等性能直接影响系统的整体性能（如系统的功耗、振动情况及可靠性等）。与传统的机械轴承支承的动量轮相比，磁悬浮惯性动量轮转子应用材料种类更多，结构和工艺更复杂，动量轮转子结构如图 2-2 所示，其组成及材料如表 2-1 所列。

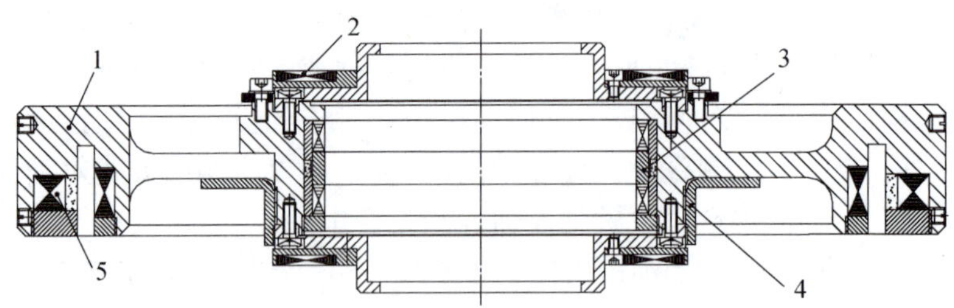

图 2-2　磁悬浮惯性动量轮转子结构示意图

1—轮盘；2—轴向磁轴承转子；3—径向磁轴承转子；4—传感器检测环；5—电机转子。

表2－1 磁悬浮惯性动量轮转子的组成及材料

名称	材料	名称	材料
轮盘	钛合金	径向磁轴承转子	软磁材料
径向检测环、轴向检测环	40Cr	轴向磁轴承转子	电工纯铁
轴承座	不锈钢	电机转子	软磁材料、永磁体

2. 磁悬浮惯性动量轮定子结构

惯性动量轮定子对系统起支承定位作用，并提供动量轮与卫星的机械和电气接口，其结构如图2－3所示，与转子部分相对应，主要由轴向磁轴承定子、保护轴承、径向/轴向一体化电涡流传感器、径向磁轴承定子、芯轴、电机定子及底座等组成。

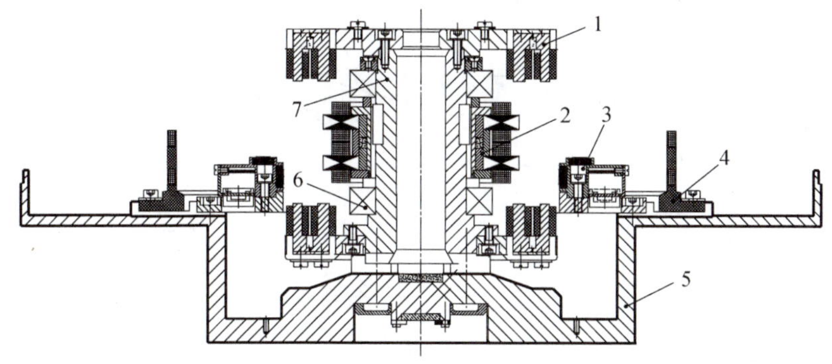

图2－3 磁悬浮惯性动量轮定子结构示意图

1—轴向磁轴承定子；2—径向磁轴承定子；3—径向/轴向一体化电涡流传感器；4—电机定子；5—底座；6—保护轴承；7—芯轴。

2.3 磁悬浮惯性动量轮磁轴承结构及构型

2.3.1 磁轴承工作原理与分类

惯性动量轮（以下简称飞轮）作为航天器姿态控制主要的动量交换执行机构[2]，多年来主要采用机械轴承支承，由于存在机械摩擦，使得其寿命和控制精度受到限制[3]。磁轴承支承无摩擦、无需润滑，可以从根本上解决飞轮支承系统的寿命和可靠性问题，而且由于磁气隙的存在，使得飞轮转子既可以自动绕其惯性主轴旋转，有效地降低了转子动不平衡对飞轮角动量指向精度的影响，同时又具有一定的微框架偏转力矩输出能力。

传统主动磁轴承利用磁吸力实现对转子的无接触支承,整个磁轴承系统通常由电磁线圈(或永磁体)、转子、传感器、控制器和功率放大器等部分组成,如图2-4所示。其工作原理为:位移传感器检测到转子的位移,通过控制器、功放调节电磁线圈中的控制电流,形成电磁力,促使转子回到平衡位置。但是,由于这种电磁铁和铁磁材料之间构成的引力型系统其本质是不稳定的,而为了克服电磁力和电流之间的非线性关系(平方关系),磁轴承在设计时通常采用预偏置的方法,使其线性化,分为电磁偏置和永磁偏置两种。纯电磁磁轴承由偏置电流产生偏置磁场,而永磁偏置磁轴承由永磁体产生偏置磁场,提供主要的承载力,控制电流只作为磁力调控使用,低功耗优势明显。因此,采用永磁偏置磁轴承的磁悬浮动量轮更适合于对功耗、体积、重量要求比较苛刻的空间应用等场合。

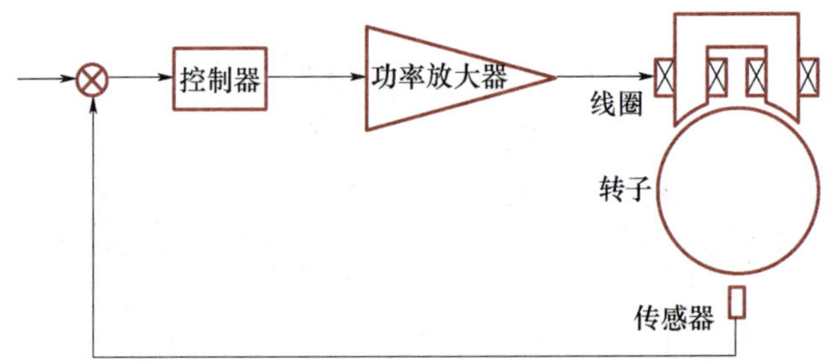

图2-4 磁轴承系统基本组成及其工作原理图

磁轴承的结构形式多种多样,按照承载力方向,主要分为径向磁轴承和轴向磁轴承;按照可控自由度,分为单自由度、二自由度、三自由度、四自由度以及五自由度磁轴承等;按照磁力的提供方式,可分为主动磁轴承和被动磁轴承,其中主动磁轴承利用电流产生支承力,可实现较大的承载力和刚度,并且控制精度高,但功耗较大;被动磁轴承利用定转子间永磁体的相互作用力或者是定转子之间的磁阻力产生支承力,功耗小,但刚度低、不可控、整体控制精度低。如前所述,由于磁轴承实现了定转子之间的无接触支承,因而在高转速、无磨损、高精度等方面表现出了较传统机械轴承优异的特性,使得磁轴承产品可应用于工业、交通、能源和航天等众多领域,如旋转机械、磨削机床、高速电主轴、储能飞轮、航空发动机、核离心机等。作为工业应用的磁轴承和作为航天用磁轴承所追求的技术指标有很大的不同,工业上用的磁轴承追求的是高转速和大承载力,而航天用磁轴承追求的是高精度、低振动噪声、低损耗力矩和功耗等。由于要求不同,因而所采用的磁轴承结构形式也不同,本节主要针对航天用磁轴承,按照磁轴承的可控性进行分类描述,介绍各类磁轴承的结构特点和适用场合。

1. 磁阻力主动磁轴承

1）单自由度磁轴承

一个物体要实现其稳定悬浮，至少有一个自由度需要进行主动控制。通常大多数轴向磁轴承提供轴向平动控制力，属于单自由度磁轴承[4]，这里的单自由度指的就是轴向平动，单自由度轴向磁轴承按照偏置磁场的提供方式不同，主要有纯电磁轴向磁轴承和永磁偏置轴向磁轴承两类。

典型的单自由度纯电磁轴向磁轴承结构如图 2－5 所示。其工作原理是：两个轴向磁轴承定子线圈中均通入一定的偏置电流以产生偏置磁场，如果转子发生扰动偏离平衡位置，则一个轴向磁轴承定子线圈通入与偏置电流同向的电流以产生与偏置磁场相同方向的力，而另一个通入与偏置电流反向的电流以产生与偏置磁场相反方向的力，使转子实现稳定悬浮。

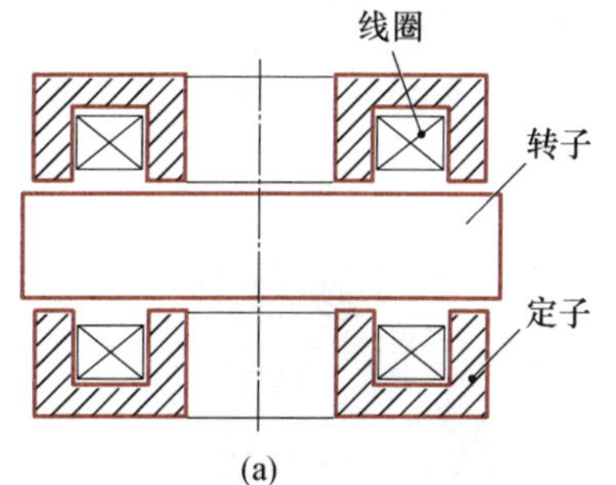

(a)

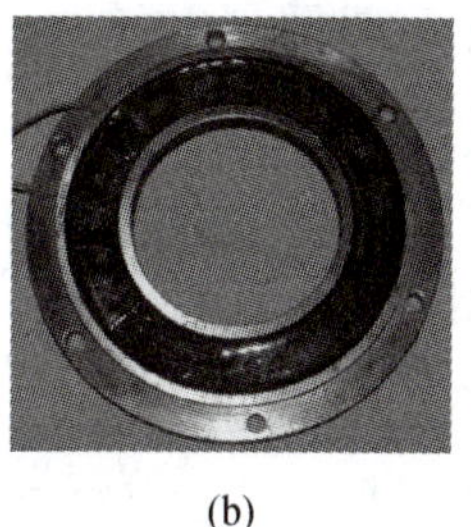

(b)

图 2－5　单自由度轴向磁轴承结构

(a) 结构示意图；(b) 实物图。

单自由度永磁偏置轴向磁轴承[5]主要由永磁体和定子线圈组成，其中永磁体既可以置于转子上，也可以置于定子上，分别如图 2－6(a)和(b)所示，气隙中的偏置磁场由永磁体产生，相当于纯电磁磁轴承中偏置电流的作用，定子线圈电流主要用于控制调节。其工作原理为：当转子发生扰动时，一个轴向磁轴承定子线圈中通入的电流所产生的磁场与偏置磁场同向，另一个则反向，使得转子处于平衡位置。图 2－6(a)所示的轴向磁轴承，其永磁体置于转子，当转子高速旋转时会受到较大的离心应力，且不易组装；图 2－6(b)所示的轴向磁轴承，其永磁体置于定子，加工装配较为复杂，宜用于外转子结构。

2）两自由度磁轴承

两自由度磁轴承，即通常所说的径向磁轴承，控制径向两个平动自由度。同样，根据偏置磁场的提供方式不同，主要有纯电磁径向磁轴承和永磁偏置径向磁轴承两类。

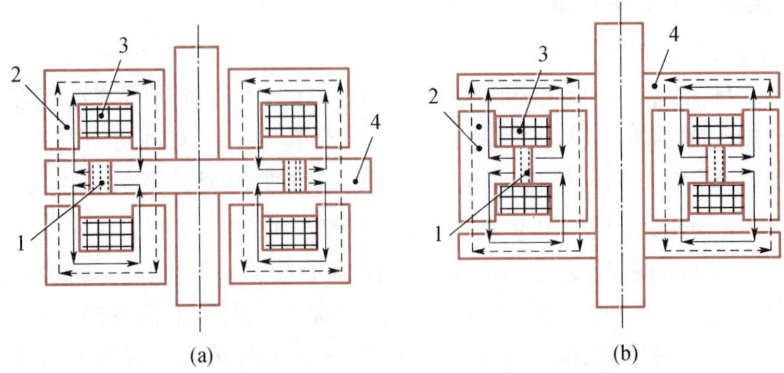

图 2-6　单自由度永磁偏置轴向磁轴承

1—永磁体；2—定子；3—控制线圈；4—推力盘。

纯电磁径向磁轴承[6]如图 2-7 所示，图中给出的径向纯电磁磁轴承有 8 个定子磁极，沿圆周均布，分为 2 组，以差动工作方式同时实现转子在 x、y 两个正交方向上的控制，其具体工作原理详见 3.2 节。

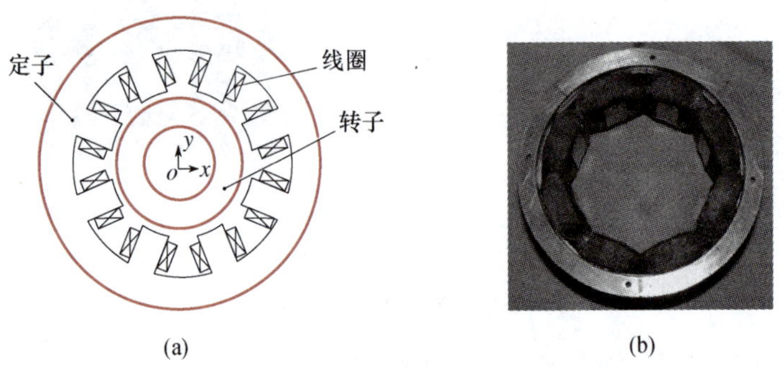

图 2-7　纯电磁径向磁轴承

(a) 结构示意图；(b) 实物图。

径向磁轴承根据定子磁极极性的分布不同，可分为同极性径向磁轴承和异极性径向磁轴承。同极性径向磁轴承，其偏置磁通和控制磁通的路径不在同一平面内，定子磁极极性在圆周方向上只有大小的变化而无方向的变化，这类磁轴承的特点是转子高速下的涡流损耗较小，但轴向尺寸一般较大。而异极性磁轴承，其偏置磁通和控制磁通在同一平面内，磁通在定子铁芯磁极圆周方向上产生的极性相异，呈交替排列，这类磁轴承的特点是轴向尺寸小，但转子旋转时会产生与转频平方成正比的涡流损耗，不适用于高速场合。前面介绍的纯电磁径向磁轴承就是一种异极性径向磁轴承，其定子磁极排列可为 NSNS 或 NNSS。

两自由度永磁偏置磁轴承也有同极性和异极性之分，首先介绍一种同极性永磁偏置径向磁轴承[7]，其结构如图 2－8 所示，主要由定子铁芯和沿轴向充磁的环形永磁体组成，永磁体直接与定子铁芯相连，其中定子铁芯为四极结构，定子齿上绕有控制线圈。正对的 4 个磁极为一组，共 2 组，以差动工作方式实现转子径向 x 和 y 两个自由度的控制，其具体工作原理详见 3.3 节。

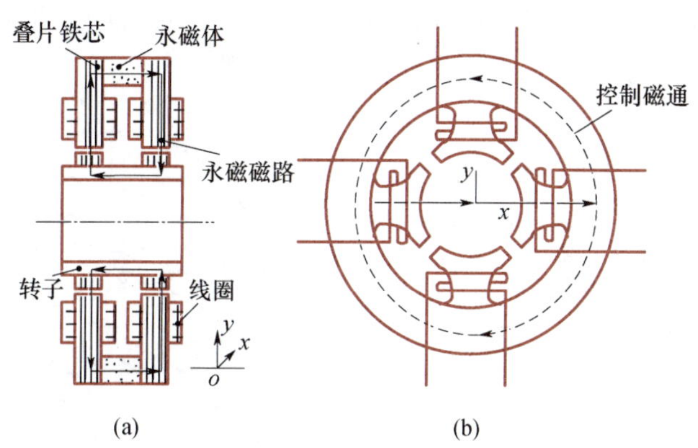

图 2－8　同极性径向两自由度永磁偏置磁轴承
（a）截面图；（b）端面图。

永磁偏置径向磁轴承 x（或 y）方向有 4 个电磁线圈，根据串并联的方式不同，共有六种不同的连接方法，即全串联接线、全并联接线、同极串联后并联接线、对极串联后并联接线、同极并联后串联接线和对极并联后串联接线。图 2－9 中给出了前 4 种接线方式。理论上，并联支路多，则磁轴承具有较好的磁力响应速度，但损耗较大，因此在实际应用中，必须综合考虑，兼顾磁力的响应速度和功耗大小。另外，从磁轴承容错的角度考虑，不同的接线方式具有不同的容错能力。原则上讲，并联方式对线圈断路具有容错能力，串联方式对线圈短路具有容错能力，无论哪种接线方式，只要保证相对的两个磁极对（正向磁极对和

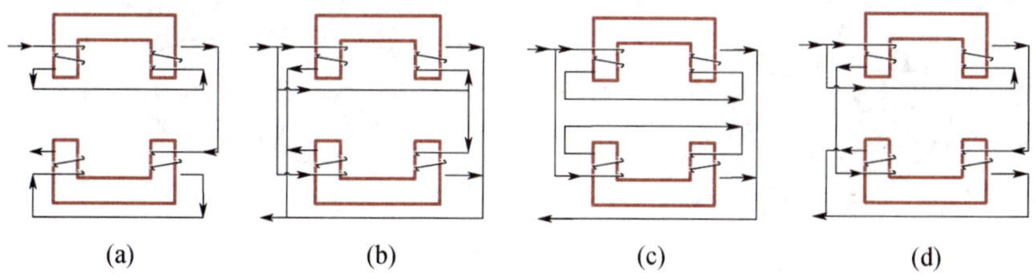

图 2－9　永磁偏置径向磁轴承线圈连接方式
（a）全串联接线；（b）全并联接线；（c）同极串联后并联接线；（d）对极串联后并联接线。

负向磁极对)，每个磁极对中至少仍有一个线圈可正常工作，磁轴承就具备容错能力。基于这类磁轴承，还可派生出冗余结构的磁轴承[8]，其径向定子磁极分为八极，八个磁极上均绕有控制线圈，这种结构提高了磁轴承的容错能力。

为了进一步减小同极性永磁偏置径向磁轴承因磁场波动所产生的涡流损耗，G. Boris 提出了一种三磁极结构的同极性永磁偏置径向磁轴承[13]，如图 2-10 所示，在控制线圈减少为 3 个的同时，还便于采用传统的三相逆变器提供磁轴承所需的控制电流，以减少所需开关器件的个数。

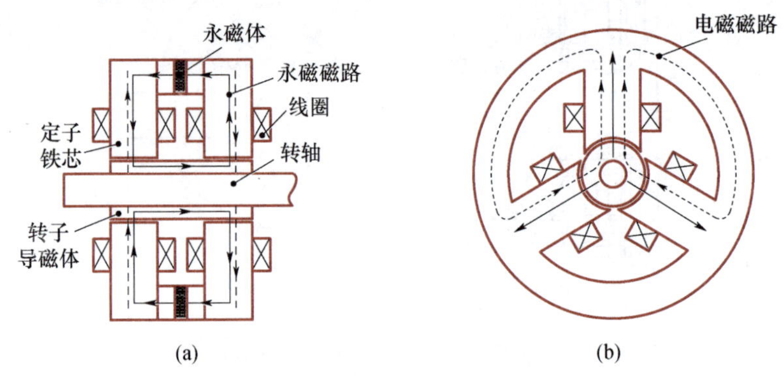

图 2-10　三磁极同极性径向磁轴承
(a) 截面图；(b) 端面图。

异极性永磁偏置径向磁轴承[9-12]，其偏置磁通与控制磁通共面，有利于减小磁轴承的轴向尺寸。图 2-11 给出了两种外转子结构的异极性径向磁轴承，其结构特点是 4 块永磁体嵌入定子铁芯中并呈 90°放置，在气隙的整个

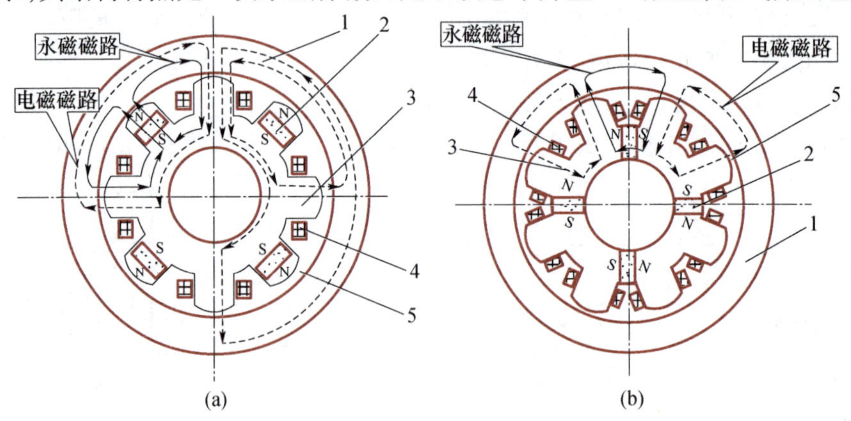

图 2-11　八磁极异极性径向磁轴承
1—转子铁芯；2—永磁体；3—定子铁芯；4—线圈；5—气隙。

圆周方向上形成 N—S 交替变化的磁极排列，其悬浮机理与同极性径向磁轴承完全相同。

为了进一步减小异极性永磁偏置径向磁轴承因磁场交变所产生的涡流损耗，M Reisinger. 研究了一种六磁极永磁偏置永磁偏置径向磁轴承[14]（图 2－12），其基本工作原理与三磁极结构的同极性永磁偏置径向磁轴承类似。

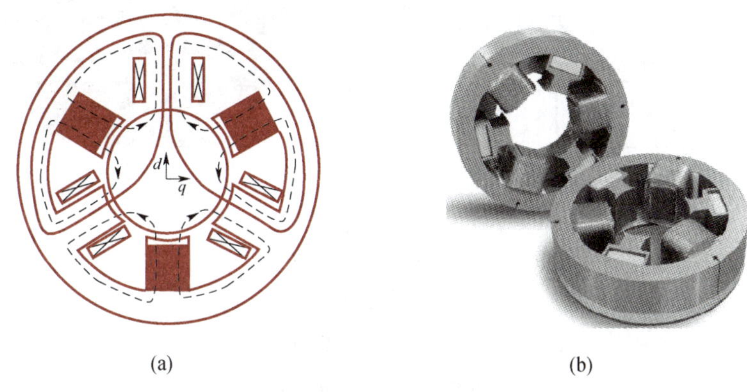

(a)　(b)

图 2－12　六磁极异极性径向磁轴承
（a）结构图；（b）实物图。

3）三自由度磁轴承

三自由度磁轴承一般是指可同时提供物体三个平动方向的磁轴承，其典型的径向和轴向磁轴承集成的三自由度磁轴承[15－17]如图 2－13 所示。美国 NASA 在 2001 年研制的磁悬浮储能飞轮 G2 中采用了这种结构，其特点是：永磁体同时提供径向和轴向的偏置磁场，分别采用径向控制线圈和轴向控制线圈控制径向力以及轴向力，结构紧凑、体积小。缺点是轴向和径向气隙的偏置磁通相互耦合，但由于轴向气隙控制磁通和径向气隙控制磁通是相互独立的，因此这种类型磁轴承受到了国内外众多研究人员的关注。

李冰等[20]用等效磁路法对该类磁轴承的磁路进行计算，得出了最大承载力的条件和数学表达式，并给出了参数设计和计算方法；并利用三维网格图直观地分析了轴向力和径向力的耦合状况，得出了在平衡位置附近这种磁轴承三个自由度之间是解耦的，并将其径向定子改为三磁极结构[21]。但相对而言，具有相同悬浮力的磁轴承三磁极结构比四磁极结构轴向长度要长，同时由于其径向两自由度耦合，悬浮控制需要采用数字控制器来实现。为了减小径向—轴向三自由度磁轴承带来的径向力与轴向力的耦合，宗鸣[22]提出了一种新型径、轴向一体化结构，本质上是将单个径向磁轴承与单个轴向磁轴承沿径向放置而成，虽然径向与轴向之间不存在力的耦合，但是其在径向方向上会占用较大的体积。

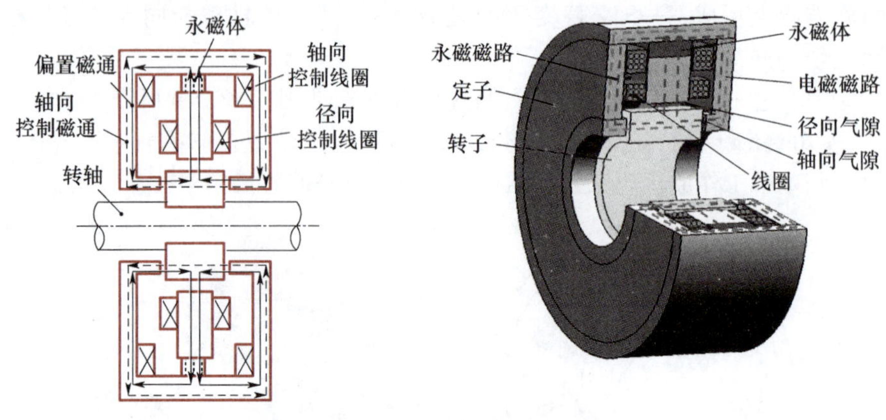

图 2-13　径向—轴向三自由度磁轴承

另一种典型结构为 K. Blumenstock 于 2000 年第 7 届磁轴承会议上提出的一种锥形永磁偏置轴向径向磁轴承[18,19]（图 2-14）。这种结构磁轴承的定子和转子采用对称的锥形结构，其径向力中包含有轴向力，但产生的轴向力大小

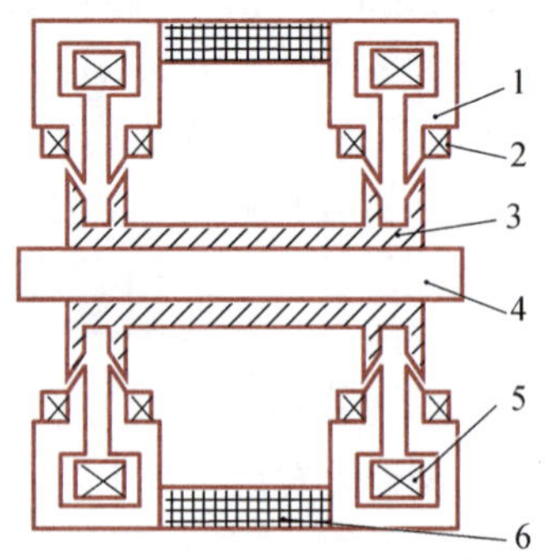

图 2-14　锥形轴向—径向磁轴承

1—径向定子；2—径向控制线圈；3—转子铁芯；4—转子；5—轴向控制线圈；6—轴向永磁体。

相等、方向相反，可完全抵消，磁悬浮机理与同极性径向磁轴承基本相同，轴向悬浮力利用轴向充磁的永磁体产生，轴向控制磁通在径向气隙中与其叠加，产生可控的轴向磁悬浮力。

另外，图2-15给出了一种可控制转子轴向平动和径向偏转的特殊的三自由度轴向磁轴承结构，从目前的单自由度轴向磁轴承的结构来看，其定子结构都是整圆结构，对转子只能进行轴向单自由度平动控制。而Masao提出了两种定子四等分结构、可提供偏转力的永磁偏置轴向磁轴承结构[23]，如图2-15所示，这两种结构虽然可以对磁轴承进行轴向平动以及径向偏转控制，但是均为单线圈控制模式，电流刚度低；另外，这两种结构的定、转子形式均很复杂，加工装配比较困难。

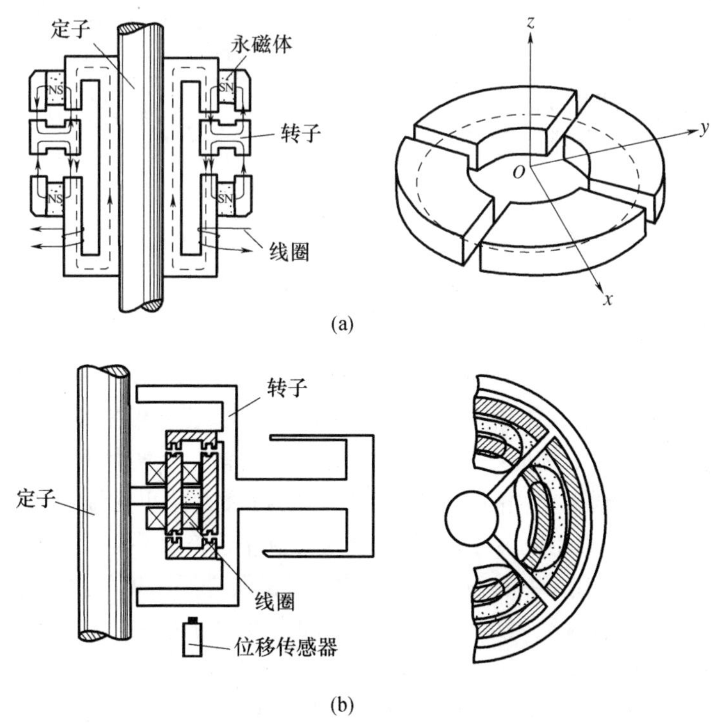

图2-15　永磁偏置轴向磁轴承结构
(a) 结构1；(b) 结构2。

4）四自由度磁轴承

在两自由度磁轴承结构的基础上，将同一通道的永磁体两侧的两组线圈分别进行控制，并且永磁体一侧的同一通道正负方向的线圈分别进行串联或并联相接,那么单个径向磁轴承便可提供偏转控制,成为一个四自由度磁轴承,如图2-16所示。其工作原理为:永磁体在气隙中产生偏置磁场,当转子发生平动或偏转运动时,使气隙变大的同一通道的定子线圈中通入与偏置磁场相同方向的力,而使气隙变小的同一通道的定子线圈中通入与偏置磁场相反方向的力,以使转子实现稳定悬浮。

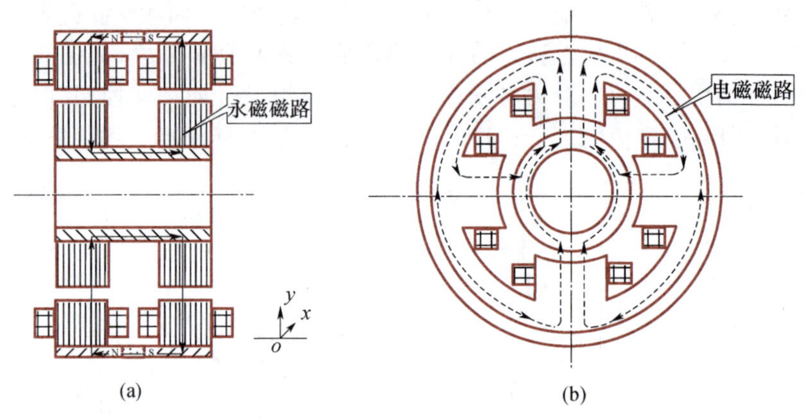

图2-16 径向四自由度永磁偏置磁轴承
(a)轴向截面图;(b)端面图。

5)五自由度磁轴承

T. Masuzawa 等人在2004年第9届磁轴承会议上提出了一种五自由度永磁偏置磁轴承结构[24],如图2-17所示,图中实线表示用磁磁路,双点划线表示径向电磁磁路,虚线表示轴向电磁磁路,该结构利用轴向充磁的永磁体产生偏置磁通,径向控制线圈产生轴向和径向控制磁通,可大大减小磁轴承体积,但其轴向和径向之间不可避免地会存在耦合,会对控制精度产生一定影响。

Kim 等人[25]研究了一种五自由度磁轴承,径向悬浮机理与同极性径向磁轴承相同,但其轴向悬浮利用洛仑兹力实现,固定在定子磁极上的轴向线圈通以电流,在偏置磁通的作用下产生轴向力,由于定子固定不动,这个力反作用于转子上,产生可控的轴向力,这种结构的不足之处主要在于安装较为复杂。另外,王冠提出了一种五自由度磁轴承[26],如图2-18所示,该结构将永磁体和径向定子在推力盘两侧采用对称设计,从而构成五自由度磁轴承。

另外,法国 Alcatel 公司于2002年申请了一项美国发明专利,提出了一类可提供五自由度的球形磁轴承结构[27],如图2-19所示,其磁路和受力如图2-20所示,从图中可以看出,球形磁轴承通过控制磁极的线圈电流大小提供不同方向的平动力和偏转力。

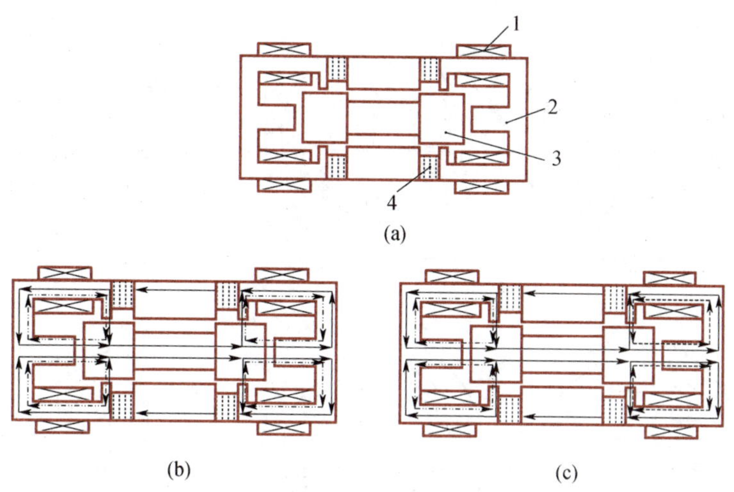

图2-17 五自由度磁轴承系统

(a) 结构图；(b) 永磁磁路与径向电磁磁路；(c) 永磁磁路与电磁轴向磁路。

1—控制线圈；2—定子；3—转子铁芯；4—永磁体。

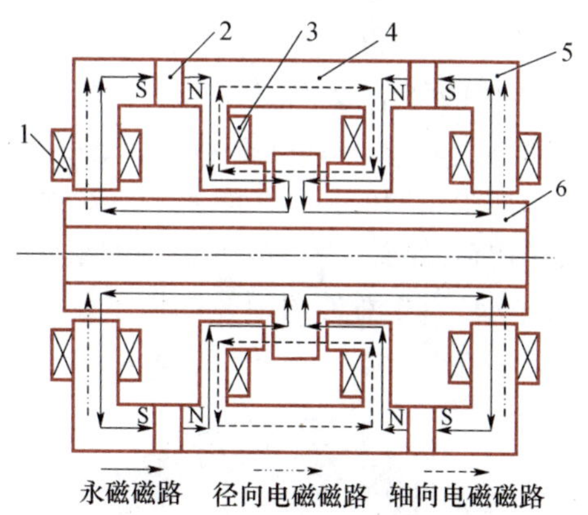

图2-18 五自由度永磁偏置磁轴承

1—径向控制线圈；2—永磁体；3—轴向控制线圈；4—轴向定子；5—径向定子；6—转子。

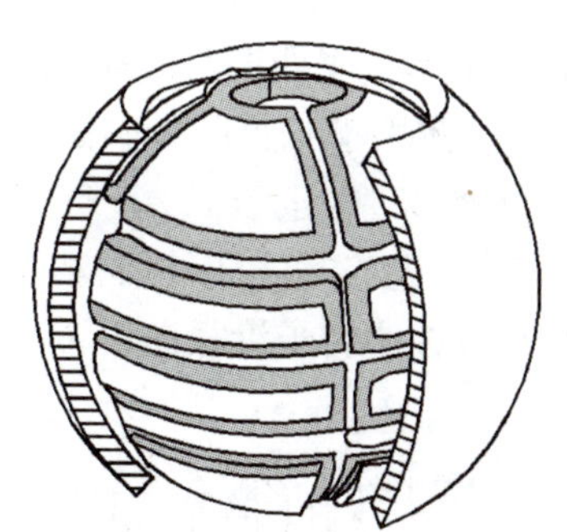

图2-19 球形磁轴承结构示意图

以上阐述了五类不同控制自由度的磁轴承结构，由其组成的磁悬浮动量轮也就称为不同自由度的磁悬浮动量轮。就自由度可控个数来分，磁悬浮动量轮分为两大类：主被动磁悬浮动量轮和全主动(五自由度)磁悬浮动量轮。

2. 洛仑兹力主动磁轴承

洛仑兹力轴向/偏转磁轴承一般置于飞轮转子的轮缘处，其中永磁体与铁

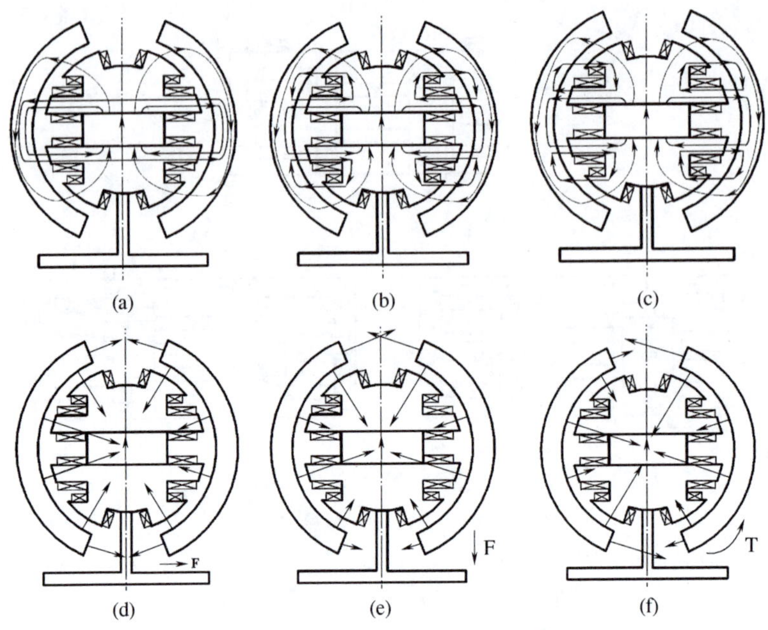

图 2-20　球形磁轴承磁路与受力

芯位于飞轮转子轮缘处轴向/偏转磁轴承狭缝的外壁，永磁体磁场方向沿飞轮径向，磁轴承定子线圈位于轴向/偏转磁轴承狭缝内，固定于基座上，线圈电流方向沿定子周向。轴向/偏转磁轴承线圈由四组相同的独立线圈 Z_1、Z_2、Z_3 和 Z_4 组成，分别沿飞轮定子 x、y 正负方向的周向均布，如图 2-21 所示。当四组线圈通过相同的电流时，可以控制转子沿轴向平动，当相对的两组线圈通过差动电流时，可以控制转子沿径向偏转[28]。

图 2-21　洛仑兹力轴向/偏转磁轴承

洛仑兹力径向磁轴承位于飞轮转子与芯轴的中部位置，其中永磁体与铁芯位于飞轮转子上，永磁体的磁场方向沿飞轮轴向，径向磁轴承线圈固定于芯轴中部，其定子如图 2-22 所示。径向磁轴承的四组定子线圈沿飞轮定子 x、y 正负方向的周向均布。其中相对的两组线圈同相串联，即线圈中流过电流时，相

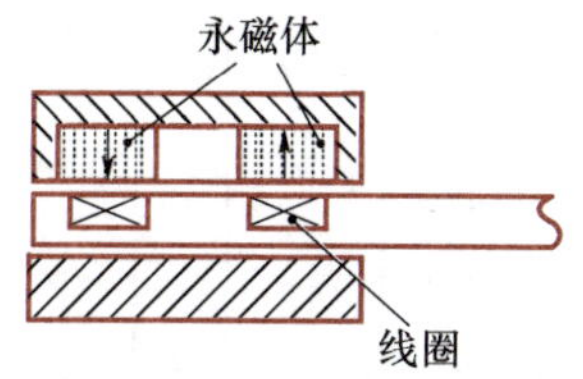

图 2－22　洛仑兹力径向磁轴承

对两组线圈产生的磁力方向相同。径向磁轴承控制飞轮转子沿径向两个自由度的平动运动。

3. 被动磁轴承

被动磁轴承是利用永磁体之间的作用力或磁阻式磁偏拉力实现转子的被动悬浮，具有内在的稳定性，因而不需要任何反馈控制系统，故功耗很小，近年来受到了广泛的关注[29]。其中利用磁阻式磁偏拉力实现被动悬浮主要依靠定转子之间"齿"的相互错位，结构相对简单，所以以下主要针对利用永磁体之间作用力实现转子悬浮的被动磁轴承予以介绍，其主要分为吸力型与斥力型两大类[30]，对于径向磁轴承而言，图 2－23 所示的是吸力型径向被动磁轴承；图 2－24 所示的是斥力型径向被动磁轴承。

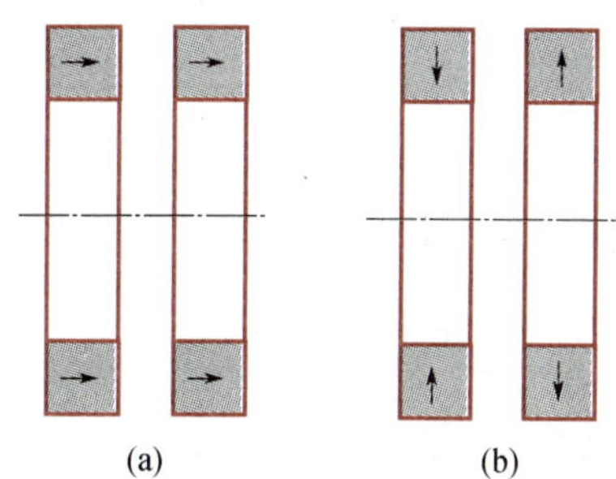

图 2－23　吸力型径向被动磁轴承
（a）轴向磁化；（b）径向磁化。

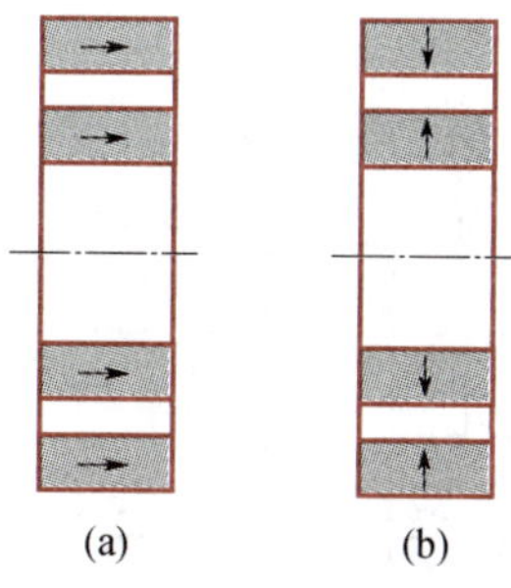

图 2－24　斥力型径向被动磁轴承
（a）轴向磁化；（b）径向磁化。

对于轴向磁轴承来说，同样分为吸力型与斥力型两大类，图 2－25 所示的是吸力型轴向被动磁轴承；图 2－26 所示的是斥力型轴向被动磁轴承。

从图中可以看出，不论径向被动磁轴承还是轴向被动磁轴承，由于斥力型被动磁轴承具有自稳定性，因此在实际中应优先选用[31]。由于磁环的磁化方向可以沿径向，也可以沿轴向，对于径向磁化的被动磁轴承而言，要实现大的辐射状径向磁场很困难，因而常常采用若干个磁瓦分别进行充磁的方式，但对磁

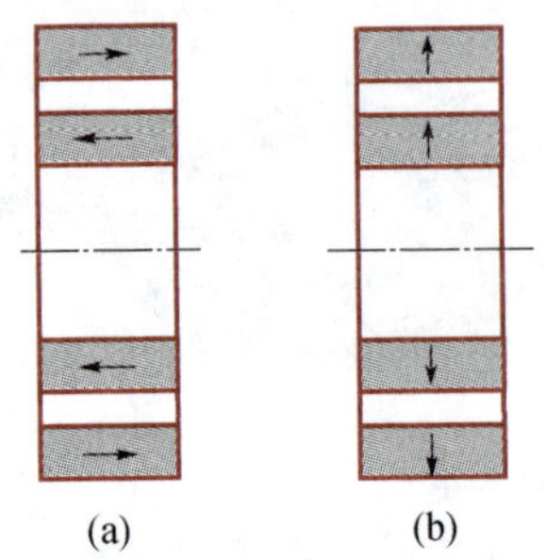

图 2-25　吸力型轴向被动磁轴承
(a) 轴向磁化；(b) 径向磁化。

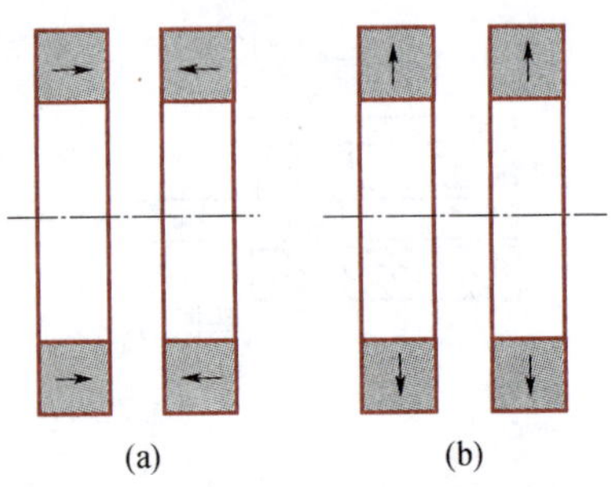

图 2-26　斥力型轴向被动磁轴承
(a) 轴向磁化；(b) 径向磁化。

瓦的充磁更多采用的是平行充磁，这会使得磁瓦表面的磁感应强度分布不均匀，从而导致承载力以及其他磁性能指标发生改变[32]。已经证明，被动磁轴承的承载能力与磁化方向无关，由于轴向磁化容易实现，因而被动磁轴承常采用轴向磁化方式。

为了增加被动磁轴承的刚度，Halbach 磁体结构的径向被动磁轴承雏形被提出[33]，如图 2-27 所示。

Halbach 磁体结构的吸力型被动磁轴承结构[34]如图 2-28 所示，该结构与传统轴向磁轴承相比同样可大大提高刚度，但是从稳定性和安装的角度来说都不及斥力型结构。

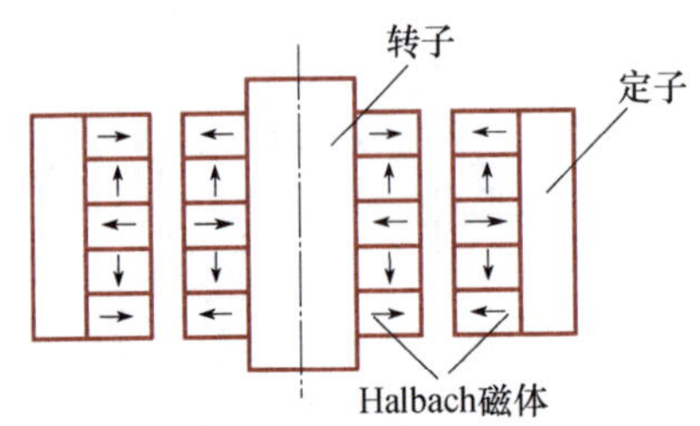

图 2-27　Halbach 磁体结构径向永磁被动磁轴承

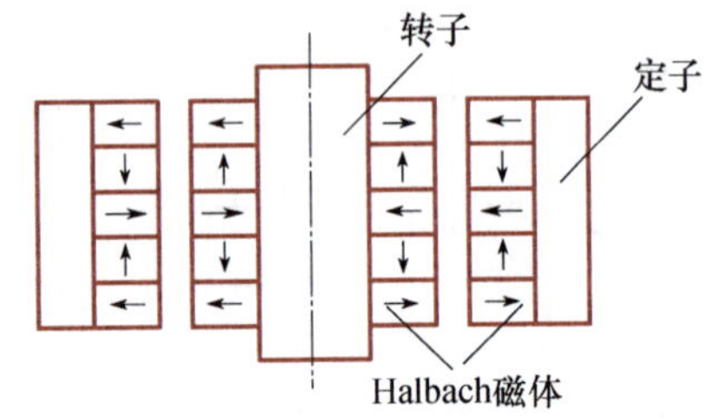

图 2-28　Halbach 磁体轴向吸力型被动磁轴承

另外，对于被动磁轴承来说，还有一类是磁阻式磁偏拉力被动磁轴承，其回复力是依靠定转子之间“齿”的相互错位来实现。这类磁阻式磁偏拉力被动磁轴承的典型结构如图 2-29 所示[35]，从图中可以看出，永磁磁路经过转子“齿”、磁气隙、定子“齿”形成回路，当转子产生沿径向或轴向方向的运动时，定转子“齿”之间由于相对运动会产生磁偏拉力，因而将使得转子回复至平衡位

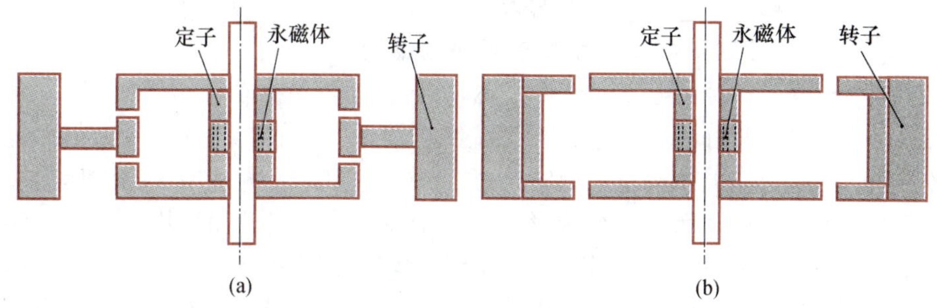

图2－29　磁阻式磁偏拉力被动磁轴承结构
(a) 径向被动磁轴承；(b) 轴向被动磁轴承。

置，这种结构在法国 SPOT－5 和 AMSAT OSCAR 40 卫星所采用的两自由度磁悬浮飞轮中得到了应用(2.3.3 节图2－32 和图2－33)。

2.3.2　磁悬浮惯性动量轮磁轴承基本构型

磁悬浮惯性动量轮一个最突出的优势是高精度，既适用于反作用飞轮，又适用于偏置动量轮，其高精度主要体现两个方面：一是过零摩擦小，启动力矩比机械轴承至少小一个数量级，约为 1gcm 量级[37]；二是可实现主动振动控制，即在可控自由度上可实现轮体振动抑制。但是考虑到空间应用对低功耗和可靠性的要求，又希望磁悬浮惯性动量轮磁轴承系统尽可能多地采用被动稳定形式，以简化控制系统设计。因此，在磁悬浮反作用飞轮/偏置动量轮磁轴承总体结构设计中需要对可控自由度进行折中选择。

对偏转自由度主动可控的磁悬浮偏置动量轮还有一个潜在的突出优势就是可径向输出大力矩，但这需要对动量轮的偏转角度和偏转力矩进行特殊设计，因此在本书中将对偏转角度和偏转力矩经过特殊设计的磁悬浮惯性动量轮称为大力矩磁悬浮偏置动量轮。

对磁悬浮惯性动量轮而言，还有一个突出优势是飞轮转子可以实现超高速运转，在实现高精度姿态稳定的同时，还可以用来储能——部分替代星上电池，实现姿控储能一体化。姿控储能两用飞轮技术是目前国际航天领域的一项前沿技术。

下面对上述三种磁悬浮惯性动量轮磁轴承总体结构分别进行介绍。

2.3.3　磁悬浮反作用飞轮/偏置动量轮

无论是磁悬浮反作用飞轮，还是磁悬浮偏置动量轮，从其主动可控自由度都可细分为单轴、两轴、三轴、四轴和五轴主动控制五类，也可简单分为主被动控制以及全主动(五自由度)控制两大类[36]。

1. 单自由度磁悬浮反作用飞轮/偏置动量轮

轴向单轴主动控制磁悬浮反作用飞轮/偏置动量轮磁轴承构型如图 2-30 所示,只需要控制轴向一个自由度,系统结构简单,其中图 2-30(a)为依靠定转子间的磁阻力实现被动稳定的结构形式,图 2-30(b)为利用永磁体斥力在径向方向上实现被动稳定的结构形式。由于径向平动以及偏转均为被动悬浮稳定,刚度小,使得由加工、安装等原因产生的转子不平衡响应无法进行有效抑制,而且在径向运动时振动较大,特别是在高速运转时,过大的不平衡力和力矩会造成径向上的失稳。因此,单自由度磁悬浮反作用飞轮/偏置动量轮很少在实际中应用。

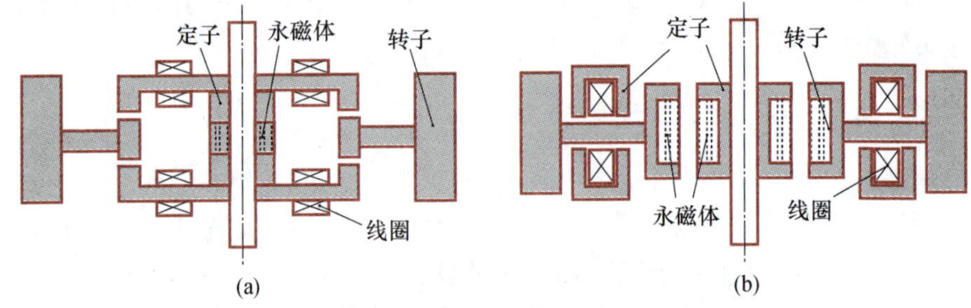

图 2-30 单自由度磁悬浮反作用飞轮/偏置动量轮用磁轴承结构

2. 两自由度磁悬浮反作用飞轮/偏置动量轮

两自由度磁悬浮反作用飞轮/偏置动量轮用磁轴承结构如图 2-31 所示,图中利用主动控制的径向磁轴承实现飞轮转子的径向两个方向上的平动控制,图 2-31(a)利用径向磁轴承定转子间的磁阻力实现飞轮转子径向偏转以及轴向平动的被动悬浮,图 2-31(b)利用永磁体的斥力实现飞轮转子轴向以及径向偏转的被动悬浮。两自由度磁悬浮反作用飞轮/偏置动量轮用磁轴承的结构特点是:仅采用一个径向磁轴承,减小了轴向高度,进而减小了飞轮的体积和重

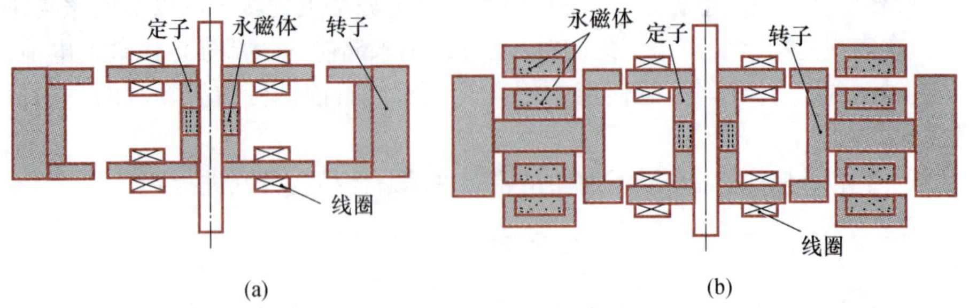

图 2-31 两自由度磁悬浮反作用飞轮/偏置动量轮用磁轴承结构

量，对于转速不高的零动量反作用飞轮系统来说，简单可靠，可有效抑制低速时飞轮转子的振动。

2002 年成功发射的法国 SPOT－5 地球观测卫星用磁悬浮反作用飞轮中采用了一种永磁体置于转子的径向磁轴承结构[37]，如图 2－32 所示，这类结构的磁轴承利用定转子之间的磁阻力实现了飞轮径向偏转以及轴向上的被动控制，实现了飞轮径向上两自由度主动控制。

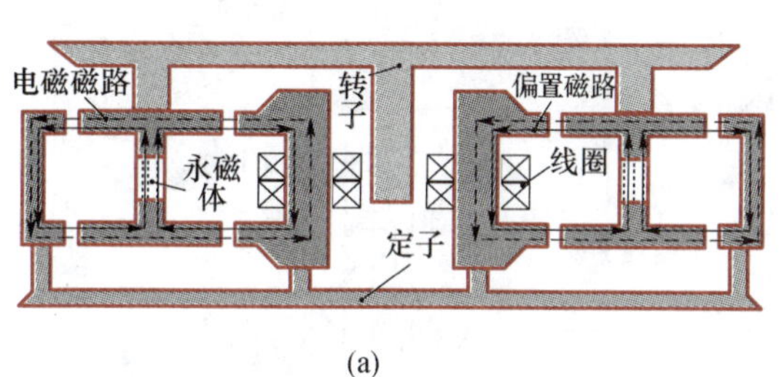

(a)

(b)

图 2－32　SPOT－5(2002 年)所用两自由度磁悬浮动量轮及其磁路结构
(a) 磁路结构；(b) 动量轮。

1996 年，德国 Darmstadt 技术大学精密工程学院与 AMSAT 公司(the international amateur radio satellite corporation)合作的 AMSAT OSCAR 40(Phase 3－D)卫星的三个磁悬浮动量轮上成功采用了一种永磁体置于定子的径向永磁偏置磁轴承结构[39]，如图 2－33 所示。另外，2001 年，德国 Darmstadt 技术大学精密工程学院研制的适用于 100kg～200kg 小卫星的磁悬浮飞轮也采用了这种永磁偏置径向磁轴承结构，其永磁体经过两个气隙在定、转子间产生偏置磁场，电磁磁路经过 4 个气隙形成控制磁场。

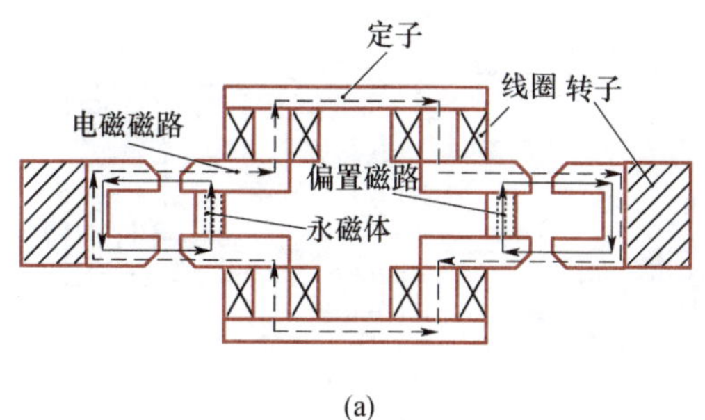

(a)

(b)

图 2－33　AMSAT OSCAR 40 卫星用磁悬浮动量轮及其磁轴承结构
(a) 磁轴承结构；(b) 动量轮。

3. 三自由度磁悬浮反作用飞轮/偏置动量轮

三自由度磁悬浮反作用飞轮/偏置动量轮用磁轴承结构如图 2－34 所示，其径向偏转以及轴向平动由主动控制的轴向磁轴承来实现，径向平动方向上的两个自由度由径向磁轴承定转子间的磁阻力（图 2－34（a））或永磁体之间的斥力（图 2－34（b））被动悬浮实现，主要应用于对轴向尺寸有严格要求的场合。

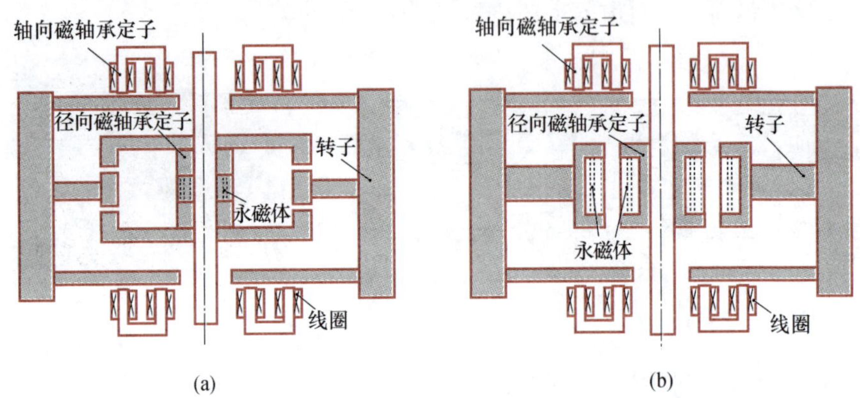

图 2－34　三自由度磁悬浮反作用飞轮/偏置动量轮用磁轴承结构

4. 四自由度磁悬浮反作用飞轮/偏置动量轮

四自由度磁悬浮反作用飞轮/偏置动量轮用磁轴承结构如图 2－35 所示，图 2－35（a）中利用主动控制的两个径向磁轴承实现飞轮转子在径向方向上的平动控制和偏转控制，飞轮在轴向上利用径向磁轴承定转子间的磁阻力实现被动悬浮，这种结构由于径向方向上增强了控制能力，因此可以提高飞轮转子在高速下的控制精度，图 2－35（b）给出的是洛仑兹力磁轴承提供偏转控制的示

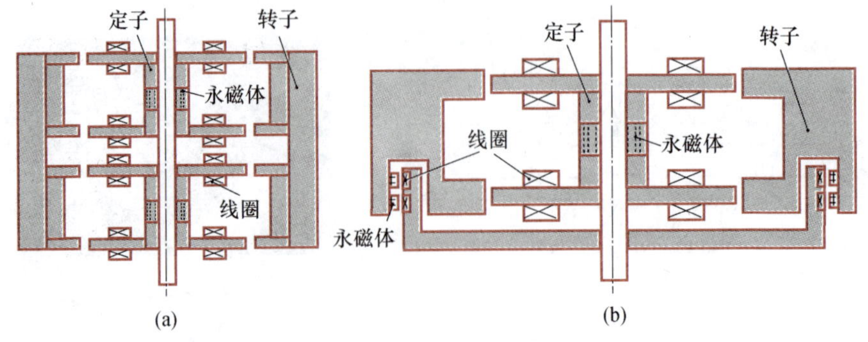

图 2－35　四自由度磁悬浮反作用飞轮/偏置动量轮用磁轴承结构
（a）磁阻力提供偏转；（b）洛仑兹力提供偏转。

意图，由于洛仑兹力磁轴承具有较大的力臂，并且出力与电流成线性关系，所以可使飞轮轴向长度大幅减小。

5. 五自由度磁悬浮反作用飞轮/偏置动量轮

对于精度要求高的磁悬浮飞轮常采用五自由度结构形式，所用磁轴承结构如图 2 -36 所示，图中飞轮的五个自由度均由主动控制的两个径向磁轴承以及轴向磁轴承控制，系统形式简单可靠，但带来了控制系统的复杂性，因此特别适用于飞轮要求控制精度高、输出大力矩的偏置动量轮场合。对于图 2 -36(a)所示的 I 型磁悬浮飞轮构形[40]来说，采用了两个径向磁轴承和一对轴向磁轴承，径向磁轴承控制飞轮转子的径向平动和径向偏转，轴向磁轴承控制飞轮转子的轴向平动，从图中可以看出，两个径向磁轴承占据了飞轮很大的轴向尺寸，增加了飞轮的体积和重量；为了减小飞轮体积，本节给出了图 2 -36(b)所示的五自由度磁悬浮飞轮构型[41]，其中仅采用一个径向磁轴承控制飞轮转子的径向平动，采用一对三自由度轴向磁轴承控制飞轮转子的轴向平动以及径向偏转。I 型磁悬浮飞轮构型以及 Ⅱ 型磁悬浮飞轮构型的差别在于径向磁轴承的个数以及轴向磁轴承自身的结构形式。应用于两种构型的五自由度磁悬浮反作用飞轮/偏置动量轮结构如图 2 -37 所示。

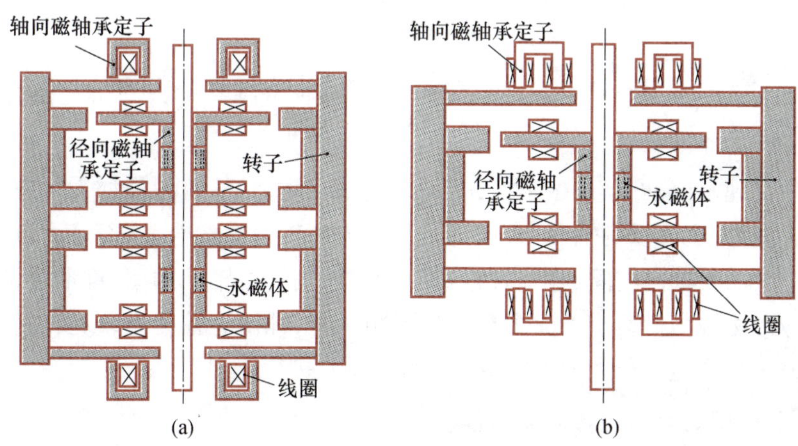

图 2 -36　五自由度磁悬浮反作用飞轮/偏置动量轮用磁轴承结构示意图
(a) I 型系统；(b) Ⅱ 型系统。

2.3.4　大力矩磁悬浮偏置动量轮

大力矩磁悬浮偏置动量轮主要是通过控制飞轮转轴偏转从而输出径向偏转大力矩，类似于框架飞轮，其输出力矩大小取决于力和力臂两个因素。从力

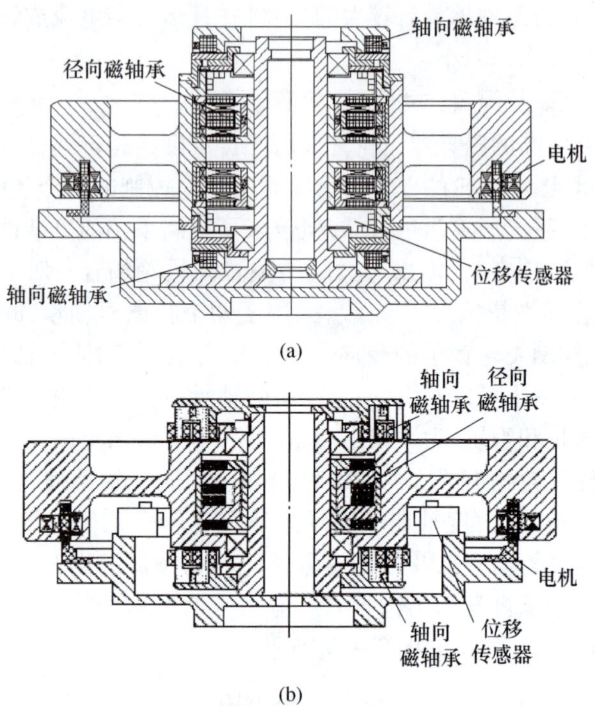

图 2-37　五自由度磁悬浮反作用飞轮/偏置动量轮结构
（a）Ⅰ型；（b）Ⅱ型。

的产生机理来说，可以是磁阻力，也可以是洛仑兹力，从力的施加方向来说，可以是径向力，也可以是轴向力，或者是径向力与轴向力的合力；而就力臂而言，由于受到飞轮轴向空间的限制，宜采用轴向力偏转磁轴承构型、锥形磁轴承构型或球形磁轴承构型。下面主要对纯磁阻力型、纯洛仑兹力型，以及磁阻力与洛仑兹力结合型三种大力矩磁悬浮偏置动量轮进行介绍。

1. 磁阻力大力矩磁悬浮偏置动量轮

2000 年，日本三菱公司与日本宇宙科学研究本部（ISAS）合作，研制出五自由度主动控制磁悬浮动量轮，如图 2-38 所示，其径向两个平动自由度与两个偏转自由度均由径向磁轴承控制，最大偏转角为 ±0.1°[42]。

2. 洛仑兹力大力矩磁悬浮偏置动量轮

洛仑兹力五自由度磁悬浮反作用动量轮如图 2-39 所示。洛仑兹力产生的本质是基于通电线圈在磁场中受力的原理，存在关系 $F = BLI$，由于磁场由永

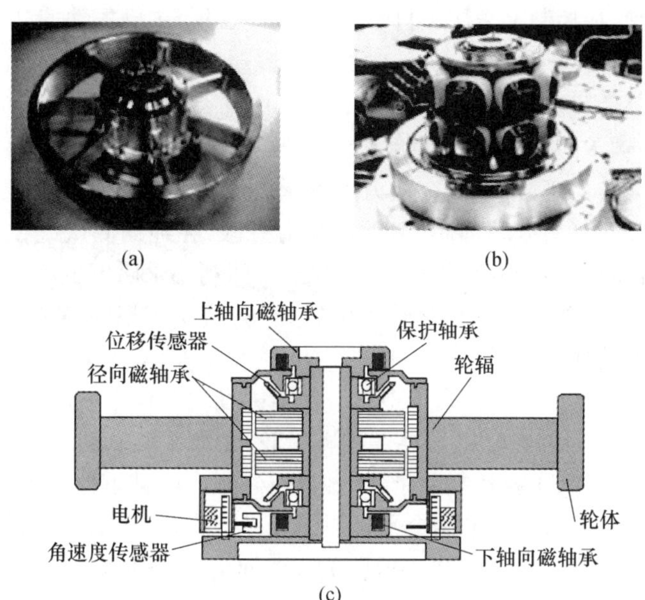

图2-38　磁悬浮动量轮、径向磁轴承及动量轮结构
(a) 动量轮；(b) 径向磁轴承；(c) 动量轮结构示意图。

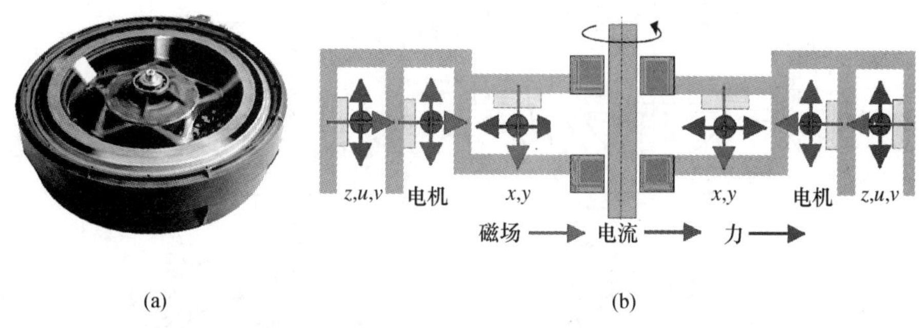

图2-39　德国 Teldix 公司研制的 MSMW 产品 MWI 及其控制磁力示意图
(a) MWI；(b) 控制磁力示意图。

磁体产生，基本不发生变化，因而轴承力仅与控制电流相关，并成线性关系，不存在位移负刚度；无定子铁芯，理想情况下无旋转损耗。

2007 年，德国 Teldix 公司研制并推出一系列基于洛仑兹力的五自由度 MSMW 产品 MWI（图 2-39），具有 ±1.7°的微框架能力，能够输出 3N·m 的偏转力矩，不仅自身的振动极其轻微，而且对环境结构振动有显著的抑制效果，非常适用于太空望远镜等高指向精度航天器的振动抑制和姿态控制。该 MSMW

采用数字控制,在控制上采用了自学习滤波算法进行主动振动抑制[44]。

3. 磁阻力+洛仑兹力大力矩磁悬浮偏置动量轮

基于永磁偏置磁轴承的大力矩 MSMW 具有大容量、高精度微动框架的功能,但由于磁轴承的位移负刚度始终存在,转子在偏转过程中,需要克服位移刚度产生的负偏转力矩;基于洛仑兹力磁轴承的大力矩 MSMW,可实现高精度的偏转控制以及不平衡振动抑制,但承载能力有限,在地面测试或在轨大扰动时功耗较大。比较理想的方案是将二者相结合,即利用永磁偏置磁轴承对转子平动控制,利用洛仑兹力磁轴承对转子偏转控制,从而实现 MSMW 低功耗、高精度的微动框架功能。

2002 年,法国 Alcatel 公司申请了一项美国发明专利[46],提出了两种结构的磁阻力+洛仑兹力大力矩磁悬浮偏置动量轮,如图 2-40 所示。其中,洛仑兹力磁轴承置于外缘,主要控制动量轮的偏转;磁阻力磁轴承位于中心位置,主要控制动量轮在径向方向上的两个平动。图 2-40 中(a)和(b)不同之处在于其轴向力的提供方式,其中图 2-40(a)的轴向力由洛仑兹力磁轴承提供,图 2-40(b)的轴向力由磁阻力磁轴承提供。

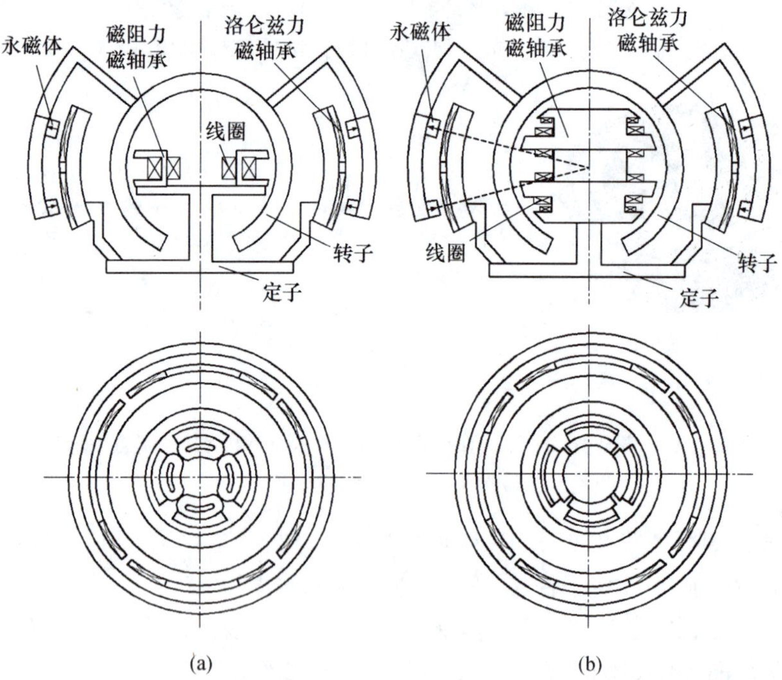

图 2-40 磁阻力和洛仑兹力五自由度磁悬浮反作用/偏置动量轮结构

2.4　磁悬浮惯性动量轮驱动电机结构

稀土永磁无刷直流电机是自 20 世纪 50 年代以来应用最为广泛的新型电机，它兼备了交流电机和直流电机的优点，具有结构简单、运行可靠、调速方便、无励磁损耗且由于稀土永磁体具有高磁能积和高内禀矫顽力，使得稀土永磁电机兼具体积小、重量轻、效率高等一系列优点，成为航天伺服控制的优选对象。20 世纪 70 年代以来，随着电力电子工业的迅猛发展，大功率晶体管（GTR）、功率场效应管（MOSFET）、绝缘栅极双极晶体管（IGBT）等高性能半导体功率器件的出现，以及许多高性能的永磁材料如钐钴、钕铁硼等的问世，为永磁无刷直流电动机的广泛应用奠定了坚实的基础。

惯性动量轮通过驱动电机的转速变化实现惯性动量轮与卫星之间的动量矩交换，以达到稳定或控制卫星姿态的目的。空间用磁悬浮惯性动量轮对驱动电机有着更高的要求，其驱动电机需同时满足高精度、高效率、宽调速范围，以及低功耗、高可靠、长寿命等性能要求。永磁无刷直流电机采用无齿槽绕组定子结构形式，可以减小其单边磁拉力和转矩脉动，且由于其有效气隙较大，有利于提高电机电流的跟踪速度，但会导致电机电流中存在很强的 PWM 分量，这一 PWM 分量电流会引起较大的附加损耗，为了尽可能减小电机电流 PWM 分量在定子铁芯中引起的附加损耗，宜采用无定子铁芯的空心杯电机结构形式。磁悬浮惯性动量轮采用的无定子铁芯空心杯电机的典型结构如图 2－41 所示[88]。

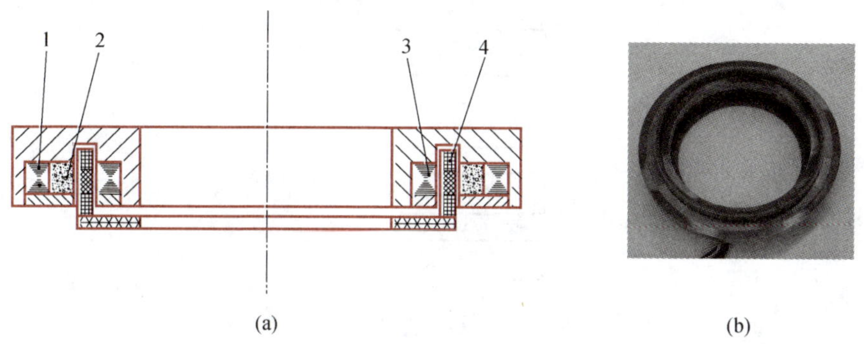

图 2－41　无定子铁芯电机定转子组件

1—外转子铁芯；2—永磁体；3—内转子铁芯；4—空心杯定子。

空心杯永磁无刷直流电动机的设计方法主要有经典设计法和场路结合设计法。后者通过磁路分析完成初步设计，再对设计结果进行磁场有限元校核，对电机的结构参数作适当调整[86]。

(1) 经典方法[87]。该方法是永磁无刷直流电动机的基本设计方法。其设计思路为:由技术要求确定转子结构,由转子结构和永磁体性能确定磁负荷 B_δ,由性能要求及散热条件确定电负荷 A,最后根据电磁负荷确定电机的基本尺寸(电枢直径 D 和电机转子铁芯轴向长度 L)。该方法的优点是算法简单、设计参数易调整,缺点是经验参数多,计算精度较低。

(2) 场路结合方法。该方法以磁路分析和有限元磁场分析为基础,其中结构参数通过磁路分析法计算得到,磁参数通过有限元分析最终确定,其优点是磁场分析精度较高(一般二维磁场计算即可满足设计要求),可进行静态和动态磁场分析。随着永磁无刷直流电机的广泛应用,一些特殊场合,如航天领域对电机的性能要求越来越高,所以应当采取更精确的设计方法以满足要求,具体的设计方法如图 2-42 所示。

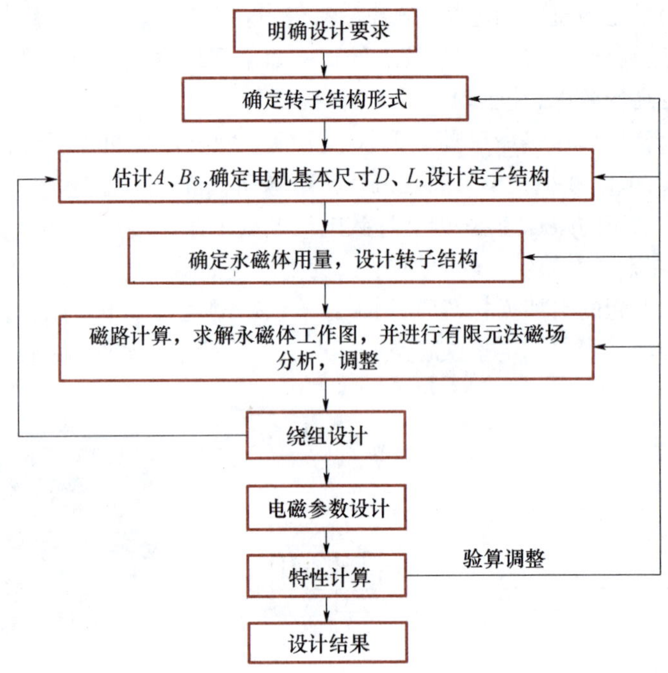

图 2-42　电机设计流程

2.5　磁悬浮惯性动量轮结构设计

本节以具体实例说明磁悬浮惯性动量轮的结构设计过程。由于同一转速下,具有相同角动量的外转子结构动量轮与内转子结构动量轮相比,质量可以更轻,因此本节以外转子结构的磁悬浮惯性动量轮为例,对其整体结构设计方法予以介绍。

2.5.1 磁悬浮惯性动量轮转子组件的多学科优化设计

转子组件作为磁悬浮惯性动量轮系统的核心部件,其质量、静力学和动力学性能直接影响系统的整体性能,如系统的稳定性、振动控制精度、功耗及可靠性等,因此有必要对动量轮转子结构进行综合优化设计。由于磁悬浮惯性动量轮转速较高,在整个转速范围内既要满足强度要求,且具有较高的安全系数,又要满足控制系统对其固有弹性振动模态频率的要求,因此磁悬浮动量轮转子组件的优化设计是一个多学科交叉、多约束条件的复杂设计问题[54,55],难以采用解析法求得转动状态下的应力分布以及结构的固有频率和相应的振型。本节利用多学科设计优化软件 iSIGHT[56] 和有限元分析软件 ANSYS,以质量最小为优化目标,在强度、一阶弹性共振频率、极转动惯量、几何尺寸、形状和控制系统等多学科约束条件下,对磁悬浮动量轮转子组件进行优化设计[57-60]。

多学科设计优化通过考虑各学科(子系统)之间的相互作用,从整个系统的角度优化设计复杂的系统。设计变量、约束条件和目标函数是优化设计的三个最基本要素。

磁悬浮惯性动量轮转子组件的静力学和动力学分析采用有限元法[48,49],其中有限元静力分析的目的主要是计算动量轮转子在工作状态下的最大应力和最大位移,以及最大应力和最大位移发生的部位,以判断其结构是否满足静力学要求,静强度条件采用塑性材料屈服强度理论;有限元动力学分析的主要是通过有限元模型计算出动量轮转子自由振动的固有频率和固有振型,对其固有特性进行分析,设计过程中相应的动力学要求为:动量轮转子组件的第一阶固有振动频率应远高于其工作频率。

下面以具体设计实例对转子组件强度和弹性模态的分析和设计方法予以说明。

1. 磁悬浮动量轮转子组件的设计要求

(1) 效能约束:动量轮转子在转速(5000r/min)时需要提供 15N · m · s 的角动量,此时,其极转动惯量 $J_d \approx 0.02865\text{kg}\cdot\text{m}^2$;

(2) 几何约束:在磁悬浮动量轮的总体体积和总质量等性能指标的约束下,确定轮缘内径 D_0、外径 D_1、轮缘高度 H、轮辐宽度 w、轮辐高度 h 的几何约束条件;

(3) 强度约束:为使系统具有较高的可靠性,要求转子在最高转速下的最大等效应力 $\sigma_{max,eq} \leqslant [\sigma_b]/2$(转子材料采用钛合金 TC4),即安全系数在 2 以上;

(4) 刚度约束:要求磁悬浮动量轮转子组件在整个工作转速范围内可近似为刚性转子,保证其一阶固有振动频率远大于动量轮的最高设计转速;

(5) 外形结构:扁平转子,考虑到磁悬浮动量轮转子高频章动模态的稳定控制(见 4.5 节),要求转子极惯性矩/赤道惯性矩在 1.4 ~2 之间;

(6) 强制约束条件:主要考虑动量轮转子结构件与径向、轴向磁轴承转子组件和电机转子组件的安装配合尺寸。

2. 磁悬浮动量轮转子组件的多学科优化设计方法

从结构优化设计的角度来说,磁悬浮动量轮转子的优化设计是一个有约束、非线性优化问题。考虑到一阶固有振动频率与结构设计参数之间的相互制约关系,采用直接搜索法中的序列二次规划法(NLPQL)对其进行优化设计,该方法逻辑结构简单,直观性强,易于程序化[61]。

在磁悬浮动量轮转子组件的初步设计阶段,综合考虑磁悬浮动量轮的设计指标(设计转速、转动惯量、几何尺寸和重量等)、电机设计方案、磁轴承设计方案,以及保护轴承和传感器安装位置及尺寸等各种影响因素,最终确定了动量轮转子组件的基本结构、形状,以及磁轴承和电机相关的几何尺寸。考虑到电机转子组件和径向、轴向磁轴承转子组件在磁悬浮动量轮转子组件设计之初已经确定了初步设计方案,因此主要对转子组件的轮辐和轮缘进行结构优化设计,确定优化设计变量为:轮缘外径 D_1、轮缘内径 D_0、轮缘厚度 H、轮辐高度 h 和轮辐宽度 w,如图 2-43 所示。优化目标为:在满足所有约束条件的前提下,实现转子组件质量最轻。

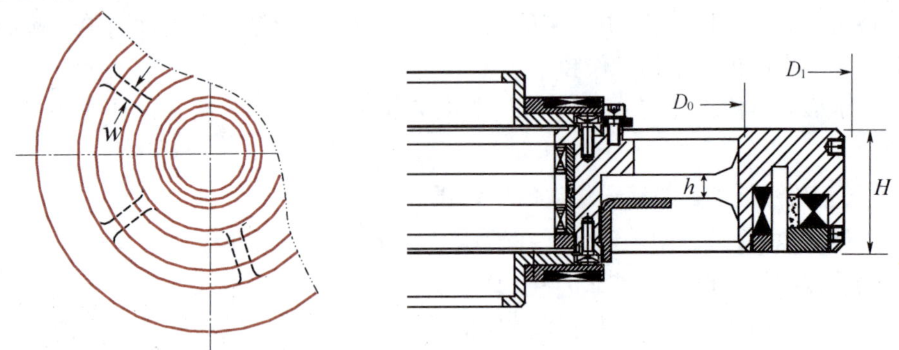

图 2-43　磁悬浮惯性动量轮转子组件优化结构示意图

综合考虑各方面因素，对于磁悬浮动量轮转子组件优化设计问题的数学描述如下：

设计变量：

$$\boldsymbol{x} = (w, h, D_0, D_1, H) \tag{2-1}$$

目标函数：

$$M = F(X) = F(w, h, D_0, D_1, H) \tag{2-2}$$

满足以下约束条件：

$$g_j(x) = 0, j = 1, \cdots, m_e \tag{2-3}$$

$$g_j(x) \geqslant 0, j = m_e + 1, \cdots, m \tag{2-4}$$

$$\boldsymbol{x}_l \leqslant \boldsymbol{x} \leqslant \boldsymbol{x}_u \tag{2-5}$$

其中，式(2-3)为等式约束；式(2-4)为不等式约束；式(2-5)为边界约束。当动量轮转子组件质量 M 取最小值时的设计结果为最优。

3. iSIGHT 环境下磁悬浮动量轮转子组件的优化设计方法

1）基于 iSIGHT 环境下动量轮转子的总体优化流程[62]

根据以上设计要求、目标、约束条件和优化方案，在 iSIGHT 环境下集成 ANSYS 软件，建立了磁悬浮动量轮转子组件的优化流程，如图 2-44 所示。首先根据磁悬浮动量轮的设计方案和基本设计参数，利用有限元分析软件 ANSYS

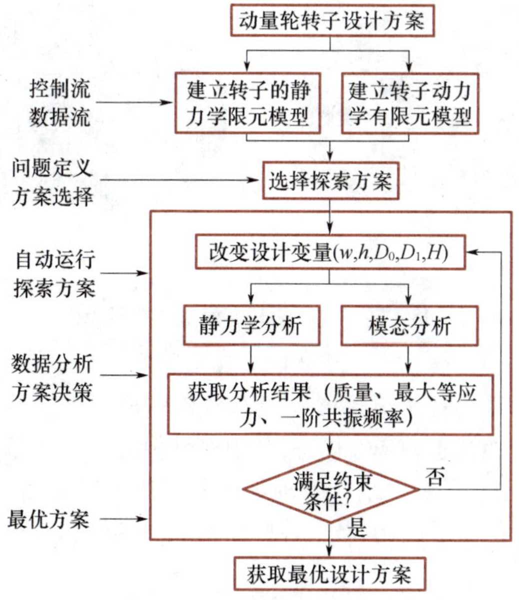

图 2-44　磁悬浮动量轮转子的优化流程

建立磁悬浮转子的静力学模型和动力学模型,并根据初始参数计算得到初步的分析结果,并获取静力学和动力学分析的命令流文件,在此基础上再通过多学科设计优化软件 iSIGHT 集成 ANSYS 软件下的静力学和动力学仿真模型,选择设计变量、设定约束条件,并选择优化目标(质量最小),选取优化算法(NLPQL)对磁悬浮动量轮转子进行优化设计,得到一组最优的设计变量,实现磁悬浮动量轮转子质量的最小化。

2) 磁悬浮动量轮转子组件的有限元建模

(1) 磁悬浮动量轮转子材料选用。如前所述,磁悬浮动量轮转子主要由轮盘、径向磁轴承和轴向磁轴承的转子、电机转子、轴承座、传感器径向检测环和轴向检测环组成,包括钛合金 TC4、不锈钢 1Cr18Ni9Ti、1J22、电工纯铁 DT4C、SmCo 永磁体、合金钢 40Cr 等多种材料。

(2) 磁悬浮动量轮转子组件有限元模型。根据磁悬浮动量轮转子组件的几何参数和材料属性,在 ANSYS 中通过点→线→面→体的顺序首先建立磁悬浮动量轮转子组件的实体模型,然后赋予材料属性,选择单元类型划分网格,建立磁悬浮动量轮转子组件的几何模型和有限元模型如图 2-45 所示,磁悬浮动量轮转子组件的静力学和动力学分析的基本模型相同,但约束条件不同。

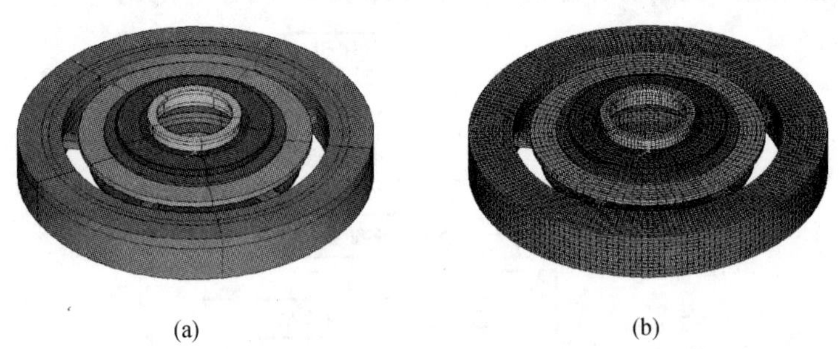

(a) (b)

图 2-45 转子组件的几何模型和有限元模型
(a) 几何模型;(b) 有限元模型。

(3) 磁悬浮动量轮转子组件弹性模态分析建模。磁悬浮动量轮转子组件的模态主要分为刚性模态和弹性模态,其中刚性模态受磁轴承及其控制系统参数影响,其分析将在第五章中结合磁轴承控制方法予以介绍;弹性模态主要取决于磁悬浮动量轮的转子结构和支承刚度,本节中的模态分析主要针对弹性模态分析。

模态分析是最基本的动态分析方法,磁悬浮动量轮转子组件的模态分析主要是确定其在无阻尼、自由振动条件下的固有频率和固有振型[50-52]。固有频率和固有振型是由磁悬浮动量轮转子组件的几何形状、材料特性以及约束形式所决定的。转子组件的每一个固有频率对应一个自由振动模态，各个振动模态彼此之间相互独立，磁悬浮动量轮转子组件的任何运动都可以用其自由振动模态的线性组合来表示，通过模态分析能够了解磁悬浮动量轮转子组件的基本动力特性，初步预见其动态响应特征。在模态分析中，由于高频振动模态对磁悬浮动量轮转子组件运动的贡献很小而被忽略，因此，在工程应用中只考虑若干低阶模态。

在有限元划分后，磁悬浮动量轮转子组件的运动状态中各节点的运动方程如下：

$$[\boldsymbol{M}]\{\ddot{\delta}\} + [\boldsymbol{C}]\{\dot{\delta}\} + [\boldsymbol{K}]\{\delta\} = \{P(t)\} \tag{2-6}$$

式中：$[\boldsymbol{M}]$为磁悬浮动量轮转子组件的质量矩阵；$[\boldsymbol{C}]$为阻尼矩阵；$[\boldsymbol{K}]$为刚度矩阵；$\{P(t)\}$为动力载荷向量。

若无外力作用，即$\{P(t)\} = \{0\}$，同时忽略阻尼对系统的影响，则得到磁悬浮动量轮转子组件的无阻尼自由振动方程为

$$[\boldsymbol{K}]\{\delta\} + [\boldsymbol{M}]\{\ddot{\delta}\} = \{0\} \tag{2-7}$$

式(2-7)即为模态分析的基本方程。

3）iSIGHT 环境下磁悬浮动量轮转子组件的集成优化

（1）在 iSIGHT 集成环境下对磁悬浮动量轮转子组件的静力学和动力学仿真模型进行集成；

（2）对静力学输入文件和动力学输入文件（命令流文件）进行解析，定义设计变量；

（3）根据系统的优化目标和约束条件，在 iSIGHT 环境下对磁悬浮动量轮转子组件的优化问题进行定义，采用直接搜索法中的序列二次规划法（NLPQL）进行优化设计运算。

（4）利用 ANSYS 提供的批处理运行模式，自动执行命令流文件，在 iSIGHT 环境下实现静力学和动力学输入文件的集成，从而控制 ANSYS 的自动运行；

（5）经过仿真得到磁悬浮动量轮转子设计的输出参数，并将设计变量和输出参数传递给 static_s. txt（设计变量和静力学输出参数）和 response_m. txt（设计变量和动力学输出参数）两个结果文件中进行保存；

（6）根据系统优化目标的计算公式，计算系统的优化目标值，将计算结果数据传送给 iSIGHT 的系统级优化器；

（7）iSIGHT 系统级优化器判断所接收的数据是否收敛，如果收敛则停止循环，否则根据优化策略产生新的设计点，开始新一轮循环，实现了设计自动化。

4. 磁悬浮动量轮转子组件优化及强度、模态分析结果

1）磁悬浮动量轮转子组件优化结果

利用 iSIGHT 的分析决策模块对整个求解过程进行控制，设计者可以实时观察整个优化过程中参数和目标的变化情况，以便对设计过程做出正确的决策，通过优化设计得到的磁悬浮动量轮转子组件的主要参数见表 2－2。

表 2－2　磁悬浮动量轮转子组件的主要参数

转速/(r/min)	5000	轮辐高度 h/mm	6
转子材料	TC4	一阶频率/Hz	1156
转子结构肋板数目	5	模态形状	轮辐的轴向弯曲
角动量/N·m·s	15.08	转子体极惯性矩/kg·m^2	0.0288
轮缘内径 D_0/mm	171.6	赤道惯性矩/kg·m^2	0.015
轮缘外径 D_1/mm	227	极惯性矩/赤道惯性矩	1.92
轮缘高度 H/mm	31	转子组件总质量/kg	4.147
轮辐宽度 w/mm	9		

2）磁悬浮动量轮转子组件强度分析结果

基于有限元软件 ANSYS 进行线性静力分析，在最高转速 7000r/min 时，磁悬浮动量轮转子组件的最大应力为 71.7MPa，其应力云图及剖视图如图 2－46 所示。

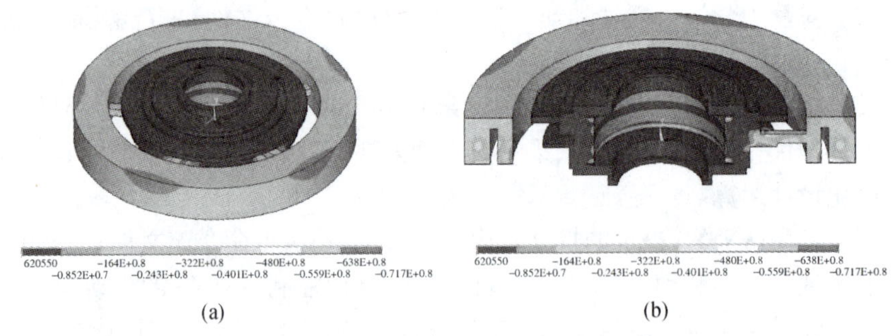

图 2－46　转子组件的应力分布

(a) 转子组件的应力云图；(b) 转子组件的应力云图剖视图。

其最大应力所在位置的局部应力云图如图 2－47 所示，从图中可以看出，最大应力发生在轮辐与轮毂连接部位。

由于钛合金的屈服应力在 800MPa 以上，因此磁悬浮动量轮转子组件在 7000r/min 转速下满足强度要求，静强度的安全系数达到 11。

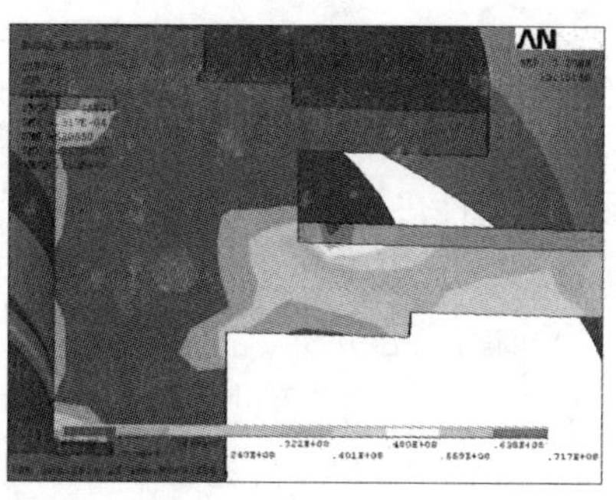

图2-47　最大应力处局部应力云图

3）磁悬浮动量轮转子组件模态分析结果

基于模态分析基本方程式(2-7)，采用ANSYS中的分块兰索斯法进行求解[53]，表2-3给出磁悬浮动量轮转子组件的前4阶固有频率，相对应的固有振型如图2-48所示。从表2-2中可以看出，转子组件的1阶固有振型为轮辐的轴向弯曲，固有频率为1156Hz，远大于磁悬浮动量轮最高设计转速7000r/min (116Hz)，满足刚度设计要求。

表2-3　磁悬浮动量轮转子组件的固有振动频率及振型

阶次	固有频率/Hz	对应振型	阶次	固有频率/Hz	对应振型
1	1156	轮辐的轴向弯曲	3	1349	轮缘的轴向扭曲
2	1349	轮缘的轴向弯曲	4	1418	轮缘相对轮毂弯曲

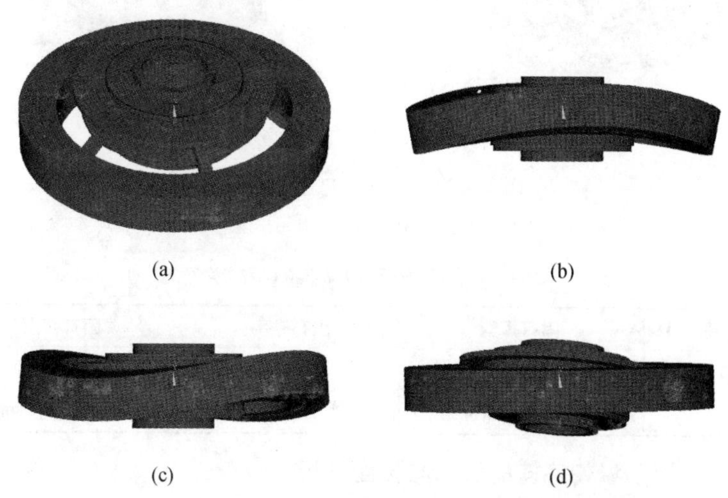

图2-48　磁悬浮动量轮转子组件的固有振动频率及振型
(a) 1阶振型；(b) 2阶振型；(c) 3阶振型；(d) 4阶振型。

2.5.2 磁悬浮惯性动量轮定子组件的结构有限元分析

对磁悬浮动量轮的定子组件进行力学分析主要是分析磁轴承组件的固有振动特性,避免其对控制系统稳定性造成影响。磁悬浮惯性动量轮的定子组件主要包括定子轴、底座和密封罩三部分,以下分别针对这三个结构件进行有限元分析。

1. 磁悬浮动量轮定子轴的模态分析

磁悬浮惯性动量轮转子和定子之间通过磁轴承实现非接触稳定悬浮支承,由磁轴承力小范围线性化理论可知,在分析过程中可以把径向磁轴承和轴向磁轴承简化为线性单元,即简化为弹簧,采用 COMBINE14(弹簧—阻尼)单元进行模拟,其等效刚度由磁轴承的电磁分析确定。对定子轴的刚度设计要求其一阶固有振动频率远大于动量轮的最高设计转速。利用有限元分析软件 ANSYS,采用 SOLID95 单元,对动量轮定子轴进行模态分析,其几何模型和有限元模型如图 2-49 所示。表 2-4 给出了定子轴的固有频率及振型,对应固有振动频率及振型如图 2-50 所示。

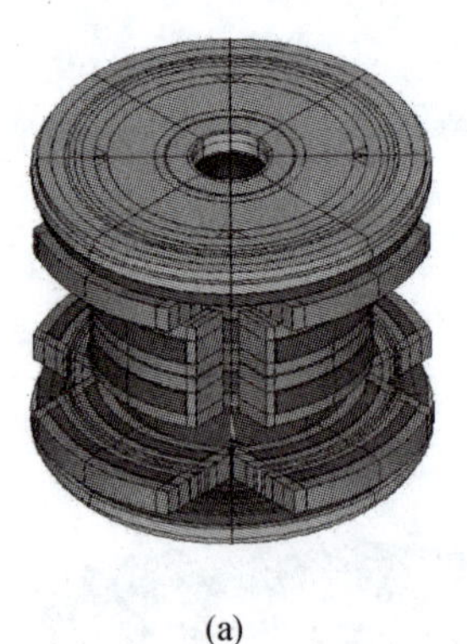

(a)

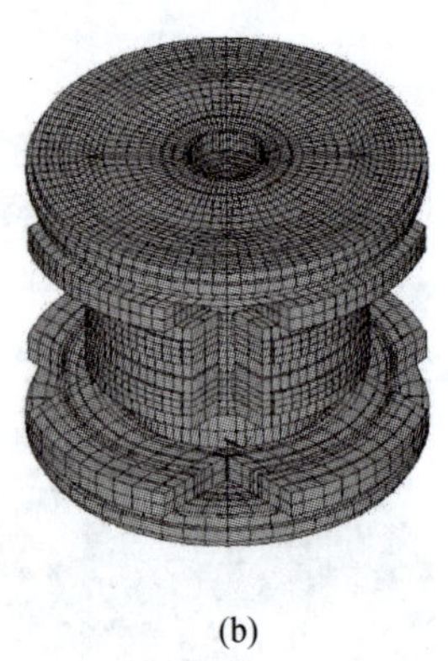

(b)

图 2-49 定子轴的几何模型和有限元模型

(a) 几何模型;(b) 有限元模型。

表 2-4 动量轮定子组件固有频率及振型

阶次	固有频率/Hz	固有振型	阶次	固有频率/Hz	固有振型
1	1324	轴的径向弯曲	3	1715	轴对称弯曲
2	1324	轴的径向弯曲	4	2273	上轴向磁轴承定子平面内弯曲

2. 磁悬浮动量轮底座的模态与强度分析

底座为磁悬浮动量轮定子组件的安装基座以及动量轮和卫星的安装基准面(图 2-51),以下首先就安装基准设计进行介绍,然后对底座进行力学分析。

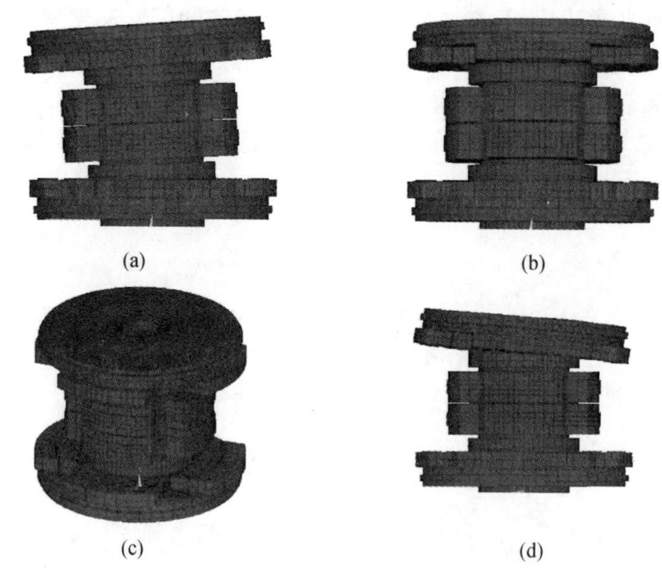

图 2－50　定子组件固有振动频率及振型

（a）1 阶；（b）2 阶；（c）3 阶；（d）4 阶。

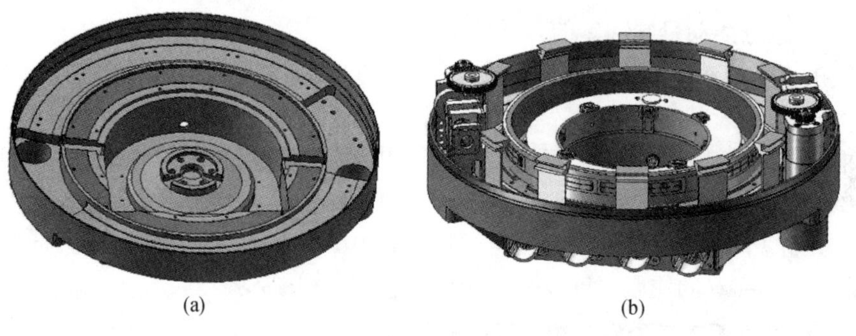

图 2－51　底座及底座组件图

（a）底座；（b）底座（含锁紧机构）。

1）磁悬浮动量轮安装基准设计

磁悬浮动量轮在正常工作状态下，磁轴承控制系统将动量轮转子跳动控制在单边保护间隙 δ_p 的 1/5 以内，若两个保护轴承之间的距离为 L_p，则动量轮转子角动量矢量方向与定子轴线之间的夹角 α 为

$$\alpha = \arctan\left(\frac{\left(2 \times \frac{\delta_p}{5}\right)}{L_p}\right)$$

若安装基准面法线和动量轮角动量矢量方向之间的总偏差要求小于 θ_b，则安装基准面法线和定子轴之间的安装偏差必须小于 $\theta_b-\alpha$。同理，若要求安装基准镜法线和动量轮角动量矢量方向之间的偏差小于 θ_m，则基准镜安装面法线与安装基准面法线的偏差必须小于 $\theta_m-\alpha$。磁悬浮惯性动量轮安装基准面与基准镜位置如图 2-52 所示。

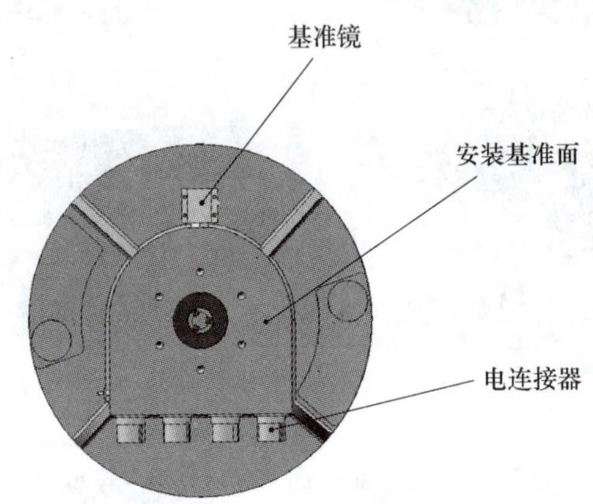

图 2-52　磁悬浮惯性动量轮安装基准面与基准镜位置示意图

2）磁悬浮动量轮底座的力学分析

在底座的锁紧位置施加 10 倍转子质量的作用力，在密封罩规定面施加 1 个大气压压强，并将底座安装面固定。采用 SOLID185 单元，底座固有模态分析结果如图 2-53 所示，对底座进行强度分析得到的应力云图和应变云图如图 2-54 所示。

分析表明，底座的 1 阶固有模态频率为 1015Hz，最大应力为 7MPa，而底座材料 7A09-T6 的屈服强度 $\sigma_{0.2}=580\text{MPa}$，满足使用要求。

3. 磁悬浮动量轮密封罩的强度分析

基于有限元分析软件 ANSYS，建立密封罩的几何模型和有限元模型如图 2-55 所示，动量轮密封后内部近似真空，在密封罩外表面施加压力，在密封罩底边以及中心圆柱处施加约束。

1）磁悬浮动量轮密封罩结构的静力分析

对密封罩进行静力分析，可得 1 个大气压下，密封罩的位移云图和应力云图如图 2-56 所示。

从图中可以看出，在 1 个大气压作用下，密封罩的最大位移为 0.624mm，最大应力为 67.5MPa。由于分析是线性的，因此当密封罩承受 2 个大气压作用时，密封罩的最大位移为 1.248mm，最大应力为 135MPa，而密封罩材料 7A09 的

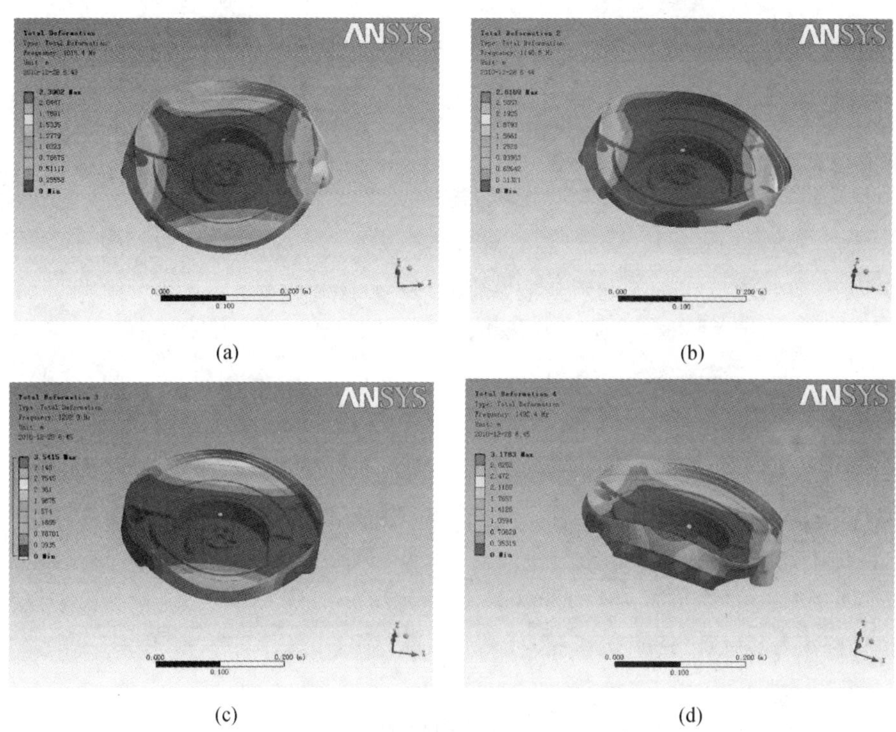

图 2-53　底座固有模态分析结果
(a) 1 阶(1015Hz)；(b) 2 阶(1148Hz)；(c) 3 阶(1292Hz)；(d) 4 阶(1292Hz)。

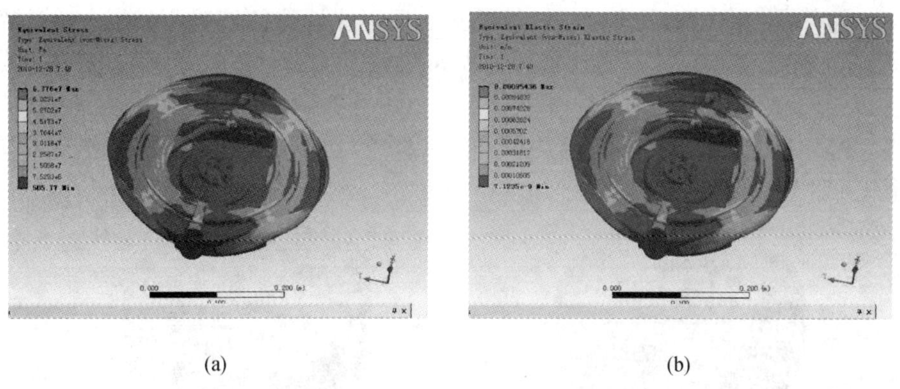

图 2-54　在 10 倍重力下底座的应力云图与应变云图
(a) 应力云图；(b) 应变云图。

屈服应力大于 580MPa，满足静强度要求，且在 2 个大气压载荷作用下结构的静强度安全系数为 4.28。

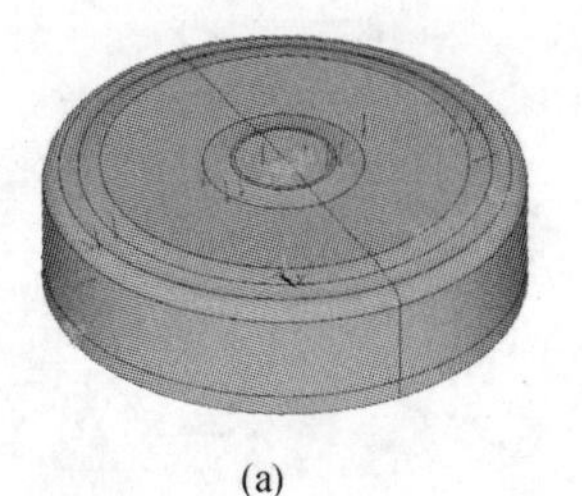

(a)

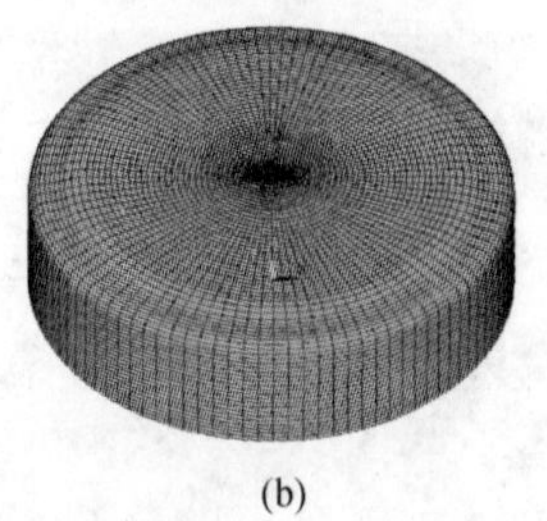

(b)

图 2－55　密封罩的几何模型与有限元模型

（a）几何模型；（b）有限元模型。

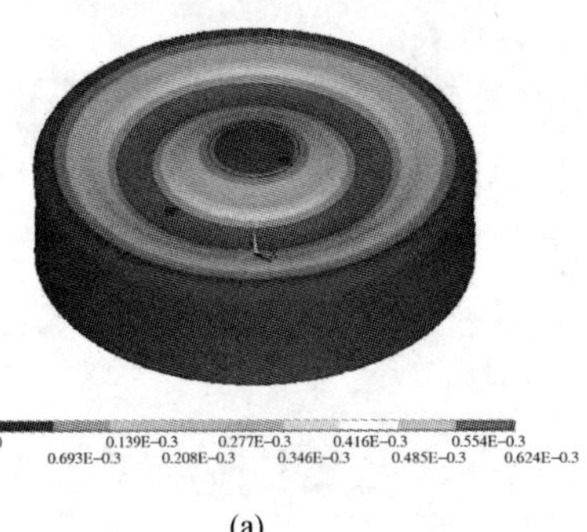

(a)

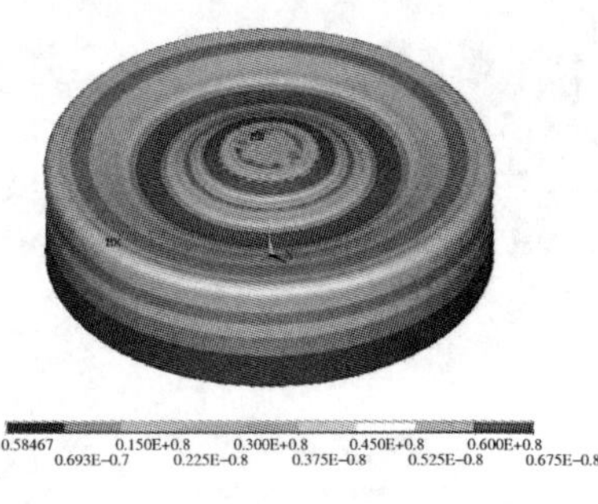

(b)

图 2－56　在 1 个大气压下密封罩的位移云图与应力云图

（a）位移云图；（b）应力云图。

2）磁悬浮动量轮密封罩的稳定性分析

（1）线性特征值屈曲分析计算结果。采用线性特征值屈曲分析方法计算密封罩的稳定特性，得到密封罩的临界屈曲载荷为 6.447 个大气压，其失稳模态如图 2－57 所示。

（2）非线性屈曲分析计算结果。在 9.8 个大气压下，密封罩的位移云图如图 2－58 所示。

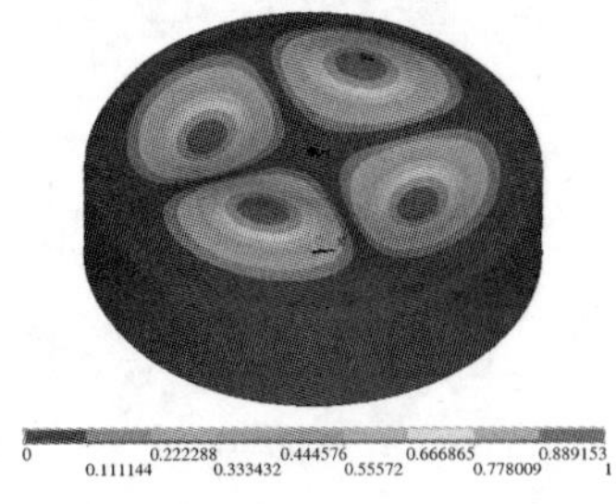

图 2－57　特征值屈曲分析失稳模态

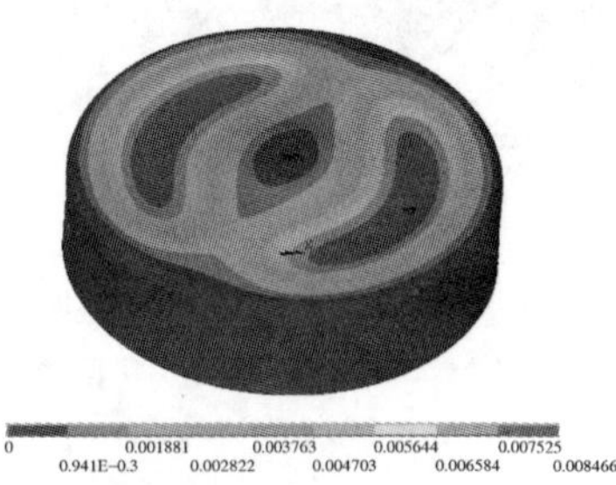

图 2－58　在 9.8 个大气压下密封罩结构的位移云图

根据特征值分析结果,密封罩的临界屈曲载荷为 6.447 个大气压。而从非线性屈曲分析结果来看,密封罩在 10 个大气压载荷作用下结构不会发生失稳破坏。

2.6　磁悬浮惯性动量轮的热分析与设计

磁悬浮动量轮依靠磁轴承提供的电磁力进行支承并依靠电机加减速输出力矩,故动量轮在工作过程中磁轴承和电机均会产生铁耗和铜耗,这些损耗最终都将转化成热[63]。由于磁悬浮惯性动量轮工作在高真空环境下,内部产生的热量只能通过热传导和热辐射向外散出,散热条件差,如果系统温度过高将引起材料磁性能损失、胶层老化等,严重影响动量轮工作性能,所以对磁悬浮惯性动量轮系统进行热分析和合理的热设计成为动量轮设计中的关键部分。在动量轮热特性的研究方面国内外相关文献并不多见,通常是采用等效热路法[64]求解系统中采样点的温度,采用等效热网络方法[65-67]分析动量轮系统的热特性或采用有限元方法分析动量轮转子部件的温度场分布[68-71]。

磁悬浮惯性动量轮结构比较复杂,且内部热源较为分散。运用有限元求解温度分布的计算精度高,但进行优化时动量轮的复杂结构使得优化变量过多,运算量大,求解时间过长。热网络法求解精度低于有限元,但其应用图论原理,通过网络拓扑结构进行温度场分析,能直观反映热量传递关系,易于通过网络拓扑图确定影响各部件温度的关键因素,因此本节介绍了一种热网络与有限元相结合的热设计方法,用有限元法定量计算动量轮的温度场分布,对不符合温度要求的部件用等效热网络图定性分析影响因素,依此来确定动量轮的热设计方案[72]。

2.6.1　磁悬浮惯性动量轮热源分布及损耗分析

本节以五自由度磁悬浮反作用飞轮为例对热设计进行介绍。

1. 结构及热源分布

磁悬浮反作用飞轮结构如图 2-1 所示,主要包括飞轮轮体、芯轴、径向磁轴承、轴向磁轴承、电机、底座等部分。飞轮的热源是产生损耗的轴承和电机部分[73],其中轴承铁耗来源于转子表面不均匀的磁感应强度分布,轴承铜耗来源于施加的控制电流,而电机中的损耗主要为定子电流产生的铜耗和电流中的 PWM 分量在电机转子铁芯及永磁体中产生的涡流损耗。

2. 损耗分析

1）磁轴承损耗

磁轴承包括径向磁轴承和轴向磁轴承，其损耗主要为线圈铜耗、定子和转子部分的铁耗。铜耗可根据欧姆定律由下述公式计算：

$$P_{cu} = I^2 R \tag{2-8}$$

式中：电流 I 为通入到线圈中电流的有效值；R 为通电线圈的总电阻。

磁轴承铁耗包括涡流损耗和磁滞损耗，其中涡流损耗由转子高速旋转及线圈电流的 PWM 调制产生，涡流损耗 p_e 的大小由式（2-9）计算[74]：

$$p_e = k_e f_\mu^2 B_m^2 V_{fe} \tag{2-9}$$

式中：k_e 涡流损耗系数；f_μ 为转子切割定子磁场的频率；B_m 为永磁体产生的偏置磁感应强度幅值；V_{fe} 为转子铁芯体积。

而磁滞损耗由于材料被反复交变磁化、磁畴相互间不停摩擦产生，磁滞损耗 p_h 可以表示如下：

$$p_h = k_h f_\mu B_m^{1.6} V_{fe} \tag{2-10}$$

式中：k_h 为磁滞损耗系数，其他与式（2-9）中相同。

2）电机损耗

在磁悬浮反作用飞轮中采用无齿槽无定子铁芯结构的永磁无刷直流电机，消除了一般电机中占相当大损耗量的铁芯损耗和齿槽损耗，其损耗主要为电机铜耗、定子电流的 PWM 分量引起的转子损耗以及附加损耗，同样电机铜耗可由欧姆定律求出，电机相电流的 PWM 分量在转子铁芯及永磁体中产生的涡流损耗可由式（2-9）计算得到。

2.6.2 热网络与有限元相结合的磁悬浮惯性动量轮热设计

在磁悬浮反作用飞轮的热分析和热设计中采用有限元与热网络相结合的方法，即利用有限元方法仿真求解飞轮温度场分布，以找出温度过高点，针对温度过高部件建立飞轮的等效热网络模型，分析飞轮内部热量传递关系及散出途径，以快速确定影响飞轮系统温度场的各种因素，进而得到强化散热的措施，对飞轮进行热优化设计。热网络与有限元相结合方法在磁悬浮反作用飞轮热设计中的应用流程如图 2-59 所示。

该方法利用了有限元计算温度场时边界条件易处理、计算精度高的优点，同时结合了等效热网络模型反映热量传递关系形象直观的优点，在磁悬浮反作用飞轮的热设计中，既可以获得精确的温度场分布，又能对不符合温度要求的部件快速分析出影响因素，进而提出散热措施，进行热优化设计，因此具有计算

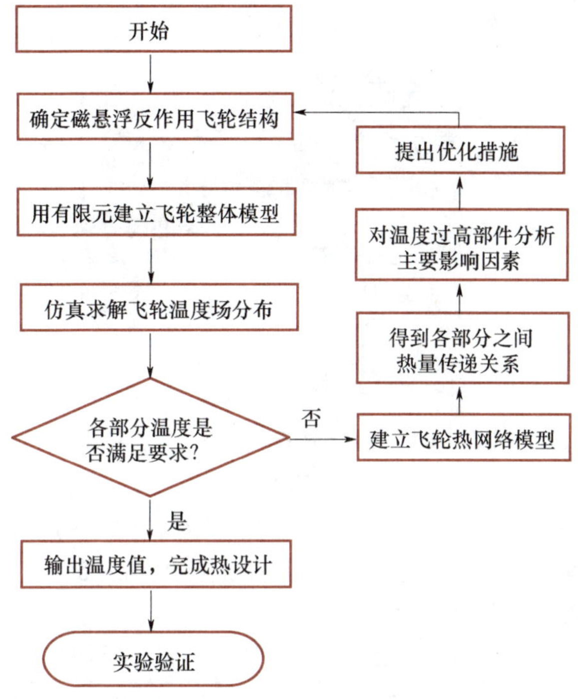

图 2－59　热设计流程

精度高、优化速度快的优点，特别适用于磁悬浮反作用飞轮等结构复杂、热源分散的结构件的热分析和热设计中。

对某磁悬浮反作用飞轮进行热设计，在其结构已初步确定的情况下，需先对温度场进行分析，以判断温度分布是否合理[75,76]。有限元方法因其计算精度高，可用于温度场的计算中。

1. 有限元模型的建立

采用有限元分析软件 ANSYS 对磁悬浮反作用飞轮达到热平衡时的状态进行整体热分析，根据飞轮系统模型的对称性，这里仅对其 1/2 模型进行分析，所建立的飞轮系统模型及划分的节点单元如图 2－60 所示。

由于磁悬浮反作用飞轮工作在高真空环境下，除了飞轮内部不同部件之间会发生热传导和热辐射外，整个飞轮会向周围环境辐射热量，因此飞轮系统为一个开放系统，建立有限元模型时，建立了空间节点，用以吸收飞轮辐射的能量，以确保能量守恒。同时为准确得到飞轮内部不同辐射面之间的辐射热量，分析中采用“隐藏法”计算角系数，即先确定两个单元之间是否“可见”，再计算其中的辐射热量，从而考虑到了所有可能发生辐射的表面。

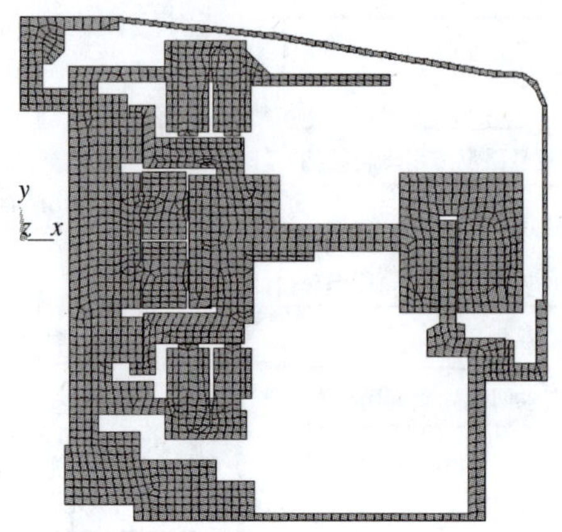

图 2-60 飞轮系统有限元单元节点模型

2. 磁悬浮反作用飞轮温度场仿真

根据对磁悬浮反作用飞轮整体损耗的测试及式(2-8)~式(2-10)对各部分损耗的计算,可得到飞轮各部分产生的损耗如表 2-5 所列,相应各关键组件的热性能参数如表 2-6 所列。

表 2-5 磁悬浮反作用飞轮各部分损耗值

部 件	损耗/W	部 件	损耗/W
电机定子	0.3	径向轴承线圈	1
电机转子	0.7	轴向轴承定子铁芯	0.8
径向轴承定子铁芯	0.8	轴向轴承转子铁芯	3.3
径向轴承转子铁芯	2.2	轴向轴承线圈	17.2

表 2-6 材料热性能参数

飞轮组件	材料	热传导率/(W/(m·K))	热辐射率
芯轴	钛合金	7.2	0.4
电机转子铁芯	1J50	17	0.6
电机定子	聚酰亚胺	0.26	0.9
径向轴承定转子铁芯	1J50	17	0.6
轴向轴承定转子铁芯	电工纯铁	50	0.4
电机、轴承磁钢	钐钴磁钢	11	0.5
飞轮外罩	铝	121	0.6

根据表 2-5、表 2-6 给出的参数对 ANSYS 模型赋予材料属性并施加热载荷,当环境温度为 25℃、分析得到的飞轮系统温度场分布如图 2-61 所示。由

图 2 -61 可以看出,环境温度为 25℃时磁悬浮反作用飞轮达到热平衡时,上轴向轴承的温度最高,约为 121.6℃,下轴向轴承为 110.8℃,径向轴承为 89℃,电机定子为 89℃。其原因为轴向轴承铜耗较大,单个为 8.6W,而上轴向轴承与芯轴接触面积较小,热量不易向芯轴传导,同时上轴向轴承向外辐射热量较少。但有限元分析无法反映影响热量散出的主要因素,故应进一步建立解析模型对温度过高部件进行热优化设计。

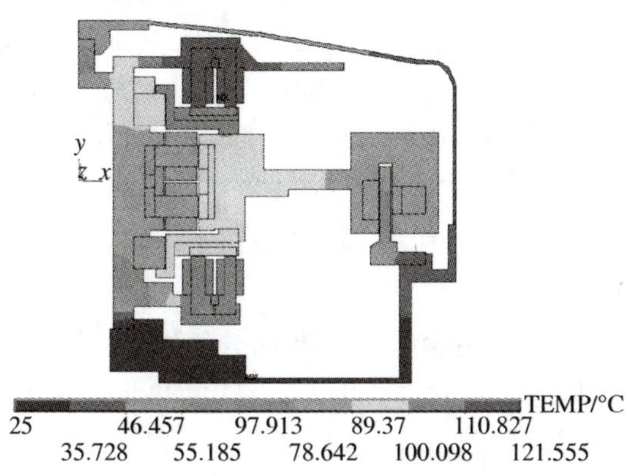

图 2 -61　磁悬浮反作用飞轮温度场分布

2.6.3　基于热网络模型的磁悬浮惯性动量轮热优化设计及实验测试

对磁悬浮反作用飞轮进行热优化设计,需要建立解析模型并确定优化变量及目标变量。根据图 2 -61 所示有限元分析结果,可确定目标变量为上下轴向轴承的温度,为明确影响目标变量的关键因素,以提高优化速度,采用热网络方法建立了飞轮的网络拓扑模型。

采用等效热网络方法分析热量传递方向和散出途径,即将飞轮各部件分别等效为一个个节点,各节点包含自身损耗大小及各种热参数,如比热容、热传导率等,而部件之间的热量传递关系则用节点之间的热阻或热导值表示。当节点为热源时其输入热量即为节点损耗,当节点为非热源的结构件时其输入热量为 0。将各节点通过热阻相连,即形成了整个系统的等效热网络模型。磁悬浮反作用飞轮各部分的等效节点及传热途经如图 2 -62 所示。

图 2 -62 中 $i0$ 为空间节点,用来等效飞轮系统与外界环境间的辐射关系;$i1$、$i2$ 为径向磁轴承定、转子的等效节点;$i3$、$i4$ 为上轴向轴承定、转子的等效节点;$i5$、$i6$ 为下轴向磁轴承定、转子的等效节点;$i7$、$i8$ 为电机内外转子铁芯的等效节点;$i9$ 为电机定子等效节点;$i10$ ~ $i13$ 分别为芯轴、飞轮轮体、底

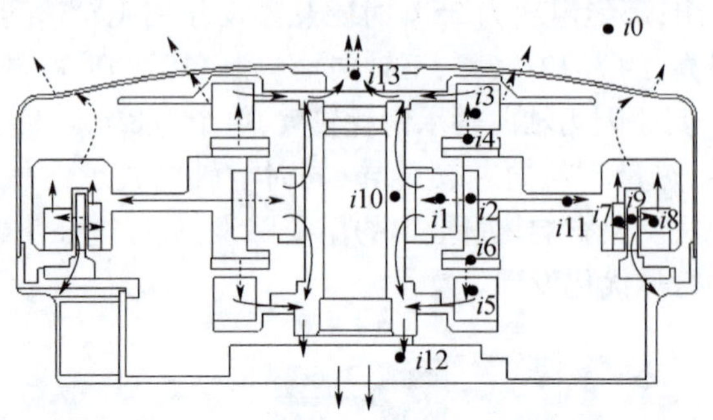

图 2－62　飞轮等效节点及传热途径示意图

——►传导传热途径；- - - -►辐射传热途径。

座及外罩的等效节点。其中 i1～i9 为整个模型的热源节点，i10～i13 为非热源节点。

由于磁悬浮反作用飞轮工作在高真空条件下，几乎不存在对流传热，热量主要以热传导和热辐射的方式散出，节点间的热量传递关系可表示为图 2－63 所示热网络模型，其热网络方程如式(2－11)、式(2－12)所示。

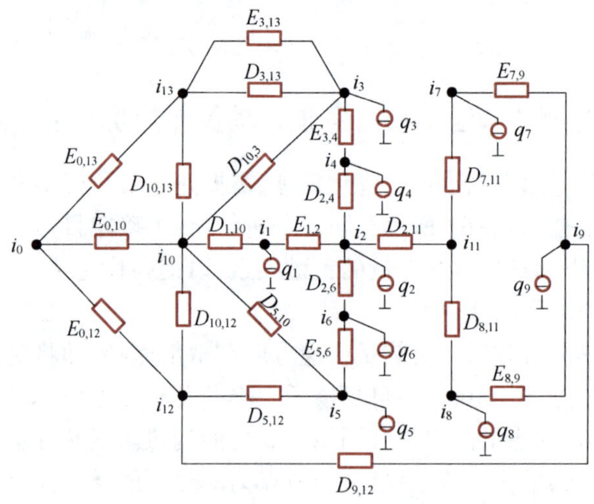

图 2－63　飞轮等效热网络模型

$$c_i \frac{\mathrm{d}T_i}{\mathrm{d}t} = \sum_j E_{i,j}(T_j^4 - T_i^4) + \sum_j D_{i,j}(T_j - T_i) + q_i \tag{2-11}$$

初始条件：

$$T_i = T_{i,0} \tag{2-12}$$

式中：c_i为节点 i 的比热容；T_i为节点 i 的温度；t 为时间；q_i为节点 i 对应的单元内部产生的热量；$E_{i,j}$为节点 i 与 j 间的热辐射系数，有

$$E_{i,j} = \sigma_b / \left(\frac{1-\varepsilon_i}{\varepsilon_i A_i} + \frac{1}{A_i X_{i,j}} + \frac{1-\varepsilon_j}{\varepsilon_j A_j} \right) \tag{2-13}$$

节点 i 与 j 间的热传导系数为

$$D_{i,j} = \frac{\lambda_i A_{i,j}}{\delta_{i,j}} \tag{2-14}$$

式中：σ_b为黑体辐射常数，$\sigma_b = 5.67 \times 10^{-8}\,\mathrm{W/(m^2 \cdot K^4)}$；$\varepsilon_i$、$\varepsilon_j$为两个辐射面各自的辐射率；$A_i$、$A_j$为两个辐射面各自的面积；$X_{i,j}$为两个辐射面之间的角系数；$\lambda_i$ 为导热系数；$A_{i,j}$为两个相邻结构件的接触面积；$\delta_{i,j}$为热传递的距离。

根据图2－61 所示温度场分布图，上轴向轴承与下轴向轴承的温度均超过100℃，故以降低上轴向轴承定子与下轴向轴承定子的温度为优化目标，在等效热网络模型中，即以降低节点 $i3$、$i5$ 的温度值为优化目标。将整个热网络方程中与节点 $i3$、$i5$ 有关的方程列出：

$$\begin{cases} \vdots \\ c_3 \dfrac{\mathrm{d}T_3}{\mathrm{d}t} = E_{3,13}(T_{13}^4 - T_3^4) + E_{3,4}(T_4^4 - T_3^4) + D_{3,13}(T_{13} - T_3) + \\ \qquad D_{3,10}(T_{10} - T_3) + q_3 \\ \vdots \\ c_5 \dfrac{\mathrm{d}T_5}{\mathrm{d}t} = E_{5,6}(T_6^4 - T_5^4) + D_{5,12}(T_{12} - T_5) + D_{5,10}(T_{10} - T_5) + q_5 \\ \vdots \end{cases} \tag{2-15}$$

式中：

$$\begin{cases} E_{3,13} = \sigma_b / \left(\dfrac{1-\varepsilon_3}{\varepsilon_3 A_3} + \dfrac{1}{A_3 X_{3,13}} + \dfrac{1-\varepsilon_{13}}{\varepsilon_{13} A_{13}} \right) \\ E_{3,4} = \sigma_b / \left(\dfrac{1-\varepsilon_3}{\varepsilon_3 A_3} + \dfrac{1}{A_3 X_{3,4}} + \dfrac{1-\varepsilon_4}{\varepsilon_4 A_4} \right) \\ D_{3,13} = \dfrac{\lambda_3 A_{3,13}}{\delta_{3,13}} \\ D_{3,10} = \dfrac{\lambda_3 A_{3,10}}{\delta_{3,10}} \end{cases} \tag{2-16}$$

$$\begin{cases} E_{5,6} = \sigma_b / \left(\dfrac{1-\varepsilon_5}{\varepsilon_5 A_5} + \dfrac{1}{A_5 X_{5,6}} + \dfrac{1-\varepsilon_6}{\varepsilon_6 A_6} \right) \\ D_{5,12} = \dfrac{\lambda_5 A_{5,12}}{\delta_{5,12}} \\ D_{5,10} = \dfrac{\lambda_5 A_{5,10}}{\delta_{5,10}} \end{cases} \tag{2-17}$$

当磁悬浮反作用飞轮处于热平衡状态时,各节点温度不再随时间发生变化,式(2-15)可等效为

$$\begin{cases} \vdots \\ q_3 = (E_{3,13} + E_{3,4}) \cdot T_3^4 + (D_{3,13} + D_{3,10}) \cdot T_3 - E_{3,13} \cdot T_{13}^4 - \\ \qquad E_{3,4} \cdot T_4^4 - D_{3,13} \cdot T_{13} - D_{3,10} T_{10} \\ \vdots \\ q_5 = E_{5,6} \cdot T_5^4 + (D_{5,12} + D_{5,10}) \cdot T_5 - E_{5,6} \cdot T_6^4 - D_{5,12} \cdot T_{12} - D_{5,10} \cdot T_{10} \\ \vdots \end{cases} \tag{2-18}$$

结合图2-63,由式(2-18)可以看出,影响上轴向轴承温度 T_3 的因素为节点 $i3$ 自身产生的热量、$i3$ 与 $i4$、$i13$ 间的热辐射大小、$i3$ 与 $i13$、$i10$ 间的热传导大小;影响下轴向轴承温度 T_5 的因素为节点 $i5$ 自身产生的热量、$i5$ 与 $i6$ 间的热辐大小,$i5$ 与 $i10$、$i12$ 间的热传导大小,故可以只针对这些相关因素进行热设计。由于其等效函数式 $f(x) = ax^4 + bx - c(a>0, b>0, c>0)$ 为增函数,若减小 $f(x)=0$ 对应的 x 值,可增大 a、b 或减小 c,在磁悬浮反作用飞轮内部则表现为增大热传导、热辐射系数,或减小热源及周围节点的温度值。因此,为降低上下轴承及飞轮整体的温度,可从以下方面进行优化及改进。

(1) 减小飞轮内部损耗大小。飞轮内部产生的损耗大小直接决定了飞轮内部热量的多少,若减小式(2-18)中 q_3、q_5 的值,即要减小对应上下轴承产生的损耗。进行热优化设计后的磁悬浮反作用飞轮轴向轴承产生的损耗如表2-7所列。

表2-7 热优化设计后飞轮各部分损耗值

部 件	功耗/W	部 件	功耗/W
轴向轴承定子铁芯	0.7	轴向轴承线圈	3
轴向轴承转子铁芯	3.8		

(2) 强化传热途径。结合式(2-16)、式(2-17)可见，若增大热传导及热辐射系数，需要增大热辐射率、辐射面积，或增大热传导率、传导面积，或减小传导距离。受飞轮整体体积及电磁部件结构限制，辐射面积及热量传导距离无法有大的改变，可以采取的措施有：

① 提高材料热传导率。由图2-61可见，上轴向轴承与其相连的芯轴的温差为21℃，而芯轴与底座的温差达到65℃，故若要通过降低芯轴温度来达到降低上轴向轴承温度的目的，需增强芯轴向底座能量的传导，以减小芯轴与底座的温差。假设热平衡时芯轴的热量全部通过热传导的方式向底座散出，且底座热量能及时散出以保持 T_{12} 在30℃左右，则有

$$q = \frac{\lambda_{10} A_{10}}{\delta_{10}} (T_{10} - T_{12}) \tag{2-19}$$

可见，热传导率与节点间的温差成反比，若满足空间环境下飞轮整体温度不高于100℃的热设计要求，芯轴与底座的温差至少由65℃降低至30℃，则芯轴的热传导率应提高到原来的2倍之上。综合考虑力学性能的要求，在磁悬浮反作用飞轮的设计中，将芯轴原来所用热传导率为7.2W/(m·K)的钛合金换为热传导率为17 W/(m·K)的0Cr18Ni9，以减小式(2-18)中 T_{10} 的值，进而降低 T_3、T_5 的值。

② 增大热传导中不同部件的接触面积。为增大节点3与节点13间的热传导系数 $D_{3,13}$，可改变端盖形状，加大上轴向轴承与端盖的接触面积，使上轴向轴承的温度能更快地向端盖传导；为增大节点5与节点12间的热传导系数 $D_{5,12}$，可改变底座形状，加大下轴向轴承与底座的接触面积，使下轴向轴承的温度能更快地向底座传导。

③ 增大材料热辐射率。材料热辐射率越大，向周围辐射的热量越多，但由于黑体辐射常数很小，物体间通过辐射散出的热量要远小于通过传导散出的热量，故增大材料热辐射率可作为热优化设计降低温度的辅助手段。通过黑色阳极化、表面涂层等表面处理技术均可增大材料的热辐射率。磁悬浮反作用飞轮热优化设计中，采用黑色阳极化的方法对上下轴向轴承定转子及飞轮外罩进行表面处理，使定转子铁芯热辐射率由0.4增加到0.5，飞轮外罩辐射率由0.6增加到0.85，增大了 $E_{3,4}$、$E_{5,6}$ 的值，从而增大定转子间的热辐射，且可使飞轮能够通过外罩更快地向周围环境辐射热量。

对比强化传热途径的三种方法可见，当材料选择范围较广时，更换材料类型以提高热传导率可显著增强热量的传导；增大不同部件的接触面积可在一定程度上增强热量的散出，但会增大飞轮的整体体积和重量；而受黑体辐射常数的限制，增大材料热辐射率只能作为降低物体温度的辅助手段，因此在热优化

设计中,应优先考虑更换材料提高热传导率。

经过结构优化设计及材料工艺处理后磁悬浮反作用飞轮发生变化的热性能参数如表2-8所列。

表2-8 优化设计后材料热性能参数

飞轮组件	优化后材料	热传导率 W/(m·K)	辐射率
芯轴	0Cr18Ni9	17	0.4
轴向轴承定转子铁芯	电工纯铁	50	0.5
飞轮外罩	铝	121	0.85

根据经优化设计后的参数和结构重新对磁悬浮反作用飞轮达到热平衡时的状态进行有限元仿真分析,当环境温度为25℃、飞轮工作在高真空状态下时,得到的磁悬浮反作用飞轮温度场分布如图2-64所示。可见,经过热优化设计后的磁悬浮反作用飞轮整体温度有了明显的降低,其中径向磁轴承温度最高,但只有52.7℃。在环境温度25℃的情况下,飞轮系统各组件最大温升为27.7℃,仿真结果验证了热设计方法的有效性。

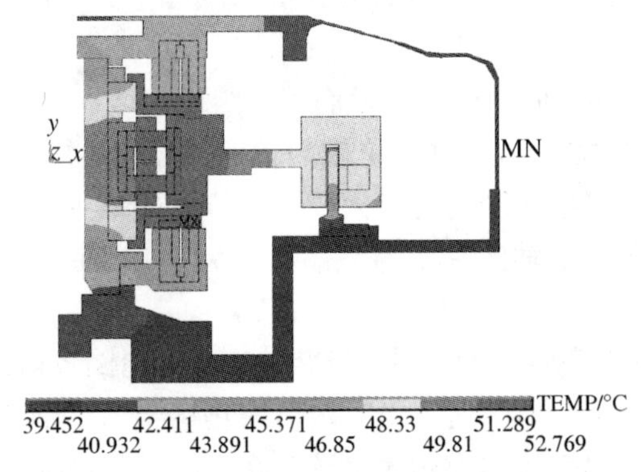

图2-64 热优化设计后磁悬浮反作用飞轮温度场分布

当磁悬浮反作用飞轮应用于空间环境时,其周围环境温度为-10℃~45℃,为便于在地面环境下验证热设计的合理性,可将飞轮置于25℃室温下进行实验,并以其温升值能保证在45℃环境温度下不会超过100℃为宜。将飞轮放置在真空罩内,取上轴向轴承定子、下轴向轴承定子、径向轴承定子及电机定子为温度监测点,分别安装温度传感器,随时检测各点温度。使飞轮在轴向磁轴承支撑的状态下以5000r/min的最高转速旋转,每隔0.5h记录一次各温度传感器测得的温度,观察磁悬浮反作用飞轮系统各组件的温升情况。

磁悬浮反作用飞轮样机监测点的温升曲线如图2-65所示，可见上轴向轴承温度最高，下轴向轴承次之，与有限元分析的温度场分布趋势相同。可见，飞轮连续工作40h后各部件温度稳定，整个飞轮系统达到热平衡。此时各监测点温度的计算值与实验值对比如表2-9所列，其最大误差为5.3%，是由于各材料的表面辐射率受表面处理工艺影响，其真实值与与计算值所用值有偏差所造成。

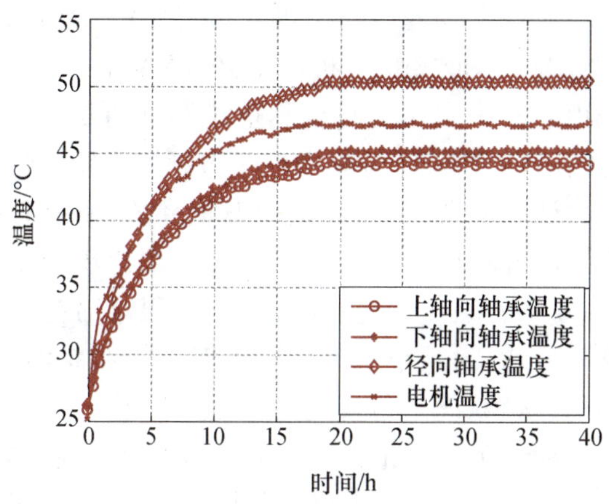

图2-65　飞轮温升曲线

表2-9　热平衡状态飞轮计算温度与实验温度对比

监 测 点	计算温度/℃	实验温度/℃	误差
上轴向轴承定子	43.9	44.2	-0.7%
下轴向轴承定子	45.4	45.3	0.2%
径向轴承定子	52.7	50.5	4.4%
电机定子	49.8	47.3	5.3%

2.7　磁悬浮惯性动量轮剩磁矩分析、设计与补偿

磁悬浮惯性动量轮由于采用磁轴承支承，因此需要使用一定的硬磁材料和软磁材料，故其具有一定大小的磁矩；另外，当卫星工作时，其电子仪器内和相互之间连线中会有一定的电流通过，因此卫星总存在一定的磁矩[77]。当外界磁场消除后卫星仍保留的磁矩则称为剩磁矩。一方面，整星剩磁矩与地磁场相互作用产生干扰力矩，影响卫星姿态的控制精度和稳定度[78]；另一方面，部件的过大剩磁

矩会对卫星的有效载荷产生干扰,如影响磁强计的测量精度等。所以,卫星及其部件剩磁矩的测量及其大小的控制至关重要。剩磁矩的大小是衡量磁悬浮动量轮性能的重要指标之一。对于机械轴承飞轮来说,其主要的剩磁矩来源为电机,该部分磁矩比较稳定,磁矩分析与设计也较为简单。磁悬浮动量轮以磁轴承代替机械轴承作为转子的支承部件,具有较多的磁性材料;且磁轴承定转子之间存在气隙,不可避免会有更多的漏磁;另外,磁悬浮动量轮中磁轴承的刚度会随卫星姿态改变而发生变化,从而引起飞轮整体磁场分布的变化。所以,相比传统的机械轴承飞轮,磁悬浮动量轮的剩磁矩的分析与补偿更为复杂。

目前计算剩磁矩的方法主要是间接测量法和解析法[79],前者是通过地面实验测量卫星的空间磁场分布,经过数学推导得到剩磁矩。但地面实验需要屏蔽地磁场,耗资较大,计算复杂,且无法模拟失重环境,不能获得卫星在空间实际工作时的磁状态。后者利用解析法对磁偶极子耦合场产生的磁矩进行了求解,但解析法无法对复杂的磁部件进行准确建模,很难对尚处于设计阶段的飞轮剩磁矩进行估算。另外,为减小卫星剩磁矩对姿控系统的影响,一般利用磁力矩器根据轨道中的磁性状况进行实时磁补偿[80],但该方法在技术实现上十分复杂。本节介绍一种利用有限元仿真分析磁悬浮反作用飞轮剩磁矩的方法,对飞轮在不同工作状态下的剩磁矩进行了分析,并给出了磁悬浮反作用飞轮的低剩磁矩优化设计方法及剩磁矩补偿方法[83]。

2.7.1 磁悬浮惯性动量轮剩磁矩源分析

本节研究的磁悬浮反作用飞轮结构如图 2 - 1 所示,图 2 - 66 为其径向磁轴承结构,图 2 - 67 为其轴向磁轴承结构。

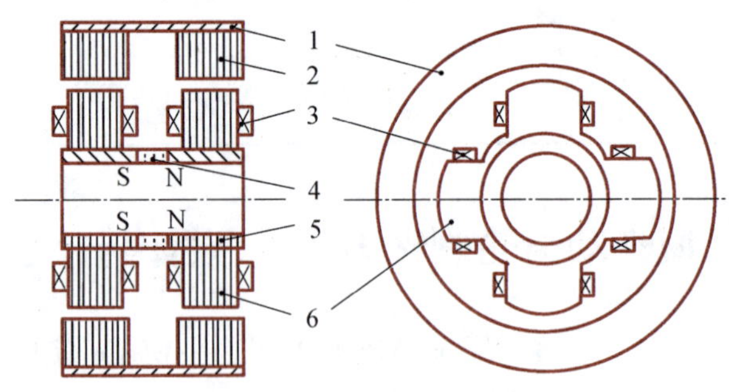

图 2 - 66　径向磁轴承结构

(a) 轴向截面图;(b) 端面图。

1—转子导磁环;2—转子铁芯;3—线圈;4—永磁体;5—定子导磁环;6—定子铁芯。

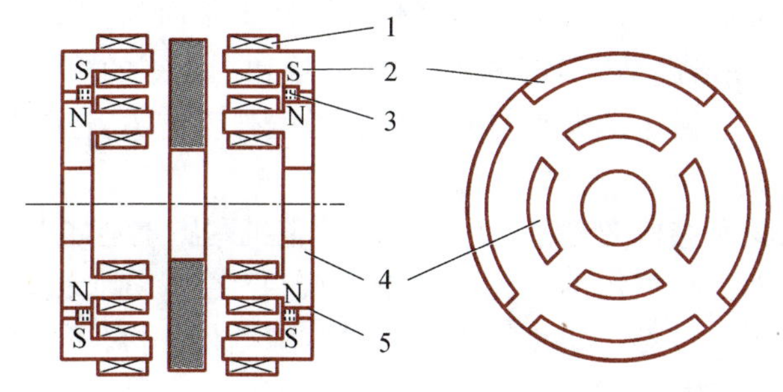

图2-67　轴向磁轴承结构

(a) 轴向截面图；(b) 端面图。

1—线圈；2—定子外环导磁环；3—永磁体；4—定子内环导磁环；5—第二气隙。

可以看出,磁悬浮反作用飞轮的磁矩主要由电机和磁轴承产生,磁矩源可以分为以下三类:

(1) 永磁体。永磁体是磁悬浮动量轮系统中最主要的磁矩来源[81]。轴、径向磁轴承的偏置磁感应强度以及电机磁场都由永磁体提供。永磁体的磁矩 $\boldsymbol{P}_{\mathrm{pm}}$ 为

$$\boldsymbol{P}_{\mathrm{pm}} = \int_V \boldsymbol{M}\mathrm{d}v \tag{2-20}$$

式中:V 为永磁体的体积;$\boldsymbol{M}$ 是磁化强度矢量。

对于图2-1所示的磁悬浮反作用飞轮结构来说,上下轴向磁轴承和电机各磁极的永磁体为径向充磁的环形结构(图2-67),在充磁均匀的条件下,各方向的磁矩互相抵消;而径向磁轴承的永磁体为轴向充磁的环形结构(图2-66),表现出一个较大的轴向磁矩,当不考虑径向气隙变化对永磁体工作点的影响时,该部分磁矩固定不变。

(2) 回路电流。对于一个平面载流线圈,其磁矩 $\boldsymbol{P}_{\mathrm{c}}$ 为

$$\boldsymbol{P}_{\mathrm{c}} = IS\boldsymbol{n} \tag{2-21}$$

式中:I 为线圈电流;S 为平面载流线圈所包围的面积;$\boldsymbol{n}$ 为与电流方向成右手螺旋关系的单位矢量。

该结构磁悬浮反作用飞轮轴向磁轴承采用三自由度分瓣磁极结构(图2-67),轴向磁轴承的每个通道由内磁极和外磁极组成,每个磁极上的线圈磁矩方向相反,但大小不同,其合成磁矩呈轴向,与控制电流大小成正比。而径向磁轴承在正常工作时每对串联线圈会产生大小相同,方向相反的磁矩,所以合成磁矩为零。电机的绕组线圈在每对磁极下的磁矩一定,但由于磁极在周向上对称分布,所以合成磁矩也为零。

(3) 软磁材料。磁轴承的定转子铁芯以及电机转子都为导磁性能良好的

软磁材料。经外界磁场磁化后,软磁材料内会产生定向的磁化分子电流环,其磁矩为外加磁场所激励的磁环分子磁矩的矢量和。磁矩的方向与所经软磁材料的磁路方向一致,磁矩的大小与外磁场的磁场强度有关,也与材料本身的磁化率和形状有关。

综上所述,该种结构磁悬浮反作用飞轮的整机剩磁矩是如下三个部分产生的磁矩的矢量和:大小恒定的永磁体磁矩、动态变化的线圈及铁芯磁矩。为得到剩磁矩的数值解,并对其变化规律及变化范围进行分析,下面介绍一种有限元仿真分析剩磁矩的方法[83]。

2.7.2 磁悬浮惯性动量轮剩磁矩有限元分析

对于磁场分布复杂的磁悬浮反作用飞轮系统,在距离飞轮足够远处(飞轮最大线性直径 3~5 倍[82]),近场效应即可忽略不计,则该处的空间磁场分布是理论上的偶极子场,此时可将整个飞轮系统视为一个磁偶极子模型。磁偶极子的磁矩 $\boldsymbol{P}$ 在以其中心为原点的直角坐标系下可表示为

$$\boldsymbol{P} = P_x\boldsymbol{i} + P_y\boldsymbol{i} + P_z\boldsymbol{i} \tag{2-22}$$

其空间磁场分布如式(2-23)所示。B_x、B_y、B_z分别表示 x、y、z 三个方向上的磁感应强度值。

$$\begin{cases} B_x = \dfrac{u_0}{4\pi}\left[\dfrac{2x^2 - y^2 - z^2}{r^5}P_x + \dfrac{3xy}{r^5}P_y + \dfrac{3xz}{r^5}P_z\right] \\ B_y = \dfrac{u_0}{4\pi}\left[\dfrac{3xy}{r^5}P_x + \dfrac{2y^2 - x^2 - z^2}{r^5}P_y + \dfrac{3yz}{r^5}P_z\right] \\ B_z = \dfrac{u_0}{4\pi}\left[\dfrac{3xz}{r^5}P_x + \dfrac{3yz}{r^5}P_y + \dfrac{2z^2 - x^2 - y^2}{r^5}P_z\right] \end{cases} \tag{2-23}$$

式中:$r = \sqrt{x^2y^2 + z^2}$,表示点(x,y,z)距离磁偶极子中心的距离。

磁偶极子在空间任一点的磁场是由三个方向的磁矩产生的磁场叠加而成的,直接利用式(2-23)计算磁矩比较复杂。根据这一特点,本节提出一种提取剩磁矩特征平面的方法,即在空间磁场中选取三个能表征剩磁矩大小的特定平面($x=0$ 平面,$y=0$ 平面,$z=0$ 平面),通过提取该平面中的磁场值进行反演即可得到剩磁矩。

$$\begin{cases} P_x = -B_x\big|_{(x=0)}\dfrac{4\pi}{u_0}(y^2 + z^2)^{3/2} \\ P_y = -B_y\big|_{(y=0)}\dfrac{4\pi}{u_0}(x^2 + z^2)^{3/2} \\ P_z = -B_z\big|_{(z=0)}\dfrac{4\pi}{u_0}(x^2 + y^2)^{3/2} \end{cases} \tag{2-24}$$

式中 $B_x|_{(x=0)}$、$B_y|_{(y=0)}$ 和 $B_z|_{(x=0)}$ 分别表示在直角坐标系中 $x=0$ 平面上的 B_x 值、$y=0$ 平面上的 B_y 值和 $z=0$ 平面上的 B_z 值。通过上述三个平面的磁场分布，利用式(2-24)即可得出三个方向的磁矩值。

由于磁悬浮反作用飞轮结构较复杂，各磁部件产生的磁场互相耦合，用解析法很难对其进行准确的建模且求解过程十分复杂。利用有限元分析软件 ANSYS 对飞轮等效的磁偶极子在这三个平面的磁场分布进行计算。有限元模型包括磁悬浮反作用飞轮主要的磁部件以及一个直径远大于飞轮最大线性尺寸的球形真空，如图 2-68 所示。为减小由飞轮等效成磁偶极子所带来的误差，本节所建的球形真空模型的直径为飞轮外径的 11 倍，所取的空间磁场距飞轮中心的距离为飞轮外径的 10 倍。

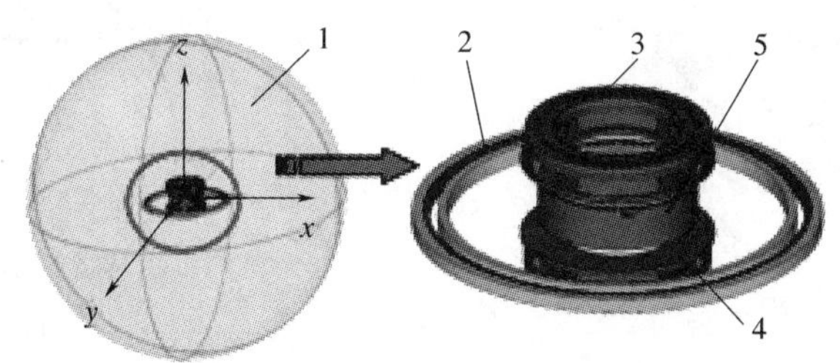

图 2-68　磁悬浮反作用飞轮有限元模型

1—真空；2—电机；3—上轴向磁轴承；4—下轴向磁轴承；5—径向磁轴承。

以飞轮在不工作时的模型为例，采用 8 节点六面体的磁场分析单元对该模型求解可得到飞轮及其周围球形空间的磁场分布。设三条以飞轮几何中心为圆心，以飞轮外径的 10 倍为半径的圆形路径 path1、path2、path3，分别用以读取三个特征平面($x=0$ 平面，$y=0$ 平面，$z=0$ 平面)上的磁场分布，可得三条路径上的磁感应强度波形，如图 2-69 所示。

由于路径上各点距飞轮中心的距离相等，故在路径 path1 上的 B_x 为一恒定值，其大小反映了磁矩 P_x 的大小。而 B_y、B_z 呈正弦变化，反映了 P_y、P_z 的共同作用，如图 2-69(b)所示。对三个特征平面上的路径磁场利用式(2-24)可得在不同位置处的磁矩计算值，如图 2-70 所示。

从图 2-70 可以看出，飞轮剩磁矩主要为轴向分量。对图中的三条曲线取平均值即可得到三个方向的磁矩 P_x、P_y、P_z。

磁悬浮反作用飞轮的磁场分布随工作状态的不同而发生变化，因此其剩磁矩的大小和方向也会随之改变。

(1) 锁紧状态。当飞轮处于锁紧状态时，磁轴承线圈中的电流为零，锁紧装置将飞轮转子紧压于一侧保护轴承上。此时，飞轮一端的轴向磁轴承气隙增

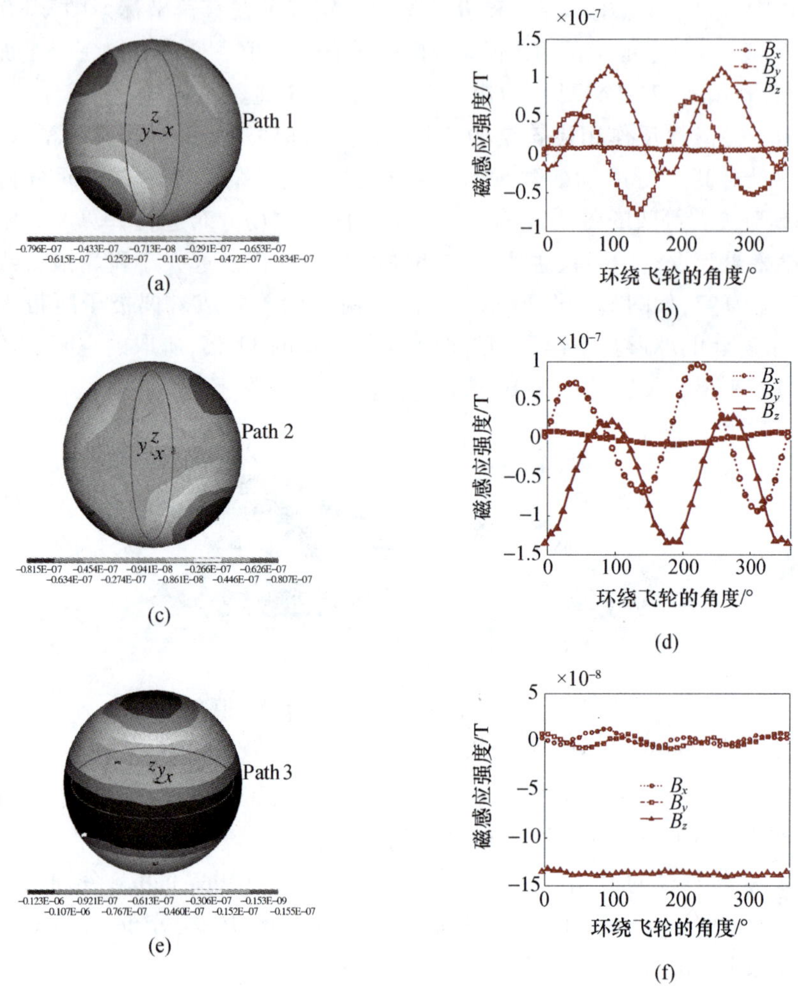

图 2-69　磁悬浮动量轮空间磁场分布

(a) x 方向磁场 B_x；(b) path1 磁感应强度分布；(c) y 方向磁场 B_y；(d) path2 磁感应强度分布；(e) z 方向磁场 B_z；(f) path3 磁感应强度分布。

加,铁芯磁感应强度降低,另一端则相反。径向磁轴承与轴向类似,在同一通道两个不同方向的磁极铁芯上出现磁感应强度差。当采用非电磁锁紧时,整机剩磁矩主要为上述两部分铁芯磁感应强度差产生的磁矩与径向磁轴承永磁体产生的轴向磁矩的矢量和。当采用电磁锁紧时,锁紧装置会给飞轮带来额外的剩磁矩。表 2-10 为采用非电磁锁紧时剩磁矩的计算值。其中,$P_{\text{sum}} = \sqrt{P_x^{\ 2} + P_y^{\ 2} + P_z^{\ 2}}$。

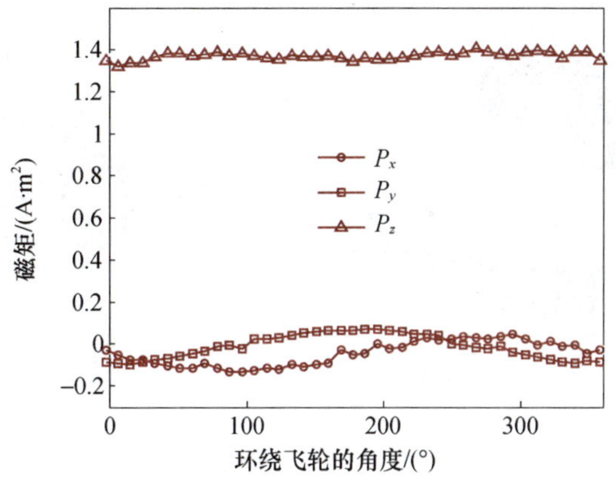

图2-70 磁悬浮动量轮磁矩计算结果

表2-10 锁紧状态下剩磁矩计算值

飞轮状态	P_x/(A·m²)	P_y/(A·m²)	P_z/(A·m²)	P_{sum}/(A·m²)
锁紧状态	0.03	0.11	1.36	1.36

(2) 悬浮状态。磁悬浮反作用飞轮在卫星中正常工作时,由于转子处于失重状态,所以当外界干扰力矩很小时,转子在永磁体产生的静磁场吸力作用下处于悬浮的中心位置(即平衡位置),磁轴承线圈电流可以忽略,此时仿真模型中不考虑磁轴承线圈对磁矩的影响。整机剩磁矩主要为径向磁轴承的永磁体产生的轴向磁矩。

表2-11 平衡位置悬浮时剩磁矩计算值

飞轮状态	P_x/(A·m²)	P_y/(A·m²)	P_z/(A·m²)	P_{sum}/(A·m²)
悬浮状态(平衡位置)	0.08	0.08	1.22	1.23

当外界干扰力矩等因素使磁轴承的刚度发生变化时,转子将偏离平衡位置发生平动或偏转,线圈中通过控制电流在气隙中产生恢复力使转子稳定悬浮。此时整机剩磁矩主要为磁轴承线圈产生的动态磁矩与径向磁轴承永磁体固有磁矩的矢量和。由于该结构飞轮的 x、y 方向的结构完全相同,为便于分析,将剩磁矩及转子位置偏移量分解为沿飞轮轴向及径向。有限元仿真得到转子在不同轴向偏移 d_z 及不同径向偏移 d_r 时稳定悬浮的轴向剩磁矩 P_z 和径向剩磁矩 P_r,如图2-71所示。

从图2-71可以看出,该飞轮剩磁矩的径向分量较小,且变化不大。但轴向分量不仅绝对值较大,且随转子悬浮位置的不同出现明显的变化。磁矩大小以转子悬浮于平衡位置时的磁矩为平均值,当转子向下轴向偏移最大位

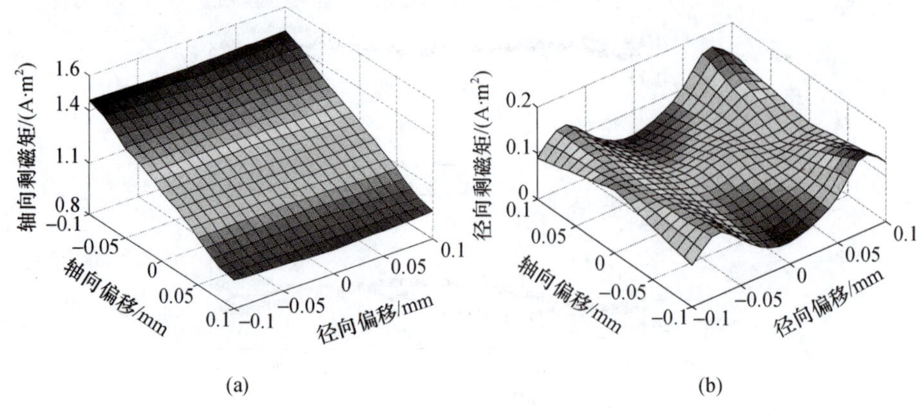

图 2-71 剩磁矩随转子偏移的变化曲线

(a) 轴向剩磁矩；(b) 径向剩磁矩。

移时(转子落在保护轴承上,最大偏移量为保护间隙 0.1mm),剩磁矩增加至 1.45A·m²。而当转子向上轴向偏移最大位移时,剩磁矩降至 0.94A·m²,变化范围达 0.51A·m²。可以看出,转子轴向偏移是引起剩磁矩变化的主要原因。

2.7.3 磁悬浮惯性动量轮低剩磁矩优化设计

磁悬浮反作用飞轮低剩磁矩优化设计的目标是使得各磁矩源产生的剩磁矩能分别在磁轴承与电机的内部互相抵消,电机与磁轴承对外不表现磁矩。在不影响飞轮工作性能的约束条件下,可通过以下方法进行低剩磁矩的优化设计。

1. 磁轴承的磁对称设计

在磁轴承设计时,应对其永磁体和控制线圈的磁矩合理排列,使其在不影响工作性能的前提下互相抵消。根据前文分析可知,图 2-1 所示结构的飞轮主要的磁矩来源为径向磁轴承,该结构仅在定子上有一块轴向充磁的永磁体,因而产生一个较大的轴向磁矩。对该结构进行改进,在其转子上增加一块与定子永磁体充磁方向相反、磁矩大小相等的永磁体,如图 2-72 所示。

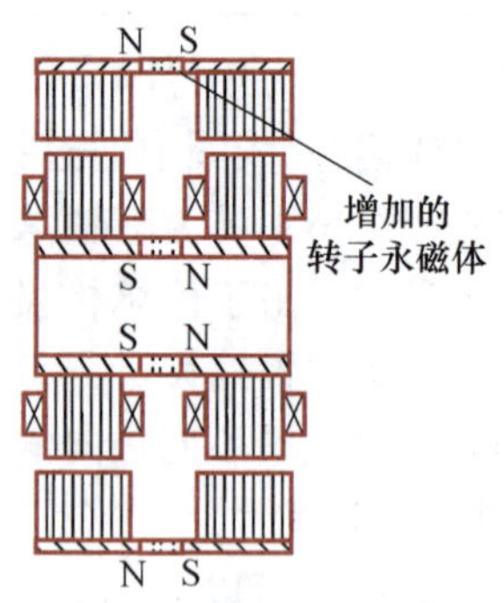

图 2-72 径向磁轴承改进结构

通过仿真计算,径向磁轴承改进后,飞轮在锁紧状态及悬浮于中心位置时的剩磁矩如表 2-12 所列。可以看出,飞轮在锁紧状态的剩磁矩从表 2-10 的 1.36A·m^2降低至 0.24 A·m^2,下降了 89%。悬浮于中心位置时的剩磁矩从表 2-11 中的 1.23A·m^2降为 0.09 A·m^2,下降了 93%。图 2-73 为径向磁轴承改进前后,飞轮剩磁矩随转子不同悬浮位置的变化曲面对比。可以看出,轴向、径向剩磁矩的变化幅值也得到了明显的降低。

表 2-12　径向磁轴承改进后剩磁矩计算值

飞轮状态	P_x/(A·m^2)	P_y/(A·m^2)	P_z/(A·m^2)	P_{sum}/(A·m^2)
锁紧	0.03	0.06	0.23	0.24
悬浮(中心位置)	0.05	0.05	-0.06	0.09

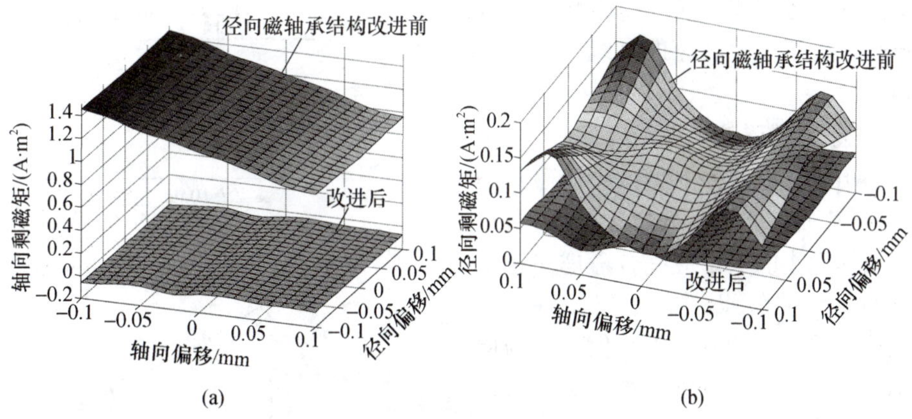

图 2-73　径向磁轴承改进前后飞轮剩磁矩计算值对比
(a) 轴向剩磁矩;(b) 径向剩磁矩。

2. 材料的严格筛选

磁悬浮反作用飞轮上采用的材料必须经过审查,严格控制,并且进行磁化率测量[84,85]。导磁结构应尽量选用磁化率稳定、磁性能受温度及外磁场影响小的材料。而机械结构应尽量选用磁化率小的非磁性材料,例如铝、镁和钛等。某些无磁不锈钢例如 GCr15 在经过机械加工后会带有磁性,要经过检测后慎重使用。

2.7.4　磁悬浮惯性动量轮剩磁矩补偿方法及实验测试

在经过低剩磁矩的优化设计后,磁悬浮反作用飞轮有时仍可能带有一定的剩磁矩。当剩磁矩超出磁性设计指标时,可采用硬磁补偿的方法进行纠正。硬磁补偿是将一个硬剩磁体固定于飞轮上,磁体的磁矩方向与飞轮磁矩方向相反,在远场范围补偿磁体与飞轮产生的磁场互相抵消,从而达到磁矩补偿的目的。为减小补偿体的体积,同时保证补偿后磁矩的稳定性,采用剩磁较大且磁性能稳定的稀土钐钴(SmCo)作为永磁体的材料,实现磁悬浮反作用飞轮剩磁矩最优补偿的关键在于确定补偿体的位置和大小。

1. 补偿磁体位置的确定

为避免补偿体的磁场对飞轮工作性能产生影响,补偿位置应尽量远离飞轮的电磁部件。又由于该飞轮的磁路为轴对称分布,所以应将补偿体置于飞轮的轴线上。同时考虑安装和拆卸的方便性,故将补偿体置于飞轮底座的轴线上,如图 2－74 所示。

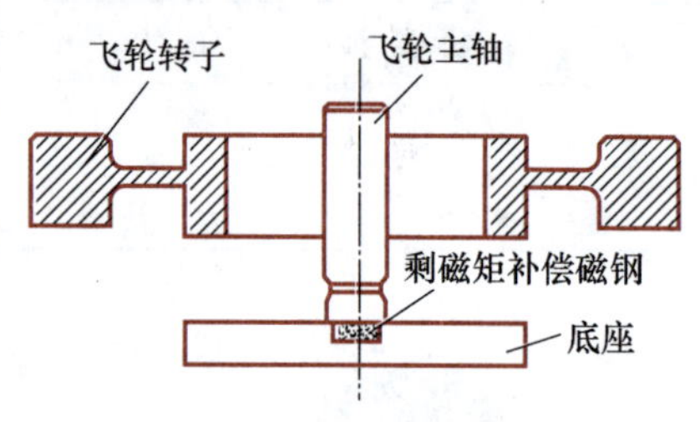

图 2－74　飞轮剩磁矩补偿磁钢位置示意图

2. 补偿磁体大小的确定

由于补偿磁钢只能减小剩磁矩的绝对值,而不能减小其变化范围,所以补偿体大小的确定应综合考虑飞轮不同的工作状态,以补偿后飞轮各状态下待补偿方向的磁矩平均值最小为原则来确定。本节分别计算了圆柱形永磁体直径 $d = 10\text{mm}^2$ 和 $d = 15\text{mm}^2$ 时,不同的永磁体厚度 h 对飞轮剩磁矩补偿情况,如图2－75所示。

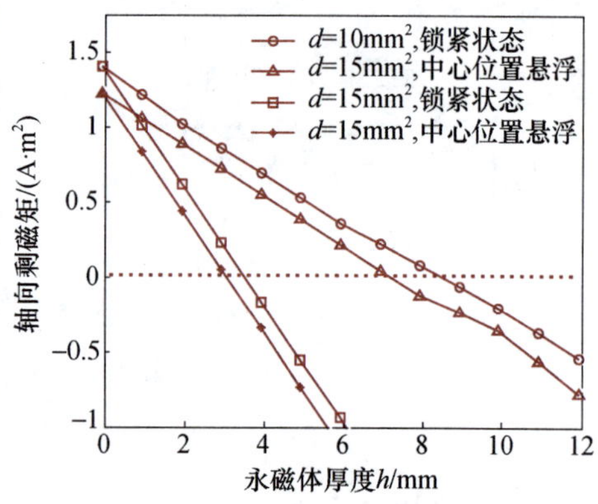

图 2－75　不同体积的永磁体补偿后剩磁矩计算值

由图 2－75 可以看出,若采用直径 $d = 10\text{mm}$ 的圆柱形永磁体进行补偿,永磁体厚度 $h = 8.6\text{mm}$ 时,飞轮在锁紧状态的轴向剩磁矩能减小至零;永磁体厚度 $d = 7.2\text{mm}$ 时,飞轮悬浮时的轴向平均剩磁矩(即飞轮中心位置悬浮时的剩磁矩)能减小为零。综合考虑上述两个工作状态,磁体厚度应选择平均值 7.9mm。同理,采用直径 $d = 15\text{mm}$ 的永磁体时,选择厚度 $h = 3.4\text{mm}$ 能使磁矩补偿效果达到最优。从图 2－75 还可以看出,当补偿永磁体直径较大时,其厚度的变化对剩磁矩的影响也更为剧烈,为得到更高的补偿精度,采用直径较小的永磁体进行补偿。

3. 实验测试

对径向磁轴承采用单永磁体结构的磁悬浮反作用飞轮进行了磁矩补偿实验。实验采用 3 个不同体积的永磁体进行补偿效果对比，其直径 $d = 10\text{mm}^2$，轴向高度 h 分别为 $h = 8\text{mm}$、$h = 10\text{mm}$ 和 $h = 12\text{mm}$。飞轮在轴向正置、不工作状态（即飞轮锁紧状态）下，3 个永磁体补偿前后的测试结果见表 2 – 13。从测试结果可以看出，飞轮的剩磁矩随着补偿磁体体积的增加从 $+z$ 方向变化至 $-z$ 方向，当补偿磁体为 9mm 时，剩磁矩的轴向分量减小至零，此时可达到锁紧状态时的最佳补偿效果，与通过计算得到的补偿体厚度 8. 6mm 基本一致。

表 2 – 13　永磁体补偿前后样机剩磁矩测试结果对比

		$P_x/\text{A}\cdot\text{m}^2$	$P_y/\text{A}\cdot\text{m}^2$	$P_z/\text{A}\cdot\text{m}^2$	$P_{sum}/\text{A}\cdot\text{m}^2$
补偿前	实验值	0	0. 15	1. 40	1. 41
	计算值	0. 03	0. 11	1. 36	1. 36
$h = 8\text{mm}$	实验值	0. 08	0. 08	0. 17	0. 20
	计算值	0. 01	0. 04	0. 11	0. 12
$h = 10\text{mm}$	实验值	0. 01	0. 03	-0. 17	0. 17
	计算值	0. 01	0. 04	-0. 20	0. 20
$h = 12\text{mm}$	实验值	0. 01	0. 07	-0. 41	0. 42
	计算值	0. 01	0. 04	-0. 49	0. 49

2. 8　磁悬浮惯性动量轮锁紧/解锁机构设计与测试

磁悬浮惯性动量轮通过磁轴承所产生的磁力实现转子的非接触弹性悬浮支承，定子和转子之间存在一定的间隙，由于在卫星发射主动段磁轴承一般不工作，为了防止磁悬浮惯性动量轮系统因剧烈的振动和冲击而受损，因此必须采用额外的发射锁紧/解锁保护装置。而当卫星入轨后，还需解除磁悬浮惯性动量轮系统原有的锁紧关系，使转子处于自由状态以便于悬浮工作。

2. 8. 1　磁悬浮惯性动量轮锁紧/解锁机构分类及主要性能指标需求

根据锁紧/解锁机构的结构形式不同，可以将其分为内锁紧和外锁紧两种。通常较小尺寸的磁悬浮动量轮转子，由于其内部空间较小，大多采用外锁紧方式，如 Scharfe 等[89,90]所提出的一种基于电机执行机构、齿轮箱减速增力机构和夹紧机构的外锁紧/解锁机构；尺寸较大的动量轮转子既可以采用外锁紧/解锁机构[91]，又可以采用内锁紧/解锁机构[94]。根据锁紧/解锁机构执行锁紧方式的不同,可以将其分别抱式锁紧[89-91]、气囊锁紧[91,92]、锥形机械轴承锁紧和电磁锁紧[94]等。根据执行解锁方式的不同,可以将其分为火工品爆炸式解锁[92]、电机解锁[89]和电磁解锁[94]等。根据锁紧/解锁的次数,磁悬浮动量轮锁紧/解锁机构可以分为一次性锁紧/解锁机构[92]和可重复多次锁紧/解锁机构[94]。一次性锁紧/解锁机构具有结构简单、可靠性高的优点,所以早期大多数磁悬浮动量轮都采用一次性锁紧/解锁机构。

尽管一次性锁紧/解锁机构与可重复多次锁紧/解锁机构的工作次数不同,但两种机构均需满足以下基本的性能指标需求:

(1) 锁紧/解锁机构的状态保持不需要持续通电。

(2) 地面力学环境试验(正弦扫频、随机振动、冲击、离心试验)后,动量轮转子形状、转动惯量、动平衡度、质心不变,且无多余物产生。

(3) 发射主动段动量轮处于锁紧状态,定、转子间保护间隙完全消除,且无相对运动。

(4) 解锁间隙应远大于保护间隙。

(5) 通过传感器遥测控制锁紧/解锁机构的锁紧/解锁状态,无需人直接介入。

(6) 锁紧/解锁机构工作状态可检测。

对于可重复多次锁紧/解锁机构,还应确定可重复锁紧/解锁次数和执行锁紧/解锁时间等性能指标。

2.8.2 磁悬浮惯性动量轮锁紧/解锁机构结构与工作原理

磁悬浮惯性动量轮锁紧/解锁机构一般由锁紧执行机构、解锁执行机构和锁紧接口三部分组成,分别用于动量轮的锁紧、解锁以及提供与动量轮转子的机械锁紧界面。根据磁悬浮惯性动量轮锁紧/解锁机构的不同分类,下面主要对一次性火工锁紧/解锁机构、可重复电磁锁紧/解锁机构、可重复抱式锁紧/解锁机构和形状记忆合金锁紧/解锁机构的基本结构及其工作原理进行简要介绍。

1. 一次性火工锁紧/解锁机构[92]

一次性火工锁紧/解锁机构如图 2-76 所示,主要由碳纤维(或金属)弹片、航空钢丝绳和火工品切割器等组成,其中锁紧力由预紧的航空钢丝绳提供,碳纤维(或金属)弹片提供机械接触面并传递锁紧力,锁紧力的大小通过锁紧螺母调节,火工品切割器主要用于航空钢丝绳的切割并实现解锁。在动量轮正常工作前,由遥测信号或星上指令控制火工品动作,切断航空钢丝绳,同时碳纤维(或金属)弹片张开,动量轮实现解锁。

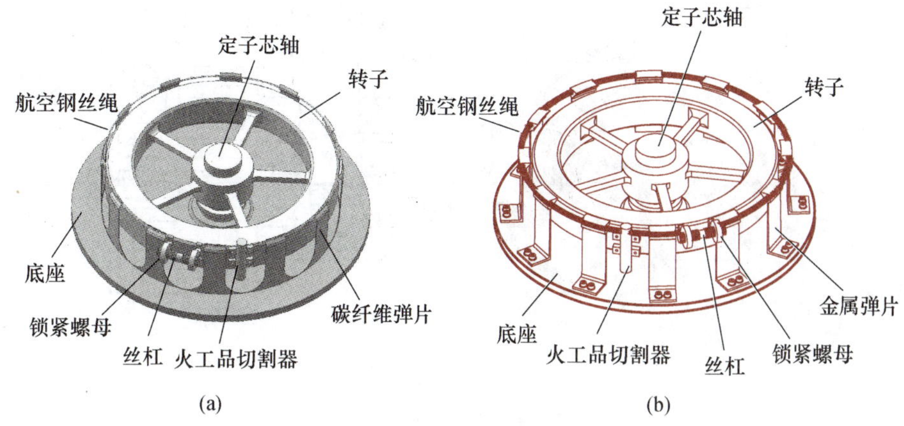

图2－76　火工锁紧/解锁机构简图
（a）一体式碳纤维弹片；（b）分立式金属弹片。

根据一次性火工锁紧/解锁机构所用弹片材料的不同，图2－76(a)和(b)分别给出了采用一体式碳纤维弹片和分立式金属弹片的两种火工锁紧/解锁机构简图。其中碳纤维弹片采用碳纤维复合材料缠绕成薄壁圆筒结构，从上端沿圆周方向设计有多个开口槽，将薄壁圆筒均匀分成多瓣，碳纤维薄壁筒通过热装直接与动量轮底座上的环形槽固连，不可拆卸，不便于整个动量轮系统的装配、调试；而分立式金属弹片式锁紧/解锁机构则克服了这一缺点，便于拆卸。

火工切割器通过其固定装置与动量轮底座连接，由电子点火控制其动作，火工解锁可根据需要采用两个或多个火工切割器的冗余设计方案，沿圆周分布，以提高解锁的可靠性。另外，还应在火工切割器两侧设计钢丝绳支架，在支起钢丝绳的同时，一方面为切割器提供切割点，另一方面也可防止钢丝绳被切断后完全松散脱落，影响动量轮的正常工作。

2. 可重复电磁锁紧/解锁机构[94]

单个可重复电磁锁紧/解锁机构结构如图2－77所示，主要由电磁铁、推杆、支柱、锁柱、解锁弹簧(包括拉簧和压簧)、位置传感器和安装座等组成。在实际使用时，需采用多个(3个~4个)电磁锁紧/解锁机构，沿轮缘周向均布，固定于动量轮底座上，如图2－78所示，考虑到多个电磁锁紧/解锁机构之间的相互配合，在使用中应保证其锁紧/解锁的同步性。

可重复电磁锁紧/解锁机构工作过程主要分为执行锁紧、保持锁紧、执行解锁和保持解锁四个阶段。当执行锁紧时，给线圈通正向电流，电磁铁产生的永磁磁场与电磁磁场正向叠加，产生的磁力将吸引吸盘克服解锁弹簧弹力和机构

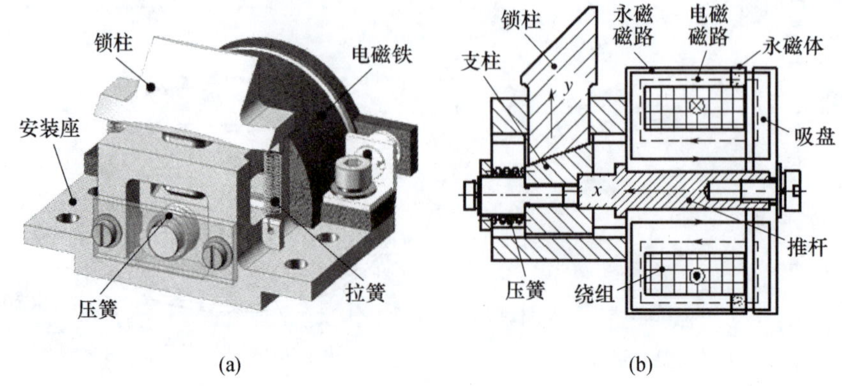

图 2－77　电磁锁紧/解锁机构结构
(a) 结构图；(b) 截面图。

摩擦力推动支柱产生水平(x)方向运动，同时支柱推动锁柱产生竖直(y)方向运动，并顶压动量轮转子内缘，当传感器检测到吸盘到达锁紧位置时，停止电磁铁供电，动量轮实现锁紧，并利用摩擦界面自锁和电磁铁中永磁体产生的磁力保持锁紧状态。当执行解锁时，给线圈通反向电流，电磁铁产生的永磁磁场与电磁磁场反向叠加，吸力减小，压簧在其预紧弹力的作用下，通过推杆将吸盘推开，同时拉簧将锁柱拉离动量轮转子内缘，当传感器检测到吸盘到达解锁位置时，线圈停止供电，动量轮实现解锁，并依靠压簧的剩余弹力，在推杆限位盘的限位作用下保持解锁状态。

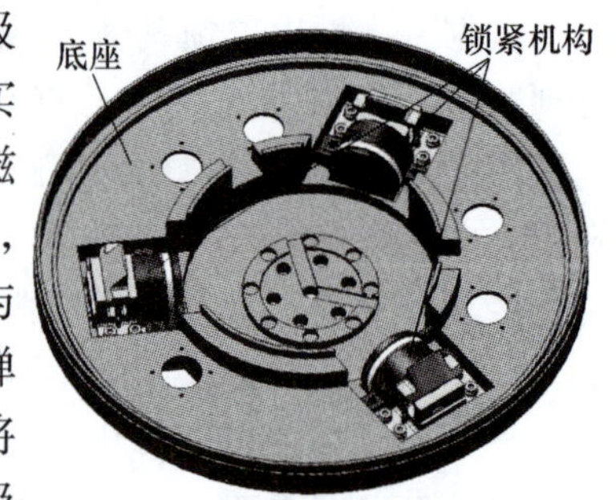

图 2－78　电磁锁紧/解锁机构安装示意图

3. 可重复抱式锁紧/解锁机构[93]

可重复抱式锁紧/解锁机构结构如图 2－79 所示，主要由驱动电机、传动机构、航空钢丝绳和金属弹片等组成，其中传动机构主要由蜗杆、蜗轮、蜗轮联杆、球形螺母和锁叉等组成，如图 2－80 所示。锁紧和解锁工作原理简述如下：当地面遥控指令为执行锁紧时，驱动电机带动蜗杆正转，经传动机构驱使旋向相反的两个球形螺母相向运动，收紧钢丝绳，勒紧金属弹片，并抱紧动量轮转子将其锁紧；当地面遥控指令为执行解锁时，驱动电机带动蜗杆反转，经传动机构驱使两个球形螺母反向运动，松开钢丝绳，金属弹片弹开，并释放动量轮转子，实现解锁。对于可重复抱式锁紧/解锁机构，一般还需要安装传感器对动量轮的

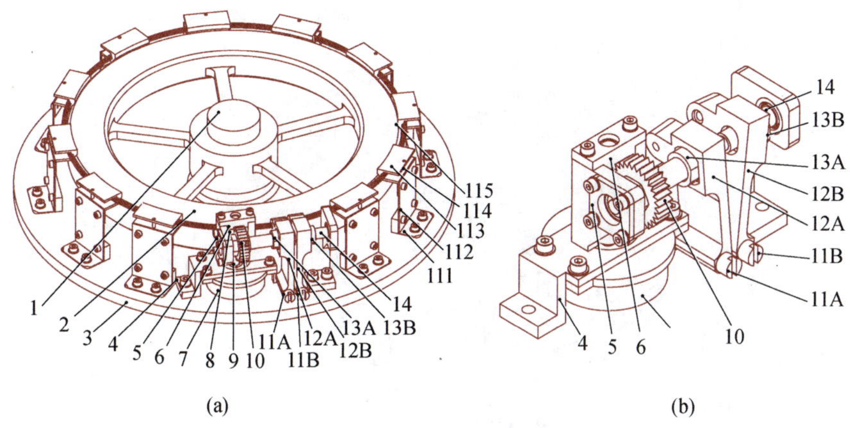

图 2-79　抱式锁紧/解锁机构结构示意图
(a) 总体结构图；(b) 驱动机构结构图。

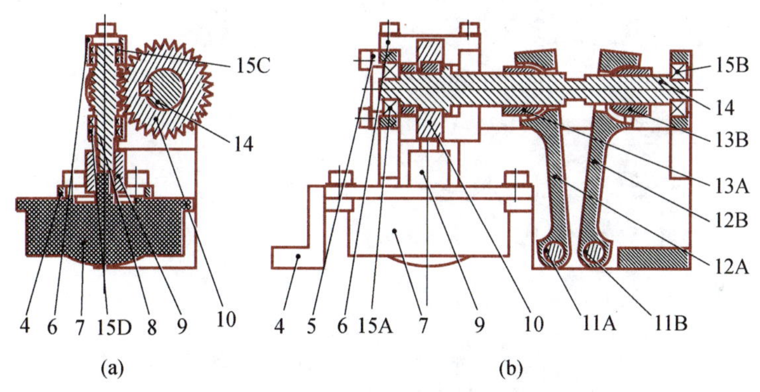

图 2-80　传动机构剖面示意图
(a) 蜗杆传动剖面图；(b) 蜗轮传动剖面图。

锁紧/解锁状态进行监测，给出通断指令，用于驱动电机的控制。

另外，考虑到锁紧/解锁机构出现故障而不能进行解锁时，可在电机驱动解锁的基础上，增加强制解锁机构，如火工解锁装置进行备份，一旦电机解锁失败，可通过地面遥控火工品斩断钢丝绳，对动量轮实施强制解锁。

4. 可重复杠杆式锁紧/解锁机构[95]

可重复杠杆式锁紧/解锁机构如图 2-81 所示，主要由传动机构和杠杆式锁紧机构等组成，分别如图 2-82(a)和(b)所示，其中传动机构主要由电机、齿轮、蜗杆、蜗轮、丝杠和锁叉等组成；杠杆式锁紧机构主要由锁杆、解锁弹簧和钢丝绳等组成。

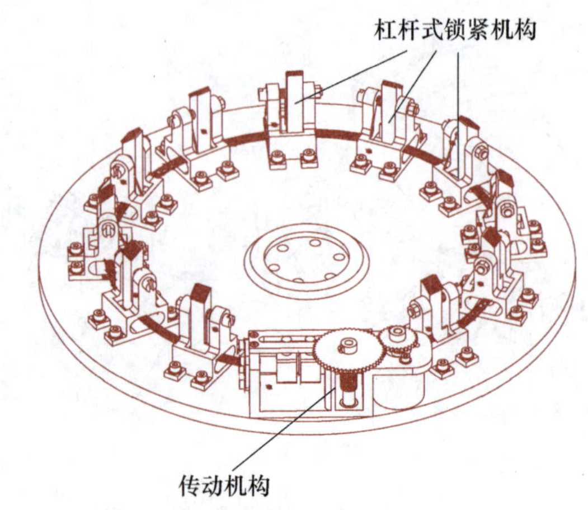

图 2-81　杠杆式锁紧/解锁机构结构示意图

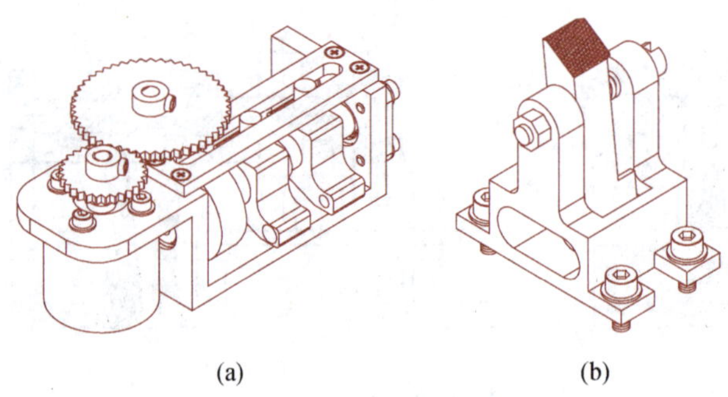

图 2-82　传动机构与锁紧机构示意图
（a）传动机构；（b）锁紧机构。

其锁紧和解锁工作原理简介如下：当执行锁紧时，驱动电机正向转动，其力矩经齿轮传动和蜗杆蜗轮减速放大后，由蜗轮轴上的丝杠带动左、右锁叉相向平动，勒紧钢丝绳，并拉动锁杆，在杠杆力的作用下顶压动量轮转子内缘，实现锁紧。驱动电机断电后，由于蜗杆螺纹升角小于其与蜗轮齿面间的摩擦角，而蜗轮轴上两段旋向相反的丝杠螺纹升角也均小于其与左、右锁叉螺纹间的摩擦角，实现二重自锁，从而维持锁紧装置的锁紧状态。

当执行解锁时，驱动电机反向转动，其力矩经齿轮传动和蜗杆蜗轮减速放大后，由蜗轮轴上的丝杠带动左、右锁叉反向平动，将钢丝绳松开，此时受压解锁弹簧通过自身恢复扭矩，带动锁杆反转，离开动量轮转子内缘，实现解锁。驱动电机断电后，锁紧解锁机构在解锁弹簧的恢复扭矩作用下，维持解锁状态。

5. 形状记忆合金锁紧/解锁机构

形状记忆合金(Shape Memory Alloy,SMA)最独特的力学和物理性能是其形状记忆特性[96],即随温度变化会发生固态相之间的相变。也就是说,在高温下(奥氏体)将形状记忆合金处理成一定的形状,冷却后,在低温(马氏体)相状态,它会经塑性变形成为另一种形状,而当其再次加热到高温相,成为稳定状态时,形状记忆合金经马氏体逆相变会回复至低温塑性变形前的形状。常用的形状记忆合金主要有镍钛合金(Ni－Ti)、铜锌合金(Cu－Zn－Al)和铜铝镍合金(Cu－Al－Ni)等,其中以镍钛合金(Ni的含量为50%～55%)的研究最为成熟,当其预变形量达到8%时,对其加热(形状记忆合金丝的电阻较大,可直接通电加温),它最大能产生约600MPa的回复应力。

形状记忆合金锁紧/解锁机构如图2－83所示,该装置主要由锁紧形状记忆合金丝、锁紧弹簧、弹性锁柱、解锁形状记忆合金丝、解锁弹簧和解锁销等组成。与可重复电磁锁紧/解锁机构类似,形状记忆合金锁紧/解锁机构也需采用多个(3～4个),沿轮缘周向均布,固定于动量轮底座上,相互配合使用。

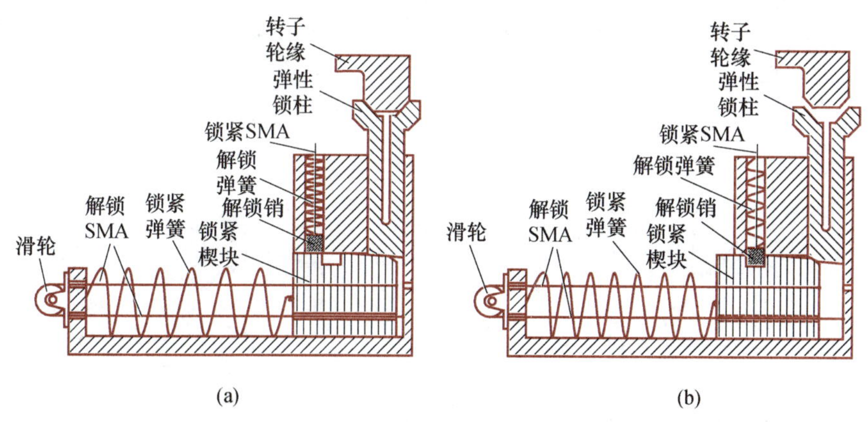

图2－83　形状记忆合金解锁/锁紧机构
(a)锁紧状态;(b)解锁状态。

形状记忆合金锁紧/解锁机构的锁紧/解锁过程简介如下:执行锁紧时,对锁紧形状记忆合金丝通电,锁紧形状记忆合金丝收缩,压缩解锁弹簧,将解锁销拔出,这时锁紧楔块在预压缩的锁紧弹簧作用下水平滑动,并将弹性锁柱顶起,实现对动量轮转子轮缘的锁紧,如图2－83(a)所示;执行解锁时,对解锁形状记忆合金丝通电,解锁形状记忆合金丝收缩,将锁紧楔块拉回,弹性锁柱随之下落,动量轮解锁,当锁紧楔块运动到特定位置时,解锁销在锁紧弹簧的作用下落入解锁插槽,动量轮进入解锁保持状态,如图2－83(b)所示。

2.8.3 磁悬浮惯性动量轮锁紧/解锁机构力学设计与分析

锁紧/解锁机构的锁紧程度与其锁紧力的设计密切相关，本节主要对可重复电磁锁紧/解锁机构和可重复抱式锁紧/解锁机构这两种锁紧/解锁机构的力学分析与设计方法进行介绍[97,98]。

1. 可重复电磁锁紧/解锁机构

1）摩擦自锁条件的确定

摩擦自锁是通过摩擦力约束外作用力，使锁紧/解锁机构的锁紧状态得以保持。如图 2-84(a) 所示，锁柱与支柱以及锁柱与底面之间的双面摩擦实现了电磁锁紧/解锁机构中的双面自锁功能，其中支柱的受力分析如图 2-84(b) 所示，其上下表面所受正压力分别为 F_{N1} 和 F_{N2}，则依据库仑摩擦理论[99]，上下表面的摩擦力分别为 $\mu_1 F_{N1}$ 和 $\mu_2 F_{N2}$，其中 μ_1、μ_2 分别为上下表面的摩擦系数，自锁条件为 $\alpha_1+\alpha_2\leqslant\phi_1+\phi_2$ *，其中 $\phi_1=\arctan\gamma_1$ 为锁柱与支柱间的摩擦角，γ_1 为锁柱与支柱间的摩擦系数；$\phi_2=\arctan\gamma_2$ 为支柱与底面间的摩擦角，γ_2 为支柱与底面间的摩擦系数；α 为支柱斜面与底面的夹角，考虑到锁紧保持的可靠性，取安全系数为 ζ，则 $\alpha=(\phi_1+\phi_2)/\zeta$。

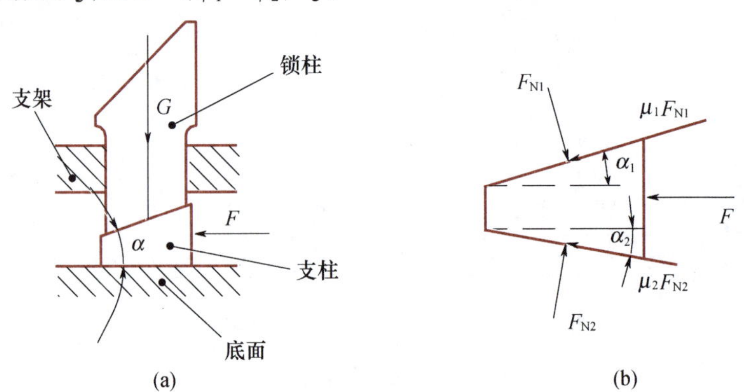

图 2-84 自锁结构及力学分析示意图

(a) 自锁结构；(b) 支柱受力分析图。

---

* 如图 2-84(b) 所示，当实现自锁时，令 $F=0$，将力投影到 F_{N2} 与 μ_2F_{N2} 方向上得

$$\begin{cases}F_{N2}=F_{N1}\cos(\alpha_+\alpha_2)+\mu_1F_{N1}\sin(\alpha_1+\alpha_2)\\F_{N1}\sin(\alpha_1+\alpha_2)\leqslant\mu_1F_{N1}\cos(\alpha_1+\alpha_2)+\mu_2F_{N2}\end{cases}$$

化简得

$$\tan(\alpha_1+\alpha_2)\leqslant\frac{\mu_1+\mu_2}{1-\mu_1\mu_2}=\tan(\phi_1+\phi_2)，即\ \alpha_1+\alpha_1\leqslant\phi_1+\phi_2$$

其中 $\phi_1=\arctan\mu_1$，$\phi_2=\arctan\mu_2$。

根据磁悬浮动量轮轴向保护间隙,并考虑径向和轴向的磁间隙及一定的设计余量,设定锁柱竖直方向的最大运动位移 s 满足 $s > 2\delta_g$,其中 δ_g 为磁悬浮动量轮轴向单边保护间隙,计算可得支柱水平运动距离 $L = s/\tan\alpha$。

2）解锁弹簧参数的设计

在图2－77所示的电磁锁紧/解锁机构中,为了配合电磁铁执行解锁,分别设计了拉簧和压簧作为解锁弹簧。其中两个拉簧在竖直方向,使锁紧机构的锁柱脱离动量轮转子;同时一个压簧放置在水平方向,提供水平解锁力,配合电磁铁工作,克服永磁吸力及摩擦力使支柱沿水平方向运动,实现解锁并保持解锁状态。在解锁保持状态下,电磁铁不再工作,不产生功耗。

拉簧的主要作用是在解锁过程中将锁柱恢复到起始位置,解锁后拉簧仍需保留一定的拉伸量,但由于在执行锁紧过程中,需克服其拉力,因此拉簧的刚度和位移应尽可能小。取拉簧刚度为 K_{ex},拉伸后处于最大变形时的伸长量为 L_{exmax},则在锁紧和解锁位置,两个拉簧产生的对锁柱的拉力分别为

$$\begin{cases} F_{pul} = 2K_{ex}L_{exmax} \\ F_{puu} = 2K_{ex}(L_{exmax} - L\tan\alpha) \end{cases}$$

压簧的主要作用是在执行解锁过程中,伴随电磁铁动作吸力减小的同时,主要依靠其预紧弹力实现动量轮的解锁,并在解锁后维持解锁状态,其剩余弹力应大于解锁保持状态下电磁铁的永磁吸力,因此在解锁后压簧仍需保留一定的压缩量。取压簧刚度为 K_{co},压缩后产生的最大变形量为 L_{comax},则在锁紧和解锁位置,压簧的弹力 F_{thl} 和 F_{thu} 分别为

$$\begin{cases} F_{thl} = K_{co}L_{comax} \\ F_{thu} = K_{co}(L_{comax} - L) \end{cases}$$

3）电磁锁紧/解锁力分析与设计[98]

电磁锁紧/解锁机构所用电磁铁主要由环形磁极、线圈、永磁体和吸盘组成,其结构和磁路如图2－85所示。假定磁路不饱和,考虑漏磁影响,可得其在锁紧位置和解锁位置时的等效磁路图,如图2－86所示。

由图2－86可得解锁、锁紧位置电磁铁内、外环的合成磁通 $\boldsymbol{\Phi}$ 为

$$\boldsymbol{\Phi} = \begin{bmatrix} \Phi_{il} \\ \Phi_{ol} \\ \Phi_{iu} \\ \Phi_{ou} \end{bmatrix} = \begin{bmatrix} \Phi_{pmml} \pm \Phi_{el} \\ \Phi_{pmml} + \Phi_{pmll} \pm \Phi_{el} \\ \Phi_{pmmu} \pm \Phi_{eu} \\ \Phi_{pmmu} + \Phi_{pmlu} \pm \Phi_{eu} \end{bmatrix} \tag{2-25}$$

式中:Φ_{il} 为锁紧状态电磁铁内环气隙合成磁通;Φ_{ol} 为锁紧状态电磁铁外环气隙合成磁通;Φ_{iu} 为解锁状态电磁铁内环气隙合成磁通;Φ_{ou} 为解锁状态电磁铁外

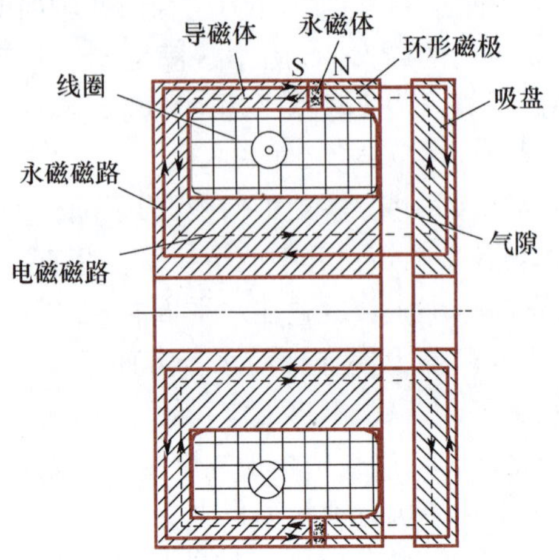

图 2-85　电磁铁结构与磁路图

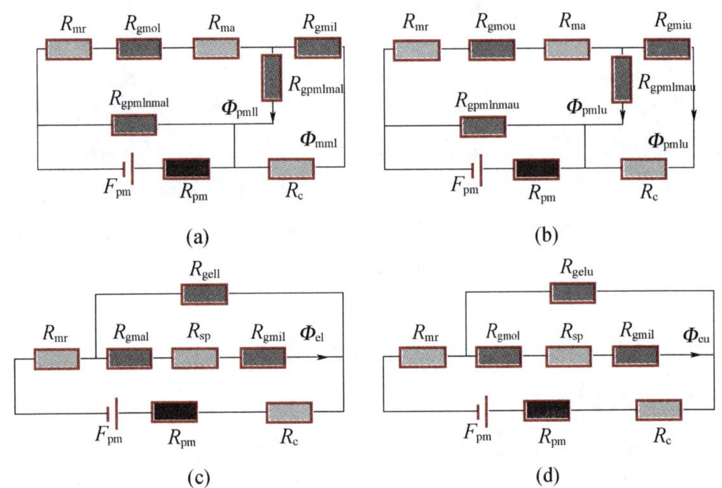

图 2-86　电磁锁紧/解锁机构的等效磁路

（a）解锁位置永磁磁路；（b）锁紧位置永磁磁路；

（c）解锁位置电磁磁路；（d）锁紧位置电磁磁路。

R_{pm}—永磁体磁阻；R_h—导磁体磁阻；R_{mr}—环形磁极磁阻；R_{ma}—吸盘磁阻；R_{gmil}、R_{gmol}—锁紧状态内、外环气隙磁阻；$R_{gpmlnmal}$、$R_{gpmlnmau}$—锁紧、解锁状态不经吸盘永磁漏磁磁路气隙磁阻；$R_{gpmlmal}$、$R_{gpmlmau}$—锁紧、解锁状态经吸盘永磁漏磁磁路气隙磁阻；R_{gmiu}、R_{gmou}—解锁状态内、外环气隙磁阻；R_{gell}、R_{gelu}—锁紧、解锁状态电磁漏磁磁阻；F_{pm}—永磁磁动势；F_{eu}—解锁电磁磁动势；F_{el}—锁紧电磁磁动势。

环气隙合成磁通；Φ_{pmml}、Φ_{pmmu}为锁紧、解锁状态永磁体在吸盘内产生的主磁通；Φ_{pmll}，Φ_{pmlu}为锁紧、解锁状态永磁体在吸盘内产生的漏磁磁通；Φ_{el}，Φ_{eu}为锁紧、解锁状态电磁在吸盘内产生的磁通。

吸盘处于解锁位置执行锁紧时，永磁磁路与电磁磁路正向叠加，式(2-25)后两式取"+"；吸盘处于锁紧位置执行解锁命令时，永磁磁路与电磁磁路反向叠加，式(2-25)前两式取"-"。

那么，电磁铁磁极对吸盘的吸力为

$$\begin{cases} f_l = \dfrac{\Phi_{il}^{\ 2}}{\mu_0 A_i} + \dfrac{\Phi_{ol}^{\ 2}}{\mu_0 A_o} \\ f_u = \dfrac{\Phi_{iu}^{\ 2}}{\mu_0 A_i} + \dfrac{\Phi_{ou}^{\ 2}}{\mu_0 A_o} \end{cases} \tag{2-26}$$

式中：μ_0为真空磁导率；f_l、f_u为锁紧、解锁位置吸盘所受的吸力；A_i、A_o为内、外环气隙等效截面积。

保持锁紧状态和保持解锁状态时，线圈断电，即 Φ_{eu}、Φ_{el}为 0。由式(2-25)和式(2-26)可得 4 种状态力为

$$\begin{cases} F_{su} = \dfrac{(\Phi_{pmml} - \Phi_{el})^2}{\mu_0 A_i} + \dfrac{(\Phi_{pmml} + \Phi_{pmll} - \Phi_{el})^2}{\mu_0 A_o} \\ F_{sl} = \dfrac{(\Phi_{pmmu} + \Phi_{eu})^2}{\mu_0 A_i} + \dfrac{(\Phi_{pmmu} + \Phi_{pmlu} + \Phi_{eu})^2}{\mu_0 A_o} \\ F_{ku} = \dfrac{\Phi_{pmmu}^{\ 2}}{\mu_0 A_i} + \dfrac{(\Phi_{pmmu} + \Phi_{pmlu})^2}{\mu_0 A_o} \\ F_{kl} = \dfrac{\Phi_{pmml}^{\ 2}}{\mu_0 A_i} + \dfrac{(\Phi_{pmml} + \Phi_{pmll})^2}{\mu_0 A_o} \end{cases} \tag{2-27}$$

式中：F_{sl}为锁紧启动力；F_{su}为解锁残余力；F_{kl}为锁紧保持力；F_{ku}为解锁保持力。

由式(2-27)可知，解锁保持力 F_{ku}和锁紧保持力 F_{kl}与永磁有关；解锁启动力 F_{su}和锁紧启动力 F_{sl}由电磁和永磁共同决定，电流越大锁紧启动力越大，而解锁启动力却有一个最小值。由式(2-27)得最小解锁启动力 F_{sumin}为

$$F_{sumin} = \min\left\{\frac{(\Phi_{pmml} - \Phi_{el})^2}{\mu_0 A_i} + \frac{(\Phi_{pmml} + \Phi_{pmll} - \Phi_{el})^2}{\mu_0 A_o}\right\} \tag{2-28}$$

经简化，得

$$\begin{cases} F_{sumin} = \dfrac{2\Phi_{pmll}^{\ 2}}{\mu_0 \left(\sqrt{A_i} + \sqrt{A_o}\right)^2} \\ \Phi_{el} = \Phi_{pmml} + \dfrac{\sqrt{A_i}\,\Phi_{pmll}}{\sqrt{A_i} + \sqrt{A_o}} \end{cases} \tag{2-29}$$

由图 2-86 可知，Φ_{pmll} 为永磁磁路经过吸盘的漏磁磁通。锁紧状态下，导磁环的轴向长度越长，经过吸盘的永磁漏磁 Φ_{pmll} 越小，相应地 F_{sumin} 也越小，解锁可靠性越高。锁紧位置吸盘与环形磁极接触，所以内、外气隙很小，即 R_{gmil}、$R_{gmol}\approx 0$，且锁紧位置永磁漏磁经过吸盘的磁阻 $R_{gpmlspl}$ 远小于永磁体磁阻 R_{pm}。由式(2-29)可得最小解锁启动力对应的最优解锁电流 i_{suopt} 为

$$i_{suopt} = \frac{F_{pm}}{N}\left[1 + \frac{A_i}{(A_i + A_o)}\right] \tag{2-30}$$

式中：N 为线圈匝数。

根据以上分析与计算结果，对电磁锁紧/解锁机构进行设计，其实物如图 2-87 所示，参数如表 2-14 所列，计算结果如表 2-15 所列。解锁位置处加载锁紧启动电流 i_{sl} 为 1.8A 时的锁紧启动力 F_{sl} 为 25N，电磁铁锁紧保持力 F_{kl} 为 222N，最小解锁启动力 F_{sumin} 为 0.25N，其对应的最优解锁电流 i_{suopt} 为 0.9A。

图 2-87　电磁锁紧/解锁机构的实物

表 2-14　电磁铁参数

参　数	数值	参　数	数值
电磁铁内径/mm	7	电磁铁轴向尺寸/mm	17.5
线包内径/mm	18	导磁环长度 l_{mr}/mm	5
线包外径/mm	31	吸盘轴向长度/mm	3
电磁铁外径/mm	41	磁钢充磁长度 l_{pm}/mm	1
线圈匝数 N	600		

表 2-15　电磁铁计算结果

参　数	数值	参　数	数值
锁紧启动力 F_{sl}/N	25	解锁保持力 F_{ku}/N	0.9
锁紧电流 i_{sl}/A	1.8	最小解锁力 F_{sumin}/N	0.25
锁紧保持力 F_{kl}/N	222	最优解锁电流 i_{su}/A	0.9

4）电磁锁紧/解锁机构力分析与设计

电磁锁紧/解锁机构在执行锁紧或解锁过程中，始终需要克服压簧的弹力和不同条件下的摩擦力，该摩擦力主要由动量轮转子轮缘受压变形产生的反作

用力、拉簧的弹力，以及地面条件下动量轮转子等重力所引起。

在设计电磁锁紧/解锁机构时应遵循以下原则：

（1）执行锁紧时，在起始时刻，应使得电磁铁的电磁力 F_{sl} 远大于压簧对支柱的弹力 F_{thu}（支柱与底面之间的摩擦力 F_{flu} 较小，可忽略），即满足 $F_{sl} \gg F_{thu}$；在终止时刻，应使得电磁铁的电磁力 F_{sl} 大于支柱与底面之间较大的摩擦力 F_{fll} 和压簧对支柱的弹力 F_{thl} 之合力，即满足 $F_{sl} \geqslant F_{fll} + F_{thl}$；

（2）保持锁紧时，主要依靠锁柱与支柱以及支柱与底面之间的摩擦自锁来保持，而为保证自锁的可靠性，电磁铁断电后永磁体所产生的吸力 F_{kl} 一般应大于压簧对支柱的弹力 F_{thl}，即满足 $F_{kl} > F_{thl}$；

（3）执行解锁时，在起始时刻，应使压簧的预紧弹力 F_{thl} 大于支柱与底面较大的摩擦力 F_{ful} 和电磁铁的电磁力 F_{ku} 之合力，即满足 $F_{thl} > F_{ful} + F_{ku}$；在终止时刻，应使压簧的弹力 F_{thl} 大于电磁铁的电磁力 F_{ku}（支柱与底面之间的摩擦力 F_{fuu} 较小，可忽略），即满足 $F_{thl} > F_{ku}$；

（4）保持解锁时，应使压簧对支柱的剩余弹力 F_{thu} 大于电磁铁断电时的电磁力 F_{su} 和支柱与底面的摩擦力 F_{fl} 之合力，即满足 $F_{thu} > F_{fl} + F_{su}$，并依靠推杆限位盘的限位作用保持解锁。

2. 可重复抱式锁紧/解锁机构

可重复抱式锁紧/解锁机构的结构如图 2－88 所示，其工作原理已在 2.8.2 节中进行了介绍，针对抱式锁紧/解锁机构的设计，除了电机驱动力矩及传动机构的传动比设计外，弹片作为抱式锁紧/解锁机构的最终执行部件，如图 2－89 所示，其变形量及变形后的回复弹力设计，决定了整个机构锁紧与解锁的可靠性。

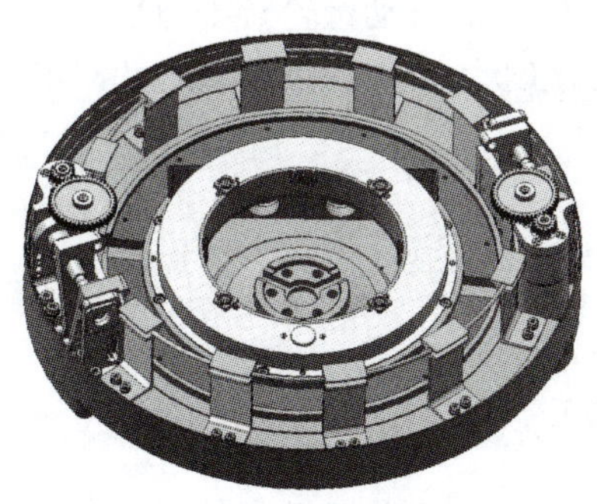

图 2－88　可重复抱式锁紧/解锁机构的结构

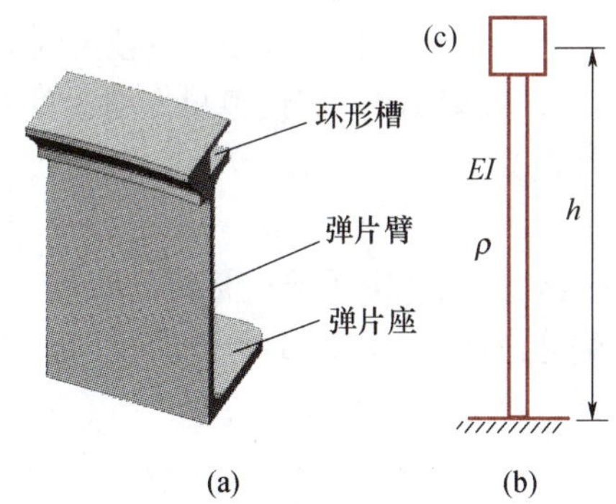

图 2－89　弹片释放单元
（a）弹片结构；（b）等效模型。

1）弹片释放单元静力学分析

根据执行锁紧阶段弹片变形状况，将其分为两个阶段：①弯曲变形阶段：电机驱动传动机构，并通过收紧机构（钢丝绳）将弹片从解锁位置弯曲变形至刚好触靠在动量轮转子外缘上；②受压变形阶段：电机继续驱使收紧机构抱紧弹片，使其压紧在动量轮转子外缘上，形成一定的预紧压力（锁紧力）。

（1）弯曲变形阶段静力学分析。将单个弹片等效为一根下端固定的悬臂梁，则弹片在其纵向坐标 $y(y\in[0,h])$ 处的转角 α_y 和挠度 ξ_y 为

$$\begin{cases}\alpha_y = \dfrac{F}{EI}\left(hy - \dfrac{y^2}{2}\right)\\ \xi_y = \dfrac{F}{EI}\left(\dfrac{hy^2}{2} - \dfrac{y^3}{6}\right)\\ I = \dfrac{wt_b{}^3}{12}\end{cases} \tag{2-31}$$

式中：E 为弹性模量；h 为等效悬臂梁长度；I 为单个弹片截面惯性矩；F 为其所受径向力；w 为弹片臂宽度；t_b 为弹片臂厚度。ξ_h 为弹片在 $y=h$ 处的挠度（即解锁间隙），要使弹片刚好触靠动量轮转子外缘，所需的解锁力 F_u 为

$$F_u = \frac{3\xi_h EI}{h^3} = \frac{\xi_h Et_b{}^3}{4h^3}w \tag{2-32}$$

由于弹片高度 h 远大于其厚度 t_b，则其弯曲正应力远大于其弯曲切应力，即最大应力 σ_{max} 可近似为弯曲正应力：

$$\sigma_{max} = \frac{F_u ht_b}{2I} = \frac{3\xi_h E}{2h^2}t_b \tag{2-33}$$

（2）受压变形阶段静力学分析

由于卫星发射主动段存在较大的振动和冲击，需对动量轮转子施加一定的预紧力（锁紧力）。假设卫星发射时的等效加速度为 a，则动量轮转子此时的惯性力 F_i 为

$$F_i = ma \tag{2-34}$$

式中：m 为动量轮转子质量。为平衡动量轮转子惯性力，则单个弹片所需施加于动量轮转子上轮缘倒角处的径向力 F_l 为

$$F_l = \frac{\eta F_i \tan\varphi_c}{n} \tag{2-35}$$

式中：$\eta(>1)$ 为锁紧力安全系数；n 为弹片个数；φ_c 为动量轮转子轮缘倒角。实际弹片所需总径向力 F_r 为以上两个阶段径向力之和，即

$$F_r = F_u + F_l \tag{2-36}$$

此时,钢丝绳所受的拉力 F_t 为

$$F_t = \frac{F_r}{2\sin(\theta/2)} \tag{2-37}$$

式中:θ 为单个弹片所占圆周角。那么,球形螺母与蜗杆联杆上丝杠之间的扭矩 T 为

$$T = F_t d\tan(\varphi_l + \varphi_f) \tag{2-38}$$

式中:φ_l为螺纹升角;φ_f为螺纹间摩擦角(需满足摩擦自锁条件,$\varphi_l < \varphi_f$);d 为螺纹工程直径。将式(2-31)~式(2-37)代入式(2-38),可得

$$T = \frac{d\tan(\varphi_l + \varphi_f)}{2\sin(\theta/2)}\left(\frac{3\xi_h EI}{h^3} + \frac{\eta ma\tan\varphi_c}{n}\right) \tag{2-39}$$

由式(2-39)可知,在确定了驱动电机与传动机构的输出力矩 T 和锁紧/解锁机构参数之后,锁紧的效果主要由弹片的三个参数(截面惯性矩 I、片数 n 与弹片所占的圆周角度 θ)所确定。

2)弹片释放单元动力学分析

过低的弹片固有振动圆频率会造成动量轮系统的共振,影响其正常工作,如图 2-89(b)所示,将单个弹片等效为一根上端附有质量块 W 的悬臂梁。利用有限元计算弹片的一阶振型为径向摆动(横向振动),其共振频率方程可表示为

$$\begin{cases} \dfrac{W\omega_a^2}{gEI\beta^3} = \dfrac{1 + \cos(\beta h)\cosh(\beta h)}{\sin(\beta h)\cosh(\beta h) - \cos(\beta h)\sinh(\beta h)} \\ \beta^4 = \dfrac{\omega_a^2}{\lambda^2} \\ \lambda^2 = \dfrac{EIg}{\rho A} = \dfrac{Egt_b^2}{12\rho} \end{cases} \tag{2-40}$$

式中:ω_a为弹片固有圆频率;g 为重力加速度;EI 为抗弯刚度;β 为振动圆频率与波速之间的比例因子;λ 为弹性横波沿垂直于 x 轴方向的传播速度;ρ 为弹片密度;$A = wt_b$为弹片截面面积。令 $t = \beta h$,则式(2-40)可简化为

$$\frac{Wt}{\rho Ah} = \frac{1 + \cos(t)\cosh(t)}{\sin(t)\cosh(t) - \cos(t)\sinh(t)} \tag{2-41}$$

令 $K_1 = W/(\rho Ah)$,将式(2-41)的左侧和右侧分别表示为

$$\begin{cases} f(t) = \dfrac{W}{\rho Ah}t = K_1 t \\ g(t) = \dfrac{1 + \cos(t)\cosh(t)}{\sin(t)\cosh(t) - \cos(t)\sinh(t)} \end{cases} \tag{2-42}$$

则由函数 $f(t)$ 和 $g(t)$ 的交点的横坐标即可确定出弹片的共振圆频率：

$$\omega_a^2 = \frac{Egt_b^2}{12\rho h^4}t^4 \qquad (2-43)$$

3）弹片释放单元有限元优化设计与分析

弹片优化设计模型包括设计变量、可行域、约束变量、约束域和目标函数。其中：

（1）设计变量：在对弹片释放单元各结构参数对解锁力、锁紧力和一阶共振频率灵敏度分析的基础上，选择灵敏度较大的结构参数 w、t_b、h 和弹片释放单元的个数 n 为设计变量，写成矢量形式：

$$\boldsymbol{X}_o = [w \quad t_b \quad h \quad n] \qquad (2-44)$$

（2）可行域：由动量轮系统结构和锁紧装置尺寸共同确定 w、t_b、h 和 n 的可行域范围。

（3）约束变量：也称状态变量，即设计计算过程中的中间状态量，依据静力学和动力学分析计算结果，取状态变量为解锁力、最大应力和一阶共振圆频率。

（4）约束域：即约束变量的约束范围。可重复抱式锁紧/解锁机构在执行解锁时，主要依靠弹片回复力解锁，为了确保解锁成功，可根据弹片个数 n 确定最小解锁力约束 F_{umin}，而由于电机功率一定，解锁力越大，则锁紧力越小，为了保证锁紧的可靠性，同样可根据弹片个数 n 确定最大解锁力约束 F_{umax}；弹片在锁紧弯曲状态下，应具有较高的可靠性（安全系数在 2 以上），要求其上端径向变形时的最大等效应力 $\sigma_{max} \leqslant [\sigma]/2$，$[\sigma]$ 为弹片材料的许用应力；另外，为避免弹片引起动量轮的共振，要求弹片的一阶频率远大于动量轮的最高转频。

（5）目标函数：根据航天产品对动量轮质量的严格要求，以锁紧/解锁机构的质量 M 最小为优化目标，即 $M = \min f(w, t_b, h, n)$。

采用上述设计模型，对弹片（材料选用无磁弹性铍青铜）进行优化设计，设计结果见表 2-16，同时采用有限元软件 ANSYS 进行了分析，分析结果如图 2-90 所示，从图中可以看出，最大应力位于弹片根部，约 291MPa，弹片的一阶振型为径向摆动（横向振动），频率约为 248.6Hz。

表 2-16　弹片释放单元优化设计结果

变　量	值	变　量	值
n	10	σ_{max}/MPa	291
t_b/mm	1.39	ω_{a1}(Hz)	248.6
w/mm	16	F_u/N	39.5
h/mm	49.4	M(kg)	0.207

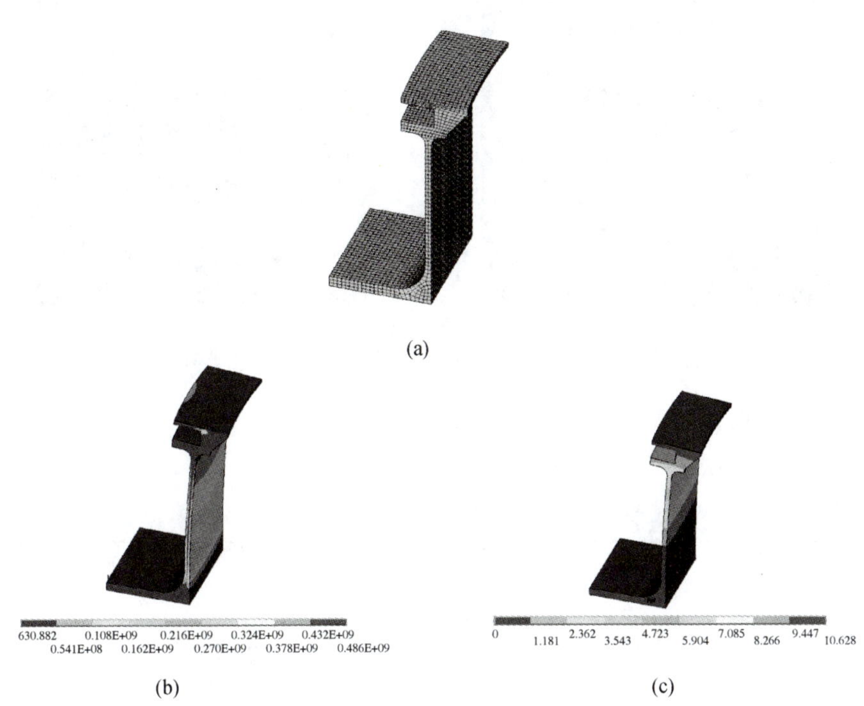

图 2 - 90　弹片释放单元有限元设计分析结果
(a) 有限元模型; (b) 应力云图; (c) 一阶振动频率。

2.8.4　磁悬浮惯性动量轮锁紧/解锁机构力学环境试验测试

磁悬浮惯性动量轮的力学环境试验与常规的机械动量轮基本相同,包括加速度、冲击响应、正弦扫描和随机振动等,主要模拟发射主动段的力学环境条件,在试验过程中,由于磁悬浮惯性动量轮轮体处于锁紧状态,因此就磁悬浮惯性动量轮轮体而言,在设计时不仅要考虑机座、薄壁密封罩等结构件的强度,更重要的是要对锁紧状态下的磁悬浮惯性动量轮进行结构强度、模态分析和冲击响应谱分析。下面主要针对锁紧状态下的磁悬浮惯性动量轮的三轴正弦扫频振动和随机振动试验测试结果进行介绍,一方面是考核磁悬浮惯性动量轮的抗振动特性,另一方面,也是检验锁紧/解锁机构在模拟发射振动环境下对磁悬浮动量轮的保护效果[97]。

采用可重复抱式锁紧/解锁机构(图 2 - 91)将磁悬浮动量轮转子锁紧后,通过衔接板将动量轮系统固定于振动台面上,如图 2 - 92 所示。

图 2－91　可重复抱式锁紧/解锁机构实物图

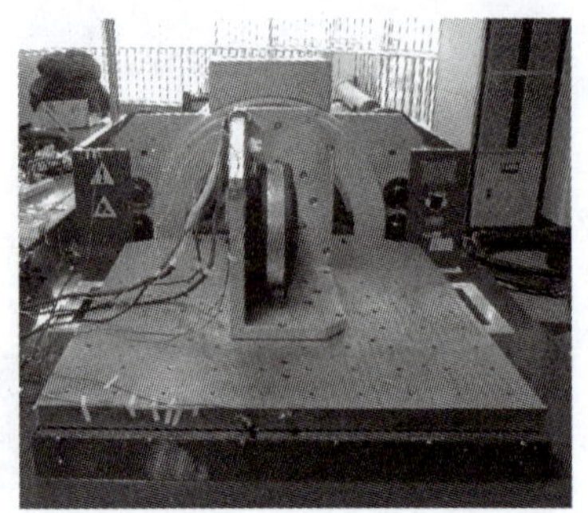

图 2－92　磁悬浮动量轮振动试验台

1. 扫频振动试验

正弦扫频振动技术要求如表 2－17 所列。

表 2－17　正弦扫频振动技术要求

频率/Hz	10～20	20～100
振动量级	6.25mm	10g
扫描速率	4oct/min	
加载方向	x、y、z	

振动中采用动量轮系统自身的电涡流位移传感器，实时测量锁紧/解锁机构与动量轮体上边缘在 x、y 和 z 三个方向的相对振动位移如图 2－93 所示。

从图中可以看出：①在低频恒振幅段（10Hz～20Hz），动量轮定、转子的相对振动位移，随扫频频率增加而增加，在高频恒加速度段（20Hz～100Hz），其变化较小。②大部分时间段，加载方向的振动位移响应高于非加载方向。③动量轮转子在三轴（x、y、z）方向扫频振动的最大相对振动位移为 28μm，其最大波动幅值为 13μm。

2. 随机振动试验

随机振动技术要求如表 2－18 所列。

表 2－18　随机振动技术要求

频率/Hz	10～95	95～130	130～200	200～600	600～2000
加速度功率密度	+6dB/oct	0.45g^2/Hz	－14.7dB/oct	0.0554g^2/Hz	－15dB/oct
总均方根加速度	8.5grms				
加载方向	x、y、z				
加载时间	1min				

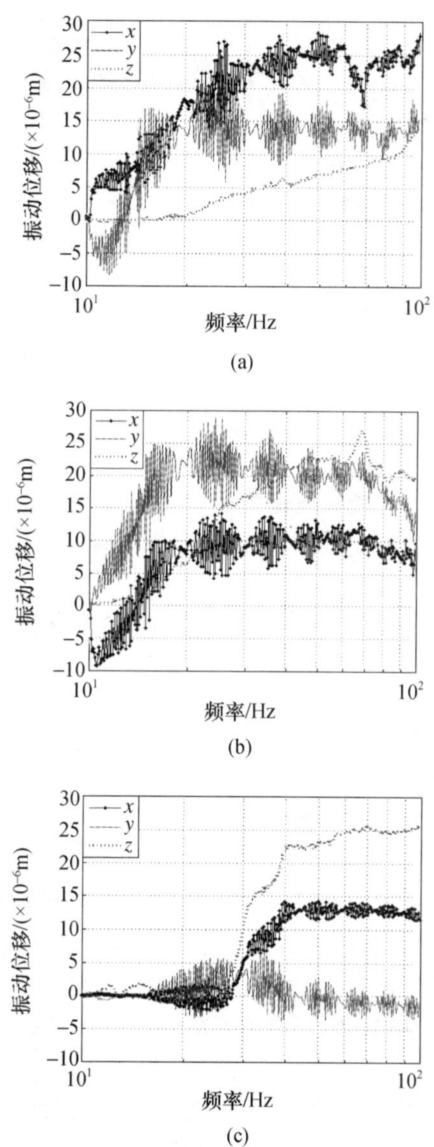

图 2－93　扫频振动测试结果

（a）加载方向：x；（b）加载方向：y；（c）加载方向：z。

通过电涡流位移传感器测得定、转子在锁紧接触面处的振动位移曲线如图 2－94 所示。

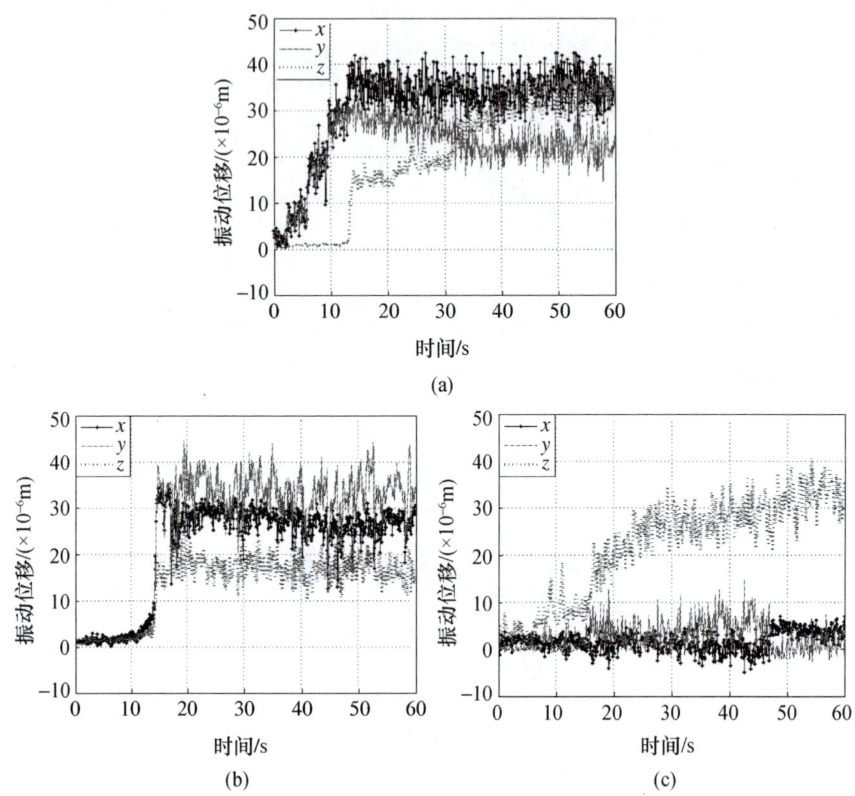

图 2-94　随机振动测试结果

(a) 加载方向:x;(b) 加载方向:y;(c) 加载方向:z。

从图中可以看出:①在前 10s 内定、转子间相对振动位移随时间增加而增加,这主要是由于振动加载前动量轮转子并不在最佳锁紧位置;②转子经振动自动调整至最佳锁紧位置后,定、转子间相对振动位移变化较小;③三轴(x、y、z)方向随机振动的最大振动位移响应为 45μm,相对振动位移最大波动幅值为 16μm。

以上试验结果表明,磁悬浮动量轮随机振动位移响应大于其扫频振动响应,前者约为后者的 1.6 倍。整个力学测试试验中,定、转子最大相对振动位移及其最大波动幅值分别为 45μm 和 16μm,均远小于动量轮的双边保护间隙 200μm,定、转子间不存在较大的撞击,从宏观角度分析,可以认为锁紧/解锁机构能够对动量轮系统进行较好的保护。

3. 力学环境试验前后锁紧/解锁机构性能测试

在力学环境试验前执行锁紧及试验后执行解锁过程中,驱动电机的电流和动量轮转子的位移变化曲线分别如图 2－95(a)和(b)所示,执行锁紧和执行解锁的时间均约为 117s,执行锁紧过程中的最大电流约为 0.65A(28V),对应瞬时功耗约为 18W。

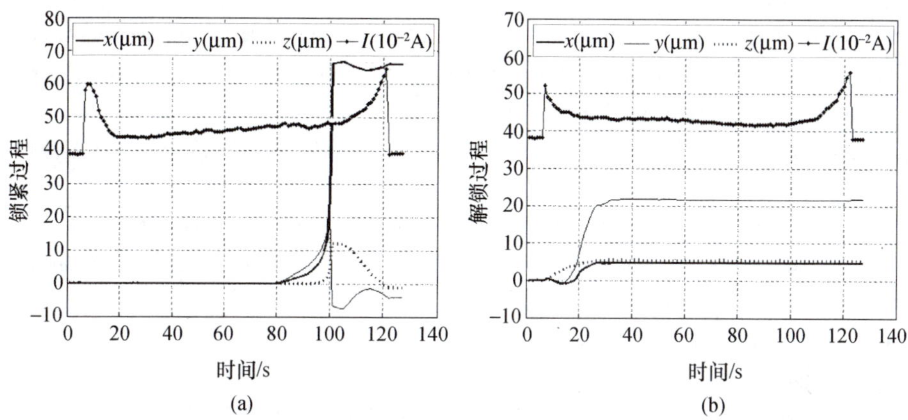

图 2－95　执行锁紧/解锁时,电机电流和动量轮转子位移变化曲线

(a) 力学试验前执行锁紧过程;(b) 力学试验后执行解锁过程。

2.9　本章小结

本章重点介绍了磁悬浮惯性动量轮磁轴承总体结构设计,主要讨论了磁悬浮反作用/偏置动量轮、大力矩磁悬浮偏置动量轮以及磁悬浮姿控储能两用飞轮等三类磁悬浮惯性动量轮的磁轴承基本构型,有关磁悬浮惯性动量轮具体的总体设计及其空间应用将在第六章和第七章中分别进行详细论述。本章还就磁悬浮动量轮的结构设计进行了介绍,涉及各类磁悬浮惯性动量轮的强度、模态、热、剩磁等共性技术问题,以及驱动电机和锁紧/解锁机构的结构设计,以使读者对磁悬浮惯性动量轮的总体结构有一个全面的了解和认识。关于磁轴承的电磁设计和基本控制方法将在后续几章中进行详细介绍。

参考文献

[1]　韩邦成,虎刚,房建成,等. 50N·m·s 磁悬浮反作用飞轮转子优化设计方法的研究[J]. 宇航学报,2006,27(3):536－540.

[2]　Christopher D A, Beach R. Flywheel Technology Development Program for Aerospace Applications[J]. IEEE Aerospace and Electronic Systems Magazine, 1998, 13(6):9－14.

[3] 吴刚,刘昆,张育林. 磁悬浮惯性动量轮技术及其应用研究[J]. 宇航学报,2005,26(3):385-390.

[4] 房建成. 卫星姿控/储能两用飞轮研制申请报告[R]. 北京航空航天大学第五研究室,2001.

[5] Claus O,Heinz U. Active Compensation of the Elgen-Dynamics of Electromagnetic Actuators by Ecu-Based Non-linear Feedback Control [A]. Proc 7th International Symposium on Magnetic Bearings[C],ETH Ziirich,2000:425-430.

[6] 徐衍亮. 空间飞行器用高速飞轮系统电磁设计计算研究[R]. 博士后出站报告. 北京:北京航空航天大学,2003.

[7] Brian T M,Hamid O,Matthew T C,et al. Permanent Magnet Bias,Homopolar Magnetic Bearings for a 130Kw-hr Composite Flywheel[A]. Proc 9th International Symposium on Magnetic Bearings[C]:Lexington ,Kentucky,2004.

[8] Uhn J N. Fault Tolerance of Homopolar Magnetic Bearings [J]. Journal of Sound and Vibration,2004,272:495-511.

[9] 房建成,孙津济. 一种磁悬浮飞轮用新型永磁偏置径向磁轴承[J]. 北京航空航天大学学报,2006,32(11):1304-1307.

[10] Christian E,Tilo S,Rainer N. Comparison of Active Magnetic Bearings with and Without Permanent Magnet Bias[A]. Proc 9th International Symposiμm on Magnetic Bearings[C],Lexington,Kentucky,2004.

[11] Yohji O,Hiroaki K,Kouichi K. MIRACBEARING:New Concept of Miracle Magnetic Bearings[A]. Proc 9th International Symposiμm on Magnetic Bearings[C]. Lexington,Kentucky,2004.

[12] Sun J J,Fang J C,et al. New type permanent magnet biased radial magnetic bearing in magnetic suspending reaction flywheel[A],ISICT'2008[C],Beijing,China,V7129,2C,2008.

[13] Boris G. Low loss and Low Cost Active Radial Homopolar Magnetic Bearing[A],Proc 6h International Symposium on Magnetic Bearings[C],MIT:Technomic Publishing Co. Inc. ,1998:286-295.

[14] Reisinger M,Amrhein W,Silber S. Development of a low cost permanent magnet biased bearing[A],Lyndon Scott Stephens and David L. Trumper. Proc 9th Int Symp Magnetic Bearings[C]. Kentucky:University of Kentucky Bearings and Seals Laboratory,2004:113-118.

[15] Kerry M. NASA Flywheel System Development[N]. April 4,2001.

[16] Mark A P,Mircea D D. Magnetic Circuit Analysis of Homopolar Magnetic Bearing Actuators [A]. Proc 9th International Symposium on Magnetic Bearings [C]. 2004:59-64.

[17] Kim H Y,Kim S J. AnEffective Way to Combine Radial and Axial Magnetic Bearings in a Unit[A]. The Tenth International Symposium on Magnetic Bearings[C]. Aug 21st-3rd 2006,Martigny,Switzerland.

[18] Kenneth B, Cary L B. Novel Integrated Radial and Axial Magnetic Bearing[A]. Proc 7th International Symposium on Magnetic Bearings[C]. ETH Züirich, 2000: 467 - 471.

[19] Kenneth B. Combination Axial and Thrust Magnetic Bearing[P]: US, 6359357 B1, 2002 - 03 - 19.

[20] 李冰,邓智泉,严仰光. 一种新颖的永磁偏置三自由度磁轴承[J]. 南京航空航天大学学报,2003,35(1):81 - 85.

[21] 朱熀秋,张仲,诸德宏,等. 交直流三自由度永磁偏置磁轴承结构及有限分析[J]. 中国电机工程学报,2007,27(12):77 - 81.

[22] 宗鸣. 永磁偏置混合式磁轴承及其控制方法的研究[D]. 沈阳:沈阳工业大学,2006.

[23] Masao I H. Magnetic bearing arrangement for an artificial satellite[P]: US 4483570 C1, 1983 - 02 - 25.

[24] Toru M, Jiroh K, Hiroyuki O. et al. Micro Magnetic Bearing for an Axial Flow Artifical Heart [A]. Proc 9th International Symposium on Magnetic Bearings [C]. Lexington, Kentucky, 2004.

[25] Kim H Y, Lee C W. Design and control of active magnetic bearing system with Lorentz force-type axial actuator[J]. Mechatronics, 2006(16): 13 - 20.

[26] 王冠,徐龙祥. 永磁偏置五自由度磁轴承结构及磁路分析[J]. 机电产品开发与创新,2003(6):16 - 18.

[27] Damien C, Christian C, Jean-Paul Y, et al. Ball joint type magnetic bearing for tilting body. [P]: US US 6351049 B1 2002 - 02 - 26.

[28] 王曦. 磁悬浮惯性执行机构用新型永磁偏置及永磁被动磁轴承研究[D]. 北京:北京航空航天大学,2011.

[29] 杨安全. 一种径向永磁轴承的磁力计算及刚度分析[D]. 长沙:中南大学. 2004.

[30] 夏平畴. 永磁机构[M]. 北京:北京工业大学出版社,2000.

[31] 杨怀玉,陈龙. 被动磁轴承在磁悬浮技术中的应用[J]. 机械工程与自动化,2005(4):123 - 126.

[32] 修世超,谭庆昌,孟慧琴. 径向磁化不均匀的被动磁轴承磁性参数修正方法[J]. 黄金学报,1999,1(3):205 - 207.

[33] Cazzolato B, Zander A. Design of a non-contact magnetic spring for vibration isolation [R]. AUS: The University of Adelaide, 2003.

[34] 徐飞鹏,李铁才. 采用 Halbach 磁场的新型被动磁轴承仿真[J]. 电机与控制学报,2007,11(5):538 - 541.

[35] 吴刚. 永磁偏置磁轴承飞轮系统设计与控制方法研究[D]. 长沙:国防科学技术大学,2006.

[36] 孙津济. 磁悬浮飞轮用新型永磁偏置主动磁轴承结构与设计方法研究[D]. 北京:北京航空航天大学,2010.

[37] Rajagopal K R, Sivadasan K K. Low-stiction Magnetic Bearing for Satellite Application [J].

Journal of Applied Physics,2002,91(10):6994 – 6996.

[38] Damien C. Dual stage cantering magnetic bearing. [P]:US0126519 A1,2009 – 05 – 21.

[39] Pang D C. Ph. D. Magnetic bearing system design for enhanced stability[D]. University of Maryland College Park,1994.

[40] Fang Jiancheng,Sun Jinji,et al. A New Structure of Permanent Magnet Biased Axial Hybrid Magnetic Bearing. IEEE Transactions on Magnetics,2009,45(12):5319 – 5325.

[41] Fang Jiancheng, Sun Jinji, et al. A Novel 3-DOF Axial Hybrid Magnetic Bearing. IEEE Transactions on Magnetics,2010,46(12):4034 – 4045.

[42] Yasushi Horiuchi,Masao Inoue,Norio Sato,et al. Development of Magnetic Bearing Momentum Wheel for Ultra-Precision Spacecraft Attitude Control[A]. Proceedings of the 7th International Symposium on Magnetic Bearings[C],Zurich,Switzerland,2000:525 – 530.

[43] 解永春. 磁悬浮动量轮的主动振动控制[J]. 航天控制,2001,(2):1 – 6.

[44] Gerlach Bernd,Ehinger Markus,Raue Hans Knut,et al. Gimballing Magnetic Bearing Reaction Wheel with Digital Controller[A]. European Space Agency,(Special Publication) ESA SP[C]. Loutraki,Greece:European Space Agency,2006:293 – 299.

[45] 刘侃. 动量矩可偏置磁悬浮动量轮结构设计[D]. 长沙:国防科学技术大学,2005.

[46] Damien C,Christian C,Jean-Paul Y,et al. Magnetic centering bearing with high-amplitude tilt control. [P]:US 6384500 B1 2002 – 05 – 07.

[47] 方家荣. 高温超导混合磁悬浮轴承系统的研究与实验[D]. 北京:中国科学院电工研究所[D],2001.

[48] 冯洪伟. 磁悬浮控制力矩陀螺的结构有限元分析及优化设计[D]. 北京:北京航空航天大学,2005.

[49] 韩邦成,房建成,吴一辉. 单轴飞轮储能/姿态控制系统的仿真研究[J]. 系统仿真学报,2006,18(9):2511 – 2515.

[50] 韩邦成. 高精度卫星用磁悬浮反作用飞轮总体结构优化设计[R]. 博士后出站报告. 北京:北京航空航天大学,2006.

[51] 韩邦成,张姝娜,房建成,等. 磁悬浮反作用飞轮系统模态分析及试验研究[J]. 系统仿真学报,2008,20(3):763 – 766.

[52] 冯洪伟,房建成. 磁悬浮控制力矩陀螺的高速转子模态分析及实验研究[J]. 中国惯性技术学报,2005,13(1):72 – 76.

[53] 叶先磊,史亚杰. ANSYS 工程分析软件应用实例[M]. 北京:清华大学出版社,2003:512 – 520.

[54] 赵丽滨,赵友选,张建宇,等. 反作用飞轮结构的动态优化设计[J]. 中国机械工程,2007,18(2):139 – 141.

[55] 万小平,袁茹,王三民. 环形可展开卫星天线的多目标结构优化设计[J]. 机械科学与技术,2005,24(8):914 – 916.

[56] 马静敏,沈友徽,李华. 基于 iSIGHT 的油船槽形横舱壁设计优化[J]. 船海工程,

2005,(1):35 - 37.

[57] 叶全红. 磁悬浮反作用飞轮结构分析及优化设计与实验研究[D]. 北京:北京航空航天大学,2007.

[58] 赵丽滨,张建宇,高晨光,等. 基于结构可靠性的姿控/储能飞轮转子设计方法研究[J]. 宇航学报,2006,27(5):942 - 946.

[59] 赵丽滨,赵友选,张建宇,等. 反作用轮密封罩结构的稳定性研究[J]. 航天器环境工程,2006,23(6):344 - 346.

[60] 李红,叶全红,韩邦成,等. 磁悬浮反作用飞轮密封罩结构的优化设计[J]. 光学精密工程,2007,15(10):1571 - 1576.

[61] Han Bangcheng,Fang Jiancheng. Design of Magnetic Bearing Reaction Wheel for High Precision Attitude Control of Spacecraft[A]. The tenth International Symposium on Magnetic Bearings[C]. Swizterland,2006,13 - 18.

[62] 叶全红. 磁悬浮反作用飞轮结构分析及优化设计与实验研究[D]. 北京:北京航空航天大学,2007.

[63] 张姝娜. 磁悬浮飞轮系统热分析及转子优化设计[D]. 北京:北京航空航天大学,2006.

[64] Okou R,Khan M A,Barendse P S. Thermal model of electromechanical flywheel with brushless DC machine [C]. 2009 IEEE Electrical Power & Energy Conference,American University of Sharjah,UAE:1 - 5.

[65] Huynh Co,Zheng Liping,Mullen Patrick. Thermal performance evaluation of a high-speed flywheel energy storage system[C]. The 33rd Annual Conference of the IEEE Industrial Electronics Society. Nov. 5 - 8,2007.

[66] 周超,杨洪波. 热传导及其在航天器系统中的计算方法[J]. 计算机仿真,2010,27(1):60 - 62.

[67] 李劲东. 卫星热网络模型修正技术进展及其改进方法研究[J]. 中国空间科学技术,2004,6(3):29 - 37.

[68] Aldo Boglietti,Andrea Cavagnino. Evolution and modern approaches for thermal analysis of electrical machines [J]. IEEE Transactions on industrial electronics,2009,56(3):871 - 882.

[69] Luc Burdet,Beat Aeschlimann,Roland Siegwart. Thermal model for a high temperature active magnetic bearing[C]. Lexington,Kentucky :Ninth International Symposium on Magnetic Bearing,August 3 - 6,2004.

[70] 薛晶,李玉忍,田广来,等. 飞机刹车副温度场的瞬态有限元模型[J]. 航空学报,2010,31(3):638 - 642.

[71] 张斌兴. 某固体火箭发动机热结构的 ANSYS 有限元分析[J]. 上海航天,2007,(5):62 - 64.

[72] 王春娥,房建成,汤继强,等. 磁悬浮反作用飞轮热设计方法与实验研究[J]. 航空学

报,2011,32(4):598 -607.

[73] Xu Yanliang,Fang Jiancheng. Development of Low Power Loss Energy Storage Flywheel[J], Transations ofChina Electrotechnical Society,2008,23(12):11 -16.

[74] Toda H,Xia Z P,Wang J B. Rotor eddy current loss in permanent magnet brushless machines [J]. IEEE Transactions on Magnetics,2004,40(1):2104 -2107.

[75] 张姝娜,房建成,韩邦成,等. 磁悬浮飞轮转子组件温度场分析与研究[J]. 中国惯性技术学报,2007,15(1):67 -71.

[76] Zhang Shuna,Han Bangcheng,Li Hong,et al. Thermal and structural coupling analysis of magnetically suspended flywheel rotor[C]. The Fifth International Symposium on Instrumentation and Control Technology,中国,北京,2006:635856 -1 -635856 -8.

[77] 黄本诚,马有礼. 航天器空间环境试验技术[M]. 北京:国防工业出版社,2002.

[78] 黄琳,荆武兴. 关于剩磁对卫星姿态确定与控制影响的研究[J]. 航空学报,2006,27(3):390 -394.

[79] 易忠. 卫星磁性仿真模型建立[J]. 航天器环境工程. 2004,21(2):8 -16.

[80] Lin Huang,Wuxing Jing. Correction of remanent disturbance torque[C]. 1st International Symposium on Systems and Control in Aerospace and Astronautics,2006.

[81] 齐燕文. 卫星磁试验设备和磁试验技术[J]. 环境技术. 1998,2(55):29 -39.

[82] Korepanov V,Dudkin F,Melnik O. Small satellites EMC study[J]. Advances in Space Research,2001,28(1):221 -225.

[83] 乐韵,房建成,汤继强,等. 磁悬浮反作用飞轮剩磁矩分析与补偿方法研究[J]. 航空学报,2011,32(5):881 -890.

[84] Stern T G. Techniques for magnetic cleanliness on spacecraft solar arrays[C]. 2nd International Energy Conversion Engineering Conference,2004:1 -5.

[85] 肖琦,史尧宜,易忠,等. 某型号卫星磁性分析与控制[J]. 航天器环境工程,2009,12:34 -37.

[86] 刘刚,王志强,房建成. 永磁无刷直流电机控制技术与应用[M]. 北京:机械工业出版社,2008.

[87] 陈世坤. 电机设计(第2版)[M]. 北京:机械工业出版社,2000.

[88] 房建成,孙津济,马善振,等. 一种无定子铁芯无刷直流电动机[P],中国发明专利:ZL200410101898. 8. 2004 -12 -30.

[89] Scharfe M,Roschke T,Bindl E,et al. Design and development of a compact magnetic bearing momentum wheel for micro and small satellites[C],in:Proceedings Fifteenth Annual/USU Conference on Small Satellites,No. SSC01 -IX -1,AIAA,Utah,2001:1 -9.

[90] Scharfe M,Roschke T,Bindl E,et al. The challenges of miniaturisation for a magneticc bearing wheel[C],in:Proceedings of ninth European Space Mechanisms & Tribology Symposium,ESA SP -480,2001:17 -24.

[91] PRIVAT M,COSTA A D. Pneumatic locking device for magnetic bearing reaction wheel

[C], Proceedings of the tenth European Space Mechanisms and Tribology Symposium, San Sebastian, Spain, 2003: 1 – 8.

[92] Eckardt T. The low noise momentum wheel MW-X: EM design and predicted properties[C], The Fifth European Space Mechanism and Tribology Symposium, ESTEC, 1993: 28 – 30.

[93] 刘强, 房建成, 韩邦成, 等. 磁悬浮飞轮锁紧装置及其优化设计[J]. 光学精密工程, 2010, 18(8): 1814 – 1821.

[94] 韩邦成, 刘强. 基于自锁原理的磁悬浮飞轮电磁锁紧机构[J]. 光学精密工程, 2009, 17(10): 2456 – 2464.

[95] 房建成, 刘强, 白国长, 等. 一种磁悬浮飞轮用杠杆式可重复锁紧装置[P]. 中国发明专利: 201010117577. 2. 2010 – 03 – 03.

[96] 闫晓军, 张小勇, 聂景旭, 等. 采用 SMA 驱动的小型空间磁悬浮飞轮锁紧机构[J]. 北京航空航天大学学报, 2011, 37(2): 127 – 131.

[97] 刘强, 房建成, 韩邦成. 磁悬浮反作用飞轮磁轴承动反力分析及实验[J]. 北京航空航天大学学报, 2010, 36(7): 821 – 825.

[98] Liu Qiang, Fang Jiancheng, Han Bangcheng. Novel electromagnetic repeated launch locking/unlocking device (RLLUD) based on self-locking for magnetic bearing flywheel[J]. Sensors and Actuators A: Physical, 2012, 175: 116 – 126.

[99] Leonesio M, Bianchi G. Self-locking analysis in closed kinematic chains[J]. Mechanism and Machine Theory, 2009, 44: 2038 – 2052.

第3章
新型永磁偏置磁轴承电磁分析与设计

3.1 引言

磁轴承具有无接触、无磨损、无需润滑等优点，在航天领域特别适于惯性动量轮和控制力矩陀螺中高速转子的支承，这对提高空间飞行器的姿态控制精度和运行寿命具有重要意义。

目前以磁阻力式磁轴承在磁悬浮动量轮中应用最为广泛，由于其磁力非线性，常采用磁场预偏置的方法使其线性化，而根据提供偏置磁场的方式不同，将其分为由电磁提供偏置磁场的纯电磁磁轴承和由永磁提供偏置磁场的永磁偏置磁轴承。纯电磁磁轴承功耗大(线圈铜耗占主要部分)；永磁偏置磁轴承则兼具被磁轴承低功耗的特点和纯电磁磁轴承的可控优势，特别适用于对功耗要求比较苛刻的航天等领域。两类磁轴承的特点详见表3-1。

表3-1　纯电磁磁轴承与永磁偏置磁轴承特点对比

	纯电磁磁轴承	永磁偏置磁轴承
结构(工艺)	简单	较复杂
偏置磁场	由偏置电流产生，可通过偏置电流进行调节	由永磁体产生，磁轴承一旦加工好则不可调
功耗	大	小
磁场耦合	容易实现解耦	不易实现解耦
电磁设计	简单	复杂

在电磁设计方面，由于纯电磁磁轴承仅由线圈和铁芯构成，因此结构形式单一，而永磁偏置磁轴承由于永磁体的存在，结构形式多变，设计考虑因素多、难度大。

本章首先对纯电磁磁轴承的设计方法进行了介绍，然后针对永磁偏置磁轴承，综合考虑承载力、刚度、功耗等主要性能指标，围绕永磁、电磁的比例分配问题以及永磁、电磁的磁路耦合问题，从永磁电磁混合因子和磁路耦合度两个角度对永磁偏置磁轴承的磁力特性进行了详细分析，重点介绍了基于混合因子的永磁偏置磁轴承的设计方法以及磁路解耦设计方法，并给出了多种新型结构的永磁偏置磁轴承。此外，针对永磁偏置磁轴承的旋转损耗问题，建立了基于旋转损耗机理的解析模型，进行了分析与设计，并指出了进一步降低磁轴承旋转损耗的方法。

3.2　纯电磁磁轴承电磁分析与设计方法

纯电磁磁轴承根据其承载力方向的不同，主要分为径向磁轴承和轴向磁轴承两种。

3.2.1　纯电磁径向磁轴承电磁分析

纯电磁磁轴承结构简单、可控性好，在工业领域得到了广泛的应用，如透平机械、分子泵、高速电机等[1]。

在电磁学理论中，电磁力的大小由线圈匝数、介质磁导率、磁极面积、电流大小、磁极与转子之间的间隙等决定的[2]，如图3-1所示。用数学语言描述如下：

$$F = \frac{B^2 A}{\mu_0} = \frac{\mu_0 A N^2}{4}\frac{I^2}{\delta^2} \tag{3-1}$$

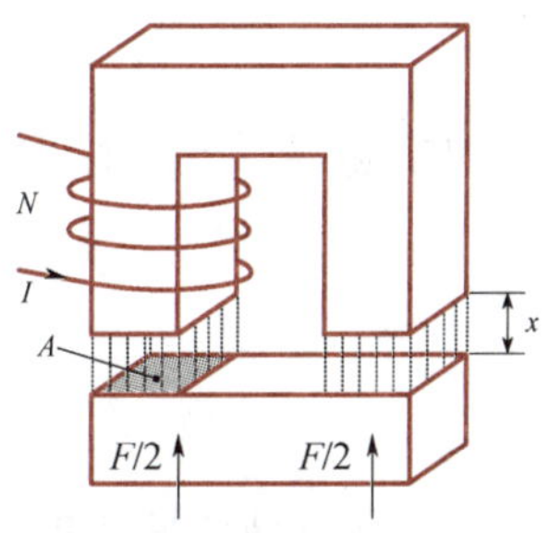

图3-1　电磁力产生示意图

式中：μ_0为真空磁导率；A为磁极面积；N为线圈匝数；I为线圈电流；δ为磁极与转子表面之间的气隙。

从式(3-1)不难看出，电磁力与位移和电流之间是非线性关系。

实际的磁轴承系统中，每一个通道的电磁力都是由两个出力方向相反的电磁铁实现，也就是通常所说的差动方式，如图3-2所示，以图示x方向为正偏移时，在差动方式下，转子受到的力有上下两个电磁铁产生电磁力的差给出，即

$F_x = F_+ - F_-$,式(3-1)变为

$$F_x = F_+ - F_- = k_r\left[\frac{(I_0+i_x)^2}{(\delta+x)^2} - \frac{(I_0-i_x)^2}{(\delta-x)^2}\right]\cos\alpha \tag{3-2}$$

式中:$k_r = \mu_0 N^2 A/4$;α 为相邻两个磁极之间夹角的一半。

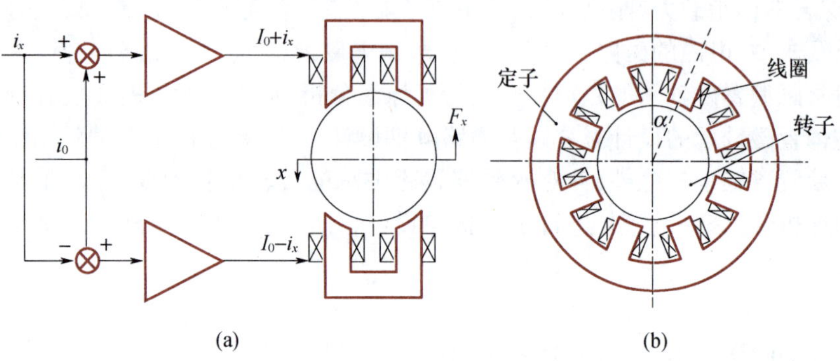

图 3-2 主动磁轴承的差动控制方式
(a) 差动方式;(b) 磁轴承端面结构。

在实际应用中,一般将这一非线性关系在平衡位置附近线性化,线性化后的模型可以一定程度上满足工程研究的需要[3]。当 $x \ll x_0$ 且 $i_x \ll I_0$ 时,将式(3-2)线性化得到如下关系式:

$$F_x = \left(\frac{4k_r I_0}{\delta^2}i_x - \frac{4k_r I_0^2}{\delta^3}x\right)\cos\alpha = k_i i_x + k_s x \tag{3-3}$$

通常,称 k_i 为电流刚度,k_s 为位移刚度,有

$$k_s = -\frac{\mu_0 A N^2 I_0^2}{\delta^3}\cos\alpha \tag{3-4}$$

$$k_i = \frac{\mu_0 A N^2 I_0}{\delta^2}\cos\alpha \tag{3-5}$$

线性化模型中使用的电流—力关系、位移—力关系都是由式(3-3)给出的。可以看出,纯电磁径向磁轴承的位移刚度和电流刚度存在如下关系:

$$\frac{k_s}{k_i} = -\frac{I_0}{\delta} \tag{3-6}$$

需要指出的是:当纯电磁径向磁轴承的磁极数为多对极时,考虑到径向磁轴承的对称性,可知径向磁轴承的磁极个数通常为 8 的整数倍,在此设为 $8a$,$a=1,2,\cdots$,那么磁轴承受力的合力系数为

$$K_f = \sum_{i=1}^{a}\cos\left(\frac{45}{2a}(2i-1)\right) \tag{3-7}$$

典型的8个磁极的径向纯电磁磁轴承结构及磁路如图3-3所示，其铁芯结构与电机定子相仿，8个磁极分为2组，分别对应于x、y两个方向上的差动工作方式，其受力表达式为

$$F_x = \left(\frac{4k_r I_0}{\delta^2} i_x - \frac{4k_r I_0^2}{\delta^3} x\right)\cos 22.5° \tag{3-8}$$

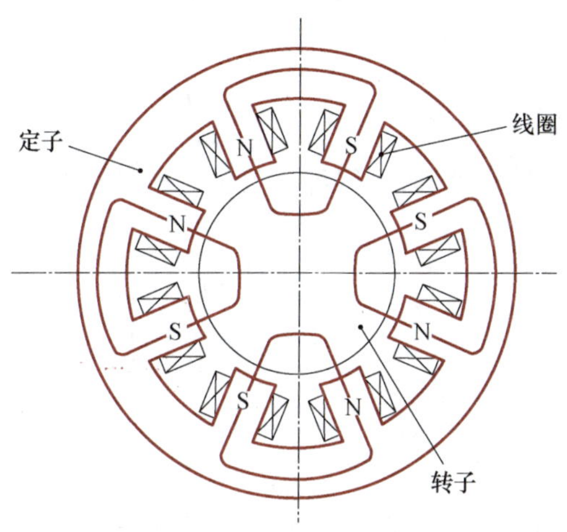

图3-3 径向纯电磁磁轴承的结构及磁路

3.2.2 纯电磁轴向磁轴承电磁分析

纯电磁轴向磁轴承与径向磁轴承相比具有更简单的结构，如图3-4所示。在环型定子槽中放置环型线圈，靠定子内环和外环作为供磁面积，因此对轴向轴承，主要结构尺寸为定子外环的内径、外径、定子内环的内径、外径和环的深度。

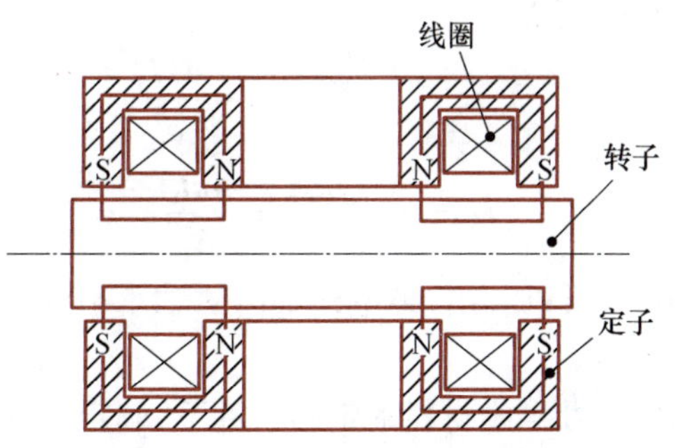

图3-4 轴向磁轴承结构及磁路

纯电磁轴向磁轴承的设计采用与纯电磁径向磁轴承相同的设计方法。在差动方式下，转子推力盘受到的力为两端轴向磁轴承定子产生的电磁力的差值(不考虑漏磁)：

$$F_z = F_{z+} - F_{z-} = k_a\left[\frac{(I_0 + i_z)^2}{(\delta + z)^2} - \frac{(I_0 - i_z)^2}{(\delta - z)^2}\right] \tag{3-9}$$

式中

$$k_a = \frac{N^2}{2\left(\frac{1}{\mu_0 A_w} + \frac{1}{\mu_0 A_n}\right)}$$

同样，将式(3-9)线性化处理，可得纯电磁轴向磁轴承的位移刚度和电流刚度分别为

$$k_s = -\frac{2N^2 I_0^2}{\delta^3\left(\frac{1}{\mu_0 A_w} + \frac{1}{\mu_0 A_n}\right)} \tag{3-10}$$

$$k_i = \frac{2N^2 I_0}{\delta^2\left(\frac{1}{\mu_0 A_w} + \frac{1}{\mu_0 A_n}\right)} \tag{3-11}$$

从式(3-10)和式(3-11)可知，纯电磁轴向磁轴承的电流刚度与位移刚度存在如下关系：

$$\frac{k_s}{k_i} = -\frac{I_0}{\delta} \tag{3-12}$$

特别地，当轴向磁轴承定子内环面积与外环面积相等时(即 $A_w = A_n = A$)，式(3-12)可简化为

$$k_a = \frac{N^2 \mu_0 A}{4} = k_r = k$$

此时电流刚度和位移刚度变为

$$k_s = -\frac{N^2 I_0^2 \mu_0 A}{\delta^3} = -\frac{4kI_0^2}{\delta^3} \tag{3-13}$$

$$k_i = \frac{N^2 I_0 \mu_0 A}{\delta^2} = \frac{4kI_0}{\delta^2} \tag{3-14}$$

与式(3-3)相比，可以看出，纯电磁轴向磁轴承与纯电磁径向磁轴承的刚度具有相同的表现形式。

在轴向磁轴承气隙及导磁材料确定的条件下，确定偏置电流大小成为磁轴承设计的关键。偏置电流的选择应根据实际应用场合综合考虑磁轴承的功耗及力的响应速度，其分析方法与设计方法与纯电磁径向磁轴承完全相同，在此

不再赘述。

3.2.3　纯电磁磁轴承电磁设计方法

对于纯电磁磁轴承的设计,在磁轴承磁路结构确定的前提下,承载力取决于气隙磁感应强度,即取决于磁动势安匝数 Ni,不同的线圈串联匝数 N 和线圈电流 i,可以得到相同的 Ni,但对磁轴承的响应速度及功耗具有不同的影响。目前,磁轴承的设计几乎都不考虑铁芯磁路的磁阻,凭经验给出并反复调整磁轴承的结构尺寸,进行承载力及热平衡等的计算。本节在深入研究纯电磁磁轴承偏置电流对其性能影响的基础上,给出了纯电磁磁轴承的设计方法,根据磁轴承的承载力要求,得出纯电磁磁轴承的结构尺寸。将磁轴承的设计分成两个步骤,即不计铁芯磁路的初始设计和考虑铁芯磁路的校算设计。

磁轴承的设计应在满足其承载力要求的前提下,合理选择各电磁参数,使磁轴承具有尽可能小的体积重量和尽可能低的损耗[3]。在进行磁轴承的电磁设计时,首先要确定导磁铁芯材料和气隙大小。对于导磁材料,是指具有低矫顽力和高磁导率的软磁材料。软磁材料易于磁化,也易于退磁,广泛用于电工设备和电子设备中。软磁材料的特性与它所包含的成分及加工工艺有很大关系。在铁、钴、镍等铁磁性物质中,铁常用来作为软磁材料,钴和镍一般只用来制造合金,以改进材料的磁性能。常用软磁材料有硅钢片、纯铁、铁镍合金(又称坡莫合金)和软磁铁氧体,碳素钢和铸铁也为常用的软磁材料。常见的几种软磁材料的特性如下:

① 硅钢片,是最常用的软磁材料。铁内掺进硅后可以增大电阻率,降低矫顽力,减小涡流和磁滞损耗。但铁中含硅后会使它的力学性能变脆,不易加工,因此硅钢片的含硅量都在 4.5% 以下。

② 纯铁,软磁性能很好,常用来制造大型电磁铁的铁芯,但铁中含有杂质后其磁性能大大下降。

③ 铁镍合金(又称坡莫合金),具有很高的初始磁导率,用于弱电流时性能最好。软磁金属材料有一个共同的缺点,就是电阻率低(约 $10^{-7}\Omega \cdot m$),因此用于频率较高的交变磁场时,会产生很大的涡流。

④ 软磁铁氧体(如锰锌铁氧体和镍锌铁氧体等)的电阻率很高(约 $1\Omega \cdot m \sim 10^4\Omega \cdot m$),且加工方便,成本低,但其饱和磁感应强度较低,限制了其应用。

⑤ 常用的软磁材料还有碳素钢和铸铁。它们一般不作为磁性材料使用,常在需要结构材料和磁性材料的情况下使用,或者在磁路复杂时起结构件作用。

因为硅钢片具有较高的导磁性能、较低的铁损耗、饱和磁感应强度高等特点,因此常用于电机和径向轴承中。另外,在当磁通密度和交变频率都不变时,单位体积的铁芯涡流损耗与硅钢片厚度的平方成正比。在已有产品中，硅钢片分类很多，为了保证径向轴承的磁滞和涡流损失尽可能少，径向轴承通常采用叠层制成，其中每片硅钢片的厚度根据需要在0.08mm～0.5mm之间选择。由于同一种硅钢片，厚度越小，铁芯损耗越小，但制造工时和造价增加，且叠片系数降低，所以选择时要综合考虑。

对于气隙的选取，工程上需要综合考虑机械加工精度和轴承的安匝数，一般为0.2mm～1mm。

在磁轴承的铁芯材料和气隙确定后，最大安匝数 Ni_{max}（$=2NI_0$，其中 I_0 为磁轴承的偏置电流，N 为径向磁轴承一对极所绕线圈的串联匝数）便已确定，为此必须合理分配电流和匝数，亦即确定偏置电流大小。

1）偏置电流对功放以及功耗的影响

（1）偏置电流对功放控制性能的影响。磁轴承应能根据已检测到的位置偏差，迅速调整其产生的电磁力，使其转子回到平衡位置。因此磁轴承应具有尽快输出所需电磁力的能力，这一能力可用力 F 对时间 t 的导数 $\mathrm{d}F/\mathrm{d}t$ 来表示，如果不考虑磁路的非线性，$\mathrm{d}F/\mathrm{d}t$ 可以表示为下式：

$$\frac{\mathrm{d}F}{\mathrm{d}t} \propto \frac{\mathrm{d}B^2}{\mathrm{d}t} \propto \frac{\mathrm{d}\,(Ni)^2}{\mathrm{d}t} = 2N^2 i\,\frac{\mathrm{d}i}{\mathrm{d}t} \tag{3-15}$$

若不计磁轴承线圈的电阻，磁轴承电流与电感的关系满足下式：

$$\frac{\mathrm{d}i}{\mathrm{d}t} = \frac{U}{L} \tag{3-16}$$

由以上两式可得

$$\frac{\mathrm{d}F}{\mathrm{d}t} \propto i\,\frac{U}{L/N^2} \tag{3-17}$$

式中：L 为绕组电感；U 为功放直流侧直流电压值。

由于绕组电感 L 与 N^2 成正比，因此在安匝数不变的前提下，电磁力的响应速度与电流成正比，增大电流减少匝数有利于提高磁轴承磁力的响应速度。

（2）偏置电流对损耗的影响。增大电流（必须同时增大导体线径以保证一定的电流密度）降低绕组匝数，对绕组的铜耗基本无影响，但导致功放损耗的增大，为降低磁轴承的损耗，应采用小电流大线圈匝数的设计思路。对确定的偏置安匝数，增大偏置电流降低绕组串联匝数，有利于提高磁轴承的响应速度，但同时增大了功放的损耗。对细长转子这种具有较小陀螺效应的磁轴承支承系统，控制难度较小，可以采用小偏置电流方案，以降低功耗；对具有很大陀螺效应的高速盘式转子的磁轴承支承系统，应适当加大偏置电流，以提高电磁力的响应速度。

2）纯电磁磁轴承的电磁设计方法

纯电磁磁轴承的设计分两步。第一步：初始设计，不考虑铁芯磁路，由铁芯材料的饱和磁感应强度计算最大磁动势（安匝数）及满足最大承载力要求的供磁面积；第二步：校算设计，考虑铁芯磁路，通过有限元磁场分析，对第一步的设计进行校算[3]。

初始设计时，不考虑铁芯磁路，设计流程如图3－5所示。

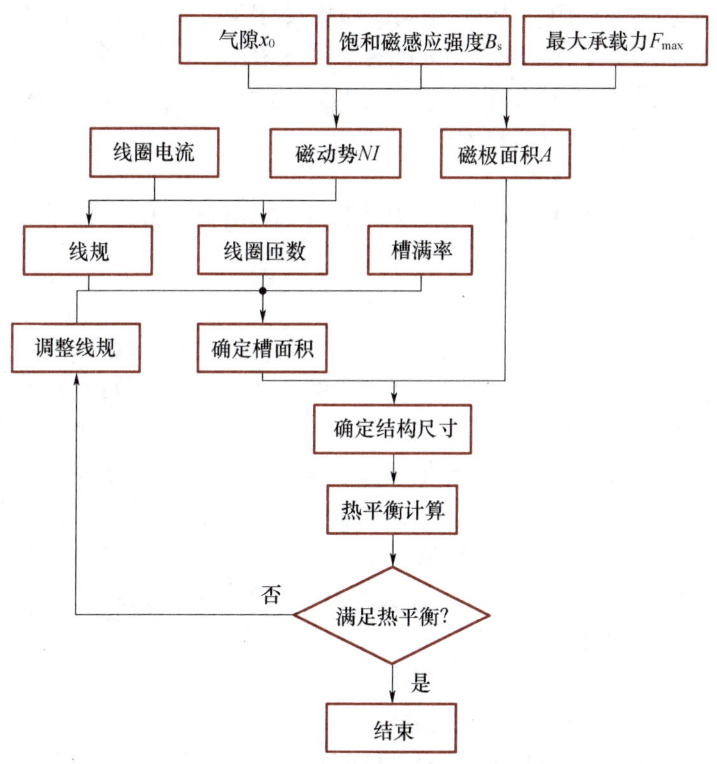

图3－5 纯电磁磁轴承设计流程

在轴承气隙及导磁材料确定的前提下，磁轴承闭合磁路中的最大磁动势（即一对极绕组的串联安匝数）可表示为

$$Ni_{max} = 2Ni_0 = 2B_{max}\delta/\mu_0 \quad (3-18)$$

式中：B_{max}为铁芯材料饱和磁感应强度。

（1）磁极供磁面积A。磁气隙处的磁极面积A（一个磁极）可表示为

$$A = \frac{\mu_0 F_{max}}{B_{max}^2 \cos\alpha} \quad (3-19)$$

式中：F_{max}为磁轴承的最大承载力。

根据磁极面积，并考虑磁轴承的结构要求，便可得到磁轴承的磁极宽度及铁芯长度。

(2) 线圈槽面积 A_{slot}。由线圈安匝数及偏置电流 I_0，不但可以确定串联匝数，而且可以确定导体线规，因此可以确定绕组所占的面积，该面积除以槽满率 S_f，可得放置线圈的槽面积 A_{slot}；值得注意的是，线规的选择决定于磁轴承的热平衡，对散热较好的应用场合，可选择较小的线圈导体线径。

由于铁芯磁路磁阻的影响，相同的结构尺寸及线圈参数下，前述所求得的最大安匝数不能产生所要求的最大磁感应强度 B_{max}，由此计算得到的力小于所要求的最大承载力，同时考虑铁芯叠片厚度，此时只需适当增大铁芯的轴向长度，以增大供磁面积即可满足承载力要求。

3.3 基于混合因子的永磁偏置径向磁轴承电磁分析与设计

纯电磁磁轴承虽然可以提供足够大并可调的刚度和承载力，但由于电流产生偏置磁场，因而其功耗大，限制了其在空间环境的应用；而对于被动磁轴承而言，利用动、静永磁环的吸力或斥力支承转动部件，虽然其体积小且不需消耗功率，但刚度阻尼特性不可控；永磁偏置磁轴承结合了纯电磁磁轴承以及被动磁轴承的优点，利用永磁体取代纯电磁磁轴承中由励磁电流产生的静态偏置磁场，具有减少电磁铁的安匝数，降低功率放大器的损耗，缩小磁轴承的体积和重量，提高轴承承载能力等优点，所以永磁偏置磁轴承[4-9]在磁悬浮惯性动量轮中具有显著优势，具体说来，有以下特点：

(1) 永磁偏置磁轴承由永磁体提供偏置磁场，消除了纯电磁磁轴承中的偏置电流所带来的绕组铜耗和功放损耗。

(2) 由于转子偏移量相对于永磁体磁化方向长度很小，因此转子偏移所导致的气隙永磁磁感应强度变化很小，所需要的电磁磁感应强度也就很小，从而减小了控制电流。

(3) 电磁磁路不经过永磁体，其磁路只包含气隙和铁芯。

(4) 永磁磁场在定子中没有交变，因此不会在定子中产生铁耗；永磁磁场在转子中大小变化但方向不变，由此在转子中产生的铁耗远小于磁场大小和方向都变化的纯电磁径向磁轴承。

(5) 由于径向和轴向磁轴承都不需要偏置电流，有利于降低径向和轴向磁轴承功放的体积、重量和成本。

对于永磁偏置磁轴承结构中的永磁材料(或称硬磁材料)而言，主要包括钐钴合金以及钕铁硼材料，钐钴永磁体温度系数低，适用于航空航天领域，钕铁硼永磁材料具有较大的磁能积，但由于其温度系数大，因此广泛应用于温度要求不高的场合。

3.3.1　永磁偏置径向磁轴承结构及磁路分析

永磁偏置径向磁轴承的基本结构有两种，分别如图3-6和图3-8所示。图3-6所示为一种内转子径向永磁偏置磁轴承[10-14]，其结构特点为：永磁体置于转子，定子铁芯设计为U形叠片结构，使得永磁磁路在$\pm x$和$\pm y$方向分别

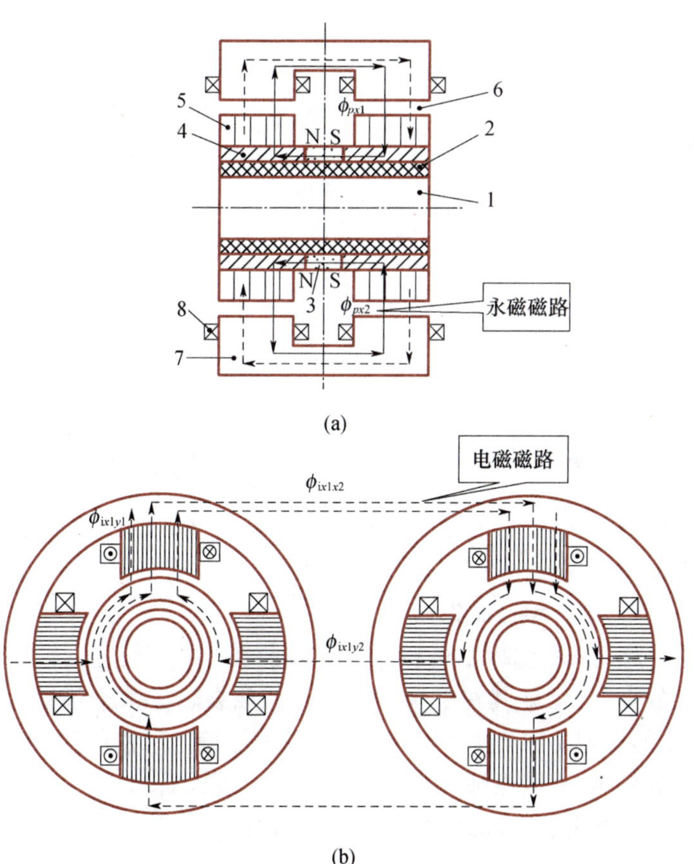

图3-6　永磁偏置径向磁轴承基本结构1及磁路

(a) 永磁磁路和电磁磁路；(b) y轴中的电磁磁路。

1—转轴；2—隔磁套筒；3—永磁体；4—轴向导磁套筒；5—转子铁芯；6—气隙；7—定子铁芯磁极；8—线圈。

形成回路,电磁磁路在任意两个 U 形定子铁芯之间形成回路,避免了电磁磁路与永磁磁路的耦合,永磁体沿轴向充磁,永磁磁路为:永磁体 N 极—左轴向导磁套筒—左转子铁芯—左气隙—左定子铁芯磁极—定子轴向导磁铁芯轭—右定子铁芯磁极—右气隙—右转子铁芯—右轴向导磁套筒—S 极,如图中实线所示,电磁磁路如图中虚线所示,等效磁路图如图 3-7 所示。

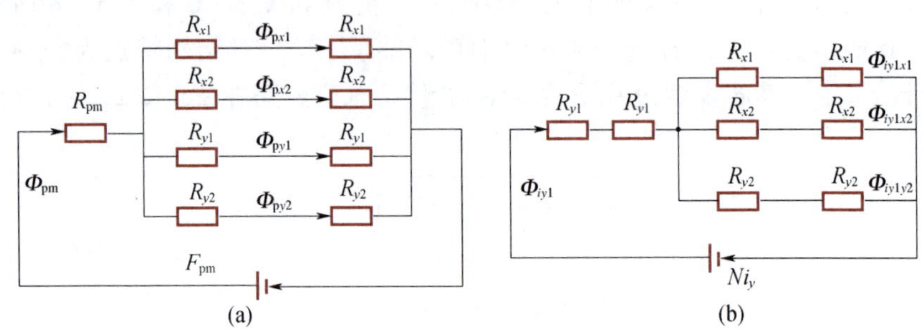

图 3-7 单气隙永磁偏置径向磁轴承 1 等效磁路

(a) 永磁磁路;(b) 一个定子极下的电磁磁路。

R_{pm}—永磁体磁阻;R_{x1}、R_{x2}— $+x$、$-x$ 方向的气隙磁阻;R_{y1}、R_{y2}— $+y$、$-y$ 方向的气隙磁阻;Φ_{pm}—永磁体产生的总磁通;Φ_{px1}、Φ_{px2}—永磁体在 $+x$、$-x$ 方向气隙处产生的磁通;Φ_{py1}、Φ_{py2}—永磁体在 $+y$、$-y$ 方向气隙处产生的磁通;Φ_{iy1x1}、Φ_{iy1x2}—y 方向线圈通电在 $+x$、$-x$ 方向气隙处产生的磁通;Φ_{iy1y2}—y 方向线圈通电在 $-y$ 方向气隙处产生的磁通;Φ_{iy1}—y 方向线圈通电在 $+y$ 方向气隙处产生的磁通。

可以看出,对气隙中的永磁磁场来说,一端由转子铁芯到定子磁极,另一端由定子磁极到转子铁芯。这种类型磁轴承在定、转子之间的气隙处产生电磁力,在本书中称为单气隙径向磁轴承。

其工作原理为:理想情况下,被支承的转子处于平衡位置,x、y 轴的正负方向受到相同的吸力,保证其在平衡位置悬浮。如果转子由于扰动偏离平衡位置,则气隙小的一侧受到更大的吸力,使转子更加偏离平衡位置,也就是说,单靠永磁磁场的作用,不能保证转子的稳定悬浮。可以看出,永磁磁感应强度和电磁磁感应强度在上、下气隙中具有不同的叠加效果,如上侧气隙中两磁感应强度同方向,则下侧气隙两磁感应强度反方向,改变电流的方向则可以使电磁磁感应强度的方向发生变化。如果由于扰动使转子偏离平衡位置向下移动一位移 x,此时上侧气隙加大导致永磁磁感应强度降低,下侧气隙减小使得永磁磁感应强度增大,因此下侧永磁吸力增大,上侧永磁吸力减小,施以一定方向的电流,使电磁磁感应强度和永磁磁感应强度在上气隙叠加,在下气隙抵消,可使上气隙的合成磁感应强度大于下气隙的合成磁感应强度，从而转子受到向上的合力作用，使转子回到平衡位置；同样，如转子偏离平衡位置向上偏移时，通过改变电流的方向仍然可使转子回到平衡位置。

图3-6所示的径向磁轴承在实现时加工和装配较为复杂，下面介绍一种更适用于工程应用的内转子径向磁轴承结构[15]，如图3-8所示，图中(a)为轴向截面图，(b)为端面图。其结构特点为：定子由叠片铁芯构成，永磁体置于定子，电磁磁路不经过永磁体，降低了磁轴承的功耗，永磁体通过导磁环与叠片的定子铁芯相连，避免了永磁体磁动势直接穿过叠片铁芯造成的损失。

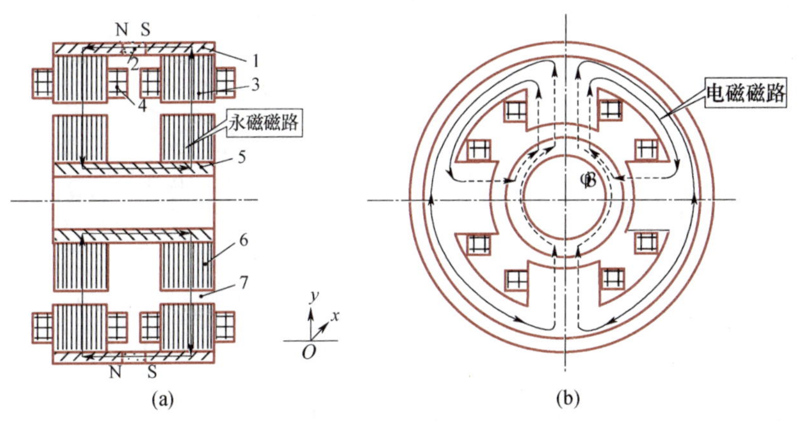

图3-8 永磁偏置径向磁轴承基本结构2示意图

(a) 轴向截面图；(b) 端面图。

1—外导磁环；2—永磁体；3—定子铁芯；4—线圈；5—内导磁环；6—转子铁芯；7—气隙。

本节以下主要以图3-8所示的径向磁轴承为主进行介绍，该径向磁轴承的等效磁路图如图3-9所示。其中磁阻定义与图3-7相同。

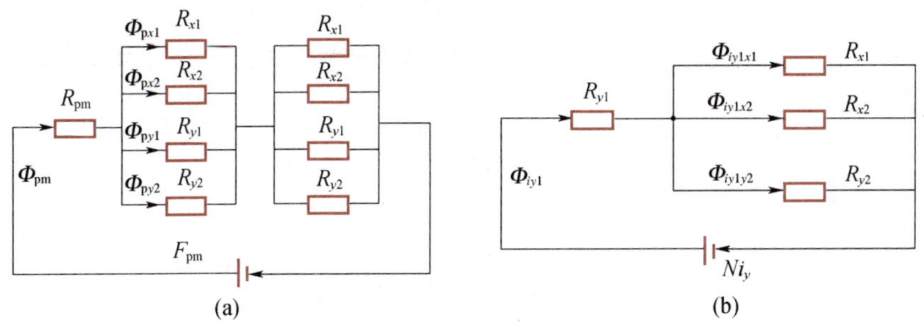

图3-9 单气隙永磁偏置径向磁轴承2等效磁路

(a) 永磁磁路图；(b) 一个定子极下的电磁磁路图。

当各个极下的定子绕组为串联时,由虚位移原理可得到该径向磁轴承的磁力为

$$F = \frac{(\Phi_{\mathrm{py1}} + \Phi_{iy1} + \Phi_{iy2y1})^2 - (\Phi_{\mathrm{py2}} - \Phi_{iy2} - \Phi_{iy1y2})^2}{\mu_0 A} \tag{3-20}$$

即

$$F = \frac{B_{y1}^2 A}{\mu_0} - \frac{B_{y2}^2 A}{\mu_0} \tag{3-21}$$

式中

$$B_{y1} = (\Phi_{\mathrm{py1}} + \Phi_{iy1} + \Phi_{iy2y1})/A \tag{3-22}$$

$$B_{y2} = (\Phi_{\mathrm{py2}} - \Phi_{iy2} - \Phi_{iy1y2})/A \tag{3-23}$$

当 $B_{y1} = B_{\mathrm{s}}, B_{y2} = 0$ 时,磁轴承的承载力最大,为

$$F_{\max} = \frac{B_{\mathrm{s}}^2 A}{\mu_0} = \frac{(\Phi_{\mathrm{py1}} + \Phi_{iy1} + \Phi_{iy2y1})^2}{\mu_0 A} = \frac{\Phi_{\mathrm{s}}^2}{\mu_0 A} \tag{3-24}$$

式中:Φ_{s} 为饱和磁感应强度。

将式(3-22)~式(3-23)代入式(3-24)整理可得

$$\Phi_{\mathrm{s}} = \Phi_{\mathrm{py1}} + \Phi_{\mathrm{py2}} \cdot \frac{R_{y2}}{R_{y1}} \cdot \frac{R_{\mathrm{isumy2}} R_{y1} + R_{\mathrm{isumy1}} R_{\mathrm{isumy2}} - R_{\mathrm{isumy1}} R_{y2}}{R_{\mathrm{isumx1}} R_{y2} + R_{\mathrm{isumy1}} R_{\mathrm{isumy2}} - R_{\mathrm{isumy2}} R_{y1}} \tag{3-25}$$

将式(3-25)代入式(3-24)即可得到最大承载力。

由此可得饱和磁感应强度为

$$B_{\mathrm{s}} = \frac{\Phi_{\mathrm{s}}}{A}$$

此时的电流为最大电流:

$$I_{\max} = \Phi_{\mathrm{py2}} \cdot \frac{R_{y2} R_{\mathrm{isumy1}} R_{\mathrm{isumy2}}}{N(R_{y2} R_{\mathrm{isumy1}} + R_{\mathrm{isumy1}} R_{\mathrm{isumy2}} - R_{y1} R_{\mathrm{isumy2}})} \tag{3-26}$$

特别地,当转子稳定悬浮时($x=0, y=0$)的饱和磁感应强度、最大承载力以及最大电流为

$$\begin{cases} B_{\mathrm{s}} = \dfrac{H_{\mathrm{c}} h_{\mathrm{pm}} \mu_0}{\sigma(2R_{\mathrm{pm}}\mu_0 A + \delta)} \\ F_{\max} = \dfrac{H_{\mathrm{c}}^2 h_{\mathrm{pm}}^2 \mu_0 A}{\sigma^2 (2R_{\mathrm{pm}}\mu_0 A + \delta)} \\ I_{\max} = \dfrac{H_{\mathrm{c}} h_{\mathrm{pm}} \delta}{\sigma N(4R_{\mathrm{pm}}\mu_0 A + 2\delta)} \end{cases} \tag{3-27}$$

对于单气隙径向磁轴承而言，其位移刚度和电流刚度为

$$\begin{cases} k_s = -\dfrac{\mu_0 \cdot A \cdot F_{pm}^2}{\sigma^2 \cdot \delta} \cdot \left(\dfrac{1}{2R_{pm} \cdot \mu_0 \cdot A + \delta}\right)^2 \\ k_i = 2N \cdot \dfrac{F_{pm} \cdot \mu_0 \cdot A}{\sigma \cdot \delta(2R_{pm} \cdot \mu_0 \cdot A + \delta)} \end{cases} \tag{3-28}$$

由上式可得电流刚度与位移刚度的关系为

$$k_i^2 = \frac{4F_{pm}^2 N^2 (\mu_0 A)^2}{\sigma^2 \delta^2 (2R_{pm}\mu_0 A + \delta)^2} = \frac{F_{pm}^2 \mu_0 A}{\sigma^2 \delta (2R_{pm}\mu_0 A + \delta)^2} \cdot \frac{4N^2 \mu_0 A}{\delta} = -\frac{4N^2 \mu_0 A}{\delta} k_s \tag{3-29}$$

结合纯电磁磁轴承的电流刚度与位移刚度的关系，可知：

$$k_i^2 = -\frac{4N^2 \mu_0 A}{\delta} k_s = \frac{16k}{\delta} k_s \tag{3-30}$$

3.3.2 基于混合因子的永磁偏置径向磁轴承电磁设计及实验测试

众所周知，磁轴承系统除了磁轴承本体之外，还包括控制系统，两者不可分割。控制器是保证磁轴承控制系统稳定的必要环节，同时还决定着系统的动态性能。上述各节得到的磁轴承电流刚度以及位移刚度对于是磁轴承控制系统而言至关重要，它反映了磁轴承对外界干扰的抑制能力，刚度的设计与结构设计和控制器设计都有关系，磁轴承结构一旦确定，其相应的电磁参数也随之确定，控制器在控制参数能确保系统稳定性的条件下，可以对刚度有一定的调节裕量。

下面以工程上常用的 PD 控制为例，分析控制器参数与结构参数的相互关系及其对系统性能的影响。在 PD 控制器作用下，控制电流可表示为

$$i = k_P x + k_D \dot{x} \tag{3-31}$$

式中：k_P 为控制器比例系数；k_D 为微分系数。

那么，磁轴承的磁力[16,17]可表示为

$$F = k_s x - k_i i = k_s x - k_i(k_P x + k_D \dot{x}) = (k_s - k_i k_P)x - k_i k_D \dot{x} \tag{3-32}$$

为了使系统稳定，磁力应满足一般弹性支承的刚度阻尼特性：

$$F = -kx - k_d \dot{x} \tag{3-33}$$

式中：k 为弹性支承的刚度系数；k_d 为弹性支承的阻尼系数。二者均为正数。

对比上面式(3-32)和式(3-33)，可得 PD 控制器作用下的磁轴承系统刚度为

$$K = \frac{dF}{dx} = k_s - k_i k_P \tag{3-34}$$

为了保证系统稳定，必须使 $k_s - k_i k_P < 0$，由于 k_s 具有较大的不确定性，为使系统有一定的稳定裕量，$k_i k_P$ 相比 k_s 就不能很小，即相对于负刚度很小的控制刚度难以实现系统的稳定。虽然理论上可以通过选取较大的控制器比例系数使 $k_i k_P$ 的取值很大，但控制电流过大将使磁场饱和，达不到理想的控制力，因此，较大的控制刚度也难以实现。

1. 基于永磁体工作点的永磁偏置磁轴承电磁设计方法

对于永磁偏置磁轴承而言，永磁以及电磁的分配比例问题影响着磁轴承的功耗以及稳定性问题，本节将从磁轴承的特性分析入手，引出永磁电磁分配比例有关的混合因子[18]的概念。

首先介绍基于永磁体工作点的永磁偏置磁轴承电磁设计方法。

1）气隙处磁感应强度的确定

考虑到电磁设计的通用性，本节先进行通用参数的设计方法，并结合永磁偏置径向磁轴承基本结构 2 为例进行说明。为了方便设计，并且保证永磁偏置磁轴承的各部分磁感应强度均匀，假设磁轴承的永磁体在气隙中（径向气隙或轴向气隙）产生的偏置磁感应强度均为 B_0，径向磁气隙或轴向磁气隙长度均为 δ，设永磁磁路经过 n 个串联支路形成回路，每个串联磁阻均有 n 个并联支路组成，如图 3－10 所示。

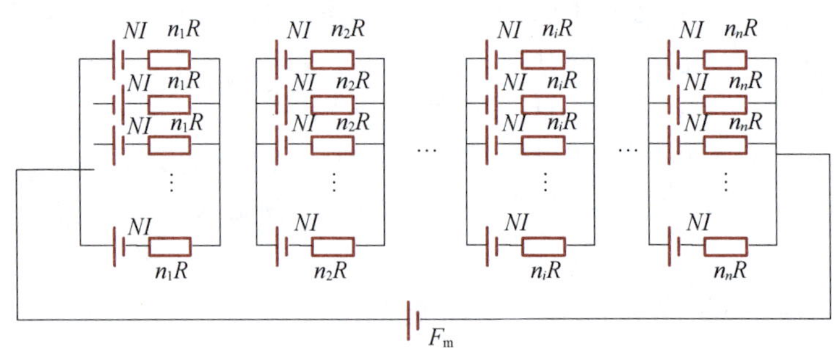

图 3－10　永磁偏置磁轴承的磁路模型

图中每个支路的磁阻相同，永磁体提供的外部磁动势为 F_m，不考虑永磁体漏磁情况下，可得永磁磁路的通用基本方程为

$$B_0 = \frac{F_m \mu_0}{n\delta} \tag{3-35}$$

式中：n 为串联磁阻的个数，为第 i 个串联磁阻的并联支路数，$i = 1$ 或 2 或…n。考虑到磁轴承的结构对称性，通常 n 与 n_i 均选择为偶数，对于永磁偏置径向磁轴承基本结构 2 而言，n 一般取为 2，考虑到径向磁轴承的两个通道，n_i 一般取为 4。

各个气隙处磁极的受力面积有以下表达式：

$$\frac{n_j}{n_i} = \frac{A_i}{A_j} \tag{3-36}$$

一般铁磁材料的饱和磁感应强度 $B_s = 1.5\text{T}$,设计时常取偏置磁感应强度 $B_0 = 0.6\text{T} \sim 0.8\text{T}$。磁轴承设计时根据悬浮的重量确定最大承载力,考虑到磁轴承动态性能的影响,最大承载力 F_{max} 为悬浮重量的2倍。

2）磁极面积和气隙长度的选取[19,20]

根据最大承载力以及软磁材料的饱和磁感应强度可以得到永磁偏置磁轴承的受力面积为

$$A = \frac{2F_{\max}\mu_0}{B_s^2} \tag{3-37}$$

根据最大承载力的条件(气隙中电磁磁通与永磁磁通叠加部分的最大值达到 $B_{\max}$,抵消的一侧为最小值0),可得到磁轴承的安匝数通用表达式为

$$NI = \frac{F_m}{n} = \frac{B_0\delta}{\mu_0} \tag{3-38}$$

从式(3-38)可以看出,当气隙 δ 增大时,产生同样大小的气隙磁感应强度,电磁铁所需的安匝数 NI 就增大,这样需要增大绕线的空间,其优点是机械加工精度相对来说要求不高,但磁轴承的体积和重量会增加;如果减少 δ,虽然安匝数 NI 减少,但要求更高的加工精度。另外,根据式(3-35),产生同样大小的偏置磁场,所需永磁体的磁动势与气隙成正比。因此,在工程上,一般取 $\delta = 0.15\text{mm} \sim 1\text{mm}$,转子直径较小时 δ 相对取小值。

3）永磁材料参数的设计[21-23]

由图3-10,可得到永磁体提供的外部磁通为

$$\Phi_m = B_0 n_i A_i \tag{3-39}$$

永磁体对外提供的磁动势 F_m 与所选的永磁体去磁曲线有关。为了设计结构紧凑,重量轻的磁轴承,通常选取高剩磁的永磁体。当所选的材料为铁氧体或稀土钴时,则去磁曲线接近于直线,满足

$$\begin{cases} F_c = 2F_m \\ \Phi_m = \dfrac{\Phi_r}{F_c}(F_c - F_m) \end{cases} \tag{3-40}$$

结合式(3-35),可以求出永磁体自身的剩余磁通 Φ_r 和磁动势 F_c,从而可以得到永磁体的磁化方向长度 L_m 以及截面积 A_{pm} 为

$$\begin{cases} L_m = \dfrac{fF_c}{H_c} \\ A_{pm} = \dfrac{\sigma \Phi_r}{B_r} \end{cases} \tag{3-41}$$

式中：f 为磁阻系数，取值范围一般为 1.1 ~ 1.5；σ 为漏磁系数[24]，取值范围一般为 2 ~ 10。

特别地，对于图 3-8 所示的永磁偏置径向磁轴承基本结构 2，其磁路图将永磁和电磁考虑后重新画为图 3-11 所示的模型，由式(3-35)和式(3-39)可得

$$\begin{cases} B_0 = \dfrac{F_m \mu_0}{2\delta} \\ \Phi_m = 4B_0 A \end{cases} \tag{3-42}$$

然后，根据式(3-35)即可确定永磁体的磁化方向长度及其截面积。

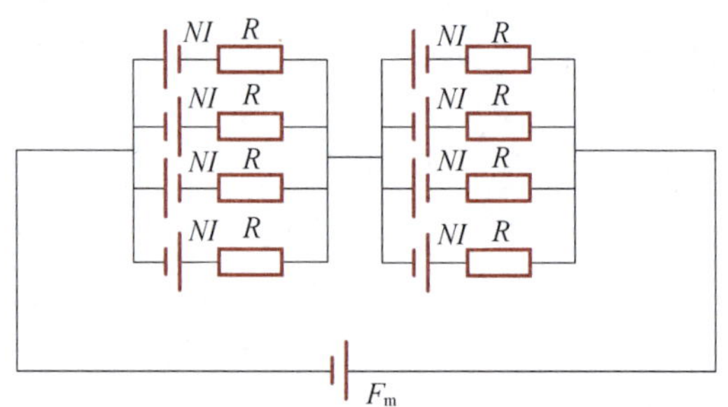

图 3-11　永磁偏置磁轴承基本结构 2 磁路

综上所述，基于永磁体工作点的永磁偏置磁轴承设计方法是利用最大承载力确定磁轴承定子磁极截面积，然后利用磁性材料的饱和磁感应强度确定永磁体外部磁路磁通，之后根据气隙长度求取永磁体对外提供的磁动势，根据退磁曲线求得永磁体的矫顽磁势，由永磁体外部磁通可以求出永磁体剩余磁通，最后由永磁体矫顽磁势、矫顽力以及磁阻系数求得永磁体磁化方向长度，由永磁体剩余磁通、剩磁以及漏磁系数确定永磁体截面积，具体流程图如图 3-12 所示。

2. 永磁偏置径向磁轴承的混和因子及电磁设计方法

从上一节的传统基于永磁体工作点的永磁偏置磁轴承的电磁设计来看，由于磁阻系数以及漏磁系数的取值范围较大，因此难以准确地得到永磁体自身的参数。并且对于永磁偏置磁轴承来说，永磁和电磁之间的分配关系既影响着磁轴承的功耗，又影响着系统的稳定性，永磁产生的刚度过大，电流就会减小，磁轴承功耗就会降低，然而控制系统的刚度就会增加，系统就愈加不稳定。本节

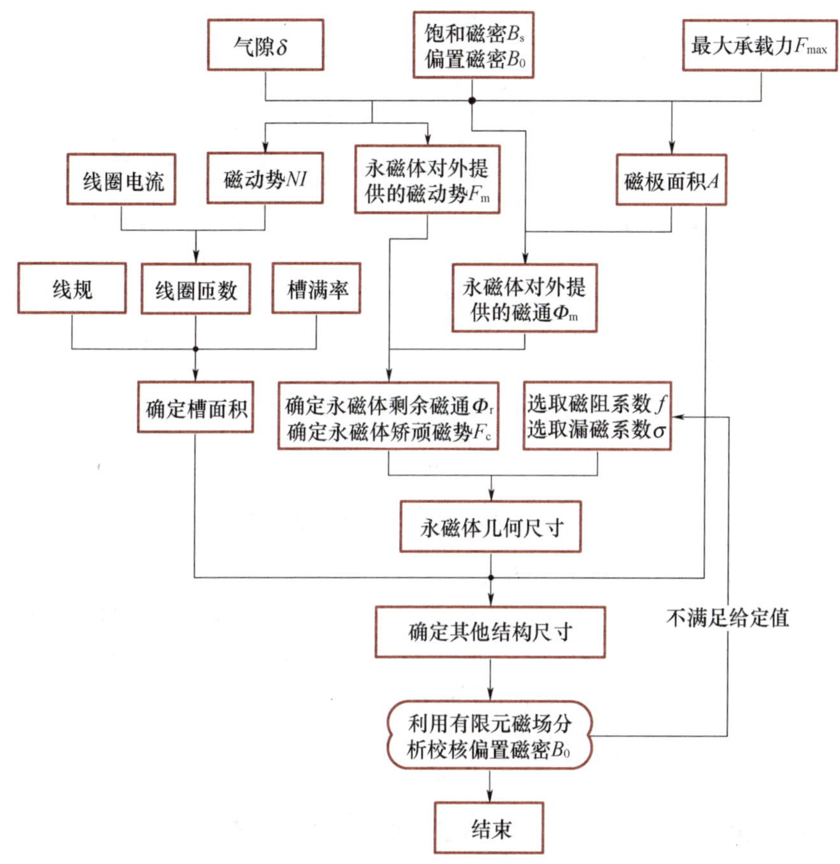

图3-12 基于永磁体工作点的永磁偏置磁轴承设计方法流程

从一个典型的内转子磁悬浮转子系统为例介绍其稳定性的条件,进而引出混合因子的概念及其基于混合因子的永磁偏置磁轴承的设计方法[25,26]。

典型的内转子磁悬浮转子系统如图3-13所示[27]。对于转子的六个自由度,除了由电机驱动的自转自由度外,其他五个自由度均由磁轴承支承,以实现转子与定子之间无接触、无摩擦和无磨损的高速运转,对于径向磁轴承来说,控制转子的径向平动和径向偏转,因此本节内容只涉及径向的四个自由度,对于单个自由度的分析同样适用于轴向磁轴承。闭环磁悬浮转子系统由位移传感器、控制器、功放、电磁铁和转子构成,图3-13中只画出磁轴承的y方向磁极,x方向磁极与之类似,l_m和l_s分别表示电磁铁中心和位移传感器到转子中心的水平距离,u_{say}和u_{cay}分别表示ay通道传感器和控制器的输出电压,I_0和I_{ay}分别为ay通道的偏置电流和控制电流,其他变量含义可以类推。

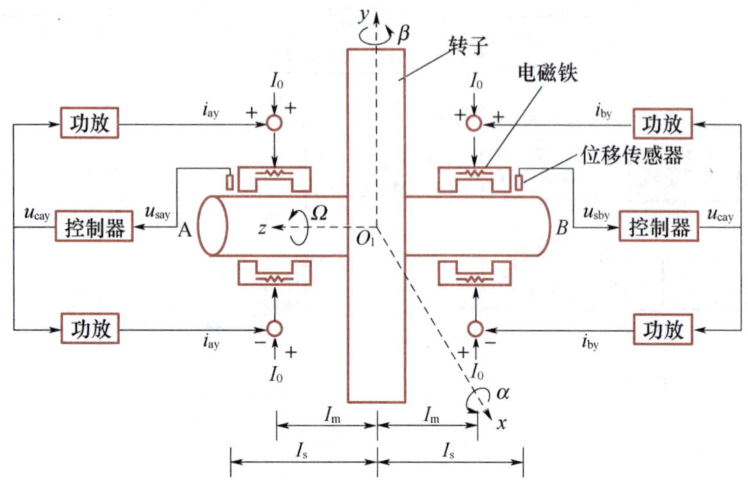

图 3－13　闭环磁悬浮转子系统及坐标系定义

建立完整的磁悬浮转子闭环系统模型之前作如下约定：

(1) 磁悬浮转子系统四个通道(ax、ay、bx 和 by)的参数完全对称，即转子为均质刚性、关于转轴旋转对称，各通道的传感器、控制器和功放的参数完全相同，双侧差分配置的磁轴承及其功放的参数也完全对称。

(2) 磁悬浮转子系统虽然存在重力、不平衡振动和噪声扰动，但仍允许在零工作点(磁轴承控制电流和转子位移均为零的状态点)做小范围线性化。

(3) 磁悬浮转子系统与转子电机驱动系统之间不存在任何电磁或动力学上的耦合。

在上述限定下，可以分别建立系统各环节模型并构成整个闭环系统模型。

1) 转子动力学模型

根据陀螺方程可以得到磁悬浮转子系统的动力学模型为

$$
\begin{cases}
m\ddot{x} = F_x + F_{xd} \\
J_y\ddot{\beta} - H\dot{\alpha} = M_y + M_{yd} \\
m\ddot{y} = F_y + F_{yd} \\
J_x\ddot{\alpha} + H\dot{\beta} = M_x + M_{xd}
\end{cases} \tag{3-43}
$$

上式写成矩阵形式为

$$
\boldsymbol{M}\ddot{\boldsymbol{q}} + \boldsymbol{G}\dot{\boldsymbol{q}} = \boldsymbol{F} + \boldsymbol{F}_d \tag{3-44}
$$

式中：m 为转子质量；$H = J_p\Omega$ 为转子角动量；$J_x = J_y = J_e$、J_p 为转子径向(赤道)和轴向(极)转动惯量；$\Omega = 2\pi n$ 为转子角速度；n 为转子转速；x、y 为转子质心平动位移；α、β 为转子径向转动角位移；F_x、M_x 为转子在 x 方向上受到的力和力矩；F_y 和 M_y 为转子在 y 方向上受到的力和力矩；$\boldsymbol{M}=\begin{bmatrix} m & 0 & 0 & 0 \\ 0 & J_e & 0 & 0 \\ 0 & 0 & m & 0 \\ 0 & 0 & 0 & J_e \end{bmatrix}$、

$\boldsymbol{G}=\begin{bmatrix} 0 & 0 & 0 & 0 \\ 0 & 0 & 0 & \mathrm{H} \\ 0 & 0 & 0 & 0 \\ 0 & -H & 0 & 0 \end{bmatrix}$、$\boldsymbol{F}=\begin{bmatrix} F_x \\ M_y \\ F_y \\ -M_x \end{bmatrix}$、$\boldsymbol{F}_{\mathrm{d}}=\begin{bmatrix} F_{xd} \\ M_{yd} \\ F_{yd} \\ -M_{xd} \end{bmatrix}$和 $\boldsymbol{q}=\begin{bmatrix} x \\ \beta \\ \gamma \\ -\alpha \end{bmatrix}$分别为质量阵、陀螺阵、广义力、广义扰动力和转子位置的广义坐标。

2）磁轴承力模型

由图3－13可以得到径向磁轴承受力与广义力之间的关系为

$$
\begin{cases}
F_x = F_{ax} + F_{bx} \\
M_y = (F_{ax} - F_{bx})l_{\mathrm{m}} \\
F_y = F_{ay} + F_{by} \\
M_x = -(F_{ay} - F_{by})l_{\mathrm{m}}
\end{cases}
\tag{3-45}
$$

式中：F_{ax}、F_{ay} 为转子在 A 端磁轴承 x 通道和 y 通道的受力；F_{bx}、F_{by} 为转子在 B 端磁轴承 x 通道和 y 通道的受力；l_m 为磁轴承中心到转子中心的水平距离。

在前述约定的前提下，磁轴承受力关于平衡点的局部线性化关系为

$$
\begin{cases}
F_{ax} = k_s h_{\mathrm{m}ax} + k_i i_{ax} \\
F_{bx} = k_s h_{\mathrm{m}bx} + k_i i_{bx} \\
F_{ay} = k_s h_{\mathrm{m}ay} + k_i i_{ay} \\
F_{by} = k_s h_{\mathrm{m}by} + k_i i_{by}
\end{cases}
\tag{3-46}
$$

式中：k_s 为磁轴承的位移刚度；k_i 为磁轴承的电流刚度；$h_{\mathrm{m}ax}$、$h_{\mathrm{m}bx}$ 为 A 端、B 端磁轴承 x 方向位移；$h_{\mathrm{m}ay}$、$h_{\mathrm{m}by}$ 为 A 端、B 端磁轴承 y 方向位移；i_{ax}、i_{bx} 为 A 端、B 端磁轴承 x 方向线圈电流；i_{ay}、i_{by} 为 A 端、B 端磁轴承 y 方向线圈电流。

令$\boldsymbol{F}_{\mathrm{m}}=[F_{ax}\quad F_{bx}\quad F_{ay}\quad F_{by}]^{\mathrm{T}}$、$\boldsymbol{i}=[i_{ax}\quad i_{bx}\quad i_{ay}\quad i_{by}]^{\mathrm{T}}$、$\boldsymbol{q}_{\mathrm{m}}=[h_{\mathrm{m}ax}\quad h_{\mathrm{m}bx}\quad h_{\mathrm{m}ay}\quad h_{\mathrm{m}by}]^{\mathrm{T}}$ 分别为轴承力、磁轴承控制电流和转子位置的磁轴承坐标。

则式(3－46)可简写为

$$
\boldsymbol{F}_{\mathrm{m}} = k_s \boldsymbol{q}_{\mathrm{m}} + k_i \boldsymbol{i}
\tag{3-47}
$$

由图 3－13,还可以得到转子位置的广义坐标与磁轴承坐标的关系为

$$\begin{cases} x = (h_{max} + h_{mbx})/2 \\ \beta = (h_{max} - h_{mbx})/2/l_{\mathrm{m}} \\ y = (h_{may} + h_{mby})/2 \\ \alpha = -(h_{may} - h_{mby})/2/l_{\mathrm{m}} \end{cases} \tag{3-48}$$

令 $\boldsymbol{T}_{\mathrm{m}} = \frac{1}{2l_{\mathrm{m}}}\begin{bmatrix} l_{\mathrm{m}} & l_{\mathrm{m}} & 0 & 0 \\ 1 & -1 & 0 & 0 \\ 0 & 0 & l_{\mathrm{m}} & l_{\mathrm{m}} \\ 0 & 0 & 1 & -1 \end{bmatrix}$为转子位置的磁轴承坐标和传感器坐标到广义坐标的变换阵,则式(3－48)可简写为

$$\boldsymbol{q} = \boldsymbol{T}_{\mathrm{m}}\boldsymbol{q}_{\mathrm{m}} \tag{3-49}$$

式(3－45)可简写为

$$\boldsymbol{F} = \boldsymbol{T}_{\mathrm{m}}^{-\mathrm{T}}\boldsymbol{F}_{\mathrm{m}} \tag{3-50}$$

式中:上标"－T"表示矩阵转秩后取逆,$\boldsymbol{T}_{\mathrm{m}}^{-\mathrm{T}} = \begin{bmatrix} 1 & 1 & 0 & 0 \\ l_{\mathrm{m}} & -l_{\mathrm{m}} & 0 & 0 \\ 0 & 0 & 1 & 1 \\ 0 & 0 & l_{\mathrm{m}} & -l_{\mathrm{m}} \end{bmatrix}$。

3）控制通道模型

控制通道由位移传感器、功放和控制器构成。

(1) 位移传感器模型。位移传感器的带宽通常可以达到 10kHz,比控制器带宽(2kHz)高得多,因而可以直接用比例环节来描述:

$$\boldsymbol{u}_s = k_{\mathrm{S}}\boldsymbol{q}_s \tag{3-51}$$

$$\boldsymbol{u}_s = [u_{sax} \quad u_{sbx} \quad u_{say} \quad u_{sby}]^{\mathrm{T}}, \boldsymbol{q}_s = [h_{sax} \quad h_{sbx} \quad h_{say} \quad h_{sby}]^{\mathrm{T}}$$

式中:u_{sax}、u_{sbx}为 A 端、B 端传感器输出的 x 方向电压;u_{say}、u_{sby}为 A 端、B 端传感器输出的 y 方向电压;h_{sax}、h_{sbx}为 A 端、B 端传感器检测的 x 方向位移;h_{say}、h_{sby}为 A 端、B 端传感器检测的 y 方向位移 k_{S}为传感器灵敏度。

由图 3－13,可以得到转子位置的广义坐标与传感器检测位移的关系为

$$\begin{cases} x = (h_{sax} + h_{sbx})/2 \\ \beta = (h_{sax} - h_{sbx})/2/l_s \\ y = (h_{say} + h_{sby})/2 \\ \alpha = -(h_{say} - h_{sby})/2/l_s \end{cases} \tag{3-52}$$

令 $\boldsymbol{T}_s=\frac{1}{2l_s}\begin{bmatrix} l_s & l_s & 0 & 0 \\ 1 & -1 & 0 & 0 \\ 0 & 0 & l_s & l_s \\ 0 & 0 & 1 & -1 \end{bmatrix}$,则式(3-52)可简写为

$$\boldsymbol{q}=\boldsymbol{T}_s\boldsymbol{q}_s \tag{3-53}$$

(2) 功率放大器模型。功放存在电流上升率的饱和非线性,但其输入—输出关系通常可以用一阶低通滤波(LPF)来近似

$$g_{\mathrm{w}}=k_{\mathrm{w}}g_{\mathrm{wLPF}} \tag{3-54}$$

式中:k_{w}是功放直流放大倍数;g_{wLPF}为功放低通滤波算子,即 $L[g_{\mathrm{wLPF}}\boldsymbol{u}_{\mathrm{c}}(t)]=\frac{\omega_{\mathrm{w}}}{s+\omega_{\mathrm{w}}}\boldsymbol{u}_{\mathrm{c}}(s)$。这里 L 表示拉普拉斯变换,s 为算子,拉普拉斯变换结果用原变量名后加(s)来表示(变量名不改为大写,下同),$u_{\mathrm{c}}(t)$为控制器输出电压,ω_{w}为功放低通截止频率。因此,有

$$\begin{cases} i_{ax}=k_{\mathrm{w}}g_{\mathrm{wLPF}}u_{cax} \\ i_{bx}=k_{\mathrm{w}}g_{\mathrm{wLPF}}u_{cbx} \\ i_{ay}=k_{\mathrm{w}}g_{\mathrm{wLPF}}u_{cay} \\ i_{by}=k_{\mathrm{w}}g_{\mathrm{wLPF}}u_{cby} \end{cases} \tag{3-55}$$

式中:u_{cax}、u_{cbx}为 A 端、B 端磁轴承 x 通道控制器的输出电压;u_{cay}、u_{cby}为 A 端、B 端磁轴承 y 通道控制器的输出电压。

令 $\boldsymbol{u}_{\mathrm{c}}=[u_{cax}\quad u_{cbx}\quad u_{cay}\quad u_{cby}]^{\mathrm{T}}$ 为磁轴承控制器的输出矢量,则式(3-55)可简化为

$$\boldsymbol{i}=k_{\mathrm{w}}g_{\mathrm{wLPF}}\boldsymbol{u}_{\mathrm{c}} \tag{3-56}$$

磁轴承控制系统的控制方法主要体现在控制器上,传统的控制方法为分散控制,是指磁轴承各通道电流唯一取决于转子在该通道的位移。分散控制器的各通道完全对称,因而可以用一个线性算子 g_{c}来表示各通道控制器输入信号到输出信号的变换,则分散控制律可以表示为

$$\begin{cases} u_{cax}=-g_{\mathrm{c}}u_{sax} \\ u_{cbx}=-g_{\mathrm{c}}u_{sbx} \\ u_{cay}=-g_{\mathrm{c}}u_{say} \\ u_{cby}=-g_{\mathrm{c}}u_{sby} \end{cases} \tag{3-57}$$

上式写成矢量形式为

$$\boldsymbol{u}_{\mathrm{c}} = -\boldsymbol{G}_{\mathrm{dis}}\boldsymbol{u}_{\mathrm{s}} \tag{3-58}$$

式中：$\boldsymbol{G}_{\mathrm{dis}} = g_{\mathrm{c}} \times \boldsymbol{I}_4$ 为分散控制器，$\boldsymbol{I}_4$为4维单位矩阵。

根据位移传感器、功放和控制器的模型（式(3-53)、式(3-56)、式(3-58)），可以得到控制通道模型为

$$\boldsymbol{i} = -k_{\mathrm{w}}k_s g_{\mathrm{wLPF}}\boldsymbol{G}_{\mathrm{dis}}\boldsymbol{q}_{\mathrm{s}} \tag{3-59}$$

将式(3-49)、式(3-53)和式(3-59)代入式(3-47)中，可得

$$\boldsymbol{F}_{\mathrm{m}} = k_h\boldsymbol{q}_{\mathrm{m}} + k_i\boldsymbol{i} = k_h\boldsymbol{T}_{\mathrm{m}}^{-1}\boldsymbol{q} - k_ik_{\mathrm{w}}k_sg_{\mathrm{wLPF}}\boldsymbol{G}_{\mathrm{dis}}\boldsymbol{T}_s^{-1}\boldsymbol{q} \tag{3-60}$$

将式(3-60)代入式(3-50)后再代入式(3-44)消去 $\boldsymbol{F}$，可得基于分散控制的闭环磁悬浮转子系统模型为

$$\boldsymbol{M}\ddot{\boldsymbol{q}} + \boldsymbol{G}\dot{\boldsymbol{q}} - \boldsymbol{T}_{\mathrm{m}}^{-\mathrm{T}}k_h\boldsymbol{T}_{\mathrm{m}}^{-1}\boldsymbol{q} = -k_ik_{\mathrm{w}}k_sg_{\mathrm{wLPF}}\boldsymbol{T}_{\mathrm{m}}^{-\mathrm{T}}\boldsymbol{G}_{\mathrm{dis}}\boldsymbol{T}_s^{-1}\boldsymbol{q} + \boldsymbol{F}_{\mathrm{d}} \tag{3-61}$$

其中 $\boldsymbol{G}_{\mathrm{mod}} = \boldsymbol{T}_{\mathrm{m}}^{-\mathrm{T}}\boldsymbol{G}_{\mathrm{dis}}\boldsymbol{T}_s^{-1}$ 称为模态控制器。分散控制系统的控制框图如图3-14所示，粗黑线表示四个通道，$\boldsymbol{G}_0(s) = (\boldsymbol{M}s^2 + \boldsymbol{G}s)^{-1}$为被控对象即转子的传递函数。

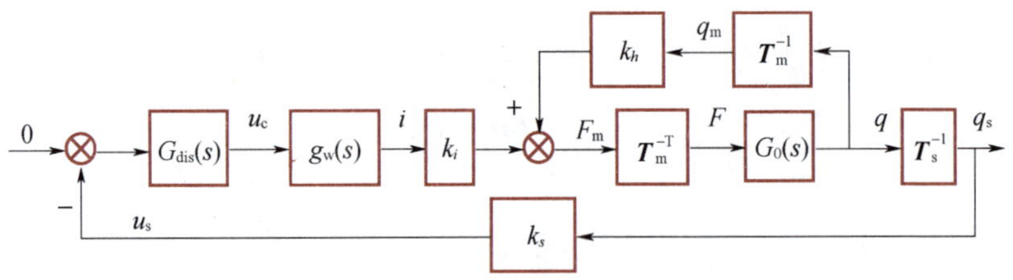

图3-14　磁悬浮转子控制系统框图

注意到 $\boldsymbol{T}_{\mathrm{m}}^{-\mathrm{T}}\boldsymbol{T}_{\mathrm{m}}^{-1} = \mathrm{diag}[2\quad 2l_{\mathrm{m}}^2\quad 2\quad 2l_{\mathrm{m}}^2]$和 $\boldsymbol{T}_{\mathrm{m}}^{-\mathrm{T}}\boldsymbol{T}_s^{-1} = \mathrm{diag}[2\quad 2l_{\mathrm{m}}l_s\quad 2\quad 2l_{\mathrm{m}}l_s]$（式中“diag[ ]”表示对角阵），则 $\boldsymbol{G}_{\mathrm{mod}} = \boldsymbol{T}_{\mathrm{m}}^{-\mathrm{T}}\boldsymbol{G}_{\mathrm{dis}}\boldsymbol{T}_s^{-1} = g_{\mathrm{c}} \times \mathrm{diag}[2\quad 2l_{\mathrm{m}}l_s\quad 2\quad 2l_{\mathrm{m}}l_s]$也是对角阵，因而式(3-61)可以写成以下微分方程组：

$$\begin{cases} m\ddot{x} = (2k_s - 2k_{iws}g_{\mathrm{wLPF}}g_{\mathrm{c}})x + F_{x\mathrm{d}} \\ J_{\mathrm{e}}\ddot{\beta} - H\dot{\alpha} = (2k_sl_{\mathrm{m}}^2 - 2k_{iws}g_{\mathrm{wLPF}}g_{\mathrm{c}}l_{\mathrm{m}}l_s)\beta + M_{y\mathrm{d}} \\ m\ddot{y} = (2k_s - 2k_{iws}g_{\mathrm{wLPF}}g_{\mathrm{c}})y + F_{y\mathrm{d}} \\ J_{\mathrm{e}}\ddot{\alpha} + H\dot{\beta} = (2k_sl_{\mathrm{m}}^2 - 2k_{iws}g_{\mathrm{wLPF}}g_{\mathrm{c}}l_{\mathrm{m}}l_s)\alpha + M_{x\mathrm{d}} \end{cases} \tag{3-62}$$

式中

$$k_{iws} = k_ik_{\mathrm{w}}k_s$$

对式(3－62)做几点说明：

① 由于各通道参数对称，使得非解耦的分散控制系统在采用广义坐标表述的微分方程模型中具有 x 轴平动、y 轴平动与径向转动三者解耦的形式。如果还有 $H=0$ 即系统处于静态悬浮状态，则两自由度转动也相互解耦，四个方程完全相互独立。上述解耦形式为控制律的设计带来很大的便利。

② 磁悬浮转子实际上是以转子角动量或转速为参数的控制系统。可以预见，为了保持系统在不同转速下的稳定性，控制参数也可能要随转速的变化而变化。

③ 平动子系统和静态悬浮时的转动子系统均为典型的二阶系统。

根据上述分析，磁悬浮刚性转子系统稳定性分析实际上包含两个方面，即静态悬浮时的稳定性和有转速时的稳定性。静态悬浮时需要同时考虑平动和转动模态的稳定性；有转速时平动模态不变，转动模态则分化为进动和章动，因而只需考虑进动和章动的稳定性。相应地，控制律设计时可以基于静态悬浮稳定性确定基本控制器，然后根据有转速时的稳定性对进动和章动做进一步校正，以满足整个转速范围内磁悬浮转子系统的稳定性要求。本节只针对于静态悬浮时的情况进行分析。

根据式(3－62)，系统在静态悬浮时解耦为四个子系统(两个平动两个转动)，且每个开环子系统均为二阶的。对于这种典型的二阶系统，PID 控制是十分有效的控制手段。理想 PID 算法可以表示为

$$g_c(s) = k_P + k_I/s + k_D s \tag{3-63}$$

忽略功放 LPF 的情况下，上式代入式(3－62)得到基于分散 PID 控制的静态($H=0$)悬浮闭环转子系统模型并进行拉普拉斯变换后得

$$\begin{cases} ms^2 + 2\left(k_{iws}k_P + \dfrac{k_{iws}k_I}{s} + k_{iws}k_D s - k_h\right) = \dfrac{F_{dx}(s)}{x(s)} = G_x(s) \\ J_e s^2 + 2k_{iws}k_D l_m l_s s^2 + 2(k_{iws}k_P l_m l_s - k_s l_m^2)s + 2k_{iws}k_I l_m l_s = \dfrac{M_{dy}(s)}{\beta(s)} = G_\beta(s) \\ ms^2 + 2\left(k_{iws}k_P + \dfrac{k_{iws}k_I}{s} + k_{iws}k_D s - k_s\right) = \dfrac{F_{dy}(s)}{y(s)} = G_y(s) \\ J_e s^2 + 2k_{iws}k_D l_m l_s s^2 + 2(k_{iws}k_P l_m l_s - k_s l_m^2)s + 2k_{iws}k_I l_m l_s = \dfrac{M_{dy}(s)}{\alpha(s)} = G_\alpha(s) \end{cases} \tag{3-64}$$

根据劳斯判据，可得系统稳定(平动模态和转动模态的稳定)条件分别为

$$k_{\mathrm{P}} > \frac{\dfrac{mk_{\mathrm{I}}}{2k_{\mathrm{D}}} + k_s}{k_{iws}} \tag{3-65}$$

$$k_{\mathrm{P}} > \frac{\dfrac{J_{\mathrm{e}}k_{\mathrm{I}}}{2k_{\mathrm{D}}} + k_s l_{\mathrm{m}}^2}{k_{iws}l_{\mathrm{m}}l_s} = \frac{l_{\mathrm{m}}}{l_s}\frac{\dfrac{J_{\mathrm{e}}}{l_{\mathrm{m}}^2}\dfrac{k_{\mathrm{I}}}{2k_{\mathrm{D}}} + k_s}{k_{iws}} = \frac{l_{\mathrm{m}}}{l_s}\frac{m\dfrac{k_{\mathrm{I}}}{2k_{\mathrm{D}}} + k_s}{k_{iws}} \tag{3-66}$$

实际磁轴承系统中 $l_{\mathrm{m}} < l_s$，$J_{\mathrm{e}}/l_{\mathrm{m}}^2 \approx m$，因而平动稳定条件是转动稳定条件的充分条件，即分散 PID 控制的静态悬浮转子只要平动稳定，则转动必然稳定。因而式(3-65)即构成静态悬浮转子系统稳定的充要条件，下面推导磁轴承参数与控制系统之间的关系。

令单气隙永磁偏置永磁偏置径向磁轴承中永磁体在气隙中产生的磁感应强度为 B_{pm}，控制电流在气隙中产生的磁感应强度为 B_{i}，由于径向磁轴承的差动控制，使得磁轴承转子的受力为

$$F = \frac{(B_{\mathrm{pm}} + B_{\mathrm{i}})^2 A}{\mu_0} - \frac{(B_{\mathrm{pm}} - B_{\mathrm{i}})^2 A}{\mu_0} = \frac{4B_{\mathrm{pm}}B_{\mathrm{i}}A}{\mu_0} \tag{3-67}$$

再设磁轴承铁芯材料饱和磁感应强度为 B_s，则径向磁轴承受力取极值的必要条件是：

$F = \dfrac{4B_{\mathrm{pm}}B_{\mathrm{i}}VA}{\mu_0} = \dfrac{4B_{\mathrm{pm}}(B_s - B_{\mathrm{pm}})A}{\mu_0}$ 有极值，即 $F(B_{\mathrm{pm}}) = B_{\mathrm{pm}}(B_s - B_{\mathrm{pm}})$ 有极值，$\dfrac{\mathrm{d}F}{\mathrm{d}B_{\mathrm{pm}}} = B_s - 2B_{\mathrm{pm}} = 0$，由于$\dfrac{\mathrm{d}^2F}{\mathrm{d}B_{\mathrm{pm}}{}^2} = -1 < 0$，则承载力 F 有最大值(因 F 只有一个驻点)，此时 $B_{\mathrm{pm}} = \dfrac{B_s}{2}$，$B_{\mathrm{i}} = \dfrac{B_s}{2}$。

由单气隙径向磁轴承等效磁路可得

$$\begin{cases} B_{\mathrm{pm}} = \dfrac{F_{\mathrm{pm}}\mu_0}{\sigma(4R_{\mathrm{pm}}\mu_0 A + 2\delta)} \\ B_{\mathrm{i}} = \dfrac{NI_y\mu_0}{\delta} \end{cases} \tag{3-68}$$

注意到

$$\frac{B_{\mathrm{pm}}^2}{B_{\mathrm{i}}^2} = \frac{F_{\mathrm{pm}}^2\delta^2}{\sigma^2(4R_{\mathrm{pm}}\mu_0 A + 2\delta)^2 N^2 I_x^2} = \frac{-k_s\delta^3}{4N^2I_x^2\mu_0 A} = \frac{-k_s\delta^3}{I_x^2\delta\dfrac{k_i^2}{-k_s}} = \left(\frac{k_s\delta}{k_iI_x}\right)^2 \tag{3-69}$$

将混合因子定义为

$$K_{\mathrm{pmc}}=\frac{(k_s\cdot\delta)^2}{(k_i\cdot I_x)^2+(k_s\cdot\delta)^2}=\frac{(k_s\cdot\delta)^2}{\left(\frac{G}{2}-k_s\cdot x\right)^2+(k_s\cdot\delta)^2}\quad(3-70)$$

由式(3－70)可以得到

$$k_s=\frac{\frac{G}{2}}{\delta\cdot\sqrt{\frac{1-K_{\mathrm{pmc}}}{K_{\mathrm{pmc}}}}-x}\quad(3-71)$$

$$k_i=\frac{\frac{G}{2}\cdot\delta\cdot\sqrt{\frac{1-K_{\mathrm{pmc}}}{K_{\mathrm{pmc}}}}}{I_x\left(\delta\cdot\sqrt{\frac{1-K_{\mathrm{pmc}}}{K_{\mathrm{pmc}}}}-x\right)}\quad(3-72)$$

代入式(3－65)整理,可得

$$K_{\mathrm{pmc}}<\frac{1}{1+\left(\frac{GI_x-2I_x x\frac{mk_1}{2k_{\mathrm{D}}}}{k_{\mathrm{pws}}G\delta-2I_x\delta\frac{mk_1}{2k_{\mathrm{D}}}}\right)^2}\quad(3-73)$$

式(3－73)为归一化后的混合因子在磁轴承控制系统稳定时的取值范围。

下面介绍基于混合因子的电磁设计方法,以图3－15所示的外转子结构的径向磁轴承为例进行说明,设计流程图如图3－16所示。

首先,在飞轮性能指标确定后,根据功耗要求以及现有控制系统的PID参数,根据式(3－73)设定混合因子 K_{pmc},然后根据加工精度决定气隙的大小 δ,根据功耗要求设定静态控制电流 i_x,由式(3－71)和式(3－72)求出永磁偏置磁轴承中永磁体产生的位移刚度 k_s 和电流刚度 k_i,再设定转子转速 n、最大承载力 $F_{\max}$、材料的饱和磁感应强度 B_{s} 等。其次,根据定子强度和模态要求,可以确定定子导磁体内径,也就是永磁体内径 D_{pm2}。再由最大承载力确定磁轴承定子磁极截面积,进而确定定子铁芯宽度和定子铁芯轴向长度 L_{sfe} 以及转子铁芯轴向长度 L_{rfe}。由磁路分析确定定子铁芯轭部和转子铁芯轭部厚度,由气隙长度按照经验确定永磁体磁化方向长度 h_{pm} 和定子磁极之间的轴向槽口宽度 L_{cao}。由位移刚度 K_x 确定永磁体外径 D_{pm1},由永磁体外径和定子铁芯轭部厚度确定定子铁芯齿内径,再结合电流密度确定磁轴承控制线圈的导线直径。由电流刚度可得到线圈匝数 N,根据槽满率确定定子铁芯外径 D_{s1},由气隙长度确定转子铁芯内径,再由转子铁芯轭部厚度确定转子铁芯外径,进而确定外导磁环外径。最

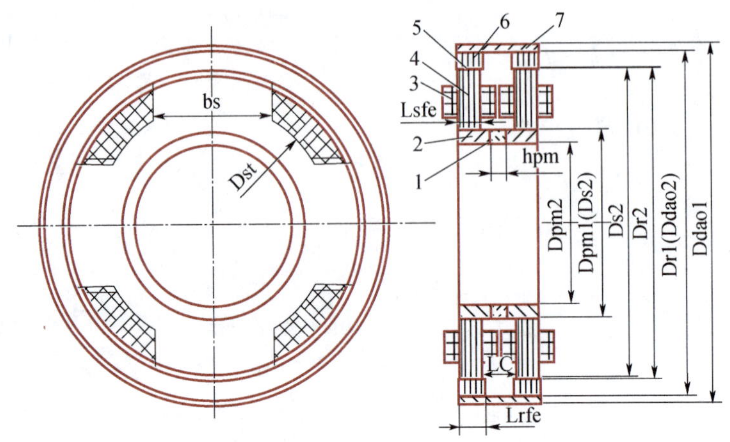

图 3-15 外转子结构的单气隙永磁偏置径向磁轴承结构图

1—永磁体；2—定子导磁环；3—线圈；4—定子铁芯；5—气隙；6—转子铁芯；7—转子导磁环。

后，通过磁路法和磁场法分析磁轴承的性能指标，如果偏置磁感应强度高于软磁材料饱和磁感应强度的2/3，则说明起初设定的位移刚度过大，需要重新进行设计，然后重复上述工作。以下重点介绍与基于永磁体工作点的电磁设计方法不同之处。

① 永磁体磁化方向长度 h_{pm} 根据经验取为大于10倍的气隙长度。

② 根据位移刚度 k_s 可得到永磁体外径 D_{pm1}（即定子铁芯内径 D_{s2}）为

$$D_{pm1} = \sqrt{\frac{4h_{pm}}{C_1 \cdot \mu_{pm} \cdot \mu_0 \cdot \pi} + D_{pm2}^2} \qquad (3-74)$$

式中

$$C_1 = \frac{\sqrt{-\dfrac{F_{pm}^2 \cdot \mu_0 \cdot A}{k_s \cdot \sigma^2 \cdot \delta}} - \delta}{2 \cdot \mu_0 \cdot A}$$

其中，$F_{pm} = H_{pm} \cdot h_{pm}$ 为永磁体的磁动势，H_{pm} 为永磁体的矫顽力，一般取为760kA/m ~790kA/m；μ_{pm}为永磁体的相对磁导率，一般取为1.03~1.05。

再根据磁轴承的具体结构设定定子铁芯轭部厚度 h_{sfe} 和定子磁极宽度 b_s 后，由定子铁芯截面积 A 计算定子铁芯轴向长度 L_{sfe}，根据定子铁芯轭部面积与转子铁芯轭部面积相等的原则，得到转子铁芯轭部厚度。根据定子铁芯轭部厚度 h_{sfe} 以及永磁体外径 D_{pm1} 确定定子铁芯齿内径 D_{st}、定子铁芯外径 D_{s1}，进而得出转子铁芯内径 D_{r2}，则转子铁芯外径 D_{r1}（即外导磁环内径 D_{dao2}）以及外导磁环外径 D_{dao1} 也可确定。

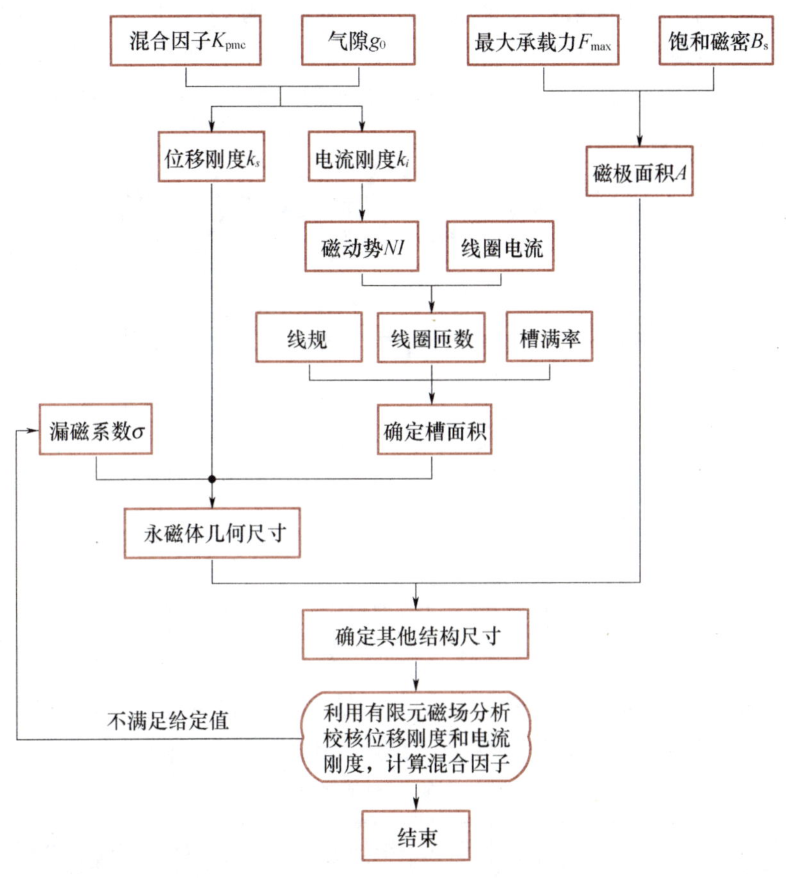

图 3－16　单气隙永磁偏置径向磁轴承设计流程

根据电流刚度 k_i 可以求得线圈匝数 N 为

$$N = \frac{k_i \cdot \sigma \cdot \delta \cdot (2 \cdot R_{pm} \cdot \mu_0 \cdot A + \delta)}{2 \cdot F_{pm} \cdot \mu_0 \cdot A} \tag{3-75}$$

式中：R_{pm}为永磁体磁阻。

最后计算槽满率(线圈面积/槽面积)，如果槽满率小于 45% 则设计完成，否则增加槽宽重复上述步骤。至此，整个径向磁轴承设计完毕。

以下对单气隙径向磁轴承的位移刚度和电流刚度的测试方法进行介绍(图 3－16)。在实验测试时，使飞轮径向承重，分别将其 x 轴(或 y 轴)正向和 x 轴(或 y 轴)负向垂直向上放置，通过调节传感器的给定参考位置，分别测得飞轮转子在 x 方向(或 y 方向)不同偏移量下对应的电流值，以偏移量 x(或 y)为横坐标，以电流 i 为纵坐标，得到飞轮径向磁轴承在 x 方向(或 y 方向)上两条 $i-x$

曲线(或 $i-y$ 曲线),两条 $i-x$ 曲线(或 $i-y$ 曲线)的交点即为径向磁轴承在 x 方向(或 y 方向)上的磁中心。将两条 $i-x$ 曲线(或 $i-y$ 曲线)横坐标原点平移到磁中心位置,由一次函数拟合以及转子重量即可得到飞轮在磁中心附近的位移刚度和电流刚度,如图 3-17 所示。

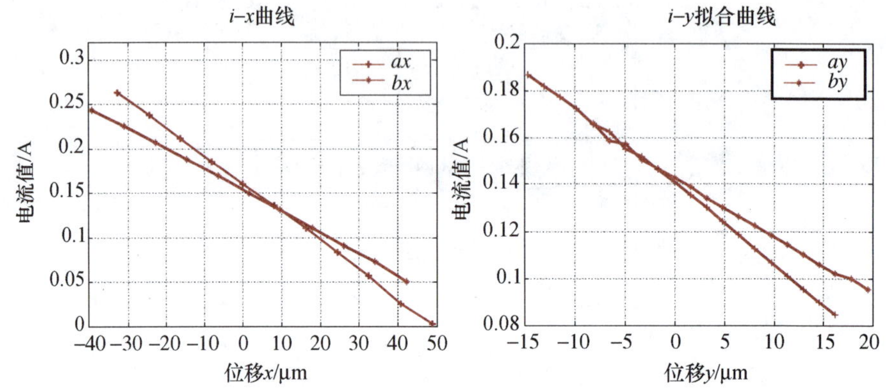

图 3-17 单气隙径向磁轴承 x 通道和 y 通道位移与电流曲线
(a) x 通道;(b) y 通道。

利用曲线拟合可计算出单气隙径向磁轴承的位移刚度和电流刚度,如表 3-2所列,实验结果同理论值的误差比较如表 3-3 所列。

表 3-2 实验测得的单气隙径向磁轴承刚度

	ax	ay	bx	by	理论设计值
位移刚度 k_s/(N/μm)	-0.64	-0.815	-0.58	-0.6	-0.69
电流刚度 k_i/(N/A)	200	245	224	240	237
混合因子 K_{pmc}	0.965	0.97	0.947	0.951	0.947

表 3-3 实验结果与理论分析值的误差比较

	ax	ay	bx	by	理论设计值
位移刚度 k_s	7.8%	15.3%	19%	15%	-0.69
电流刚度 k_i	18.5%	3.3%	5.8%	1.3%	237
混合因子 K_{pmc}	1.9%	2.4%	0	0.4%	0.947

由表 3-3 可以看出,位移刚度理论值与测试值最大相差 19%,电流刚度理论值与测试值最大相差 18.5%,混合因子误差最大为 2.4%,满足设计要求。

3.4　基于混合因子的永磁偏置轴向磁轴承电磁分析与设计

磁悬浮动量轮系统采用径向磁轴承以及轴向磁轴承支承,3.3 节阐述了永磁偏置永磁偏置径向磁轴承及其设计方法,其思想同样适用于轴向磁轴承的分析与设计。现有轴向磁悬浮轴承分电磁偏置式[48](即前面所述的纯电磁轴向磁轴承)和永磁偏置加电磁控制的混合式磁悬浮轴承[49](即永磁偏置轴向磁轴承),前者采用电流产生偏置磁场,因此工作电流大、功耗大,后者利用永磁体替代电流产生偏置磁场,永磁体产生的磁场承担主要的承载力,电磁磁场提供辅助的调节承载力,因而这种轴承可大大减小控制电流,降低损耗。如图3－18所示,其中(a)为纯电磁轴向磁轴承,(b)和(c)为永磁偏置磁轴承,其中图(b)永磁磁路与电磁磁路共磁路,功耗大,图(c)中所示结构存在轴向力与径向力的耦合。

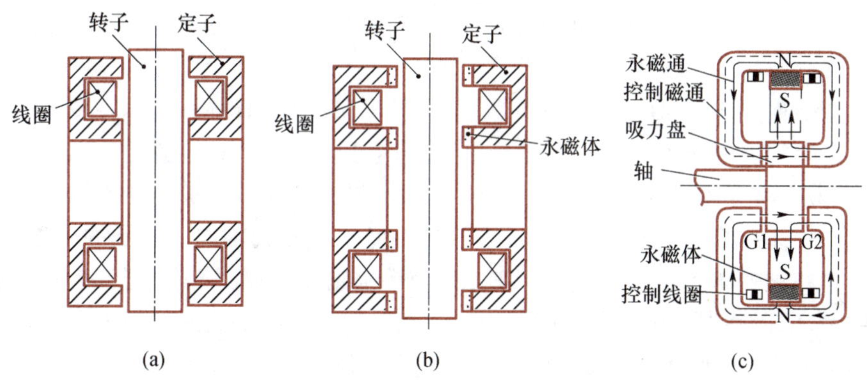

图 3－18　轴向磁轴承结构

(a) 纯电磁磁轴承; (b) 永磁偏置磁轴承 1; (c) 永磁偏置磁轴承 2。

本节针对现有轴向磁轴承存在的不足,介绍了一种新型单自由度永磁偏置永磁偏置轴向磁轴承结构以及基于混合因子的单自由度轴向磁轴承设计方法,该磁轴承利用第二气隙使得电磁磁路不经过永磁体本身,并且不会产生附加径向力,可以大大降低轴承电流,进而减小轴承功耗。该轴向磁轴承不仅具有体积小、功耗低的优点,而且很好地克服了现有轴向磁轴承存在的缺点,并且结构简单,便于加工和控制,易于模块化设计。

3.4.1　永磁偏置轴向磁轴承结构及磁路分析

单自由度永磁偏置轴向磁轴承[50]如图 3－19 所示,主要由永磁体、定子

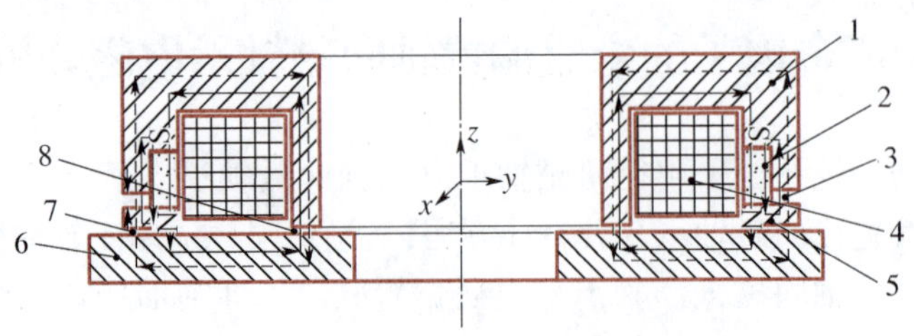

图 3-19 轴向磁轴承截面图

1—定子体；2—永磁体；3—第二气隙；4—线圈；
5—导磁轭；6—推力盘；7—外工作气隙；8—内工作气隙。

体、导磁轭、第二气隙、内外工作气隙、线圈以及推力盘组成，其中定子体与推力盘以及导磁轭与推力盘之间形成内外工作气隙，定子体、导磁轭与永磁体在永磁体的径向外侧形成第二气隙。与传统的单自由度轴向磁轴承相比，该结构增加了第二气隙使得电磁磁路在工作气隙之外不经过永磁体，以降低磁轴承功耗。

图中粗实线为永磁磁路，虚线为电磁磁路，其工作原理简述如下：转子在永磁体产生的静磁场吸力作用下处于平衡位置（中间位置），该位置也称为参考位置，永磁磁路分为两路，一路经永磁体 N 极—导磁轭—外气隙—转子轴—内气隙—定子体—永磁体 S 极而闭合，为单自由度永磁偏置轴向磁轴承的主磁路，另一路经永磁体 N 极—导磁轭—第二气隙—永磁体 S 极而闭合，可认为是永磁磁路的“漏磁路”。当转子处于平衡位置时，永磁体产生的磁通在推力盘两侧的气隙是相同的，即 $\boldsymbol{\Phi}_{\text{pwn1}}=\boldsymbol{\Phi}_{\text{pwn2}}$，因而两侧永磁体在内、外气隙处产生的吸力相同，为：

$$F_1=\frac{\boldsymbol{\Phi}_{\text{pwn1}}^2}{2\mu_0 A_{\text{w}}}+\frac{\boldsymbol{\Phi}_{\text{pwn1}}^2}{2\mu_0 A_{\text{n}}}=F_2=\frac{\boldsymbol{\Phi}_{\text{pwn2}}^2}{2\mu_0 A_{\text{w}}}+\frac{\boldsymbol{\Phi}_{\text{pwn2}}^2}{2\mu_0 A_{\text{n}}} \tag{3-76}$$

式中：μ_0 为真空的导磁率，A_{w} 为外导磁环截面积，A_{n} 为内导磁环截面积。假设推力盘在参考位置上受到一个沿 z 轴负向的扰动，推力盘就会偏离参考位置而向 $-z$ 方向运动，此时推力盘两侧的工作气隙就会发生变化，即 $+z$ 方向工作气隙变大，因而永磁体产生的磁通减小，故产生的吸力减小；而 $-z$ 方向工作气隙变小，永磁体产生的磁通增加，故产生的吸力增加，所以仅靠永磁体是不能将转子稳定在平衡位置。此时，传感器检测出推力盘偏离其参考位置的位移，控制器将这一位移信号变换为控制信号，功率放大器又将该控制信号变换成控制电流，该控制电流使外导磁环和内导磁环中产生电磁磁通 $\boldsymbol{\Phi}_{ix1}$ 和 $\boldsymbol{\Phi}_{ix2}$，$\boldsymbol{\Phi}_{ix1}$ 在气隙变小的一侧抵消永磁磁通 Φ_{pwn1}，使永磁体对推力盘的吸力减小，而 Φ_{ix2} 在气隙变大的一侧与永磁磁通 Φ_{pwn2} 叠加，故使永磁体对推力盘的吸力增加，由此可得推力盘受两侧轴向磁轴承定子的吸力分别为

$$F_1 = \frac{(\Phi_{pwn1} - \Phi_{ix1})^2}{2\mu_0 A_w} + \frac{(\Phi_{pwn1} - \Phi_{ix1})^2}{2\mu_0 A_n} \tag{3-77}$$

$$F_2 = \frac{(\Phi_{pwn2} + \Phi_{ix2})^2}{2\mu_0 A_w} + \frac{(\Phi_{pwn2} + \Phi_{ix2})^2}{2\mu_0 A_n} \tag{3-78}$$

此时推力盘可以重新返回到原来的平衡位置；同理，如果推力盘受到一个沿 z 轴正向的扰动而向右侧运动时，可以得出类似的结论。

由图3-19给出的永磁磁路和电磁磁路，可以得到图3-20所示的等效磁路图，其中(a)为永磁磁路图，(b)为电磁磁路图。

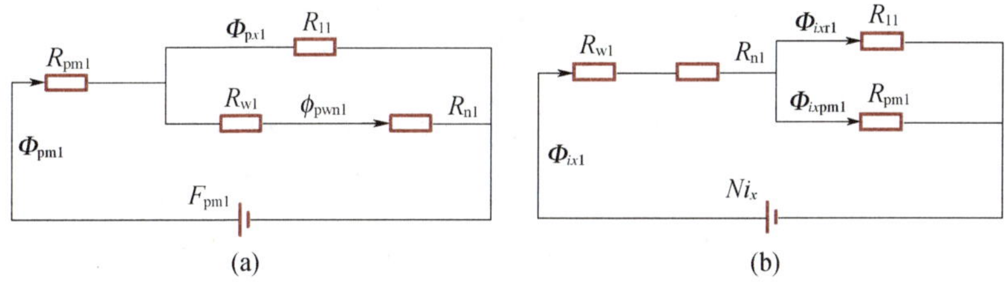

图3-20　单自由度轴向磁轴承等效磁路

(a) 永磁磁路；(b) 电磁磁路。

根据磁路分析法可以得到轴向磁轴承的受力为

$$\begin{cases} F_{n1} = \dfrac{\Phi_{z1}^2}{2\mu_0 A_n} \\ F_{w1} = \dfrac{\Phi_{z1}^2}{2\mu_0 A_w} \\ F_{n2} = \dfrac{\Phi_{z2}^2}{2\mu_0 A_n} \\ F_{w2} = \dfrac{\Phi_{z2}^2}{2\mu_0 A_w} \end{cases} \tag{3-79}$$

合力 F 为

$$F = F_{n1} + F_{w1} - F_{n2} - F_{w2} \tag{3-80}$$

式中：F_{pm} 为永磁体的磁动势；h_{pm} 为永磁体磁化方向长度；A_w、A_n 为外、内导磁环截面积，设计时通常取 $A_w = A_n = A$；δ 为气隙长度；σ 为漏磁系数；Φ_{pm} 为永磁回路的总磁通；R_{pmsum} 为永磁回路的总磁阻；Ni_z 为轴向磁轴承的安匝数；Φ_{z1}、Φ_{z2} 为

不同气隙处的合成磁通；F_n、F_w 为内气隙和外气隙处定转子之间的力。

图中的下标 1、2 表示 z 轴正向和负向。

当 $B_{z1}=B_s, B_{z2}=0$ 时，永磁偏置轴向磁轴承的承载力最大，为

$$F_{max} = \frac{\Phi_s^2}{2\mu_0 A_w} + \frac{\Phi_s^2}{2\mu_0 A_n} \tag{3-81}$$

式中：Φ_s 为饱和磁感应强度。

单自由度永磁偏置轴向磁轴承的位移刚度 k_s 通过计算可以得到：

$$k_s = -\frac{2F_{pm}^2 \cdot R_1^2 \cdot C_4}{\mu_0 \cdot \sigma^2 \cdot C_3^3} \cdot \left(\frac{1}{A_n} + \frac{1}{A_w}\right) \tag{3-82}$$

单自由度永磁偏置轴向磁轴承的电流刚度 k_i 通过计算可以得到：

$$k_i = \frac{2F_{pm} \cdot R_1 \cdot N}{\mu_0 \cdot \sigma \cdot C_3 \cdot C_5} \cdot \left(\frac{1}{A_n} + \frac{1}{A_w}\right) \tag{3-83}$$

式中

$$C_3 = R_{pm} \cdot \delta \cdot C_2 + R_{pm} \cdot R_1 + R_1 \cdot \delta \cdot C_2$$

$$C_4 = (R_{pm} + R_1) \cdot C_2$$

$$C_5 = \delta \cdot C_2 + C_1$$

$$C_1 = 1/(1/R_1 + 1/R_{pm})$$

$$C_2 = 1/(\mu_0 \cdot A_w) + 1/(\mu_0 \cdot A_n)$$

当 $\Phi_1 = \Phi_s, \Phi_2 = 0$，即

$$\begin{cases} \Phi_{pm1} \cdot \dfrac{R_{pmsum1} - R_{pm}}{R_{w1} + R_{n1}} + \dfrac{Ni}{R_{csum1}} = \Phi_s \\ \Phi_{pm2} \cdot \dfrac{R_{pmsum2} - R_{pm}}{R_{w2} + R_{n2}} - \dfrac{Ni}{R_{csum2}} = 0 \end{cases} \tag{3-84}$$

则最大承载力 F_{max} 为

$$F_{max} = \frac{\Phi_s^2}{2\mu_0 A_w} + \frac{\Phi_s^2}{2\mu_0 A_n}$$

3.4.2 基于混合因子的永磁偏置轴向磁轴承电磁设计及实验测试

永磁偏置永磁偏置径向磁轴承的设计思路同样适用于单自由度轴向磁轴承的设计[51]，首先，在飞轮性能指标确定后，可以设定永磁偏置轴向磁轴承的混合因子，进而确定位移刚度 k_s、转子转速 n、最大承载力 F_{max}、材料的饱和磁感应强度 B_s 等。其次根据定子强度和模态要求，可以确定永磁偏置轴向磁轴承定子体内径 D_{nn}。再由最大承载力确定磁轴承定子磁极截面积 A，进而确定定子体

外径 D_{nw}，由位移刚度 k_s 结合转子重量计算电流刚度，由功耗要求确定静态悬浮电流，再结合电流密度确定磁轴承控制线圈的导线直径，由电流刚度可得到线圈匝数 N。根据永磁偏置轴向磁轴承的体积约束确定其槽口宽度和导磁轭内径，也即永磁体内径 D_{pm2}，由位移刚度 k_s 确定永磁体外径 D_{pm1}。由加工精度决定气隙 δ 的大小，再确定永磁体磁化方向长度 h_{pm}、导磁轭厚度。由磁路各部分磁感应强度相等原则，确定定子体外侧厚度，第二气隙的长度按照第二气隙的磁阻大于内外工作气隙磁阻且小于永磁体磁阻的原则进行确定。最后，通过磁路法分析磁轴承的性能指标，如果偏置磁感应强度高于软磁材料饱和磁感应强度的2/3，则说明起初设定的混合因子过大，需要重新进行设计，然后重复上述工作。下面介绍一下主要参数的设计步骤。

令永磁偏置轴向磁轴承定子体在内工作气隙处的截面积与导磁轭截面积相等，根据最大承载力 F_{max} 和饱和磁感应强度 B_s 确定该截面积 A，根据设定的定转子之间的内外工作气隙长度 δ，根据经验确定永磁体轴向长度 h_{pm}、导磁轭厚度 h 以及槽口宽度 L_c，计算定子体外径 D_{nw}。根据位移刚度 k_s 以及转子重力 G 可得电流刚度 k_i，由电流刚度 k_i 计算线圈匝数 N 为

$$N = \frac{k_i \cdot \mu_0 \cdot \sigma \cdot C_3 \cdot (\delta \cdot C_2 + C_1)}{2 \cdot F_{pm} \cdot R_1 \cdot \left(\dfrac{1}{A_n} + \dfrac{1}{A_w}\right)} = \frac{k_i \cdot \mu_0 \cdot \sigma \cdot C_3 \cdot (\delta \cdot C_2 + C_1)A}{4 \cdot F_{pm} \cdot R_1} \tag{3-85}$$

根据槽满率要求确定导磁轭内径 D_{wn}（即永磁体内径 D_{pm2}），再由截面积 A 计算导磁轭外径 D_{ww}。

另外，第二气隙的磁阻 R_1 根据大于内外工作气隙磁阻之和且小于永磁体磁阻的原则进行选取。

由位移刚度 k_s 确定永磁体外径 D_{pm1}：

$$D_{pm1} = \sqrt{D_{pm2}^2 - \frac{8h_{pm}F_{pm}^2C_2^2R_1^2}{\sigma^2\pi k_s C_3^3\mu_{pm}}} \tag{3-86}$$

式中 μ_{pm} 为永磁体的相对磁导率，一般取为1.03～1.05。

至此，整个单自由度永磁偏置轴向磁轴承设计完毕，整个流程图如图3－21所示。

以下对轴向磁轴承的位移刚度、电流刚度以及混合因子进行实验测试，通过 z 轴向上（0°）和 z 轴向下（180°）使转子稳定悬浮时的电流相等来确定轴向磁轴承的磁中心，此时通过电流值可计算得到磁中心位置处电流刚度值。改变位移传感器的调零电压，使磁轴承的几何中心（即转子的平衡位置）在磁中心 z 方向上下偏移，测得此时 z 方向上磁轴承线圈的电流值，如表3－4所列。

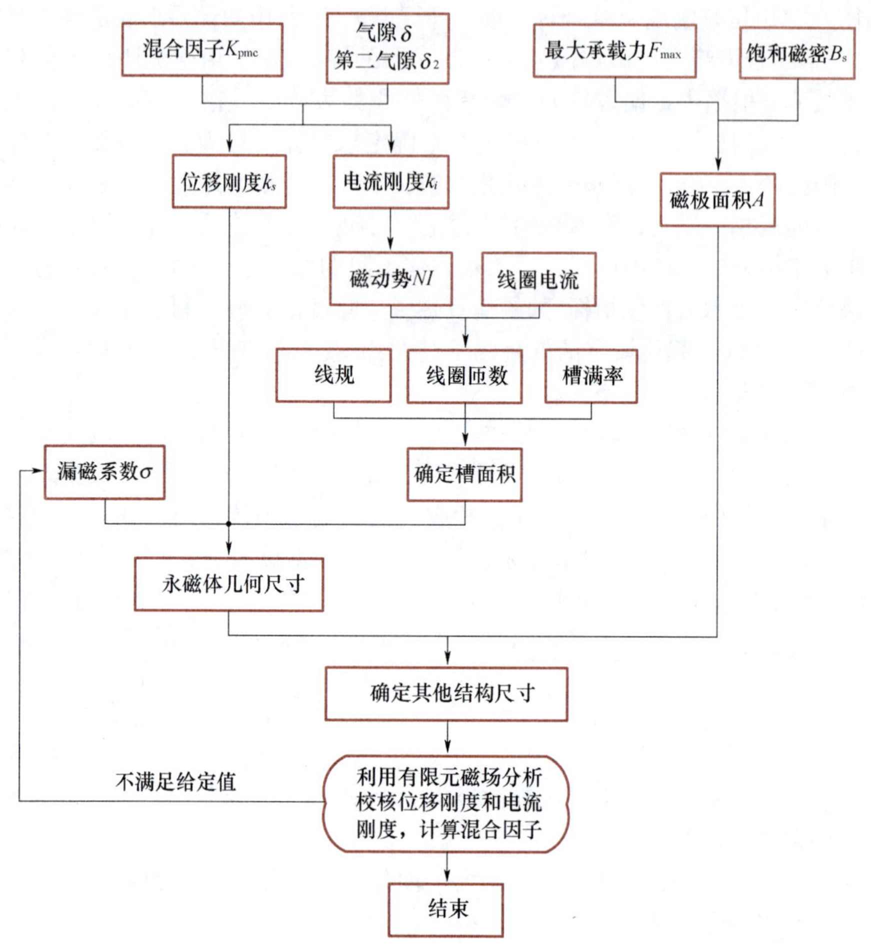

图 3－21　单自由度轴向磁轴承设计流程

表 3－4　轴向通道电流随参考电压的变化值

位移偏移量/mm	线圈电流/A	位移偏移量/mm	线圈电流/A
-0.0068	0.1292	0	0.1403
-0.0063	0.1303	0.0005	0.1425
-0.0059	0.1308	0.0010	0.1442
-0.0054	0.1314	0.0015	0.1453
-0.0049	0.1322	0.0020	0.147
-0.0044	0.1334	0.0024	0.1484
-0.0039	0.1341	0.0029	0.1507

（续）

位移偏移量/mm	线圈电流/A	位移偏移量/mm	线圈电流/A
-0.0034	0.1347	0.0034	0.1509
-0.0029	0.1356	0.0039	0.152
-0.0024	0.1359	0.0044	0.1528
-0.0020	0.1364	0.0049	0.1541
-0.0015	0.137	0.0054	0.1569
-0.0010	0.1381	0.0059	0.1578
-0.0005	0.1392	0.0063	0.1594

根据可以计算出单自由度轴向磁轴承的位移刚度和电流刚度为：$K=[k_s,k_i]=[-0.6781\text{N}/\mu\text{m},295.2461\text{N/A}]$，理论计算值与实验测试值相比，位移刚度误差为4.1%，电流刚度误差为6.4%，经过计算得到混合因子为$K_{\text{pmc}}=0.945$，与理论分析值相差1.6%，满足设计要求。

3.5 永磁偏置径向磁轴承磁路解耦分析与设计

从图3-9可以看出，单气隙永磁偏置径向磁轴承的永磁磁路与电磁磁路在水平与垂直通道存在耦合，对于永磁磁路垂直通道而言，Φ_{px1}、Φ_{px2}为耦合磁通；对于电磁磁路垂直通道而言，Φ_{iy1x1}和Φ_{iy1x2}为耦合磁通，由于磁轴承控制是按照单个通道进行控制的，所以通道之间的耦合会大大影响磁轴承的控制精度。本节从永磁偏置径向磁轴承的磁路耦合特性进行分析，并对耦合特性进行了实验研究，在此基础上，介绍了永磁偏置径向磁轴承的磁路解耦设计方法[28]。

3.5.1 永磁偏置径向磁轴承磁路耦合特性分析

根据磁路分析法得到的轴承力与转子位移、线圈电流的关系曲面，进而通过求偏导，可得到磁轴承的位移刚度和电流刚度变化曲面。

(1) 永磁偏置径向磁轴承永磁偏置力、位移刚度与转子位移关系曲面分别如图3-22所示。由图3-22(b)可见，轴承位移刚度与转子位置密切相关，当转子接近某个线圈磁极对时，位移刚度明显上升，只是在平衡位置附近及远离各磁极对的位置(如x正向、y正向磁极之间)时，位移刚度的变化才不大。

(2) 当转子在平衡位置无偏移时，永磁偏置径向磁轴承电磁力、电流刚度与线圈电流关系曲面分别如图3-23所示。由图3-23(b)可见，当转子在平衡

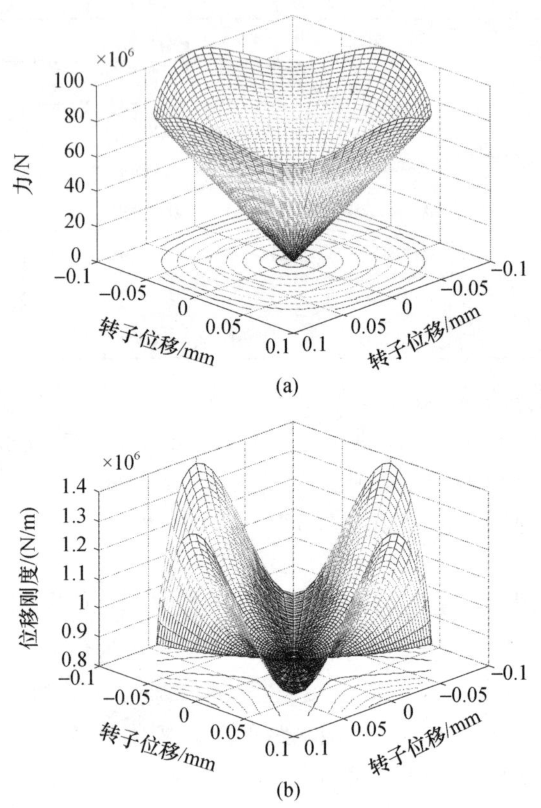

图 3-22　永磁偏置力、位移刚度与转子位移关系曲面

(a) 永磁偏置力与转子位移关系曲面；(b) 位移刚度与转子位移关系曲面。

位置时，电流刚度保持恒定，几乎不因线圈电流大小的变化而变化，电磁力与线圈电流成线性比例关系。

(3) 当转子有偏移时，永磁偏置径向磁轴承电磁力、电流刚度与线圈电流关系曲面如图 3-24 所示。当转子有偏移时，电流刚度不再保持不变，而与电流大小有关，在 x 向线圈及 y 向线圈某恒定电流的作用下，磁轴承力(永磁力和电磁力)将达到平衡。但对大于该平衡电流的电流，电流刚度偏小，而对小于该平衡电流的电流，电流刚度偏大。也就是说，当转子有偏移时，电流刚度随电流大小而变化，从整体上讲，这种变化是不利于转子恢复平衡位置的。

(4) 永磁偏置径向磁轴承单方向(x 向或 y 向)径向轴承力及其位移刚度、电流刚度与转子位移、线圈电流的关系曲面分别如图 3-25、图 3-26 和图 3-27 所示，由位移刚度曲面(图 3-26)可见，只有当转子靠近磁极，永磁

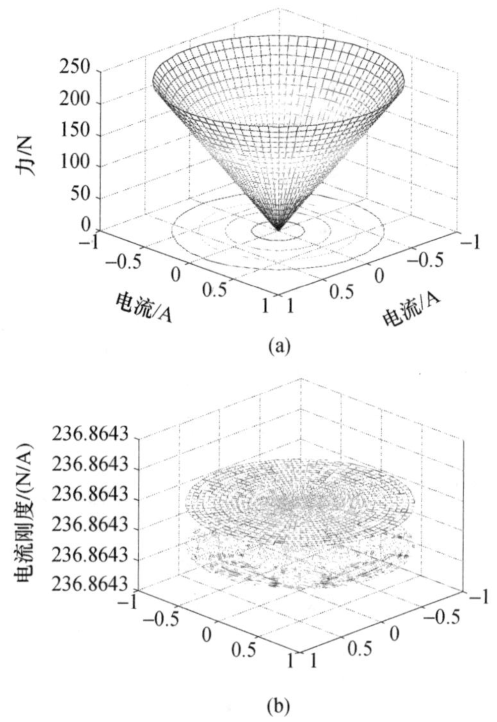

图3－23 电磁力、电流刚度与线圈电流关系曲面
(a) 电磁力与线圈电流关系曲面；(b) 电流刚度与线圈电流关系曲面。

合力较大，而大电流的电磁合力与永磁合力又同方向时，位移刚度增大，其变化趋势不利于转子恢复至平衡位置。而在其他情况下，位移刚度虽有变化，但不显著。

由电流刚度变化曲面(图3－27)来看，也存在着与位移刚度相似的变化规律，即电流刚度增大的变化趋势也不利于转子恢复平衡位置。区别在于，当电磁合力与永磁合力反方向，且均比较大时，电流刚度变小，这同样也不利于转子恢复平衡位置。

以上分析结果表明，对于永磁偏置径向磁轴承而言，当磁轴承转子在平衡位置附近运动时，其电流刚度基本不变，位移刚度变化不大，采用传统的磁力线性化模型，在一定程度上是可以保证磁轴承系统仿真计算精度的，但当转子偏移增大时，磁力线性化模型的误差也会变大，应考虑采用更精确的非线性模型。

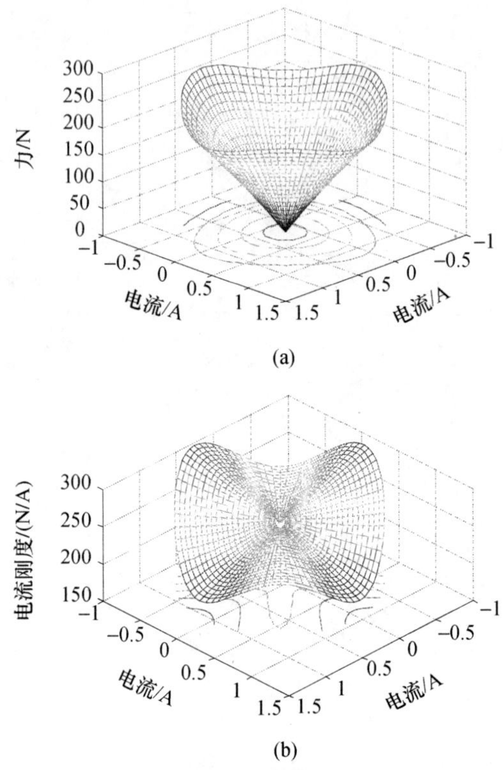

(a)

(b)

图 3－24　轴承电磁力、电流刚度与线圈电流关系曲面

(a) 电磁力与线圈电流关系曲面；(b) 电流刚度与线圈电流关系曲面。

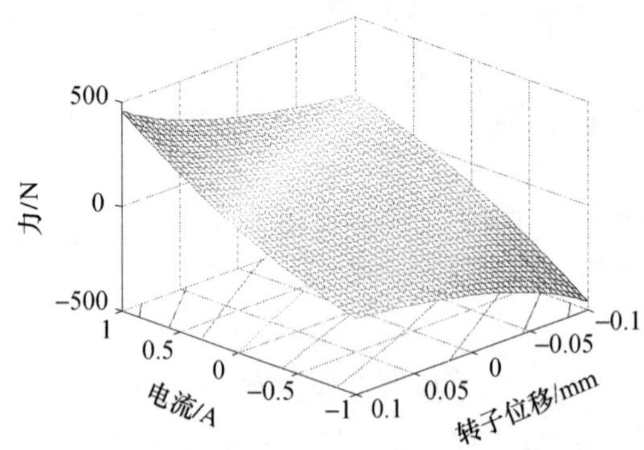

图 3－25　单向径向轴承力与转子位移、线圈电流关系曲面

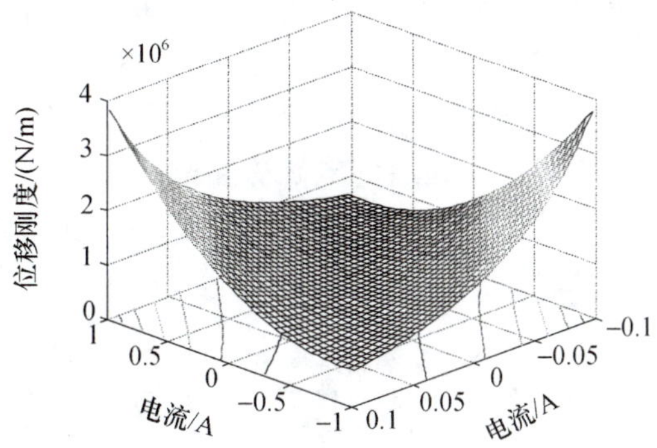

图3-26 位移刚度与转子位移、线圈电流曲面

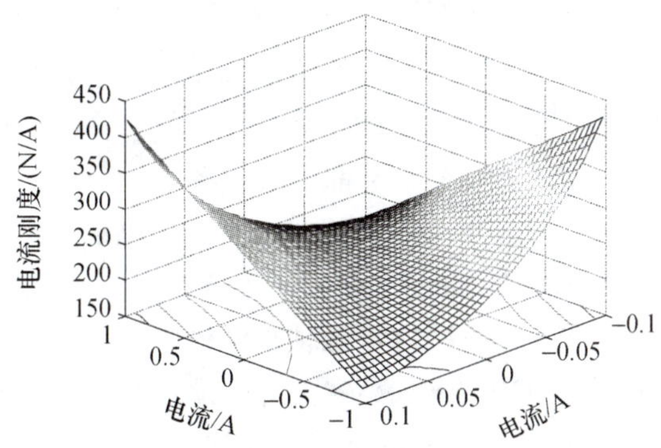

图3-27 电流刚度与转子位移、线圈电流曲面

3.5.2 永磁偏置径向磁轴承磁路解耦设计

本节从磁路解耦的设计方法原理出发,揭示了磁路解耦的本质,并给出了三种不同结构的磁路解耦的磁轴承结构[28]。

1. 永磁偏置径向磁轴承磁路解耦设计方法基本原理

传统永磁偏置径向磁轴承两径向通道的气隙磁导在等效磁路上均是并联关系,两径向通道共用定子铁芯及永磁体,这就会导致以下磁路耦合:①永磁磁路耦合,尽管永磁体磁阻很大,各通道气隙变化时总的偏置磁通变化不大,但通道 y 偏移所致其气隙磁导的变化,会改变偏置磁通在 x、y 两个通道中的分配关系,即通道 y 的偏移会影响通道 x 的偏置磁通;②电磁磁路耦合,通道 y 偏移导致两差动气隙中的控制磁通有差异,差值部分的控制磁通就会经过通道 x 的气隙,从而改变通道 x 的偏置磁通。

对传统永磁偏置径向磁轴承解耦，2 个直接并联的耦合通道在磁路解耦设计前后等效磁路的变化如图 3 – 28 所示。由图 3 – 28 可知，解耦后永磁体被分断并串联进 2 个通道，各通道先与永磁体串联，再相互并联，由于永磁体磁阻很大，一方面，永磁体将 2 个径向通道的电磁磁路隔离，实现了电磁磁路的解耦；另一方面，2 个通道由各自独立的永磁体提供偏置，削弱了气隙磁阻变化对偏置磁通的影响，实现了永磁磁路的解耦。

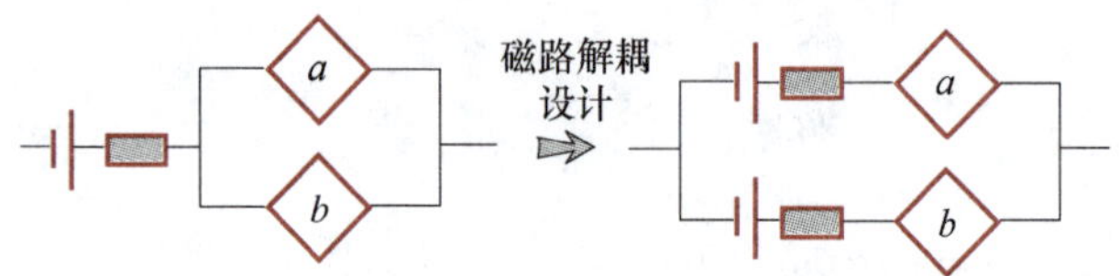

图 3 – 28　磁路解耦设计前后等效磁路的变化

基于以上分析，可将永磁偏置磁轴承的解耦设计方法归纳为：电磁隔离，永磁独立。具体实现方法是通过隔磁层将共用的定子铁芯隔断，同时将永磁体分断为原来数量的 2 倍，以保证每个通道都有各自独立的定子铁芯与永磁体。对于 N 个直接并联的耦合通道，可采用类似的方法通过隔磁层将共用定子铁芯隔断，并将永磁体分断为原来数量的 N 倍，串联进各通道，实现 N 个通道的解耦。

2. 磁路解耦设计方法在永磁偏置磁轴承中的应用

针对不同形式的永磁偏置磁轴承，磁路解耦设计方法的具体应用如下：

（1）两自由度永磁偏置径向磁轴承[29,30]沿轴向双层，每层为一组独立径向通道；在每层加装隔磁层，采用 4 块独立永磁体分别对通道 x、y 提供偏置，解耦效果显著。

（2）三自由度永磁偏置磁轴承[31]结构上与轴向力偏转 5 – DOF – PMB 相似，解耦方法的应用也相似，只是永磁体由 1 环被隔磁层分成 2 环，实现径向通道解耦，从而实现三自由度磁路解耦，磁轴承变化的结构部分及解耦设计后的磁轴承结构如图 3 – 29 和图 3 – 30 所示。

（3）五自由度永磁偏置磁轴承有两组径向通道，用两层隔磁层将 2 环永磁体分为 4 环，也可五自由度磁路解耦。

磁路解耦设计会使磁轴承结构变复杂，例如对轴向力偏转五自由度永磁偏置磁轴承径向通道解耦后，增加了 6 个零件。此外，由于径向通道解耦后两通道定子铁芯相互独立，不能共用，在某些负载情况下磁轴承最大负载能力会下降。若最大负载方向恒定（如重力），那么可将承载方式设计为两通道与最大负载方向夹角 45°，则解耦前后最大负载能力不变。故应根据实际需求确定磁路解耦设计的通道。

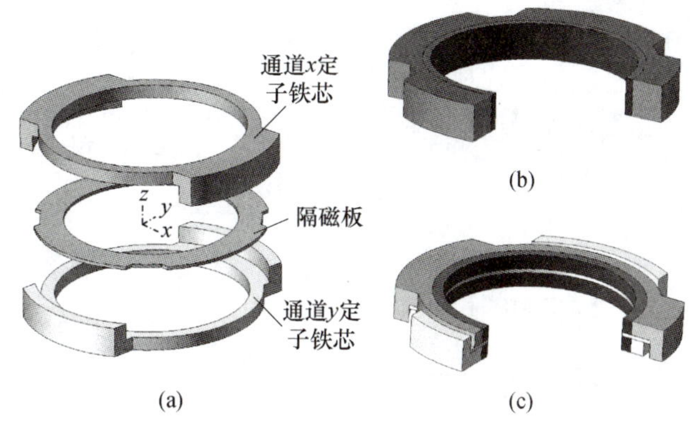

图3－29 解耦设计的永磁偏置径向磁轴承结构
（a）磁路解耦后径向通道定子铁芯结构爆破图；（b）磁路解耦前径向通道定子铁芯与永磁体（1环）；（c）磁路解耦后径向通道定子铁芯与永磁体（2环）。

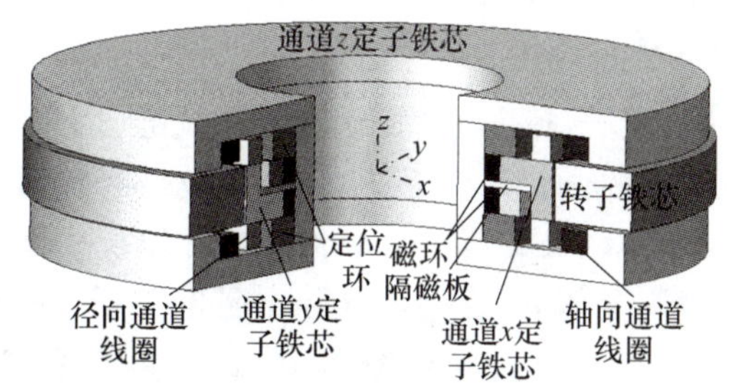

图3－30 解耦设计的三自由度永磁偏置磁轴承结构

下面具体介绍利用上述的磁路解耦设计方法得出的几类径向磁轴承结构。

3.5.3 磁路解耦的双气隙永磁偏置径向磁轴承设计

在图3－15所示永磁偏置径向磁轴承结构的基础上，为了最大限度降低耦合度，同时兼顾铁芯的可加工性，将定子铁芯和定子导磁环制成内、外等极宽的形式，这样既减小了永磁磁路磁阻，又减小了电磁磁路磁阻，但是又会出现另外一个问题，电磁磁路必须通过永磁体形成回路。为了解决这一问题，在永磁体与定子导磁环之间设计第二气隙，也称为旁路气隙，这类永磁偏置磁轴承本书称之为双气隙永磁偏置径向磁轴承[32]，其结构及磁路如图3－31所示，图中（a）为轴向截面图，（b）为端面图，图中带箭头的实线为永磁磁路，带箭头的虚线为电磁磁路。与图3－15所示单气隙永磁偏置径向磁轴承的区别在于：定子铁芯磁极之间采用内隔磁体9隔开，同时隔磁体将永磁体也分为四个部

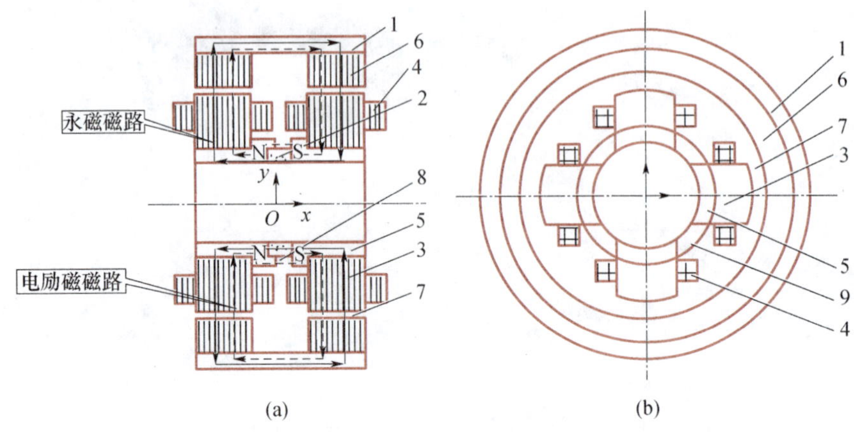

图 3－31 外转子双气隙径向磁轴承结构
(a) 轴向截面图；(b) 端面图。
1—转子导磁环；2—永磁体；3—定子铁芯；4—线圈；5—定子导磁体；
6—转子铁芯；7—气隙；8—第二气隙；9—内隔磁体。

分，在定子永磁体侧与定子导磁环之间形成第二气隙，用以构成电磁磁路，这种结构的特点为：巧妙地设计第二气隙，使得电磁磁路经过气隙和第二气隙构成回路，消除了电磁磁路在 x、y 方向（水平通道和垂直通道）之间的耦合；由于永磁体也被分为四个部分，这种双气隙永磁偏置径向磁轴承结构也消除了永磁磁路在 x、y 方向（水平通道和垂直通道）之间的耦合，提高了控制精度，特别适用于精度要求高的磁悬浮惯性动量轮。需要说明的是：由于第二气隙的存在，使得电磁磁路磁阻变大，在相同体积下，双气隙径向磁轴承结构的功耗比单气隙径向磁轴承结构会有所增加。图 3－31 所示的双气隙永磁偏置径向磁轴承的永磁磁路路径为：永磁体 N 极—定子导磁体—定子铁芯—气隙—转子铁芯—转子导磁环—另一侧转子铁芯—另一侧气隙—另一侧定子铁芯—另一侧定子导磁体—永磁体 S 极，电磁磁路路径为：定子铁芯—气隙—转子铁芯—转子导磁环—另一侧转子铁芯—另一侧气隙—定子导磁体—第二气隙—另一侧定子导磁体—定子铁芯。

下面首先用磁路法对双气隙径向磁轴承进行分析。由图 3－31 所示的结构，可以得到图 3－32 所示的永磁磁路以及电磁磁路。

对于永磁磁路，有

$$\begin{cases}\Phi_{\mathrm{pm}j} = F_{\mathrm{pm}j}/(\sigma \cdot R_{\mathrm{pmsum}j}) \\ \Phi_{\mathrm{pmy}j} = \Phi_{\mathrm{pm}j} \cdot (R_{\mathrm{pmsum}j} - R_{\mathrm{pm}j})/(R_{yj1} + R_{yj2}) \\ \Phi_{\mathrm{pm}jj} = \Phi_{\mathrm{pm}j} \cdot (R_{\mathrm{pmsum}j} - R_{\mathrm{pm}j})/R_{jj}\end{cases} \quad j = 1,2 \quad (3-87)$$

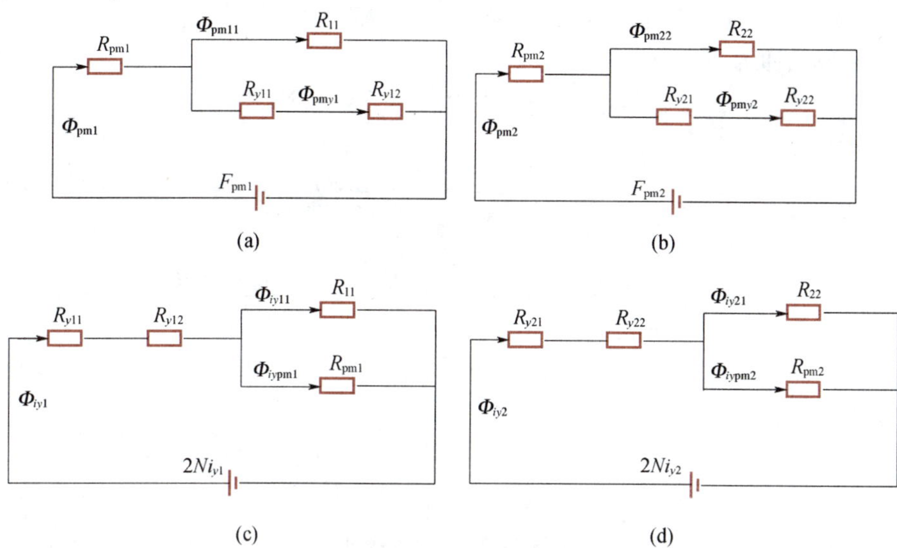

图 3-32　双气隙径向磁轴承永磁磁路及电磁磁路

（a）永磁磁路；（b）电磁磁路。

式中

$$
\begin{cases}
R_{\mathrm{pmsum}j} = R_{\mathrm{pm}j} + (R_{yj1} + R_{yj2}) \cdot R_{jj}/(R_{jj} + R_{yj1} + R_{yj2}) \\
R_{\mathrm{pm}j} = h_{\mathrm{pm}j}/(\mu_0 \cdot \mu_r \cdot A_{\mathrm{pm}j}) \\
R_{yj1} = R_{yj2} = \delta_{yj}/(\mu_0 \cdot A) \\
R_{jj} = \delta_j/(\mu_0 \cdot A_{jj})
\end{cases}
\quad j = 1,2 \tag{3-88}
$$

式中：δ_{yj}为气隙长度；δ_{jj}为第二气隙长度；μ_r为永磁体相对磁导率；A_{pm}为环形永磁体截面积；A 为定子磁极截面积；A_{jj}为第二气隙截面积；$A_{\mathrm{pm}j}$为永磁体截面积；$F_{\mathrm{pm}j}$为永磁体磁动势，即为永磁体矫顽力 H_c与永磁体磁化方向长度 h_{pm}的乘积；δ为气隙长度；σ 为漏磁系数；$R_{\mathrm{pm}j}$为永磁体磁阻；$R_{\mathrm{pmsum}j}$为永磁回路的总磁阻；R_{jj}为第二气隙磁阻；R_{yj1}、R_{yj2}为气隙磁阻。

对于图 3-32(b)所示的电磁磁路，有

$$
\begin{cases}
\Phi_{iyj} = 2N \cdot i_{yj}/(\sigma_i \cdot R_{\mathrm{isum}yj}) \\
\Phi_{iy\mathrm{pm}j} = \Phi_{iyj} \cdot (R_{\mathrm{isum}yj} - R_{yj1} - R_{yj2})/R_{\mathrm{pm}j} \\
\Phi_{iyj1} = \Phi_{iyj} \cdot (R_{\mathrm{isum}yj} - R_{yj1} - R_{yj2})/R_{jj}
\end{cases}
\quad j = 1,2 \tag{3-89}
$$

式中

$$
R_{\mathrm{isum}yj} = R_{yj1} + R_{yj2} + R_{\mathrm{pm}j} \cdot R_{jj}/(R_{\mathrm{pm}j} + R_{jj}) \quad j = 1,2 \tag{3-90}
$$

式中:R_{isumyj}为电磁磁路总磁阻,σ_i 为电磁磁路漏磁系数。

合成磁通为

$$\Phi_{yj} = \Phi_{pmyj} + \Phi_{iyj} \qquad j = 1,2$$

转子组件所受合力为

$$F_y = (\Phi_{y1}^2 - \Phi_{y2}^2)/(\mu_0 A) \tag{3-91}$$

经过计算,可以得到最大承载力时磁通为

$$\Phi_s = \frac{(R_{pmsum2} - R_{pm2}) \cdot R_{isumy2}}{(R_{y21} + R_{y22}) \cdot R_{isumy1}} + \frac{(R_{pmsum1} - R_{pm1}) \cdot \Phi_{pm1}}{R_{y11} + R_{y12}} \tag{3-92}$$

$$F_{max} = \Phi_s^2/(\mu_0 \cdot A) \tag{3-93}$$

此时电流为

$$I_{max} = \Phi_{pm2} \cdot (R_{pmsum2} - R_{pm2}) \cdot R_{isumy2} \cdot \sigma_i/(2N \cdot (R_{y21} + R_{y22}) \tag{3-94}$$

根据转子组件的受力,可以计算双气隙永磁偏置永磁偏置径向磁轴承的位移刚度和电流刚度为

$$k_s = -\frac{8F_{pm}^2 R_1^2 \mu_0 A(R_{pm} + R_1)}{\sigma^2\left[R_{pm}(2\delta + R_1\mu_0 A) + 2\delta R_1\right]^3} \tag{3-95}$$

$$k_i = \frac{8NF_{pm} R_1 \mu_0 A(R_{pm} + R_1)}{\sigma\left[R_{pm}(2\delta + R_1\mu_0 A) + 2\delta R_1\right]\left[2\delta(R_{pm} + R_1) + R_1 R_{pm}\mu_0 A\right]} \tag{3-96}$$

传统的磁轴承分析方法包括磁路分析法和有限元分析法,其中磁路分析法计算简单,仅考虑气隙处的磁阻,由于不考虑铁芯材料的非线性磁阻以及人为设定漏磁系数等参数,因而这种方法计算精度低,而有限元分析方法计算准确,但是准确程度取决于网格划分的疏密程度,因而运算量巨大,并且对于参数的改变需要重新对结构进行建模,这又进一步增加了运算量。结合这两种方法的优点,克服二者的缺陷,本节提出了基于精确三维场和非线性磁网络相结合的分析方法来提高计算精度,这种方法利用磁网络技术建立磁轴承的非线性磁网络,利用三维场确定磁轴承各个部分(气隙、定转子导磁环等)的磁感应强度大小,进而确定非线性磁网络中非线性磁阻的磁导率,然后得到非线性磁阻的大小,对于转子位置以及电流的大小可以形成一系列磁感应强度曲线,通过插值等方法可以求得各个不同状态下磁轴承磁网络的非线性磁阻,进而可精确计算支承力以及支承刚度等性能参数。图 3-33 给出了双气隙径向磁轴承的非线性磁网络图[33],图中(a)为永磁磁网络图,(b)为电磁磁网络图。图中带箭头的部分均为非线性磁阻。

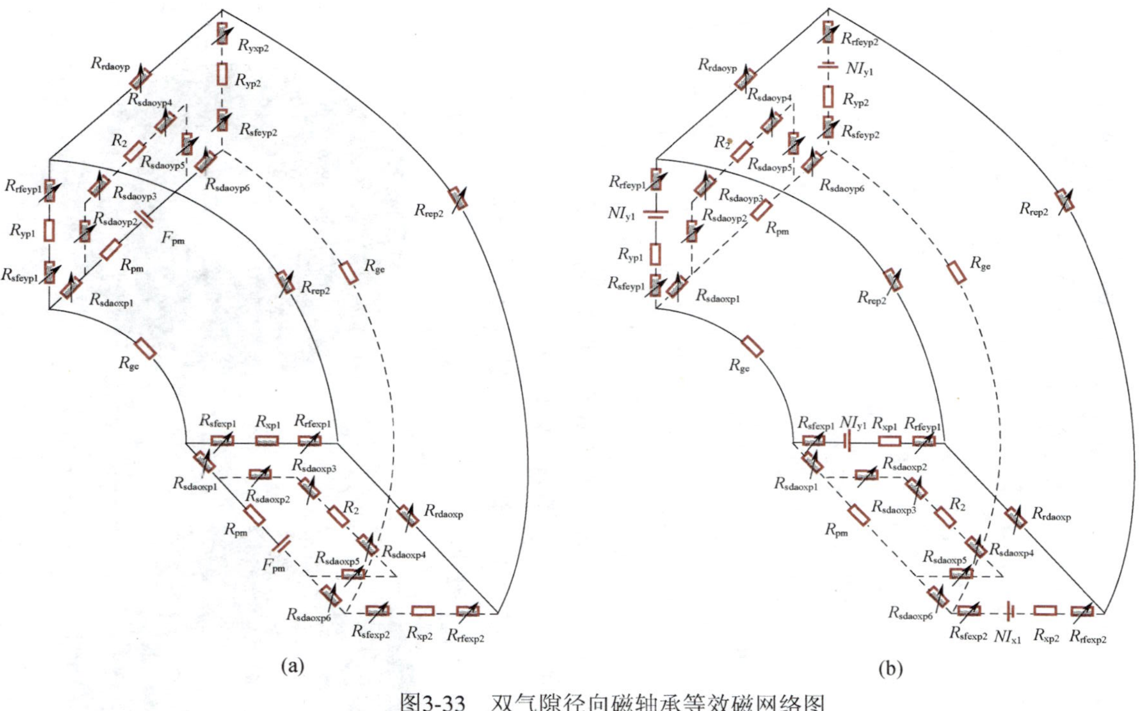

图3-33　双气隙径向磁轴承等效磁网络图

(a) 永磁磁网络；(b) 电磁磁网络。

R_{pm}为永磁体磁阻；R_{sdaoxp}、R_{sdaoyp}为定子导磁环$+x$、$+y$方向磁阻；R_{sdaoxn}、R_{sdaoyn}为定子导磁环$-x$、$-y$方向磁阻；R_{rdaoxp}、R_{rdaoyp}为转子导磁环$+x$、$+x$方向磁阻；R_{rdaoxn}、R_{rdaoyn}为转子导磁环$-x$、$-y$方向磁阻；R_{xp}、R_{yp}为$+x$、$+y$方向气隙磁阻；R_{xn}、R_{yn}为$-x$、$-y$方向气隙磁阻；R_{rep}、R_{ren}为转子轭部正、负方向磁阻；R_2为第二气隙磁阻；R_{ge}为隔磁环磁阻；R为磁阻矩阵；$\boldsymbol{F}_p$为永磁磁动势矩阵；$\boldsymbol{F}_c$为电磁磁动势矩阵；$\boldsymbol{\varphi}_{pm}$为永磁磁路磁通矩阵；$\boldsymbol{\varphi}_c$为电磁磁路磁通矩阵；$\boldsymbol{\varphi}_{pm}[n]$、$\boldsymbol{\varphi}_c[n]$为矩阵中的第$n$行元素。

由等效磁网络图可以得出

$$\boldsymbol{F}_{\mathrm{p}(1\times21)}=[F_{\mathrm{pm}}\quad F_{\mathrm{pm}}\quad 0\quad 0\quad 0\quad F_{\mathrm{pm}}\quad F_{\mathrm{pm}}\quad 0\quad 0\quad 0\quad F_{\mathrm{pm}}\quad F_{\mathrm{pm}}\quad 0\quad 0\quad 0\quad F_{\mathrm{pm}}\quad F_{\mathrm{pm}}\quad 0\quad 0\quad 0\quad 0]^{\mathrm{T}}$$

$$\boldsymbol{F}_{\mathrm{c}(1\times21)}=[0\quad 2NI_{y1}\quad NI_{x1}-NI_{y1}\quad 0\quad NI_{y1}-NI_{x1}\quad 0\quad 2NI_{x1}\quad -NI_{y2}-NI_{x1}\quad 0\quad NI_{x1}+NI_{y2}\quad 0\quad -2NI_{y2}\quad NI_{y2}-NI_{x2}\quad 0\quad NI_{x2}-NI_{y2}\quad 0\quad -2NI_{x2}\quad NI_{x2}+NI_{y1}\quad 0\quad -NI_{y1}-NI_{x2}\quad 0]^{\mathrm{T}}$$

$$\boldsymbol{\varphi}_{\mathrm{pm}}=\boldsymbol{R}^{-1}\boldsymbol{F}_{\mathrm{p}}$$

$$\boldsymbol{\varphi}_{\mathrm{c}}=\boldsymbol{R}^{-1}\boldsymbol{F}_{\mathrm{c}}$$

$$\boldsymbol{R}=\begin{bmatrix} a_{0101} & a_{0102} & \cdots & \cdots & a_{0121} \\ a_{0201} & a_{0202} & \cdots & \cdots & a_{0221} \\ \vdots & \vdots & \ddots & & \vdots \\ \vdots & \vdots & & \ddots & \vdots \\ a_{2101} & a_{2102} & \cdots & \cdots & a_{2121} \end{bmatrix}$$

对于定子导磁环而言,其下标 1 ~6 为 6 个不同部分的磁阻,其他部分磁阻的下标 1 和 2 分别指同方向的不同数量的磁阻。

利用三维场建立的双气隙永磁偏置径向磁轴承模型如图 3 -34 所示,图中(a)为定子组件,(b)为整个磁轴承模型图。

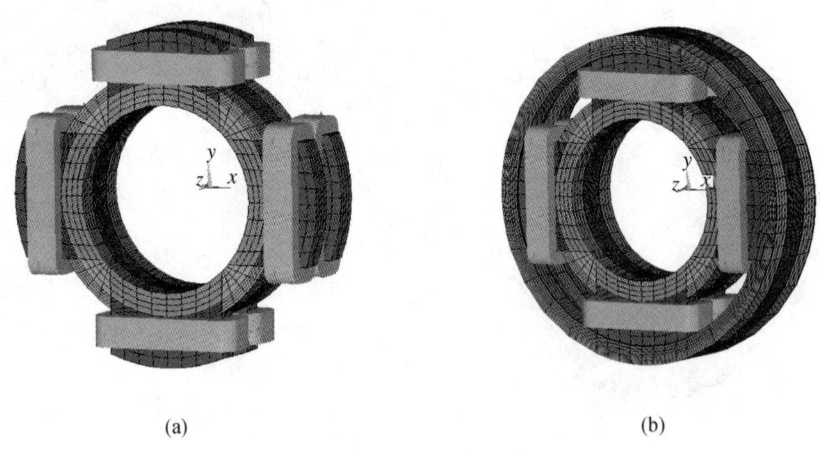

图 3 -34　双气隙径向磁轴承三维场模型图
(a) 定子组件; (b) 整体模型。

双气隙永磁偏置径向磁轴承结构主要参数如表3-5所列。

表3-5 双气隙永磁偏置径向磁轴承主要参数

设计项目	量值	设计项目	量值
磁极面积/mm^2	180	第二气隙/mm	0.3
每极线圈匝数	150	单边磁气隙/mm	0.2

为了获取磁轴承各个部分的磁感应强度，所建模型的路径如图3-35所示，图中(a)为模型图，(b)为有限元三维场模型图，(c)为路径断面图。图3-36给出的是各个路径上的磁势—磁感应强度曲线，其中磁势的确定是通过+y方向线圈中通入不同大小的电流来实现的，磁感应强度的确定是通过利用有限元软件ANSYS计算路径上磁通进而求得的，限于篇幅，这里仅给出y方向各个部分（定子导磁体、定子铁芯、转子铁芯、外导磁环、定子水平与垂直通道之间等）的磁势—磁感应强度曲线。

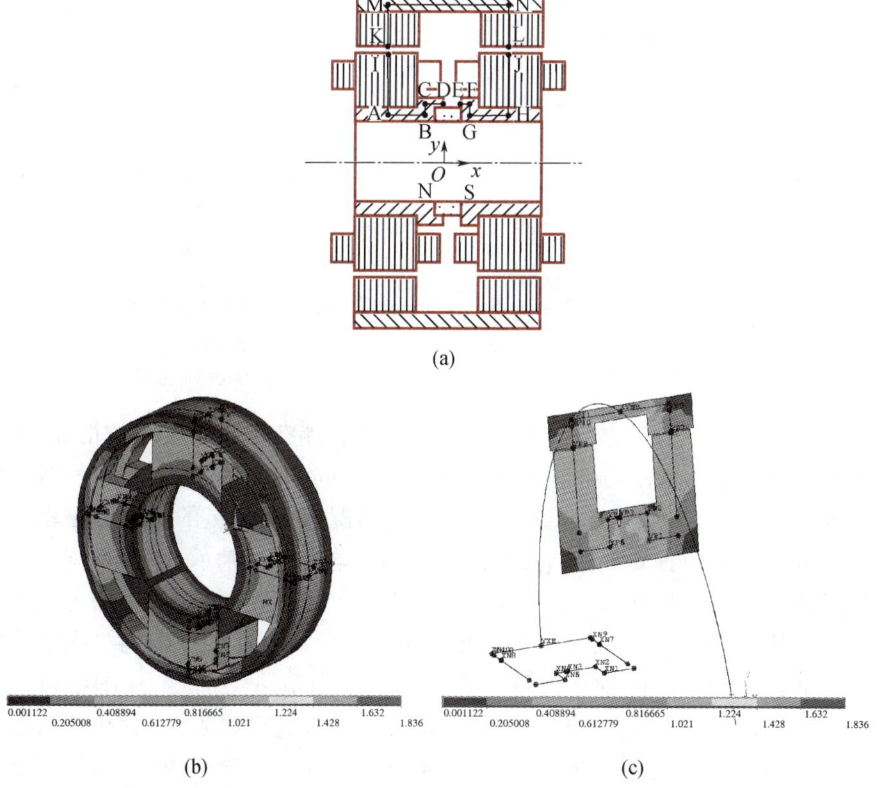

图3-35 双气隙径向磁轴承路径分布

(a) 模型图；(b) 有限元模型图；(c) 路径断面图。

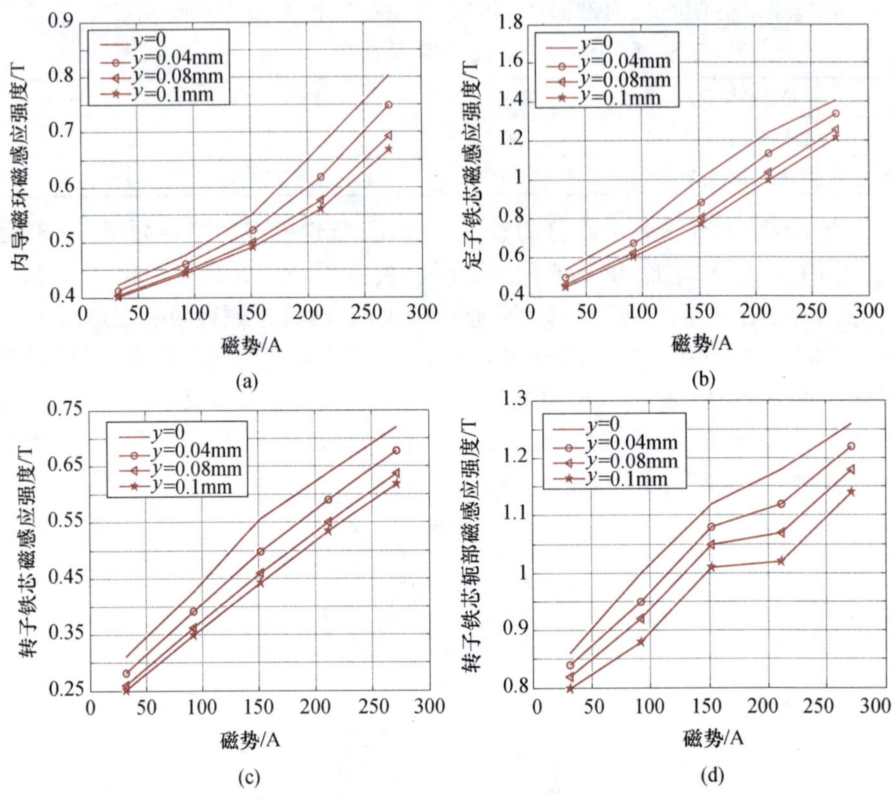

图 3-36　双气隙径向磁轴承 y 方向各个部分磁势—磁感应强度曲线

（a）y 方向内导磁环中的磁感应强度；（b）y 方向定子铁芯中的磁感应强度；

（c）y 方向转子铁芯磁感应强度；（d）y 方向转子铁芯轭部磁感应强度。

图 3-36 中不带标志的线表示磁轴承转子悬浮在平衡位置时的情况，带圆圈的线表示磁轴承转子悬浮在距平衡位置 0.04mm 时的情况，带三角的线表示磁轴承转子悬浮在距平衡位置 0.08mm 时的情况，带五角星的线表示磁轴承转子悬浮在距平衡位置 0.1mm 时（即磁轴承转子落在保护轴承上）的情况。对上述曲线求导便可求得非线性磁网络中各个非线性磁阻的磁导率，进而可以求出非线性磁阻，图 3-37 和图 3-38 给出了等效磁路法和非线性磁网络法计算的双气隙永磁偏置径向磁轴承位移-力曲线以及电流-力曲线，从图中可以看出，由于非线性磁网络法考虑了导磁材料引起的非线性磁阻，同时在获取磁感应强度时是通过有限元三维场方法，实质上也考虑了漏磁系数等因素，因此采用精确三维场与非线性磁网络相结合的方法得到的结果小于采用等效磁路法得到的结果。

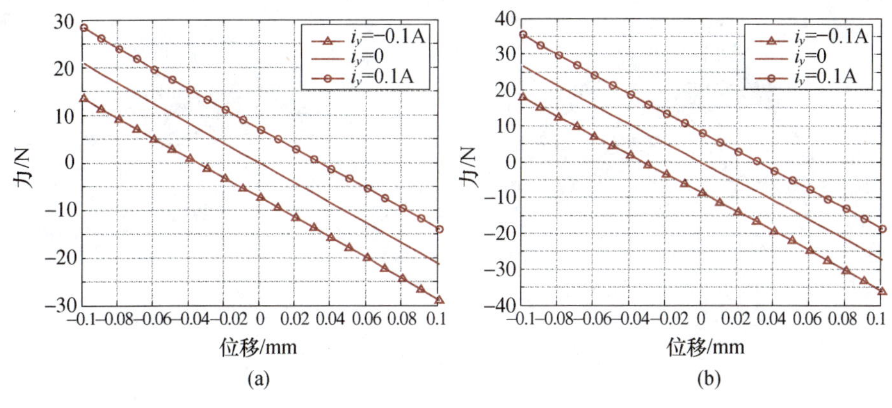

图 3-37　位移—力关系曲线

(a) 非线性磁网络法；(b) 等效磁路法。

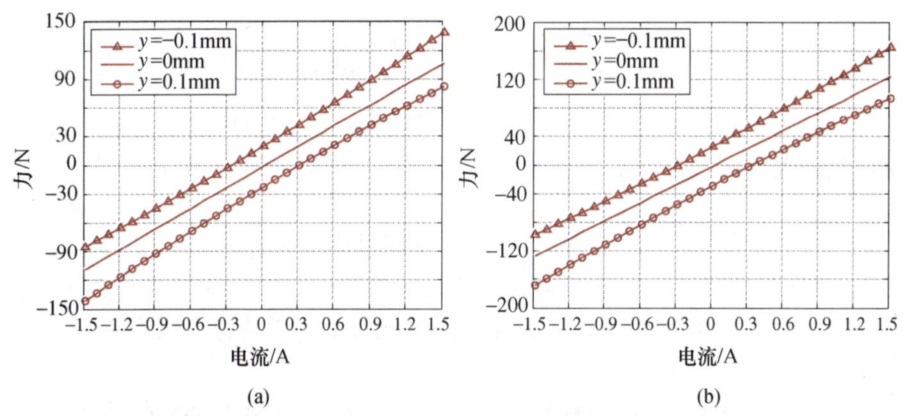

图 3-38　电流—力关系曲线

(a) 非线性磁网络法；(b) 等效磁路法。

为了说明单气隙径向磁轴承与双气隙径向磁轴承通道之间的耦合问题，首先从定性说明双气隙永磁偏置径向磁轴承结构与单气隙永磁偏置径向磁轴承结构水平与垂直通道的耦合程度，可采用以下方法[34]：在三维场模型中不考虑永磁磁场的作用，在 $+y$ 方向线圈中通入相同大小的电流，观察磁力线分布，图 3-39 为有限元三维场分析的两种永磁偏置径向磁轴承结构的磁力线分布图，从图中可以明显地看出，单气隙永磁偏置径向磁轴承结构明显存在水平与垂直通道的耦合。

为了定量说明径向磁轴承通道之间的耦合问题，同样在不考虑永磁磁场作用的情况下，将转子设定悬浮于水平通道、垂直通道之间成 45°并偏移 0.1mm 的位置，并在垂直通道（Y 方向）的线圈中通入一定大小的电流，使得垂直通道

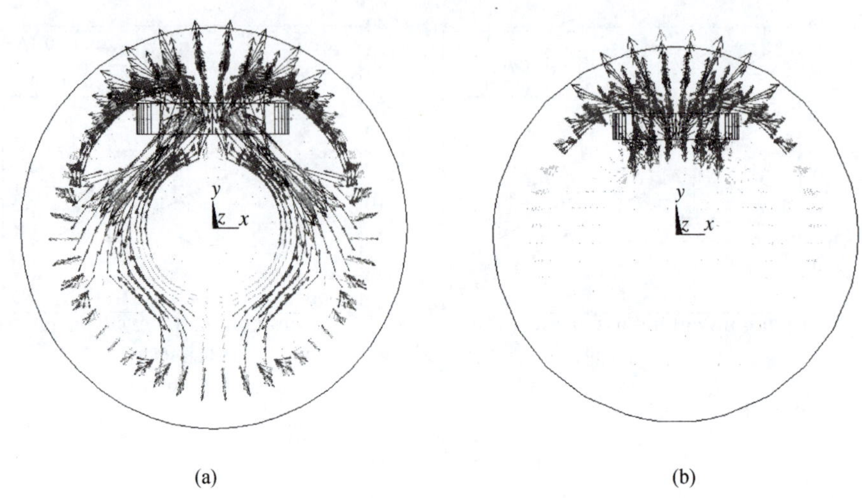

图 3－39　两种永磁偏置径向磁轴承的磁力线分布

（a）单气隙结构端面图；（b）双气隙结构端面图。

产生相同大小的力（由于两种结构刚度不同，因此得到同样大小的力所需的电流相差较大），通过求取水平通道（X 方向）的合力来考察通道之间的耦合情况。在此条件下，定义耦合度为 $K_{cp}=\dfrac{F_x}{F_y}=\dfrac{y\text{ 通道线圈通电在 }x\text{ 方向上产生的力}}{y\text{ 通道线圈通电在 }y\text{ 方向上产生的力}}$，图 3－40为计算得到的单气隙和双气隙永磁偏置径向磁轴承的受力曲线，从图中可以看出，单气隙结构永磁偏置径向磁轴承水平通道的合力约为垂直通道合

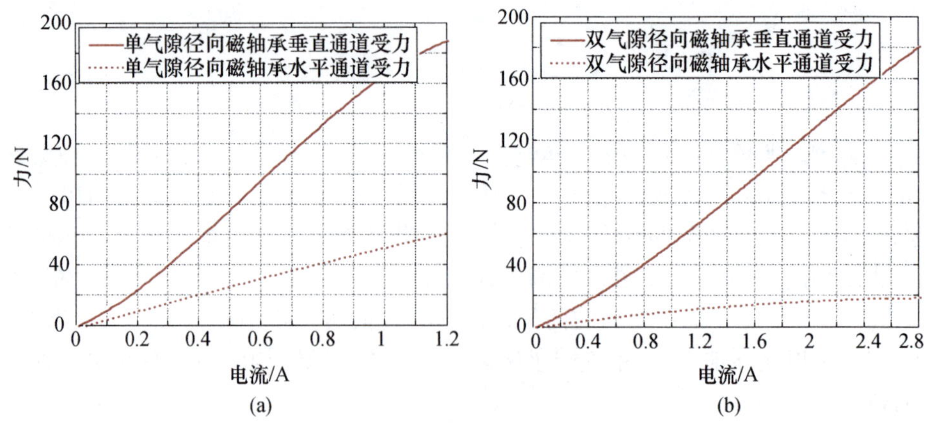

图 3－40　两种径向永磁偏置磁轴承通道受力曲线

（a）单气隙径向磁轴承各通道受力曲线；（b）双气隙径向磁轴承各通道的受力曲线。

力的 32%,即单气隙径向磁轴承的耦合度 $K_{cp}=0.32$,实验测试结果表明:单气隙永磁偏置径向磁轴承水平通道与垂直通道之间的耦合度 K_{cp} 为 25.6%。即:飞轮转子稳定悬浮时,单气隙永磁偏置径向磁轴承一个通道受到另一通道的影响,该通道的控制电流会变化 25.6%。

双气隙结构永磁偏置径向磁轴承水平通道的合力约为垂直通道合力的 11%,即双气隙径向磁轴承的耦合度 $K_{cp}=0.11$。由此可以看出,双气隙永磁偏置径向磁轴承结构可有效减小水平通道与垂直通道之间的耦合。

3.5.4 磁路解耦的两极永磁偏置径向磁轴承设计

2 极径向永磁偏置磁轴承[35]在结构上与 4 极 RPMB 的主要区别就是 x、y 两通道的电磁力不共面,每层铁芯只有一个通道的磁极及线圈,如图 3-41(a)所示。图 3-41(b)同时示出了偏置磁通路径及两通道控制磁通路径,可见其偏置磁通路径同 4 极 RPMB,从永磁体出发,进过两层定子铁芯、两层气隙、转子叠层及导磁环闭合;而各通道控制磁通没有轴向分量,仅在本通道所在层的定转子铁芯及气隙中闭合,图 3-42 给出了 4 极和 2 极径向磁轴承铁芯图以及具有 2 极铁芯的径向磁轴承实物图。

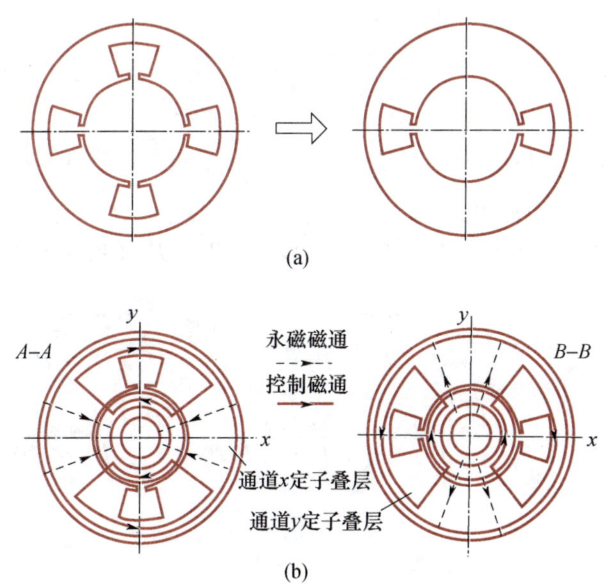

图 3-41 4 极径向磁轴承与 2 极径向磁轴承结构及磁通路径
(a) 结构图;(b) 磁路图。

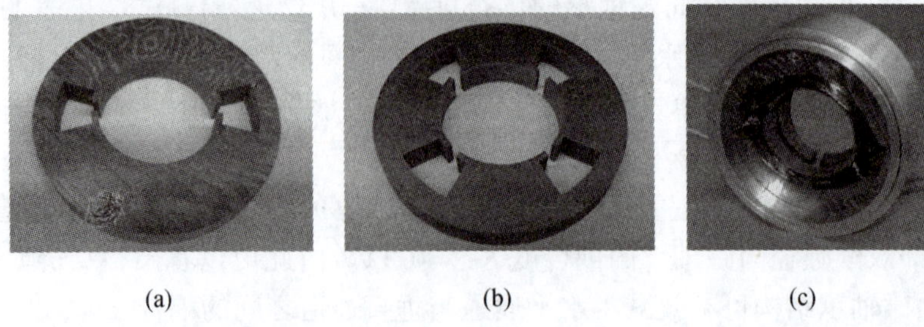

(a) (b) (c)

图 3－42 2 极与 4 极永磁偏置径向磁轴承定子铁芯实物图与永磁偏置径向磁轴承实物图
（a）两极铁芯；（b）四极铁芯；（c）径向磁轴承。

忽略铁芯磁阻后 2 极 RPMB 等效磁路如图 3－43 所示。根据等效磁路可以得到式(3－97)、式(3－98)所示通道 x 的两个差动气隙中的合成磁通表达式。

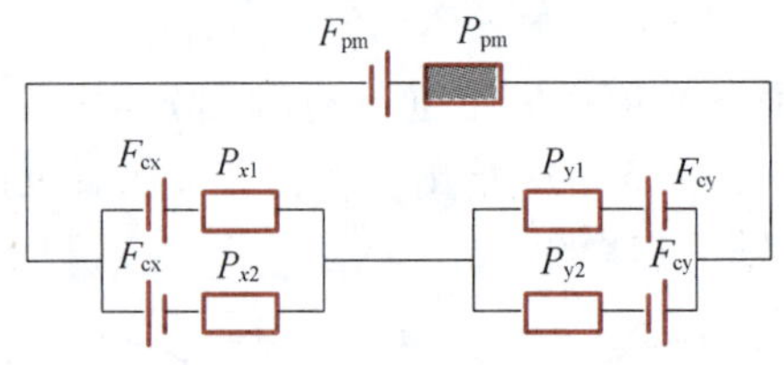

图 3－43 等效磁路

$$\Phi_{x1}=\frac{F_{pm}P_{pm}P_yP_{x1}}{P_xP_y+P_{pm}(P_x+P_y)}+\frac{F_{cy}(P_{y1}-P_{y2})P_{pm}P_{x1}}{P_xP_y+P_{pm}(P_x+P_y)}+\frac{2F_{cx}P_{x1}P_{x2}(P_y+P_{pm})}{P_xP_y+P_{pm}(P_x+P_y)}+\frac{F_{cx}P_{x1}P_yP_{pm}}{P_xP_y+P_{pm}(P_x+P_y)} \tag{3-97}$$

$$\Phi_{x2}=\frac{F_{pm}P_{pm}P_yP_{x2}}{P_xP_y+P_{pm}(P_x+P_y)}+\frac{F_{cy}(P_{y1}-P_{y2})P_{pm}P_{x2}}{P_xP_y+P_{pm}(P_x+P_y)}+\frac{2F_{cx}P_{x1}P_{x2}(P_y+P_{pm})}{P_xP_y+P_{pm}(P_x+P_y)}+\frac{F_{cx}P_{x2}P_yP_{pm}}{P_xP_y+P_{pm}(P_x+P_y)} \tag{3-98}$$

式中

$$P_{pm}=P_{pm0}+P_{leak} \tag{3-99}$$

$$F_{pm}=F_{pm0}P_{pm0}/P_{pm} \tag{3-100}$$

而

$$F_{pm0}=H_ch_{pm} \tag{3-101}$$

$$P_{pm0} = \mu_r \mu_0 A_{pm} / h_{pm} \tag{3-102}$$

式中：F_{pm0}、P_{pm0}分别为永磁体自身的磁动势与磁导；H_c、μ_r分别为永磁材料的矫顽力、相对磁导率；μ_0为真空磁导率；h_{pm}与A_{pm}分别为永磁体的充磁长度与供磁面积；磁路漏磁导P_{leak}可根据已有方法计算。

原4极RPMB两通道与重力方向成45°，磁间隙为0.2mm，偏置磁感应强度0.47T；为了削弱旋转损耗，采用极靴形式的磁极，磁极弧度α_4为80°，磁极间距为3mm。设计2极RPMB，保持磁极间距，磁极弧度α_2为170°（满足$\alpha_2 = \alpha_4 + 90°$），永磁体及线圈参数不变，则同样尺寸约束下并保持承重方式，设计参数见表3-6。

表3-6 磁轴承设计参数

气隙/mm	0.2	磁极面积/mm^2	380
保护气隙/mm	0.1	永磁体面积/mm^2	220
偏置磁感应强度/T	0.44	线圈匝数	95
位移刚度/(N/μm)	-0.57	电流刚度/(N/A)	105

永磁材料采用Sm_2Co_{17}。铁芯材料采用铁基非晶，具有饱和磁感应强度较高（大于1.4T，当外场强大于2000A/m），损耗低（1kHz、1T交变磁场下损耗小于20W/kg）。利用有限元仿真对磁路设计结果验证，有限元模型剖视图见图3-44。

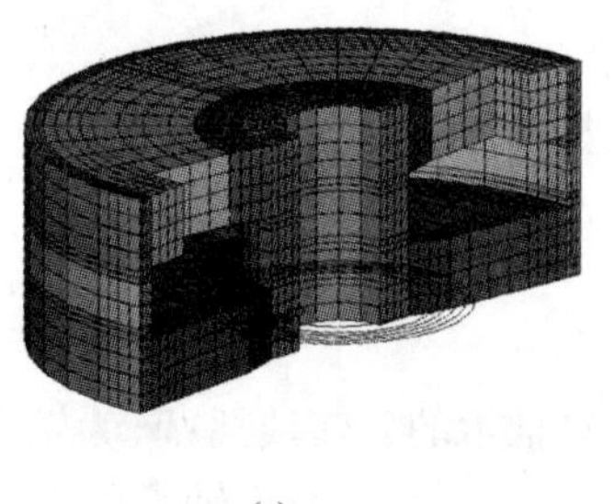

(a)

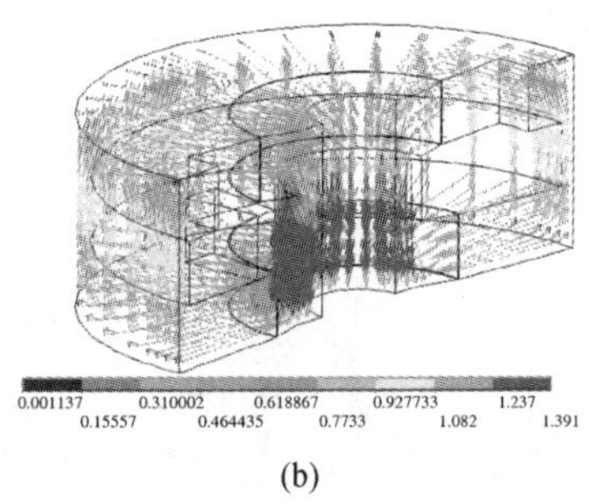

(b)

图3-44 2极径向磁轴承剖视图

(a) 模型；(b) 磁力线分布。

图3-45是磁轴承偏置状态与负载状态的气隙磁感应强度波形仿真结果（分别对应飞轮轴向承重与径向承重状态），其中负载状态两通道的激励电流都为0.21A，合成电磁力为16N，验证了所设计2极RPMB的电流刚度及负载能力。

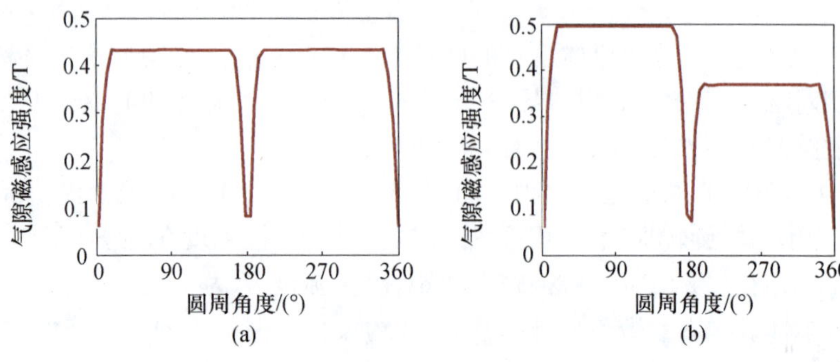

图 3-45 偏置、负载状态气隙磁感应强度分布

(a) 偏置状态；(b) 负载状态。

3.6 永磁偏置径向磁轴承旋转损耗分析

3.6.1 永磁偏置径向磁轴承损耗分类与模型

1. 转子系统损耗分类

损耗是指以耗电的形式表现出的电源功耗，转子系统损耗不包括电路板功耗。由于电源功耗反映了转子系统全部功耗，不能反映出转子组件各部分的功耗大小，因此需要先对转子系统进行损耗建模。按照转子系统组件进行损耗建模如下[36]：

$$W_{总} = W_{旋转} + W_{支承} \tag{3-103}$$

$$W_{旋转} = W_r + W_a + W_m + W_w \tag{3-104}$$

$$W_{支承} = W_{rs} + W_{as} \tag{3-105}$$

式中：$W_{旋转}$为转子系统的旋转损耗；W_r为径向磁轴承的旋转损耗；W_a为轴向磁轴承的旋转损耗；W_m为高速电机旋转损耗；W_w为风损；$W_{支承}$为磁轴承的支承损耗（包括铜耗和铁耗）；W_{rs}为径向磁轴承支承损耗；W_{as}为轴向磁轴承支承损耗；$W_{总}$为转子系统旋转和支承损耗之和。

从转子旋转损耗形成的机理可以分为两大类，一类是由于稀薄气体产生的机械摩擦阻力，一类是由于电磁感应引起的磁滞和涡流损耗，以下分别从两个方面对转子系统旋转损耗进行建模分析。

2. 转子系统旋转损耗分析

转子系统包含诸多磁性器件，包括轴向、径向磁轴承、高速电机组件以及导体组件。导体在非均匀磁场中移动或处在随时间变化的磁场中时，因导体内的感生电流而导致能量损耗。涡流损耗的大小与磁场的变化方式、导体的运动、导体的几何形状、导体的磁导率和电导率等因素有关。涡流损耗的计算需根据导体中的电磁场的方程式，结合具体问题的上述诸因素进行。

转子系统旋转损耗包括了涡流损耗和磁滞损耗，主要是由于转子旋转在非均匀磁场中而产生，由于高速电机采用了空心杯结构，轴向磁轴承采用了内外整磁环结构，因此高速电机和轴向磁轴承产生的涡流损耗可以忽略。因此以下主要针对径向磁轴承的旋转涡流损耗进行建模分析。

磁轴承—转子系统的径向磁轴承采用的是永磁偏置的 Homopolar 结构，磁力线平行于转子轴线，因而转子在旋转中不会存在磁场极性（N－S 或 S－N）的交变。其磁极磁场强度分布示意图如图 3－46 所示。

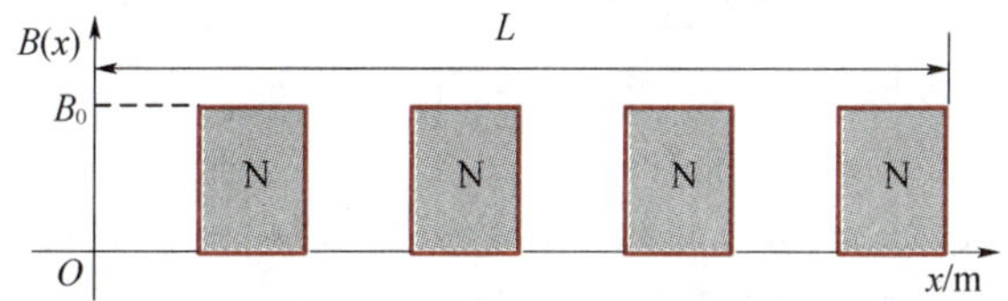

图 3－46　Homopolar 结构的径向磁轴承磁场强度分布

但由于定子在气隙中沿周向分布不均匀，如图 3－46 所示。因而在转子旋转时，转子表面某固定位置处感应的磁场会发生变化，导致在转子中产生铁耗；同时，转子在旋转时偏离磁中心也会导致感应磁场强度的变化，进而导致在转子中产生铁耗（包括磁滞损耗和涡流损耗）。

上述分析表明，磁轴承旋转损耗与磁场交变的频率和幅度有关，还与转子的材料和是否实心有关。因此径向磁轴承旋转损耗应为主要部分，而轴向磁轴承磁极表面分布均匀，即使是实心结构旋转损耗应不大。

3. 转子系统旋转损耗模型

根据风损和涡流损耗模型可知，转子系统的旋转损耗可以表达为

$$W_{\text{旋转}} = W_r + W_a + W_m + W_w = W_{\text{涡流}} + W_w = C_e\omega^2 + C_w R_a^2\omega^2 \tag{3-106}$$

其中：C_e是与磁感应强度变化、电导率、磁导率、叠片厚度等有关的系数，且与转速无关；C_w是与真空度、转子与定子的结构尺寸、滑动摩擦系数，气体的黏滞系数等相关，且与转速无关。从上式可以看出，在忽略了磁滞作用时，转子系统的旋转损耗与转速的平方成正比例关系，各部分的损耗与总损耗之比为常数关系。

3.6.2 Homopolar 叠片转子磁轴承旋转损耗模型

径向磁轴承的铁损耗是磁悬浮高速转子旋转损耗的主要部分。因此，建立径向磁轴承旋转损耗的机理模型具有重要的意义。

根据铁耗计算的经验模型可知，其材料常数、最大磁通密度和有效体积等参数不易确定，给估算带来一定的困难。在目前的研究中，均是以 Heteropolar 结构磁轴承为研究对象，其中 Yoshimoto[37] 首先用有限元法计算了实心转子内涡流的影响，并且研究了非线性磁化曲线对涡流以及电磁力的影响，Rockwell 等[38]则在考虑定子的实际结构的情况下给出了 8 极磁轴承涡流损耗的 FEM 计算模型。Meeker 等[39]通过求解电磁场解析解的方法研究了研究叠片转子涡流损耗，利用薄板假设将叠片中的三维场分布简化为二维，然后通过转子表面的标量磁势或磁通分布的边界条件来确定叠片中的磁场分布，孙岩桦等[40-42]通过引入平均边界条件同时求出叠片和气隙中的磁场条件，得出了涡流损耗的解析模型。

本节针对降低径向磁轴承旋转损耗的目的，通过分析 Homopolar 与 Heteropolar 磁轴承磁路的不同，根据磁极静态磁场分布由平均边界条件求解出叠片中的磁场分布，进而求出磁轴承中的涡流损耗模型，为降低功耗的改进设计提供了依据。通过对偏置磁场分布的优化和叠片材料的选取，进一步降低了涡流损耗。

1. Homopolar 叠片转子磁场解析模型

电磁场的麦克斯韦方程组为

$$\mathrm{rot}\boldsymbol{E} = -\frac{\partial \boldsymbol{B}}{\partial t} = -\frac{\mathrm{d}\boldsymbol{B}}{\mathrm{d}\boldsymbol{H}}\frac{\partial \boldsymbol{H}}{\partial t} \tag{3-107}$$

$$\mathrm{rot}\boldsymbol{H} = \boldsymbol{J} \tag{3-108}$$

$$\mathrm{div}\boldsymbol{B} = 0 \tag{3-109}$$

$$\boldsymbol{J} = \sigma\boldsymbol{E} \tag{3-110}$$

$$\boldsymbol{B} = \mu\boldsymbol{H} \tag{3-111}$$

式中：$\boldsymbol{E}$ 为电场强度；$\boldsymbol{B}$ 为磁感应强度；$\boldsymbol{H}$ 为磁场强度；$\boldsymbol{J}$ 为电流密度；σ 为电导率；μ 为磁导率。

为了获得磁导率的表达式，首先求得叠片铁芯中的磁感应强度，为此建立的一维涡流模型如图 3-47 所示。在图 3-47 所示的叠片中，b 为叠片材料厚度的一半，假设磁场只通过 z 方向，是 y 的函数（$-b \leqslant y \leqslant +b$），而且还是时间的正弦函数，由此产生的涡流为 x 方向。

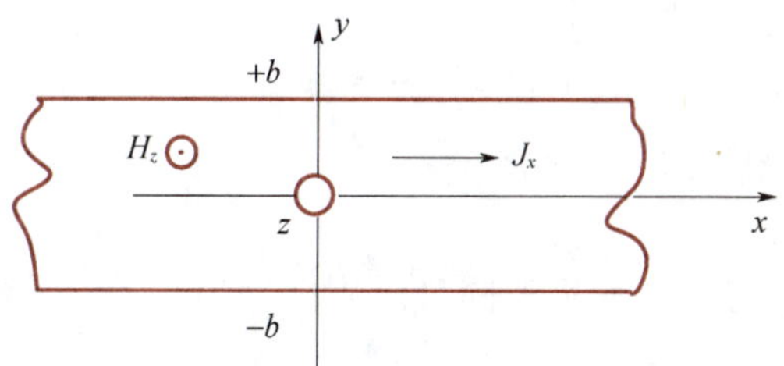

图3-47　薄板示意图

由式(3-107)和式(3-110)得

$$\frac{\partial J_x}{\partial y} = \sigma\mu_0\mu_r \frac{\partial H_z}{\partial t} \tag{3-112}$$

式中:J_x为 x 方向的电流密度;μ_0为空气中的磁导率,μ_r为相对磁导率。

由式(3-111)得

$$\frac{\partial H_z}{\partial y} = J_x \tag{3-113}$$

式中:H_z为 z 方向上的磁场强度。

对式(3-113)微分,得

$$\frac{\partial^2 H_z}{\partial y^2} = \sigma\mu_0\mu_r \frac{\partial H_z}{\partial t} \tag{3-114}$$

由于 H_z是正弦变化的数量场,所以可以将 jω 代替$\frac{\partial}{\partial t}$,式(3-112)~式(3-114)变为

$$\frac{\mathrm{d}J}{\mathrm{d}y} = \mathrm{j}\omega\sigma\mu_0\mu_r H = \alpha^2 H \tag{3-115}$$

$$\frac{\mathrm{d}H}{\mathrm{d}y} = J \tag{3-116}$$

$$\frac{\mathrm{d}^2 H}{\mathrm{d}y^2} = \alpha^2 H \tag{3-117}$$

式中

$$\alpha^2 = \mathrm{j}\omega\sigma\mu_0\mu_r$$

求解方程(3-117)可得

$$H = \frac{\alpha\Phi_s}{2\mu_0\mu_r}\frac{\cosh\alpha y}{\sinh\alpha b} \tag{3-118}$$

于是

$$\bar{b} = b_0 \frac{\tanh\alpha b}{\alpha b} \tag{3-119}$$

式中:$\bar{b}$ 为叠片中的磁感应强度;b_0 为叠片表面的磁感应强度;Φ_s为叠片中的

磁通。

2. 改进的 Homopolar 叠片转子磁场解析模型[36]

叠片转子剖面图如图 3-48 所示。

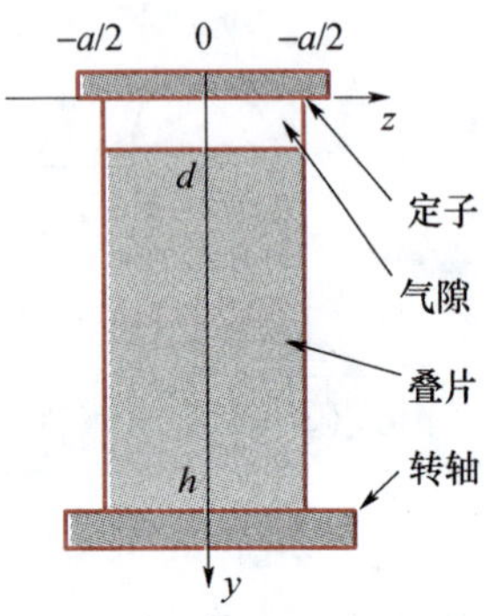

图 3-48　叠片剖视图

为分析方便,首先做如下假设:

(1) 所有的磁极形状、大小相同且沿周向均匀分布。

(2) 转子叠片的材料是线性的,且不考虑饱和和磁滞的影响。

(3) 转子叠片可以展开成一周期性的平面薄板。

(4) 由于叠片中形成的涡流场较小,对气隙磁感应强度分布特别是定子磁极表面的磁感应强度分布影响很小,因此假设,定子与气隙交界处的磁通分布是恒定的而且周期分布。

运动导体的稳态 Maxwell 方程为

$$\frac{1}{\mu\sigma}\nabla^2 B + \nabla\times(V\times B) = 0 \tag{3-120}$$

式中:$V=\omega\cdot R$ 是周向速度。为简化分析,将转子、轴承和气隙展开到笛卡儿坐标系。由于假定材料是线性的,电磁场可根据其各空间频率分量分别计算。

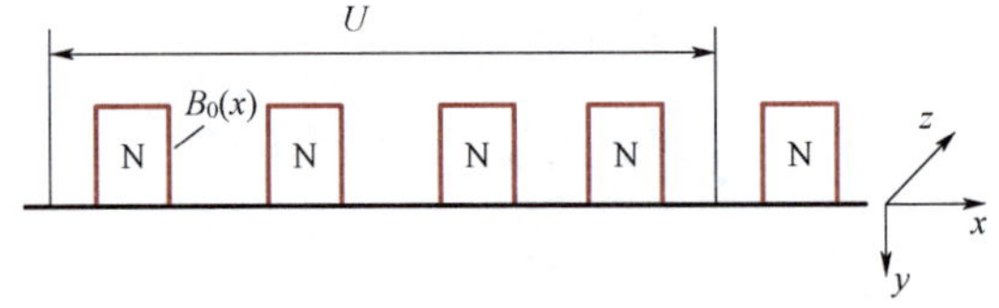

图 3-49　定子磁极表面的磁感应强度

为简化分析,将转子、轴承和气隙展开到笛卡儿坐标系。由于假定材料是线性的,电磁场可根据其各空间频率分量分别计算。下面的计算都是对其中的一项 $C_n\mathrm{e}^{\mathrm{i}k_nx}$ 进行的。定子磁极磁场的 Fourier 展开式如下:

$$\begin{aligned} B_0(x) &= \sum_{n=1}^{\infty} A_n\cos(k_nx) + B_n\sin(k_n) \\ &= \sum_{n=1}^{\infty} \frac{A_n + \mathrm{i}B_n}{2}\mathrm{e}^{-\mathrm{i}k_nx} + \frac{A_n - \mathrm{i}B_n}{2}\mathrm{e}^{\mathrm{i}k_nx} \\ &= \sum_{n=1}^{\infty} C_n\mathrm{e}^{-\mathrm{i}k_nx} + \overline{C}_n\mathrm{e}^{\mathrm{i}k_nx} \end{aligned} \tag{3-121}$$

式中：$k_n = n/R$，R 是磁极定子内圈半径。

于是

$$A_n = \begin{cases} \dfrac{8B_0}{\pi n}\sin\dfrac{\lambda\pi n}{4} & n = 4m, m = 1,2,3,\cdots \\ 0 & \text{其他} \end{cases}$$

$$B_n = 0 \tag{3-122}$$

$$C_n = \overline{C}_n = \frac{A_n}{2}$$

式中：B_0为磁极偏置磁感应强度大小；λ 为极弧占空比。

在直角坐标系中磁感应强度 B 和转子的线速度 V 为

$$B = B_x\boldsymbol{i} + B_y\boldsymbol{j} + B_z\boldsymbol{k} \tag{3-123}$$

$$V = V_x\boldsymbol{i} \tag{3-124}$$

代入式(3－120)，可得

$$\nabla^2 B_x - \mu\sigma V_x \frac{\partial B_x}{\partial x} = 0 \tag{3-125}$$

$$\nabla^2 B_y - \mu\sigma V_x \frac{\partial B_x}{\partial x} = 0 \tag{3-126}$$

$$\nabla^2 B_z - \mu\sigma V_x \frac{\partial B_x}{\partial x} = 0 \tag{3-127}$$

根据 x 方向的周期性边界条件，磁感应强度具有如下的形式：

$$B = \begin{pmatrix} B_x \\ B_y \\ B_z \end{pmatrix} = \begin{pmatrix} \widetilde{B}_x(y,z) \\ \widetilde{B}_y(y,z) \\ \widetilde{B}_z(y,z) \end{pmatrix} e^{ik_n x} \tag{3-128}$$

则式(3－125)～式(3－127)可变换为

$$\nabla^2 \widetilde{B}_x - q_n^2 \widetilde{B}_x = 0 \tag{3-129}$$

$$\nabla^2 \widetilde{B}_y - q_n^2 \widetilde{B}_y = 0 \tag{3-130}$$

$$\nabla^2 \widetilde{B}_z - q_n^2 \widetilde{B}_z = 0 \tag{3-131}$$

$$q_n^2 = k_n^2 + ik_n\sigma\mu V_x \tag{3-132}$$

令 $\sigma = 0$，气隙中的磁感应强度 B 同样可由上式求得。

由于与轴承的长度相比，气隙和叠片的厚度都很小，定子两端的漏磁可以忽略。所以可以假定每个叠片中的磁场分布是一样的，因此，相邻的两个叠片中间不会有磁通穿过,在叠片的两个侧面 $z = \pm a/2$ 处,电磁场量是平行于表面的。这意味着在侧面将不存在 z 方向的场分量。此外,由于叠片在 y 方向的长度远大于 z 方向的宽度,有理由假定磁感应强度 B 在 z 方向的分量将非常小,可以忽略,所以 $\tilde{B}_z = 0$。

在 Heteropolar 结构下,磁场在 $x-y$ 平面内沿转子表面周向走,如图 3-50 所示,随着转子转速的提高,受集肤效应的影响,磁场集中于转子表面。而在 Homopolar 结构下,磁场在 $x-y$ 平面内深入转子内部后由经过导磁环走出,因此不能假定叠片下表面磁场强度为 0,可以假设叠片内表面处的场强弱于外表面,N 极所对的叠片和 S 极所对的叠片中的磁场强度是对称的[36],因此如图 3-51所示,方程(3-128)的一个可能的解变为

$$\tilde{B}_{y2} = D_n \cosh\beta_n z \cosh\left(\frac{d+h}{2} - y\right) \tag{3-133}$$

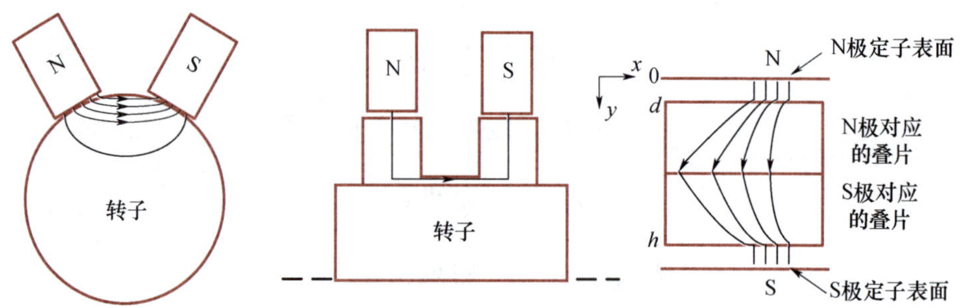

图 3-50 Heteropolar 磁轴承磁路

图 3-51 Homopolar 磁轴承磁路

式中

$$\beta_n^2 = \mathrm{i} k_n \mu\sigma V_x$$

由于 $\tilde{B}_z = 0$,因此 x 方向的磁感应强度为

$$\tilde{B}_{x2} = -\mathrm{i} D_n \cosh\beta_n z \sinh\left(k_n\left(\frac{d+h}{2} - y\right)\right) \tag{3-134}$$

由于叠片结构,产生的涡流比较小。根据 Meeker 的分析结果,假定它对气隙中的磁通分布影响很小可以忽略。因此,气隙中的磁场分布将是二维的,磁场强度 B 为

$$\tilde{B}_{y1} = a_{1n} \mathrm{e}^{k_n y} + b_{1n} \mathrm{e}^{-k_n y} \tag{3-135}$$

$$\tilde{B}_{x1} = \mathrm{i}(a_{1n} \mathrm{e}^{k_n y} - b_{1n} \mathrm{e}^{-k_n y}) \tag{3-136}$$

D_n、a_{1n}和b_{1n}是待定常数，由转子和定子表面的边界条件确定。

由B在定子磁极表面的周期性假设，可得

$$B_{y1}\big|_{y=0} = C_n \mathrm{e}^{\mathrm{i}k_n x} \tag{3-137}$$

当转子静止时，转子和气隙中的磁感应强度沿z方向的分布是均匀的，但当转速很高时，叠片中的分布将会向两个侧面集中，不再是均匀分布。由于假定气隙中的磁感应强度分布不受转子中由于旋转而产生的涡流的影响，那么在转子叠片中必定会有一个两种不同的过渡区，假定该过渡区很薄，在计算叠片中的磁场分布时可以忽略。

因此，根据磁通连续性，可以应用如下的平均边界条件：

$$\int_{-a/2}^{a/2} B_{y1}\mathrm{d}z\big|_{y=d} = \int_{-a/2}^{a/2} B_{y2}\mathrm{d}z\big|_{y=d} \tag{3-138}$$

$$\int_{-a/2}^{a/2} B_{x1}\mathrm{d}z\big|_{y=d} = \frac{1}{\mu_r}\int_{-a/2}^{a/2} B_{x2}\mathrm{d}z\big|_{y=d} \tag{3-139}$$

根据式(3-133)~式(3-139)，可得D_n、a_{1n}和b_{1n}如下：

$$a_{1n} = \mathrm{e}^{-k_n d}\left[\frac{C_n}{\gamma}\left(1 - \frac{1}{\mu_r} th\left(k_n \frac{h-d}{2}\right)\right)\right] \tag{3-140}$$

$$b_{1n} = \mathrm{e}^{k_n d}\left[\frac{C_n}{\gamma}\left(1 + \frac{1}{\mu_r} th\left(k_n \frac{h-d}{2}\right)\right)\right] \tag{3-141}$$

$$D_n = \frac{\beta_n a}{\sinh(\beta_n a/2)\sinh\left(k_n \dfrac{h-d}{2}\right)} \cdot \frac{C_n}{\gamma} \tag{3-142}$$

$$\gamma = \cosh k_n h + \frac{1}{\mu_r} th\left(k_n \frac{h-d}{2}\right)\sinh k_n d \tag{3-143}$$

3. Homopolar 叠片转子磁轴承的涡流损耗解析模型

当求得叠片中的磁场分布后，涡流损耗可通过在整个叠片中对涡流产生的焦耳热积分求得：

$$\begin{aligned} P &= \int_d^h \int_{-a/2}^{a/2} \int_0^U \frac{1}{\sigma} J \cdot J \mathrm{d}x\mathrm{d}y\mathrm{d}z \\ &= \int_d^h \int_{-a/2}^{a/2} \int_0^U \frac{1}{\sigma} \sum_{n=-\infty}^{\infty} J_n \cdot \sum_{m=-\infty}^{\infty} J_m \mathrm{d}x\mathrm{d}y\mathrm{d}z \\ &= \sum_{n=-\infty}^{\infty} \sum_{m=-\infty}^{\infty} \int_d^h \int_{-a/2}^{a/2} \int_0^U \frac{1}{\sigma} J_n \cdot J_m \mathrm{d}x\mathrm{d}y\mathrm{d}z \end{aligned} \tag{3-144}$$

$U=2\pi R$ 是转子外表面周长。电流密度可以由磁场强度求得：

$$\begin{aligned}J_n &= \frac{1}{\mu}\nabla\times B_n \\ &= -D_n\beta_n \sinh\beta_n z\sinh\left(k_n\left(\frac{d+h}{2}-y\right)\right)\mathrm{e}^{\mathrm{i}k_n x}\boldsymbol{i} - \\ &\quad \mathrm{i}D_n\beta_n \sinh\beta_n z\cosh\left(k_n\left(\frac{d+h}{2}-y\right)\right)\mathrm{e}^{\mathrm{i}k_n x}\boldsymbol{j}\end{aligned} \tag{3-145}$$

由于正交性，除去那些下标相反的相乘项外，其他不同谐波分量相乘时的积分为0，即

$$\int_d^h\int_{-a/2}^{a/2}\int_0^U \frac{1}{\sigma}J_n\cdot J_n\mathrm{d}x\mathrm{d}y\mathrm{d}z = 0;\quad n\neq -m \tag{3-146}$$

因此，不同谐波分量产生的损耗可以分别计算，然后求和可得总的涡流损耗：

$$P=\sum_{n=-\infty}^{\infty}P_n = \frac{1}{\sigma}\sum_{n=-\infty}^{\infty}\int_d^h\int_{-a/2}^{a/2}\int_0^U J_n\cdot J_{-n}\mathrm{d}x\mathrm{d}y\mathrm{d}z \tag{3-147}$$

将式(3－145)代入式(3－147)，那么

$$P=-4\sqrt{2}Ua^2V_x^{\frac{3}{2}}\sqrt{\frac{\sigma}{\mu}}\sum_{n=1}^{\infty}\eta th\left(k_n\frac{h-d}{2}\right)\frac{\sqrt{k_n}C_n\bar{C}_n}{\gamma^2} \tag{3-148}$$

式中

$$\eta=\frac{\sinh\left(a\sqrt{\frac{k_n\mu\sigma V_x}{2}}\right)-\sin\left(a\sqrt{\frac{k_n\mu\sigma V_x}{2}}\right)}{\cosh\left(a\sqrt{\frac{k_n\mu\sigma V_x}{2}}\right)-\cos\left(a\sqrt{\frac{k_n\mu\sigma V_x}{2}}\right)} \tag{3-149}$$

因此，总损耗为

$$P_{\text{total}}P\times L/a \tag{3-150}$$

式中：L 为转子磁极的轴向长度。

4. 永磁偏置径向磁轴承旋转损耗实验研究

为了验证 Homopolar 叠片转子磁轴承的涡流损耗数学模型，进行了实验研究。采用的单气隙径向磁轴承结构与转子如图 3－52 所示。

从式(3－148)可以知道，旋转涡流损耗与磁轴承尺寸以及磁性材料属性的关系。因此，可以通过该关系对 Homopolar 磁轴承进行优化设计。可以看出涡流损耗与 C_n^2 成正比关系，可以通过调节定子极间距来改善偏置磁感应强度波动大小，以降低静态偏置磁感应强度谐波大小。将极弧占空比由原来的 70% 设计到 87.7% 以达到平滑磁感应强度波动的目的。同时鉴于铁基非晶拥有很高

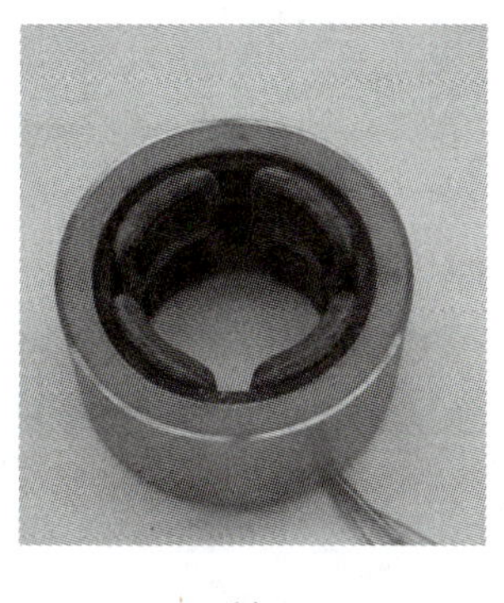
(a)

(b)

图3-52 Homopolar径向磁轴承组件

的电阻率，将叠片材料由1J50替换为铁基非晶，叠片厚度由0.1mm变为0.03mm。对比实验样机的主要参数如表3-7所列。

表3-7 Homopolar磁轴承参数

参数	改进前	改进后	参数	改进前	改进后
单极轴向长度/mm	9	9	叠片厚度/mm	0.1	0.03
叠片转子外表面半径/mm	16	16	叠片电导率/$(\Omega \cdot m)^{-1}$	2.22×10^6	1.0×10^6
叠片转子内表面/mm	11	11	叠片相对磁导率	4000	8000
极弧占空比	70%	87.7%	偏置磁场强度/T	0.65	0.59
气隙长度/mm	0.18	0.2			

对改进前后Homopolar叠片转子磁轴承的磁感应强度进行有限元分析（图3-53～图3-55）。可以发现优化后的磁感应强度波动明显减小，且谐波幅值下降。

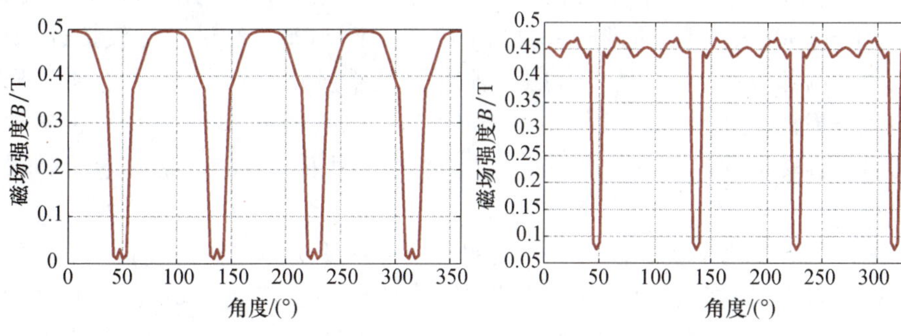

图3-53 改进前的磁感应强度分布

图3-54 改进后的磁感应强度分布

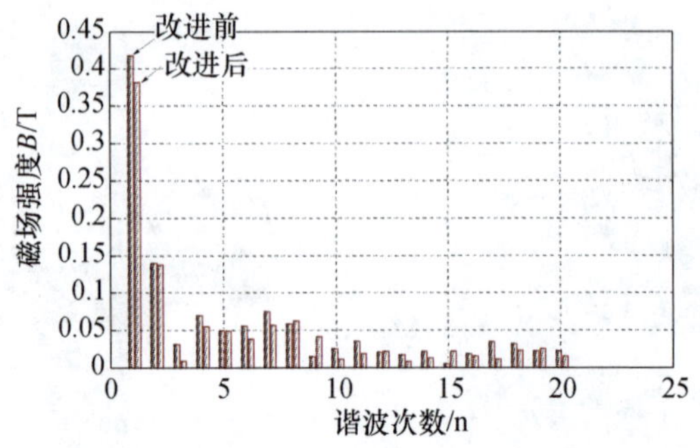

图 3-55　磁感应强度分布的谐波对比

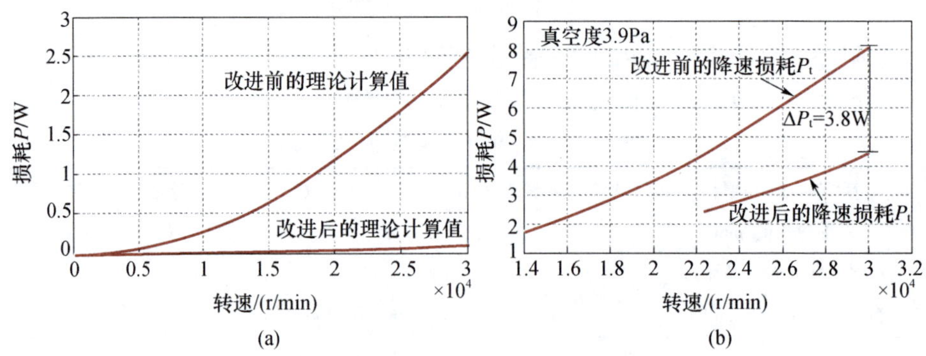

图 3-56　改进前后的径向磁轴承涡流损耗的比较
（a）理论计算值；（b）实验测试值。

通过样机的对比实验[46,47]，在真空度 3.9Pa 下，转子转速 30000r/min 时，转子系统总旋转损耗 P_t 由 8.1W 下降至 4.3W，降低 3.8W，如图 3-56 所示。而根据本节所述的 Homopolar 磁轴承涡流损耗解析模型计算的结果如图 3-56 所示，在 30000r/min 时，改进前后大约下降 2.5W，与实验测试值比较接近，误差主要有两部分原因，一是未考虑磁轴承的磁滞损耗，二是模型中忽略了导磁环部分损耗。通过对实验样机的对比实验可知，Homopolar 叠片转子磁轴承的涡流旋转损耗经过改进后，进一步下降，达到了改善径向磁轴承旋转损耗的目的。

图 3-57 说明了实验样机所作出的改动对降低旋转损耗的影响比例。从图中可以看出，极弧占空比（即增加极靴）对降低涡流损耗影响最小，而叠片厚度的减小对涡流损耗影响最大，铁基非晶代替 1J50 对涡流的损耗影响居中。

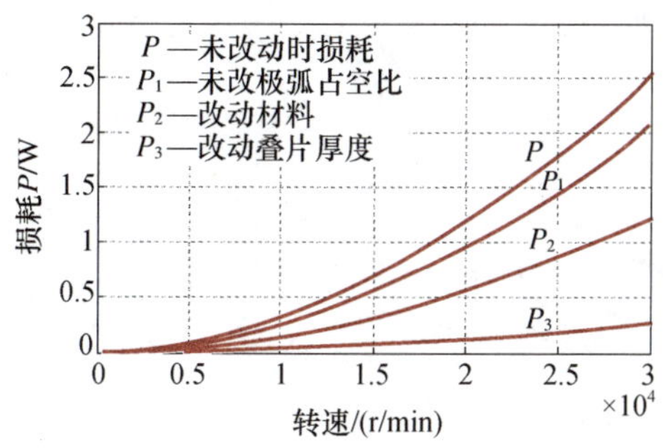

图 3-57 改动对涡流损耗的影响

3.6.3 永磁偏置径向磁轴承旋转损耗与设计参数的关系

Homopolar 磁轴承涡流损耗与参数的关系如下：

1. 涡流损耗与转速的关系

当 $a \gg \sqrt{\dfrac{k_n \mu\sigma V_x}{2}}, \eta \approx 1$

$$P_1 = 4\sqrt{2}ULaV_x^{\frac{3}{2}}\sqrt{\frac{\sigma}{\mu}}\sum_{n=1}^{\infty}\left[th\left(k_n\left(\frac{h-d}{2}\right)\right)\frac{\sqrt{k_n}C_n\overline{C}_n}{\gamma^2}\right] \tag{3-151}$$

当 $a \ll \sqrt{\dfrac{k_n \mu\sigma V_x}{2}}, \eta \approx a\sqrt{\dfrac{k_n \mu\sigma V_x}{2}}$

$$P_2 = 4ULa^2V_x^2\sigma\sum_{n=1}^{\infty}\frac{k_nC_n\overline{C}_n}{\gamma^2} \tag{3-152}$$

因此，当转速较低时，涡流损耗与转速的平方成正比，当转速很高时，涡流损耗与转速的1.5次方成正比，如图3-58所示，以6000r/min为分界点，低于6000r/min时，涡流损耗 P 更接近于 P_2，即与 ω^2 成正比，而高于6000r/min，涡流损耗 P 更接近于 P_1，即与 $\omega^{3/2}$ 成正比。

2. 气隙大小对涡流损耗的影响

当将式(3-148)中与气隙大小无关的量表达为常数时，可表达为

$$P = k_1\sum_{n=1}^{\infty}k_2 th\left(k_n\frac{h-d}{2}\right) \tag{3-153}$$

$$\gamma = \cosh k_n h + \frac{1}{\mu_r}th\left(k_n\frac{h-d}{2}\right)\sinh k_n h \approx 1$$

根据式(3-153)，涡流损耗 P 与气隙大小成反比关系。涡流损耗与不同气隙之间的关系如图3-59所示，随着气隙的增大，涡流损耗减小。因此，可以通过适当调整气隙大小降低旋转损耗，但同时气隙不能太大，以免造成轴承刚度的不足。

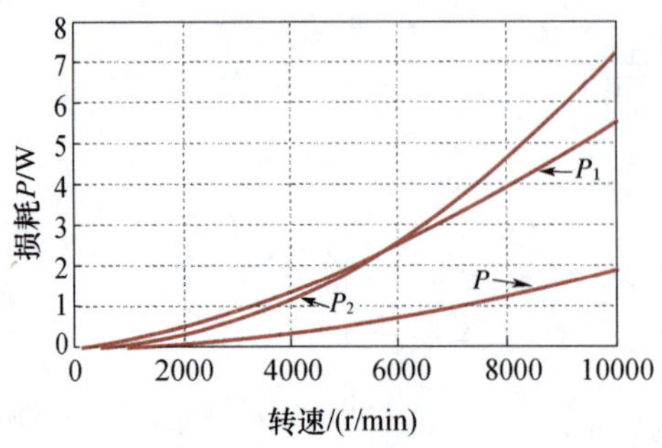

图 3 - 58　涡流损耗与转速的关系

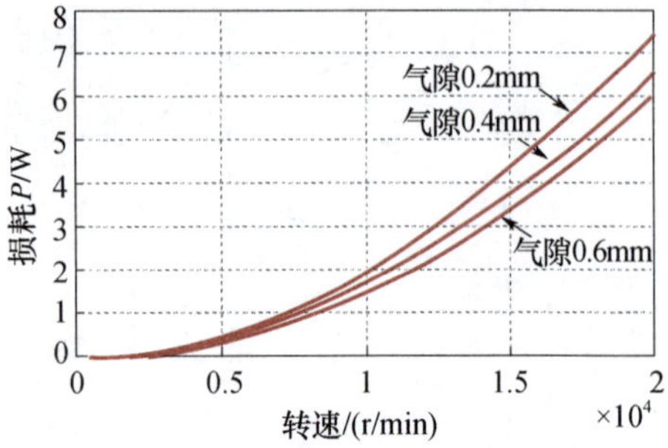

图 3 - 59　涡流损耗与气隙大小的关系

3. 叠片厚度的影响

当 $a \gg \sqrt{\dfrac{k_n \mu\sigma V_x}{2}}, \eta \approx 1$：

$$P_1 = 4\sqrt{2}ULaV_x^{\frac{3}{2}}\sqrt{\frac{\sigma}{\mu}}\sum_{n=1}^{\infty}\left[th\left(k_n\left(\frac{h-d}{2}\right)\right)\frac{\sqrt{k_n}C_n\overline{C}_n}{\gamma^2}\right] \tag{3-154}$$

当 $a \ll \sqrt{\dfrac{k_n \mu\sigma V_x}{2}}, \eta \approx a\sqrt{\dfrac{k_n \mu\sigma V_x}{2}}$：

$$P_2 = 4ULa^2V_x^2\sigma\sum_{n=1}^{\infty}\frac{k_nC_n\overline{C}_n}{\gamma^2} \tag{3-155}$$

根据上式，涡流损耗在低速时与叠片厚度的平方成正比，而在高速时，涡流损耗将与叠片厚度一次方成正比，图 3 - 60 为叠片厚度为 0.1mm 和 0.2mm 时的涡流损耗对比图。从图中可以看出，叠片厚度越小产生的涡流越小，且损耗与叠片厚度的平方成正比例关系，但叠片厚度减小 1 倍时，随着转速的升高，损耗比 m 由 4 倍逐渐减小至 2 倍。

4. 叠片材料的影响

$$P = -4\sqrt{2}ULa^2V_x^{\frac{3}{2}}\sqrt{\frac{\sigma}{\mu}}\sum_{n=1}^{\infty}th\left(k_n\frac{h-d}{2}\right)\frac{\sqrt{k_n}C_n\overline{C}_n}{\gamma^2}$$

$$= k_3\sqrt{\frac{\sigma}{\mu}}\sum_{n=1}^{\infty}k_4\frac{\sinh\left(a\sqrt{\dfrac{k_n\mu\sigma V_x}{2}}\right)-\sin\left(a\sqrt{\dfrac{k_n\mu\sigma V_x}{2}}\right)}{\cosh\left(a\sqrt{\dfrac{k_n\mu\sigma V_x}{2}}\right)-\cos\left(a\sqrt{\dfrac{k_n\mu\sigma V_x}{2}}\right)} \tag{3-156}$$

根据式(3 - 148)，将与电导率和磁导率无关的量等效为常量后，可得式(3 - 156)，由此可知损耗将随着电导率增加而增加，随着磁导率增加而减小。

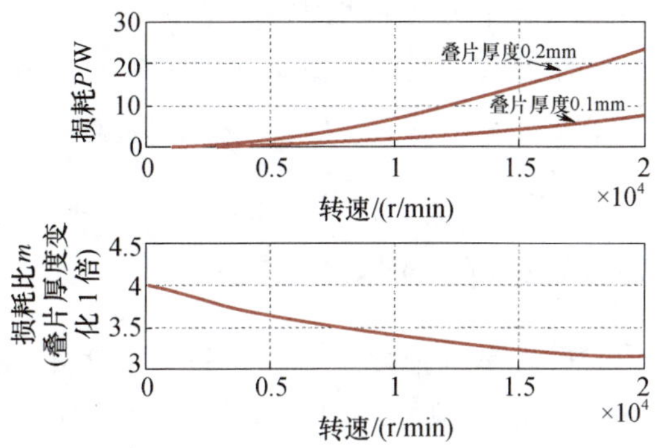

图3-60　叠片厚度对涡流损耗的影响

图3-61所示为硅钢片与1J50损耗的对比。因为硅钢与1J50相比，电导率大，磁导率小，相同条件下硅钢的损耗大于1J50的损耗。

5. 静态偏置磁感应强度的影响

$$P = -4\sqrt{2}ULa^2V_x^{\frac{3}{2}}\sqrt{\frac{\sigma}{\mu}}\sum_{n=1}^{\infty}\eta th\left(k_n\frac{h-d}{2}\right)\frac{\sqrt{k_n}C_n\overline{C}_n}{\gamma^2}$$

$$= k_5\sum_{n=1}^{\infty}k_6C_n\overline{C}_n \tag{3-157}$$

式中

$$C_n = \overline{C}_n = \frac{A_n}{2} \qquad A_n = \begin{cases}\dfrac{8B_0}{\pi n}\sin\dfrac{\lambda\pi n}{4} & n = m, m = 1,2,3,\cdots \\ 0 & \text{其他}\end{cases}$$

根据式(3-148)，损耗正比于B_0^2，确切地说正比于谐波磁感应强度的幅值的平方，即C_n^2。图3-62为磁感应强度变化一倍时损耗对比图。当B_0一定时，

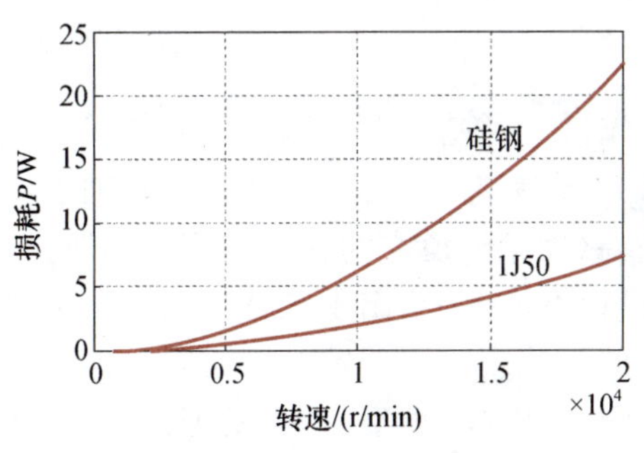

图3-61　叠片为不同磁性材料的损耗对比

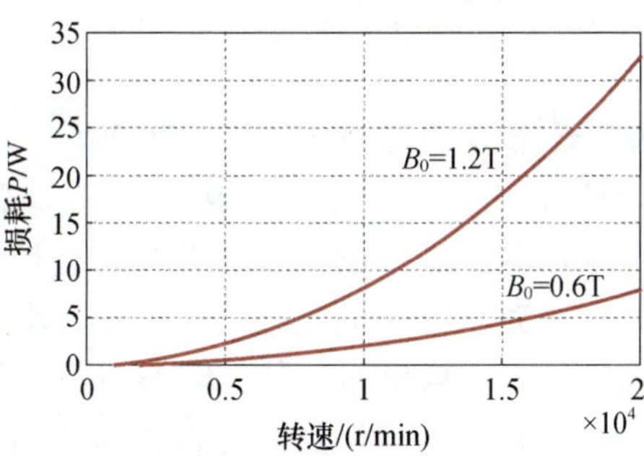

图3-62　不同偏置磁感应强度下的损耗对比

随着占空比的增大等效电流密度略有增大,相应的各频率分量的幅值也略有变化,因此涡流损耗也略有增大。但是当占空比增大到一定程度,由于磁极的边缘效应,使得定子磁感应强度 B_0 略有下降,且交变处磁感应强度变化平缓,因此 C_n^2 的幅值减小,涡流损耗也将随着下降。

3.6.4 减小永磁偏置磁轴承损耗的方法

从上述分析可知,磁轴承的损耗主要包括磁滞损耗和涡流损耗,产生磁滞损耗的原因在于软磁材料的矫顽力,产生涡流损耗的原因主要在于软磁材料的电阻率、气隙磁感应强度的交变频率和幅值以及涡流产生的路径等因素,为此可依据以下设计原则来减小磁轴承的损耗,如表 3-8 所列。

表 3-8 减小磁轴承损耗的设计原则

原 因	方 法	具体措施
考虑涡流产生的路径	合适方向上的叠片铁芯结构	轴向方向上叠片铁芯 径向方向上卷绕铁芯
考虑软磁材料 电阻率和矫顽力	选择高电阻率低矫顽力的材料	选择如铁基非晶 纳米晶等
气隙磁场交变频率	减小磁极的个数	径向通道采用少极结构 永磁体拼环采用少环或整环结构
气隙磁场交变幅值	改善磁极形状	采用极靴形式[43-45]

3.7 本章小结

本章重点围绕永磁偏置磁轴承,首先讨论了基于混合因子的磁轴承电磁设计方法,主要目的在于解决永磁偏置磁轴承的稳定设计问题,为磁轴承的稳定控制奠定基础;其次,针对现有径向磁轴承通道之间存在的耦合问题,介绍了永磁偏置径向磁轴承的磁路解耦设计方法,并给出了三种典型结构的磁路解耦径向磁轴承结构,为实现磁轴承的高精度控制奠定基础;最后,针对永磁偏置径向磁轴承的旋转损耗问题,介绍了其损耗模型、产生机理、分析方法以及改进措施,目的在于进一步降低永磁偏置磁轴承功耗,以满足航天应用的要求。

参考文献

[1] Schweitzer G, Traxler A, Bleuler H. 主动磁轴承基础、性能及应用[M]. 虞烈,袁崇军,译,北京:新时代出版社,1997.

[2] 虞烈. 可控磁悬浮转子系统[M]. 北京:科学出版社,2003.

[3] 徐衍亮,空间飞行器用高速飞轮系统电磁设计计算研究[R]. 博士后研究工作报告. 北京航空航天大学,2003.

[4] 孙津济,房建成,王曦,等. 一种新型结构的永磁偏置径向磁轴承[J]. 电工技术学报,2009,24(11):53-60.

[5] 孙津济,房建成. 磁悬浮飞轮用新型永磁偏置径向磁轴承的设计[J]. 轴承,2008(3):8-13.

[6] 李丽君. 磁悬浮风机用磁轴承的电磁设计和实验研究[D]. 北京:北京航空航天大学,2010.

[7] 杨磊. 永磁偏置永磁偏置磁轴承电磁设计与分析及实验研究[D]. 北京:北京航空航天大学,2007.

[8] 王曦,房建成,樊亚洪,等. 磁悬浮飞轮用嵌环式永磁偏置径向磁轴承[J]. 机械工程学报,2011,47(14):171-183.

[9] 王冠. 永磁偏置磁悬浮轴承研究[D]. 南京:南京航空航天大学,2004.

[10] 房建成,马善振,孙津济,等. 一种低功耗永磁偏置混合径向磁轴承[P],中国发明专利:ZL200410101899.2. 2004-12-30.

[11] 顿月芹,徐衍亮,孔宇. 转子磁体永磁偏置永磁偏置磁轴承的三维有限元分析[J]. 山东大学学报(工学版),2005,35(1):47-50.

[12] 顿月芹,徐衍亮. 一种新型转子磁体永磁偏置径向磁轴承[J]. 山东大学学报(工学版),2004,34(5):46-50.

[13] 顿月芹. 转子磁体永磁偏置永磁偏置磁轴承的研究[D]. 济南:山东大学,2005.

[14] Xu Y L, Dun Y Q, Wang X H. Analysis of hybrid magnetic bearing with a permanent magnet in the rotor by FEM[J]. IEEE Transactions on Magnetics,2006,42(4):1363-1366.

[15] 房建成,马善振,孙津济. 一种低功耗永磁偏置内转子径向磁轴承[P],中国发明专利:ZL200510011271.8. 2005-01-27.

[16] 吴刚. 永磁偏置磁轴承飞轮系统设计与控制方法研究[D]. 长沙:国防科技大学,2006.

[17] 张敬. 混合式磁悬浮轴承及其控制系统的研究[D]. 沈阳:沈阳工业大学,2005.

[18] 孙津济. 磁悬浮飞轮用新型永磁偏置主动磁轴承结构与设计方法研究[D]. 北京:北京航空航天大学. 2010.

[19] 曾励,汪通悦,徐龙祥,等. 永磁磁轴承产生悬浮力的机理研究[J]. 航空学报,2000,21(3):219-221.

[20] 曾励,朱熀秋,曾学明,等. 永磁偏置的混合磁悬浮轴承的研究[J]. 中国机械工程,

1999,10(4):387 - 389.

[21] 朱熀秋,邓智泉,袁寿其,等. 永磁偏置径向—轴向磁悬浮轴承工作原理和参数设计[J]. 中国电机工程学报,2002,22(9):54 - 58.

[22] 朱熀秋,张仲,诸德宏,等. 交直流三自由度永磁偏置磁轴承结构及有限分析[J]. 中国电机工程学报,2007,27(12):77 - 81.

[23] 黄峰,朱熀秋,谢志意,等. 径向两自由度永磁偏置磁轴承参数设计与分析[J]. 中国机械工程,2007,18(10):1143 - 1146.

[24] 杨磊,房建成,韩邦成,等. 磁悬浮飞轮用永磁偏置磁轴承漏磁分析[J]. 轴承,2008,(2):24 - 28.

[25] 孙津济,房建成,韩邦成,等. 一种永磁偏置内转子永磁偏置径向磁轴承的设计方法[P],中国发明专利:ZL200610114269. 8. 2006 - 11 - 03.

[26] 孙津济,房建成,王曦,等. 一种永磁偏置外转子永磁偏置径向磁轴承的设计方法[P],中国发明专利:ZL200610114268. 3. 2006 - 11 - 03.

[27] 魏彤. CMG 磁悬浮转子控制系统稳定性分析与实验研究[D]. 北京:北京航空航天大学. 2006.

[28] 王曦. 磁悬浮惯性执行机构用新型永磁偏置及永磁被动磁轴承研究[D]. 北京:北京航空航天大学,2011.

[29] Li Yong,Li Wei,Lu Yongping. Computer-aided simulation analysis of a novel structure hybrid magnetic bearing[J]. IEEE Transactions on Magnetics,2008,44(10):2283 - 2287.

[30] Zong Ming,Liu Yuhang,Shen Jixiu,et al. Force analysis for hybrid radial magnetic bearing biased by permanent magnet[C]. Proceedings of the Eighth International Conference on Electrical Machines and Systems. Nanjing:Southeast University,2005:1834 - 1837.

[31] Hawkins L,Murphy B,Kajs J. Application of permanent magnet bias magnetic bearings to an energy storage flywheel[C]. Proceedings of the 5th International Symposium on Magnetic Suspension Technology. Santa Barbara:NASA,1999:1 - 15.

[32] 孙津济,房建成,马善振,等. 一种永磁偏置外转子径向磁轴承 [P],中国发明专利:ZL200510011690. 1. 2005 - 05 - 09.

[33] Sun Jinji,Fang Jiancheng. A Novel Structure of Permanent-Magnet-Biased Radial Hybrid Magnetic Bearing[J]. Journal of Magnetism and Magnetic Materials 2011,323(2):202 - 208.

[34] 房建成,杨磊,孙津济,等. 一种新型磁悬浮飞轮用永磁偏置径向磁轴承[J]. 光学精密工程,2008,16(3):444 - 451.

[35] Wang Xi,Fang Jiancheng,Wei Tong,et al. Low Rotating Loss 2 - Pole Radial Magnetic Bearing Biased with Permanent Magnet[A]. The proceedings of 2011 IEEE International Conference on Computer Science and Automation Engineering[C],Shanghai,2011:35 - 39.

[36] 陈冬. 低功耗斥力型被动磁悬浮 CMG 实验研究[D]. 北京:北京航空航天大学,2010.

[37] Yoshimoto T. Eddy current effect in a magnetic bearing model[J]. IEEE Transactions on

Magnetics, 1983, 19: 2097 – 2099.

[38] Rockwell R D, Allaire P E, Kasarda M E F. Radial Plannar Magnetic Bearing Analysis with Finite Elements including Rotor Motion and Power Losses. [C]. Proceedings of the 1997 International Gas Turbine &Aeroengine Congress & Exposition, ASME, Jun 2 – 5 1997.

[39] David C Meeker, Maslen Eric H, Kasarda Mary. Influence of Actuator Geometry on Rotating Losses in Magnetic Bearings. [C]. Proc of the Sixth International Symposium on Magnetic Bearings, 1998: 392 – 401.

[40] SunYanhua, Lie Yu. Analytical method for eddy current loss in laminated rotors with magnetic bearings[J]. IEEE transactions on Magnetics, 2002, 38(2): 1341 – 1347.

[41] 孙岩桦,虞烈．实心转子电磁轴承涡流损耗分析[J]．中国电机工程学报, 2002, 22(2): 116 – 120.

[42] 曹广忠,虞烈,谢友柏．实心转子—电磁轴承系统的损耗分析[J]．航空动力学报, 2003, 18(1): 124 – 129.

[43] Nobuyuki K, Yohji O, Kenich M. Development of lossless magnetic bearing [A]. Proc 8th International Symposiμm on Magnetic Bearings[C]. Mito, Japan, 2002: 91 – 96.

[44] Nobuyuki K, Ryou K, Yohji O. Low loss Homoploar Induction Bearing[A]. Proc 9th International Symposiμm on Magnetic Bearings[C]. Lexington, Kentucky, 2004.

[45] Kim H Y, Lee C W. Analysis of Eddy-Current Loss for Design of Small Active Magnetic Bearings With Solid Core and Rotor[J]. IEEE Transactions on Magnetics, 2004, 40(5): 3293 – 3301.

[46] 刘珠荣．磁悬浮控制力矩陀螺磁轴承低功耗控制技术[D]．北京:北京航空航天大学, 2007.

[47] 马玉鲜．磁悬浮控制力矩陀螺用磁轴承功耗的分析及实验研究[D]．北京:北京航空航天大学, 2008.

[48] Bloodgood V D, Groom N J, Britcher C P. Further Development of an optimal design approach applied to axial magnetic bearings[A]. Proceedings of the 7th International Symposium on Magnetic Bearings[C]. ETH Zurich, 2000: 489 – 494.

[49] Crawford R, Meeks W C, Electramagnetic thrust bearing for coupling a rotatable member to a stationary member[P]: US, 5250865 C1, 1992 – 04 – 30.

[50] Fang Jiancheng, Sun Jinji, et al. A New Structure of Permanent Magnet Biased Axial Hybrid Magnetic Bearing. IEEE Transactions on Magnetics, 2009, 45(12): 5319 – 5325.

[51] 房建成,孙津济,王曦,等．一种永磁偏置轴向磁轴承的设计方法[P],中国发明专利: ZL200610114270. 0. 2006 – 11 – 03.

第4章 磁悬浮惯性动量轮高速转子控制及稳定性分析

4.1 引言

磁悬浮惯性动量轮磁轴承系统在控制上除了要解决电磁吸力型系统本质上的不稳定问题，还必须解决由于强陀螺耦合效应所导致的大转动惯量比、高速转子进动和章动失稳问题。特别是对于磁悬浮超高速转子系统，如磁悬浮控制力矩陀螺和磁悬浮姿控储能飞轮等，这一问题显得尤为突出。就磁悬浮转子系统稳定性分析方法而言，常见的主要有根轨迹法、频率特性法、相位图法和时域分析法四种。其中根轨迹法最常用，适用于线性系统的稳定性分析；频率特性法比较常用，优点是直观，系统频率特性可实测，但要求整个系统可等效为单输入单输出(SISO)系统；相位图法用得较少，主要用于系统稳定性的定性分析及控制方法在原理上的改进；时域分析法很少单纯使用，主要作为其他几种方法的辅助或稳定性验证，建模复杂，但仿真精度较高。

磁悬浮惯性动量轮转子随着转速升高，由于强陀螺耦合效应，转子系统的两个涡动模态(进动和章动)出现频率分叉，进动频率不断降低，逐渐趋向于零，章动频率不断升高，逐渐趋向于极转动惯量与赤道转动惯量之比与飞轮转速的乘积。这种由转速引起的系统状态变化给控制算法的设计带来很大困难，基于线性时不变模型的控制系统设计方法显然无法满足这一要求。针对这一问题，出现了增益预调、自适应控制、鲁棒控制、滑模控制以及非线性控制等多种以现代控制理论为基础的控制方法[1-3]。但最常用的还是基于传统 PID 控制的各种交叉反馈控制方法,控制算法简单,易于实现,主要可归为速度交叉反馈和位移交叉反馈两类。纯粹的位移交叉反馈很少直接使用,通常都会在交叉控制回路中引入滤波器,构成各种滤波交叉反馈控制方法。然而在交叉反馈控制系统稳定性分析方面,缺少工程实用的稳定性判定和预测方法。

本章首先建立了磁悬浮惯性动量轮转子系统动力学模型,分析在三种典型外力矩作用下磁悬浮惯性动量轮转子的运动规律,在此基础上,重点介绍了基于复数频率特性的磁悬浮惯性动量轮磁轴承系统的稳定性分析方法和基于转速自适应的滤波交叉反馈控制方法,给出了磁悬浮惯性动量轮交叉反馈控制系统的涡动模态稳定性判据,分析指出了控制系统相位滞后,特别是磁轴承功放电流速率有限所造成的非线性是影响章动模态稳定性的主要因素,并给出了稳定性测试和实验结果。另外,本章还介绍了基于陷波器的转子高频固有弹性模态稳定抑制方法和磁悬浮偏置动量轮动框架控制方法,以及针对系统参数变化和扰动时的磁悬浮偏置动量轮转子系统的鲁棒控制方法。

4.2 磁悬浮惯性动量轮转子分散 PID 控制及稳定性分析

4.2.1 磁悬浮惯性动量轮转子系统动力学特性

本节主要对磁悬浮惯性动量轮转子系统进行动力学建模,在此之前,首先对自由转子在典型外力矩作用下的运动特性,以及弹性支承下的惯性动量轮转子的频率特性进行介绍[4,5]。

1. 惯性动量轮转子动力学方程

假设惯性动量轮转子为刚性转子,质量为 m,极转动惯量为 J_p,赤道转动惯量为 J_e。建立惯性坐标系 $OXYZ$,如图 4-4 所示,转子绕 z 轴旋转,转速为 Ω,绕 x、y 轴的转角分别为 α、β,转子对应于三个惯性主轴的转动惯量分别为 J_x、J_y、J_z,则有 $J_z = J_p$,由于转子为轴对称结构,因而有 $J_x = J_y = J_e$。

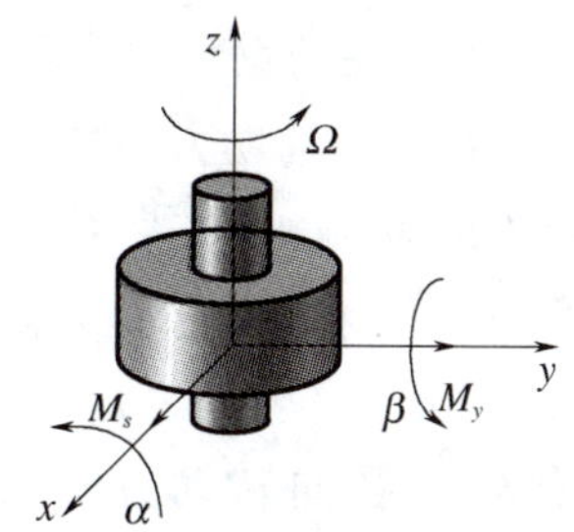

图 4-1 刚性转子及坐标系统

这里暂不对转子绕 z 轴的转动进行建模，则其转子动力学方程可写为

$$\begin{cases} m\ddot{x} = F_x \\ m\ddot{y} = F_y \\ m\ddot{z} = F_z \end{cases} \tag{4-1}$$

$$\begin{cases} J_x\ddot{\alpha} + J_z\Omega\dot{\beta} = M_x \\ J_y\ddot{\beta} - J_z\Omega\dot{\alpha} = M_y \end{cases} \tag{4-2}$$

其中，式(4-1)为转子的三个平动方程，式中 f_x、f_y、f_z 为作用于转子质心上的外力在 x 方向、y 方向和 z 方向上的分力。式(4-2)为转子的两个转动方程，式中 M_x 和 M_y 为作用于转子上绕 X 轴和 Y 轴的外力矩。显而易见，转子径向平动与转动在动力学上是解耦的，并且转子的三个平动之间相互解耦，因而下面主要对转子的转动特性进行分析。

对于式(4-2)，选取 $x_1 = \alpha$，$x_2 = \dot{\alpha}$，$x_3 = \beta$，$x_4 = \dot{\beta}$ 为状态矢量，则惯性动量轮转子转动模型的状态矢量、输入矢量和输出矢量分别为

$x = [x_1 \quad x_2 \quad x_3 \quad x_4]^{\mathrm{T}} = [\alpha \quad \dot{\alpha} \quad \beta \quad \dot{\beta}]^{\mathrm{T}}$；$u = [u_1 \quad u_2]^{\mathrm{T}} = [M_y \quad M_x]^{\mathrm{T}}$；$y = [y_1 \quad y_2]^{\mathrm{T}} = [\alpha \quad \beta]^{\mathrm{T}}$，由式(4-2)可以得到惯性动量轮转子径向转动的状态空间表达式：

$$\begin{cases} \dot{\boldsymbol{x}} = \boldsymbol{A}\boldsymbol{x} + \boldsymbol{B}\boldsymbol{u} \\ \boldsymbol{y} = \boldsymbol{C}\boldsymbol{x} \end{cases} \tag{4-3}$$

式中

$$\boldsymbol{A} = \begin{pmatrix} 0 & 1 & 0 & 0 \\ 0 & 0 & 0 & H/J_y \\ 0 & 0 & 0 & 1 \\ 0 & -H/J_x & 0 & 0 \end{pmatrix}, \boldsymbol{B} = \begin{pmatrix} 0 & 0 \\ 1/J_y & 0 \\ 0 & 0 \\ 0 & 1/J_x \end{pmatrix}, \boldsymbol{C} = \begin{pmatrix} 1 & 0 & 0 & 0 \\ 0 & 0 & 1 & 0 \end{pmatrix}$$

矩阵 $\boldsymbol{A}$ 中 $H = J_z\Omega = J_p\Omega$ 为惯性动量轮的角动量。

2. 自由转子在典型外力矩作用下的动力学特性

要实现对惯性动量轮转子的控制，首先需要对转子径向转动的动力学特性，即外力矩作用下转子绕 x 轴和 y 轴的转角 α 和 β 的变化规律进行分析。

根据式(4-3)所描述的转子径向转动方程，其状态转移矩阵为 $e^{At} = L^{-1}(s\boldsymbol{I} - \boldsymbol{A}) - 1$，$L^{-1}$ 为拉普拉斯逆运算算子，$\boldsymbol{I}$ 为单位阵，可求得

$$
e^{At} = \begin{bmatrix} 1 & \frac{1}{\omega_n}\sin\omega_n t & 0 & \frac{J_x}{H}(1-\cos\omega_n t) \\ 0 & \cos\omega_n t & 0 & \frac{H}{J_y\omega_n}\sin\omega_n t \\ 0 & \frac{-J_y}{H}(1-\cos\omega_n t) & 1 & \frac{1}{\omega_n}\sin\omega_n t \\ 0 & \frac{-H}{J_x\omega_n}\sin\omega_n t & 0 & \cos\omega_n t \end{bmatrix} \tag{4-4}
$$

其中，$\omega_n = \dfrac{H}{\sqrt{J_x J_y}} = \dfrac{J_z}{\sqrt{J_x J_y}}\Omega = \dfrac{J_p}{J_e}\Omega$ 为转子在不受外力矩作用时的自然频率，即自由转子章动频率，其大小与动量轮转动惯量比 $\dfrac{J_p}{J_e}$ 成正比，并随转速升高而增加。

下面对自由转子在典型外力矩 $u(t)$ 作用下的运动规律进行研究，典型外力矩分别为瞬时冲击力矩、常值力矩和简谐变化力矩[5]。

假设 $u(t)$ 为作用在飞轮上转子上的外力矩，外力矩作用之前 $x(0)=0$，则系统状态方程得解为

$$
\boldsymbol{x}(t) = \int_0^t e^{A(t-\tau)}\boldsymbol{B}u(\tau)\,d\tau \tag{4-5}
$$

1）瞬时冲击力矩作用下飞轮转子的运动规律

瞬时冲击力矩作用下，$u(t)$ 为脉冲函数，则系统的输入矢量：

$$
\boldsymbol{u}(t) = \delta(t)\,[1 \quad 1]^T
$$

由式(4－5)可得系统的脉冲响应为

$$
\begin{cases} \alpha(t) = \dfrac{1}{H} - \dfrac{1}{H}\cos\omega_n t + \dfrac{1}{H}\sqrt{\dfrac{J_x}{J_y}}\sin\omega_n t \\ \beta(t) = -\dfrac{1}{H} + \dfrac{1}{H}\cos\omega_n t + \dfrac{1}{H}\sqrt{\dfrac{J_y}{J_x}}\sin\omega_n t \end{cases} \tag{4-6}
$$

上式表明在瞬时力矩冲击下，飞轮转子是一个以 ω_n 为圆频率的振动运动，当 H 很大时，上述运动为高频微幅的振动。

2）常值力矩作用下飞轮转子的运动规律

常值力矩作用下，$u(t)$ 为阶跃函数，系统的输入矢量

$$
\boldsymbol{u}(t) = [1 \quad 1]^T
$$

由式(4－5)可得系统的单位阶跃响应为

$$\begin{cases}\alpha(t) = \dfrac{J_x}{H^2} + \dfrac{1}{H}t - \dfrac{\sqrt{J_x J_y}}{H^2}\sin\omega_n t - \dfrac{J_x}{H^2}\cos\omega_n t \\ \beta(t) = \dfrac{J_y}{H^2} + \dfrac{1}{H}t - \dfrac{\sqrt{J_x J_y}}{H^2}\sin\omega_n t - \dfrac{J_y}{H^2}\cos\omega_n t\end{cases} \tag{4-7}$$

该式右端前两项是飞轮转子稳态时的基本运动，即进动；后两项是过渡过程解，是一种高频微幅的振动，即飞轮转子的章动。

3）简谐力矩作用下飞轮转子的运动规律

简谐力矩的特点是外力矩按正弦或余弦规律变化，简谐力矩作用下，设输入矢量：$\boldsymbol{u}(t) = \begin{bmatrix} M_{x0}\sin\omega_x t \\ M_{y0}\sin\omega_y t\end{bmatrix}$，由式（4－5）可得系统在正弦激励下的响应为

$$\begin{cases}\alpha(t) = \dfrac{M_{x0}}{H\omega_x} - \dfrac{{\omega_n}^2 M_{x0}}{H\omega_x({\omega_n}^2 - {\omega_x}^2)}\cos\omega_x t + \dfrac{M_{y0}}{J_y({\omega_n}^2 - {\omega_y}^2)}\cos\omega_y t + \\ \qquad \dfrac{\omega_x M_{x0}}{H({\omega_n}^2 - {\omega_x}^2)}\cos\omega_n t + \dfrac{M_{y0}\omega_y}{J_y\omega_n({\omega_n}^2 - {\omega_y}^2)}\sin\omega_n t \\ \beta(t) = -\dfrac{M_{y0}}{H\omega_y} - \dfrac{{\omega_n}^2 M_{y0}}{H\omega_y({\omega_n}^2 - {\omega_y}^2)}\cos\omega_y t + \dfrac{M_{x0}}{J_x({\omega_n}^2 - {\omega_x}^2)}\cos\omega_x t - \\ \qquad \dfrac{\omega_y M_{y0}}{H({\omega_n}^2 - {\omega_y}^2)}\cos\omega_n t - \dfrac{M_{x0}\omega_x}{J_x\omega_n({\omega_n}^2 - {\omega_x}^2)}\sin\omega_n t\end{cases} \tag{4-8}$$

该式说明在简谐力矩作用下飞轮转子的运动包含两部分，一部分是以圆频率 ω_x、ω_y 作强迫振动，它是解的稳态部分；另一部分是以角频率 ω_n 作高频微幅的振动，即章动，为过渡过程解。

综上所述，在三种不同的典型外力矩作用下，飞轮转子的运动规律基本上由两部分组成，一部分是飞轮转子的进动，其运动规律取决于外力矩的形式，进动的角频率与外力矩 M 成正比，与转子角动量 H 成反比；另一部分是飞轮转子的章动，表现为高频振动，其频率与转子角动量 H 成正比，其幅值与转子角动量 H 成反比，也就是说，随着转速 Ω 的升高，章动的振动频率越来越高，幅值越来越小。

3. 弹性支承下的惯性动量轮转子的频率特性

当动量轮转子为弹性支承时，即 $M_x = -k_\alpha \alpha$、$M_y = -k_\beta \beta$，假设其支承刚度 $k_\alpha = k_\beta = k_\varphi$。由于飞轮转子绕 x 轴和 y 轴的转角 α、β 可同时表示在复平面上，将 $\varphi = [\alpha, \beta]$ 以复数坐标表示，取 $\varphi = \alpha + \mathrm{i}\beta$，i 为虚数单位，则对于式

(4－2)所描述的动量轮径向转动动力学模型，其复数形式表示为

$$J_e\ddot{\varphi}-Hi\dot{\varphi}+k_\varphi\varphi=0 \tag{4-9}$$

式中：φ 为动量轮转子径向转动的广义转角；k_φ 为动量轮转子的弹性支承刚度；i 为虚数单位。

求解自然频率的特征方程为

$$-\omega_{w\varphi}^2+\frac{J_p}{J_e}\Omega\omega_{w\varphi}+\omega_\varphi^2=0 \tag{4-10}$$

式中：$\omega_\varphi^2=k_\varphi/J_e$；$\omega_{w\varphi}$ 为转子的涡动角速度；

由式(4－10)可以解得正反两个涡动的角频率：

$$\begin{cases}\omega_n=\dfrac{1}{2}\left[\dfrac{J_p}{J_e}\Omega+\sqrt{\left(\dfrac{J_p}{J_e}\Omega\right)^2+4\omega_\varphi^2}\right]\\ \omega_p=\dfrac{1}{2}\left[\dfrac{J_p}{J_e}\Omega-\sqrt{\left(\dfrac{J_p}{J_e}\Omega\right)^2+4\omega_\varphi^2}\right]\end{cases} \tag{4-11}$$

式中：ω_n为转子章动的角速度；ω_p为转子进动的角速度。

进动与章动角矢量之和在相角平面的轨迹如图4－2所示。

在实际系统中，k_φ 取决于包括控制系统在内的系统参数和转速，且难以得出其表达式。但是可以假设 k_φ 为某个定值，仿真进动和章动的变化趋势，典型的转子进动和章动随转速的变化规律如图4－3所示。转子静止时，二者频率相同，方向相反。随转速升高，进动频率趋于零，而章动频率趋于转速的 J_p/J_e 倍。

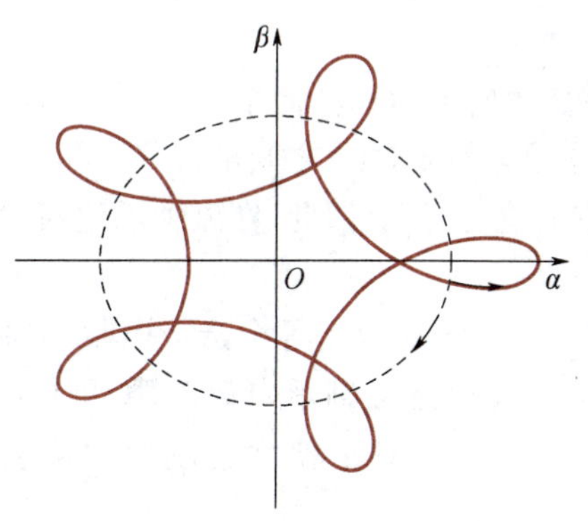

图4－2　动量轮转子进动与章动运动相位图轨迹

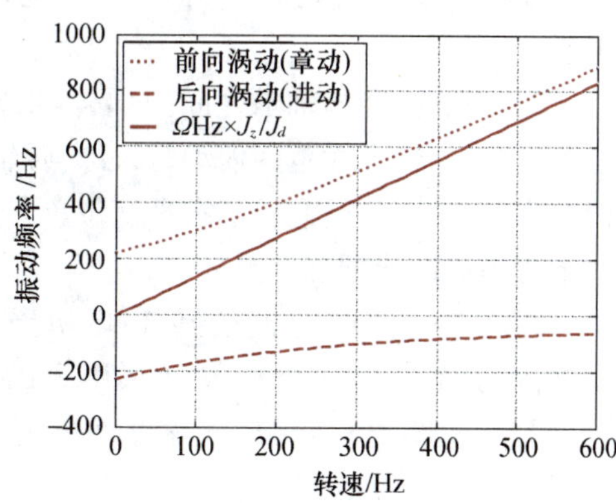

图4－3　进动和章动频率随转速变化的曲线

以上分析中的涡动模态(包括章动和进动)频率均为无阻尼振动的频率,而在实际的磁轴承转子控制系统中,稳定悬浮转子的涡动都是有阻尼振动,其频率比无阻尼振动的频率要小,并且其大小取决于模态阻尼的大小。式(4-12)给出了有阻尼振动频率 ω_d 和无阻尼振动频率 ω_0 之间的关系:

$$\omega_d = \omega_0\sqrt{1-\zeta^2} \tag{4-12}$$

式中:ζ 为阻尼比。

4.2.2 磁悬浮惯性动量轮转子分散 PID 控制系统建模

对磁悬浮动量轮磁轴承系统进行动力学分析和控制方法设计,是建立在磁轴承转子系统的数学模型基础上的,模型建立必须反映系统的力学特性,模型的正确与否直接影响到所设计控制方法的正确性和控制系统的综合性能。对于磁悬浮动量轮磁轴承转子系统的建模,主要作以下考虑[6~8]:

(1) 陀螺效应:由于飞轮转子支承跨距小、转动惯量大,额定转速高(5000r/min~40000r/min),陀螺效应十分明显,在飞轮高速悬浮时不容忽略,因此,陀螺效应将是本章研究的一个重点内容。

(2) 刚性转子:由于飞轮转子组件在结构优化设计时,保证了其一阶弹性模态振动频率远高于飞轮的最高转频,因此,在整个转速范围内,将飞轮转子组件作为刚性转子对待,本节暂不考虑其弹性模态的动力学建模。

(3) 磁轴承力非线性:磁轴承力与转子位移、控制电流之间是非线性关系,但是,由于磁轴承偏置磁场的存在以及差动线性化的工作方式,使得当转子在平衡位置附近较小范围内运动时,控制电流变化不大,可将电磁力在平衡位置附近进行泰勒展开,将电磁力与转子位移、控制电流之间近似为线性关系。

(4) 轴向、径向轴承之间的耦合:主要是径向轴承和轴向轴承之间的力耦合,特别是当转子大范围涡动时,径向磁轴承和轴向磁轴承之间耦合趋于明显,但在本节中,主要研究转子在平衡位置附近的稳定运动,因此,在磁轴承建模中暂不考虑这部分耦合。

(5) 电机、轴承之间的耦合:电机磁偏拉力、脉动力矩等会造成电机与轴承之间的耦合,由于电机设计采用大的电磁气隙是磁轴承电磁气隙的十多倍,因此,忽略电机因转子涡动而产生的磁偏拉力对磁轴承造成的力耦合作用。

另外,假设磁轴承四个径向通道具有相同的结构参数和控制参数,如刚度和阻尼等。

下面以考虑了陀螺耦合效应的转子动力学模型为基础，结合线性化的磁轴承力学模型，首先对采用分散控制的磁轴承转子系统进行建模，建模的主要目的是为以后章节的扩展建模、仿真、分析奠定理论基础。

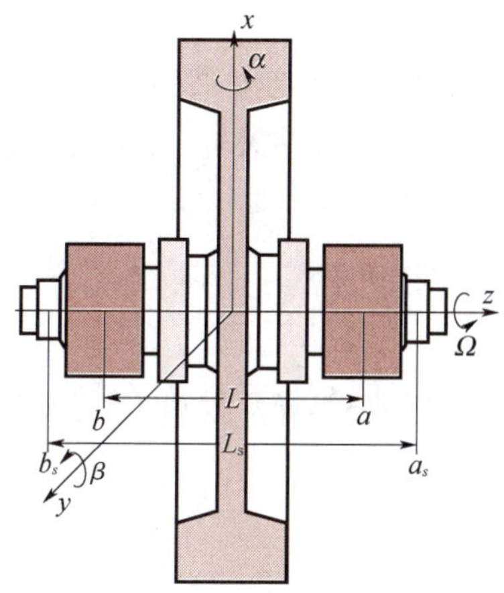

图 4－4　磁悬浮动量轮转子及其结构示意图

两个径向磁轴承支承的刚性转子及其惯性质心坐标系 o－xyz 如图4－4 所示。轴承在 a 、b（$a>0$，$b<0$）处，传感器在 a_s、b_s（$a_s>0$，$b_s<0$）处，转子在磁轴承和传感器处的径向位移分别为 x_a 、x_b 和 x_{sa} 、x_{sb}，在不考虑转子轴向平动时，式(4－1)和式(4－2)所示的转子动力学模型变为

$$\begin{cases} m\ddot{x} = F_x = F_{ax} + F_{bx} \\ m\ddot{y} = F_y = F_{ay} + F_{by} \end{cases} \tag{4-13}$$

$$\begin{cases} J_x\ddot{\alpha} + J_z\Omega\dot{\beta} = M_x = -F_{ay}a - F_{by}b \\ J_y\ddot{\beta} - J_z\Omega\dot{\alpha} = M_y = F_{ax}a + F_{bx}b \end{cases} \tag{4-14}$$

式(4－13)和(4－14)所示的转子动力学模型用矩阵形式表示为

$$\boldsymbol{M}\ddot{\boldsymbol{q}} + \boldsymbol{G}\dot{\boldsymbol{q}} = \boldsymbol{F} \tag{4-15}$$

式中：$\boldsymbol{M}$ 为广义质量矩阵；$\boldsymbol{G}$ 为陀螺矩阵；$\boldsymbol{q}$ 为广义位移矢量；$\mathbf{F}$ 为广义力矢量，它们的具体表达式分别为

$$\boldsymbol{M} = \mathrm{diag}(m \quad J_y \quad m \quad J_x), \boldsymbol{G} = \begin{bmatrix} 0 & 0 & 0 & 0 \\ 0 & 0 & 0 & 1 \\ 0 & 0 & 0 & 0 \\ 0 & -1 & 0 & 0 \end{bmatrix} J_z\Omega, \boldsymbol{q} = \begin{bmatrix} x \\ \beta \\ y \\ -\alpha \end{bmatrix}, \boldsymbol{F} = \begin{bmatrix} F_x \\ M_y \\ F_y \\ -M_x \end{bmatrix}$$

广义力矢量 $\boldsymbol{F}$ 用轴承力 $\boldsymbol{F}_x$ 可表示为

$$\boldsymbol{F} = \boldsymbol{T}_f\boldsymbol{F}_x = \begin{bmatrix} 1 & 1 & 0 & 0 \\ a & b & 0 & 0 \\ 0 & 0 & 1 & 1 \\ 0 & 0 & a & b \end{bmatrix} \begin{bmatrix} F_{ax} \\ F_{bx} \\ F_{ay} \\ F_{by} \end{bmatrix} \tag{4-16}$$

而经线性化的磁轴承力为

$$\boldsymbol{F}_x = \boldsymbol{K}_i \boldsymbol{I}_i + \boldsymbol{K}_s \boldsymbol{Q}_s \tag{4-17}$$

式中：$\boldsymbol{K}_i$为电流刚度矩阵；$\boldsymbol{K}_s$为位移刚度矩阵；$\boldsymbol{I}_i$为控制电流矢量；$\boldsymbol{Q}_s$为磁轴承坐标系下的转子位移矢量，分别表示为

$$\boldsymbol{K}_i = \mathrm{diag}(k_{iax} \quad k_{ibx} \quad k_{iay} \quad k_{iby})$$

$$\boldsymbol{K}_s = \mathrm{diag}(k_{sax} \quad k_{sbx} \quad k_{say} \quad k_{sby})\text{（其中}k_{sax}\text{、}k_{sbx}\text{、}k_{say}\text{、}k_{sby}\text{ 均为正）}$$

$$\boldsymbol{I}_i = [i_{ax} \quad i_{bx} \quad i_{ay} \quad i_{by}]^{\mathrm{T}}, \boldsymbol{Q}_s = [x_{ax} \quad x_{bx} \quad y_{ax} \quad y_{bx}]^{\mathrm{T}}$$

由磁轴承坐标系与转子质心坐标系之间的关系，有

$$\boldsymbol{Q}_s = \boldsymbol{T}_s \boldsymbol{q} = \begin{bmatrix} 1 & a & 0 & 0 \\ 1 & b & 0 & 0 \\ 0 & 0 & 1 & a \\ 0 & 0 & 1 & b \end{bmatrix} \boldsymbol{q} \tag{4-18}$$

为了表述方便，假设飞轮磁轴承系统中控制器和功放可合并表示为 Ctrl（·），则磁轴承控制电流矢量 $\boldsymbol{I}_i$可表示为

$$\boldsymbol{I}_i = \mathrm{Ctrl}(\boldsymbol{r} - \boldsymbol{Q}_s) \tag{4-19}$$

式中：$\boldsymbol{r}$ 为磁轴承控制系统的参考输入；$\boldsymbol{Q}_S$为定义在传感器坐标系下的转子位移矢量。由传感器坐标系与广义坐标系之间的关系，有

$$\boldsymbol{Q}_S = \boldsymbol{T}_S \boldsymbol{q} = \begin{bmatrix} 1 & a_s & 0 & 0 \\ 1 & b_s & 0 & 0 \\ 0 & 0 & 1 & a_s \\ 0 & 0 & 1 & b_s \end{bmatrix} \boldsymbol{q} \tag{4-20}$$

综合以上公式，则可得到广义的磁悬浮惯性动量轮磁轴承转子系统动力学方程为

$$\boldsymbol{M}\ddot{\boldsymbol{q}} + \boldsymbol{G}\dot{\boldsymbol{q}} = \boldsymbol{T}_f[\boldsymbol{K}_i \mathrm{Ctrl}(\boldsymbol{r} - \boldsymbol{T}_S q) + \boldsymbol{K}_s \boldsymbol{T}_s \boldsymbol{q}] \tag{4-21}$$

其动力学原理框图则如图 4－5 所示。

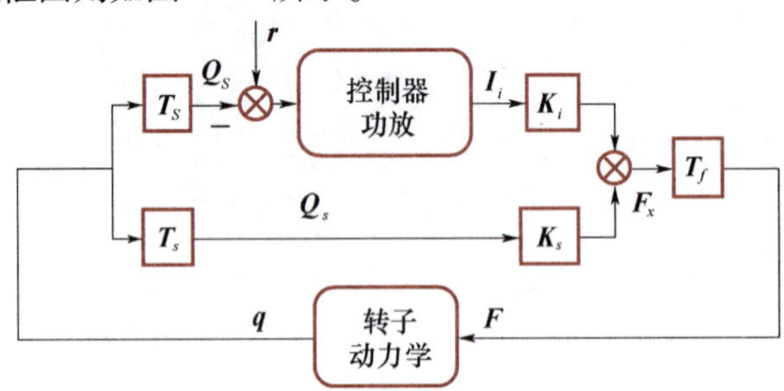

图 4－5　磁悬浮惯性动量轮磁轴承转子系统动力学原理框图

4.2.3　磁悬浮惯性动量轮转子分散 PID 控制失稳机理及稳定性分析

磁悬浮动量轮转子转动惯量比大，转速高，具有很强的陀螺耦合效应。随着动量轮转速的升高，转子系统的两个涡动模态，进动和章动出现频率分叉，进动频率不断降低，逐渐趋向于零，章动频率不断升高，逐渐趋向于极转动惯量与赤道转动惯量之比与动量轮转速的乘积。

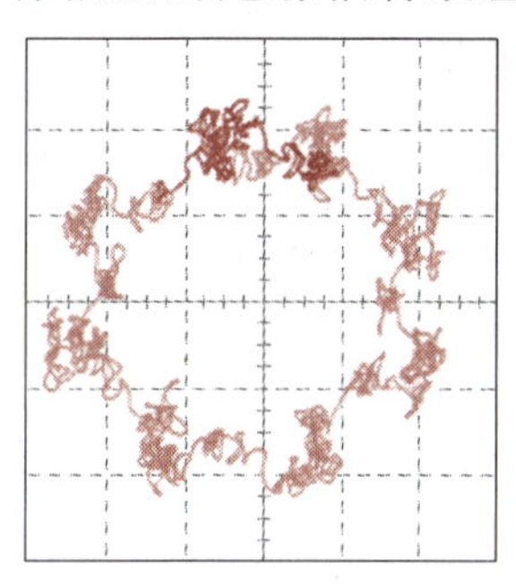

图 4－6　进动模态临近失稳时的轴心轨迹

对于分散 PID 控制的磁悬浮动量轮系统，涡动模态的稳定性直接制约了动量轮转子达到其额定转速，图 4－6 为实验中观测到的转子进动模态临界失稳时转子轴心跳动轨迹，具体表现为低频率、大振幅、与转子旋转方向相反的圆形涡动。

图 4－7(a)为实验测试得到的转子升速时章动模态临界失稳瞬时转子振动曲线，图中频谱显示的临界失稳章动频率为 153Hz，此时动量轮转速为 70Hz，图 4－7(b)为磁悬浮动量轮转子失稳瞬间的轴心轨迹，具体表现为高频振动、迅速发散，数据采集分析结果显示其涡动方向与转子转向相同。

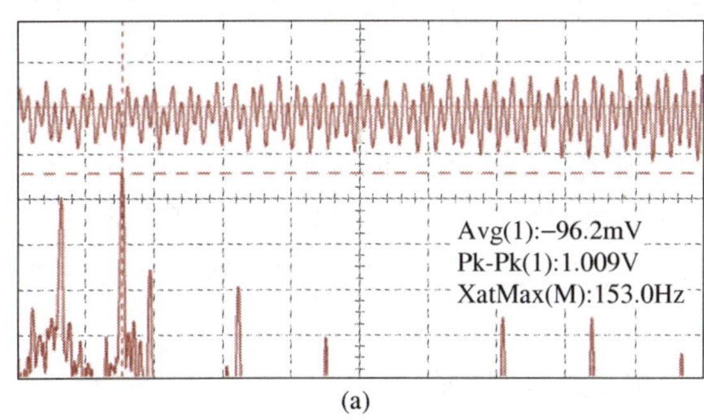

(a)

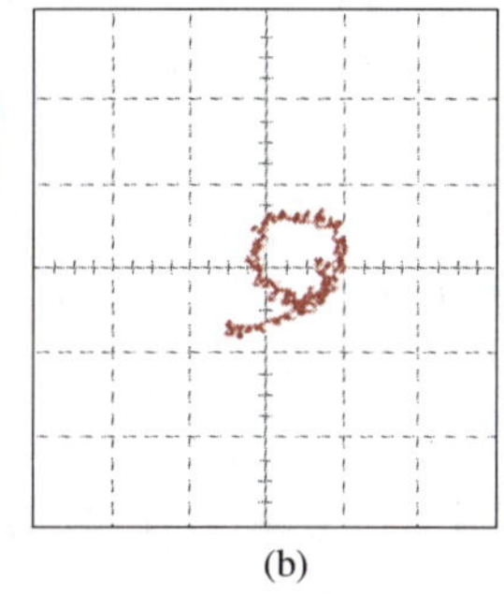

(b)

图 4－7　章动模态临近失稳时的轴心跳动曲线及失稳瞬间的轴心轨迹
(a) 轴心跳动曲线及频谱；(b) 失稳瞬间轴心轨迹。

涡动模态频率随转速变化的特性增加了磁悬浮动量轮磁轴承控制方法及其控制参数的设计难度，要求控制系统能够适应这种转速引起的变化，实现模态解耦控制，并具有较高的带宽，同时保证全转速范围内的系统稳定性。基于线性时不变模型的控制系统设计方法，显然无法满足这一要求。采用经典的分散 PID 控制方法只能保证飞轮低速时的悬浮稳定性，高速时，积分项引起的滞后会造成转子进动模态的失稳，而控制系统所包含的相位滞后环节则会造成系统章动模态的失稳。

就磁悬浮动量轮磁轴承系统的稳定性分析方法而言,常见的主要有根轨迹法、频率特性法、相位图法和时域仿真法四种[9]。这四种方法各具特色,具体分析见表4-1。

表4-1 磁轴承系统稳定性分析方法对比

性能 \ 方法	根轨迹	频率特性	相位图	时域仿真
常用性	常用	较常用	较少	辅助使用
适用性	线性系统	(非)线性系统	(非)线性系统	(非)线性系统
建模	较复杂	较复杂	简单	复杂
定性定量	定性、定量	定性、定量	定性	定量
精度	中	高	低	高
直观性	较直观	直观	较直观	不直观
实测性	不可测试	可测试	可测试	可测试
约束条件	无	对称性	对称性	无

总体来说,根轨迹法最常用,是动力学耦合系统稳定性分析的首选方法,但仅限于对线性系统的稳定性分析,分析结果为整个系统的零极点,不可实测,直观性较差;频率特性法比较常用,但对于陀螺效应耦合系统,要求飞轮转子和控制参数有一定的对称性,优点是系统频率特性可以实际测试,分析结果可直接对应到控制系统的各个环节;相位图法用得较少,但几乎不用建模,在定性分析方面具有独特的优势,有利于系统稳定性在本质上的分析和物理解释,以及控制方法在原理上的改进。时域仿真法在稳定性分析时很少单纯使用,主要作为其他几种方法的辅助,进行稳定性验证,建模复杂,但精度高[9]。

1. 磁悬浮惯性动量轮系统稳定性根轨迹分析

分散控制是将各控制通道视为控制参数基本相同的单自由度控制系统,对每一通道传感器测量得到的转子位移,分别计算各自的反馈控制率,再由各通道功放输出控制电流至磁轴承,产生电磁控制力,实现动量轮转子的稳定悬浮。由于 PID 反馈原理简明,便于分析设计,因此在工程中得到广泛应用[9]。

1) 理想分散 PID 控制系统根轨迹稳定性分析

对于式(4-21)所描述的磁悬浮惯性动量轮磁轴承转子系统动力学方程,若将磁轴承功放等效为比例环节,则对于理想分散 PID 控制(不含轴向),可由图4-8来表示。

它主要由四个径向控制通道组成,每个通道将传感器检测得到的转子位移

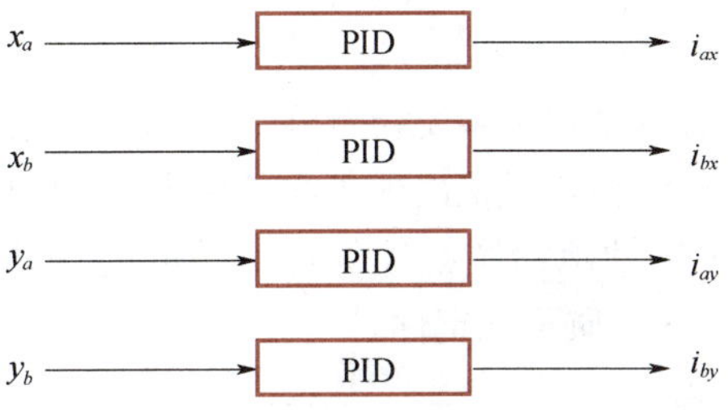

图 4 – 8　分散 PID 控制示意图

信号 x_a、x_b、y_a和 y_b经 PID 控制器(含功放)后,转变为磁轴承各个对应通道的控制电流。其控制电流方程可写为

$$\boldsymbol{I}_i = -\left(\boldsymbol{K}_{\mathrm{P}}\boldsymbol{q}_S + \boldsymbol{K}_{\mathrm{D}}\dot{\boldsymbol{q}}_S + \boldsymbol{K}_{\mathrm{I}}\int \boldsymbol{q}_S \mathrm{d}t\right) \tag{4-22}$$

式中:$\boldsymbol{K}_{\mathrm{P}}$、$\boldsymbol{K}_{\mathrm{D}}$、$\boldsymbol{K}_{\mathrm{I}}$分别为比例系数矩阵、微分系数矩阵和积分系数矩阵,均为对角阵:

$$\begin{cases}\boldsymbol{K}_{\mathrm{P}} = \mathrm{diag}(k_{\mathrm{P}ax} \quad k_{\mathrm{P}bx} \quad k_{\mathrm{P}ay} \quad k_{\mathrm{P}by}) \\ \boldsymbol{K}_{\mathrm{D}} = \mathrm{diag}(k_{\mathrm{D}ax} \quad k_{\mathrm{D}bx} \quad k_{\mathrm{D}ay} \quad k_{\mathrm{D}by}) \\ \boldsymbol{K}_{\mathrm{I}} = \mathrm{diag}(k_{\mathrm{I}ax} \quad k_{\mathrm{I}bx} \quad k_{\mathrm{I}ay} \quad k_{\mathrm{I}by})\end{cases} \tag{4-23}$$

结合式(4 – 21),理想 PID 控制的磁轴承转子系统动力学方程可写为

$$\boldsymbol{M}\ddot{\boldsymbol{q}} + (\boldsymbol{T}_f\boldsymbol{K}_i\boldsymbol{K}_{\mathrm{D}}\boldsymbol{T}_S + \boldsymbol{G})\dot{\boldsymbol{q}} + \boldsymbol{T}_f(\boldsymbol{K}_i\boldsymbol{K}_{\mathrm{P}}\boldsymbol{T}_S - \boldsymbol{K}_s\boldsymbol{T}_s)q + \boldsymbol{T}_f\boldsymbol{K}_i\boldsymbol{K}_{\mathrm{I}}\boldsymbol{T}_S\int \boldsymbol{q}\boldsymbol{dt} = 0 \tag{4-24}$$

对应普通轴承转子系统动力学一般方程,采用理想 PID 控制时,系统的阻尼矩阵为 $\boldsymbol{D} = \boldsymbol{T}_f\boldsymbol{K}_i\boldsymbol{K}_{\mathrm{D}}\boldsymbol{T}$,刚度矩阵为 $\boldsymbol{K} = \boldsymbol{T}_f(\boldsymbol{K}_i\boldsymbol{K}_{\mathrm{P}}\boldsymbol{T}_S - \boldsymbol{K}_s\boldsymbol{T}_s)$,另外,令

$$\boldsymbol{C} = \boldsymbol{T}_f\boldsymbol{K}_i\boldsymbol{K}_{\mathrm{I}}\boldsymbol{T}_S$$

对方程(4 – 24)求一次微分,并写成状态方程形式:

$$\begin{bmatrix}\dddot{\boldsymbol{q}} \\ \ddot{\boldsymbol{q}} \\ \dot{\boldsymbol{q}}\end{bmatrix} = \begin{bmatrix} -M^{-1}(G+D) & -M^{-1}K & -M^{-1}C \\ 1_{4\times4} & 0_{4\times4} & 0_{4\times4} \\ 0_{4\times4} & 1_{4\times4} & 0_{4\times4}\end{bmatrix}\begin{bmatrix}\ddot{q} \\ \dot{q} \\ \boldsymbol{q}\end{bmatrix} \tag{4-25}$$

输出方程为

$$\boldsymbol{Y} = \boldsymbol{q} = [0_{1\times4} \quad 0_{1\times4} \quad 1_{1\times4}]\begin{bmatrix}\ddot{\boldsymbol{q}} \\ \dot{\boldsymbol{q}} \\ \boldsymbol{q}\end{bmatrix} \tag{4-26}$$

对系统进行仿真,绘制其根轨迹图,就理想 PID 参数对系统稳定性的影响分析如下:

(1) 比例系数对磁悬浮转子系统稳定性的影响。首先当比例系数过小时,系统的根轨迹如图 4-9 所示,系统出现正实部极点,即磁轴承系统从一开始就不稳定。这说明,对于磁轴承系统必须保证足够的比例增益来补偿位移负刚度,以克服磁轴承系统的本质不稳定性。

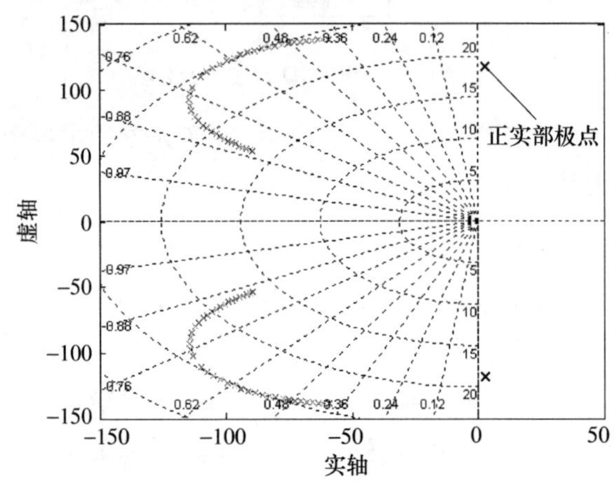

图 4-9 比例系数过小系统不稳定根轨迹图

比例系数变化时,章动和进动模态的根轨迹变化如图 4-10、图 4-11 所示。从图中可以看出,比例系数主要影响中低频段,进动和章动都受其变化的影响:

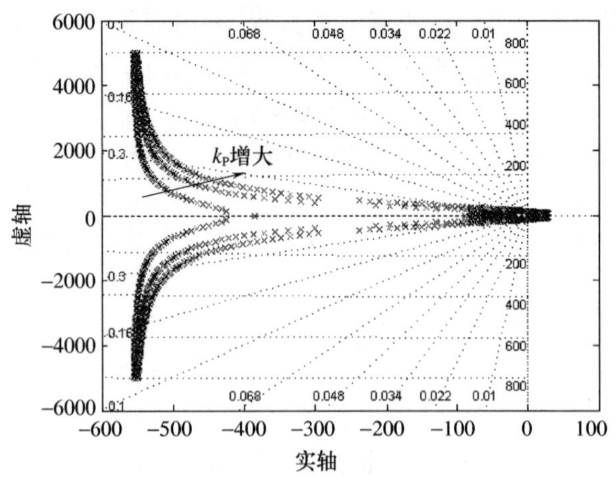

图 4-10 章动受比例系数变化影响的根轨迹图

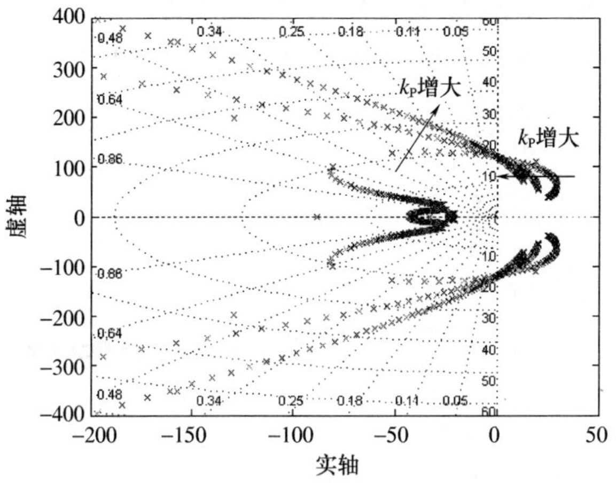

图 4-11　进动受比例系数变化影响的根轨迹图

① 随着比例系数的增大,章动模态的阻尼减小,同一转速下的章动频率增大,但随着转速的升高,章动阻尼和章动频率受其影响的程度减小。

② 随着比例系数的增大,进动模态的阻尼增大,同一转速下的进动频率增大,进动频率随转速的变化率增大,进动失稳转速升高。但失稳时,进动模态的频率基本保持不变。

(2) 积分系数对磁悬浮转子系统稳定性的影响。首先,当控制系统中不加积分环节时,其根轨迹如图 4-12 所示,可见进动模态的阻尼尽管会随着转速的升高而减小,但永远不会失稳。

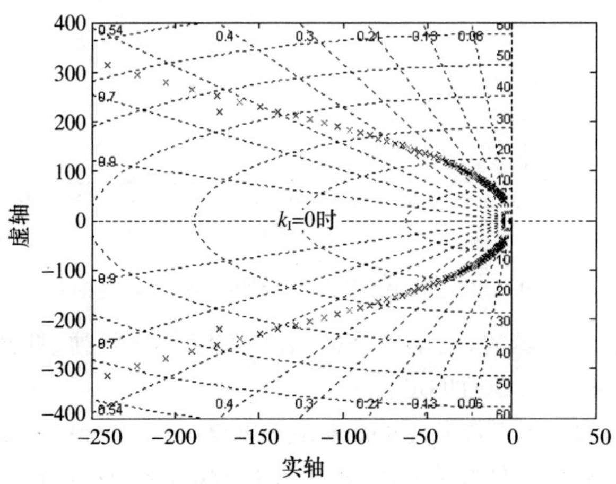

图 4-12　控制系统无积分环节时进动根轨迹图

积分系数变化时，章动和进动模态的根轨迹变化如图 4－13、图 4－14 所示，图中可以看出，积分系数主要影响低频段，进动受其影响较大，而章动几乎不受影响：

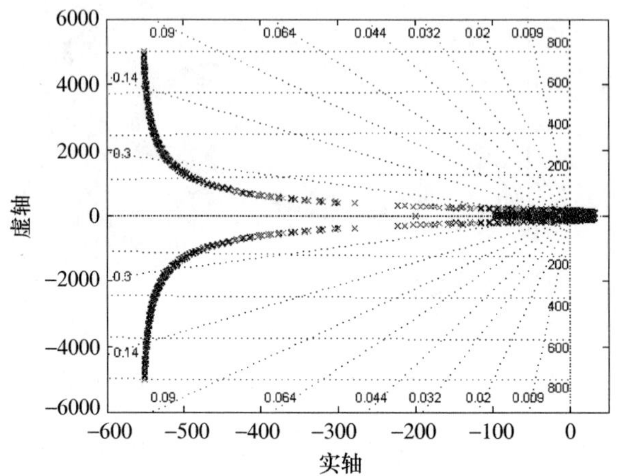

图 4－13　章动受积分系数变化影响根轨迹图

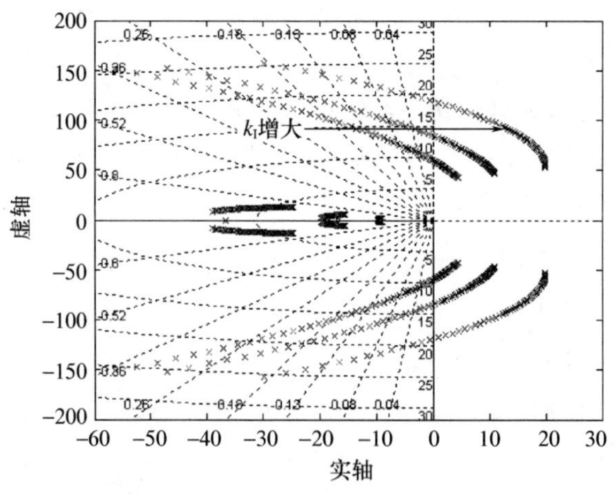

图 4－14　进动受积分系数变化影响根轨迹图

随着积分系数的增大，进动模态的阻尼减小，同一转速下的进动频率稍有增加，失稳转速降低，失稳时的进动频率升高。

（3）微分系数对磁悬浮转子系统稳定性的影响。微分系数变化时，章动和进动模态的根轨迹变化如图 4－15、图 4－16 所示，图中可以看出，微分系数对整个频段都有影响，章动受其变化的影响更甚：

① 随着微分系数的增大，章动模态的阻尼增大，同一转速下的章动频率基本不变。

② 随着微分系数的增大，进动模态的阻尼也增大，同一转速下的进动频率减小，进动失稳转速升高，失稳进动频率减小。

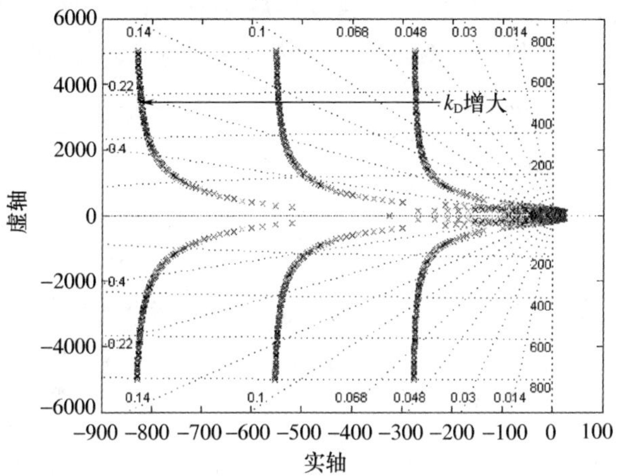

图4－15　章动受微分系数变化影响根轨迹图

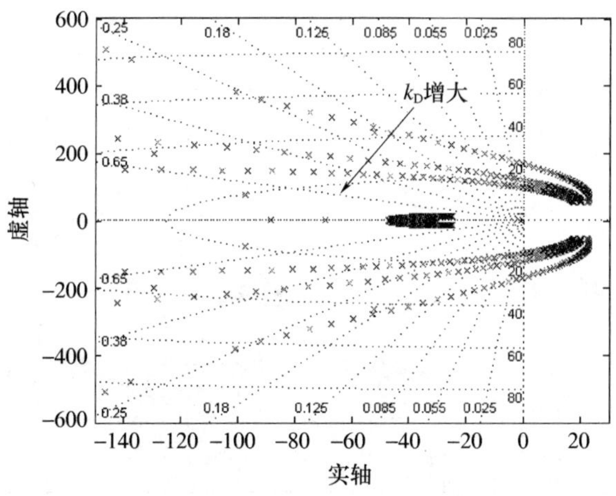

图4－16　进动受微分系数变化影响根轨迹图

（4）系统总体增益对磁悬浮转子系统稳定性的影响。系统总体增益主要是指影响整个控制系统总体放大倍数的各环节，如传感器放大倍数、控制器总比例放大倍数、功放放大倍数等。由图4－17、图4－18可以看出，当系统总体

增益增大时,进动和章动都受到影响:

① 随着总体增益的增大,章动模态的阻尼增大,同一转速下的章动频率基本不变。与微分系数变化对章动模态的影响相类似。

② 随着总体增益的增大,进动模态的阻尼增大,同一转速下的进动频率增大,进动频率随转速的变化率增大,进动失稳转速升高。但失稳时,进动模态的频率基本保持不变。与比例系数变化对进动模态的影响相类似。

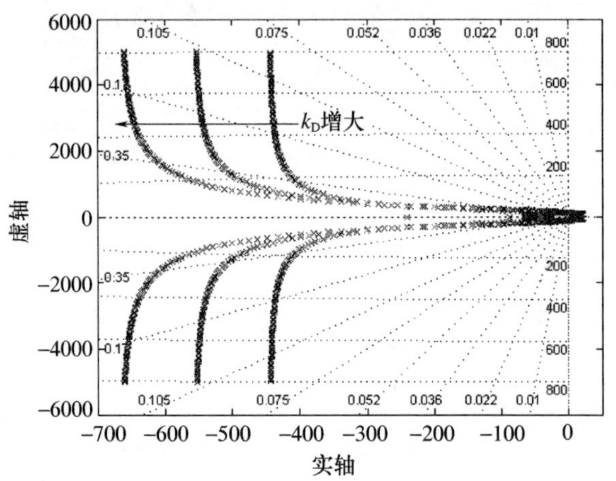

图 4-17　章动受系统总增益变化影响根轨迹图

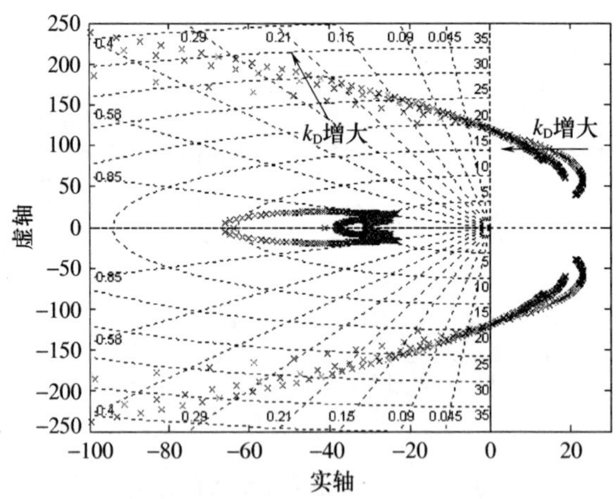

图 4-18　进动受系统总增益变化影响根轨迹图

总结以上的仿真结果,可得到以下基本结论:

(1) 采用 PID 控制时,随着转速的升高,章动模态的阻尼会不断减小,但永远不会失稳。

(2) 采用 PD 控制时，随着转速的升高，进动模态的阻尼会不断减小，但永远不会失稳。

(3) 增大微分系数、增大系统增益、减小比例系数，有利于提高章动模态的阻尼。

(4) 减小积分系数、增大微分系数、增大比例系数、增大系统增益，有利于提高进动模态的阻尼，进动模态失稳转速升高。

(5) 增大比例系数，同一转速下的章动频率升高。

(6) 增大比例系数、减小微分系数、增大系统增益、增大积分系数，同一转速下的进动频率升高。

(7) 改变比例系数、改变系统增益，对进动失稳时的进动模态频率不造成大的影响。

2) 实际分散 PID 控制系统根轨迹稳定性分析

对于实际的分散 PID 控制系统，其单通道控制回路所包含的环节较多，如图 4－19 所示，除了 PID，还包含对传感器输出信号进行滤波的低通环节(LPF)和对转子固有模态进行滤波控制的陷波环节(BEF)。另外，磁轴承功放也不能简单地等效为比例环节，对于数字控制系统，还需要考虑控制系统的时延(如采样延时、计算延时)等，这时系统模型阶次升高，如果还采用上述的状态空间建模方法，控制系统的分析将变得非常复杂和困难。

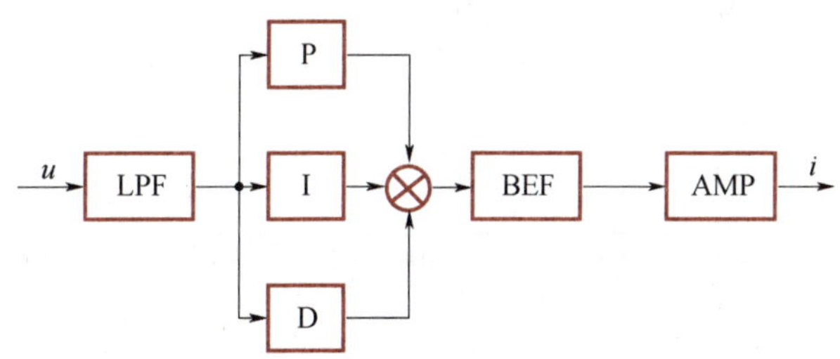

图 4－19　实际 PID 单通道控制信号流程示意图

对于实际的磁悬浮惯性动量轮磁轴承转子控制系统，可以通过 Matlab/Simulink 搭建系统模型，如图 4－20 所示，利用其绘制系统零、极点图的功能对系统稳定性进行分析。

图 4－21 给出了实际分散 PID 控制下系统极点随转速变化的根轨迹图，可以看出，随转速的升高，章动频率升高，进动频率降低，当达到临界转速时，进动、章动特征根进入右半平面，发生进动或章动失稳。

对于章动失稳，主要是由于分散 PID 控制系统中包含有低通滤波器、陷波

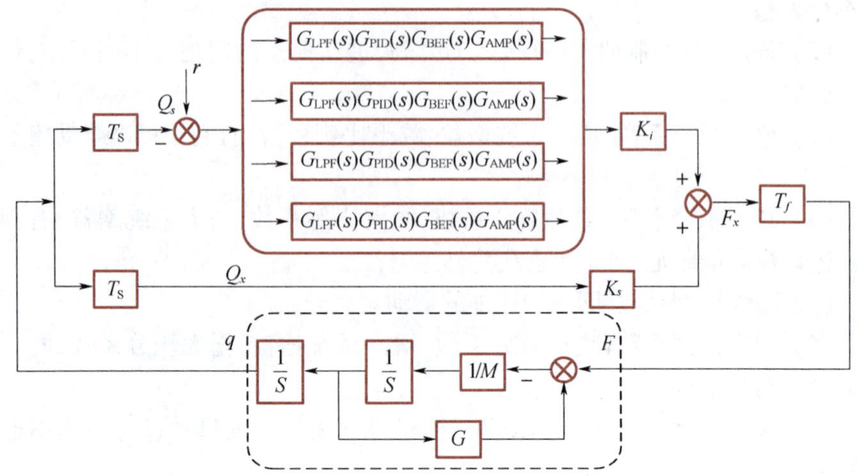

图 4-20　磁悬浮惯性动量轮分散 PID 控制系统模型

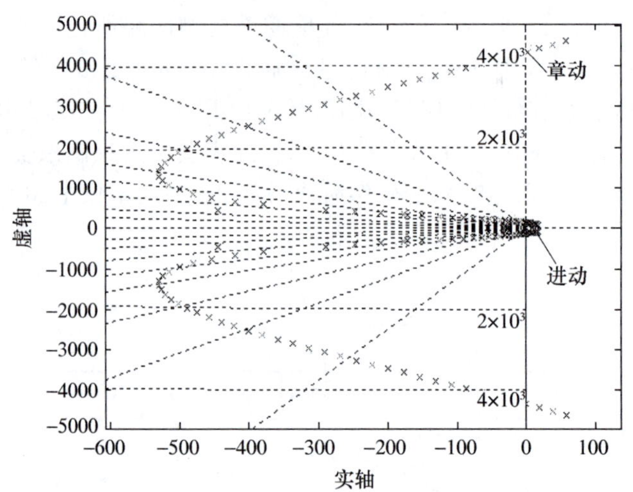

图 4-21　分散 PID 控制下系统闭环根轨迹

器等环节，引起系统高频段的相位滞后，使得高速时频率较高的章动模态得不到足够的阻尼而导致系统失稳。

对于进动失稳，则主要是由于积分环节的存在，造成控制系统低频段的相位滞后，使得高速时频率较低的进动模态得不到足够的阻尼而导致系统失稳。

2. 磁悬浮惯性动量轮系统稳定性相位图分析

前面已经提到，高转速下，转子失稳的主要原因是陀螺效应引起的涡动模态失稳，本节在线性化模型和根轨迹分析方法的基础上，介绍相位图分析法，分析涡动模态失稳的根本原因，为进一步提高系统的稳定性提供了理论指导。

转子在高速旋转时，存在运动方向相反的前向涡动（章动）和后向涡动（进动），其中章动频率随转速的升高而升高，进动频率随转速的升高而降低。以下介绍相位图分析法，分别就章动稳定性和进动稳定性进行理论分析[10,11]。

1）相位图稳定性分析方法原理

首先以简谐振动为例，简要说明一下位移、速度和加速度之间的相位关系，假设位移为

$$s = A\sin(\omega t + \theta) \tag{4-27}$$

式中：A 为振幅；ω 为振动频率；θ 为振动的初相角。

则速度 v 为位移 s 对时间的一阶导数：

$$v = \frac{\mathrm{d}s}{\mathrm{d}t} = \omega A\cos(\omega t + \theta = \omega A\sin\left(\omega t + \theta + \frac{\pi}{2}\right) \tag{4-28}$$

加速度 a 是 v 对时间的一阶导数：

$$a = \frac{\mathrm{d}y}{\mathrm{d}t} = \omega^2 A\cos\left(\omega t + \theta + \frac{\pi}{2}\right) = \omega^2 A\sin(\omega t + \theta + \pi) \tag{4-29}$$

显然，s、v、a 在相位上依次超前 90°，如图 4－22 所示（这里只给出相位关系，而不给出幅值上的定量描述）。

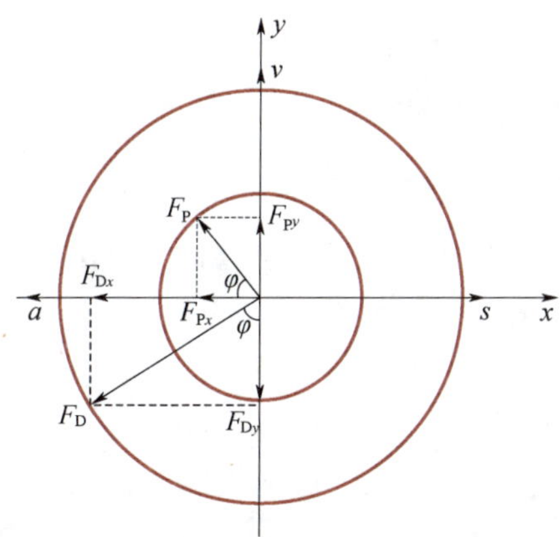

图4－22　章动失稳相位分析示意图（PD 控制）

上节分析表明，章动在理想 PID 控制下是不会失稳的，但对于实际 PID 控制系统，章动失稳主要是由于控制系统相位滞后所造成的，以下采用相位图法对其进行分析。

由于章动频率较高，积分控制对其稳定性几乎没有影响，图 4－22 给出的仅是 PD 控制下章动稳定性分析的示意图，比例控制是对误差信号按一定比例进行负反馈控制，微分控制是对误差信号的微分进行负反馈控制，系统的阻尼

主要由微分控制提供。

在图 4 - 22 中，对于理想的 PD 控制，比例控制与 s 反向，微分控制与 v 反向，而当系统存在相位滞后 φ 时，实际的比例控制和微分控制的作用分别为 F_P 和 F_D，对这两个控制分别在 x、y 方向上分解，得到 F_{Px}、F_{Py} 和 F_{Dx}、F_{Dy}。

$$F_{dmp} = F_{Dy} - F_{Py} \tag{4-30}$$

式中：$F_{Dy} = F_D\cos\varphi$；$F_{Py} = F_P\sin\varphi$；F_{dmp} 为系统的阻尼。

由式(4 - 30)可以看出，当 φ 足够大时，$F_{dmp} \leqslant 0$ 时，系统失稳。

另外，F_{Px} 和 F_{Dx} 两个作用与加速度 a 同向，起到的作用是增加闭环系统的刚度，提高章动的频率。

综上所述：控制系统要对某一运动频率实现稳定控制，必须保证足够的阻尼（或相位超前），也就是说，所有控制分量的合力应该位于第三象限或者第四象限，分解到 y 轴上的分量与速度方向是相反的，即速度负反馈控制。这只是从阻尼的角度分析了系统的稳定性，而针对磁轴承—转子这一特殊系统，不仅要通过控制提供足够阻尼，还要通过控制提供足够的刚度以克服磁轴承负刚度，才能满足系统的稳定运转。

相位图分析法直观地描述了各控制分量的变化规律，可用于控制参数的优化设计和控制系统的改进。

2）PID 控制参数对章动运动的影响

PID 控制通过对误差信号进行比例、微分和积分运算，然后求和作为控制量实现系统的稳定控制。下面具体给出实际 PID 控制参数对章动运动（包括阻尼和频率）的影响。

图 4 - 23 和图 4 - 24 分别给出了某一转速下（200Hz），章动频率及其阻尼

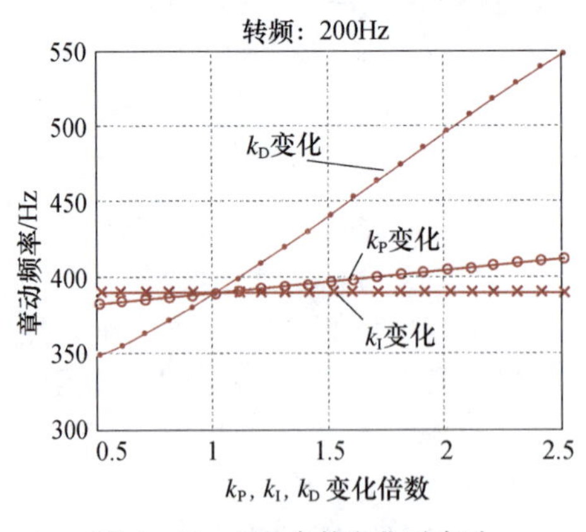

图 4 - 23　PID 参数变化对章动模态频率的影响

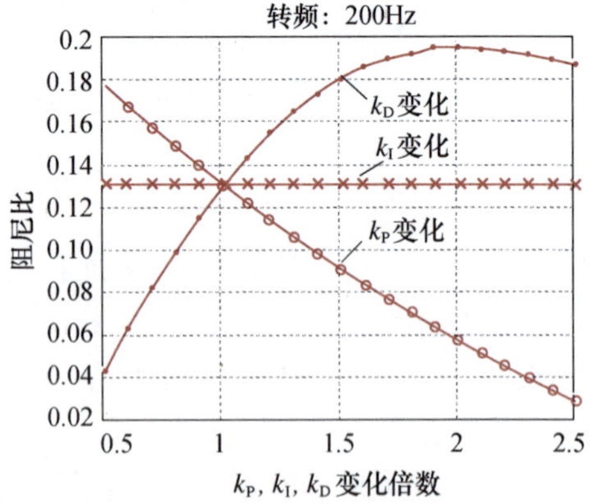

图 4 - 24　PID 参数变化对章动模态阻尼的影响

受 PID 参数变化的影响，图中横坐标表示 k_P、k_I、k_D相对其各自初始值的变化倍数，可以看出，比例控制 k_P、微分控制 k_D对章动模态的影响最大，而积分控制无论对于章动的频率还是系统的稳定性都影响非常小。这是由章动运动频率高的特点决定的。

如图4－25所示，对于比例控制，由于高频段系统的相位滞后较大，因此比例控制分解到 x 轴上的部分 $F_{Dx} = F_D\sin\varphi$ 就很小，即起到增加刚度作用的部分很小，当 k_P增大时，章动模态的刚度增加不多，由此引起的章动频率变化也不大；而比例控制分解到 y 轴上的起负阻尼作用的部分 $F_{Py} = F_P\sin\varphi$ 很大，也就是说，k_P的增大将引起系统阻尼的减小。

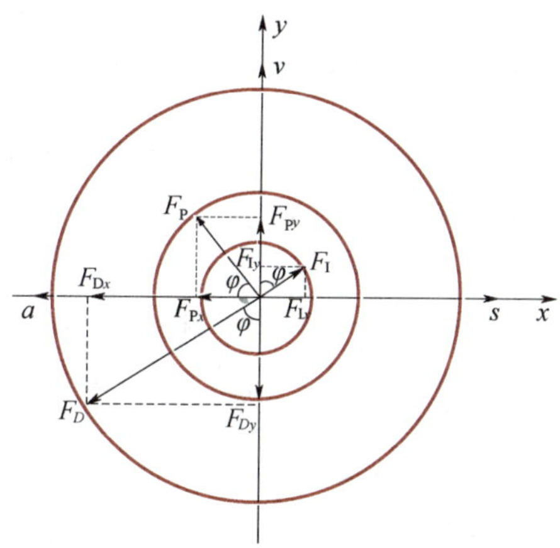

图4－25　PID 控制相位分析示意图

对于微分控制，同样由于高频段系统的相位滞后较大，因此微分控制 k_D分解到 x 轴上的分量 $F_{Dx} = F_D\sin\varphi$ 很大，k_D的增大引起章动模态刚度的增加，进而引起章动频率的大幅增加；而 k_D的增大使得模态的阻尼增大，但是由于模态频率增幅过大所引起的相位滞后也随之增大，因此分解到 y 轴上起到阻尼作用的分量 $F_{Dy} = F_D\cos\varphi$ 将在增大到一定程度之后开始减小，这也就是出现阻尼随 k_D增大先增大后减小的原因。

对于积分控制，无论对章动频率还是章动模态阻尼的影响都非常小，这主要是由于高频段的积分控制作用很弱，系统的相位滞后大，积分控制在 y 轴上的分量很小，负阻尼作用很小。

3）PID 控制参数对进动运动的影响

首先说明进动运动的特点，与章动的特点相反，进动运动的频率随着转速的升高而降低，幅值随转速的升高而增大，并且运动方向与章动相反（所以通常称进动为后向涡动)。

对于进动模态而言,由于其运动频率较低,控制系统低频段相位滞后较小,如图4-26所示,φ角很小,PID控制起到的作用不会发生变化。也就是说,对于进动模态来讲,比例控制k_P影响模态刚度,微分控制k_D影响阻尼,积分控制的目的是消除静差,同时起到负阻尼的作用。因此,比例系数增大时,模态刚度增大,进动频率提高;微分系数增大时,模态阻尼增大;积分系数增大时,模态阻尼减小,进动模态稳定性变差。

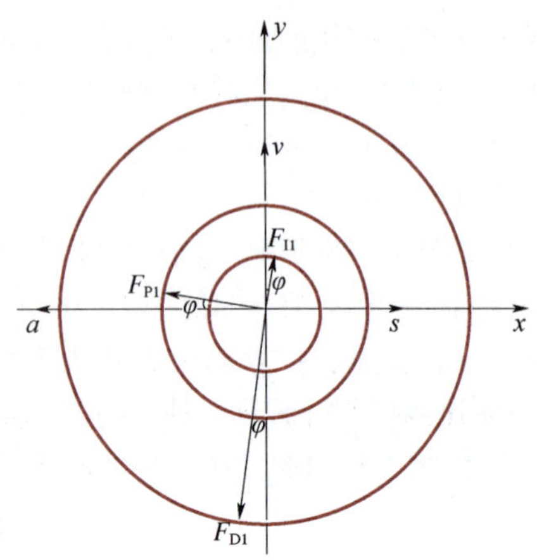

图4-26 进动运动相位分析示意图

图4-27和图4-28分别给出了某一转速下(150Hz),进动频率及其阻尼受PID参数变化的影响,具体分析如下:

从图4-27中可以看出,比例控制k_P对进动频率的影响最大,这是因为k_P的增大,使得进动模态的刚度增大,进而频率升高;在k_P增大的过程中,阻尼先增大后减小。阻尼增大是由于比例系数k_P的增大,使得进动模态的刚度增大,引起进动模态的频率升高,使得微分控制的作用加大,积分控制的作用减弱,模态阻尼增大。阻尼减小则是因为进动模态的频率升高到一定程度,系统的相位滞后增大,导致微分控制分解到y轴上的部分减小,同时比例控制分解到y轴上起到负阻尼作用的部分增大,综合作用的结果使得系统的阻尼减小。

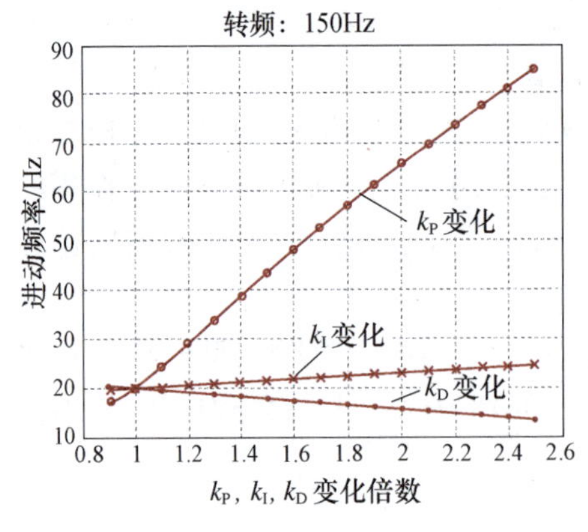

图4-27 PID参数变化对进动模态频率的影响

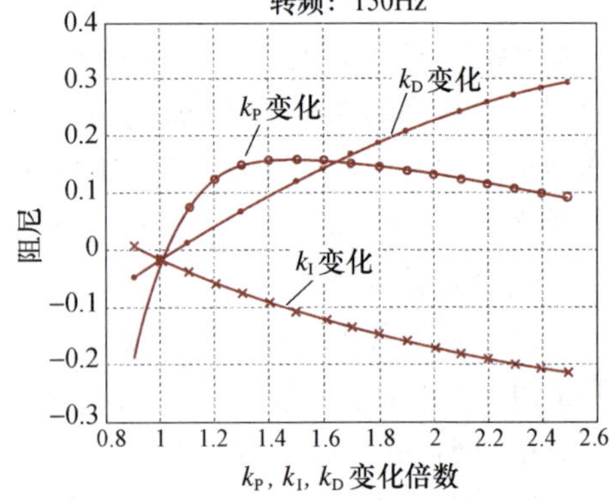

图4-28 PID参数变化对进动模态阻尼的影响

在微分控制 k_D 增大的过程中，进动模态阻尼增大，稳定性变好。同时 k_D 的增大引起进动频率的降低，这由阻尼的增大引起，由式（4－12）可知，阻尼的增大必然引起有阻尼频率的降低。

积分控制在系统中的作用是消除稳态误差，但是积分控制的一个不良影响是起到负阻尼的作用（与信号的速度矢量同相位），势必会使系统的稳定性变差。如图4－28所示，积分系数增大的过程中，进动模态阻尼降低。积分控制对进动模态的频率影响不大，且影响的趋势和微分控制的影响相反，同时，因为阻尼的减小，使得阻尼振动的频率升高。

3. 磁悬浮惯性动量轮系统稳定性时域仿真分析

磁轴承转子系统时域仿真分析模型主要借助 Matlab 中的 Simulink 组件，通过各种不同模块搭建而成，既可以采用图4－20所示的线性模型，也可以根据实际的控制电路乃至考虑磁轴承磁力的非线性搭建非线性模型，仿真中还可以加入扰动信号，如转子不平衡、传感器误差和噪声等。

以下仿真针对某磁悬浮惯性动量轮建立其基于分散 PID 控制的 Simulink 时域线性模型，同时考虑转子不平衡的影响，进行转子运动轨迹的时域分析，主要通过改变 PID 控制参数及系统带宽可以得到转子存在涡动运动时的运动轨迹仿真曲线。仿真结果所给出的转子轴运动曲线主要包括转子轴跳动曲线、轴心轨迹和转子轴振动频谱。其中转子轴跳动曲线为传感器位置测量得到的转子轴沿 x 方向随时间的运动轨迹，轴心轨迹为转子轴沿 x 和 y 两个方向运动合成得到的李莎育图，转子轴振动频谱由转子轴跳动曲线经傅里叶变换得到，可以准确地反映出不同频率的运动分量，再结合轴心轨迹，即可用来判断转子失稳的类型[10]。

1）转子进动运动轨迹

转子转频为220Hz，当控制系统积分系数过大时，仿真得到一组如图4－29所示的转子轴运动曲线，可以看出，转子轴跳动曲线中主要存在两个不同频率的运动，一个是转速同频振动，一个是频率较低的进动，约为40Hz，当转速继续升高时，进动频率会进一步降低。从轴心轨迹可以大致测算出进动频率，仿真显示，进动方向与转子转动方向反向，即所谓的后向涡动。

2）转子章动运动轨迹

转子转频为165Hz，当控制系统微分系数较小或控制系统带宽较窄时，仿真得到如图4－30所示的转子轴运动曲线。从图中可以看出，转子轴跳

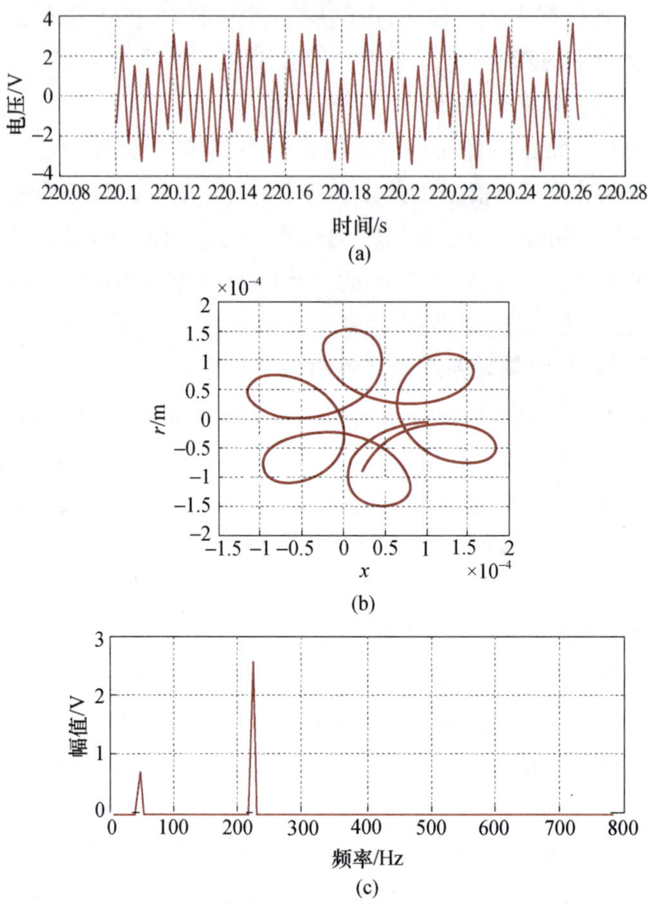

图 4－29　转子轴进动运动曲线

(a) 转子轴跳动曲线；(b) 轴心轨迹；(c) 转子轴振动频谱。

动曲线中同样存在两个不同的运动分量，一个是同频振动，一个频率较高的章动，大约 400Hz。仿真显示，章动方向与转子转动方向相同，即所谓的正向涡动。

3）转子章动失稳运动轨迹

转子转频为 200Hz，当控制系统比例系数过大，而微分系数较小时，仿真得到如图 4－31 所示的转子轴运动曲线，转子跳动量不断增大发生失稳，从振动频谱可以看出其为章动失稳。另外，由于章动稳定性受系统带宽的影响很大，即使保持 PID 参数在正常范围内，过小的系统带宽也会导致章动提前失稳。在实验中章动失稳一般表现得比较突然，不易观测到。

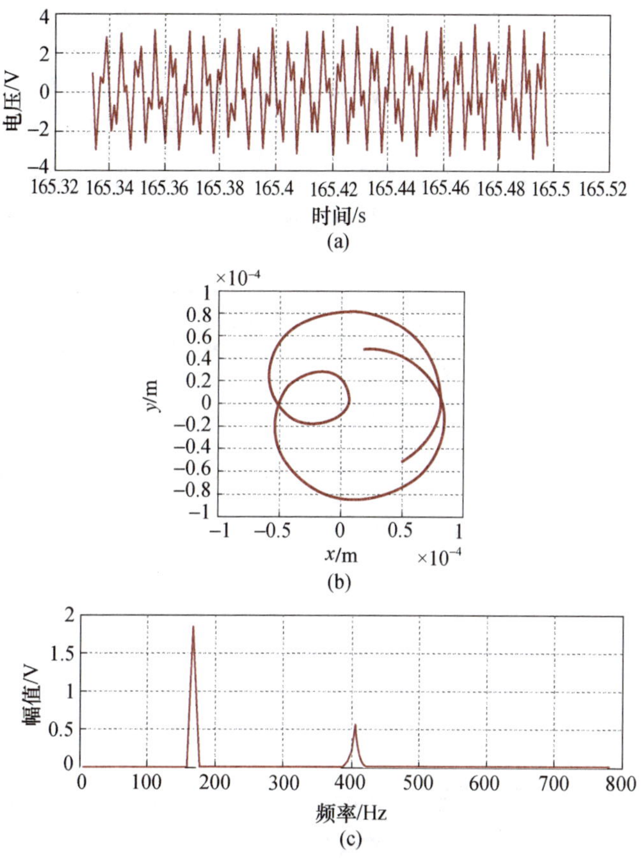

图 4 - 30　转子轴章动运动曲线

(a) 转子轴跳动曲线；(b) 轴心轨迹；(c) 转子轴振动频谱。

4）同时存在章动进动时的转子运动轨迹

转子转频为 220Hz，当控制系统积分系数过大，而微分系数较小时，仿真得到一组如图 4 - 32 所示的转子轴运动曲线，从振动频率可以看出，除转频外同时还存在章动分量和进动分量，从轴心轨迹上看，章动和进动的幅度都很大，章动已接近失稳，并且由于频率不同、方向不同，相互叠加形成非常复杂的轴心轨迹。

4. 磁悬浮惯性动量轮系统稳定性频率特性分析

1）PID 控制参数对控制回路幅相频率特性的影响

以下分析以分散 PID 实际控制参数为例，对理想 PID 控制回路的幅相频率特性曲线（理想模型）与实际 PID 控制回路的幅相频率特性仿真曲线（仿真模

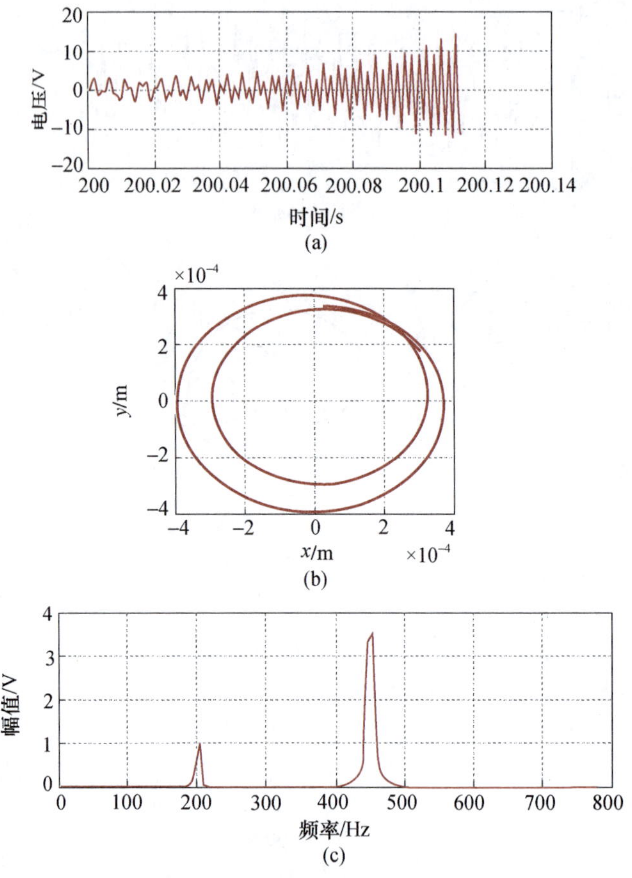

图 4-31　章动失稳时的转子轴运动曲线

(a) 章动失稳时的转子轴跳动曲线；(b) 轴心轨迹；(c) 转子轴振动频谱。

型)进行比较分析[9]。

典型的 PID 回路,其幅相频率特性曲线如图 4-33 所示,与理想 PID 回路相比,其幅频特性在低频段和高频段的放大倍率均有所减小。其相频特性,在低频段相位滞后不足 90°,在高频段相位超前不足 90°。实际 PID 在高频段能提供的相位超前最多为 60°左右。

(1) 比例系数对 PID 幅相频率特性的影响。比例系数变化时,比例回路及 PID 回路的幅相频率特性变化曲线如图 4-34、图 4-35 所示。从图中可见,当比例系数增大时,比例回路的带宽减小,幅值增大。由图 4-35 可见,比例系数对 PID 回路的幅频和相频特性都有影响。随着比例系数的增大,对幅频而言,

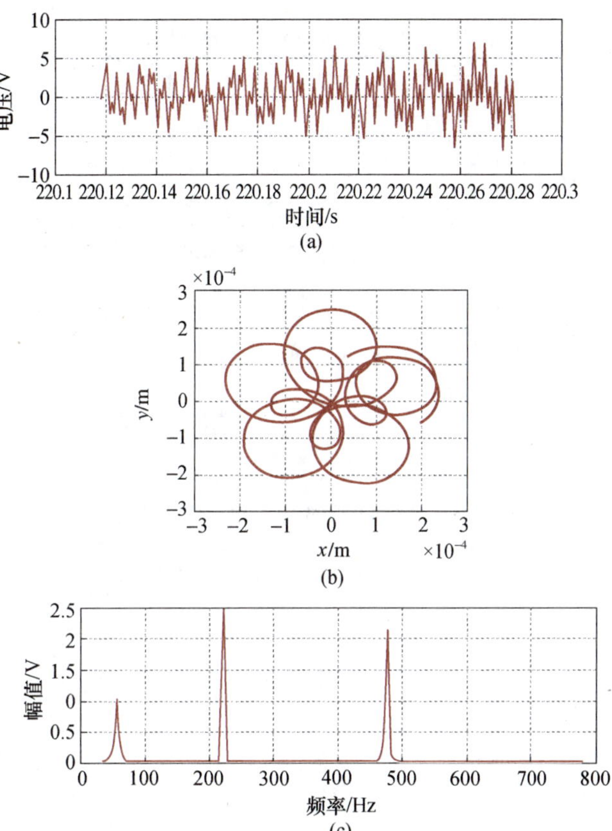

图4－32　同时存在进动和章动时的转子轴运动曲线

(a) 转子轴跳动曲线；(b) 轴心轨迹；(c) 转子轴振动频谱。

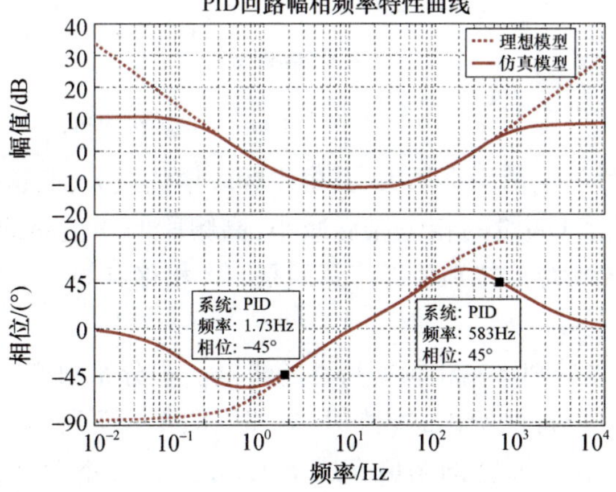

图4－33　典型PID控制回路幅相频率特性曲线

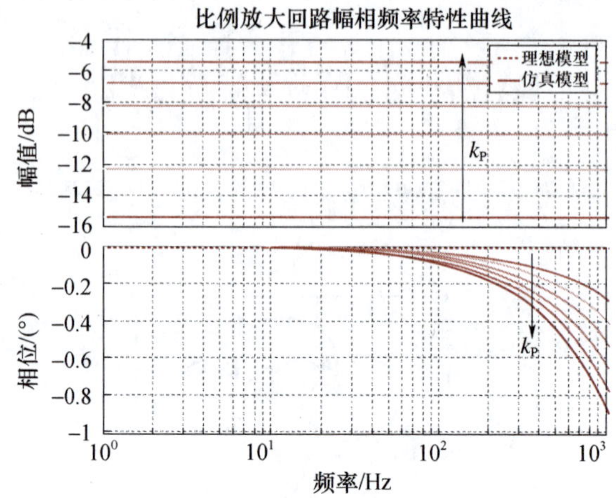

图 4－34 比例系数变化幅相频率特性曲线

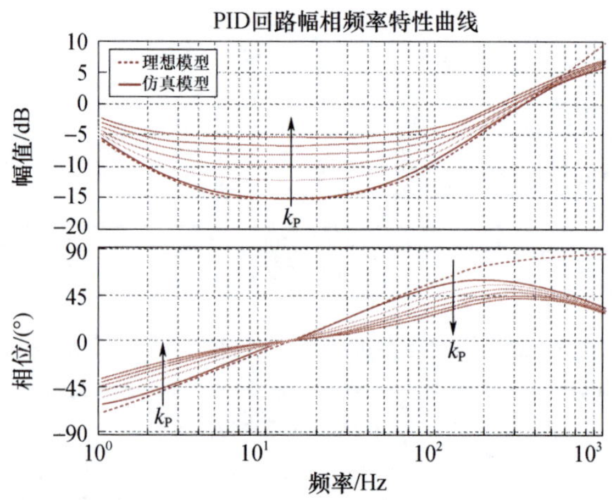

图 4－35 比例系数变化对 PID 回路的影响

PID 回路整个频段的幅值均会增大,其中中频段增幅最大,低频段和高频段增幅较小;对相频而言,低频段的相位滞后减小,高频段的相位超前减小,最大相位超前频率点后移(增大),特别值得注意的是,0° 相移点的频率基本不受比例系数的影响。

(2) 积分系数对 PID 幅相频率特性的影响。积分系数变化时,积分回路及 PID 回路的幅相频率特性变化曲线如图 4－36、图 4－37 所示。从图中可见,当积分系数增大时,积分回路的幅值有所增大,相频特性不变;由图 4－37 可见,积分系数的变化仅影响 PID 回路的低频段。随着积分系数的增大,对幅频而言,低频段幅值增大,频率越低,增幅越大;对相频而言,低频段的相位滞后增大,0° 相移点的频率增大,最大相位滞后频率点后移(增大)。

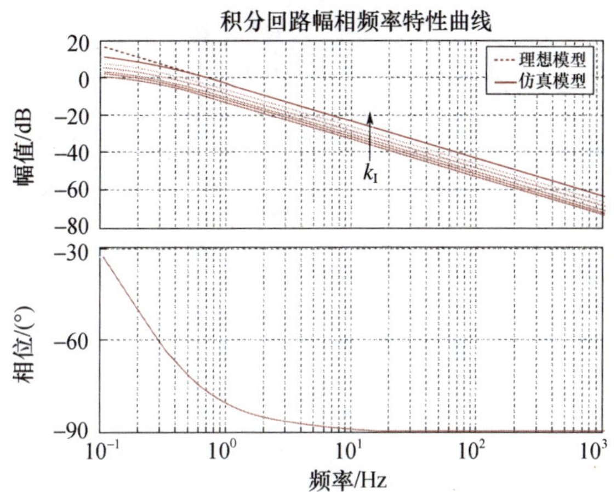

图 4－36　积分系数变化幅相频率特性曲线

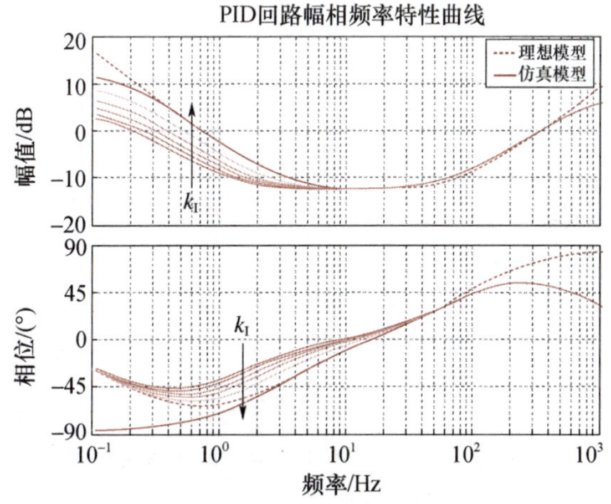

图 4－37　积分系数变化对 PID 回路的影响

(3) 微分系数对 PID 幅相频率特性的影响。微分系数变化时,微分回路及 PID 回路的幅相频率特性变化曲线如图 4－38、图 4－39 所示。由图 4－38 可见,当微分系数增大时,微分回路的幅值增大,相频特性不变;由图 4－39 可见,积分系数的变化影响 PID 回路的中高频段。随着微分系数的增大,对幅频而言,中高频段幅值增大,频率越高,增幅越大;对相频而言,低频段 0° 相移点的频率减小,中高频段的相位超前增大,最大相位超前频率点降低(这意味着,当

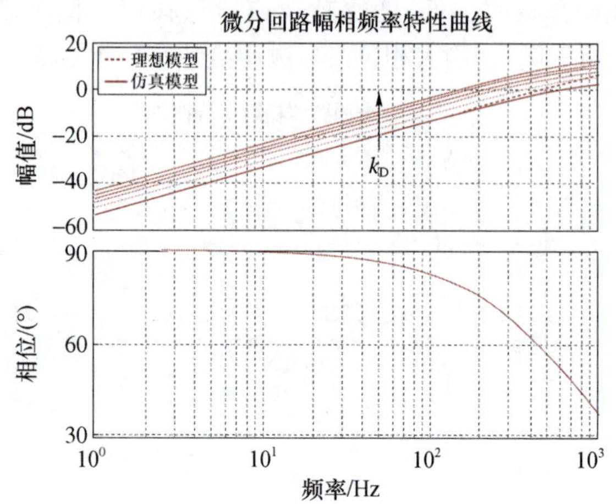

图 4-38　微分系数变化幅相频率特性曲线

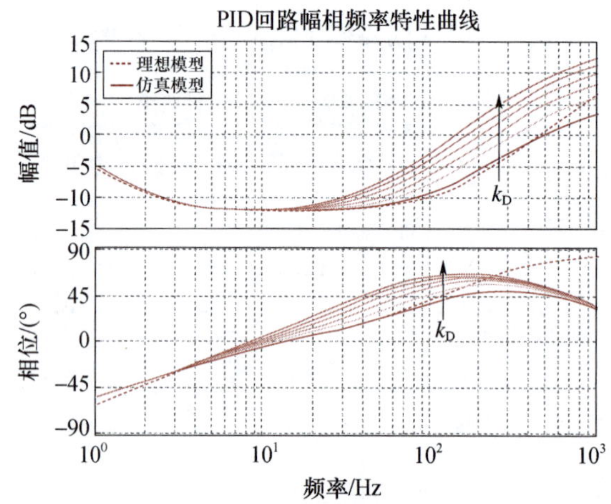

图 4-39　微分系数变化对 PID 回路的影响

微分系数增大到一定程度时,对甚高频而言,相位增量会减小,可超前裕量已不大)。

由以上的分析可以得出这样两个基本结论:

(1) 对 PID 幅频特性,增大积分系数,主要增大低频段的幅度;增大比例系数,主要增大中频段的幅度;增大微分系数,主要增大高频段的幅度。

(2) 对 PID 相频特性,增大积分系数,使低频段的相位更加滞后;增大微分系数,会使高频段的相位更加超前;而增大比例系数,则会同时减弱以上两种相位变化趋势。

2）根轨迹稳定性分析法与频率特性稳定性分析法的对等性

由于实际控制系统中的 PID 并非理想 PID，控制系统中还包括低通滤波、陷波、交叉解耦等控制电路，另外，传感器、功放的特性也对整个控制系统的稳定性造成影响，在实际的稳定性分析仿真中必须予以考虑。

采用分散 PID 控制，如图 4－40 所示，系统在转速为 162Hz 时进动模态失稳，失稳进动频率为 19Hz。对应控制系统的幅相频率特性曲线（图 4－41），在失稳进动频率时的相移恰为 0°，即控制系统对于进动而言，没有了超前控制，对进动模态无阻尼作用，系统失稳。可见进动模态的稳定性可以直接通过控制系统的幅相频率特性曲线来判断，进动模态失稳时的进动频率就是控制系统相频

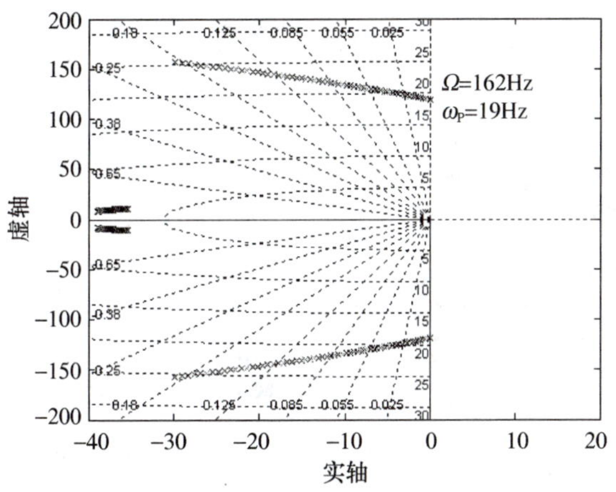

图 4－40　进动模态失稳根轨迹图

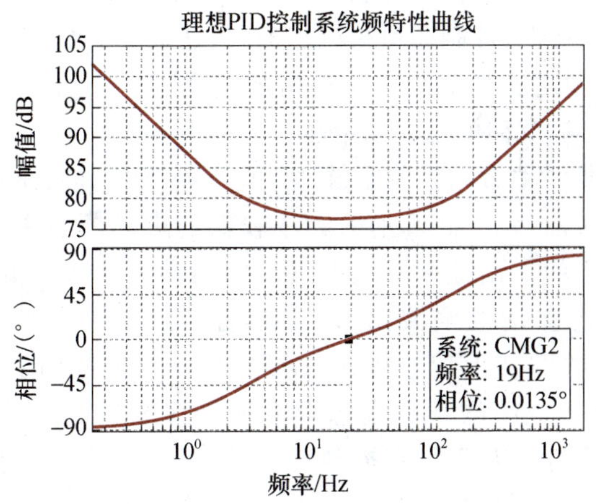

图 4－41　理想 PID 控制系统幅频特性曲线

特性曲线相移为0°时所对应的频率。

对于分散PID控制，控制系统对平动、章动和进动的控制通过同一控制回路来实现，控制律相同。高速飞轮转子，随着转速的升高，进动模态的频率会不断降低，章动模态频率会不断升高。对于含有低通滤波等相位滞后环节的分散PID控制系统，临界涡动频率与分散控制通道频率特性之间的关系如图4－42所示。

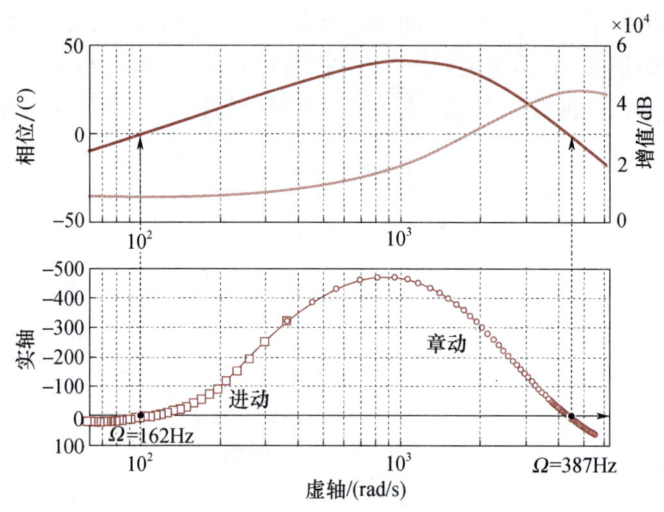

图4－42　临界涡动频率与控制系统频率特性之间的关系

章动模态与进动模态的临界涡动频率正好对应于控制通道频率特性零相移时的无阻尼频率。可见，分散控制飞轮转子系统涡动模态的稳定性主要取决于控制通道的相频特性，控制通道相位超前时，涡动模态稳定；控制通道相位滞后时，涡动模态不稳定。其中低频段的相移主要影响进动模态的稳定性，而高频段的相移主要影响章动模态的稳定性。

在实际的磁悬浮动量轮控制系统中，积分环节的引入使得系统频率特性在低频段产生相位滞后，导致高速时频率较低的进动模态由于得不到足够的阻尼而导致系统失稳。而控制系统中用于抑制噪声干扰的低通滤波器，用于抑制转子固有模态振动的陷波器，以及具有低通特性和非线性特性（将在4.4.2节中讨论）的磁轴承功放等，使得系统频率特性在高频段产生相位滞后，导致高速时频率较高的章动模态得不到足够的阻尼而导致系统失稳，从而影响章动的稳定性。对于数字控制系统，因采样频率和运算速度有限而造成的控制延时，以及信号输入输出延时，也是转子系统高速时章动模态失稳的主要原因[12,13]。

4.3　提高磁悬浮惯性动量轮转子稳定性的交叉反馈控制方法

前面的仿真结果表明，采用分散PID控制无法满足磁悬浮动量轮高速稳定悬浮控制的需求，这就要求控制系统在高速时必须有针对性地对涡动模态予以相位补偿。对于进动，尽管通过减小积分系数，增大微分系数可以使低频段的相位滞后得到改善，但高速时，进动模态依然会接近于临界稳定。对于章动，通过增大微分系数，加大系统带宽，增加相位超前环节等方法，可以使控制系统高频段的相位滞后情况得到改善。但在实际的控制系统中，这些方法均有可能引入噪声，并且大的高频增益同时还会使章动模态的振荡频率增大，若再考虑到陷波等其他因素，这些方法就会显示出一定的局限性，章动稳定性成为决定磁悬浮动量轮最高转速的决定性因素。

所以对于磁悬浮动量轮转子系统的控制，必须引入交叉[14]，以补偿控制系统在低频段和高频段的相位滞后，提高系统对进动和章动模态的稳定控制裕度。

4.3.1　基于分散PID控制的滤波交叉反馈控制方法

为了解决高速磁悬浮动量轮的稳定控制问题，对其因陀螺效应而造成的涡动模态失稳有一个初步的认识，首先对基于分散PD控制的交叉反馈算法进行原理上的推导。

假设动量轮不存在不平衡和传感器误差，则采用分散PD控制时的磁轴承控制方程可由下式描述：

$$\mathrm{Ctrl}(-\boldsymbol{Q}_S) = \mathrm{Ctrl}(-\boldsymbol{T}_S\boldsymbol{q}) = -(\boldsymbol{K}_D\boldsymbol{T}_S\dot{\boldsymbol{q}} + \boldsymbol{K}_P\boldsymbol{T}_S\boldsymbol{q}) \tag{4-31}$$

那么，磁轴承转子系统闭环模型可改写为

$$\boldsymbol{M}\ddot{\boldsymbol{q}} + (\boldsymbol{G} + \boldsymbol{T}_f\boldsymbol{K}_i\boldsymbol{K}_D\boldsymbol{T}_S)\dot{\boldsymbol{q}} + \boldsymbol{T}_f(\boldsymbol{K}_i\boldsymbol{K}_P\boldsymbol{T}_S - \boldsymbol{K}_s\boldsymbol{T}_s)\boldsymbol{q} = 0 \tag{4-32}$$

当系统处于临界稳定时，也就是说当(4-32)式中的第二项或第三项为零矩阵时，可得最优的速度交叉系数矩阵 K_{Dcross} 和最小的比例系数矩阵 $\boldsymbol{K}_{\mathrm{Pmin}}$

$$\boldsymbol{K}_{\mathrm{Dcross}} = -K_i^{-1}\boldsymbol{T}_f^{-1}\boldsymbol{G}\boldsymbol{T}_S^{-1} = \frac{J_p\Omega}{(a-b)(a_s-b_s)k_i}\begin{bmatrix} 0 & 0 & -1 & 1 \\ 0 & 0 & 1 & -1 \\ 1 & -1 & 0 & 0 \\ -1 & 1 & 0 & 0 \end{bmatrix} \tag{4-33}$$

$$k_{\mathrm{Dcross}} = \frac{J_p\Omega}{(a-b)(a_s-b_s)k_i} \tag{4-34}$$

$$
\boldsymbol{K}_{\mathrm{Pmin}} = \boldsymbol{K}_{\mathrm{i}}^{-1}\boldsymbol{K}_{\mathrm{s}}\boldsymbol{T}_{\mathrm{s}}\boldsymbol{T}_{\mathrm{S}}^{-1} = \frac{k_s}{(a_s - b_s)k_i}\begin{bmatrix} a - b_s & a_s - a & 0 & 0 \\ b - b_s & a_s - b & 0 & 0 \\ 0 & 0 & a - b_s & a_s - a \\ 0 & 0 & b - b_s & a_s - b \end{bmatrix} \tag{4-35}
$$

由于 $\dot{q}$ 的拉普拉斯变换可表示为

$$
L(\dot{q}) = sL(q) = \mathrm{j}\omega L(q) \tag{4-36}
$$

$$
L(\boldsymbol{K}_{\mathrm{Dcross}}\boldsymbol{T}_{\mathrm{S}}\dot{\boldsymbol{q}}) = s\boldsymbol{K}_{\mathrm{Dcross}}\boldsymbol{T}_{\mathrm{S}}L(\boldsymbol{q}) = \mathrm{j}\omega\boldsymbol{K}_{\mathrm{Dcross}}\boldsymbol{T}_{\mathrm{S}}L(\boldsymbol{q}) \tag{4-37}
$$

其中 j 和 ω 可以分别理解为相位超前 90°和在频率 ω 处放大 ω 倍，因而可得到最优的位移交叉（比例交叉）系数矩阵 K_{Pcross}，即

$$
\boldsymbol{K}_{\mathrm{Pcross}} = s\boldsymbol{K}_{\mathrm{Dcross}} = \pm\,\mathrm{j}\omega\boldsymbol{K}_{\mathrm{Dcross}} \tag{4-38}
$$

这里 ω 特指涡动频率（进动或章动），而其前面的正负号则取决于涡动方向与飞轮转动方向之间的关系。而正是由于位移交叉存在正负号的问题，针对涡动方向不同的章动和进动，就必须采取不同的交叉反馈控制通道。图 4－43 和图 4－44 分别简要描述了基于分散 PID 控制的速度交叉（微分交叉）和位移交叉两种反馈控制方案。图 4－44 所示的位移交叉方法，由于引入了高通滤波器（HPF）和低通滤波器（LPF），其实质上是速度交叉的一种变形，故称其为滤波交叉反馈控制方法更能体现其本质特性。

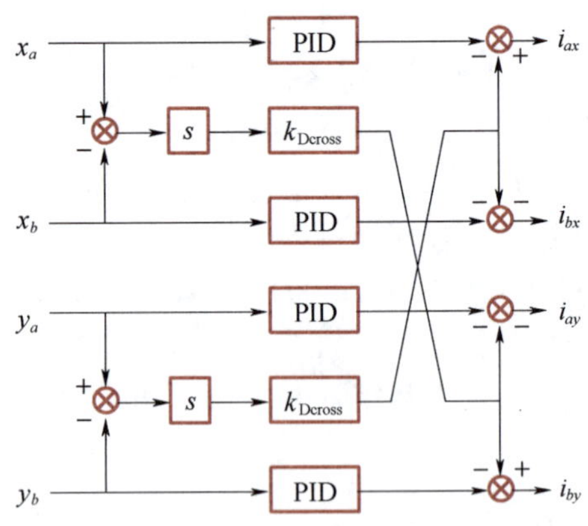

图 4－43　基于分散 PID 控制的速度交叉反馈控制原理框图

两种交叉反馈控制在频率特性上的差别如图 4－45 所示。

对于图 4－44 所示的基于分散 PID 的滤波交叉反馈控制原理框图，由于其交叉比例系数 $\omega k_{\mathrm{Pcross}}$ 中含有未知参数 ω，在实际控制系统设计时不易确定，可

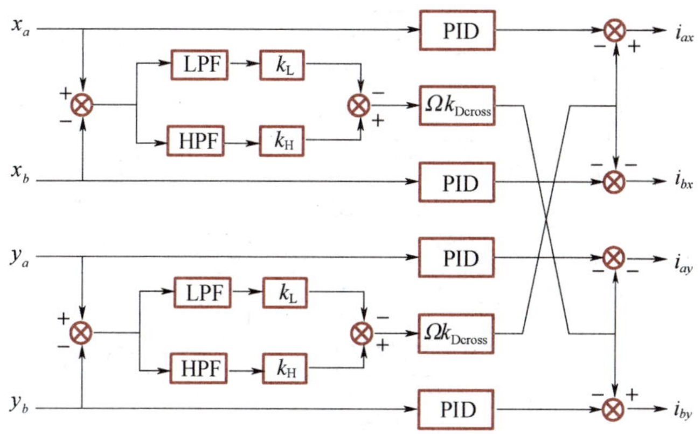

图 4-44　基于分散 PID 控制的滤波交叉反馈控制原理框图

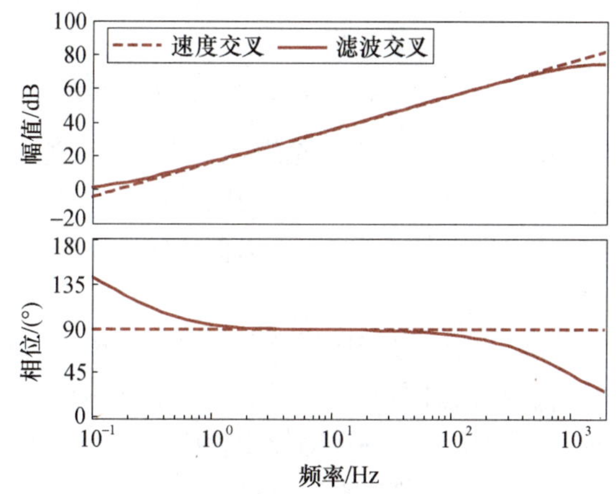

图 4-45　交叉反馈通道的频率特性曲线

以利用 ω 与转速的比例关系确定实际的交叉比例系数设为 Ωk_C，则图 4-44 变为图 4-46，其中 k_L 为低通交叉系数，k_H 为高通交叉系数，k_C 为总的交叉系数。

对图 4-46 所示的基于分散 PID 的滤波交叉反馈控制，其基本控制思路是：在分散 PID 控制器的基础上，通过转子两端同轴径向位移信号（ax 与 bx，ay 与 by）的差分将转轴的转动运动（涡动）提取出来，送到交叉反馈控制模块，利用进动模态和章动模态在频率上的差异，用低通滤波器和高通滤波器对进动信号和章动信号进行分离，然后根据章动和进动各自的涡动方向，利用径向各通道位移信号彼此之间在相位上的超前、滞后关系，分别对进动模态和章动模态实现交叉相位补偿（超前控制），为章动模态和进动模态提供足够的阻尼，由于进动和章动的运动方向相反，所以在实际的控制中，章动交叉和进动交叉的控

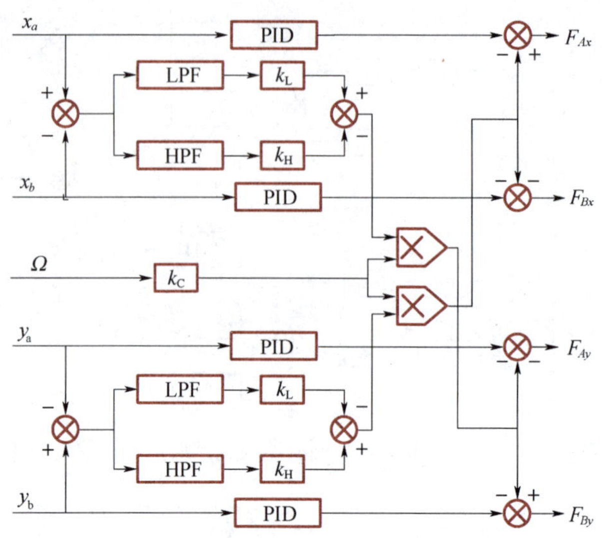

图 4-46　基于分散 PID 的滤波交叉反馈控制

制信号在极性上正好相反。另外考虑到陀螺耦合力矩与转速的正比例关系，以及进动频率随转速下降和章动频率随转速上升的特点，在交叉控制通道中引入了与转速信号成正比的交叉比例系数 Ωk_C，以保证转子系统在不同转速时的稳定性。

如图 4-46 所示，除了简单的 PID 环节外，X 端 A、B 的信号差通过低通滤波器将进动频率分量提取，同时通过高通滤波器将章动频率分量提取，根据系数 k_L、k_H 所占的比例不同决定对两种涡动控制程度的强弱。由于交叉信号与转速信号相乘，当转速很低时，陀螺效应不明显时，交叉控制很弱，主要是 PID 控制；随着转速的不断升高，交叉控制的比重不断增大，针对进动和章动的控制效果增强，从而实现进动和章动的有效控制。采用的 PID 滤波交叉控制律如下：

$$
\begin{cases}
F_{Ax} = -k_P x_a - k_I \int x_a \mathrm{d}t - k_D \dot{x}_a - \Omega[k_L(y_{AL} - y_{BL}) - k_H(y_{AH} - y_{BH})] \\
F_{Ay} = -k_P y_a - k_I \int y_a \mathrm{d}t - k_D \dot{y}_a - \Omega[k_L(x_{AL} - x_{BL}) - k_H(x_{AH} - x_{BH})] \\
F_{Bx} = -k_P y_b - k_I \int x_b \mathrm{d}t - k_D \dot{x}_a - \Omega[k_L(y_{AL} - y_{BL}) - k_H(y_{AH} - y_{BH})] \\
F_{By} = -k_P y_b - k_I \int y_b \mathrm{d}t - k_D \dot{y}_a - \Omega[k_L(x_{AL} - x_{BL}) - k_H(x_{AH} - x_{BH})]
\end{cases}
\tag{4-39}
$$

式(4－39)中前三项为普通的PID控制，最后一项为交叉项。本质上讲，交叉解耦控制是用相位上超前转子90°的信号来控制转子。这种控制能有效抑制陀螺效应引起的涡动，因此能大大提高转子的失稳转速。

对于额定转速较低的磁悬浮动量轮转子系统，采用一般的基于分散PID的交叉反馈控制方法，就可以保证进动模态的稳定。但对于高转速的磁悬浮姿控储能两用飞轮或磁悬浮控制力矩陀螺，考虑到磁轴承控制器和功放不可避免的高频相位滞后，以及数字控制系统的计算延迟和采样延迟，上述控制参数相对固定的交叉反馈控制方法将难以保证高速下章动模态的稳定控制。

4.3.2 基于分散PID控制的转速自适应滤波交叉反馈控制方法

基于分散PID控制的交叉反馈控制算法，无论采取哪种具体的交叉反馈方式(速度交叉反馈、滤波交叉反馈等)，原则上都可用图4－47来表示[15]。

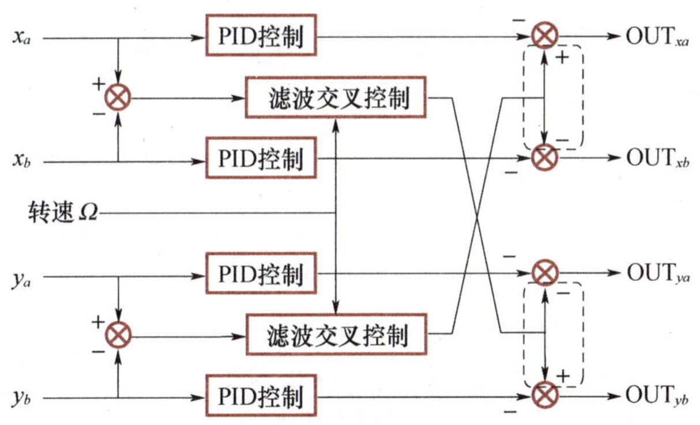

图4－47　基于分散PID的交叉反馈控制算法

对于基于分散PID的滤波交叉反馈控制，章动交叉控制通道采用截止频率固定的高通滤波器进行相位补偿控制，可控章动频率范围有限，很难同时满足磁悬浮动量轮系统不同转速的稳定控制要求。

为了保证磁悬浮动量轮转子在从低转速到高转速整个升、降速过程中，都能够有足够的稳定裕度，可以跟随飞轮转速，采用分段或连续调整交叉通道滤波器的截止频率、滤波增益的方法，对涡动模态，特别是对章动模态进行自适应相位超前补偿，实现磁悬浮动量轮的全转速高稳定性悬浮。这里介绍一种转速自适应的滤波交叉反馈控制方法，其交叉控制模块原理框图如图4－48所示。

仿真分析和实验结果表明，通过提高章动交叉的截止滤波，可以提供更多的相位超前补偿，因而可以采用转速自适应的滤波交叉方法，针对不同转速时的相位补偿需求，采用跟随转速在截止频率不同的多级高通滤波通道之间切换

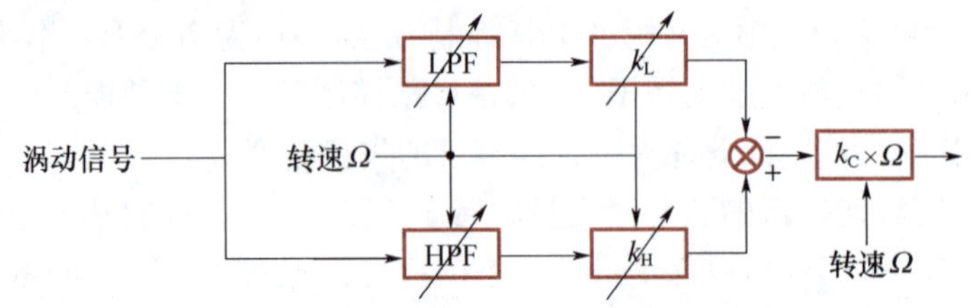

图 4-48　涡动模态自适应滤波交叉控制模块原理框图

的方法，来实现不同转速下章动阻尼的补偿，从而大幅度提高系统章动稳定性。

图 4-49 就是针对章动频率随转速大范围变化，而采取的一种分段调整高通滤波器截止频率和滤波增益的具体实现方法。

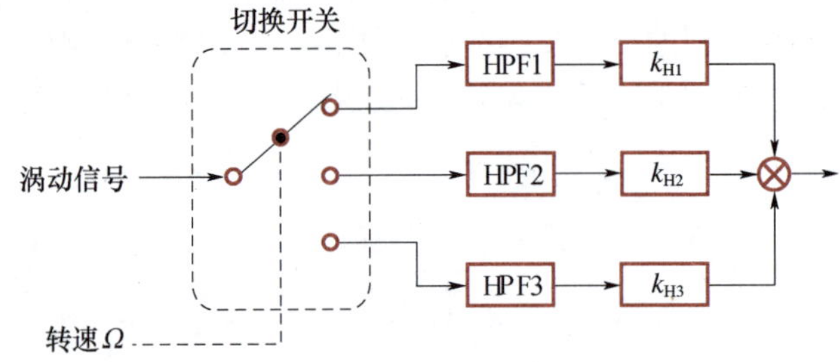

图 4-49　章动模态转速自适应滤波交叉控制模块原理框图

对于数字控制器，章动交叉通道采用跟随转速升高，交叉高通滤波器截止频率由低到高多级切换的交叉滤波方式，其切换方式如图 4-50 所示，HPF1 到 HPF5 为章动交叉通道的高通滤波器，其截止频率由 HPF1 到 HPF5 依次升高，转速不同，采用截止频率不同的高通滤波通道。

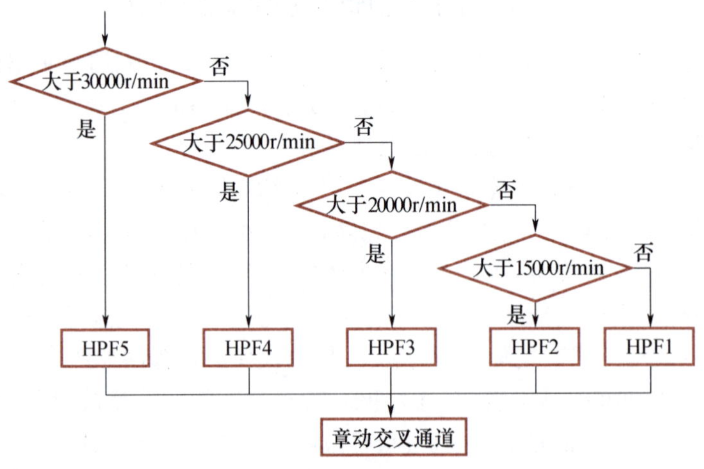

图 4-50　章动模态转速自适应滤波交叉控制多级切换方法

4.3.3 基于模态解耦控制的滤波交叉反馈控制方法

集中模态控制(状态反馈):按照刚体动力学,转子动力学模型实际的输入量为对刚体质心的作用力及对刚体的力矩。若采用状态量(质心位移及转子偏转角)进行状态反馈,针对转子平动、转动这两种解耦模态,采用不同的控制率,便可实现完全的解耦控制。

采用基于模态的交叉反馈控制,其基本控制原理与基于分散 PID 的交叉反馈控制相似。主要的区别在于,模态控制将转子平动与转动分开控制,转子平动与转动控制可以采取不同的分散 PID 控制参数,而单独就交叉反馈控制这一部分而言,本质上没有大的区别。在控制器的实现上,模态控制需要进行输入坐标转换和输出坐标转换。

4.4 磁悬浮惯性动量轮交叉反馈控制系统稳定性判据及分析

4.4.1 磁悬浮惯性动量轮交叉反馈控制系统稳定性判据及应用

1. 交叉反馈控制系统稳定性判据[9]

磁悬浮动量轮在水平放置时(转子轴在水平面内),飞轮转子的轴向运动与径向运动之间的耦合很小,故不考虑轴向运动对径向运动所造成的影响,同时也忽略了重力的影响。

根据磁悬浮动量轮刚性转子动力学模型,当转子结构左右对称($a=-b$, $a_s=-b_s$),且磁轴承参数对称(两径向磁轴承具有相同的电流刚度系数 k_i 和位移刚度系数 k_s , $k_s>0$)时,采用分散控制的磁悬浮动量轮转子系统在质心坐标系下的运动方程可写为

$$\begin{cases} m\ddot{x}-2k_sx+2k_ii_{\mathrm{d}}(x)=0 \\ m\ddot{y}-2k_sy+2k_ii_{\mathrm{d}}(y)=0 \end{cases} \tag{4-40}$$

$$\begin{cases} J_{\mathrm{e}}\ddot{\alpha}+J_{\mathrm{p}}\Omega\dot{\beta}-2a^2k_s\alpha+2aa_sk_ii_{\mathrm{d}}(\alpha)=0 \\ J_{\mathrm{e}}\ddot{\beta}-J_{\mathrm{p}}\Omega\dot{\alpha}-2a^2k_s\beta+2aa_sk_ii_{\mathrm{d}}(\beta)=0 \end{cases} \tag{4-41}$$

式中: $i_{\mathrm{d}}(\cdot)$ 为分散控制算法。这时转子的平动和转动之间是相互解耦的。其中式(4-40)描述了转子的平动,而式(4-41)则描述了转子绕 x、y 轴的转动,当转子转速不为零时,这两个转动之间是相互耦合的[16]。

引入交叉反馈控制(参见图4-51)后,式(4-40)保持不变,式(4-41)变为

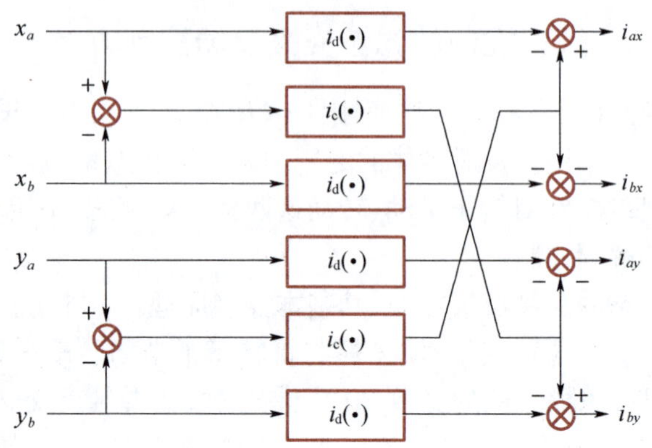

图 4-51　交叉反馈控制示意图

$$\begin{cases} J_e\ddot{\alpha} + J_p\Omega\dot{\beta} - 2a^2k_s\alpha + 2aa_sk_ii_d(\alpha) + 4aa_sk_ii_c(\beta) = 0 \\ J_e\ddot{\beta} - J_p\Omega\dot{\alpha} - 2a^2k_s\beta + 2aa_sk_ii_d(\beta) - 4aa_sk_ii_c(\alpha) = 0 \end{cases} \tag{4-42}$$

式中：$i_c(\cdot)$ 为交叉控制算法。可见对于磁悬浮对称飞轮转子系统，引入交叉反馈并不影响转子的平动。

对式(4-42)所描述的转子转动运动方程进行拉普拉斯变换，并假设分散控制通道和交叉控制通道的传递函数均可写为两个多项式的比，即

$$i_d(\cdot) = n_d(\cdot)/d_d(\cdot) \tag{4-43}$$

$$i_c(\cdot) = n_c(\cdot)/d_c(\cdot) \tag{4-44}$$

式中，$n_d(\cdot)$、$d_d(\cdot)$ 分别为分散控制通道传函的分子多项式和分母多项式；$n_c(\cdot)$、$d_c(\cdot)$ 分别为交叉控制通道传函的分子多项式和分母多项式。

那么，系统转动运动的特征方程为

$$[(J_es^2 - 2a^2k_s)d_d(s)d_c(s) + 2aa_sk_in_d(s)d_c(s)]^2 + [J_p\Omega sd_d(s)d_c(s) + 4aa_sk_id_d(s)n_c(s)]^2 = 0 \tag{4-45}$$

由 $j^2 = -1$（j 为虚数单位），式(4-45)可化为

$$[(J_es^2 - 2a^2k_s)d_d(s)d_c(s) + 2aa_sk_in_d(s)d_c(s)] = \pm j[J_p\Omega sd_d(s)d_c(s) - 4aa_sk_id_d(s)n_c(s)] \tag{4-46}$$

整理可得

$$i_d(s) \pm 2ji_c(s) = \frac{n_d(s)}{d_d(s)} \pm 2j\frac{n_c(s)}{d_c(s)} = \frac{-J_es^2 \pm jJ_p\Omega s + 2a^2k_s}{2aa_sk_i} \tag{4-47}$$

当系统临界稳定时,有 $s = \mathrm{j}\omega$,代入式(4-47)得

$$i_{\mathrm{d}}(\mathrm{j}\omega) \pm 2\mathrm{j}i_{\mathrm{c}}(\mathrm{j}\omega) = \frac{J_{\mathrm{e}}\omega^2 \mp J_{\mathrm{p}}\Omega\omega + 2a^2k_s}{2aa_sk_i} \tag{4-48}$$

式(4-48)即为引入交叉反馈控制后转子系统涡动模态临界稳定条件。对应分散控制的转子系统涡动模态临界稳定条件为

$$i_{\mathrm{d}}(\mathrm{j}\omega) = \frac{J_{\mathrm{e}}\omega^2 \mp J_{\mathrm{p}}\Omega\omega + 2a^2k_s}{2aa_sk_i} \tag{4-49}$$

分析式(4-48)所确定的系统涡动模态临界稳定条件,等式左端为分散控制通道频率特性 $i_{\mathrm{d}}(\mathrm{j}\omega)$ 与交叉控制通道频率特性 $i_{\mathrm{c}}(\mathrm{j}\omega)$ 的复系数代数和,称其为涡动控制通道频率特性。由于等式右端为实数,涡动模态临界稳定,就意味着涡动控制通道频率特性曲线穿越实轴(相移为 $n\pi$),穿越点处的频率即为临界涡动模态无阻尼振荡频率 ω_ω 。记涡动控制通道频率特性曲线穿越实轴时的增益为 i_ω,即

$$i_\omega = [i_{\mathrm{d}}(\mathrm{j}\omega) \pm 2\mathrm{j}i_{\mathrm{c}}(\mathrm{j}\omega)]\,|\omega = \omega_\omega \tag{4-50}$$

则由式(4-50)可求得涡动模态临界转速:

$$\Omega = \frac{J_{\mathrm{e}}}{J_{\mathrm{p}}}\omega_\omega + \frac{2a^2k_s - 2aa_sk_ii_\omega}{J_{\mathrm{p}}\omega_\omega} \tag{4-51}$$

式(4-51)中进动临界频率取负值,即 $\omega_\omega < 0$;章动临界频率取正值,即 $\omega_\omega > 0$。

式(4-48)所确定的涡动模态临界稳定条件和所确定的涡动模态临界转速,使得在实际控制系统的调试中,只需通过涡动控制通道频率特性的测算,即可确定转子系统临界涡动频率和临界转速。

在控制系统无阻尼频率处,控制通道频率特性 $i_{\mathrm{d}}(\mathrm{j}\omega)$ 为常值,记作 i_k 。则由式(4-51)可推导出系统涡动模态无阻尼振荡频率 ω_ω 与转速 Ω、控制通道增益 i_k 之间的换算关系。记章动模态频率为 ω_{n} ,进动模态频率为 ω_{p} (负值表示与转子转速方向相反),则

$$\omega_{\mathrm{n}} = \frac{1}{2}\left[\frac{J_{\mathrm{p}}}{J_{\mathrm{e}}}\Omega + \sqrt{\left(\frac{J_{\mathrm{p}}}{J_{\mathrm{e}}}\Omega\right)^2 + \frac{8a(a_sk_ii_k - ak_s)}{J_{\mathrm{e}}}}\right] \tag{4-52}$$

$$\omega_{\mathrm{p}} = \frac{1}{2}\left[\frac{J_{\mathrm{p}}}{J_{\mathrm{e}}}\Omega - \sqrt{\left(\frac{J_{\mathrm{p}}}{J_{\mathrm{e}}}\Omega\right)^2 + \frac{8a(a_sk_ii_k - ak_s)}{J_{\mathrm{e}}}}\right] \tag{4-53}$$

由式(4-52)、式(4-53)可得到磁悬浮动量轮无阻尼振荡涡动频率随转速变化的曲线,如图4-52所示,由图中可看出,零转速时涡动频率唯一,起始频率由系统控制通道增益决定。转速不为零时,涡动频率分叉为章动模态和进

动模态两个频率，章动模态涡动方向与转子旋转方向相同，进动模态涡动方向与转子旋转方向相反，如图 4－53 所示。随着转速的上升，章动频率不断增大，最后趋近于 $J_p/J_e \cdot \Omega$；进动频率不断减小，最后趋近于 0。

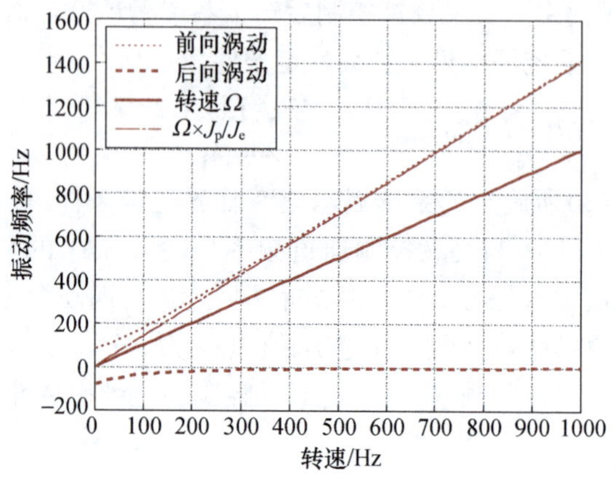

图 4－52　磁悬浮动量轮无阻尼振荡涡动频率随转速变化曲线

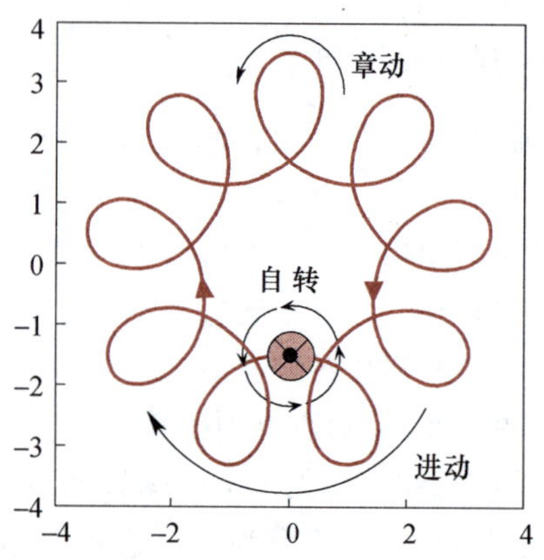

图 4－53　同时存在章动和进动时的磁悬浮动量轮转子轴心轨迹

转子系统临界转速随涡动控制通道增益和临界涡动频率变化的等高线如图 4－54 所示。

2. 稳定性判据在滤波交叉反馈控制系统中的应用

磁悬浮动量轮交叉通道控制电路原理框图如图 4－55 所示：CLPF、CHPF 分别表示交叉用低通和高通滤波器，k_L 和 k_H 为相应的比例系数，用于控制交叉比例。Ω 为转子的转速，k_C 为交叉量比例系数。

对于涡动（章动和进动）而言，由于它们的运动形式都是转轴的转动，在转

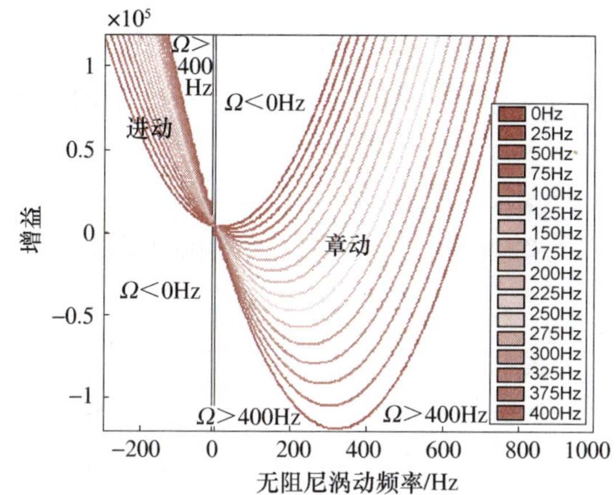

图 4-54　磁悬浮动量轮临界转速等高线

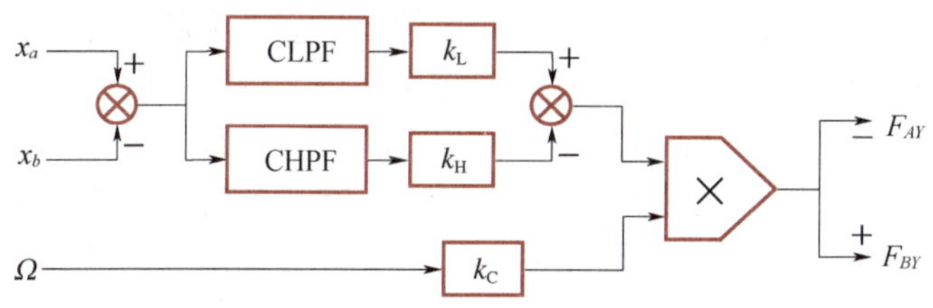

图 4-55　交叉通道控制原理框图

子两端测得的转子涡动角位移信号相互反相，对两端信号作差实际上是将单端转轴转动（涡动）角位移信号放大为原信号大小的两倍。

对章动而言，由于其运动方向与转子同向，可知转子各通道之间的几何运动相位关系（图 4-56），如 $AX+$ 较 $AY+$ 在相位上超前 90°，在数学上可以用虚数单位 j 来表示这种相位关系，即 $a_x = a_y \cdot \mathrm{j}$。则实际的交叉通道控制电路原理框图（图 4-55）对章动而言可等效为图 4-57 的形式。

对进动而言，由于其运动方向与转子反向，可知转子各通道之间的几何运动相位关系 $a_x = -a_y \cdot \mathrm{j}$。则实际的交叉通道控制电路原理框图（图 4-55）对进动而言可等效为图 4-58 的形式。

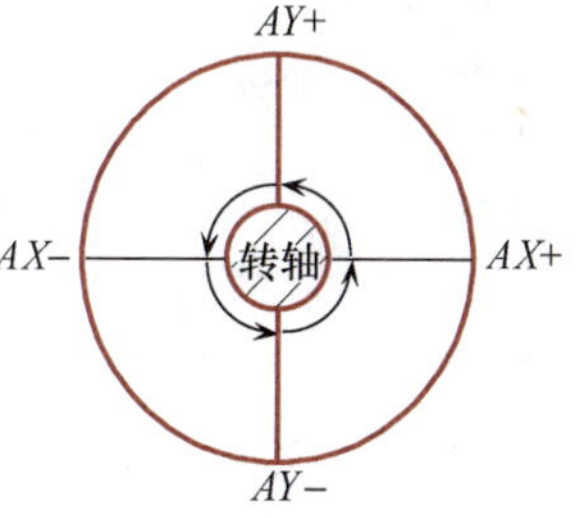

图 4-56　转子 A 端几何运动关系示意图

对章动而言，整个交叉回路的幅相频率特性曲线如图 4-59 所示。交叉回路以 137Hz 为分割点，对低于该频率的章动运动为滞后控制，且随着频率的降低，相位滞后不断减小，幅值放大倍率不断减

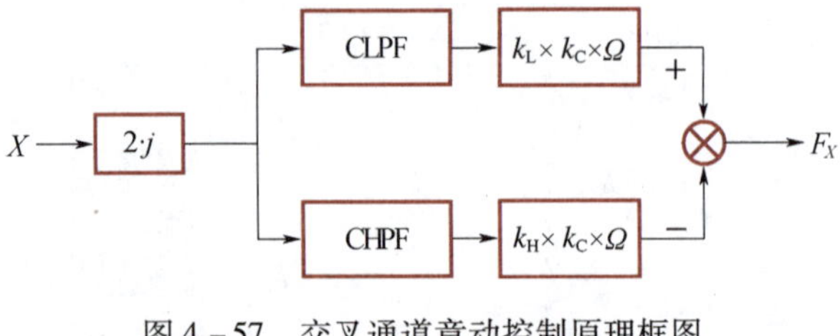

图 4－57　交叉通道章动控制原理框图

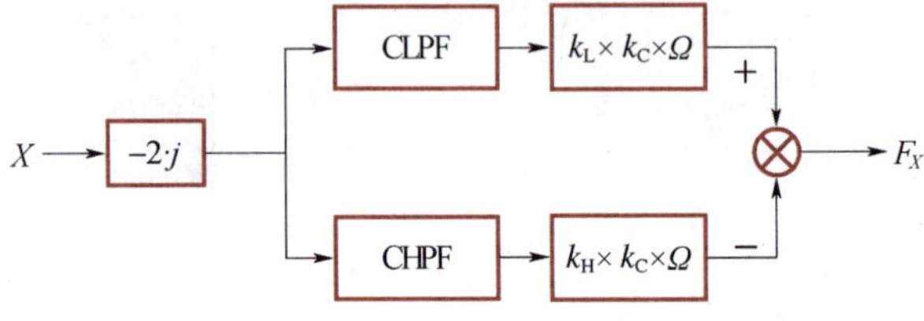

图 4－58　交叉通道进动控制原理框图

小，最终相位滞后接近 90°；对高于该频率的章动运动为超前控制，且随着频率的升高，相位超前不断减小，幅值放大倍率不断增大，最终相位超前接近 90°。

对于进动而言，整个交叉回路的幅相频率特性曲线如图 4－60 所示，与图 4－59所示曲线比较，在幅频特性上保持不变，在相频特性上正好反相，相位上相差 180°。从图中可见，交叉回路同样以 137Hz 为分割点，对低于该频率的进动运动为超前控制，且随着频率的降低，相位超前不断增加，幅值放大倍率不断减小，最终相位超前接近 90°；对高于该频率的进动模态为滞后控制，且随着频率的升高，相位滞后不断增加，幅值放大倍率不断增大，最终相位滞后接近 90°。

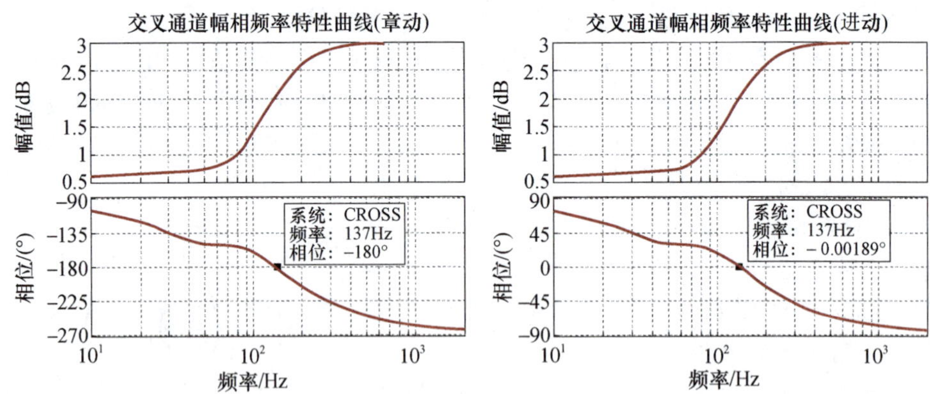

图 4－59　交叉支路（章动）幅相频率特性曲线　图 4－60　交叉支路（进动）幅相频率特性曲线

对于交叉控制，借助于这种等效方法，便可实现控制器各通道之间的解耦分析，然后像分析分散控制那样，对系统章动和进动稳定性的分析，则交叉 PID 控制的等效单通道结构框图如图 4－61 所示。

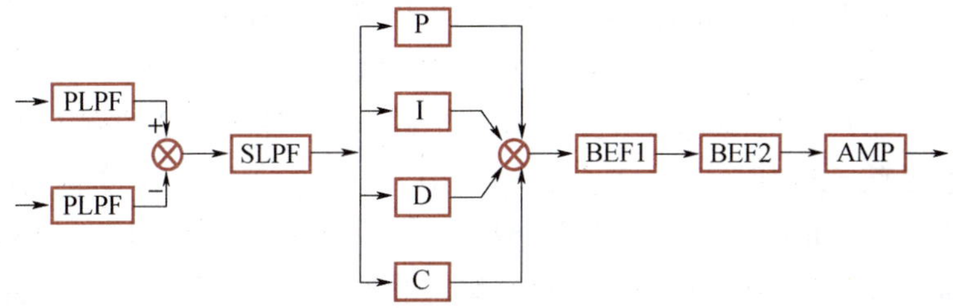

图 4－61　交叉 PID 控制等效单通道结构框图

通过以上的等效，在滤波交叉控制中，控制系统对于进动、章动和平动的控制性能则可分别进行研究。对于实际的磁悬浮动量轮系统，随着转速的上升，章动频率和进动频率从 0 转速时的同一频率点出发，章动频率不断增大，进动频率不断减小。对于章动和进动，除了受 PID 参数的影响外，章动运动主要受交叉高通回路的控制，进动运动主要受交叉低通回路的控制。可见这种滤波交叉方式无论对章动还是进动都能提供超前控制（提供阻尼），但是由于对章动和进动的控制在相位上相差 180o，必然导致对章动和进动的控制相互影响，在交叉控制支路设计时必须综合考虑。而对于平动，由于它不受交叉通道控制的影响，依然主要由 PID 控制回路控制。

以下将加入交叉的 PID 控制回路简称为 PIDC 控制回路。其幅相频率特性曲线如图 4－62 中粗实线所示。与单独的交叉回路幅相频率特性曲线（图中细实线）比较可见，当加入较大量的交叉后，对于章动（进动）的控制主要由交叉控制回路决定。

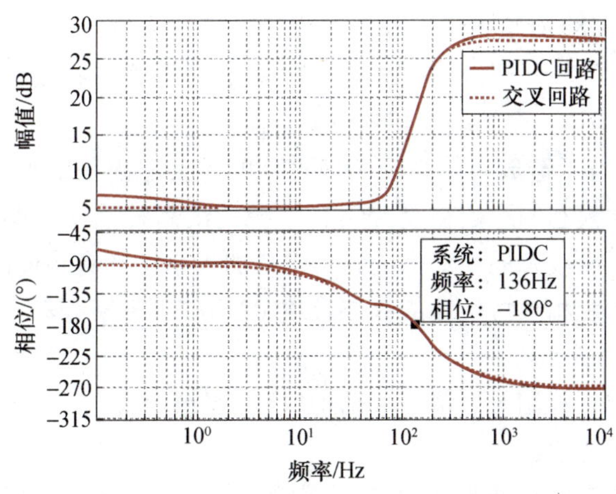

图 4－62　等效 PIDC 控制回路幅相频率特性曲线

为了分析 PIDC 各种交叉方式的特点及其相互之间的影响。以下将仅加入低通(进动)交叉的 PID 控制回路简称为 PIDLC 控制回路,将仅加入高通(章动)交叉的 PID 控制回路简称为 PIDHC 控制回路。各种交叉控制方式的幅相频率特性曲线比较如图 4-63 所示。从图中可见,进动交叉主要影响低频段,相位更加滞后;而章动交叉主要影响高频段,相位更加超前;而在中频段(约 10Hz ~ 300Hz)PIDC 控制回路的幅相频率特性则受到进动和章动交叉的共同影响。另外,由幅频特性还可以看出,PIDC 控制使得控制回路对整个频段的控制量加大。

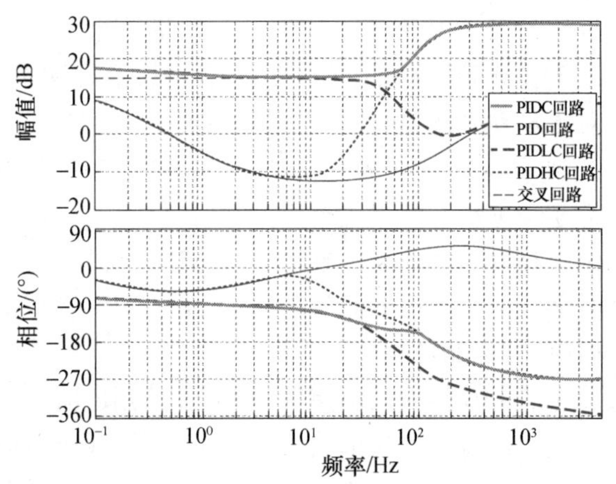

图 4-63 各种 PIDC 回路幅相频率特性曲线

利用式(4-48)所给出的涡动模态临界稳定性条件,以章动模态稳定性分析为例。对应交叉控制算法,其涡动模态根轨迹图和章动控制回路的频率特性曲线如图 4-64 所示,系统临界转速明显提高。

综上所述,由于造成飞轮系统高速失稳的主要原因是章动模态的稳定性,因此把提高章动模态的稳定裕度和飞轮系统的最高转速作为参数优化的主要目的。而提高章动模态的稳定裕度的实质是加大系统在高频段的相位裕度,即抬高整个控制系统相频特性曲线高频段的 0°相移点频率(该频率以后称 0°相移带宽)。

对于交叉 PID 控制等效单通道结构框图,要想增大该通道的 0°相移带宽,主要从两方面来考虑:

(1) 串联环节的设计改进:可考虑尽量改善该通道中的串联相位滞后环节(低通滤波器、陷波器、功放)的相位滞后情况,但由于其电路结构及可调节参数

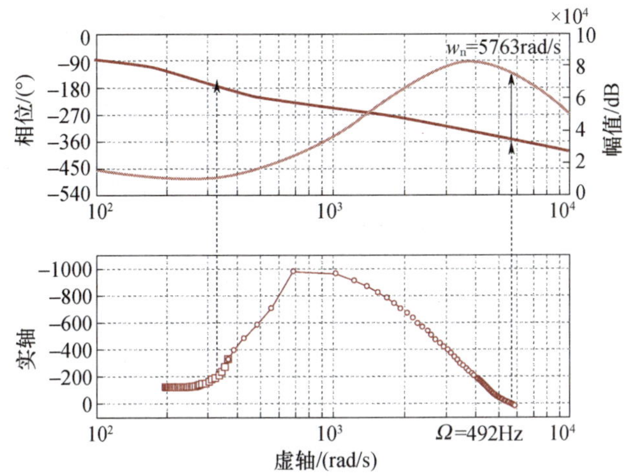

图 4-64　临界章动频率与章动控制频率特性之间的关系

与系统干扰信号或固有振动模态抑制有关，在参数优化时应综合考虑系统的整体性能，进行必要的折衷。

（2）并联环节的设计改进：可考虑改善控制通道中提供相位超前的 PIDC 回路的整体相位超前情况。由于该回路中各环节为并联结构，要使其整体相位更加超前，有两种渠道：一是尽量改善并联各支路的相位情况，减小相位滞后支路的滞后，增大相位超前支路的超前；另一是调整并联各支路之间的相对比例系数，增大相位超前量大的环节的比例系数，减小相位滞后环节及相位超前量小的环节的比例系数。另外，由于章动模态和进动模态的稳定性主要由交叉通道的频率特性所决定，在参数优化中应以交叉通道的参数优化为重点。

3. 稳定性判据在转速自适应滤波交叉反馈控制系统中的应用

由于影响高速磁悬浮转子系统稳定性的主要是章动模态的稳定性，以下对交叉通道中高通滤波器截止频率对章动稳定性的影响进行分析，这是基于转速自适应的滤波交叉反馈控制方法的理论基础。

一阶高通滤波器截止频率变化时交叉通道的幅相频率特性曲线变化如图 4-65 所示，二阶高通滤波器截止频率变化时交叉通道的幅相频率特性曲线变化如图 4-66 所示。从图中可见，加大高通滤波器的截止频率，在高频段可以明显地提供更多的相位超前。对二阶滤波器来说，中频段相频特性变差，低频段相位滞后加大。对一阶滤波器来说，中频段相频特性呈线性变化（对数坐标），但同样的高通截止频率所能提供的相位超前不如二阶（但这一不足可通过进一步抬高高通截止频率予以克服）。

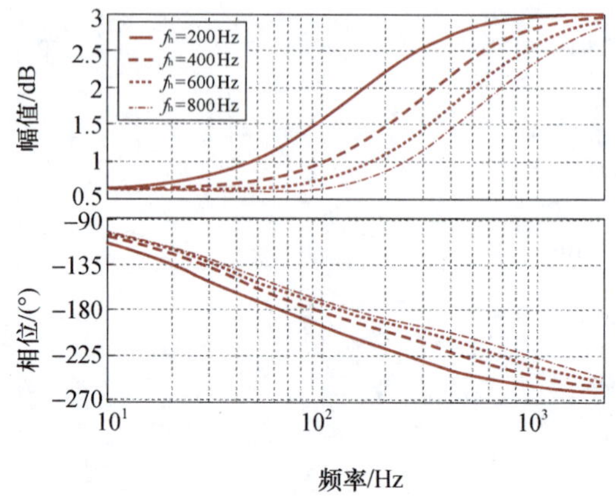

图 4-65　一阶高通滤波截止频率变化交叉通道频率特性曲线

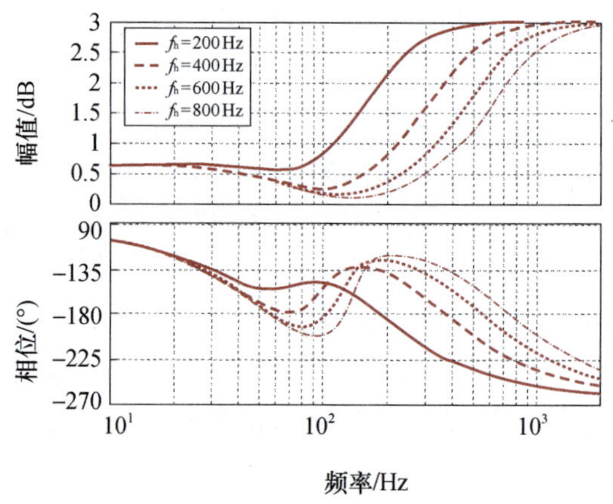

图 4-66　二阶高通滤波截止频率变化交叉通道频率特性曲线

因此,在交叉通道滤波方式的选取上,宜采用一阶或二阶高、低通进行交叉滤波。在截止频率的选取上,应综合考虑进动和章动两种模态的稳定性,同时与高、低通的交叉比例、滤波器增益相结合,适当选取,既要保证章动模态有足够的相位裕度,又要保证进动模态不受大的影响。

通过幅相频率特性的分析得出一个基本的结论:交叉用高通滤波器的截止频率越高,系统的相位裕度越大,失稳章动频率越高,章动失稳转速也越高。高通滤波器阶次越高、增益越大,高频段系统的相位裕度越大,但由于中频段的相位反复,在选用时需要针对实际的系统具体分析。

4.4.2 磁轴承功放非线性对磁悬浮惯性动量轮系统章动稳定性的影响

1. 磁轴承功放—线圈线性模型[17,18]

对于磁轴承功放，其控制输入由磁轴承控制器给出，输出量则为通过磁轴承线圈的电流，传统上常将其等效为图 4－67 所示的线性模型，由该模型可以得到其闭环传递函数：

$$G_{a}(s)=\frac{k_{a}}{L_{coil}s+R_{coil}+k_{a}k_{f}} \tag{4-54}$$

式中，L_{coil}、R_{coil} 分别为磁轴承线圈的电感、电阻；k_a、k_f 分别为功放的开环放大倍数、电流反馈系数。

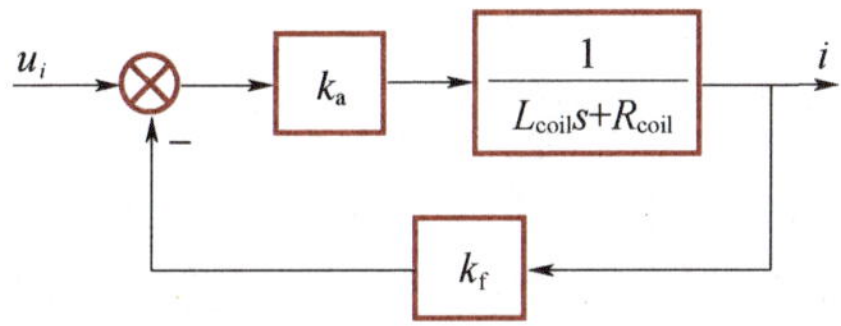

图 4－67 磁轴承功放—线圈线性模型

由(4－54)式可以看出，该磁轴承功放—线圈模型为典型的一阶惯性环节，具有一阶低通特性。功放的闭环直流放大倍数 k_{amp} 由下式决定：

$$k_{amp}=\frac{1}{\dfrac{R_{coil}}{k_{a}}+k_{f}} \tag{4-55}$$

通常，由于线圈电阻很小，只有几欧姆，因此功放直流放大倍数主要由电流反馈系数 k_f 决定，k_f 越大，功放闭环直流放大倍数越小。

由式(4－54)，功放的截止频率 ω_{amp} 可表示为

$$\omega_{amp}=2\pi f_{amp}=\frac{R_{coil}+k_{a}k_{f}}{L_{coil}} \tag{4-56}$$

明显可以看出，线圈电感 L_{coil} 越大，功放带宽越窄，而增大功放的开环放大倍数 k_a 或电流反馈系数 k_f，均有利于增加功放的带宽，提高其频率响应速度，但要注意其对开关功放放大倍数的影响。

2. 磁轴承 PWM 功放的非线性

磁轴承开关功率放大器实际上是一个跟踪控制电路，其目标是使输出的实际电流能尽量无失真地跟踪输入控制信号[19]，它以电流为控制变量，将控制信号与电流反馈信号作比较，根据比较结果的不同，决定接通还是断开直流母线

电源,使负载线圈中的电流增加或减小。磁轴承线圈的电压、电流关系可表示为

$$L\frac{\mathrm{d}i_{\mathrm{AB}}(t)}{\mathrm{d}t}+Ri_{\mathrm{AB}}(t)=U-\Delta U \tag{4-57}$$

式中:R 为磁轴承线圈的等效电阻;L 为磁轴承线圈的等效电感;U 为直流母线电源电压;ΔU 为其余环节(主要是功率开关管)的导通压降。

由于磁轴承开关功率放大器除磁轴承线圈感应电动势以外的压降很小,为简单起见,忽略其他环节的压降以及磁轴承线圈等效电阻上的压降,则磁轴承线圈电流的最大变化率为

$$\left[\frac{\mathrm{d}i_{\mathrm{AB}}(t)}{\mathrm{d}t}\right]_{\max}=\frac{U}{L} \tag{4-58}$$

由式(4-58)可以看出,磁轴承开关功率放大器的电流响应速度同磁轴承线圈的等效电感 L 成反比,同直流母线电源电压 U 成正比。

由于磁轴承控制系统中采用开关功率放大器,当磁轴承开关功率放大器输出电流波形在不失真的情况下,是一个与控制信号形状相同的波形上叠加一个高频的三角波形。一般而言,控制信号期望的输出电流的最大变化率小于磁轴承开关功率放大器所能够响应的最大电流变化率时,才能近似认为开关功率放大器的输出电流信号能够不失真地跟踪了控制信号。也就是说,对于一个期望的正弦电流控制信号为 $i_{\mathrm{c}}=I_{\mathrm{A}}\sin(\omega t)$ 时,当满足式(4-59)时,才能认为磁轴承开关功率放大器能够不失真地输出相应的响应电流信号。

$$\left.\frac{\mathrm{d}i_{\mathrm{c}}}{\mathrm{d}t}\right|_{\max}=I_{\mathrm{A}}\omega\leqslant\frac{U}{L} \tag{4-59}$$

可以把 $I_{\mathrm{A}}\omega$ 称为控制电流的幅度频率积,磁轴承开关功率放大器能够响应的最大幅度频率积是一个反映其速度响应的重要指标。由于受到磁轴承线圈感性负载的影响,磁轴承开关功率放大器的电流输出存在最大电流上升速率和最大电流下降速率。当控制信号期望的电流变化率大于磁轴承开关功率放大器所能提供的最大电流变化率时,开关功率放大器输出的电流信号将不再很好地跟踪控制信号的变化,而是相对于控制信号会有相位滞后,这种滞后会影响磁轴承闭环控制系统的稳定性。

电流响应速度取决于磁轴承开关功率放大器直流母线电源电压和磁轴承线圈的等效电感。可以通过提高直流母线电源电压或减小磁轴承线圈电感的方法来提高电流响应速度。在磁轴承进行设计时,应考虑采用尽可能

小的电感线圈；而当电磁铁设计好之后，想要提高磁轴承开关功率放大器的电流响应速度就只能通过提高开关功率放大器的直流母线电源电压来实现。

由于磁轴承开关功率放大器输出的控制电流 i_c 是磁轴承转子偏离平衡位置点位移 x 的传递函数，包括位移传感器、控制器和功率放大器三部分（磁轴承正常工作情况下，位移传感器和功率放大器均为比例增益环节，控制器也为线性环节），如果记为 k_c，则有

$$i_c = k_c x \tag{4-60}$$

由纯电磁径向磁轴承的受力方程，可得磁轴承转子所受的电磁力为

$$F_x = (k_s + k_i k_c)x \tag{4-61}$$

对于某个 k_i，k_c 直接反映磁轴承系统的控制刚度。当磁轴承转子受到干扰而偏离平衡位置点位移为 x 时，只有控制系统产生的电磁回复力大于磁轴承的位移刚度所产生的偏离力，磁轴承控制系统才能够稳定，即（$k_s < 0$）

$$k_i k_c x > -k_s x \tag{4-62}$$

磁轴承转子在旋转过程中振动的频率始终是与转子转频同频，当磁轴承转子的振动为 $x = x_m \sin(\omega t)$ 时（x_m 为磁轴承转子的转动振幅，ω 为同频振动角频率），磁轴承控制系统期望开关功率放大器输出的控制电流应为

$$i_c = k_c x_m \sin(\omega t) \tag{4-63}$$

对照式（4-59），只有满足

$$\left.\frac{\mathrm{d}i_c}{\mathrm{d}t}\right|_{\max} = k_c x_m \omega \leqslant \frac{U}{L} \tag{4-64}$$

时，磁轴承开关功率放大器才能不失真地给出相应的控制电流，进而产生相应的控制力 $F_c = k_i k_c x_m \sin(\omega t)$。根据式（4-64）可以看到，在磁轴承开关功率放大器电流响应速度一定的情况下，转子刚度和转速是一对矛盾，解决这个矛盾的方法就是提高功率放大器的电流响应速度。

从磁轴承开关功率放大器电流响应速度的角度来考虑，磁轴承转子产生同频振动 $x = x_m \sin(\omega t)$ 时，根据式（4-62）和式（4-64），得（$k_s < 0$）

$$\frac{-k_s}{k_i} x_m \omega < k_c x_m \omega \leqslant \frac{U}{L} \tag{4-65}$$

即转子产生同频振动 $x = x_m \sin(\omega t)$ 时，磁轴承的位移刚度 k_s、电流刚度 k_i、转子转动振幅 x_m 和同频振动角频率 ω 四者之间满足（4-66）时，磁轴承控制系统才能够稳定。

$$\frac{|k_s|}{k_i} x_m \omega < \frac{U}{L} \tag{4-66}$$

然而,在对所采用的开关型 PWM 功率放大器的测试中发现,功放的主要性能参数会随着输入信号的频率和幅值的变化而变化。特别是其频率特性,不但与输入信号的频率有关,而且还受到输入信号幅值的影响,表现出很强的非线性。这主要是由于受到磁轴承线圈感性负载的影响,功放输出电流存在最大电流上升速率和最大电流下降速率。当功放输入信号的变化速率超过一定值时,功放的输出电流将不再跟随输入信号的变化作线性变化,而是以最大电流上升(或下降)速率跟随输入信号的变化趋势直线上升(或下降),输出电流波形变为锯齿波,由于锯齿波中不仅包含同频成分,还含有各阶倍频成分,功放的这一特性必然会对整个控制回路造成影响,导致检测到的转子位移信号中含有除转频信号以外的倍频信号。功放输入信号幅值和频率变化对功放输出信号的影响如图 4-68 所示。

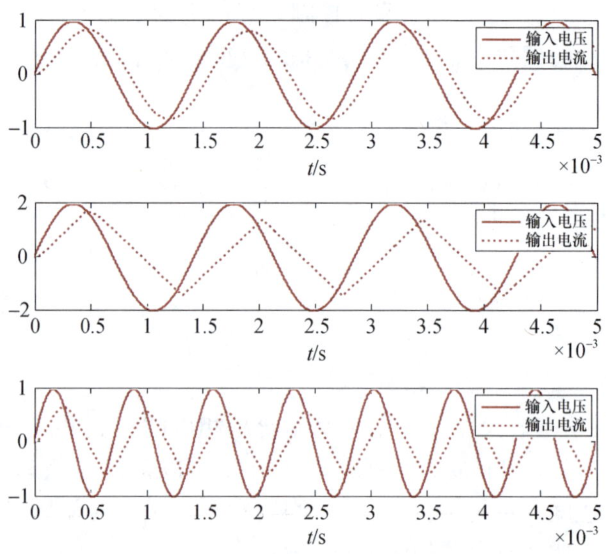

图 4-68　功放输出电流与输入电压的关系

根据实际测量得到的功放最大电流上升速率和最大电流下降速率,建立功放的非线性数学仿真模型。对不同频率、幅值的正弦输入信号,会得到不同的输出,利用 FFT 变换,提取功放仿真输出信号中与输入信号同频的分量,并与输入信号比较,最终可得到功放的等效频率特性曲线,如图 4-69 所示。从图中可以看出,在输入信号频率较低时,功放输出电流可以无失真地跟随输入信号的变化,无任何相移。随着输入信号频率的上升,输出信号幅值逐渐衰减,相位滞后增大,且输入信号幅值越大,功放输出电流的幅值衰减和相位滞后越严重。

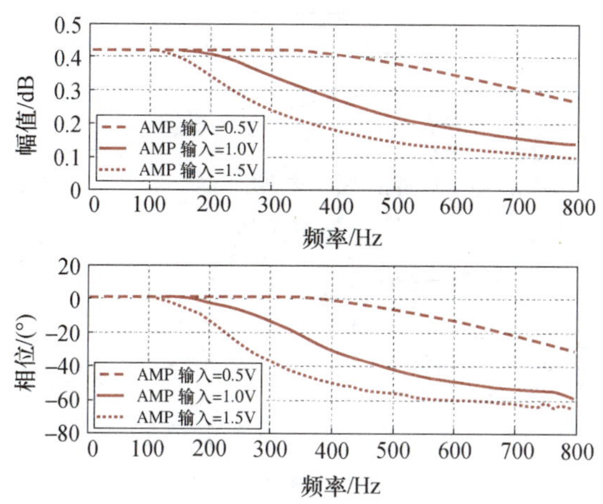

图 4－69　磁轴承功放等效频率特性曲线

3. 磁轴承 PWM 功放等效频率特性

采用交叉反馈控制方法抑制飞轮转子的陀螺效应，提高转子涡动模态的稳定性，要求建立比较准确的系统模型。特别是在针对章动模态的控制上，要求对控制系统高频段的相位滞后情况有比较全面的了解。

磁轴承控制器主要由线性环节组成，比较容易建立准确的数学模型。但对于具有非线性特性的磁轴承功放，在采用线性仿真模型时，会造成较大的系统模型误差。为了解决这个问题，可采用实验测试与非线性仿真相结合的方法，以获得针对章动稳定性的功放等效频率特性曲线。即通过实验，测得临界章动频率，根据章动模态临界稳定条件，由控制器的相位超前反推出功放的相位滞后，然后，利用功放的非线性仿真模型，确定出章动临界失稳时功放的等效输入电压幅值（对应章动临界失稳振动幅度），最终得到功放的等效频率特性曲线。

采用前述的方法，通过测试和计算得到的磁轴承功放的等效频率特性曲线如图 4－70 所示。图中标出了四次实验仿真和测试结果，从图中可以看到，几次章动失稳实验所测得的功放相位滞后角度与功放等效频率特性曲线吻合得很好。由图 4－70 中的等效相频特性曲线可见，该 PWM 功放在 800Hz 时的相位滞后约为 50°，是整个磁轴承控制系统中相位滞后最为严重的环节。

4. 磁轴承 PWM 功放非线性对系统稳定性的影响

由于 PWM 功放的相频特性不仅受频率变化的影响，而且与输入信号的幅度有关，输入信号的幅度越大，功放的线性等效带宽越窄。这就使得高频模态

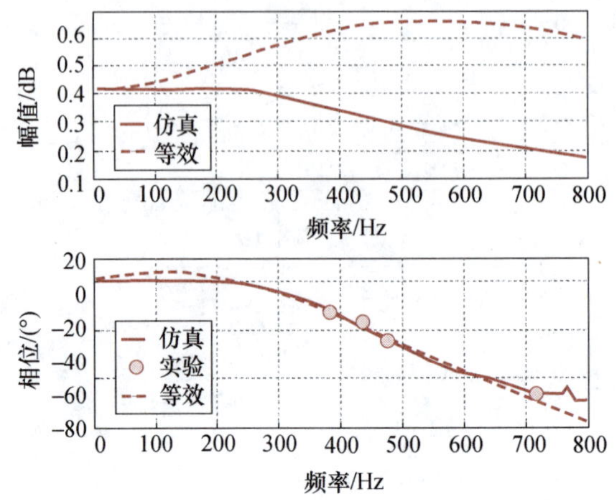

图 4 - 70　磁轴承功放等效频率特性曲线

的稳定性受到其振动幅度的直接影响。对于章动而言，当章动模态的振动幅度因低阻尼而增大时，功放的相位滞后增大，临界章动频率下降，从而导致转子临界转速提前。而当转子在某一转速因章动而失稳时，由于转子失稳后振动幅度很大，功放的相位滞后较临界失稳时更为严重，即使飞轮转子的转速有很大幅度的下降，系统也不会很快恢复稳定。

另外，由于受到功放最大电流速率的限制，高频模态的稳定性还受到转子中低频振动幅值的影响，主要表现在功放输出电流在跟随大幅中低频信号时，会对小幅高频输入信号不响应。

4.4.3　基于根轨迹和控制系统等效频率特性的涡动模态稳定性分析

以下将根轨迹法与等效频率特性法相结合，用于转速自适应滤波控制系统的稳定性分析和参数优化，主要针对连续时间系统介绍转子系统 S 域建模和稳定性分析方法，并对离散时间系统，简要介绍 Z 域建模和稳定性分析方法[20,21]。

1. 磁轴承—转子系统的 S 域稳定性分析

在建立的磁悬浮惯性动量轮磁轴承—转子系统动力学模型基础上，建立转速自适应滤波交叉反馈控制的磁轴承—转子系统模型。为建模方便，控制系统的功放单元等效为理想增益与低通滤波器的串联，控制器单元等效为理想 PID 控制器和低通滤波器的串联。对各个环节分别建模如下：

由式(4 - 21)所确定的磁悬浮动量轮转子系统动力学方程，以及图 4 - 71 所示的转速自适应滤波交叉反馈控制方法，可知分散 PID 加交叉解耦控制器的输出控制量为

$$u = u_p + u_i + u_d + u_{pc} - u_{nc} \qquad (4-67)$$

式中:u_p、u_i、u_d分别为比例、积分和微分控制输出;u_{pc}、u_{nc}分别为进动交叉和章动交叉控制输出。

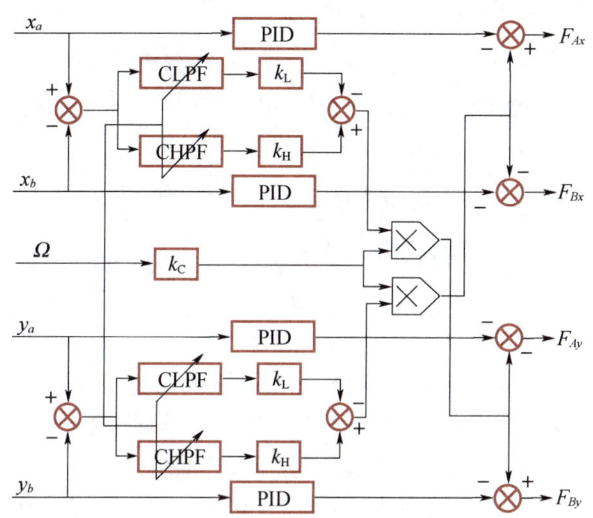

图4-71 基于转速的磁浮飞轮转速自适应滤波交叉反馈控制

章动补偿通道的传递函数为

$$\frac{u_{nc}(s)}{q_s(s)} = \frac{k_{nch}s^2}{s^2 + a_{nh}s + b_{nh}} \cdot k_H \qquad (4-68)$$

进动补偿通道的传递函数为

$$\frac{u_{pc}(s)}{q_s(s)} = \frac{b_p}{s^2 + a_p s + b_p} \cdot k_L \qquad (4-69)$$

式中:k_H和k_L分别为章动通道和进动通道的比例系数。

理想功放的电压—电流放大倍数为k_a,则有控制电流输出:$I_i(s) = k_a u(s)$。

将实际系统中控制器的低通环节$G_c(s) = \dfrac{k_C}{s^2 + a_c s + b_c}$以及功放的低通环节$G_a(s) = \dfrac{k_a}{s^2 + a_a s + b_a}$等效为理想功放输出后的串联环节,得到进入磁轴承线圈的输入电流:

$$I_a(s) = G_c(s)G_a(s)I_i(s) \qquad (4-70)$$

PID 控制器比例环节:

$$\dot{u}_{p} = k_{P}\dot{q}_{s} \tag{4-71}$$

PID 控制器积分环节：

$$\dot{u}_{i} = k_{I} \cdot q_{s} \tag{4-72}$$

PID 控制器微分环节：

$$\dot{u}_{d} = k_{D} \cdot \ddot{q}_{s} \tag{4-73}$$

对于式(4-70)~式(4-73)，选择如下状态变量：

$$\boldsymbol{X} = [\boldsymbol{Q} \quad \dot{u}_{nc} \quad u_{nc} \quad \boldsymbol{U} \quad \dot{u}_{p} \quad u_{p} \quad \dot{u}_{i} \quad u_{i} \quad \dot{u}_{d} \quad u_{d} \quad \boldsymbol{I}] \tag{4-74}$$

其中，$\boldsymbol{Q} = [\dddot{q} \quad \ddot{q} \quad \dot{q} \quad q]$，$\boldsymbol{U} = [\dddot{U}_{pc} \quad \ddot{U}_{pc} \quad \dot{U}_{pc} \quad U_{pc}]$，$\boldsymbol{I} = [\dddot{I}_{a} \quad \ddot{I}_{a} \quad \dot{I}_{a} \quad I_{a}]$

可以得到基于转速的磁浮飞轮转速自适应滤波交叉反馈控制的闭环系统状态方程：

$$\dot{\boldsymbol{X}} = \boldsymbol{A}\boldsymbol{X} \tag{4-75}$$

然后可以作出根据 **A** 阵随转速变化的特征根轨迹，从而对磁悬浮惯性动量轮磁轴承—转子系统的稳定性进行分析，以及进行以飞轮涡动模态稳定裕度为指标的控制参数优化。下面利用前面得到的磁轴承—转子系统闭环状态方程以及磁悬浮惯性动量轮的磁轴承—转子系统参数（表4-2），用根轨迹法和章动控制通道的开环频率特性来分析交叉章动通道控制参数对系统章动稳定性的影响。

表4-2　磁悬浮惯性动量轮磁轴承—转子系统参数

参数名称	参数值	参数单位
转子质量 m	2.67	kg
极转动惯量 J_p	0.004889	$kg \cdot m^2$
赤道转动惯量 J_e	0.003516	$kg \cdot m^2$
磁轴承半跨距 l_m	0.0615	m
传感器半跨距 l_s	0.0945	m
功放电压/电流放大倍数 k_a	0.1	V/A
位移刚度 k_s	750000	N/m
电流刚度 k_i	155.7	N/A

1）用交叉高通滤波器（CHPF）带宽和增益对系统稳定性的影响

仿真中设定飞轮起始转速为300Hz，最高转速为600Hz，转速每间隔20Hz，调节章动交叉 CHPF 截止频率，得到图4-72所示的根轨迹。当 CHPF 截止频率从100Hz 升至250Hz 时，系统章动失稳转速从480Hz 上升到560Hz。章动失稳频率从699Hz 上升至782Hz，说明加大章动交叉 CHPF 截止频率可以有效抬高控制系统在高频段的相位裕度。同时还可以定性地看到系统中低频段的阻尼也有所增加，说明章动交叉CHPF截止频率的提高，可以改善进动控制与章动控制之间的相互影响。这与控制系统等效频率特性的分析结果是一致的。

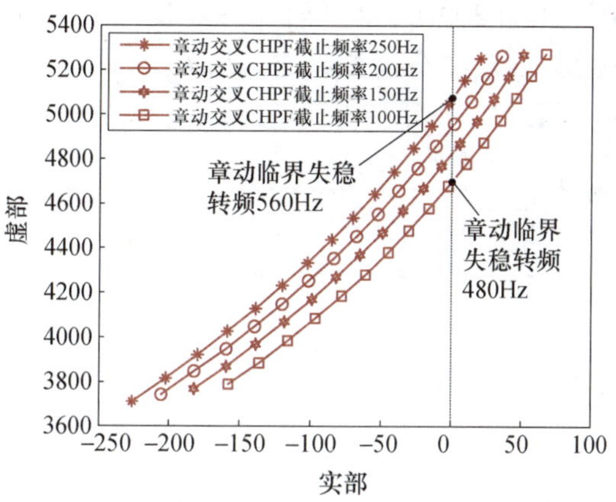

图4-72　章动交叉回路带宽变化系统根轨迹

采用截止频率为150Hz的交叉CHPF时，交叉量大小对控制器频率特性的影响如图4-73所示。交叉量加大，会使高频段的相位更加超前，但同时中频段的相频特性变差。

对比图4-73和图4-74会发现采用400Hz交叉CHPF时，中频段会出现一个对交叉量变化不敏感的死区，在该频段加大交叉量对章动控制来说并没有起到相应的作用。采用150Hz的交叉CHPF时却没有这种现象，并且它在中频段比400Hz交叉CHPF提供的相位超前还要大，这说明采用截止频率较高的交叉CHPF虽然在高频段可以提供更大的相位超前，但在中低频段对系统的稳定

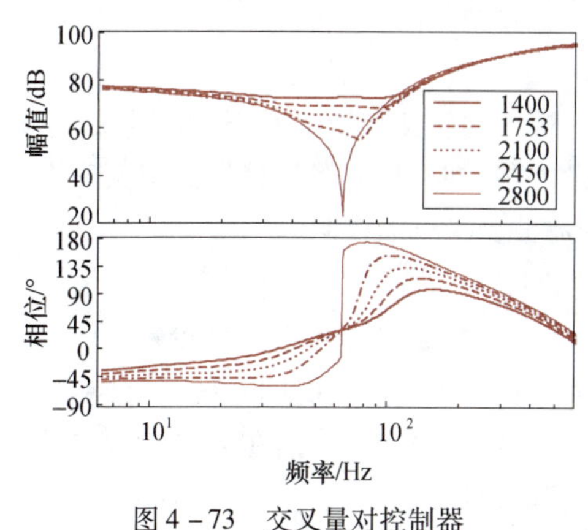

图4-73　交叉量对控制器频率特性的影响(150Hz交叉CHPF)

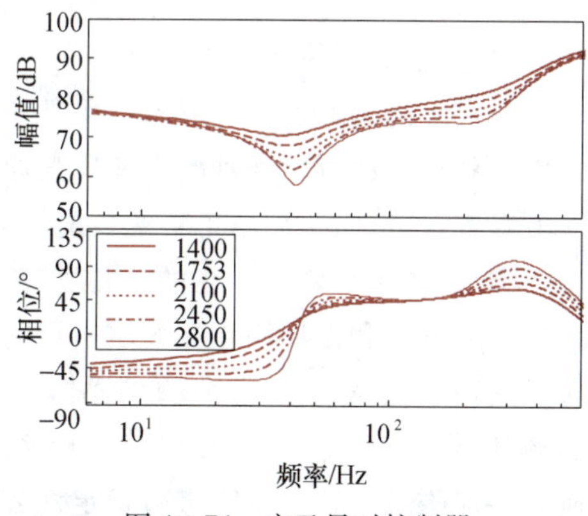

图4-74　交叉量对控制器频率特性的影响(400Hz交叉CHPF)

性反而是不利的，所以需要在飞轮全转速范围内根据飞轮转速对交叉高通滤波器的带宽和增益进行自适应调节，以保证飞轮升速过程中的章动稳定性。

2）交叉量大小对系统的影响

设定飞轮起始转速为 300Hz，最高转速 600Hz，交叉 CHPF 截止频率设为 150Hz，转速每间隔 20Hz，改变章动控制交叉量 k_H 从 1.2 到 1.8，其增益变化系统根轨迹如图 4－75 所示。

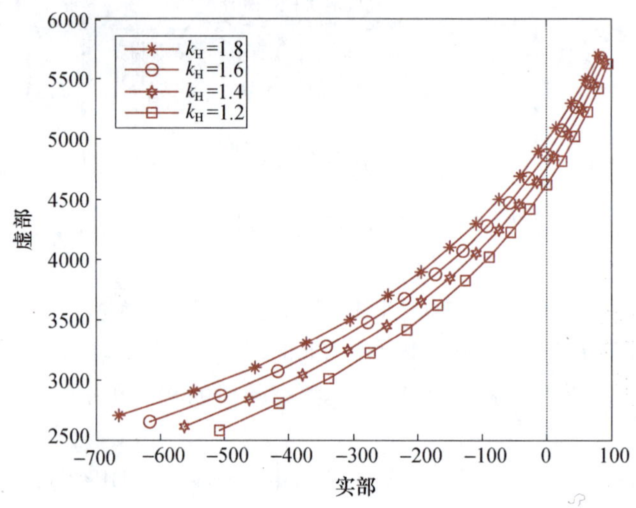

图 4－75　CHPF 增益变化系统根轨迹

从图中可以看出，参数的改变对系统性能的改善不大，且这两种情况下交叉量的增大都对中低频不利，说明只靠增大交叉量对提高章动失稳转速并没有太大效果，必须对章动交叉通道的带宽和增益进行综合考虑。

3）控制参数的整定与优化

在实际的控制系统调试中，可把飞轮转子的转速离散成有限个转速段，结合仿真和实验运行所得到的交叉反馈通道参数，建立针对各转速段的交叉反馈通道参数表，从而实现基于转速自适应的滤波交叉反馈控制。

2. 磁轴承—转子系统的 Z 域稳定性分析

以上分析和设计均是在 S 域进行的，本节根据磁悬浮惯性动量轮磁轴承—转子闭环系统模型，将虚拟的采样器和保持器引入到连续时间系统，得到相应的磁悬浮惯性动量轮磁轴承—转子系统的离散时间模型，从而在 Z 域对数字控制的高速磁悬浮转子系统进行稳定性分析和设计。

如图 4－76 所示，系统采样周期为 T，$G_d(z)$ 为控制系统所采用的控制算法。

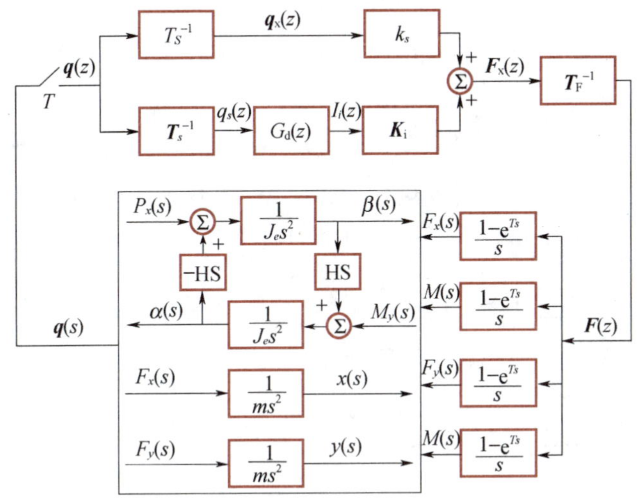

图 4-76 磁悬浮惯性动量轮离散磁轴承—转子系统模型

引入以下三点基本假设:

(1) 采样器以常数 T 等间隔采样,即系统的采样周期在控制系统的整个工作周期为常数。

(2) 采样周期 T 满足香农采样定理。

(3) 保持器是零阶的,整个系统各处(包括输入通道和输出通道)的采样器和保持器均按同一个采样周期同时动作,即各采样开关在同一瞬间同时采样,各保持器根据各相应变量对这个共同的采样瞬间的值进行保持。

建模过程中仍然忽略轴向运动与径向运动之间的耦合,由于转子的平动和转动之间是解耦的,只考虑磁悬浮转子径向转动运动的动力学方程:

$$\begin{cases} J_y\ddot{\beta} - J_z\Omega\dot{\alpha} = F_{Ax}l_{\mathrm{am}} - F_{Bx}l_{\mathrm{bm}} \\ J_x\ddot{\alpha} + J_z\Omega\dot{\beta} = F_{By}l_{\mathrm{bm}} - F_{Ay}l_{\mathrm{am}} \end{cases} \tag{4-76}$$

对于对称转子,有 $J_x = J_y = J_{\mathrm{e}}, l_{\mathrm{am}} = l_{\mathrm{bm}} = l_{\mathrm{m}}, l_{\mathrm{as}} = l_{\mathrm{bs}} = l_{\mathrm{s}}$; $H = J_z\Omega$,采样频率为 T,采用后向差分法,将式(4-76)离散化为

$$\begin{cases} J_{\mathrm{e}}[\beta(k) - 2\beta(k-1) + \beta(k-2)] - HT[\alpha(k) - \alpha(k-1)] = T^2[F_{Ax}(k) - F_{Bx}(k)]l_{\mathrm{m}} \\ J_{\mathrm{e}}[\alpha(k) - 2\alpha(k-1) + \alpha(k-2)] + HT[\beta(k) - \beta(k-1)] = T^2[F_{By}(k) - F_{Ay}(k)]l_{\mathrm{m}} \end{cases} \tag{4-77}$$

各通道控制参数对称,取 $K_{xax} = K_{xbx} = K_{xay} = K_{xby} = k_s, K_{iax} = K_{ibx} = K_{iay} = K_{iby} = k_i$;控制算法为分散 PID 加交叉解耦反馈控制方法,算法示意如图 4-77 所示。有 $Z[G_{\mathrm{d}}] = G_{\mathrm{d}}(z), Z[G_{\mathrm{c}}] = G_{\mathrm{c}}(z), Z[G_{\mathrm{lpf}}] = G_{\mathrm{lpf}}(z)$,这里 Z 表示 Z 变换。得到

轴承力：

$$\begin{cases} F_{Ax}(k) = k_s x_a(k) - k_i k_a G_d G_{lpf} x_{as}(k) - k_i k_a G_c G_{lpf}[y_{as}(k) - y_{bs}(k)] \\ F_{Bx}(k) = k_s x_b(k) - k_i k_a G_d G_{lpf} x_{bs}(k) + k_i k_a G_c G_{lpf}[y_{as}(k) - y_{bs}(k)] \\ F_{Ay}(k) = k_s y_a(k) - k_i k_a G_d G_{lpf} y_{as}(k) + k_i k_a G_c G_{lpf}[x_{as}(k) - x_{bs}(k)] \\ F_{By}(k) = k_s y_b(k) - k_i k_a G_d G_{lpf} y_{bs}(k) - k_i k_a G_c G_{lpf}[x_{as}(k) - x_{bs}(k)] \end{cases} \tag{4-78}$$

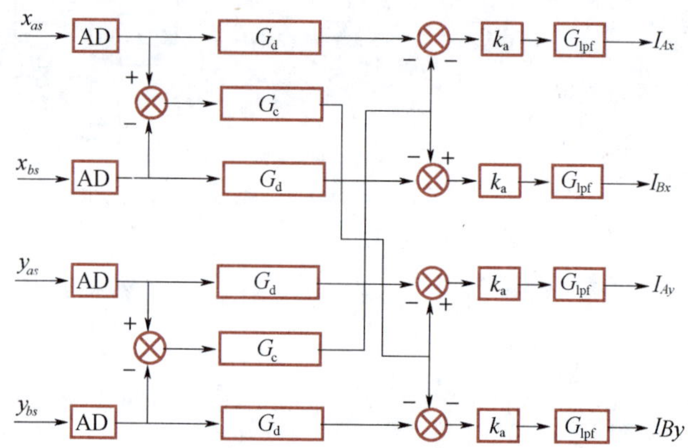

图 4－77 磁悬浮惯性动量轮数字 PID 加交叉解耦反馈控制示意图

G_d—分散 PID 控制算子；Gc—交叉解耦控制算子；

G_{lpf}—功放和控制器的等效低通环节算子；k_a—功放放大倍数。

由轴承坐标与广义坐标之间的关系，可以得到：

$$\begin{cases} F_{Ax}(k) - F_{Bx}(k) = 2l_m k_s \beta(k) - 2l_s k_i k_a G_d G_{lpf} \beta(k) + 4l_s k_i G_c G_{lpf} \alpha(k) \\ F_{By}(k) - F_{Ay}(k) = 2l_m k_s \alpha(k) - 2l_s k_i k_a G_d G_{lpf} \alpha(k) - 4l_s k_i G_c G_{lpf} \beta(k) \end{cases} \tag{4-79}$$

由式(4－78)和式(4－79)，得到差分方程描述的数字交叉反馈控制磁悬浮转子径向转动运动的闭环动力学方程：

$$\begin{bmatrix} J_e - 2l_m^2 k_s T^2 + 2l_m l_s k_i k_a G_d G_{lpf} T^2 & HT + 4l_m l_s k_i k_a G_c G_{lpf} T^2 \\ -HT - 4l_m l_s k_i k_a G_c G_{lpf} T^2 & J_e - 2l_m^2 k_s T^2 + 2l_m l_s k_i k_a G_d G_{lpf} T^2 \end{bmatrix} \begin{bmatrix} \alpha(k) \\ \beta(k) \end{bmatrix} + \begin{bmatrix} -2J_e & -HT \\ HT & -2J_e \end{bmatrix} \begin{bmatrix} \alpha(k-1) \\ \beta(k-1) \end{bmatrix} + \begin{bmatrix} J_e & 0 \\ 0 & J_e \end{bmatrix} \begin{bmatrix} \alpha(k-2) \\ \beta(k-2) \end{bmatrix} = 0 \tag{4-80}$$

进行 Z 变换：

$\begin{bmatrix} A_{11} & A_{12} \\ A_{21} & A_{22} \end{bmatrix}\begin{bmatrix} \alpha(z) \\ \beta(z) \end{bmatrix} = \mathbf{0}$ ，$\begin{bmatrix} A_{11} & A_{12} \\ A_{21} & A_{22} \end{bmatrix}$ 为反对称阵，其中：

$$A_{11} = A_{22} = J_e(z^2 - 2z^1 + 1) - 2l_m^2 k_s T^2 z^2 + 2l_m l_s k_i k_a G_d(z) G_{lpf}(z) T^2 z^2$$

$$A_{12} = -A_{21} = HTz(z-1) + 4l_m l_s k_i k_a G_c(z) G_{lpf}(z) T^2 z^2$$

可以得到系统的特征方程式：

$$A_{11}^2 + A_{12}^2 = 0 \tag{4-81}$$

数字 PID 控制算法：

$$G_d(z) = \frac{N_d(z)}{D_d(z)} \tag{4-82}$$

交叉解耦控制算法：

$$\begin{aligned} G_c(z) &= k_H \frac{N_{CHPF}(z)}{D_{CHPF}(z)} - k_L \frac{N_{CLPF}(z)}{D_{CLPF}(z)} \\ &= \frac{1}{D_{CLPF}(z) D_{CHPF}(z)} [k_H D_{CLPF}(z) N_{CHPF}(z) - k_L N_{CLPF}(z) D_{CHPF}(z)] \end{aligned} \tag{4-83}$$

式中：K_L 为交叉低通通道比例系数；K_H 为交叉高通通道比例系数。

低通滤波算法：

$$G_{lpf}(z) = \frac{N_{lpf}(z)}{D_{lpf}(z)} \tag{4-84}$$

将 $G_d(z)$ 、$G_c(z)$ 和 $G_{lpf}(z)$ 代入前面得到的系统特征方程式(4-81)，得到系统的特征多项式：

$$\begin{aligned} \boldsymbol{\Delta} = &\{D_{CLPF}(z) D_{CHPF}(z) D_{lpf}(z) \{D_d(z)[J_e(z^2 - 2z^1 + 1) - 2l_m^2 k_s T^2 z^2] + \\ &2l_m l_s k_i k_a N_d(z) T^2 z^2\}\}^2 + \{D_d(z)\{D_{CLPF}(z) D_{CHPF}(z) D_{lpf}(z) HTz(z-1) + \\ &4l_m l_s k_i k_a T^2 [k_L N_{CLPF}(z) D_{CHPF}(z) N_{lpf}(z) - k_H D_{CLPF}(z) N_{CHPF}(z) N_{lpf}(z)] z^2\}\}^2 \end{aligned} \tag{4-85}$$

特征多项式 Δ 的根即为闭环系统极点。可以采用经典控制理论的根轨迹来分析数字控制下，磁悬浮惯性动量轮转子章动和进动两种涡动模态的稳定性。

仿真所用参数：磁轴承刚度 39560N/m，阻尼 39273Ns/m，设起始转速为 0Hz，转速间隔 40Hz。取交叉低通滤波器截止频率 $f_{CLPF}=50\text{Hz}$，$K_L=0.3$；章动交叉 $f_{CHPF}=100\text{Hz}$，$K_H=1.5$。采样频率为 7kHz，由以上参数做出的磁轴承—转子系统章动随转速变化的 Z 域根轨迹，如图 4－78(a)所示。当转速达到 400Hz(24000r/min)时，章动模态的特征根到达单位圆，此时章动模态临界稳定，章动频率约为 785Hz。对应的模拟控制系统 S 域根轨迹如图 4－78(b)所示，当转速达到 400Hz(24000r/min)时，章动尚未到达右半平面，章动模态仍然具有一定的稳定裕度。这是因为数字控制系统中的计算延时和零阶保持器环节都会带来控制回路的相位滞后，降低了章动模态的临界转速。

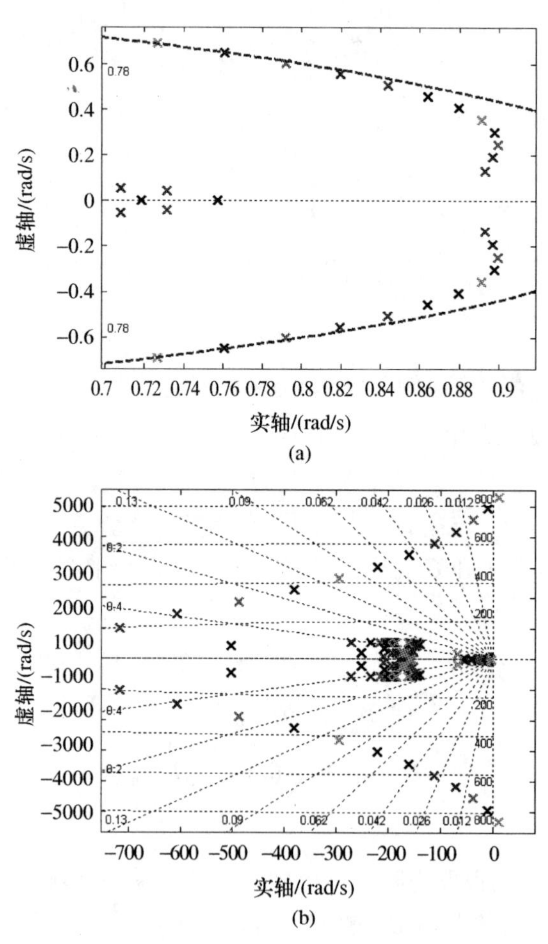

图 4－78　磁悬浮惯性动量轮章动随转速变化的 Z 域根轨迹和 S 域根轨迹

(a) Z 域根轨迹；(b) S 域根轨迹。

此时数字控制系统下,磁悬浮惯性动量轮进动随转速变化的 Z 域根轨迹如图 4－79(a)所示,说明进动模态在达到最高仿真转速 440Hz(26400r/min)时仍有较大的稳定裕度,数字控制系统与模拟控制系统一样,上述的交叉解耦控制算法可以有效地抑制磁悬浮惯性动量轮转子强陀螺效应引起的进动,与数字系统相对应的模拟系统控制下的磁悬浮惯性动量轮进动随转速变化的 S 域根轨迹如图 4－79(b)所示。

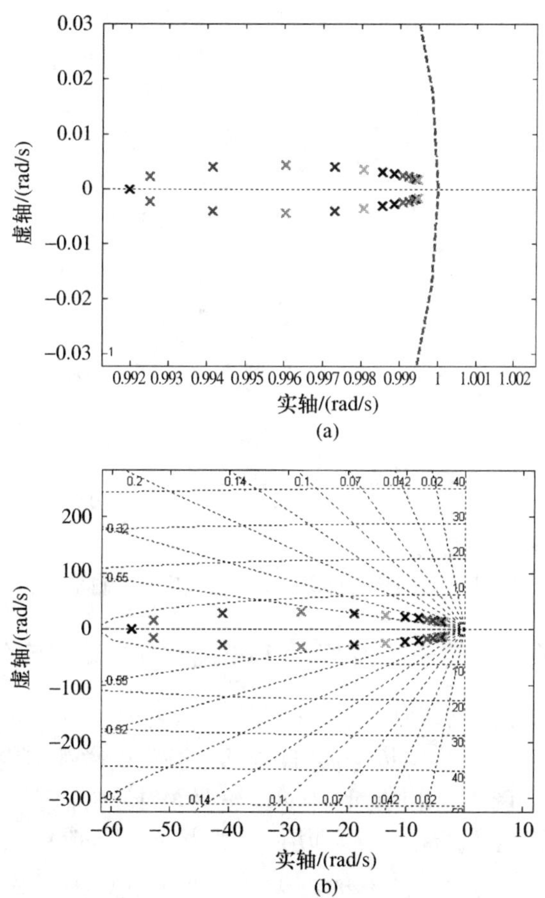

图 4－79　磁悬浮惯性动量轮进动随转速变化的 Z 域根轨迹和 S 域根轨迹
(a) Z 域根轨迹;(b) S 域根轨迹。

下面对采用数字控制系统实现的基于转速的磁浮飞轮转速自适应滤波交叉反馈控制算法进行仿真和实验。除章动交叉 CHPF 参数如表 4－3 所列,其余系统控制参数同上,仿真得到如图 4－80 所示的磁轴承—转子系统 Z 域根轨迹。当转速到达560Hz时，章动模态到达单位圆，系统章动模态临界失稳，失稳章动频率约为828Hz。在额定转速500Hz时，系统章动模态还有较大的稳定裕度。

表4－3　章动交叉CHPF增益预调参数

转速/r/min	章动频率/Hz	截止频率/Hz	增益/dB
0～20400	210～500	200	0
20400～25200	500～530	300	1.58
25200～28800	530～570	400	4.5
28800～33600	570～828	550	8.2

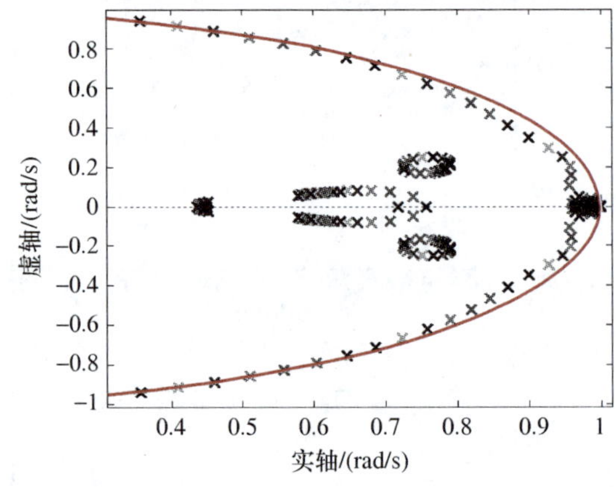

图4－80　基于转速的转速自适应滤波交叉反馈控制系统章动根轨迹

4.4.4　基于磁悬浮转子系统双频Bode图的章动稳定性判定方法

1. 磁悬浮转子系统动力学微分方程[22]

磁悬浮转子系统由位移传感器、控制器、功放、电磁铁和均质转子构成，与第三章3.3.2节的图313相同。图中只画出y方向的磁轴承，x方向与之类似，U_0表示对应电磁轴承偏置电流I_0的功放偏置电压。转子A、B端对称且关于自转轴z旋转对称。定义坐标系$Oxyz$，O点位于转子质心，x和y轴沿转子径向且只跟随转子的径向转动而不跟随自转，z轴沿转子轴向。根据陀螺技术方程，可得转子径向转动运动的动力学微分方程组：

$$
\begin{cases}
J_y\beta - H\dot{\alpha} - 2k_s l_{\mathrm{m}}^2\beta = -2l_{\mathrm{m}}l_s k_i k_S g_{\mathrm{w}} g_{\mathrm{c}}\beta + M_{\mathrm{dy}} \\
J_x\ddot{\alpha} + H\dot{\beta} - 2k_s l_{\mathrm{m}}^2\alpha = -2l_{\mathrm{m}}l_s k_i k_S g_{\mathrm{w}} g_{\mathrm{c}}\alpha + M_{\mathrm{dx}}
\end{cases}
\tag{4-86}
$$

式中：卡尔丹角α、β表示转子径向相对定子绕x、y轴转动的角位移；$J_x=J_y$和J_z

分别为转子径向和轴向的转动惯量；$H=J_z\Omega=2\pi J_zF_r$为转子角动量；Ω(单位rad/s)和F_r(单位Hz)为转子转速；M_{dx}和M_{dy}为转子径向的扰动力矩；k_i和k_s为磁轴承的电流刚度和位移刚度；k_s为磁轴承位移传感器灵敏度；l_m和l_s分别为磁轴承和位移传感器到转子中心的距离；g_c和g_w为控制器和功放的输入—输出变换算子，即有$L\left[g_c\left(\frac{d}{dt}\right)\right]=g_c(s)$，$L[g_w(\frac{d}{dt})]=g_w(s)$。这里$L$表示拉普拉斯变换，$s$为算子，$g_c(s)$和$g_w(s)$为控制器和功放的传递函数。

引入虚数单位j，令$J_e=J_x=J_y$，$\varphi=\alpha+j\beta$，$M_d=M_{dx}+jM_{dy}$，将微分方程组的第一式乘以j再加到第二式，将实系数两变量模型变换为如下的复系数单变量形式：

$$J_e\ddot{\varphi}-jH\dot{\varphi}-2k_sl_m^2\varphi=-2l_ml_sk_ik_sg_wg_c\varphi+M_d$$

再作拉普拉斯变换得到：

$$J_es^2\varphi(s)-jHs\varphi(s)-2k_sl_m^2\varphi(s)=-2l_ml_sk_ik_sg_w(s)g_c(s)\varphi(s)+M_d(s)$$

利用上式将原系统等效为一个复系数单变量的单位反馈系统，如图4-81所示。

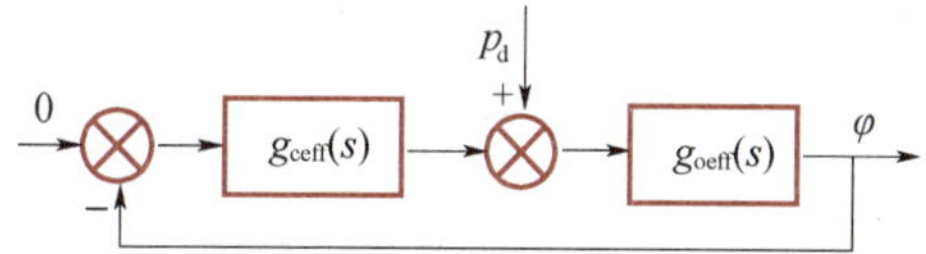

图4-81　等效反馈控制系统框图

其等效被控对象和等效控制通道传递函数分别为

$$g_{oeff}(s)=\frac{1}{J_es^2-jHs-2k_sl_m^2}$$

$$g_{ceff}(s)=2l_ml_sk_ik_sg_w(s)g_c(s)$$

等效开环传递函数和特征方程分别为

$$g_{OL}(s)=g_{oeff}(s)\cdot g_{ceff}(s)=\frac{2l_ml_sk_ik_sg_w(s)g_c(s)}{J_es^2-jHs-2k_sl_m^2}$$

$$1+g_{OL}(s)=0$$

2. 磁悬浮转子系统双频Bode图稳定性判定方法

实系数传递函数的负频率特性与正频率特性关于零频率对称，因而在绘制Bode图时，一般只需绘制其正频率特性即可。而对于复系数传递函数$g_{OL}(s)$，由于$g_{OL}(-j\omega)$与$g_{OL}(j\omega)$关于零频率不对称，因此复系数传递函数$g_{OL}(s)$的Bode图在绘制时必须同时包括正频率特性和负频率特性，称为$g_{OL}(s)$的双边频率特性，相应的Bode图称为双频Bode图。

在绘制双频 Bode 图时，可令 $s=\mathrm{j}\omega$ 和 $s=-\mathrm{j}\omega$，在 $\omega>0$ 区域绘制 $g_{\mathrm{OL}}(-\mathrm{j}\omega)$ 和 $g_{\mathrm{OL}}(\mathrm{j}\omega)$ 的 Bode 图，包括幅频特性 $L(-\omega)$ 和 $L(\omega)$，以及相频特性 $\varphi(-\omega)$ 和 $\varphi(\omega)$，得到复系数单变量系统 $g_{\mathrm{OL}}(s)$ 的双频 Bode 图。

复系数单变量系统的双频 Bode 图稳定性判据为：若 Q 为开环系统正实部的极点数，L_{N+} 和 L_{P+} 分别表示 $L(-\omega)>0$ 和 $L(\omega)>0$ 的 ω 区间，N_{N+} 和 N_{N-} 表示 $\varphi(-\omega)$ 在 L_{N+} 正穿越和负穿越 $(2k+1)\pi$ 线的次数，N_{P+} 和 N_{P-} 表示 $\varphi(\omega)$ 在 L_{P+} 正穿越和负穿越 $(2k+1)\pi$ 线的次数，$k=0,1,2\cdots$，N 为总穿越次数即 $N=N_{N+}+N_{P+}-N_{N-}-N_{P-}$，$Z$ 表示闭环系统正实部极点数，则总有 $Z=Q-N\geqslant 0$，且闭环系统稳定的充要条件是 $Z=0$。

判据中开环正实部极点数 Q 的计算类似于经典频率域稳定性判据，判定磁悬浮转子径向转动稳定性时首先要知道开环系统的正实部极点数。由于 $g_{\mathrm{ceff}}(s)$ 各环节均为最小相位环节，因而 $g_{\mathrm{OL}}(s)$ 的正实部极点只可能来自 $g_{\mathrm{oeff}}(s)$。令 $J_{\mathrm{e}}s^2-\mathrm{j}Hs-2k_sl_{\mathrm{m}}^2=0$，解出开环极点：

$$s=\frac{\mathrm{j}H\pm\sqrt{8J_{\mathrm{e}}k_sl_{\mathrm{m}}^2-H^2}}{2J_{\mathrm{e}}}=\begin{cases}\dfrac{\pm\sqrt{8J_{\mathrm{e}}k_sl_{\mathrm{m}}^2-H^2}}{2J_{\mathrm{e}}}+\mathrm{j}\dfrac{H}{2J_{\mathrm{e}}} & \text{若 } H<H_0\\[2ex] \mathrm{j}\dfrac{H\pm\sqrt{H^2-8J_{\mathrm{e}}k_sl_{\mathrm{m}}^2}}{2J_{\mathrm{e}}} & \text{若 } H>H_0\end{cases}$$

其中 $H_0=2l_{\mathrm{m}}\sqrt{2J_{\mathrm{e}}k_s}$，对应的转子转速为 $F_{\mathrm{r0}}=l_{\mathrm{m}}\sqrt{2J_{\mathrm{e}}k_s}/(\pi J_z)$。根据上式，只要知道转子转速 F_{r}，则 $F_{\mathrm{r}}<F_{\mathrm{r0}}$ 时 $Q=1$，而 $F_{\mathrm{r}}>F_{\mathrm{r0}}$ 时 $Q=0$。

若 $F_{\mathrm{r}}>F_{\mathrm{r0}}$ 且系统不稳定，还可以进一步区分是进动不稳定还是章动不稳定，则复系数单变量系统的双频 Bode 图稳定性判据可进一步表述为：将 $g_{\mathrm{OL}}(s)$ 双频 Bode 图分为 $\omega<\omega_{\mathrm{lh}}$ 的低频段和 $\omega>\omega_{\mathrm{lh}}$ 的高频段，ω_{lh} 为 $F_{\mathrm{r}}=0\mathrm{Hz}$ 时特征方程根的虚部绝对值。定义低频段的总穿越次数和正实部闭环极点数为 N_{l} 和 Z_{l}，高频段的相应值为 N_{h} 和 Z_{h}。在低频段和高频段分别应用双频 Bode 图稳定性判据，若低频段 $Z_{\mathrm{l}}=-N_{\mathrm{l}}=1$，则进动不稳定；若高频段 $Z_{\mathrm{h}}=-N_{\mathrm{h}}=1$ 则章动不稳定。

下面以实例就基于系统双频 Bode 图的稳定性判定方法作进一步说明。

$F_{\mathrm{r}}=0\sim400\mathrm{Hz}$ 时系统等效的复系数单变量系统的开环极点如图 4-82 所示，由于等效对象中的刚度项为负，所以开环极点的虚部均为正值，极点均处于复平面的上半部。$F_{\mathrm{r0}}=115\mathrm{Hz}$，$F_{\mathrm{r}}<F_{\mathrm{r0}}$ 时开环极点为两个关于虚轴对称的复数，$F_{\mathrm{r}}>F_{\mathrm{r0}}$ 后为两个纯虚数，虚部分别随转速升高而降低和升高。因此 $F_{\mathrm{r}}<F_{\mathrm{r0}}$ 时 $Q=1$，而 $F_{\mathrm{r}}>F_{\mathrm{r0}}$ 时 $Q=0$。

分别绘制转速 $F_{\mathrm{r}}=80$ 和 240Hz 时的磁悬浮转子系统双频 Bode 图，如图

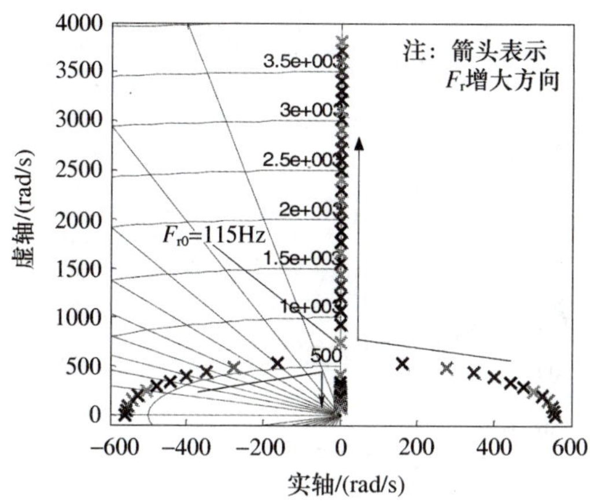

图 4－82　不同转速下等效系统的开环极点（$F_r=0\sim400$Hz）

4－83和图 4－84 所示，图中负频率特性 $g_{OL}(-j\omega)$ 如虚线所示，正频率特性 $g_{OL}(j\omega)$ 如实线所示，均绘制在 $\omega>0$ 的区域，其中 $\omega=2\pi f$。相频特性中每个箭头表示半次穿越，向上为正穿越，向下为负穿越，二者之差的一半即总穿越次数 N 值。用 L_{N+} 和 L_{P+} 分别表示负频率和正频率幅频特性中增益高于 0dB 的频率区域。

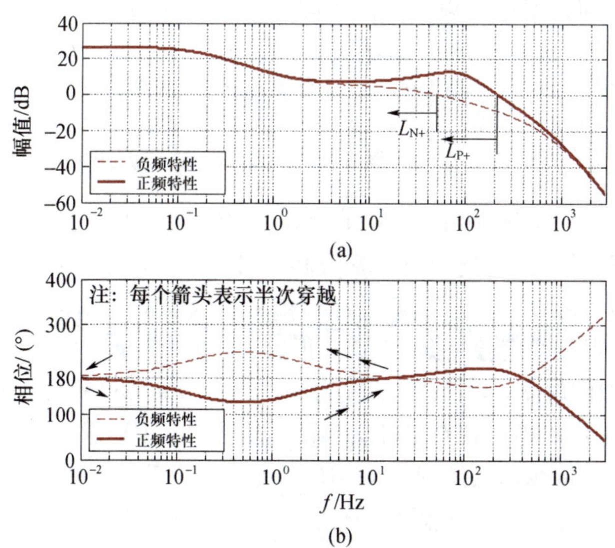

图 4－83　磁悬浮转子系统转动模态双频 Bode 图（$F_r=80$Hz）

（a）幅频特性；（b）相频特性。

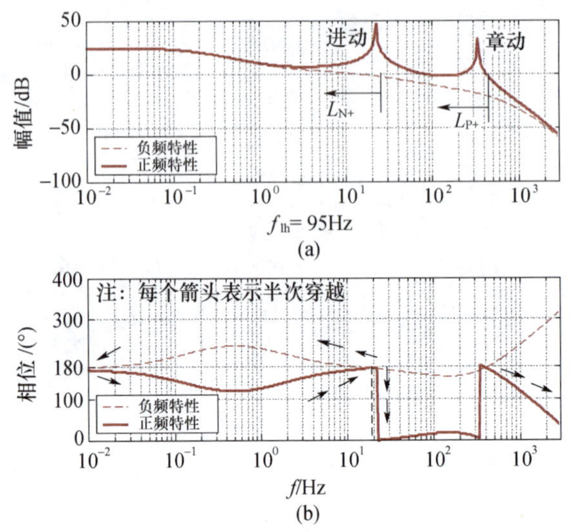

图 4-84　磁悬浮转子系统转动模态双频 Bode 图($F_r=240$Hz)

(a) 幅频特性；(b) 相频特性。

当 $F_r=80$Hz 时，$Q=1$，$N=1-1-0.5-0.5=1$，$Z=1-1=0$，稳定系统。

当 $F_r=240$Hz 时，$Q=0$，$N=1+1-0.5-2.5=-1$，$Z=0-(-1)=1$，系统不稳定。采用判据进一步考察低频段特性和高频段特性，二者的频率分界为 $f_{lh}=\omega_{lh}/(2\pi)=95$Hz。其中低频段特性上，$N_l=1+1-0.5-1.5=0$，$Z_l=0$，而高频段频率特性上，$N_h=0+0-0-1=-1$，$Z_h=1$，因而是章动不稳定。

4.4.5　基于 Nyquist 曲线的章动交叉参数保相角裕度设计

首先考虑 F_{rmax} 下保证相角裕度的设计问题：对于静态($F_r=0$Hz)悬浮稳定的磁悬浮转子系统，给定交叉校正算法和 HPF，设计交叉系数 k_{rhld} 和 HPF 截止频率 ω_{rhd}，使系统在 $F_r=F_{rmax}$ 时章动相角裕度不低于 γ_n。章动交叉实质上是相位超前校正。根据稳定性判据，如果校正后 $g_{OL1}(s)$ 的正频率特性在 f_{n1} 处增益保持 0dB，而相位由 $\varphi_{n1}<180°$ 超前成为 $\varphi_{n2}=\gamma_n+180°>180°$，$f_{n1}$ 附近特性相应连续变化，就可以实现章动稳定且满足预定的相角裕度要求[23]。

实系数单变量线性系统通常采用串联校正，因而常用 Bode 图进行校正设计。但交叉校正却属于并联校正(加性校正)，因而更适合采用 Nyquist 曲线确定校正量。对于复系数开环传递函数 $g_{OL}(s)$，同样可以绘制双频 Nyquist 曲线，且和双频 Bode 图具有对应关系。由于章动校正实际上只需要调整正频率特性的高频段，因而可以只画出 $g_{OL}(s)$ 的正频率 Nyquist 曲线。

$F_r=400\text{Hz}$ 时 $g_{OL}(s)$ 的正频率 Nyquist 曲线如图 4－85 所示，其中右侧为低频段，左侧为高频段，O 点为原点，n_1 对应 $g_{OL}(+j\omega)$ 在 $\omega_{n1}=2\pi f_{n1}$ 的复数值，即 $\overline{on_1}e^{j\varphi n_1}$，$n_2$ 为 n_1 期望的校正目标，即有 $\varphi_{n2}=180°+\gamma_n$，$\overline{on_2}=e^{j\varphi_{n2}}$。因而期望的加性校正量为

$$\overline{n_1n_2}=\overline{On_2}-\overline{On_1}=c_{nc}e^{j\varphi nc} \tag{4-87}$$

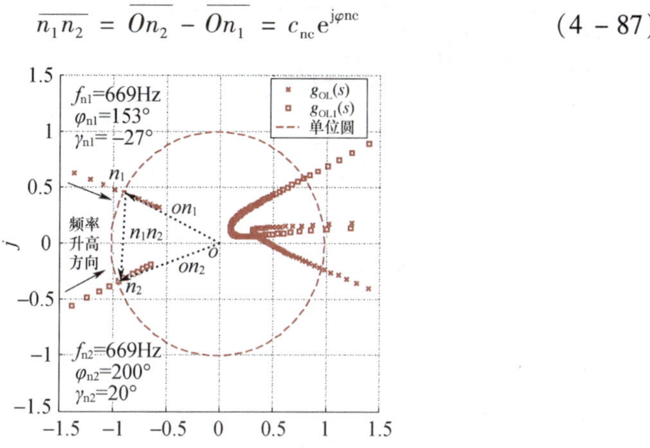

图 4－85　校正前后的开环传递函数正频率 Nyquist 曲线

式中：c_{nc} 和 φ_{nc} 分别为校正量 $\overline{n_1n_2}$ 的幅值和相角。另一方面，交叉反馈校正引起的加性校正量为

$$g_{nc}(j\omega_{n1})=j2k_{rh1d}l_m l_s k_i k_s g_w(j\omega_{n1})g_{crHPF}(j\omega_{n1})g_{oeff}(j\omega_{n1}) \tag{4-88}$$

显然要满足设计要求，必须有

$$g_{nc}(j\omega_{n1})=\overline{n_1n_2} \tag{4-89}$$

根据相角条件和幅值条件得到

$$\begin{cases}\angle g_{crHPF}(j\omega_{n1})=\varphi_{nc}-\angle[g_w(j\omega_{n1})g_{oeff}(j\omega_{n1})]-90° \\ k_{rh1d}=c_{nc}/[2l_{rn}l_s k_i k_s\mid g_w(j\omega_{n1})g_{crHPF}(j\omega_{r1})g_{oeff}(j\omega_n)\mid]\end{cases} \tag{4-90}$$

选择 $g_{crHPF}=\left(\dfrac{s}{s+\omega_{rhd}}\right)^2$，取 $\gamma_n=20°$ 时，根据上式的第一式可以确定 HPF 截止频率 $\omega_{rhd}=2\pi\times385\text{rad/s}$，进而由第二式确定交叉系数 $k_{rh1d}=1.8841$。校正后的 $g_{OL1}(s)$ 的正频率 Nyquist 曲线如图 4－86 所示，可见交叉校正实际上使 Nyquist 曲线的高频段逆时针旋转了 $(\varphi_{n2}-\varphi_{n1})$ 角，从而避免了穿越。$g_{OL}(s)$ 和 $g_{OL1}(s)$ 的双频 Bode 图如图 4－86 所示，可以看出由于存在 HPF，章动交叉校正主要影响高频特性。从负频率特性高频段看，校正后特性上移，但高频段增益小于零，因而负频率特性的穿越次数不变。从正频率特性高频段看，截止频率 $f_{n2}=f_{n1}=669\text{Hz}$ 没有变化，但高频段相频特性被超前而上移，穿越频率超出 f_{n2}

而成为无效穿越,总穿越次数减少一次即 $Z=0$,从而使章动恢复稳定,同时 f_{n2} 处 $\varphi_{n2}=200°$,保证相角裕度达到 20°。

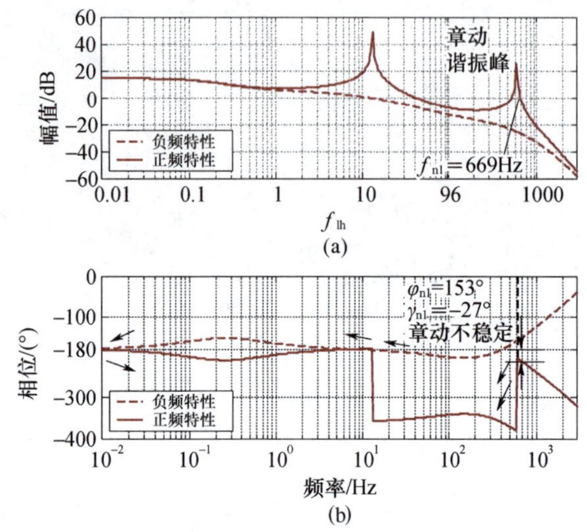

图 4-86 $F_r=400$Hz 时交叉校正前后的开环双频 Bode 图

(a) 幅频特性;(b) 相频特性。

在 $0<F_r<F_{rmax}$ 的任意转速下可以做类似的设计,再拟合出整个转速范围内的交叉参数曲线,即可保证整个转速范围内的章动相角裕度要求。校正后的闭环转速根轨迹如图 4-87 所示,可以看出整个转速范围内章动阻尼随转速升高而下降,但章动始终是稳定的。因此,前面基于最高转速下的保相角裕度设计及相关的简化设计可以保证整个转速范围内的稳定裕度不低于最高转速时的裕度。

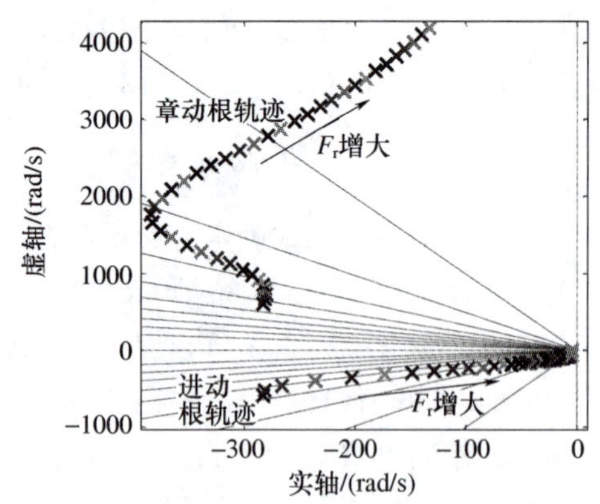

图 4-87 校正后闭环系统的转速根轨迹

从设计过程和结果还可以看出：

(1) 章动交叉环节自身虽然是滞后环节（这里 $\varphi_{nc} = -94°$），但与原控制器 g_c并联后却实现了超前校正；

(2) 交叉参数设计虽然只在一个频率点进行，但附近的频率特性存在相应连续的变化，因而对整个频率特性都有校正效果；

(3) 保相角裕度设计选择 f_{n1} 作为设计频率，可以尽可能小地改变幅频特性，从而尽可能少地改变章动频率。

4.4.6　磁悬浮惯性动量轮磁轴承系统稳定性测试及实验

1. 基于滤波交叉反馈控制的磁悬浮动量轮悬浮稳定性测试实验[24]

高速磁悬浮动量轮（用于控制力矩陀螺）的主要参数见表4－4。

表4－4　高速磁悬浮动量轮相关参数

额定转速/(r/min)	20000	极转动惯量/(kg/m²)	0.096
额定角动量/N·m·s	200	赤道转动惯量/(kg/m²)	0.056
最高转速/(r/min)	24000	位移刚度系数/(N/m)	1×10^6
转子质量/kg	12.6	电流刚度系数/(N/A)	200

根据涡动模态临界稳定条件，对飞轮系统章动模态稳定性受系统带宽、交叉方式以及交叉量的影响进行了仿真和实验研究，表4－5给出了四次实验及仿真结果，最大仿真误差不超过6%。

表4－5　高速磁悬浮动量轮章动失稳仿真、实验结果对照表

磁轴承控制器		模拟控制器			
控制方法		基于分散PID的滤波交叉反馈控制			
交叉低通截止频率/Hz		50			
交叉高通截止频率/Hz		300			
系统带宽/Hz		1000	1500	3000	3000
交叉比(低通:高通)		0.3:0	0.3:0	0.3:0	0.3:1.5
交叉量/Hz		494	606	704	2416
临界转速	实验/Hz	189	225	248	348
	仿真/Hz	185	212.5	247.5	358
	相对误差/%	−2.10	−5.60	−0.20	2.90
临界章动频率	实验/Hz	386	438	479	718
	仿真/Hz	385	430	486	720
	相对误差/%	−0.30	−1.80	1.50	0.30

在以上测试、实验和分析的基础上，通过对交叉控制参数的优化，磁悬浮动量轮系统稳定运转到最高设计转速 24000r/min。其转子轴心跳动瀑布图如图4－88所示。图中可以看到转频及其各阶倍频成分（主要是奇次倍频），以及较丰富的低频成分（50Hz 以内）和直流分量。从实验的整个过程和最终结果来看，章动模态的稳定裕度得到了明显的改善，达到控制系统优化的目的。

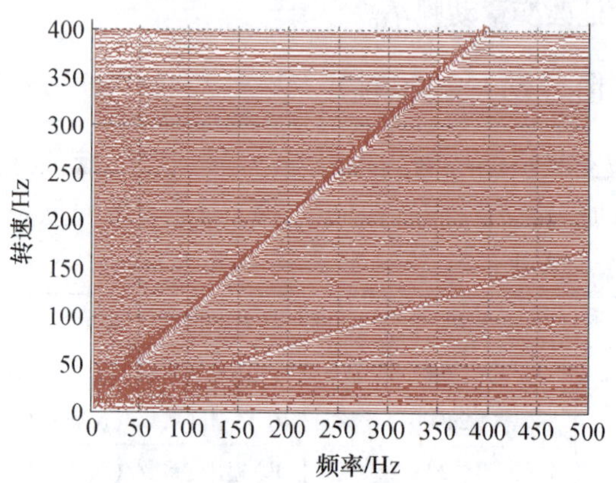

图 4－88　磁悬浮动量轮径向跳动瀑布图

2. 基于转速自适应滤波交叉反馈控制的磁悬浮动量轮悬浮稳定性测试实验[5]

磁悬浮姿控储能飞轮原理样机如图 4－89 所示。

图 4－89　磁悬浮姿控储能飞轮原理样机

磁悬浮姿控储能飞轮相关的主要参数见表 4－6。

表4－6　磁悬浮姿控储能飞轮相关参数

额定转速/(r/min)	36000	极转动惯量/(kg/m^2)	0.0069
额定角动量/N·m·s	26	赤道转动惯量/(kg/m^2)	0.0046
最高转速/(r/min)	42000	位移刚度系数/(N/m)	0.7×10^6
最大角动量/N·m·s	30	电流刚度系数/(N/A)	150
转子质量/kg	3.25		

采用数字控制器，控制方法采用转速自适应滤波交叉反馈控制方法，对FW20进行升速稳定性测试，交叉用高通滤波器截止频率采用200Hz、400Hz、600Hz、800Hz、950Hz、1100Hz六级切换，切换转频依次为500Hz、750Hz、950Hz、1100Hz、1200Hz，具体控制参数详见表4－7。

表4－7　磁悬浮姿控储能飞轮FW20自适应滤波交叉反馈控制参数

PID控制参数			**功放参数**	
比例 k_P	积分 k_I	微分 k_D	k_a	k_f
6	0.0476	0.0031052	0.9	7
自适应滤波交叉控制参数				
	交叉比	截止频率/Hz	交叉比例	切换转频/Hz
交叉低通	0.8	50	1	40
交叉高通	1.2	200	1	40
		400	1.2	500
		600	1.5	750
		800	1.45	950
		950	1.4	1100
		1100	1.4	1200

磁悬浮动量轮在高速旋转时，转子位移传感器的输出信号直接反映了磁悬浮动量轮系统的悬浮稳定性和振动特性。利用示波器可实时监测飞轮转子五自由度的运动情况，如振动曲线、振动频谱、轴心轨迹等。

磁悬浮姿控储能飞轮FW20运行在42000r/min时，两个径向通道传感器输出的转子位移信号如图4－90所示。Ax 通道的峰峰值为758mV，Ay 通道的峰峰值为623mV，最大不超过保护间隙的25%，从 Ax 通道的频谱图可以看出此时飞轮转频为700Hz。该实验结果表明，磁悬浮动量轮系统已稳定升速至42000r/min。由于采用了基于转速自适应的滤波交叉反馈控制，影响系统稳定

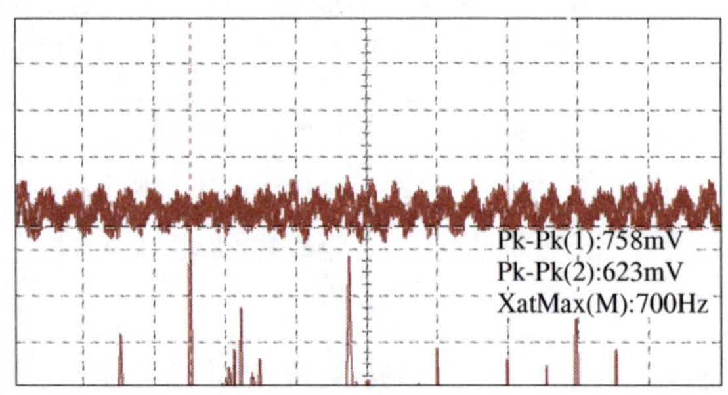

图 4-90　转子径向通道位移频谱图(42000r/min)
横轴每格为 50ms,纵轴每格为 500mV。

性的转子进动和章动两种主要涡动模态得到了有效抑制。

飞轮运转在最高转速 42000r/min 时,转子 A、B 两端径向轴心跳动的李莎育图如图 4-91 所示,图中的虚线圆为保护轴承的位置,可以看出此时转子跳动量约为保护间隙的 1/5,达到了较高的悬浮精度。

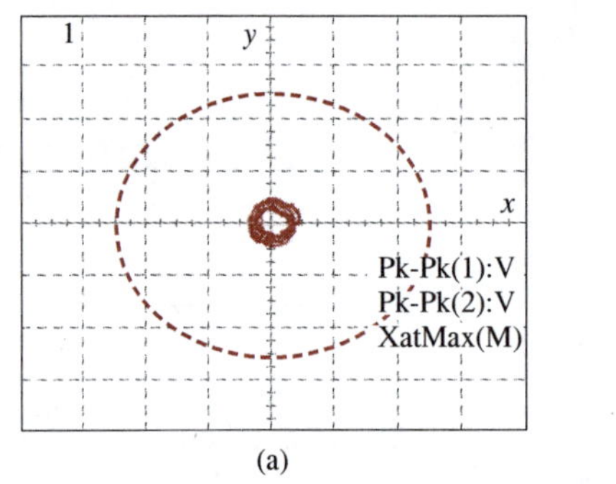

(a)

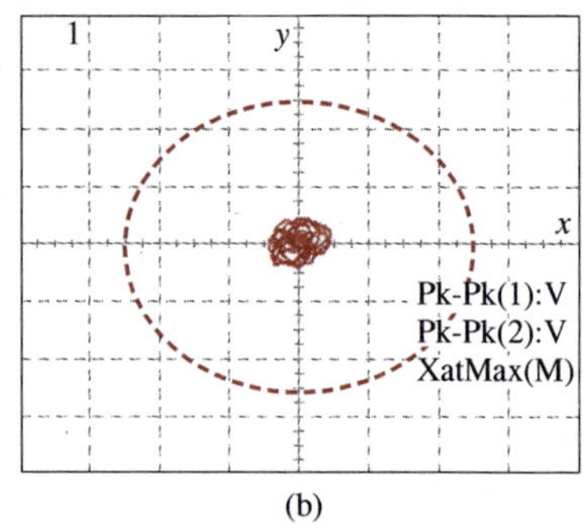

(b)

图 4-91　最高转速下的转子轴心轨迹图(42000r/min)
(a) A 端;(b) B 端。
横轴每格为 500mV,纵轴每格为 500mV。

4.5　磁悬浮高速转子弹性振动模态稳定性分析与陷波校正方法

磁悬浮惯性动量轮较高的额定转速要求磁轴承系统具有较大的控制带宽,而为了减轻重量,转子常采用 I 形圆盘结构,使得其一阶弹性模态频率降低,靠近磁轴承控制带宽范围,在强陀螺效应、功放非线性和轴承力非线性等因素综合作用下,转子出现一阶弹性自激振荡,严重影响了系统的正常工作。

磁悬浮转子弹性自激振荡的抑制主要有陷波器校正、LQ 控制、LPV 控制、H_∞ 控制等方法，其中以在控制通道中串入陷波器的方法最为常用。但由于自激振荡频率随着转子转速和磁轴承控制律的变化而变化，而要保证整个转速范围内弹性模态的稳定，陷波器参数的优化设计就变得十分重要。经典控制理论中，通常采用开环 Bode 图或 Nyquist 曲线进行校正环节的设计，但只适用于陀螺效应较弱、可近似解耦为单变量的磁悬浮细长转子系统，并不适用于具有强陀螺效应耦合的磁悬浮扁平高速转子。此外还可采用闭环仿真的方法来确定陷波器的参数，但很难保证系统稳定裕度。

本节针对强陀螺效应磁悬浮扁平高速转子一阶弹性模态的自激振动抑制问题，介绍一种采用双频 Bode 图以弹性模态稳定裕度为目标的陷波器参数设计方法。首先建立考虑一阶弹性模态的磁悬浮扁平高速转子系统动力学模型，然后将其转化为复系数单变量开环传递函数形式，并绘制不同转速时复系数单变量开环传递函数的双频 Bode 图，利用双频 Bode 图计算各转速下一阶弹性模态的相角裕度，最后根据相角裕度设计陷波器的串连级数、中心频率和极点阻尼[25]。

4.5.1　磁悬浮高速转子弹性振动模态动力学模型

高速磁悬浮惯性动量轮转子的弹性模态如果不采取校正措施，系统在静态悬浮时就会出现剧烈振荡、啸叫，甚至碰撞保护轴承，利用示波器采集转子碰撞保护轴承之前的转子径向位移振荡信号，如图 4－92 所示。图中曲线分别为 ax、bx 通道位移及 ax 通道的 FFT（Fast Fourier Transform）频谱信号，可以看出，转子运动中主要包含频率分别为 114Hz 和 1140Hz 的两个振荡分量，其中 1140Hz 分量逐渐发散，且 ax 和 bx 信号反相，表现为转子的径向转动模态，对照弹性支承转子低阶弹性模态的有限元分析结果，确定其为轮盘与转轴之间的相对弯曲，即转子径向转动一阶弹性模态，如图 4－93 所示。

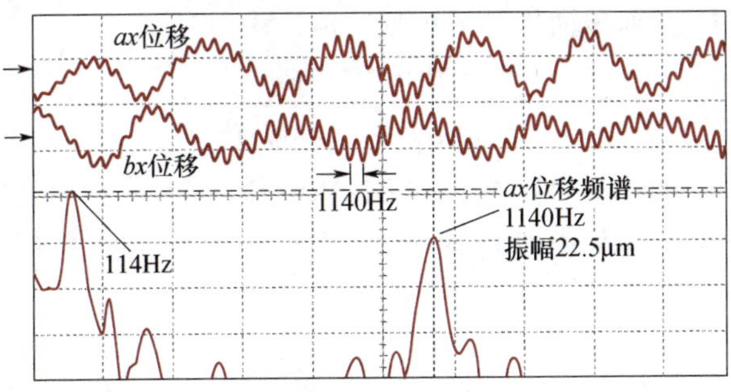

图 4－92　未采用抑制措施，静态悬浮时转子两端 x 方向位移信号及其频谱

左侧箭头表示信号零位，纵轴每格对应 138μm；横轴为时间轴，每格 5ms；频谱 0dB 对应振幅 20μm。

以下在磁悬浮刚性转子动力学模型的基础上进行转子弹性模态动力学建模，主要考虑不稳定的一阶弹性模态，而舍去其他高阶模态，即所谓的缩减模态建模，为弹性模态的稳定性分析和陷波器校正设计奠定基础。

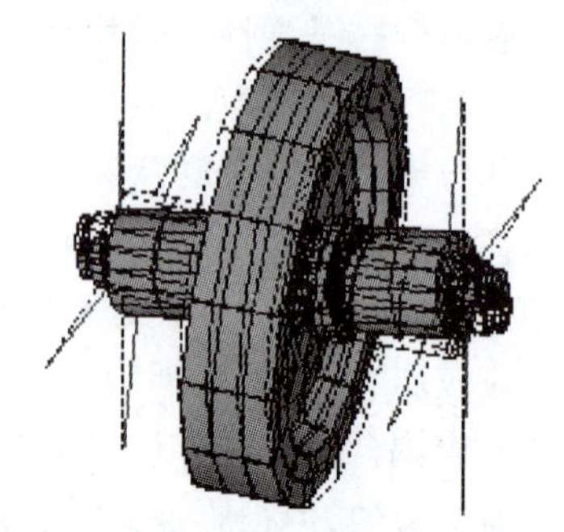

图 4－93　弹性支承转子低阶弹性模态的有限元分析结果（轮盘与轴之间的相对弯曲）

高速磁悬浮内转子为了实现重量极小化而采用外缘厚中间薄的“I”形轮盘结构，轮盘与转轴相连接部位的强度相对薄弱，使得轮盘与转轴之间的相对弯曲振动模态成为最低阶振型，因而在建模时将转子部件离散为刚性转轴和带有中心通孔的刚性轮盘两个子部件，轮盘与转轴之间的连接等效为两个正交的弹簧—阻尼器形成的有阻尼弹性连接，如图 4－94 所示。

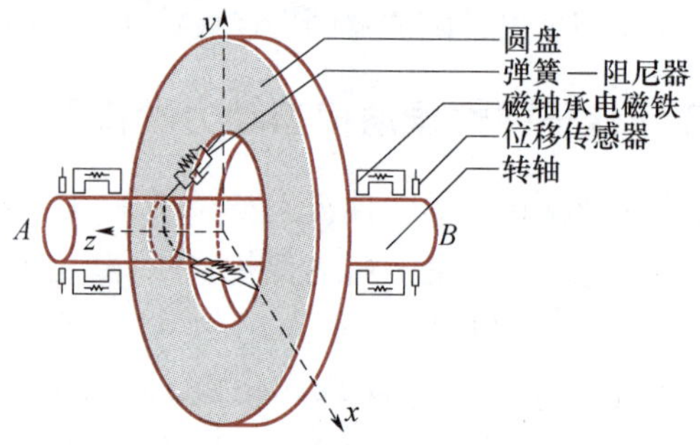

图 4－94　考虑一阶弹性模态的转子机械模型

在定子坐标系 $Oxyz$ 中，转轴的运动仍可由原刚性转子运动方程(4－86)描述，只需将原转子角动量 H 替换为转轴角动量 H_1，采用 α_2、β_2 描述轮盘相对于定子坐标系的转动，则转轴相对于轮盘的角位移为

$$\begin{cases}\beta_1 = \beta - \beta_2 \\ \alpha_1 = \alpha - \alpha_2\end{cases} \tag{4-91}$$

引入弹簧角刚度 k_k（单位：N · m/rad）和角阻尼系数 k_v（单位：N · m · s/rad），当轮盘与转轴之间存在相对转动时，则作用在转轴上的有阻尼弹性恢复力矩为

$$\begin{cases}M_{y1} = -k_k\beta_1 - k_v\dot{\beta}_1 = -k_k(\beta - \beta_2) - k_v(\dot{\beta} - \dot{\beta}_2) \\ M_{x1} = -k_k\alpha_1 - k_v\dot{\alpha}_1 = -k_k(\alpha - \alpha_2) - k_v(\dot{\alpha} - \dot{\alpha}_2)\end{cases} \tag{4-92}$$

此时，轮盘受到的恢复力矩与之大小相等，方向相反。

根据陀螺技术方程建立磁悬浮扁平高速转子系统的考虑一阶弹性模态的径向转动运动动力学微分方程模型：

$$\begin{cases} J_{1y}\beta - H_1\dot{\alpha} + J_{2y}\beta_2 - H_2\dot{\alpha}_2 - 2k_s l_m^2\beta = -2l_m l_s k_i k_s g_w g_c\beta + M_{dy} \\ J_{1x}\ddot{\alpha} + H_1\dot{\beta} + J_{2x}\ddot{\alpha}_2 + H_2\dot{\beta}_2 - 2k_s l_m^2\alpha = -2l_m l_s k_i k_s g_w g_c\alpha + M_{dx} \\ J_{2y}\beta_2 - H_2\dot{\alpha}_2 - k_k(\beta - \beta_2) - k_v(\dot{\beta} - \dot{\beta}_2) = 0 \\ J_{2x}\ddot{\alpha}_2 + H_2\dot{\beta}_2 - k_k(\alpha - \alpha_2) - k_v(\dot{\alpha} - \dot{\alpha}_2) = 0 \end{cases} \tag{4-93}$$

式中：$J_{1x}=J_{1y}$、$J_{2x}=J_{2y}$分别为轴和盘的赤道转动惯量；H_2为轮盘的角动量。

模型(4-93)中的模态参数k_k和k_v分别取决于轮盘与转轴结合部的角刚度和材料内阻尼，通常需要通过激振实验测量得到，这里介绍一种通过静态悬浮实验确定k_k和k_v的简便方法。

由于转子材料内阻尼极小，k_v变化基本上不影响模态频率，可以认为一阶弹性模态频率唯一取决于k_k；而k_k固定的情况下，材料内阻尼则成为决定一阶弹性模态稳定性的唯一因素。因此，根据k_k与模态频率、k_v与模态稳定性的一一对应关系，结合仿真与实验即可确定k_k和k_v的值，具体步骤如下：

(1) 通过实验测出磁悬浮转子静态悬浮时的自激振动频率f_1(弹性模态抑制前)。

(2) 在模型(4-93)中令$\Omega=0$、$k_v=0$，通过调整k_k值使仿真得到的自激振荡频率约为f_1，即可确定出k_k值。

(3) 在磁悬浮转子系统控制器中串入一级陷波器，在f_1附近调节陷波器中心频率f_{1z}，确定出可使自激振动收敛的f_{1z}变化范围(简称为f_{1z}稳定域)。

(4) 在仿真模型中串入一级陷波器，调整k_v值使f_{1z}稳定域尽可能与实验结果一致，即可确定出k_v值。

通过上述方法确定k_k和k_v后，即可得到准确的磁悬浮转子弹性模态动力学模型。由于k_k和k_v是与外部约束无关的转子固有属性，尽管其确定过程是在静态悬浮状态下完成的，但其结果同样适用于$F_r>0$时的系统仿真和稳定性分析，只是当$F_r>0$时，与刚性转子涡动模态相类似，同样由于受到陀螺效应的影响，转子弹性振动模态也将随着转速升高而出现频率分叉，一个表现为前向涡动(FW, Forward Whirl)，一个表现为后向涡动(BW, Backward Whirl)，如图4-95所示。以下基于此模型介绍弹性模态的稳定性分析方法和陷波校正方法。

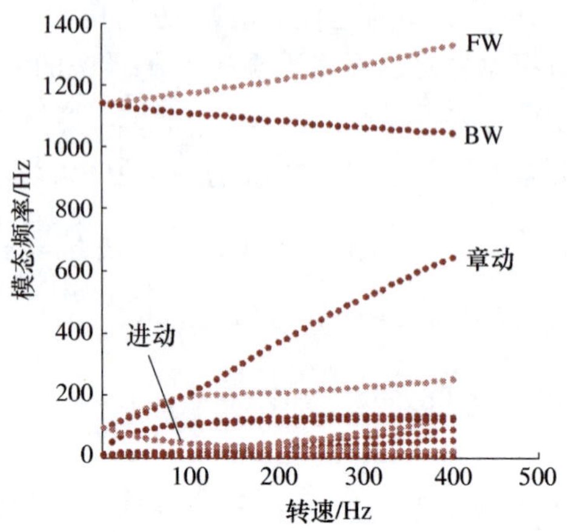

图 4－95　转子弹性模态频率随转速变化曲线

4.5.2　磁悬浮转子弹性振动模态双频 Bode 图稳定性分析

转子弹性模态失稳时引起自激振动虽然是非线性问题，但是只要保证校正后弹性模态在线性范围内稳定，就不会出现自激振动而进入非线性区，因此仍然可以采用线性系统理论进行弹性模态的稳定性分析和校正。其稳定性分析仍可沿用 4.4.4 节介绍的系统 Bode 图稳定性分析方法。只是由于弹性模态的引入，其动力学模型(4－93)与刚性转子动力学模型(4－86)相比，增加了轮盘相对转轴的两个径向转动自由度。

1. 转子弹性模态动力学模型的单变量等效模型

定义 $J_{1rr}=J_{1x}=J_{1y}$、$J_{2rr}=J_{2x}=J_{2y}$、$\varphi=\alpha+\mathrm{j}\beta$、$\varphi_2=\alpha_2+\mathrm{j}\beta_2$、$M_d=M_{dx}+\mathrm{j}M_{dy}$，j 为虚数单位，将微分方程组(4－93)的第一式乘以 j 再加到第二式，第三式乘以 j 再加到第四式，得到

$$\begin{cases}J_{1rr}\ddot{\varphi}-\mathrm{j}H_1\dot{\varphi}+J_{2rr}\ddot{\varphi}_2-\mathrm{j}H_2\dot{\varphi}_2-2k_h l_m^2\varphi=-2l_m l_s k_i k_s g_w g_c\varphi+M_d\\ J_{2rr}\ddot{\varphi}_2-\mathrm{j}H_2\dot{\varphi}_2=k_k(\varphi-\varphi_2)+k_v(\dot{\varphi}-\dot{\varphi}_2)\end{cases}\tag{4-94}$$

对上式做拉普拉斯变换，并消去 $\varphi_2(s)$，得出等效的复系数单变量动力学模型：

$$\begin{aligned}&\left[J_{1rr}s^2-\mathrm{j}H_1 s+\frac{(J_{2rr}s^2-\mathrm{j}H_2 s)(k_k+k_v s)}{J_{2rr}s^2+(k_v-\mathrm{j}H_2)s+k_k}-2k_h l_m^2\right]\varphi(s)\\&=-2l_m l_s k_i k_s g_w(s)g_c(s)\varphi(s)+M_d(s)\end{aligned}\tag{4-95}$$

令 $g_{\mathrm{oeff}}(s) = \dfrac{1}{J_{1\mathrm{rr}}s^2 - \mathrm{j}H_1 s + \dfrac{(J_{2\mathrm{rr}}s^2 - \mathrm{j}H_2 s)(k_\mathrm{k} + k_\mathrm{v}s)}{J_{2\mathrm{rr}}s^2 + (k_\mathrm{v} - \mathrm{j}H_2)s + k_\mathrm{k}} - 2k_\mathrm{s}l_\mathrm{m}^2}$ 和 $g_{\mathrm{ceff}}(s) = 2l_\mathrm{m}l_\mathrm{s}k_\mathrm{i}k_\mathrm{s}g_\mathrm{w}(s)g_\mathrm{c}(s)$ 分别表示等效控制器和等效被控对象，则系统的复系数单变量开环传递函数为

$$g_{\mathrm{OL}}(s) = g_{\mathrm{oeff}}(s)g_{\mathrm{ceff}}(s) \tag{4-96}$$

注意到

$$g_{\mathrm{oeff}}(s)\big|_{k_\mathrm{k}\to\infty} = \frac{1}{J_{1\mathrm{rr}}s^2 - \mathrm{j}H_1 s + J_{2\mathrm{rr}}s^2 - \mathrm{j}H_2 s - 2k_\mathrm{s}l_\mathrm{m}^2} = \frac{1}{J_{\mathrm{rr}}s^2 - \mathrm{j}Hs - 2k_\mathrm{s}l_\mathrm{m}^2} \tag{4-97}$$

式中：$J_{\mathrm{rr}} = J_{1\mathrm{rr}} + J_{2\mathrm{rr}}$；$H = H_1 + H_2$。可见，当 k_k 趋于无穷大时，转子弹性模态动力学模型将退化为原刚性转子动力学模型。

2. 转子弹性模态双频 Bode 图稳定性判定方法[26]

参照 4.4.4 节所介绍的双频 Bode 图稳定性判定方法，采用双频 Bode 图分析弹性模态稳定性，首先要计算开环传递函数的 Q 值和绘制双频 Bode 图，然后采用稳定性判据分析稳定性，并计算稳定裕度，为校正环节设计提供基础。

1）计算 $g_{\mathrm{OL}}(s)$ 的正实部极点数 Q

限定最小相位校正的前提下，$g_{\mathrm{OL}}(s)$ 开环传递函数的正实部极点只可能来自等效被控对象 $g_{\mathrm{oeff}}(s)$。令 $g_{\mathrm{oeff}}(s)$ 分母等于零，求出不同 F_r 时的 $g_{\mathrm{oeff}}(s)$ 极点如图 4－96 所示，其中低频极点（虚部 <4000rad/s 的极点）对应刚体模态的进动和章动，高频极点对应弹性模态的后向涡动和前向涡动，$F_{\mathrm{r0}} = 115\mathrm{Hz}$，$F_\mathrm{r} < F_{\mathrm{r0}}$ 时 $Q = 1$，而 $F_\mathrm{r} > F_{\mathrm{r0}}$ 时 $Q = 0$。

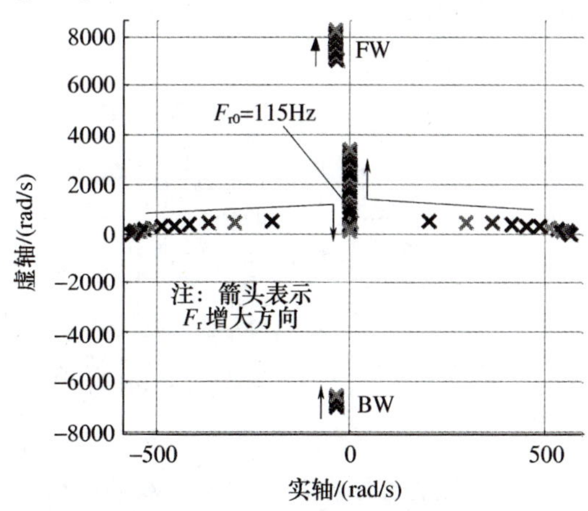

图 4－96　磁悬浮弹性转子系统开环极点随转速的变化关系（$F_\mathrm{r} = 0 \sim 400\mathrm{Hz}$）

2）稳定分析方法

$F_r=0$Hz 和 400Hz（最高转速）时磁悬浮弹性转子系统开环传递函数的双频 Bode 图如图 4－97 和图 4－98 所示，其中负频率特性对折画到正频率区间，相频特性中实线箭头均表示半次穿越，向上为正穿越，向下为负穿越。根据双频 Bode 图稳定性判据，稳定性判定结果如下：

（1）$F_r=0$Hz 时，$Q=1$，$N=1+1-1.5-1.5=-1$，$Z=1-(-1)=2$，系统不稳定。

（2）$F_r=400$Hz 时，$Q=0$，$N=1+0-1.5-1.5=-2$，$Z=0-(-2)=2$，系统不稳定。

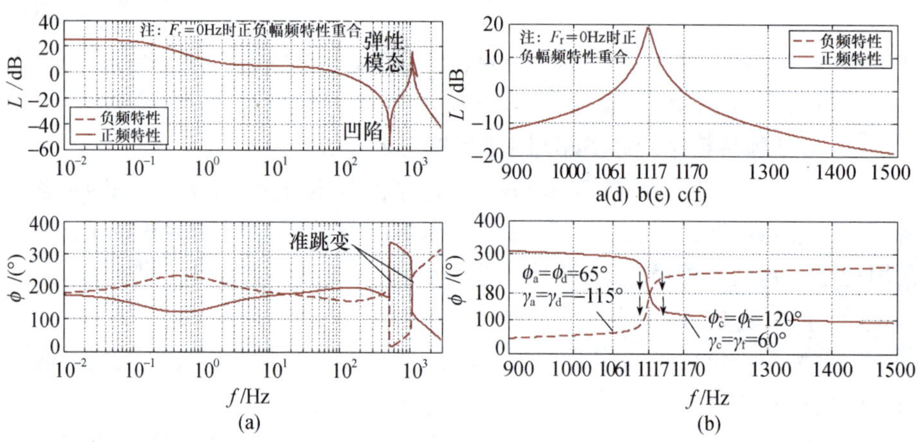

图 4－97　不同转速下磁悬浮弹性转子系统的开环双频 Bode 图（$F_r=0$Hz）

（a）Bode 图；（b）高频段。

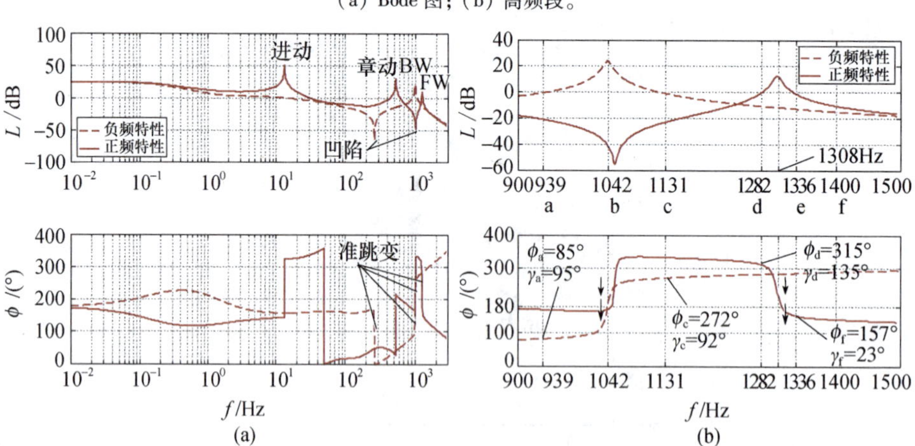

图 4－98　不同转速下磁悬浮弹性转子系统的开环双频 Bode 图（$F_r=400$Hz）

（a）Bode 图；（b）高频段。

$0 < F_r < 400$Hz 时的判定过程类似。定义双频 Bode 图中 BW 和 FW 准谐振峰的 $L(\omega) > 0$ 频段为 L_{B+} 和 L_{F+}（图 4－98）。由于双频 Bode 中包含进动和章动的低频段 $Z = 0$，因此系统不稳定的实际原因是 L_{B+} 和 L_{F+} 频段内的负频率和正频率相频特性各有一次穿越造成的，即进动和章动稳定，而 BW 和 FW 在整个转速范围内均不稳定。而根据闭环转速根轨迹（图 4－99），$F_r = 0 \sim 400$Hz 时 BW 和 FW 极点均位于虚轴右半平面上，同样表明 BW 和 FW 模态不稳定。

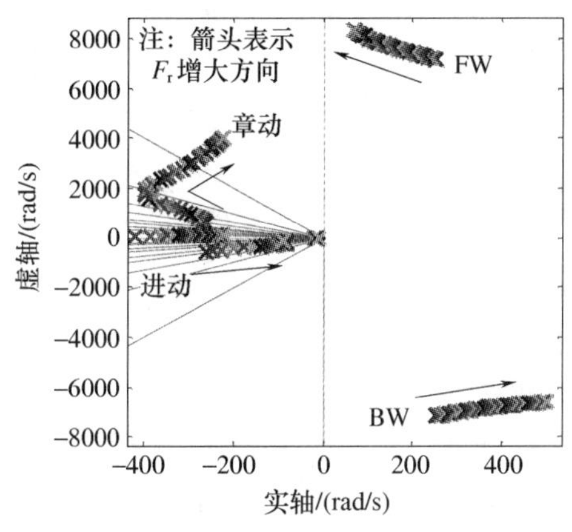

图 4－99　校正前的闭环转速根轨迹（$F_r = 0 \sim 400$Hz）

下面通过被控对象的开环频率特性分析弹性模态不稳定的原因，被控对象的开环频率特性如图 4－100（a）所示，其相频特性在准谐振峰频率处由 0°急剧变化到 180°，而由于控制通道存在高频滞后（在负频率特性上为高频超前），使得合成的开环特性在准谐振峰穿越 180°线，因此弹性模态不稳定的原因可以归结为：一方面，由于转子转速较高，章动频率变化范围较大，需要系统具有较高的带宽以保证章动的稳定（带宽过低，滞后过大将导致章动稳定性难以校正），同时也导致弹性模态的准谐振峰未能衰减到 0dB 以下，即存在 L_{B+} 和 L_{F+} 区域；另一方面，控制通道高频滞后较大，导致开环特性在 L_{B+} 和 L_{F+} 出现负穿越，造成 BW 和 FW 不稳定。可见，控制通道的高频滞后不仅使转子章动不稳定，而且使高频弹性模态不稳定。磁悬浮弹性转子系统等效被控对象的双频 Bode 图如图 4－100 所示。

3）稳定裕度分析

参见图 4－98，L_{B+} 的左端点频率和 L_{F+} 的右端点频率分别为 f_a 和 f_f，定义 BW 相角稳定裕度 γ_B 为消除 BW 负穿越在 f_a 频率处所需最小超前角的负值，FW 相角稳定裕度 γ_F 为消除 FW 负穿越在 f_f 频率处所需最小超前角的负值，

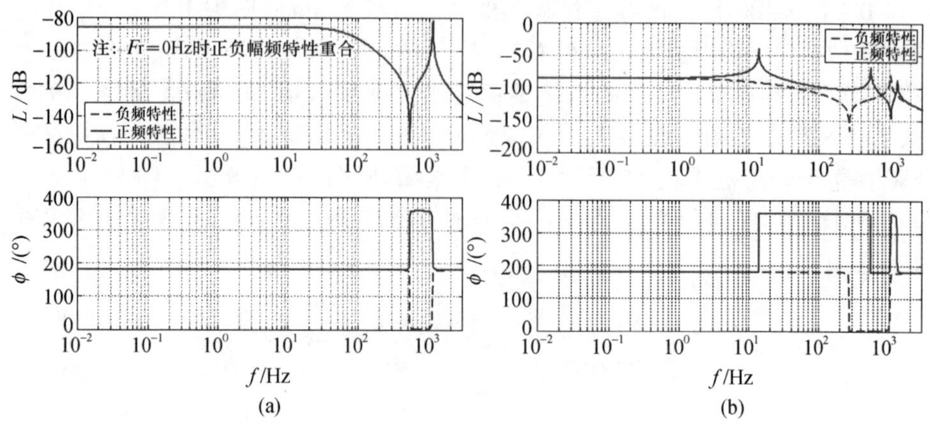

图 4-100 磁悬浮弹性转子系统等效被控对象的双频 Bode 图

(a) $F_r=0\text{Hz}$；(b) $F_r=400\text{Hz}$。

即有

$$\begin{cases}\gamma_B = \angle g_{OL}(j2\pi f_a) - 180° \\ \gamma_F = \angle g_{OL}(j2\pi f_f) - 180°\end{cases} \tag{4-98}$$

相角裕度为正、零和负分别表示模态稳定、临界稳定和不稳定，相角裕度为正时，其绝对值越大表示稳定程度越高，相角裕度为负时，其绝对值越大表示不稳定程度越高。不同转速下磁悬浮弹性转子的 γ_B 和 γ_F 如图 4-101 所示。可见，未采用校正环节时，BW 和 FW 在整个转速范围内不稳定，且 BW 比 FW 更不稳定，这是由于 BW 频率随转速升高而降低，更接近控制带宽范围的缘故。

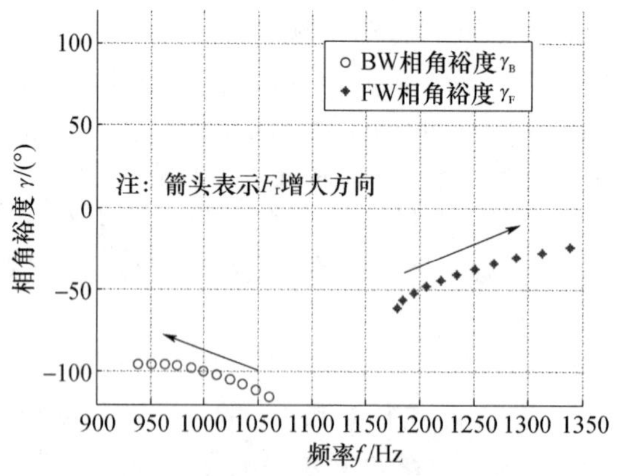

图 4-101 不同转速下弹性模态的相角裕度

4.5.3 磁悬浮高速转子弹性振动模态陷波器校正优化设计

弹性模态的校正不仅要保证弹性模态稳定,而且要尽可能地不影响系统其他性能,特别是章动的稳定性。一般的通过相位超前或增益衰减的校正方法都会对系统造成影响:相位超前会提高高频增益而引入噪声,而增益衰减必然加大章动频率处的相位滞后,严重影响章动稳定性。相比之下,陷波器校正具有局部相移大且影响范围小的优点,因而通常用来对频率变化范围较小的弹性模态进行稳定性校正。

根据弹性模态相角裕度曲线和稳定性判据,任何转速下只要在不扩大 L_{B+} 和 L_{F+} 区域的前提下对 L_{B+} 负频率相频特性和 L_{F+} 正频率相频特性分别超前 $|\gamma_B|$ 和 $|\gamma_F|$ 角,就可以消除区域中的相频特性穿越,使 BW 和 FW 恢复稳定。如果采用最小相位校正,校正环节的相频特性关于零频率奇对称,上述校正要求均折算到正频率特性,则为:L_{B+} 区域滞后 $|\gamma_B|$ 角,L_{F+} 区域超前 $|\gamma_F|$ 角。而陷波器(NF)的相频特性在小于中心频率时为超前,大于中心频率时为滞后,恰好满足这种校正要求,这就是固定参数 NF 可以抑制不同转速下弹性模态自激振荡的根本原因,同时也是 NF 设计的依据[27]。

典型的 NF 传递函数为

$$g_{NF}(s) = \frac{s^2 + \omega_z^2}{s^2 + 2\zeta_p \omega_z s + \omega_z^2} \tag{4-99}$$

式中:$\omega_z = 2\pi f_z$,f_z 和 ζ_p 分别是 NF 中心频率和极点阻尼。下面对 NF 串联级数 n、f_z 和 ζ_p 的确定方法进行介绍。

(1) 级数 n 的确定。级数 n 取决于最大校正需求角度与单级 NF 所能提供的最大相移 θ_{max} 之比,即

$$n = \mathrm{int}\{[\max(|\gamma_B|, |\gamma_F|) + \gamma_o]/\theta_{max} + 1\} \tag{4-100}$$

式中:int 表示取整;γ_o 表示校正后要求达到的相角裕度。通常取 $\theta_{max} = 70°$,若要求 $\gamma_o = 10°$,根据图 4-101 应取 $n = 2$。

(2) 中心频率 f_z 的确定。静态悬浮时 NF 校正是利用其阻带衰减特性消除开环幅频特性中的准谐振峰,因而 NF 中心频率 f_z 应选择在 $F_r = 0$Hz 时的准谐振峰点频率,即

$$f_z = f_{b0} = f_{e0} \tag{4-101}$$

根据图 4-97 应选 $f_z = f_{b0} = 1117$Hz。

(3) ζ_p 的优化设计。NF 的相移量取决于 ζ_p,因此确定 ζ_p 是 NF 设计的核心内容。将图 4-101 中心频率右侧的相角裕度曲线取正,再除以 NF 级数,与不同 ζ_p 的 NF 相频特性进行比较,结果如图 4-102 所示(按 $f = 1117$Hz 归一化)。

可以看出,FW 稳定和静态悬浮弹性模态稳定需要的 ζ_p 较小,而最高速 F_{rmax} 时,BW 稳定(简称为 BW_{max} 稳定)需要的 ζ_p 最大。由于串入 NF 势必加大控制通道在章动频率处的相位滞后而降低章动稳定性,因而在 NF 设计 ζ_p 取值时,应在确保弹性模态稳定裕度的前提下尽量取小,也就是要寻求极小化 ζ_p 的优化方法。由于 BW_{max} 稳定性校正需要的 ζ_p 值最大,因此弹性模态校正 NF 设计只要保证最高速时 BW 有足够的相角裕度 γ,也就保证了其他转速下 BW 和 FW 的稳定裕度要求。

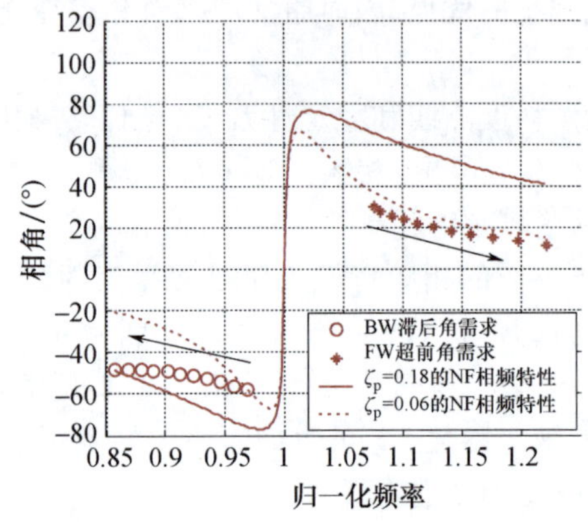

图 4-102 归一化校正相移需求与 NF 频率特性

注:箭头表示转子转速长高方向。

考虑到 NF 在中心频率附近的增益衰减作用,控制通道串入 NF 后,L_{B+} 的左端点频率将右移,使得满足相角裕度要求所需的相移量较原设计小,因而可以选取较小的 ζ_p。具体设计优化可参见文献[29]。

针对高速磁悬浮惯性动量轮转子弹性模态,设计陷波器中心频率 $f_z = 1110\text{Hz}$,极点阻尼 $\zeta_p = 0.084$,经两级陷波校正后,转子位移信号如图 4-103 所示,与未加入陷波校正时的转子位移信号(图 4-92)相比,无论在静态悬浮还是在高速旋转时,转子稳定悬浮,弹性模态自激振荡完全消失。

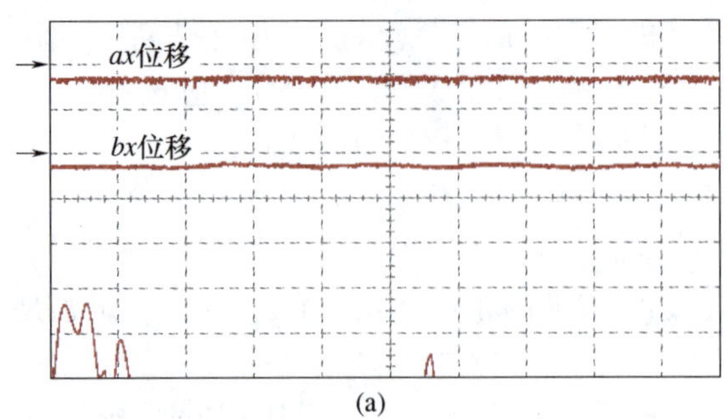

(a)

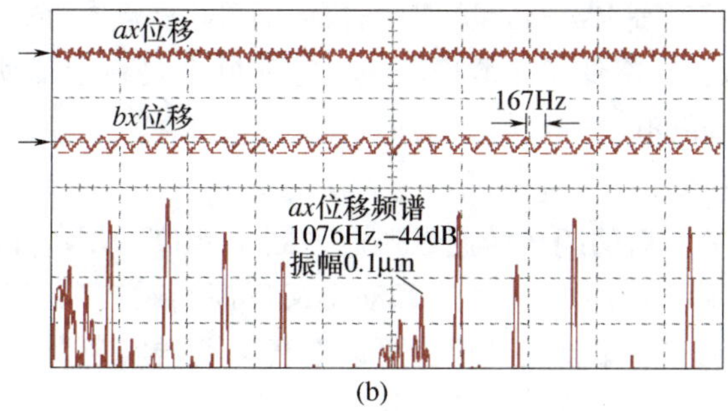

图 4－103　陷波器校正后转子两端 x 方向位移信号及其频谱

（a）静态悬浮；（b）10000r/min 时。

左侧箭头表示信号零位。图 4－103(a)纵轴每格对应位移 7μm；横轴为时间轴，每格 5ms。图 4－103(b)纵轴每格对应位移 28μm；横轴为时间轴，每格 20ms。频谱 0dB 对应振幅 20μm。

4.5.4　交叉反馈控制对弹性振动模态稳定控制的影响

本章前面所介绍的交叉反馈控制器和陷波器设计方法，是建立在刚体转动模态(进动与章动)与弹性模态频率相差较大、相互近似解耦的基础之上的，但实际上高速时章动频率与弹性模态尤其是后向涡动频率相差较小，加入陷波器会增大控制通道在章动频率处的相位滞后，在一定程度上会降低章动的稳定性，同时章动交叉反馈也会影响弹性模态稳定性。下面主要对陷波器串入前后，交叉反馈校正对弹性模态稳定性的影响进行分析[28]。

1. 陷波器串入前

加入交叉反馈前后的闭环转速根轨迹如图 4－104 所示。可以看出，加入

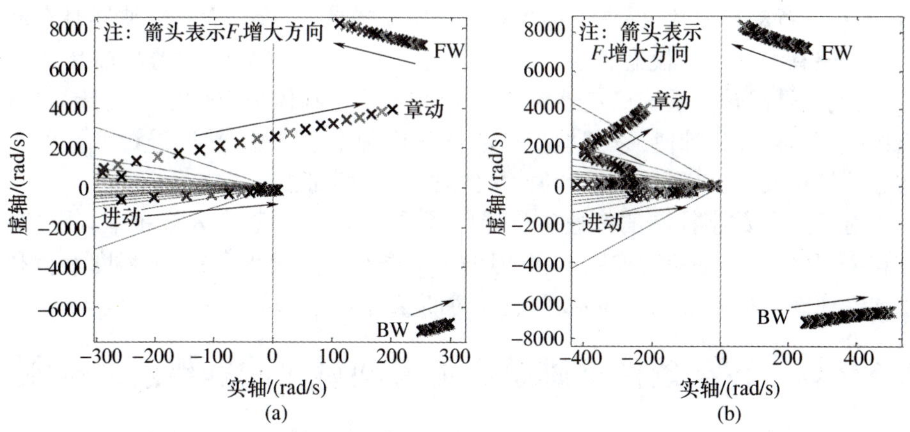

图 4－104　陷波器串入前，交叉反馈加入前后的闭环转速根轨迹(F_r =0～400Hz)

（a）加入交叉反馈前；（b）加入交叉反馈后。

交叉反馈后随转速升高 BW 极点更快地右移，而 FW 极点左移，说明章动交叉反馈提高了 FW 稳定性，降低了 BW 稳定性。这实际上是由于章动与 BW 属性相反，而与 FW 属性相同的缘故。

2. 陷波器串入后

加入交叉反馈前后的闭环转速根轨迹如图 4－105 所示，可以看出，与未串入陷波器时的情形不同，有陷波器后章动交叉反馈同时有利于 BW 和 FW 的稳定性。但这并不意味着章动交叉反馈可以取代陷波器实现弹性模态校正，因为没有陷波器时交叉反馈不利于 BW 的稳定性。

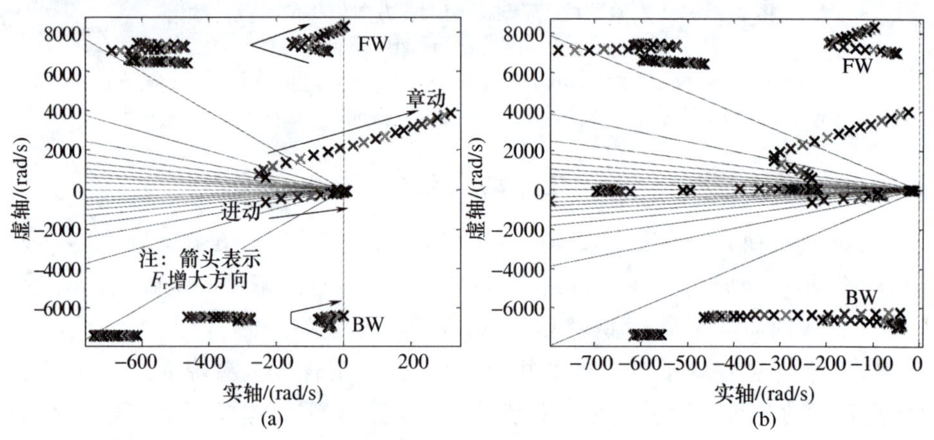

图 4－105 陷波器串入后，交叉反馈加入前后的闭环转速根轨迹（$F_r=0\sim400$Hz）

（a）加入交叉反馈前；（b）加入交叉反馈后。

综上所述，为抑制弹性模态自激振动而加入的陷波器增大了高频相位滞后，不利于章动稳定性，提高了对章动交叉反馈的校正需求，而有陷波器时章动交叉反馈有利于弹性模态抑制，可以降低弹性模态校正对陷波器超前角的需求，因此磁悬浮转子系统稳定性设计时应首先进行刚体稳定性校正设计，并适当提高相角裕度设计值，以免加入陷波器后出现章动失稳，然后进行弹性模态稳定性校正设计，以降低 ζ_p 设计值，减少对章动稳定性的影响。

对于采用数字控制的高速磁悬浮转子系统而言，由于其采样频率有限，频带较窄，虽然对章动稳定控制不利，但由于其高频增益较小，在一定程度上有利于弹性模态的抑制，降低了陷波器设计时的相角裕度需求。

4.6 载体转动条件下磁悬浮偏置动量轮动框架前馈控制方法

与刚性机械支承不同的是，磁悬浮支承实际上是一种主动控制的有阻尼弹性支承，因此当动量轮的所在载体（或支承框架）在惯性系中转动时，产生的牵连运动会引起转子与定子之间的相对运动，同时，高速转子的陀螺效应又会使转子的运动更趋复杂，导致转子轴心跳动加大，甚至碰撞保护轴承，引起磁悬浮转子系统失稳，并且由于角动量矢量方向发生变化，必然影响磁悬浮惯性动量轮输出力矩的精度和稳定度。

对于框架或载体运动所造成的扰动，虽然可以采取直接提高磁轴承闭环刚度的方法以减小转子的相对角位移，但是在 PID 控制系统中，由于微分系数受噪声水平的制约不宜过大，如果刚度过高就会降低系统阻尼，导致系统不稳定。实际上，由于框架运动或载体机动在姿控系统中是可测的，因而可以采用前馈补偿的方法进行动框架控制。以下在线性模型的基础上，针对框架或载体运动介绍一种抑制转子角位移、提高支承精度的角速率前馈控制方法[30]。

4.6.1　载体转动时的转子动力学模型

磁悬浮惯性动量轮剖视图与坐标系定义如图 4-106 所示，转子通过两端的径向磁轴承悬浮于定子壳体内。由于磁轴承为有间隙的弹性支承，因此磁悬浮转子本身可视为一个带有微框架的二自由度陀螺。

惯性动量轮定子壳体固连于载体，定义 $Ox_iy_iz_i$、$Ox_gy_gz_g$ 和 $Oxyz$ 分别为与惯性坐标系、载体坐标系和定子坐标系，通常 x 和 y 轴与 y_g 轴成 45°。

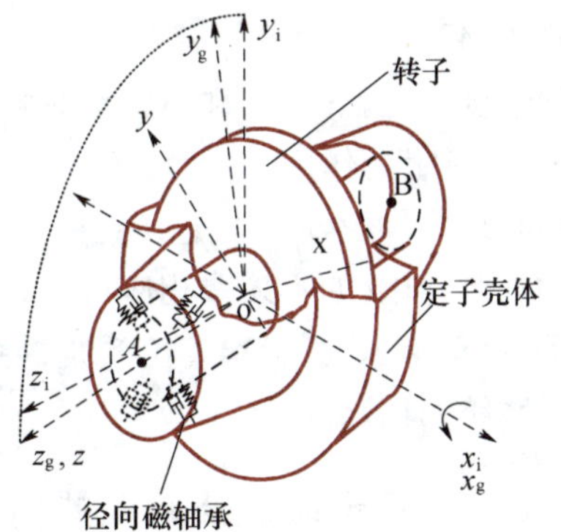

图 4-106　磁悬浮惯性动量轮剖视图与坐标系定义

载体静止时，磁悬浮惯性动量轮的转子动力学方程同式(4-2)。

载体转动时，设载体坐标系相对惯性坐标系的角速度 ω_{ig} 在载体坐标系的分量式为

$$\boldsymbol{\omega}_{ig}^{g}=\begin{bmatrix}(\omega_{ig}^{g})_x\\(\omega_{ig}^{g})_y\\(\omega_{ig}^{g})_z\end{bmatrix}$$

其中 $(\boldsymbol{\omega}_{ig}^{g})_z\ll\Omega$。$\omega_{ig}$ 在定子坐标系的投影为

$$\boldsymbol{\omega}_{ig}^{1}=\boldsymbol{C}_{g}^{1}\boldsymbol{\omega}_{ig}^{g}=\begin{bmatrix}\sqrt{2}/2 & \sqrt{2}/2 & 0\\-\sqrt{2}/2 & \sqrt{2}/2 & 0\\0 & 0 & 1\end{bmatrix}\begin{bmatrix}(\omega_{ig}^{g})_x\\(\omega_{ig}^{g})_y\\(\omega_{ig}^{g})_z\end{bmatrix}=\begin{bmatrix}(\omega_{ig}^{g})_x\sqrt{2}/2+(\omega_{ig}^{g})_y\sqrt{2}/2\\-(\omega_{ig}^{g})_x\sqrt{2}/2+(\omega_{ig}^{g})_y\sqrt{2}/2\\(\omega_{ig}^{g})_z\end{bmatrix}$$

(4-102)

由于 α、β 均为小量，则载体转动时的磁悬浮惯性动量轮的转子动力学为

$$\begin{cases}J_e[\ddot{\alpha}+(\ddot{\omega}_{ig}^g)\sqrt{2}/2+(\ddot{\omega}_{ig}^g)\sqrt{2}/2]+H[\dot{\beta}-(\ddot{\omega}_{ig}^g)\sqrt{2}/2+(\ddot{\omega}_{ig}^g)\sqrt{2}/2]=M_x\\J_e[\beta-(\ddot{\omega}_{ig}^g)\sqrt{2}/2+(\ddot{\omega}_{ig}^g)\sqrt{2}/2]-H[\dot{\alpha}+(\ddot{\omega}_{ig}^g)\sqrt{2}/2+(\ddot{\omega}_{ig}^g)\sqrt{2}/2]=M_y\end{cases}\tag{4-103}$$

参照式(4-2)，则式(4-103)亦可写为

$$\begin{cases}J_e\ddot{\alpha}+H\dot{\beta}=M_x+M_{rgx}\\J_e\beta-H\dot{\alpha}=M_y+M_{rgy}\end{cases}\tag{4-104}$$

其中

$$\begin{cases}M_{rgx}=-[J_e(\ddot{\omega}_{ig}^g)_x+J_e(\ddot{\omega}_{ig}^g)_y-H(\ddot{\omega}_{ig}^g)_x+H(\ddot{\omega}_{ig}^g)_y]\sqrt{2}/2\\M_{rgy}=[J_e(\ddot{\omega}_{ig}^g)_x-J_e(\ddot{\omega}_{ig}^g)_y+H(\dot{\omega}_{ig}^g)_x+H(\dot{\omega}_{ig}^g)_y]\sqrt{2}/2\end{cases}\tag{4-105}$$

式中：M_{rgx}、M_{rgy} 为载体转动所导致的牵连运动项，其大小取决于载体角速率和角加速度。也就是说，载体转动时转子还会受到牵连运动所导致的等效扰动力矩 M_{rgx} 和 M_{rgy} 的作用。这时，为了保证动量轮定转子之间不发生相对运动，磁轴承还必须提供额外的力矩以支持转子跟随牵连运动。由于牵连运动是突然加入的强制作用，如不采取相应的补偿控制措施，则会导致转子出现附加的相对运动，跳动量加大，影响姿控系统的控制精度，甚至可能碰撞保护轴承，影响磁悬浮系统的稳定性。

4.6.2 基于动框架效应的角速率前馈控制方法

动框架控制一般依赖于载体转动角速率的测量，当角速率未知时，动框架控制难度加大，控制效果变差，这里主要介绍一种载体角速率已知或可测的前馈控制方法[31,32]。

如前所述，载体转动对磁轴承系统的影响可等效为扰动力矩作用，且扰动力矩的大小可通过测量载体角速率确定，因而可采取前馈校正的方法进行扰动力矩补偿。

考虑到载体角加速度通常极小，等效扰动力矩(4-105)可简化为

$$\begin{cases}M_{rgx}=-[-(\dot{\omega}_{ig}^g)_x+(\dot{\omega}_{ig}^g)_y]H\sqrt{2}/2\\M_{rgy}=[(\dot{\omega}_{ig}^g)_x+(\dot{\omega}_{ig}^g)_y]H\sqrt{2}/2\end{cases}\tag{4-106}$$

由于造成扰动的附加力矩主要取决于载体角速率，因而在磁轴承控制中引

入了基于载体角速率的前馈控制，则加入前馈校正环节后的径向磁轴承系统控制框图如图4－107所示。$\boldsymbol{K}_{\text{rg}} = \frac{\sqrt{2}H}{2}\begin{bmatrix} 0 & 0 & 0 \\ 1 & 1 & 0 \\ 0 & 0 & 0 \\ -1 & 1 & 0 \end{bmatrix}$为从$\omega_{\text{ig}}$到广义扰动力$\boldsymbol{f}_{\text{g}}$的增益矩阵；$\boldsymbol{K}_i$和$\boldsymbol{K}_s$为电流刚度矩阵和位移刚度矩阵；$\boldsymbol{T}_{\text{m}}$和$\boldsymbol{T}_{\text{s}}$为坐标转换阵。

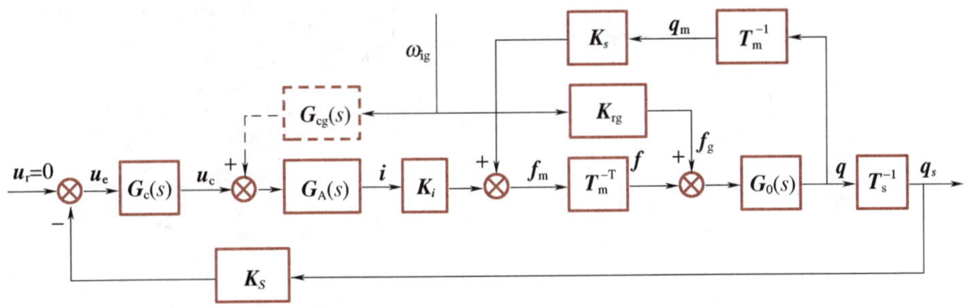

图4－107　加入前馈校正环节后的径向磁轴承系统控制框图

图中粗实线代表四通道矢量；$\boldsymbol{G}_{\text{c}}(s)$和$\boldsymbol{G}_{\text{A}}(s)$分别为控制器和功放的传递函数矩阵；$\boldsymbol{K}_S$为传感器的增益矩阵；$\boldsymbol{G}_0(s)$为转子动力学传递函数矩阵。

根据前馈控制的完全补偿条件：

$$\boldsymbol{K}_i\boldsymbol{G}_{\text{A}}(s)\boldsymbol{G}_{\text{cg}}(s) + \boldsymbol{T}_{\text{m}}^{\text{T}}\boldsymbol{K}_{\text{rg}} = 0 \tag{4－107}$$

其中$\boldsymbol{G}_{\text{cg}}(s)$为前馈传递矩阵，则有

$$\boldsymbol{G}_{\text{cg}}(s) = -\boldsymbol{G}_{\text{A}}^{-1}(s)\boldsymbol{K}_i^{-1}\boldsymbol{T}_{\text{m}}^{\text{T}}\boldsymbol{K}_{\text{rg}} \tag{4－108}$$

由于载体运动的时间常数比功放惯性的时间常数大得多，式(4－108)可以简化为

$$\boldsymbol{G}_{\text{cg}}(s) = -\boldsymbol{K}_{\text{A}}^{-1}\boldsymbol{K}_i^{-1}\boldsymbol{T}_{\text{m}}^{\text{T}}\boldsymbol{K}_{\text{rg}} \tag{4－109}$$

其中，$\boldsymbol{K}_{\text{A}}$是功放增益矩阵。式(4－109)实际上是四个比例系数，属于稳态全补偿，在物理上很容易实现。加入的前馈环节如图4－107中虚线部分所示。

将载体转动效应等效为附加力矩扰动后，可以搭建磁悬浮惯性动量轮的时域仿真模型进行载体运动时的仿真。

假设载体仅有沿x轴的角速度，即$(\dot{\omega}_{\text{ig}}^{\text{g}})_y = 0$，磁悬浮转子初始稳定悬浮，即$\alpha$和$\beta$均为零，$\Omega = 2\pi \times 340\text{rad/s}$，载体转速$(\dot{\omega}_{\text{ig}}^{\text{g}})_x$从0°/s以加速度$(\ddot{\omega}_{\text{ig}}^{\text{g}})_y = 120°/\text{s}^2$加速到9.5°/s，之后匀速转动。载体运动过程中转子A端轴心在x轴和y轴方向的位移如图4－108(a)所示，轴心轨迹即李莎育图如图4－108(b)所示，近似反映了α、β的变化规律(α、β均为小量)。

由图4－108可见：在等效扰动力矩M_{rg}作用下，转子发生进动，轴心偏离初

始位置，与此同时磁轴承产生恢复力矩 M_m（M_x 和 M_y 的合力矩），在 M_{rg} 和 M_m 的共同作用下，转子经过暂态后轴心回到初始位置附近（在该处 M_m 与 M_{rg} 恰好平衡），转子逐渐进入稳态。由于磁轴承的响应速度有限，因而转子最大位移实际上和附加力矩成正比，仿真结果中转子位移已超出保护间隙。而在实际控制系统中，一般不允许转子跳动量达到保护间隙的 30%，过大的跳动量会影响磁轴承系统的精度和稳定性。

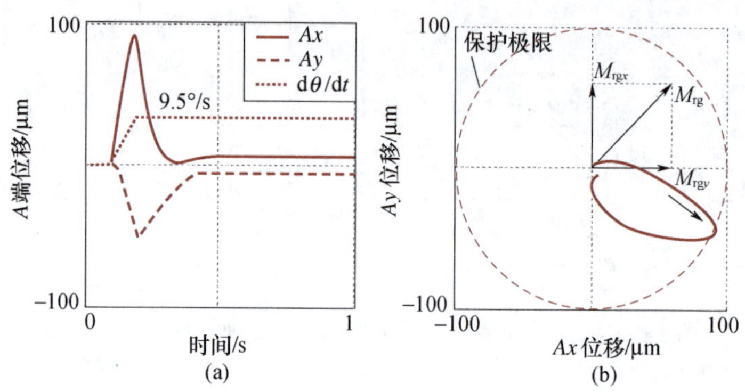

图 4－108　载体转动时转子 A 端轴心位移与轨迹（无前馈）

（a）轴心位移；（b）轴心轨迹。

在相同的仿真条件下，加入前馈校正后的 A 端轴心位移和轴心轨迹如图 4－109 所示。由于前馈作用，载体转动导致附加力矩的同时，磁轴承在前馈控制的作用下产生相应的补偿力矩，使转子最大跳动量从原来的 100μm 减小到 0.6μm，且轴心很快回复到控制零位，基本不存在稳态误差。

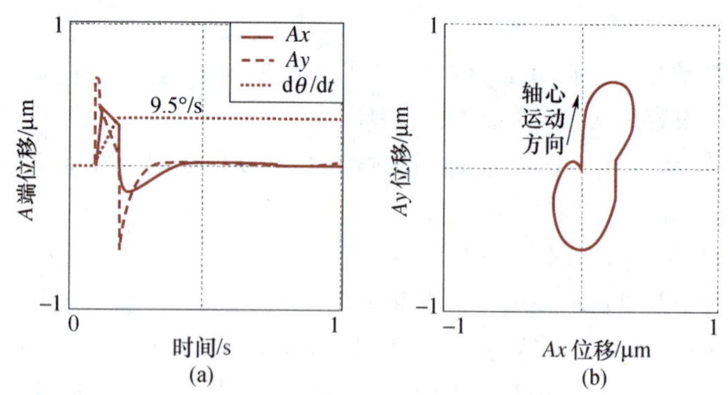

图 4－109　载体转动时转子 A 端轴心位移与轨迹（有前馈）

（a）轴心位移；（b）轴心轨迹。

前馈校正依赖于系统模型,而实际系统中的非理想因素将影响前馈校正的效果,但可以通过参数调节等方法予以改善。下面主要就角速率信号低通滤波和前馈增益等对前馈校正效果的影响进行分析。

(1) 角速率信号低通滤波器对前馈校正效果的影响。角速率信号低通滤波器截止频率越高,转子的跳动量越小,前馈校正效果越好,反之越差。由于仿真中截止频率高于200Hz后跳动量的减小已经不明显,为了保证一定的滤波效果,实际系统中可选截止频率为200Hz。

(2) 前馈增益对前馈校正效果的影响。前馈增益取决于转速、功放、电流刚度等多个因素,其大小直接影响转子的跳动量,并存在最优值,过大或过小的前馈增益都不利于实现最佳的动框架控制效果。但由于仿真模型误差的存在,前馈增益一般不能事先确定,但可借助实验或其他先进的控制方法进行整定。

将磁悬浮惯性动量轮置于转台上,利用转台运动来模拟载体转动,实验中转子转速为10000r/min,转台角速率信号采用二阶低通滤波器,截止频率200Hz。

分别采集无前馈和有前馈时的 Ax、Ay 位移和转台角速率如图4-110和图4-111所示,可以看出,当未加入前馈控制时,转台运动引起的跳动量约为保护间隙的16%;当加入前馈控制并整定后,跳动量减小到无前馈时的18%,仅相当于保护间隙的3%。

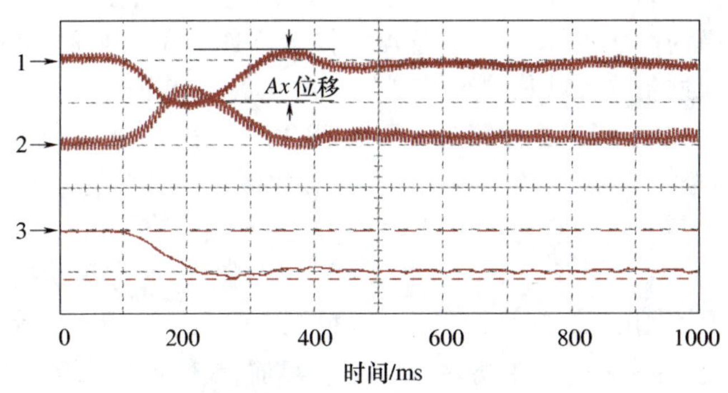

图4-110 无前馈时A端轴心位移与转台角速率

以上分析与实验表明:载体转动导致跳动量显著增大的根本原因在于等效扰动力矩的强制作用和磁轴承力矩的有限响应速度,等效扰动力矩主要取决于载体角速率,因而基于载体角速率的前馈校正对载体扰动具有良好的抑制作用。校正效果与前馈增益大小密切相关,经前馈校正后,磁悬浮惯性动

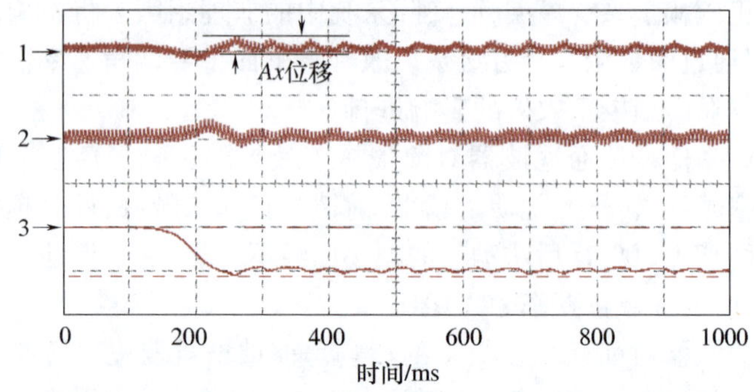

图 4－111　有前馈时 A 端轴心位移与转台角速率

箭头 1、2 和 3 表示各个信号的零位，其中 1 和 2 分别为 Ax 和 Ay 位移信号，每格 2V，对应位移为 25μm；3 为转台角速率信号，每格 5V，对应转速为 9.5°/s。

量轮的稳定性和角动量矢量方向的稳定度均得到改善，有利于提高动量轮输出力矩的精度，同时，前馈校正也提高了框架角速率的稳定度，这说明磁悬浮转子对框架系统存在反作用，两者之间的作用并非单向，而是相互耦合的。

4.7　磁悬浮惯性动量轮鲁棒控制器设计

磁悬浮惯性动量轮控制系统的稳定裕度，即鲁棒性，是系统可靠性[33]、安全性必须考虑的性能指标[34]。磁悬浮大惯量高速转子具有很强的陀螺效应，采取交叉反馈控制方法对其进行抑制的实质是利用转子运动相位关系对其进动和章动进行相位超前校正，但是交叉反馈的引入没有考虑系统的稳定裕度问题，所设计的控制系统鲁棒性不强，当存在参数摄动或外部扰动时，系统的稳定性难以保证。

1981 年，加拿大学者 G. Zames 提出了以控制系统内部某些信号间传递函数的 H_∞ 范数为优化指标的设计思想，20 世纪 90 年代 R. Herzog 等人提出在磁轴承控制系统中采用 H_∞ 控制方法[35]－[39]。目前，线性系统的 H_∞ 控制理论已基本成熟，成为解决鲁棒控制问题的一种重要途径，形成了一套完整的频域设计理论和方法。

本节主要介绍了鲁棒 H_∞ 控制方法在磁悬浮动量轮磁轴承控制系统中的应用[40]，首先将磁悬浮动量轮陀螺耦合效应视为系统参数摄动，介绍了一种基于混合灵敏度函数的固定增益 H_∞ 控制器，并对其灵敏度和补灵敏度特性进行了仿真分析。然后将磁悬浮动量轮转子系统看作是随转速变化的线性参数变化系统 LPV(Linear Parameter-Varying),应用凸优化原理和线性矩阵不等式方法(LMI)介绍了一种变增益 H_∞ 控制器。仿真分析表明,采用 H_∞ 鲁棒控制方法的磁轴承控制系统在陀螺效应引起系统参数大范围变化的情况下仍可保证系统的稳定,具有较小的保守性和更好的鲁棒性[41]。关于 μ 综合控制方法在磁轴承转子系统中的应用研究可参见文献[42]。

4.7.1　基于混合灵敏度函数的磁悬浮惯性动量轮 H_∞ 鲁棒控制器设计

H_∞ 控制是以外界扰动与系统输出之间传递函数的 H_∞ 范数作为度量工具,其控制目标力求使受扰动系统最“坏”情况的输出误差达到最小。混合灵敏度 H_∞ 方法是指闭环系统的性能指标可以通过适当地选择灵敏度函数阵的加权函数来达到,而适当选择互补灵敏度函数阵的加权函数阵,可以达到系统的鲁棒性指标。

本节首先建立了磁悬浮动量轮的状态空间模型,将动量轮陀螺耦合效应视为系统参数摄动,并将转子静不平衡和动不平衡视为外部扰动,然后,以磁悬浮反作用飞轮为例,在其标称模型的基础上进行 H_∞ 鲁棒控制器的设计。

1. 磁悬浮动量轮转子系统状态空间建模

参照 4.2.2 节所介绍的磁悬浮惯性动量轮磁轴承转子系统动力学模型,采用磁轴承力线性化模型,可以得到式(4－110)所示的磁轴承转子系统动力学模型(不含轴向):

$$\begin{cases} m\ddot{x} - k_s x = k_i(i_{ax} + i_{bx}) + F_{\Delta m}\cos(\omega t + \xi) \\ m\ddot{y} - k_s y = k_i(i_{ay} + i_{by}) + F_{\Delta m}\sin(\omega t + \xi) \\ J_e\ddot{\alpha} + J_p\omega\dot{\beta} - k_s l^2\alpha = -k_i(i_{ay} - i_{by})l + M_{\Delta m}\cos(\omega t + \varphi) \\ J_e\ddot{\beta} + J_p\omega\dot{\alpha} - k_s l^2\beta = -k_i(i_{ax} - i_{bx})l + M_{\Delta m}\sin(\omega t + \varphi) \end{cases} \quad (4-110)$$

式中:$F_{\Delta m}$ 为静不平衡产生的等效不平衡力;$M_{\Delta m}$ 为动不平衡产生的等效不平衡力矩;ξ、φ 分别为静不平衡和动不平衡的角位置。

将式(4－110)采用状态空间描述,可得磁悬浮动量轮磁轴承转子系统的状态空间模型:

$$\begin{cases} \dot{\boldsymbol{x}} = \boldsymbol{A}\boldsymbol{x} + \boldsymbol{B}_1\boldsymbol{w} + \boldsymbol{B}_2\boldsymbol{u} \\ \boldsymbol{y} = \boldsymbol{C}_1 x + \boldsymbol{D}11\boldsymbol{w} + \boldsymbol{D}12\boldsymbol{u} \end{cases} \quad (4-111)$$

式中

$$
\boldsymbol{A}=\begin{bmatrix}
0 & 1 & 0 & 0 & 0 & 0 & 0 & 0\\
k_s/m & 0 & 0 & 0 & 0 & 0 & 0 & 0\\
0 & 0 & 0 & 1 & 0 & 0 & 0 & 0\\
0 & 0 & k_s/m & 0 & 0 & 0 & 0 & 0\\
0 & 0 & 0 & 0 & 0 & 1 & 0 & 0\\
0 & 0 & 0 & 0 & k_s l^2/J_e & 0 & 0 & -J_p\omega/J_e\\
0 & 0 & 0 & 0 & 0 & 0 & 0 & 1\\
0 & 0 & 0 & 0 & 0 & -J_p\omega/J_e & k_s l^2/J_e & 0
\end{bmatrix}
$$

$$
\boldsymbol{B}_1=\begin{bmatrix}
0 & 0 & 0 & 0\\
k_i/m & 0 & 0 & 0\\
0 & 0 & 0 & 0\\
0 & k_i/m & 0 & 0\\
0 & 0 & 0 & 0\\
0 & 0 & -k_i l/J_e & 0\\
0 & 0 & 0 & 0\\
0 & 0 & 0 & k_i l/J_e
\end{bmatrix},\boldsymbol{B}_2=\begin{bmatrix}
0 & 0 & 0 & 0\\
1/m & 0 & 0 & 0\\
0 & 0 & 0 & 0\\
0 & 1/m & 0 & 0\\
0 & 0 & 0 & 0\\
0 & 0 & 1/J_e & 0\\
0 & 0 & 0 & 0\\
0 & 0 & 0 & 1/J_e
\end{bmatrix}
$$

$$
\boldsymbol{C}_1=[\boldsymbol{I}_4 \quad \boldsymbol{O}_{4\times4}]
$$

$$
\boldsymbol{D}_{11}=[\boldsymbol{O}_{4\times4}],\boldsymbol{D}_{12}=[\boldsymbol{O}_{4\times4}]
$$

$$
\boldsymbol{x}=[x \quad \dot{x} \quad y \quad \dot{y} \quad \alpha \quad \dot{\alpha} \quad \beta \quad \dot{\beta}]^{\mathrm{T}}
$$

$$
\boldsymbol{u}=[i_{ax}+i_{bx} \quad i_{ay}+i_{ay} \quad i_{ay}-i_{by} \quad i_{ax}-i_{bx}]^{\mathrm{T}}
$$

$$
\boldsymbol{w}=[F_{\Delta\mathrm{m}}\cos(\omega t+\xi) \quad F_{\Delta\mathrm{m}}\sin(\omega t+\xi) \quad M_{\Delta\mathrm{m}}\cos(\omega t+\varphi) \quad M_{\Delta\mathrm{m}}\sin(\omega t+\varphi)]^{\mathrm{T}}
$$

$$
\boldsymbol{y}=[x \quad y \quad \alpha \quad \beta]^{\mathrm{T}}
$$

式(4－111)中,$\boldsymbol{x}$、$\boldsymbol{u}$、$\boldsymbol{w}$ 和 $\boldsymbol{y}$ 分别代表状态矢量、控制输入矢量、扰动输入矢量和测量输出矢量,$\boldsymbol{O}_{4\times4}$为 4 阶零矩阵,$\boldsymbol{I}_4$为 4 阶单位阵。

2. 输出反馈 H_∞ 控制器设计

由于磁轴承转子系统的状态难以全部直接测量,一般将传感器检测得到的转子位移和偏角用于反馈控制,因此,这里采用输出反馈进行 H_∞ 控制器设计。

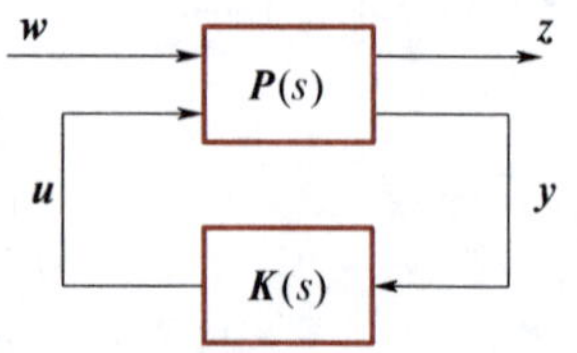

图 4－112　标准广义系统示意图

针对如图 4－112 所示的广义系统,$\boldsymbol{P}(s)$为线性时不变系统,由以下状态空间描述:

$$\begin{cases}\dot{\boldsymbol{x}} = \boldsymbol{A}\boldsymbol{x} + \boldsymbol{B}_1\boldsymbol{w} + \boldsymbol{B}_2\boldsymbol{u} \\ \boldsymbol{z} = \boldsymbol{C}_1\boldsymbol{x} + \boldsymbol{D}_{11}\boldsymbol{w} + \boldsymbol{D}_{12}\boldsymbol{u} \\ \boldsymbol{y} = \boldsymbol{C}_2\boldsymbol{x} + \boldsymbol{D}_{21}\boldsymbol{w} + \boldsymbol{D}_{22}\boldsymbol{u}\end{cases} \tag{4-112}$$

式中：$\boldsymbol{x} \in R^n$ 是状态矢量；$\boldsymbol{u} \in R^m$ 是控制输入；$\boldsymbol{y} \in R^p$ 是测量输出；$\boldsymbol{z} \in R^r$ 是被调输出；$\boldsymbol{w} \in R^q$ 是具有有限能量的外部扰动；$\boldsymbol{K}(s)$是控制器的传递函数。

若满足假设条件：

(1) $(\boldsymbol{A}, \boldsymbol{B}_2, \boldsymbol{C}_2)$是能稳能检测的；

(2) $\boldsymbol{D}_{22}=0$。

则对于设计一个输出反馈 H_∞ 控制器：$\boldsymbol{u} = \boldsymbol{K}(s)\boldsymbol{y}$，其控制器的状态空间实现为

$$\begin{cases}\dot{\hat{x}} = A_k\hat{x} + B_k y \\ u = C_k\hat{x} + D_k y\end{cases} \tag{4-113}$$

使得闭环系统是渐进稳定。

3. 基于混合灵敏度函数的 H_∞ 鲁棒控制器设计

磁轴承闭环系统示意图如图4-113所示。

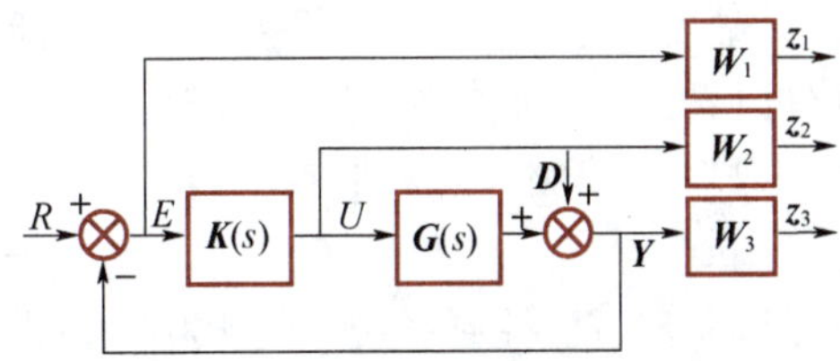

图4-113　磁轴承闭环系统示意图

$\boldsymbol{K}(s)$为控制器模型；$\boldsymbol{G}(s)$为转子系统与传感器环节和功放环节的乘积在工作点的模型；$\boldsymbol{W}_1$，$\boldsymbol{W}_2$和$\boldsymbol{W}_3$是系统期望达到性能的权函数。

在图4-113中定义系统灵敏度函数为

$$\boldsymbol{S}(s) = \frac{\boldsymbol{E}(s)}{\boldsymbol{R}(s)} = (\boldsymbol{I} + \boldsymbol{G}(s)\boldsymbol{K}(s))^{-1}$$

补灵敏度函数为

$$\boldsymbol{T}(s) = \frac{\boldsymbol{G}(s)\boldsymbol{K}(s)}{\boldsymbol{I} + \boldsymbol{G}(s)\boldsymbol{K}(s)}$$

灵敏度函数$\boldsymbol{S}(s)$是误差与参考输入之间的传递函数矩阵，$\boldsymbol{S}(s)$的奇异值越小，系统的跟踪能力就越好。引入灵敏度加权因子 $\boldsymbol{W}_1(s)$，使其满足 $\bar{\sigma}[\boldsymbol{S}(\mathrm{j}\boldsymbol{\omega})] \leqslant |\boldsymbol{W}_1^{-1}(\mathrm{j}\boldsymbol{\omega})|$。补灵敏度函数$\boldsymbol{T}(s)$是系统输出与参考输入之间的

传递函数矩阵，$\boldsymbol{T}(s)$的奇异值越小，标志着系统因模型不确定性产生的复合干扰对系统的影响越小。引入补灵敏度加权因子$\boldsymbol{W}_3(s)$，使其满足$\bar{\sigma}[\boldsymbol{T}(\mathrm{j}\boldsymbol{\omega})] \leqslant |\boldsymbol{W}_3^{-1}(\mathrm{j}\boldsymbol{\omega})|$。

权函数$\boldsymbol{W}_1(s)$和$\boldsymbol{W}_3(s)$的选择是H_∞设计的关键和难点。$\boldsymbol{W}_1(s)$是灵敏度函数$\boldsymbol{S}$的加权函数，由于干扰通常发生在低频范围，为了抑制干扰，希望$\boldsymbol{S}(s)$的增益尽量小，所以低频段的加权值应尽量大，所选$\boldsymbol{W}_1(s)$为具有低通性质的真实有理函数，即$\boldsymbol{W}_1(s)$反映了干扰的频谱特性。$\boldsymbol{W}_3(s)$是补灵敏度函数$\boldsymbol{T}(s)$的加权函数，一般都要设计成高通滤波器的形式，用来抑制系统不确定性造成的影响。为获得中低频内有较大鲁棒稳定性的参数摄动范围，常需要设计一个加权函数$\boldsymbol{W}_2(s)$，$\boldsymbol{W}_2(s)$一般设计成加权常数的形式。

磁悬浮反作用飞轮工作时，转速在±5000r/min之间变化，选取转速为2500r/min（最高转速的1/2）时的系统状态空间模型作为标称模型，其他转速下的状态空间变化视为系统不确定性，设计H_∞鲁棒控制器使得磁轴承转子系统在整个转速范围内稳定。

4. H_∞控制器抗干扰能力和鲁棒性仿真分析

单通道H_∞控制系统与不完全微分PID控制系统的灵敏度函数Bode图如图4-114(a)所示，补灵敏度函数Bode图如图4-114(b)所示。

由图4-114(a)可以看出，H_∞控制系统在约33Hz以下频段内的灵敏度增益比PID控制系统的小，即H_∞控制系统对低频段内的干扰抑制效果要优于PID控制系统。

由图4-114(b)可以看出，H_∞控制系统在约100Hz以上频段内的补灵敏度增益比PID控制系统的小，也就是说H_∞控制系统在高频段的鲁棒性要优于PID控制系统。

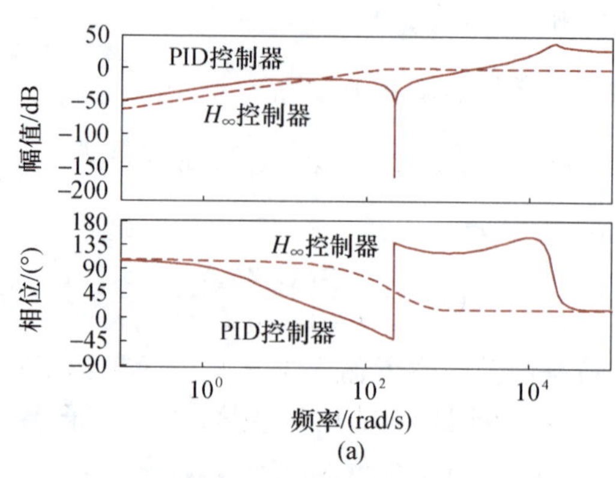

(a)

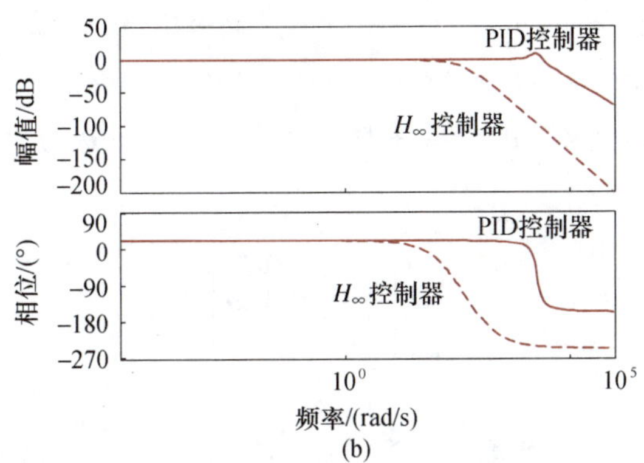

图 4－114　单通道 H_∞ 与不完全微分 PID 控制系统的灵敏度函数与补灵敏度函数 Bode 图
（a）灵敏度函数 Bode 图；（b）补灵敏度函数 Bode 图。

仿真结果表明，所设计的 H_∞ 鲁棒控制器即使在磁轴承位移刚度和电流刚度或功放增益发生较大变化时，依然能够保证系统的稳定，并具有较强的鲁棒性和参数摄动抑制能力[43]。

4.7.2　磁悬浮惯性动量轮变增益 H_∞ 鲁棒控制器设计

前面针对磁轴承转子系统，选取最高转速一半的系统状态空间模型作为标称模型，其他转速下的状态空间变化视为系统不确定性，设计了固定增益 H_∞ 控制器，阶数较高，带来较大的保守性。

本节针对转子系统的平动与转动进行分离建模，对平动采用固定增益 H_∞ 控制；对转动采用变增益 H_∞ 控制，将转动子系统看作是随转速变化的线性参数变化系统（LPV），并根据 LPV 系统的变增益控制器设计原理设计 H_∞ 控制器。由于利用了实测的转速值，因而可以平滑地规划控制器的增益，较好地抑制转子陀螺效应的影响，以取得比固定增益 H_∞ 控制器更好的控制性能[44]。

1. LPV 系统变增益 H_∞ 控制设计

LPV 系统描述如下：

$$\begin{cases}\dot{\boldsymbol{x}} = \boldsymbol{A}(\theta(t))\boldsymbol{x} + \boldsymbol{B}(\theta(t))\boldsymbol{u} \\ \boldsymbol{y} = \boldsymbol{C}(\theta(t))\boldsymbol{x} + \boldsymbol{D}(\theta(t))\boldsymbol{u}\end{cases} \tag{4-114}$$

其中 $\theta(t)$ 是时变参数，并且有

$$\theta_{\min} \leqslant \theta_i(t) \leqslant \theta_{\max} \tag{4-115}$$

其增广系统的标准形式为

$$\begin{cases}\dot{\boldsymbol{x}} = \boldsymbol{A}(\theta(t))\boldsymbol{x} + \boldsymbol{B}_1(\theta(t))\boldsymbol{w} + \boldsymbol{B}_2(\theta(t))\boldsymbol{u} \\ \boldsymbol{z} = \boldsymbol{C}_1(\theta(t))\boldsymbol{x} + \boldsymbol{D}_{11}(\theta(t))\boldsymbol{w} + \boldsymbol{D}_{12}(\theta(t))\boldsymbol{u} \\ \boldsymbol{y} = \boldsymbol{C}_2(\theta(t))\boldsymbol{x} + \boldsymbol{D}_{21}(\theta(t))\boldsymbol{w} + \boldsymbol{D}_{22}(\theta(t))\boldsymbol{u}\end{cases} \tag{4-116}$$

即

$$\begin{bmatrix}\dot{\boldsymbol{x}} \\ \boldsymbol{z} \\ \boldsymbol{y}\end{bmatrix} = \boldsymbol{G}(\theta)\begin{bmatrix}\boldsymbol{x} \\ \boldsymbol{\omega} \\ \boldsymbol{u}\end{bmatrix}$$

式中

$$\boldsymbol{G}(\theta) = \begin{bmatrix}\boldsymbol{A}(\theta(t)) & \boldsymbol{B}_1(\theta(t)) & \boldsymbol{B}_2(\theta(t)) \\ \boldsymbol{C}_1(\theta(t)) & \boldsymbol{D}_{11}(\theta(t)) & \boldsymbol{D}_{12}(\theta(t)) \\ \boldsymbol{C}_2(\theta(t)) & \boldsymbol{D}_{21}(\theta(t)) & \boldsymbol{D}_{22}(\theta(t))\end{bmatrix}$$

变参数集合体为

$$\boldsymbol{\Theta} = \left\{\sum_{i=1}^{r}\alpha_i\theta_i : \alpha_i \geqslant 0; \sum_{i=1}^{r}\alpha_i = 1\right\} \tag{4-117}$$

可证明[45]:若满足以下假设:

(1) $B_2(\theta(t))$、$C_2(\theta(t))$、$D_{12}(\theta(t))$和$D_{21}(\theta(t))$是不依赖于$\theta(t)$的,即 $B_2(\theta(t)) = B_2, C_2(\theta(t)) = C_2, D_{12}(\theta(t)) = D_{12}, D_{21}(\theta(t)) = D_{21}$

(2) 在整个的θ范围内:$(\boldsymbol{A}(\theta), \boldsymbol{B}_2)$是可稳定的,$(\boldsymbol{A}(\theta), \boldsymbol{C}_2)$是可检测的;

(3) $D_{22} = 0$。

则根据凸优化原理和采用线性矩阵不等式方法,可以求得满足H_∞二次性能约束为γ的LPV控制器,其形式为

$$\begin{bmatrix}\boldsymbol{A}_k(\theta) & \boldsymbol{B}_k(\theta) \\ \boldsymbol{C}_k(\theta) & \boldsymbol{D}_k(\theta)\end{bmatrix} = \sum_{i=1}^{r}\alpha_i\left[\begin{bmatrix}\boldsymbol{A}_{ki} & \boldsymbol{B}_{ki} \\ \boldsymbol{C}_{ki} & \boldsymbol{D}_{ki}\end{bmatrix}\right] \tag{4-118}$$

其中α_i满足式(4-117)。

2. 变增益H_∞控制器设计

根据式(4-110),转子的运动方程可以分为平动和转动两个解耦的子系统。

对于平动子系统:

$$\begin{cases}\dot{\boldsymbol{x}}_1 = \boldsymbol{A}'\boldsymbol{x}_1 + \boldsymbol{B}'_1\boldsymbol{w}_1 + \boldsymbol{B}'_2\boldsymbol{u}_1 \\ \boldsymbol{y}_1 = \boldsymbol{C}'_1\boldsymbol{x}_1 + D'_{11}\boldsymbol{w}_1 + D'_{12}\boldsymbol{u}_1\end{cases} \tag{4-119}$$

式中

$$\boldsymbol{x}_1(t) = [x_s \quad \dot{x}_s \quad y_s \quad \dot{y}_s]^{\mathrm{T}}, \boldsymbol{u}_1(t) = [(i_{ax} + i_{bx}) \quad (i_{ay} + i_{by})]^{\mathrm{T}}$$

$$\boldsymbol{w}_1 = [F_{\Delta \mathrm{m}} \cos(\omega t + \xi) \quad F_{\Delta \mathrm{m}} \sin(\omega t + \xi)]^{\mathrm{T}}, \boldsymbol{y}_1(t) = [x_s \quad y_s]^{\mathrm{T}}$$

$$\boldsymbol{A}' = \begin{bmatrix} 0 & 1 & 0 & 0 \\ k_x/m & 0 & 0 & 0 \\ 0 & 0 & 0 & 1 \\ 0 & 0 & k_x/m & 0 \end{bmatrix}, \boldsymbol{B}'_1 = \begin{bmatrix} 0 & 0 \\ 1/m & 0 \\ 0 & 0 \\ 0 & 1/m \end{bmatrix}$$

$$\boldsymbol{B}_2 = \begin{bmatrix} 0 & 0 \\ K_i/m & 0 \\ 0 & 0 \\ 0 & K_i/m \end{bmatrix}, \boldsymbol{C}_1{}' = \begin{bmatrix} 1 & 0 & 0 & 0 \\ 0 & 0 & 1 & 0 \end{bmatrix}, D'_{11} = D'_{12} = D'_{22} = 0$$

对于转动子系统：

$$\begin{cases} \dot{\boldsymbol{x}}_2 = \boldsymbol{A}''(q)\boldsymbol{x}_2 + \boldsymbol{B}''_1\boldsymbol{w}_2 + \boldsymbol{B}''_2\boldsymbol{u}_2 \\ \boldsymbol{y}_2 = C''_2\boldsymbol{x}_2 + D''_{11}\boldsymbol{w}_2 + D''_{12}\boldsymbol{u}_2 \end{cases} \tag{4-120}$$

式中

$$\boldsymbol{x}_2(t) = [\alpha \quad \dot{\alpha} \quad \beta \quad \dot{\beta}]^{\mathrm{T}}, \boldsymbol{u}_2(t) = [(i_{ay} - i_{by}) \quad (i_{ax} - i_{bx})]^{\mathrm{T}}$$

$$\boldsymbol{w}_2 = [M_{\Delta m} \cos(\omega t + \varphi) \quad M_{\Delta \mathrm{m}} \sin(\omega t + \varphi)]^{\mathrm{T}}$$

$$\boldsymbol{A}''(\theta) = \begin{bmatrix} 0 & 1 & 0 & 0 \\ \dfrac{k_s l^2}{J_{\mathrm{r}}} & 0 & 0 & -\dfrac{J_{\mathrm{p}}}{J_{\mathrm{e}}}\omega \\ 0 & 0 & 0 & 1 \\ 0 & -\dfrac{J_{\mathrm{p}}}{J_{\mathrm{e}}}\omega & \dfrac{k_s l^2}{J_{\mathrm{e}}} & 0 \end{bmatrix}, \boldsymbol{B}''_1 = \begin{bmatrix} 0 & 0 \\ 1/J_{\mathrm{e}} & 0 \\ 0 & 0 \\ 0 & 1/J_{\mathrm{e}} \end{bmatrix}$$

$$\boldsymbol{B}_2{}'' = \begin{bmatrix} 0 & 0 \\ \dfrac{k_i l}{J_{\mathrm{e}}} & 0 \\ 0 & 0 \\ 0 & \dfrac{k_i l}{J_{\mathrm{e}}} \end{bmatrix}, \boldsymbol{C}_2{}'' = \begin{bmatrix} 1 & 0 & 0 & 0 \\ 0 & 0 & 1 & 0 \end{bmatrix}$$

从系统特征方程可以看出，系统矩阵 A' 为线性时不变系统（LTI，Linear Time-Invariant）；而系统矩阵 A'' 中包含转速 Ω，故转动子系统为一个线性参数变化系统，其中变参数为可以实时测量的转速值。因此，对于平动子系统可以采

用固定增益 H_∞ 控制,设计过程已在 4.7.1 节中介绍;而对于转动子系统则可以采用变增益 H_∞ 控制。由于按平动和转动子系统分开控制,子系统的阶数较低,使得所设计的 H_∞ 控制器阶数降低,并且能够在减小了保守性的基础上使系统具有更好的动静态特性。

对于转动子系统可以验证:转动子系统增广系统的 $(\boldsymbol{A}(\theta),\boldsymbol{B}_2)$ 是能稳定的,$(\boldsymbol{A}(\theta),\boldsymbol{C}_2)$ 是可检测的,且增广矩阵中 $D_{22}=0$。即满足假设(1)、(2)和(3),因此,可以得到转动子系统的变增益 H_∞ 控制器 K_2。

分别求得在 $\Omega=0$ 和 5000r/min 时系统的最优性能指标分别为 0.7080 和 0.7800,选择变增益输出反馈 H_∞ 控制器的特性 $\gamma=0.8$。

通过 LMI 方法,可以求得在 $\Omega=0$ 和 5000r/min 时转动子系统的 H_∞ 控制器 $K(0)$ 和 $K(5000)$。

因此,转动子系统的变增益 H_∞ 控制器为

$$K_2 = \frac{5000-\Omega}{5000}K(0) + \frac{\Omega}{5000}K(5000) \tag{4-121}$$

式中:Ω 为实时测量到的转速值。

3. 变增益 H_∞ 控制器仿真分析

对于转动子系统,若采用 $\Omega=5000$r/min 时的固定增益 H_∞ 控制器 $K(5000)$,系统各个通道在转速分别为 1000r/min、2000r/min、3000r/min、4000r/min、5000r/min 时的单位阶跃响应曲线如图 4-115 所示;而采用变增益 H_∞ 控制器 K_2,系统各个通道在相应转速下的单位阶跃响应曲线如图 4-116 所示。

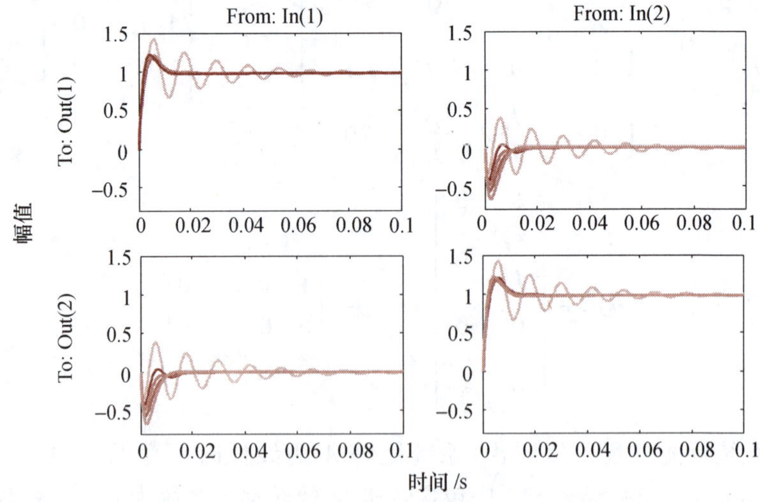

图 4-115 不同转速的单位阶跃响应曲线($K(5000)$作用下)

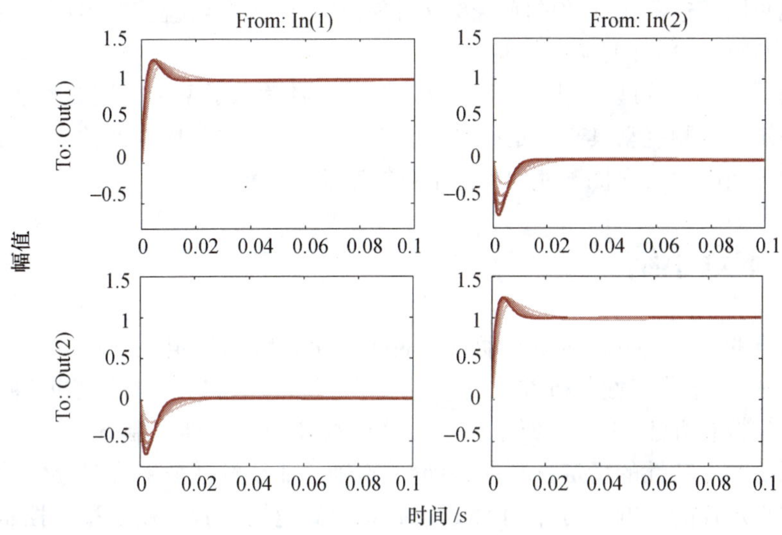

图 4-116　不同转速的单位阶跃响应曲线(K_2 作用下)

图 4-117 为最高转速($\Omega = 5000\text{r/min} = 523\text{rad/s}$)时，转动子系统单通道使用固定增益 H_∞ 控制器 $K(5000)$ 和使用变增益控制器 K_2 对同频扰动的响应(仿真时设定同频扰动输入力为 $0.01 \times \sin(523t)$ N)。图中的输出响应为传感器检测的转子径向位移对应的输出电压，±1V 对应径向磁轴承的单位保护气隙 0～0.1mm。

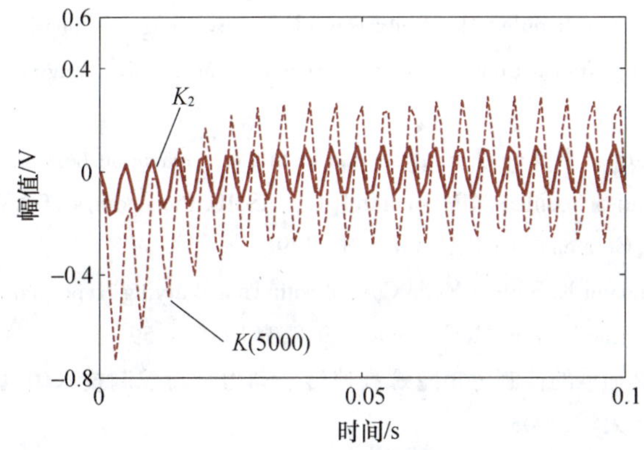

图 4-117　变增益控制器与固定增益控制器对同频扰动的响应

由图 4-115 和图 4-116 可以看出：由于固定增益 H_∞ 控制器本身具有的鲁棒性，使得转速变化(陀螺效应)对系统的响应有一定的影响，但仍旧能够趋于稳定；而变增益 H_∞ 控制器由于针对不同的转速设计了不同的调节增益，能够更好地克服转速变化导致的陀螺效应问题，具有比固定增益控制器更小的保守性，因而获得了更好的动态性能。

由图 4 - 117 可以看出，由于在设计权函数时考虑了系统的同频扰动，所以控制系统对同频扰动具有一定的抑制能力，且使用变增益控制器的系统对同频扰动的抑制能力明显优于使用固定增益控制器的系统。

4.8 本章小结

本章的重点是磁悬浮惯性动量轮高速转子系统的稳定性分析方法和稳定控制方法，关于稳定性分析方法，重点介绍了根轨迹法和频率特性法两种方法；对于稳定控制方法，重点介绍了转速自适应滤波交叉反馈控制方法，并给出了基于系统频率特性的稳定性判据，讨论了磁轴承非线性功放对磁悬浮惯性动量轮章动稳定性的影响。另外，本章还就磁悬浮高速转子弹性模态稳定控制方法以及动框架控制方法进行了介绍；最后就磁悬浮惯性动量轮的鲁棒控制方法进行了简要介绍，该章内容是磁悬浮惯性动量轮磁轴承系统控制方法及其空间应用控制方法研究的基础。下一章主要对磁悬浮惯性动量轮磁轴承系统的高精度主动振动控制方法进行详细介绍。

参考文献

[1] Sivrioglus S. Gain-scheduled H infinity control of active magnetic bearing system with gyroscopic effect[J]. Transactions of the Japan Society of Mechanical Engineer,1997,63(610):1940 - 1947.

[2] Hawkins L,Murphy B,Kajs J. Analysis and testing of a magnetic bearing energy storage flywheel with Gain-Scheduled MIMO control[C]. ASME. Proceedings of ASME TURBOEXPO 2000. Munich,Germany:ASME,2000:173 - 179.

[3] Sivrioglu S,Nonami K. Sliding Mode Control with Time-Varying Hyperplane for AMB Systems [J],IEEE Transactions on Mechatronics,1998,3(1):51 - 59.

[4] 栾胜. 基于磁轴承的控制力矩陀螺高速转子动力学与控制技术仿真研究[D],北京:北京航空航天大学,2003.

[5] 田希晖. 磁悬浮飞轮磁轴承系统数字控制技术研究与应用[D]. 北京:北京航空航天大学,2008.

[6] 沈钺,孙岩桦,王世琥. 磁悬浮飞轮系统陀螺效应的抑制[J]. 西安交通大学学报,2003,37(11):1105 - 1109.

[7] 汪希平,陈学军. 陀螺效应对电磁轴承系统设计的影响[J]. 机械工程学报,2001,37

(4):48-52.

[8] 张剀,张小章,赵雷,等. 磁悬浮飞轮陀螺力学与控制原理[J]. 机械工程学报,2007,43(3):102-111.

[9] 樊亚洪. 空间用磁悬浮飞轮磁轴承系统高稳定度高精度控制方法与实验研究[D]. 北京:北京航空航天大学,2011.

[10] 董淑成,房建成,俞文伯. 基于PID控制的主动磁轴成飞轮—转子系统稳定性研究[J]. 宇航学报,2005,26(3):296-300.

[11] 董淑成. 基于主动磁轴承的控制力矩陀螺运动稳定性及控制技术的研究[D]. 北京:北京航空航天大学,2004.

[12] Ahrens M,Kucera L. Cross Feedback Control of a Magnetic Bearing System Controller Design Considering Gyroscopic Effects[C]. Paul E. M. Proc 3rd Int Symp Magnetic Suspension technol. Pennsylvania,USA:Technomic Publishing Company Inc,1995:177-194.

[13] 张剀,赵雷,赵鸿宾. 磁悬浮飞轮控制系统设计中LQR方法的应用研究[J]. 机械工程学报,2004,40(2):127-131.

[14] 俞文伯,栾胜,房建成. CMG磁悬浮转子系统的模型与控制律[J]. 航空学报,2003,24(6):541-545.

[15] 房建成,樊亚洪,魏彤. 一种高速磁悬浮飞轮稳定控制系统[P]. 中国专利:ZL200510012231.5,2005-07-21.

[16] Fan Yahong,Fang Jiancheng. Experimental Research on the Nutational Stability of Magnetically Suspended Momentum Wheel in Control Moment Gyroscope (CMG)[C]. Proceedings of the 9th International Symposium on Magnetic Bearings. Lexington,Kentucky,USA,2004.

[17] 张亮,房建成. 磁轴承开关功放的谐波模型仿真与实验研究[J]. 中国电机工程学报,2007,27(21):11-13.

[18] 张亮. 磁悬浮飞轮用磁轴承开关功率放大器的研究[D]. 北京:北京航空航天大学,2007.

[19] 张德魁,赵雷,赵鸿宾. 电流响应速度及力响应速度对磁轴承系统性能的影响[J]. 清华大学学报(自然科学版),2001,41(6):23-26.

[20] 田希晖,房建成,刘刚. 一种磁悬浮飞轮增益预调交叉反馈控制方法[J]. 北京航空航天大学学报,2006,32(11):1299-1303.

[21] Tian Xihui,Fang Jiancheng. Analysis and testing of a MSMW with gain-scheduled proportional cross feedback control [C]. Proceedings of the Eighth International Symposium on Magnetic Suspension Technology. Dresden,Germany,2005:187-191.

[22] 魏彤,房建成. 磁悬浮高速转子系统双频Bode图稳定性分析方法研究[J]. 航空学报,2007,28(3):641-646.

[23] 魏彤,房建成. 高速大惯量磁悬浮转子系统章动交叉控制的保相角裕度设计[J]. 光学精密工程,2007.15(6):858-865.

[24] 魏彤. CMG磁悬浮转子控制系统稳定性分析与实验研究[D]. 北京:北京航空航天大

学,2006.

[25] Wei Tong, Fang Jiancheng. Dynamics Modeling and Vibration Suppression of High-speed Magnetically Suspended Rotor Condering First-order Elastic Natural Vibration[C]. Proceedings of the 9th International Symposium on Magnetic Bearings, August 3 - 6, 2004, Lexington, Kentucky, USA.

[26] Wei Tong, Fang Jiancheng. Notch Filter Design Based on Two-Frequency Bode Diagram for Elastic Vibration Depression of Magnetically Suspended High-Speed Rotor[C]. The Tenth International Symposium on Magnetic Bearings, August 21 - 23, 2006, Martigny, Switzerland.

[27] Wei Tong, Fang Jiancheng. A Phase-Leading Compensation Method Used to Control Nutation of Magnetically Suspended Rotor in Control Moment Gyroscope[C]. The Fifth International Symposium on Instrumentation and Control Technology, Oct. 24 - 27, 2003, Beijing, China.

[28] 魏彤,房建成. 磁悬浮控制力矩陀螺高速转子高频自激振动的抑制[J]. 宇航学报, 2006,27(2):291 - 296.

[29] 魏彤,房建成. 基于双频 Bode 图设计磁悬浮弹性转子陷波器[J]. 光学精密工程, 2008,16(5):789 - 796.

[30] 魏彤,房建成. 磁悬浮控制力矩陀螺的动框架效应及其角速率前馈控制方法研究[J]. 宇航学报,2005,26(1):19 - 23.

[31] 魏彤,房建成. 磁悬浮控制力矩陀螺动框架效应的 FXLMS 自适应精确补偿控制方法仿真研究[J]. 宇航学报,2006,27(6),1205 - 1210.

[32] 霍甲,魏彤,房建成. 基于简化 FXLMS 算法的磁悬浮控制力矩陀螺动框架效应精确补偿方法实验研究[J]. 宇航学报,2010,31(3):786 - 792.

[33] 韩辅君,房建成. 一种永磁偏置磁轴承容错方法的试验研究[J]. 机械工程学报. 2010,46(20):34 - 40.

[34] ISO Standard 14839 - 3. Mechanical Vibration-Vibration of Rotating Machinery Equipped with Active Magnetic Bearings-Part 3: Evaluation of stability margin, 01 2005.

[35] Matsumura F, Namerikawa T, Hagiwara K, et al. Application of Gain Scheduled H_∞ Robust Controllers to a Magnetic Bearing[J]. IEEE Transactions on Control Systems Technology, 1996,4(5):484 - 493.

[36] Mukhopadhyay S C, Ohji T, Iwahara M. Disturbance attenuation and H_∞ control of repulsive type magnetic bearing[J]. IEEE Transactions on Magnetics, 1997,33(5):4233 - 4235.

[37] 李彩凤. 磁悬浮反作用飞轮磁轴承系统鲁棒控制研究[D]. 北京:北京航空航天大学,2007.

[38] Matsumura F, Hagiwara K, Masayyki. Application of gain scheduled H_∞ robust controllers to a magnetic bearing[J]. IEEE Transactions on Control Systems Technology, 1996, 4(5):484 - 493.

[39] 徐龙祥,张金森,余同正. H_∞ 控制理论在磁悬浮轴承系统中的应用研究[J]. 中国机械工程,2006,17(10):1060-1064.

[40] 韩辅君. 磁悬浮飞轮磁轴承系统可靠性分析与容错控制技术研究[D]. 北京:北京航空航天大学,2009.

[41] 丁力,房建成,魏彤. 一种抑制扰动的轴向磁轴承鲁棒控制新方法[J]. 北京航空航天大学学报,2010,36(4):420-423.

[42] 郑世强,房建成,魏彤,等. MSCMG 磁轴承 μ 综合控制方法与实验研究[J]. 仪器仪表学报,2010,31(6):1375-1380.

[43] 韩辅君,房建成. 磁悬浮反作用飞轮中磁轴承的 H_∞ 控制与仿真研究[J]. 系统仿真学报,2007,19(12):2753-2756.

[44] 韩辅君,房建成,等. 磁悬浮飞轮磁轴承系统变增益 H_∞ 控制器设计[J]. 系统工程与电子技术,2008,30(9):1748-1751.

[45] Apkarian P, Gahinet P. A Convex Characterization of Gain-Scheduled H_∞ Controllers[J]. IEEE Transactions on Automatic Control,1995,40(5):853-864.

第 5 章 磁悬浮惯性动量轮系统高精度主动振动控制

5.1 引言

磁悬浮惯性动量轮一个最突出的优势是高精度，除过零摩擦小外，不但可以通过主动振动控制使动量轮转子绕其惯性主轴旋转，有效降低转子不平衡振动等扰动对其角动量指向精度的影响，而且还可以通过控制转轴使其产生偏转，从而具备微框架能力[1,2]，这是传统机械轴承动量轮所无法企及的。

然而，由于各种扰动因素的影响，在对磁悬浮惯性动量轮进行稳定控制的同时，还必须对其进行主动振动控制，否则依然会有扰动力或扰动力矩传递到星体上，影响卫星的姿态稳定精度和指向精度[3]。扰动是造成磁悬浮惯性动量轮惯性矢量产生指向误差的根本原因，除了转子不平衡振动外，还包括传感器噪声[4]、定转子固有模态振动，以及安装误差、磁力非线性等因素所引起的力（矩）扰动，此外，载体的运动或振动也会对磁悬浮动量轮的控制精度造成影响。如何对这些扰动进行抑制，成为磁悬浮惯性动量轮用于航天器高精度姿态控制所要解决的主要问题之一。

对于洛仑兹力磁悬浮动量轮，由于其悬浮力与控制电流之间成线性关系，其主动振动控制主要解决动量轮转子的几何检测轴与其惯性主轴不一致所引起的传感器测量误差问题，相对容易实现高精度。但对于磁阻力磁悬浮动量轮，由于磁轴承负刚度及电磁力非线性的影响，其主动振动控制问题一直没有得到很好的解决[5]。Saito Mitsunori 等人提出扰动反馈控制方法[6]，将动量轮振动信号纳入磁轴承控制系统中，实现了对各阶谐波振动的补偿，但这种方法需要额外的振动测量单元,系统复杂。

本章从磁悬浮惯性动量轮存在转子不平衡扰动①以及转子几何检测轴、几何支承轴与惯性主轴不重合两种不同的角度出发,分别建立磁悬浮惯性动量轮的扰动动力学模型,介绍了基于自适应陷波的不平衡振动补偿控制方法和惯性自对准主动振动控制方法,并进行了测试和实验验证。

5.2 磁悬浮惯性动量轮扰动控制分析与坐标系统

惯性动量轮主要通过动量交换的方式,以达到改变卫星等空间飞行器姿态的目的,其动量的微小变化,无论是大小还是方向,都会对星体姿态控制的精度造成影响[7]。理想情况下,期望动量轮能够始终绕其惯性主轴旋转。

磁悬浮动量轮可以很好地解决传统机械动量轮所固有的摩擦和振动问题,被认为是航天器理想的高精度、长寿命姿态控制执行机构。而就五自由度磁悬浮动量轮而言,在动量方向的稳定度和指向精度方面则更具优势,这主要是由于磁悬浮间隙的存在,使得只要采取有效的主动控制方法,就可以很好地抑制动量轮转子的振动,使其精确地绕其惯性主轴旋转。

对于空间用磁悬浮动量轮而言,磁轴承系统主动振动控制的主要目标,就在于通过控制作用于动量轮转子上的轴承力,使其转轴、惯性主轴与动量轮在星体坐标系下的给定参考轴相一致,最终实现三轴共线,也就是说,在整个工作转速内,以基准轴为目标轴,控制转子绕其惯性主轴旋转,并使之与基准轴相重合,实现零扰动力(矩)输出。主要完成两个任务:一是将传感器测量值修正到转子惯性主轴位置,二是对因转子几何支承轴偏差而引起的不平衡磁偏拉力进行补偿。主动振动控制实际上是磁悬浮动量轮实现绕任意给定轴稳定旋转(如实现微框架功能),且不产生非期望扰动力(矩)的基础。

5.2.1 磁悬浮惯性动量轮扰动分析

从磁悬浮动量轮扰动力(矩)产生的主要原因来讲,是由于转子的旋转轴与其惯性主轴不一致而导致的磁悬浮动量轮旋转矢量的变化和不平衡磁力(矩),表现为控制平衡位置与转子动力学平衡位置之间的不一致。在低速时,转子趋向于围绕控制平衡位置旋转;高速时,转子趋向于围绕动力学平衡位置旋转。解决这一问题的关键就在于使控制平衡位置与转子动力学平衡位置相一致,也就是说,通过测量或估计的方法得到转子动力学平衡位置,并将其作为控制系统的给定参考位置。

---

① 本书中转子动不平衡仅指偶不平衡,并非静不平衡和偶不平衡的统称,即转子不平衡分为静不平衡和动不平衡(偶不平衡)。

磁悬浮动量轮的扰动按来源分为内部扰动和外部扰动。内部扰动包括内部噪声、转子不平衡扰动、定转子固有模态振动、磁轴承磁偏拉力（由位移负刚度引起）、轴承力各向异性扰动，以及电机磁偏拉力扰动（对于磁轴承系统而言是外部扰动）等，其中内部噪声主要是位移传感器测试表面材质不匀所造成的测量误差，以及电子线路噪声和电磁部件噪声等；外部扰动包括载体转动和外部噪声，其中外部噪声主要是环境杂散电磁场造成的随机电气噪声等。

从干扰途径来看，主要有力学和信号两个途径。力学途径扰动主要包括转子不平衡扰动、定转子固有模态振动、磁偏拉力、载体运动等，直接通过力或力矩的方式作用在转子上；信号途径扰动主要是内部和外部噪声，通过位移传感器、控制器和功放引入，最终以磁轴承力的形式作用在转子上。其中定转子固有模态振动既包括刚性转子模态（如章动和进动）振动，又包括定转子各阶弹性模态振动。

从扰动的表现上来看，包含同频（谐频）振动、模态振动、低频运动和随机扰动等四种性质的运动。其中同频（谐频）振动的扰动因素包括转子不平衡扰动（主要表现为同频振动）、电机磁偏拉力、轴承力各向异性、材质不匀扰动以及磁轴承开关功放非线性等；模态振动的表现形式多样，有的与转速直接相关（如章动和进动），有的基本不受转速影响（如固有弹性模态振动）；低频运动的扰动因素主要是载体运动（振动）；随机扰动多为电子线路噪声、电磁部件噪声以及外部噪声等引起。另外，由磁轴承磁偏拉力由位移负刚度所引起，凡是磁轴承定转子之间发生相对振动、偏移，都会引起相应的扰动力（矩）。综上，磁悬浮惯性动量轮的扰动因素如表5－1所列[8,9]。

表5－1　磁悬浮惯性动量轮的扰动因素

<table>
<tr><th>类别</th><th>来源</th><th>途径</th><th>表现</th></tr>
<tr><td>转子不平衡</td><td rowspan="9">内部</td><td rowspan="5">力学</td><td>同频振动</td></tr>
<tr><td>轴承力各向异性</td><td>同频（谐频）振动</td></tr>
<tr><td>磁轴承磁偏拉力</td><td>取决于磁轴承定转子相对振动</td></tr>
<tr><td>固有模态</td><td>模态振动</td></tr>
<tr><td>电机磁偏拉力</td><td>同频（谐频）振动</td></tr>
<tr><td>传感器误差（材质不匀）</td><td rowspan="5">信号</td><td>同频（谐频）振动</td></tr>
<tr><td>磁轴承开关功放非线性</td><td>同频（谐频）振动</td></tr>
<tr><td>电子线路噪声</td><td rowspan="2">随机振动</td></tr>
<tr><td>电磁部件噪声</td></tr>
<tr><td>外部噪声</td><td rowspan="3">外部</td><td>随机振动</td></tr>
<tr><td>载体运动</td><td rowspan="2">力学</td><td>低频振动</td></tr>
<tr><td>载体振动</td><td>高频振动</td></tr>
</table>

以上各种扰动因素来源不同,影响各异,且与磁悬浮惯性动量轮系统的设计、加工装配以及控制方法等密切相关,其中影响最大且普遍存在的扰动因素是:转子不平衡、传感器误差、固有模态振动和载体运动,针对固有模态振动和载体运动的控制方法在第4章中已经进行了介绍,本章主要针对转子不平衡振动和传感器误差所引起的同频(谐频)扰动介绍相应的主动振动控制方法。

5.2.2 磁悬浮惯性动量轮扰动控制方法分析

对于以洛仑兹力(电动力)悬浮支承的磁悬浮动量轮,采用基于观测器的模型跟踪控制[11]或自学习滤波算法[12],都可以很好地实现低扰动控制。但对于以电磁引力悬浮支承的磁悬浮动量轮,为了克服电磁力的非线性,通常采用增加偏置磁场的方法对电磁力进行线性化,这时轴承力既受控于线圈电流(电流刚度),又与轴承气隙大小有关(位移刚度)。采用滤波的方法,即使完全消除了传感器测量偏差的影响,但轴承气隙的变化依然会使轴承力产生波动,进而传递到动量轮基座。也就是说,为了达到减小扰动的目的,还必须对这种由磁轴承位移负刚度所引起的不平衡磁拉力进行补偿。为此,解永春等人通过对模型跟踪控制方法进行改进,提出在控制回路中增加前馈补偿器的方法[13],但是,这种直接补偿方式过于依赖磁轴承参数的准确性。Dzu K. Le 等人则提出了一种基于自适应 Kalman-Bucy 状态观测器的转子惯性主轴跟踪控制方法[14],用于高速磁悬浮动量轮的控制和动平衡,同样存在模型参数依赖性问题。与上述基于状态观测器的控制方法不同,Saito Mitsunori 等人提出了一种更为直接的扰动反馈控制方法[6],即将力学测量平台所测得的动量轮振动信号纳入到磁轴承控制系统中,从而实现了对各阶谐波振动的完全补偿,这种方法至少在调试时需要额外的振动测量单元,一旦脱离振动测量单元就无法实现闭环控制。另外,尽管采用非线性控制方法[15]可以避免因偏置磁场带来的不平衡磁拉力,但又会面临电磁力模型准确化问题。

有关一般磁轴承转子系统的主动振动控制研究有很多[16-18],从振动控制的目的或最终取得的效果来看,基本上可分为零位移、零电流和零磁力三种[19]。早期的一些研究认为通过控制使磁轴承电流的波动最小化,就可以实现转子绕其惯性主轴旋转,达到减小基座振动的目的。而实际上,对于采用电磁力悬浮的转子系统,零电流控制方案并不能确保转子绕其惯性主轴旋转[20],只是在偏置磁场等于零时,零电流与零磁力才是等效的[21]。由于磁悬浮惯性动量轮要求转子绕其惯性主轴旋转,因而可归入零磁力这一类。就实现零磁力控制的方法而言,主要有两类,一类是基于状态观测器的,如基于状态空间的输出调节控制[22]、基于扰动估计的力调节控制[23]、基于 Q 参数原理的自动平衡控制[24]和自适应自对中控制[25,26]，这些方法普遍要求建立准确的系统模型，其模型误差在很大程度上决定了最终的控制效果。另一类是基于陷波器的控制方法，如基于零位移的离线偏心估计法[27]、基于零电流的本地静态反馈法[28]以及基于零电流和零位移的双环补偿法[29]。这三种方法均以一种单平面磁轴承为研究对象，解决了在两个平动自由度实现转子绕其质心旋转的控制问题。上述的这些零磁力控制方法，普遍假设转子几何检测轴与几何支承轴共线，主要解决转子不平衡所引起的同频振动问题，并没有考虑传感器的误差补偿；而就磁轴承系统参考位置（平衡位置）偏差问题，基本上均未涉及。

5.2.3 磁悬浮惯性动量轮坐标系统

就磁悬浮惯性动量轮系统而言，主要涉及以下 6 条轴线[9]。

（1）基准轴：指惯性动量轮在星体上的安装基准轴。

（2）惯性轴：特指惯性动量轮转子旋转自由度所对应的惯性主轴。

（3）磁轴承定子中心线：指两个径向磁轴承定子中心之间的连线，简称磁定轴。

（4）磁轴承转子中心线：指两个径向磁轴承转子中心之间的连线，简称磁转轴。

（5）传感器电性中心线：指两个径向传感器电性中心之间的连线，简称电性轴。

（6）传感器检测面中心线：指动量轮转子上两个传感器检测面中心点的连线，简称检测轴。

由以上 6 条轴线可以建立对应的 6 个坐标系统，其中 3 个为固定坐标系，3 个为转动坐标系，它们分别是：

（1）基准轴坐标系：指惯性动量轮在星体上的安装基准坐标系，与星体固连。

（2）惯性轴坐标系：指惯性动量轮转子惯性主轴所在坐标系，与动量轮转子固连。

（3）磁轴承定子坐标系：以磁轴承定子中芯轴为参考，固连于磁轴承定子。

（4）磁轴承转子坐标系：以磁轴承转子中芯轴为参考，固连于磁轴承转子。

（5）传感器坐标系：以传感器电性中心线为参考，固连于传感器。

（6）传感器检测面坐标系：以传感器测量面中心线为参考，固连于动量轮转子。

在坐标系的定义上，磁悬浮惯性动量轮与传统的机械轴承惯性动量轮的最大不同在于：磁悬浮惯性动量轮转子的支承位置与检测位置不同位，而机械轴承惯性动量轮的支承方式不存在支承位置检测的问题，其支承位置就确定了传统上所谓的几何轴。因而对磁悬浮惯性动量轮而言，只有在不考虑其磁转轴与检测轴之间的偏差时才可沿用几何轴的概念，否则应严格区分磁转轴（几何支承轴）与检测轴（几何检测轴）。

下面首先在不考虑磁转轴与检测轴之间偏差的情况下，对磁悬浮惯性动量轮进行扰动动力学建模，并介绍一种基于自适应陷波的不平衡振动控制方法，然后对考虑了磁转轴与检测轴之间偏差的磁悬浮惯性动量轮进行扰动动力学建模，并介绍一种惯性自对准主动振动控制方法。

5.3 磁悬浮惯性动量轮不平衡振动补偿控制

5.3.1 磁悬浮惯性动量轮高速转子自对中原理

磁悬浮动量轮转子不平衡会造成系统的基频扰动，是最主要的振动源。下面以磁悬浮（弹性支承）刚性圆盘转子为例，对其进行动力学分析，以便了解不平衡量作用下转子的运动规律[8]。

如图5－1所示，以磁轴承定子中心 O 建立坐标系 OXY，设转子转速为 Ω，转子几何中心为 O_g，坐标为 (x,y)，转子质心为 O_c，坐标为 (x_c,y_c)，偏心距为 e。

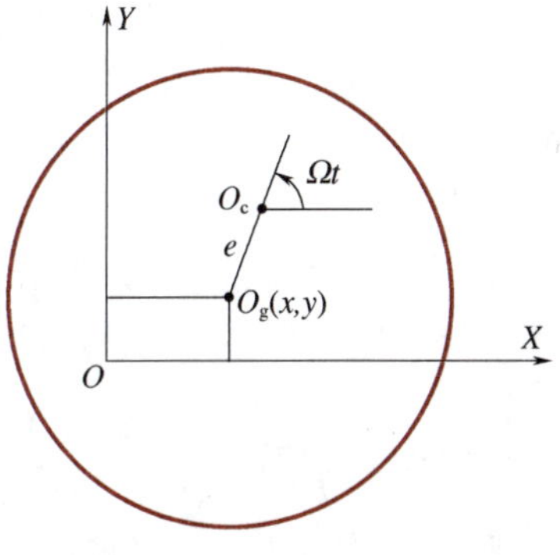

几何中心与转子质心的关系为

$$\begin{cases} x_c = x + e\cos(\Omega t) \\ y_c = y + e\sin(\Omega t) \end{cases} \tag{5-1}$$

图5－1 弹性支承刚性圆盘转子几何中心 O_g 与质心 O_c 关系示意

根据牛顿第二定律，在过几何中心 O_g（磁力线垂直穿过圆形转子表面，决定了其所产生磁力的方向必然经过转子几何中心 O_g）并指向原点 O 的弹性回复力作用下（弹性支承刚度为 k），转子系统的运动方程为

$$\begin{cases} m\ddot{x}_c = -kx \\ m\ddot{y}_c = -ky \end{cases} \tag{5-2}$$

由式（5－1）和式（5－2）可知，转子几何中心轨迹和质心轨迹分别满足式（5－3）和式（5－4）：

$$\begin{cases}\ddot{x} + \omega_k^2 x = e\Omega^2\cos(\Omega t)\\ \ddot{y} + \omega_k^2 y = e\Omega^2\sin(\Omega t)\end{cases} \tag{5-3}$$

$$\begin{cases}\ddot{x}_c + \omega_k^2 x_c = e\omega_k^2\cos(\Omega t)\\ \ddot{y}_c + \omega_k^2 y_c = e\omega_k^2\sin(\Omega t)\end{cases} \tag{5-4}$$

其中 $\omega_k = \sqrt{\dfrac{k}{m}}$,令 $z = x + \mathrm{i}y$, $z_c = x_c + iy_c$,则转子几何中心和质心的轨迹方程分别转换为

$$\ddot{z} + \omega_k^2 z = e\Omega^2 e^{\mathrm{i}\Omega t} \tag{5-5}$$

$$\ddot{z}_c + \omega_k^2 z_c = e\omega_k^2 e^{\mathrm{i}\Omega t} \tag{5-6}$$

由式(5－5)和式(5－6)可知,转子的几何中心与质心轨迹具有相同的通解,即满足

$$\begin{cases}z = B_1 e^{\mathrm{i}\omega_k t} + B_2 e^{-\mathrm{i}\omega_k t}\\ z_c = C_1 e^{\mathrm{i}\omega_k t} + C_2 e^{-\mathrm{i}\omega_k t}\end{cases} \tag{5-7}$$

式中:参数 B_1 、B_2 、C_1 与 C_2 由方程的初始条件决定,且均为复数。

设几何中心和质心轨迹方程的特解分别为

$$z = re^{\mathrm{i}\Omega t} \tag{5-8}$$

$$z_c = r_c e^{\mathrm{i}\Omega t} \tag{5-9}$$

代入式(5－5) 和式(5－6),解得

$$r = \frac{e\Omega^2}{\omega_k^2 - \Omega^2} = \frac{e\,(\Omega/\omega_k)^2}{1 - (\Omega/\omega_k)^2} \tag{5-10}$$

$$r_c = \frac{e\omega_k^2}{\omega_k^2 - \Omega^2} = \frac{e}{1 - (\Omega/\omega_k)^2} \tag{5-11}$$

因此转子几何中心和质心的轨迹分别为

$$z = B_1 e^{\mathrm{i}\omega_k t} + B_2 e^{-\mathrm{i}\omega_k t} + re^{\mathrm{i}\Omega t} \tag{5-12}$$

$$z_c = C_1 e^{\mathrm{i}\omega_k t} + C_2 e^{-\mathrm{i}\omega_k t} + r_c e^{\mathrm{i}\Omega t} \tag{5-13}$$

式(5－12)和式(5－13)等号右端前两项是方程的通解,即轨迹方程的零输入响应(自然响应),当初始条件为零或者存在阻尼时,该部分最终趋于零,而式(5－12)和式(5－13)等号右端第三项为轨迹方程的零状态响应(受迫响应),即稳态响应(不平衡响应),也就是说,当转子存在不平衡时, $re^{\mathrm{i}\Omega t}$ 和 $r_c e^{\mathrm{i}\Omega t}$ 分别描述了转子几何中心和质心的稳态运动轨迹,均是转频为 Ω 的圆周运动。由式(5－12)和式(5－13)可知

$$r = \frac{\Omega^2}{\omega_k^2} r_c$$

即转子几何中心与质心位于坐标原点的同侧，且坐标原点与转子几何中心、质心在一条直线上。

(1) 当 $\Omega < \omega_k$ 时，$\dfrac{\Omega}{\omega_k} < 1$，则 $0 < r < r_c$；

(2) 当 $\Omega = \omega_k$ 时，$\dfrac{\Omega}{\omega_k} = 1$，则 $r \to \infty$、$r_c \to \infty$，但实际转子由于阻尼的作用，振动的幅度总是有限的；

(3) 当 $\Omega > \omega_k$ 时，$\dfrac{\Omega}{\omega_n} > 1$，则 $r < r_c < 0$；

(4) 当 $\Omega \gg \omega_k$ 时，则 $r \to -e$、$r_c \to 0$，即高速时转子将趋向于绕转子质心旋转，这就是工程中常说的自对中效应。

同样的道理，在自对中效应下，高速转子将趋向于绕其惯性主轴旋转。

但是，由于磁轴承位移传感器只能检测到转子的几何轴，并控制转子绕其几何轴旋转，因此，当惯性轴与几何轴不重合时，在转子不平衡力(偶)和磁轴承控制的共同作用下，磁轴承—转子系统就会有扰动力(矩)输出。也就是说，磁轴承—转子系统产生不平衡振动的一个主要原因就在于：磁轴承对转子的控制作用是使转子绕其几何轴旋转而非惯性轴。因此，抑制磁轴承—转子系统不平衡振动的基本原理就是利用高速转子的自对中效应，削弱磁轴承对转子几何轴同频运动的控制作用，使转子绕惯性轴旋转，从而达到减少不平衡扰动力(矩)输出的目的。

5.3.2　磁悬浮惯性动量轮不平衡扰动模型

含有不平衡量的转子结构如图 5-2 所示[10]。由于转子静不平衡量和动不平衡量的存在，转子几何中心 O 与质心 C 不重合，转子几何轴与惯性主轴存在一定的夹角。

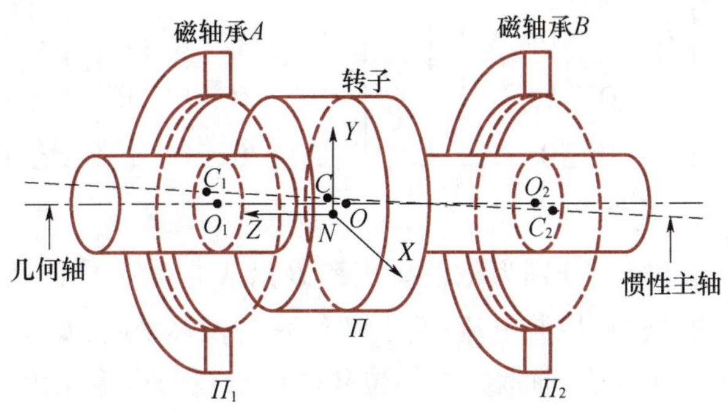

图 5-2　含有不平衡量的转子结构

设Π_1、Π_2分别为磁轴承 A、B 的中心面，Π 为转子中心面，转子惯性主轴与Π_1，Π_2和 Π 分别交于 C_1、C_2和 C，转子几何轴与 Π_1，Π_2和 Π 分别交于 O_1、O_2和 O。设两磁轴承中心连线交转子中心面 Π 于磁轴承中心 N。

以 N 为原点在平面 Π 内建立相对于惯性空间的固定坐标系（$NXYZ$）。在转子中心面 Π 内建立以转子几何中心 O 点为原点的旋转坐标系 $O\varepsilon\eta$，如图 5－3 所示。令 $\boldsymbol{l}_{OC}$为转子几何中心到转子质心的位移矢量，其中 θ 为 OC 与 $O\varepsilon$ 坐标轴的夹角，ζ 为 OC 的长度；相应地，令 $\boldsymbol{l}_{O_1C_1}$和$\boldsymbol{l}_{O_2C_2}$分别为由 O_1到 C_1和由 O_2到 C_2的矢量，其中 ϕ、φ 为 $\boldsymbol{l}_{O_1C_1}$ 和 $\boldsymbol{l}_{O_2C_2}$ 投影到平面 Π 后与 $O\varepsilon$ 坐标轴的夹角，ξ、ζ 分别为 $\boldsymbol{l}_{O_1C_1}$和 $\boldsymbol{l}_{O_2C_2}$的模。

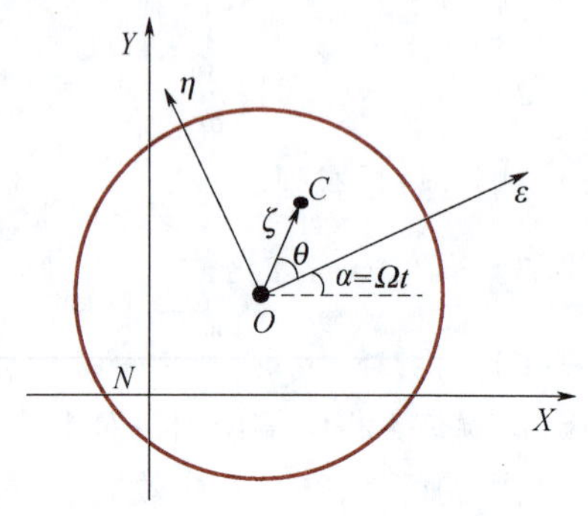

图 5－3　旋转坐标系与固定坐标系的关系

将转子静不平衡量与动不平衡量作为系统内部扰动，考虑磁轴承 A 和 B 处转子惯性轴与几何轴之间的相对位置关系，有

$$\begin{bmatrix} X_A(t) \\ Y_A(t) \\ X_B(t) \\ Y_B(t) \end{bmatrix} = \begin{bmatrix} x_A(t) \\ y_A(t) \\ x_B(t) \\ y_B(t) \end{bmatrix} - \begin{bmatrix} \xi\cos(\Omega t + \varphi) \\ \xi\sin(\Omega t + \varphi) \\ \zeta\cos(\Omega t + \varphi) \\ \zeta\sin(\Omega t + \varphi) \end{bmatrix} \tag{5-14}$$

式中：X_A、Y_A、X_B、Y_B分别表示几何轴在磁轴承 A 和 B 处的位移；x_A、y_A、x_B、y_B分别表示惯性轴在磁轴承 A 和 B 处的位移；Ω 为动量轮转速。

当转子在平衡位置附近小范围运动时，轴承力的线性化方程为

$$\begin{bmatrix} F_{AX} \\ F_{AY} \\ F_{BX} \\ F_{BY} \end{bmatrix} = \begin{bmatrix} k_s & 0 & 0 & 0 \\ 0 & k_s & 0 & 0 \\ 0 & 0 & k_s & 0 \\ 0 & 0 & 0 & k_s \end{bmatrix} \cdot \begin{bmatrix} X_A \\ Y_A \\ X_B \\ Y_B \end{bmatrix} + \begin{bmatrix} k_i & 0 & 0 & 0 \\ 0 & k_i & 0 & 0 \\ 0 & 0 & k_i & 0 \\ 0 & 0 & 0 & k_i \end{bmatrix} \cdot \begin{bmatrix} i_{AX}(X_A) \\ i_{AY}(Y_A) \\ i_{BX}(X_B) \\ i_{BY}(Y_B) \end{bmatrix} \tag{5-15}$$

式中：F_{AX}、F_{AY}、F_{BX}和 F_{BY}分别为磁轴承 A 和 B 沿 X 向和 Y 向的轴承力；i_{AX}、i_{AY}、i_{BX}和 i_{BY}为相应的磁轴承控制电流；k_s 为磁轴承的位移刚度；k_i 为磁轴承的电流刚度。由式(5－15)可见，轴承力中的位移刚度分量与电流刚度分量均存在不平衡扰动。令

$$\begin{bmatrix} \Theta_{AX}(t) \\ \Theta_{AY}(t) \\ \Theta_{BX}(t) \\ \Theta_{BY}(t) \end{bmatrix} = -\begin{bmatrix} \xi\cos(\Omega t+\varphi) \\ \xi\sin(\Omega t+\varphi) \\ \zeta\cos(\Omega t+\varphi) \\ \zeta\sin(\Omega t+\varphi) \end{bmatrix} \tag{5-16}$$

则由式(5－14)可得含不平衡扰动的轴承力方程为

$$\begin{bmatrix} F_{AX} \\ F_{AY} \\ F_{BX} \\ F_{BY} \end{bmatrix} = \begin{bmatrix} k_s & 0 & 0 & 0 \\ 0 & k_s & 0 & 0 \\ 0 & 0 & k_s & 0 \\ 0 & 0 & 0 & k_s \end{bmatrix} \cdot \begin{bmatrix} x_A+\Theta_{AX} \\ y_A+\Theta_{AY} \\ x_B+\Theta_{BX} \\ y_B+\Theta_{BY} \end{bmatrix} + \begin{bmatrix} k_i & 0 & 0 & 0 \\ 0 & k_i & 0 & 0 \\ 0 & 0 & k_i & 0 \\ 0 & 0 & 0 & k_i \end{bmatrix} \cdot \begin{bmatrix} i_{AX}(x_A+\Theta_{AX}) \\ i_{AY}(y_A+\Theta_{AY}) \\ i_{BX}(x_B+\Theta_{BX}) \\ i_{BY}(y_B+\Theta_{BY}) \end{bmatrix} \tag{5-17}$$

式中：Θ_{AX}、Θ_{AY}、Θ_{BX}与 Θ_{BY}分别表示因不平衡量的存在而在磁轴承 A 和 B 处引入的位移扰动。

5.3.3　磁悬浮惯性动量轮不平衡振动补偿控制方法

传统的考虑不平衡扰动的磁轴承—转子系统模型，将不平衡扰动作为由传感器引入的同频外部扰动，认为只要从传感器信号中剔除了该外部扰动，使磁轴承不产生针对同频运动的控制电流，就可实现不平衡扰动的抑制。由式(5－17)可知，对于实际的磁轴承—转子系统单控制通道模型如图 5－4 所示，其轴承力 F_{ax} 由电流刚度分量 $k_i i_{ax}$ 和位移刚度分量 $k_s(x_{ax}+d)$ 两部分组成，即使剔除了控制电流中的同频分量，但由于几何轴与惯性轴偏差 d 的存在，不平衡扰动仍然不能得到完全抑制[8]。

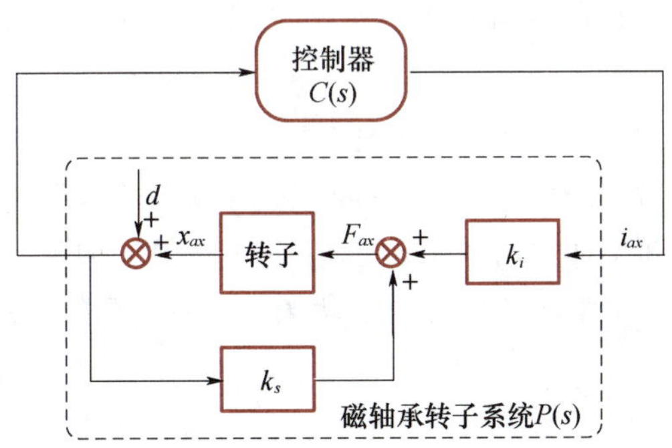

图 5－4　含有不平衡量的磁轴承—转子系统单控制通道模型

1. 不平衡振动补偿控制原理

由含有不平衡扰动的轴承力方程(5－17)可知，要完全抑制不平衡扰动的影响，必须在滤除控制电流同频扰动分量的同时，对位移刚度力中的同频分量也进行补偿，即通过控制磁轴承电流，以产生大小相等、方向相反的电流刚度力对其进行抵消，也就是说，在各磁轴承控制电流中分别加入位移刚度力补偿项i'_{AX}、i'_{AY}、i'_{BX}和i'_{BY}。由式(5－17)推导可得

$$\begin{bmatrix} i'_{AX} \\ i'_{AY} \\ i'_{BX} \\ i'_{BY} \end{bmatrix} = -\begin{bmatrix} \frac{k_s}{k_i} & 0 & 0 & 0 \\ 0 & \frac{k_s}{k_i} & 0 & 0 \\ 0 & 0 & \frac{k_s}{k_i} & 0 \\ 0 & 0 & 0 & \frac{k_s}{k_i} \end{bmatrix} \cdot \begin{bmatrix} \Theta_{AX}(t) \\ \Theta_{AY}(t) \\ \Theta_{BX}(t) \\ \Theta_{BY}(t) \end{bmatrix} \tag{5-18}$$

则在滤除电流同频扰动分量，并对位移刚度力补偿之后的轴承力方程为

$$\begin{bmatrix} F_{AX} \\ F_{AY} \\ F_{BX} \\ F_{BY} \end{bmatrix} = \begin{bmatrix} k_s & 0 & 0 & 0 \\ 0 & k_s & 0 & 0 \\ 0 & 0 & k_s & 0 \\ 0 & 0 & 0 & k_s \end{bmatrix} \cdot \begin{bmatrix} x_A \\ y_A \\ x_B \\ y_B \end{bmatrix} + \begin{bmatrix} k_i & 0 & 0 & 0 \\ 0 & k_i & 0 & 0 \\ 0 & 0 & k_i & 0 \\ 0 & 0 & 0 & k_i \end{bmatrix} \cdot \begin{bmatrix} i_{AX}(x_A) \\ i_{AY}(y_A) \\ i_{BX}(x_B) \\ i_{BY}(y_B) \end{bmatrix} \tag{5-19}$$

由式(5－19)可见，经不平衡振动控制后，动量轮将在自对中效应和闭环控制系统的共同作用下，实现绕其惯性主轴旋转。

由于式(5－18)中位移刚度k_s和电流刚度k_i均可通过实验测得，因此位移刚度力中同频分量补偿的关键在于不平衡量$\Theta_{AX}(t)$、$\Theta_{AY}(t)$、$\Theta_{BX}(t)$与$\Theta_{BY}(t)$的确定。

2. 位移信号同频扰动分量的辨识

式(5－18)给出了滤除轴承力中同频扰动分量的方法，但前提是已获得位移信号中的同频扰动信息，即实现了位移信号中同频扰动分量的辨识。由式(5－16)可知，位移信号中的同频干扰$\Theta_{AX}(t)$是频率为Ω的正弦量，可改写为

$$\begin{bmatrix} \Theta_{AX}(t) \\ \Theta_{AY}(t) \\ \Theta_{BX}(t) \\ \Theta_{BY}(t) \end{bmatrix} = \cos(\Omega t) \cdot \begin{bmatrix} r_{AX1} \\ r_{AY1} \\ r_{BX1} \\ r_{BY1} \end{bmatrix} + \sin(\Omega t) \cdot \begin{bmatrix} r_{AX2} \\ r_{AY2} \\ r_{BX2} \\ r_{BY2} \end{bmatrix} \tag{5-20}$$

式中：r_{AX1}、r_{AY1}、r_{BX1}和r_{BY1}为同频扰动余弦分量幅值；r_{AX2}、r_{AY2}、r_{BX2}和r_{BY2}为同频扰动正弦分量幅值。

由于式(5-20)中，转速Ω可由光电码盘或电机霍耳传感器信号计算得到，那么只要进一步获得转子位移信号中同频扰动正余弦分量的幅值，即可确定出同频扰动$\Theta_{AX}(t)$、$\Theta_{AY}(t)$、$\Theta_{BX}(t)$与$\Theta_{BY}(t)$。

由于同频扰动$\Theta_{AX}(t)$、$\Theta_{AY}(t)$、$\Theta_{BX}(t)$与$\Theta_{BY}(t)$是位移信号中频率为Ω的正弦量，因此可以采用中心陷波频率随转速变化的自适应陷波器对其进行滤除[31]。下面以$\Theta_{AX}(t)$为例进行说明，自适应陷波器工作原理如图5-5所示，陷波器$N(s)$的核心是其中的跟踪滤波器$N_f(s)$，其中心频率跟随转速变化，反馈系数ε决定了自适应陷波器$N(s)$的收敛速度和中心陷波带宽。

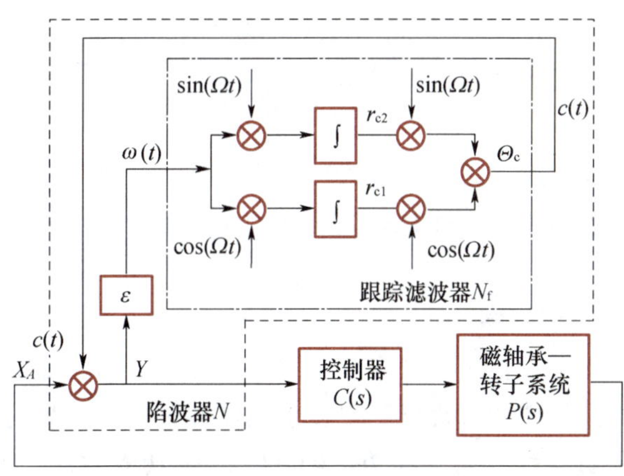

图5-5　自适应陷波器工作原理

设$\omega(t)$为跟踪滤波器N_f的输入，$c(t)$为N_f的输出，则有

$$c(t)=[\sin(\Omega t)\cos(\Omega t)]\cdot\begin{bmatrix}\int\sin(\Omega t)\cdot\omega(t)\mathrm{d}t\\ \int\cos(\Omega t)\cdot\omega(t)\mathrm{d}t\end{bmatrix}\tag{5-21}$$

可以证明，$c(t)$和$\omega(t)$满足以下微分方程：

$$\ddot{c}+\Omega^2c=\dot{\omega}\tag{5-22}$$

则跟踪滤波器N_f的传递函数为

$$N_f(s)=\frac{c(s)}{\omega(s)}=\frac{s}{s^2+\Omega^2}\tag{5-23}$$

由式(5-23)可知，自适应陷波器输入$X_A(t)$至跟踪滤波器N_f输出$c(t)$的

传递函数 N_o 为

$$N_o(s) = \frac{c(s)}{X_A(s)} = \frac{\varepsilon s}{s^2 + \varepsilon s + \Omega^2} \tag{5-24}$$

令 $s = \mathrm{j}\omega$，考虑 N_o 的频率特性，由式(5-24)可知，当 $\varepsilon \neq 0$ 时：

$$\begin{cases} N_o(\mathrm{j}\omega) \approx 0, [\omega \in (0, \Omega - \Delta\omega) \cup (\Omega + \Delta\omega, \infty)] \\ N_o(\mathrm{j}\omega) = 1, [\omega \in (\Omega - \Delta\omega, \Omega + \Delta\omega)] \end{cases} \tag{5-25}$$

即当 $\varepsilon \neq 0$ 时，N_o 的输出将趋近于输入 X_A 中频率为 Ω 的分量。由图5-5可知，N_o 的输出 $c(t)$ 即为图中 Θ_c，而由式(5-17)可知，X_A 中频率为 Ω 的分量正是 Θ_{AX}，即当 $t \to \infty$ 时，N_f 的输出 $\Theta_c(t) \to \Theta_{AX}(t)$。

由图5-5可知，跟踪滤波器 N_f 的输出 Θ_c 为

$$\Theta_c(t) = r_{c1}\cos(\Omega t) + r_{c2}\sin(\Omega t) \tag{5-26}$$

比较式(5-20)与式(5-26)，可知

$$\begin{cases} r_{AX1} = r_{c1} \\ r_{AX2} = r_{c2} \end{cases} \tag{5-27}$$

经闭环反馈系统响应收敛后，跟踪滤波器 N_f 中积分器的输出值即为转子位移信号中正余弦同频分量的幅值，也就实现了对位移信号中不平衡量的辨识。

3. 位移刚度前馈补偿方法

在自适应陷波器对转子不平衡量信息识别的基础上，对不平衡扰动位移刚度分量进行前馈补偿[32]，就可实现转子绕惯性轴旋转。含有位移刚度前馈补偿的不平衡振动控制方法如图5-6(a)所示，其等效结构如图5-6(b)所示。

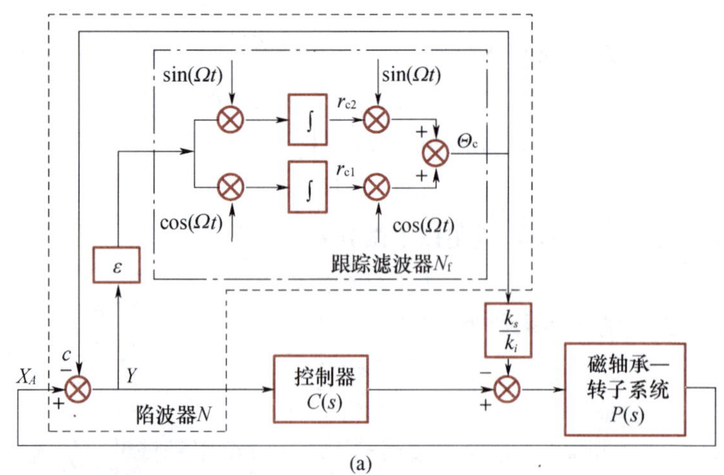

(a)

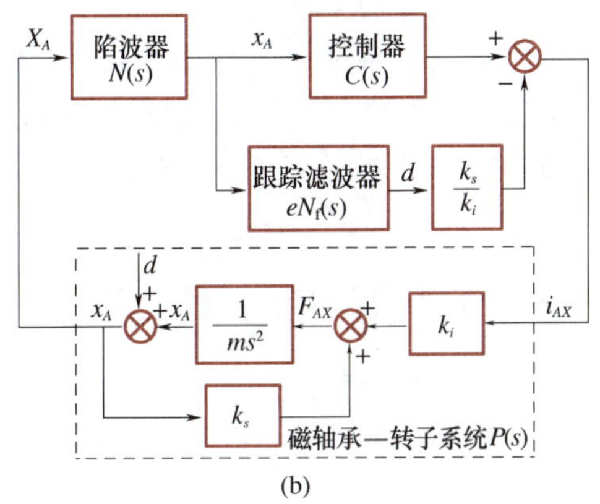

(b)

图5-6　含有位移刚度前馈补偿的不平衡振动控制方法及其等效结构

(a) 位移刚度前馈补偿；(b) 等效结构。

由图5-6(a)及式(5-23)可知，陷波器N的传递函数为

$$N(s)=\frac{Y(s)}{X_A(s)}=\frac{s^2+\Omega^2}{s^2+\Omega^2+\varepsilon s} \tag{5-28}$$

由图5-6(b)可知，磁轴承—转子系统的传递函数为

$$P(s)=\frac{k_i}{ms^2-k_s} \tag{5-29}$$

磁轴承采用传统PID控制，其传递函数为

$$C(s)=-\left(k_P+k_D s+\frac{k_I}{s}\right) \tag{5-30}$$

式中：k_P为比例系数；k_I为积分系数；k_D为微分系数。

结合式(5-23)、式(5-28)、式(5-29)和式(5-30)，由图5-6(b)可得，在采取不平衡振动补偿控制后，磁轴承—转子系统的闭环特征方程为

$$1+N(s)\cdot\left(C(s)-\frac{\varepsilon k_s}{k_i}\cdot N_f(s)\right)\cdot P(s)=0 \tag{5-31}$$

5.3.4　磁悬浮惯性动量轮系统灵敏度函数测试与稳定性分析

1. 灵敏度函数测试[8]

对于刚性转子，其惯性主轴与几何轴之间的相对关系是固定的，也就是说，转子的不平衡量相对于几何支承轴而言，其位置和大小是不变的，即系统不平衡扰动的幅值和相位是不变的，闭环系统对输入的响应可由系统的灵敏度函数$S(s)$表示：

$$S(s) = (I + P(s)C(s)) - 1 \qquad (5-32)$$

其中，$P(s)$和$C(s)$分别表示转子系统和控制器的传递函数。由于基于自适应陷波器的闭环振动控制方法对动量轮的稳定性会造成影响，因而需要对磁悬浮动量轮的灵敏度函数进行测试，其测试原理如图5－7所示。

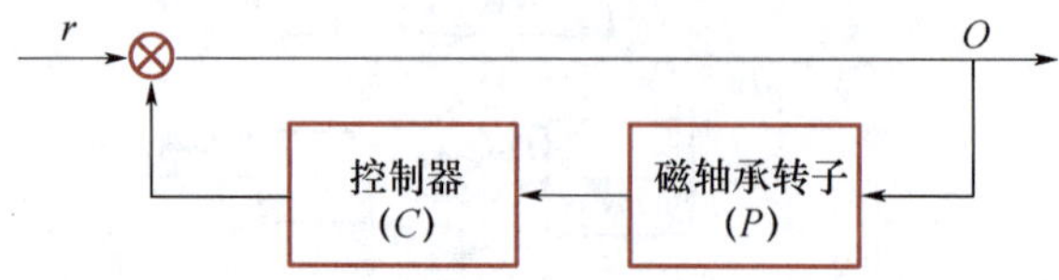

图5－7　磁悬浮动量轮灵敏度函数测试原理

灵敏度函数反映了闭环系统某一点处的输入对该点处输出的影响，对磁悬浮惯性动量轮而言，可将不平衡量视为作用于控制器输入端的正弦干扰，通过测量该处的响应即可获得闭环系统的灵敏度函数。磁悬浮动量轮单个径向控制通道的灵敏度函数测试曲线如图5－8所示。

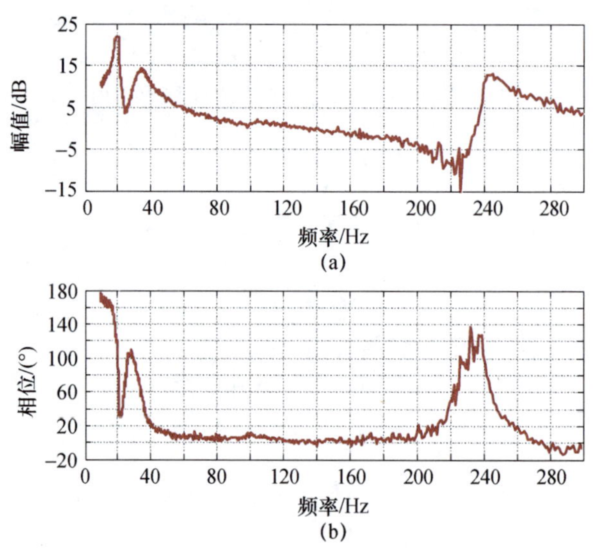

图5－8　磁悬浮动量轮单个径向控制通道的灵敏度函数测试曲线

由实测的惯性动量轮灵敏度函数曲线可知，当转子转速低于60Hz时，不平衡扰动输入及其响应之间存在相位差，采用闭环自适应陷波的方法不能取得很好的不平衡扰动抑制作用，甚至会影响系统的稳定性；而当转子转速在60Hz～180Hz时，不平衡扰动输入及其响应之间的相位差为0°，此时由位移传感器信号中提取的同频量与不平衡扰动输入同相，采用闭环自适应陷波的方法即可实现对转子不平衡扰动进行抑制,同时也可利用此时获得的不平衡量大小和相位参数,并参考转子当前角位置进行开环扰动补偿控制(参见5.3.5节)。

2. 稳定性分析与仿真[8]

针对基于陷波器的不平衡振动补偿控制方法所存在的系统稳定性问题,Raoul Herzog等[31]提出了一种在自适应陷波器中插入**T**矩阵以构成广义陷波器的方法来解决系统的稳定性问题,并通过根轨迹方法给出了闭环系统的稳定性证明。该方法利用信号相关性原理,分别将与转速同频的正、余弦信号与转子位移信号做卷积,提取出转子同频正余弦分量的幅值,通过**T**矩阵进行权值相位修正后,用于同频扰动的负反馈补偿控制。但是由于**T**矩阵的选取与原系统的频率特性密切相关,在临界转速附近或转子转速变化很快时,该方法的补偿效果较差,甚至会导致系统失稳。

下面在不平衡振动补偿控制系统稳定性分析的基础上,介绍一种不平衡振动开环补偿控制方法。不平衡振动补偿控制方法的采用改变了原闭环系统的传递函数和稳定性。下面就该方法对原系统稳定性的影响进行分析[8]。假设原闭环控制系统是稳定的,即原闭环系统特征方程

$$1 + P(s) \cdot C(s) = 0 \tag{5-33}$$

具有负实部。将式(5-29)、式(5-30)代入式(5-33)并整理,得

$$ms^3 + k_i k_D s^2 + (k_i k_P - k_s)s + k_i k_I = 0 \tag{5-34}$$

由于原闭环系统稳定,根据劳斯判据,可得

$$\begin{cases} k_P k_i - k_s > 0 \\ k_D(k_i k_P - k_s) - m k_I > 0 \\ k_I > 0 \end{cases} \tag{5-35}$$

将式(5-23)、式(5-28)、式(5-29)与式(5-30)代入磁轴承—转子系统闭环特征方程(5-31),整理可得

$$1 + \frac{[ms^3 + k_i k_D s^2 + (k_i k_P - k_s)s + k_i k_I]\Omega^2}{ms^5 + (\varepsilon m + k_i k_D)s^4 + (k_i k_P - k_s)s^3 + (k_i k_I - 2\varepsilon k_s)s^2} = 0 \tag{5-36}$$

根据经典控制理论中的根轨迹分析方法,将Ω^2作为变量,可通过开环系统特征根确定闭环系统式(5-36)的特征根分布情况。

由式(5-36)可知,开环系统具有5个极点、3个零点,因此当Ω^2由$0 \to \infty$变化时,闭环系统共有5条根轨迹分支,起始于开环极点,终止于开环零点。

开环系统的极点由下式给出:

$$ms^5 + (\varepsilon m + k_i k_D)s^4 + (k_i k_P - k_s)s^3 + (k_i k_I - 2\varepsilon k_s)s^2 = 0 \tag{5-37}$$

根据劳斯判据,其稳定条件为

$$\begin{cases} k_P k_i k_s > 0 \\ k_i[k_D(k_i k_P - k_s) - m k_I] + \varepsilon m(k_i k_P + k_s) > 0 \\ k_I - \dfrac{2\varepsilon k_s}{k_i} > 0 \end{cases} \tag{5-38}$$

由原闭环系统稳定,即有式(5-35)成立,则式(5-38)中前两个条件成立,但并不确保第三个条件成立。

对比式(5-36)与式(5-34)可见,开环系统零点与原闭环系统的极点完全相同(即不平衡振动控制方法闭环系统的极点根轨迹将趋向于原闭环系统的极点)。由原闭环系统稳定的前提可知,开环系统零点均分布于 s 左半平面。因为由开环极点出发的根轨迹分支有 5 条,而系统开环零点只有 3 个,所以还应讨论另 2 条根轨迹分支的分布情况。由经典控制理论可知,闭环系统将有 2 条根轨迹分支沿着与 s 平面实轴的夹角为 ϕ_a、与实轴交点的坐标为 σ_a 的一组渐近线趋向于无穷远处。

下面讨论渐近线与实轴的交点及夹角情况。闭环特征方程(5-36)可改写为

$$\frac{[ms^3 + k_i k_D s^2 + (k_i k_P - k_s)s + k_i k_I]\Omega^2}{ms^5 + (\varepsilon m + k_i k_D)s^4 + (k_i k_P - k_s)s^3 + (k_i k_I - 2\varepsilon k_s)s^2} = -1 \tag{5-39}$$

当 $\Omega^2 \to \infty$ 时,应有 $s \to \infty$,则上式可近似表示为

$$s^2\left(1 + \frac{\varepsilon}{s}\right) = -\Omega^2 \tag{5-40}$$

或

$$s\left(1 + \frac{\varepsilon}{s}\right)^{1/2} = (-\Omega^2)^{1/2} \tag{5-41}$$

将上式左端用牛顿二项式定理展开,并取近似线性项,得

$$s\left(1 + \frac{\varepsilon}{2s}\right) = (-\Omega^2)^{1/2} \tag{5-42}$$

即

$$s + \frac{\varepsilon}{2} = (-\Omega^2)^{1/2} \tag{5-43}$$

以 $-1 = e^{j(2k+1)\pi}$ $(k = 0,1,2,\cdots)$ 代入上式,有

$$s = -\frac{\varepsilon}{2} + \Omega \cdot e^{j\pi\frac{2k+1}{2}} \quad k = 0,1,2,\cdots \tag{5-44}$$

这就是 $\Omega^2 \to \infty$ 时的渐近线方程，且

$$\begin{cases} \sigma_a = -\dfrac{\varepsilon}{2} \\ \phi_a = \dfrac{2k+1}{2}\pi \quad k = 0,1 \end{cases} \tag{5-45}$$

综上所述，闭环特征方程(5-36)的 5 条根轨迹分支，尽管当 $\Omega^2 = 0$ 时可能存在位于 s 右半平面的开环极点，但当 $\Omega^2 \to \infty$ 时，3 条分支趋向于原稳定闭环系统的 3 个特征根，另 2 条分支趋向于位于 s 左半平面的渐近线。由根轨迹的连续性可知，当 Ω^2 足够大时，不平衡振动补偿控制闭环系统也是稳定的。

定义根轨迹分支穿越虚轴时对应的转速值为临界转速，则在临界转速以上，不平衡振动补偿控制闭环系统是稳定的。下面讨论临界转速值及根轨迹与虚轴的交点值。

设根轨迹分支与虚轴的交点为 $s = \mathrm{j}\omega$，则其必然满足系统闭环特征方程，将 $s = \mathrm{j}\omega$ 代入式(5-36)整理后，令其实部与虚部均等于零，即

$$\omega \cdot (\omega^2 m + k_s - k_i k_P) \cdot (\Omega^2 - \omega^2) = 0 \tag{5-46}$$

$$(k_i k_D \omega^2 - k_i k_I)(\Omega^2 - \omega^2) - (\omega^4 \varepsilon m + 2\varepsilon \omega^2 k_s) = 0 \tag{5-47}$$

由式(5-46)可知，ω 取值有 3 种可能(仅考虑 s 上半平面的交点，s 下半平面的交点可由根轨迹对称性得到)：

$$\begin{cases} \omega = 0 \\ \omega = \sqrt{\dfrac{k_i k_P - k_s}{m}} \\ \omega = \Omega \end{cases} \tag{5-48}$$

将式(5-48)代入式(5-47)可知，只有当 $\omega = \sqrt{\dfrac{k_i k_P - k_s}{m}}$ 或 $\omega = \Omega = 0$ 时等式成立。由式(5-36)可知，当 $\omega = \Omega = 0$ 时，根轨迹分支从原点出发，并非所要讨论的临界转速和穿越点，则根轨迹与虚轴的交点频率为

$$\omega = \sqrt{\frac{k_i k_P - k_s}{m}} \tag{5-49}$$

将式(5-49)代入式(5-47)，可得临界转速为

$$\Omega = \pm \sqrt{\frac{k_i (k_i k_P - k_s)[(k_i k_P - k_s) \cdot k_D - k_I m] + \varepsilon m (k_i^2 k_P^2 - k_s^2)}{k_i m[(k_i k_P - k_s) \cdot k_D - k_I m]}} \tag{5-50}$$

当 ε 取值较小时，式(5-50)为

$$\Omega \approx \pm \sqrt{\frac{(k_i k_{\mathrm{P}} - k_s)}{m}} \tag{5-51}$$

即系统临界转速近似等于根轨迹与虚轴的交点频率。

对于 5.3.3 节所介绍的不平衡振动补偿控制方法，可进一步适应性推广于倍频扰动的补偿控制。此时，自适应陷波器的传递函数 $N'(s)$ 和跟踪滤波器的传递函数 $N_f'(s)$ 分别为

$$N'(s) = \frac{s^2 + (n\Omega)^2}{s^2 + (n\Omega)^2 + \varepsilon s} \quad n = 2,3,\cdots \tag{5-52}$$

$$N_{\mathrm{f}}'(s) = \frac{c(s)}{\omega(s)} = \frac{s}{s^2 + (n\Omega)^2} \quad n = 2,3,\cdots \tag{5-53}$$

系统特征方程为

$$\frac{[ms^3 + k_i k_{\mathrm{D}} s^2 + (k_i k_{\mathrm{P}} - k_s)s + k_i k_{\mathrm{I}}](n\Omega)^2}{ms^5 + (\varepsilon m + k_i k_{\mathrm{D}})s^4 + (k_i k_{\mathrm{P}} - k_s)s^3 + (k_i k_{\mathrm{I}} - 2\varepsilon k_s)s^2} = -1 \tag{5-54}$$

对比式(5－54)与式(5－36)可知，n 倍频扰动补偿控制系统的开环零极点分布与不平衡振动补偿控制系统相同。

考察临界转速及根轨迹与虚轴的交点值。设根轨迹与虚轴的交点 $s = \mathrm{j}\omega$，可得

$$\begin{cases} \omega \cdot (\omega^2 m + k_s - k_i k_{\mathrm{P}}) \cdot ((n\Omega)^2 - \omega^2) = 0 \\ (k_i k_{\mathrm{D}} \omega^2 - k_i k_{\mathrm{I}})((n\Omega)^2 - \omega^2) - (\omega^4 \varepsilon m + 2\varepsilon \omega^2 k_s) = 0 \end{cases} \tag{5-55}$$

穿越点为

$$\omega = \sqrt{\frac{k_i k_{\mathrm{P}} - k_s}{m}} \tag{5-56}$$

对应的临界转速为

$$\Omega' = \pm \frac{\sqrt{\dfrac{k_i (k_i k_{\mathrm{P}} - k_s)[(k_i k_P - k_s) \cdot k_{\mathrm{D}} - k_{\mathrm{I}} m] + \varepsilon m (k_i^2 k_{\mathrm{P}}^2 - k_s^2)}{k_i m[(k_i k_{\mathrm{P}} - k_s) \cdot k_{\mathrm{D}} - k_{\mathrm{I}} m]}}}{n} \tag{5-57}$$

当 ε 取值较小时，式(5－57)为

$$\Omega' \approx \pm \frac{\sqrt{\dfrac{(k_i k_{\mathrm{P}} - k_s)}{m}}}{n} \tag{5-58}$$

即 n 倍频扰动补偿控制时的临界转速为不平衡振动补偿时的 $1/n$。

以下对Ω^2由$0\rightarrow\infty$变化时的闭环系统根轨迹进行仿真分析，同时对不平衡振动补偿控制方法中自适应陷波器的参数选取作进一步的说明。

如图5-9所示，图5-9(a)为趋向于原闭环系统极点的3条根轨迹中的1条，由于这3条根轨迹将无限趋近于原闭环系统特征根，因此其根轨迹最终必然位于s左半平面；图5-9(b)为趋向于渐近线并终止于无穷远处的2条根轨迹，由图可见，根轨迹起始点位于s右半平面，但最终趋向于位于s左半平面的渐近线。

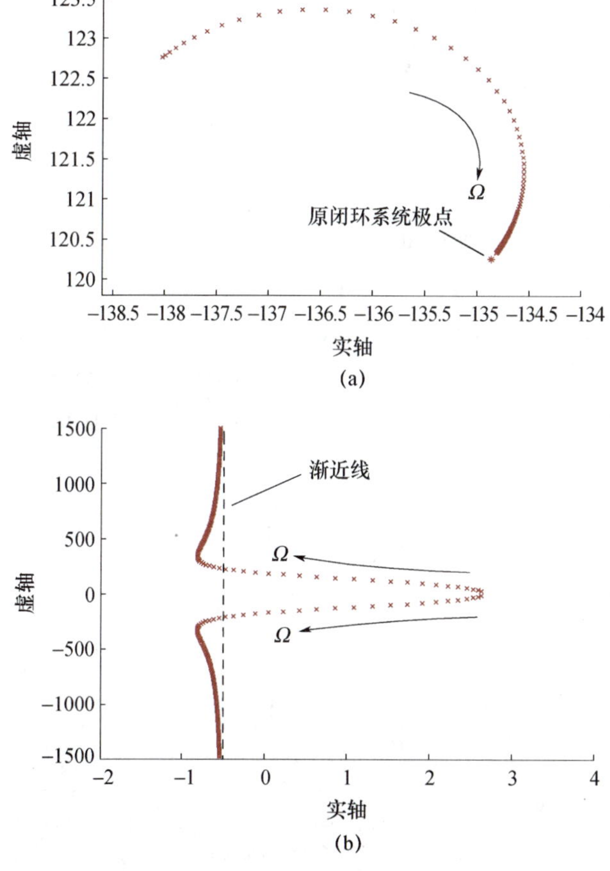

图5-9　趋向于原闭环系统极点的根轨迹分支与趋向于渐近线的根轨迹

(a) 趋向于原闭环系统极点的根轨迹；(b) 趋向于渐近线的根轨迹。

图5-10反映了ε变化对根轨迹的影响。由图可见，ε决定了根轨迹的渐近线与起始点，但ε变化不影响虚轴穿越点与临界转速。由于渐近线与实轴的交点为$-\varepsilon/2$(式(5-45))，因此ε决定了闭环系统极点与实轴的距离，即不平

衡振动补偿控制方法中自适应滤波算法的收敛速度，ε 越大，算法收敛速度越快。

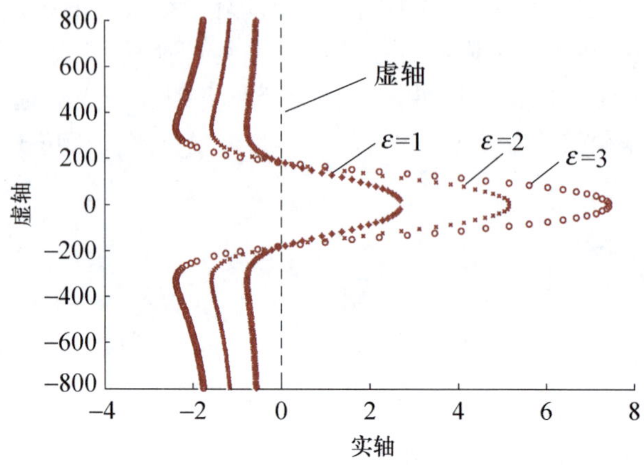

图 5－10　ε 变化对根轨迹的影响

ε 变化对频率性的影响如图 5－11 所示，由图可见，ε 决定了陷波器 N 的带宽，当 ε 增大时陷波器的带宽变宽，陷波效果变差，即 ε 决定了算法对不平衡量的辨识精度，ε 越大，辨识精度越差。实际调试中应在保证算法稳定跟踪转速变化影响的前提下，选取尽量小的 ε 以保证对不平衡量的辨识精度。

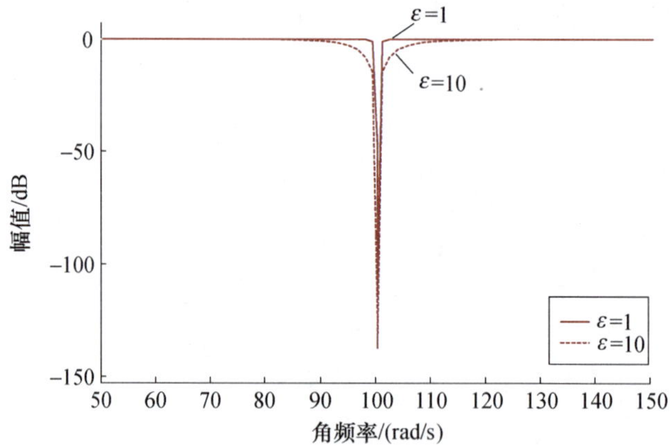

图 5－11　ε 变化对频率特性的影响

由式(5－49)可知，闭环系统极点根轨迹与虚轴具有 2 个交点 $\left(\pm\sqrt{\dfrac{(k_i k_{\mathrm{P}}-k_s)}{m}}\right)$，而根据式(5－37)，由劳斯判据可知，开环系统极点最多只有1个根位于s右半平面,下面对不同右根个数与根轨迹和虚轴交点之间的关系进行仿真说明。

由式(5-38)可知,当$0 < k_1 < \frac{2\varepsilon k_s}{k_i}$时,开环系统仅有1个右根,此时原点处的2条根轨迹中,1条向左趋向于开环系统零点,另1条向右与起始于开环系统右根的根轨迹相交后离开实轴,如图5-12(a)所示,并最终与虚轴相交;当$k_1 > \frac{2\varepsilon k_s}{k_i}$时,开环系统极点(闭环特征根的起始点)全部位于$s$左半平面,此时原点处的2条根轨迹进入$s$右半平面,如图5-12(b)所示,并最终与虚轴相交。

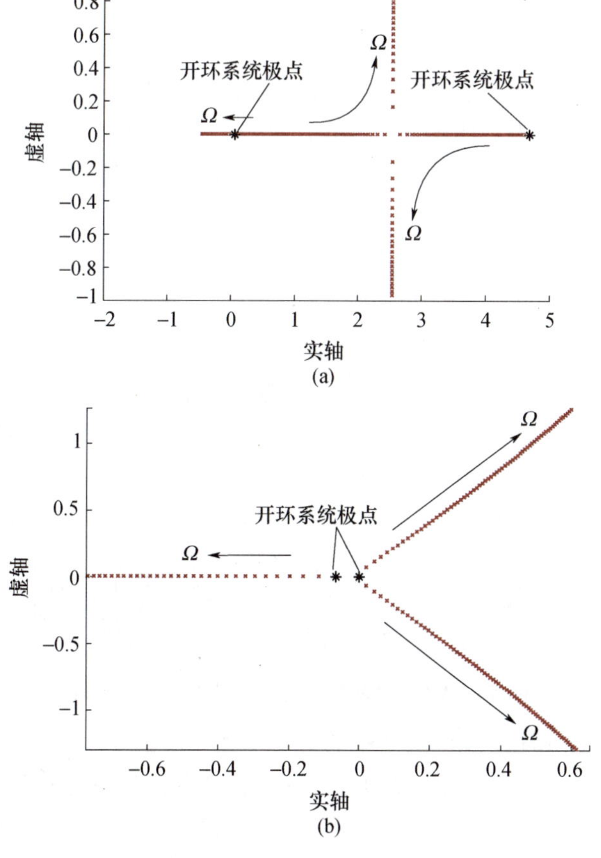

图5-12 开环系统仅有1个右根和无右根时的闭环系统根轨迹
(a)仅有一个右根;(b)无右根。

5.3.5 磁悬浮惯性动量轮不平衡振动开环补偿控制方法

由于动量轮转速在 $-\sqrt{\dfrac{(k_i k_P - k_s)}{m}} < \Omega < \sqrt{\dfrac{(k_i k_P - k_s)}{m}}$ 时，不平衡振动补偿控制闭环系统存在正根，如图 5-9(b) 所示，因而在该转速范围内系统是不稳定的。

针对磁悬浮动量轮工作于临界转速以下时的稳定性问题，本节介绍了不平衡振动开环补偿控制方法。刚性转子的不平衡量是确定的[30]，不随其转速变化而改变。不平衡振动开环补偿控制方法正是基于这一基本思想，依据临界转速以上时辨识获得的不平衡量参数对转子在整个转速范围进行不平衡振动补偿控制[28]。

不平衡振动开环补偿控制方法的原理如图 5-13 所示，在原不平衡振动补偿控制方法的基础上增加了两个控制切换开关 $\sigma_1, \sigma_2 \in \{0,1\}$。其中 σ_1 为闭环/开环补偿控制切换开关，用于当自适应陷波器 N 收敛后断开陷波器的输入，利用并保持辨识得到的不平衡量参数，以生成开环补偿信号，对位移信号中的同频量进行补偿，并由位移刚度力补偿控制开关 σ_2 决定是否对位移刚度力进行开环补偿控制。

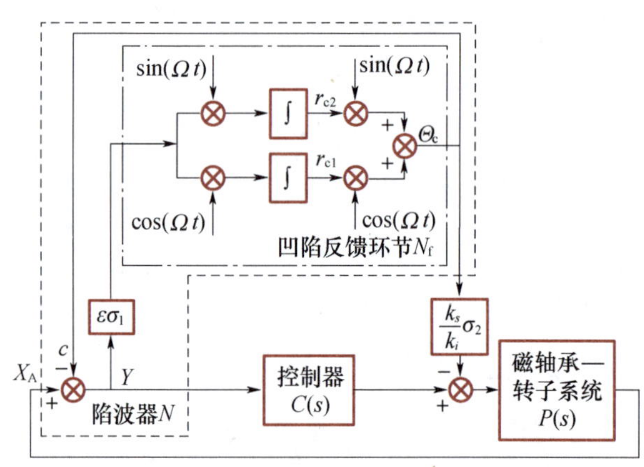

图 5-13 不平衡振动开环补偿控制方法原理

不平衡振动开环补偿控制方法的具体步骤介绍如下：

(1) 当$(\sigma_1, \sigma_2) = (0,0)$时，无补偿控制，自适应陷波器和位移刚度力补偿都不起作用。

(2) 当动量轮转速 Ω 高于临界转速时，令$(\sigma_1, \sigma_2) = (1,0)$，由自适应陷波器 $N(s)$ 对位移信号中的转速同频分量进行滤波，从而在转子不平衡量识别的同时，对控制电流中的同频分量进行滤除，此时由位移刚度引起的同频扰动分量仍然存在。

(3) 当自适应陷波收敛并将位移信号中的同频分量滤除后，令$(\sigma_1,\sigma_2)=(1,1)$，对位移刚度同频分量进行补偿，从而实现不平衡振动闭环补偿控制。此时，由于磁轴承对转子同频运动表现为准平衡力约束，转子将在自对中效应作用下实现绕其惯性主轴旋转，动量轮将不再有不平衡扰动力(矩)输出。

(4) 当转子绕惯性主轴旋转后，令$(\sigma_1,\sigma_2)=(0,1)$，断开陷波器 N 的位移信号输入，利用辨识得到的转子不平衡量参数，并参照转子角位置检测装置给出的转子当前角位置，对电流刚度力和位移刚度力中的同频分量进行开环补偿。

不平衡振动开环补偿控制方法在数字控制系统中具体实现时，可利用寄存器记录高速时辨识得到的转子不平衡量参数(即图 5－13 中 N_f积分器的输出值 r_{c1}、r_{c2})，并参照转子当前角位置 ωt，实现整个转速范围内的不平衡振动开环补偿控制。

磁悬浮惯性动量轮的不平衡振动补偿控制方法，并不局限于所介绍的基于自适应陷波的转子不平衡参数识别方法，当采用其他滤波方法时，同样可参照本方法对位移刚度力中的同频分量扰动进行闭环或开环补偿。

5.4　磁悬浮惯性动量轮惯性自对准主动振动控制

5.3.3 节在建模时假设转子的几何支承轴与几何检测轴相重合，将传感器误差和转子不平衡作为同一种扰动进行考虑，本节在严格区分几何支承轴与几何检测轴的基础上，将传感器误差和转子不平衡作为两种不同的扰动进行建模，介绍惯性自对准主动振动控制方法[9]，从另一种角度对前面所介绍的不平衡振动补偿控制原理作进一步的分析和讨论。

5.4.1　磁悬浮惯性动量轮扰动动力学模型

对含有扰动的磁悬浮惯性动量轮转子在建模时，将动量轮转子按刚性转子对待，则其赤道转动惯量 J_X、J_Y，极转动惯量 J_Z及质心 O 均保持恒定，惯性主轴通过转子质心。根据转子几何轴与其惯性轴在空间上的相对关系：平行、相交或异面。以磁轴承定子轴为参考，建立动量轮转子质心坐标系。建模时可分别按质心平移和惯性主轴绕质心偏转两种情况处理。那么，根据磁轴承转子的安装位置，即可得到两个磁轴承转子中心点在质心坐标系下的位置表达式。同理，根据几何检测轴与转子惯性轴在空间上的位置关系，可得到两个传感器检测面中心点的位置表达式。

1. 磁悬浮惯性动量轮磁轴承转子动力学模型

磁悬浮惯性动量轮的剖面图如图 5-14 所示，图中可以看到动量轮的两个径向磁轴承和两个集成一体化径向位移传感器。动量轮转子质心坐标系固连于动量轮定子，其中 Z 轴与动量轮径向磁定轴相重合。不考虑动量轮轴向运动，则由式（4-15）表示的转子动力学模型和式（4-17）表示的磁轴承力线性化模型，可以得到磁悬浮惯性动量轮的磁轴承—转子动力学模型：

$$\boldsymbol{M}\ddot{\boldsymbol{q}} + \boldsymbol{G}\dot{\boldsymbol{q}} = \boldsymbol{T}_f(\boldsymbol{K}_i\boldsymbol{I}_i + \boldsymbol{K}_s\boldsymbol{Q}_s) + \boldsymbol{F}_\varepsilon \tag{5-59}$$

式中：$\boldsymbol{F}_\varepsilon$ 为磁轴承力线性化误差等其他残余扰动力。

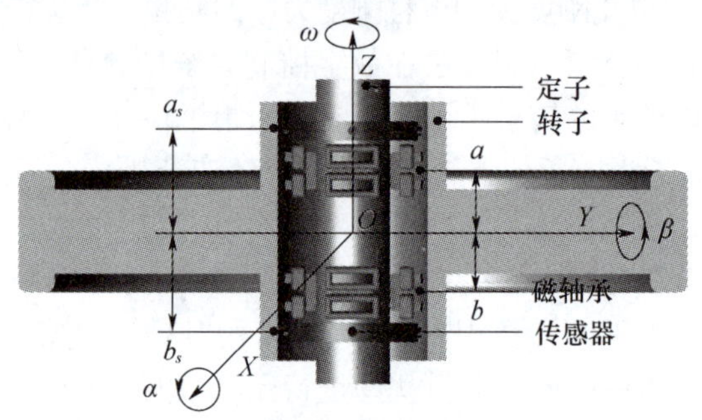

图 5-14　磁悬浮惯性动量轮剖面图

2. 不平衡和传感器误差的建模

对于刚性转子，无论是静不平衡还是动不平衡都是由于转子的惯性主轴与磁转轴之间的非共线所造成的。其中，静不平衡意味着惯性主轴与磁转轴之间的偏移，动不平衡则意味着惯性主轴与磁转轴之间的偏转。当同时存在静不平衡和动不平衡时，图 5-15 显示了动量轮绕其惯性主轴旋转，且旋转轴与磁定

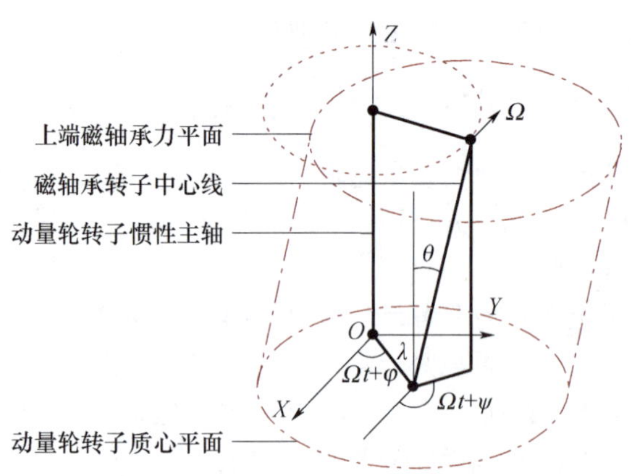

图 5-15　磁转轴与惯性主轴之间的非共线关系

轴（即 Z 轴）重合时，磁转轴与惯性主轴之间的非共线关系。

考虑更一般的情形，即惯性主轴与 Z 轴之间也存在偏差（偏移、偏转），则在磁轴承坐标系下定义的轴承气隙偏差矢量 $\boldsymbol{Q}_x$ 可表示为

$$\boldsymbol{Q}_x = \boldsymbol{T}_x\boldsymbol{q}_x = \boldsymbol{T}_x(\boldsymbol{q}+\boldsymbol{\delta}) = \begin{bmatrix} 1 & a & 0 & 0 \\ 1 & b & 0 & 0 \\ 0 & 0 & 1 & a \\ 0 & 0 & 1 & b \end{bmatrix}\left(\boldsymbol{q} + \begin{bmatrix} \lambda\cos(\Omega t+\varphi) \\ \theta\cos(\Omega t+\psi) \\ \lambda\sin(\Omega t+\varphi) \\ \theta\sin(\Omega t+\psi) \end{bmatrix}\right) \tag{5-60}$$

式中：$\boldsymbol{T}_x$ 为转子位移矢量从质心坐标系到轴承坐标系的转换矩阵；$\boldsymbol{\delta}$ 为不平衡偏差矢量。

同样地，当转子惯性主轴与几何检测轴之间存在偏差时，定义在传感器坐标系下的转子位移矢量 $\boldsymbol{Q}_S$ 可表示为

$$\boldsymbol{Q}_S = \boldsymbol{T}_S\boldsymbol{q}_S + \sigma = \boldsymbol{T}_S(\boldsymbol{q}+\boldsymbol{\varepsilon}) + \boldsymbol{\sigma} = \begin{bmatrix} 1 & a_s & 0 & 0 \\ 1 & b_s & 0 & 0 \\ 0 & 0 & 1 & a_s \\ 0 & 0 & 1 & b_s \end{bmatrix}\left(\boldsymbol{q} + \begin{bmatrix} \rho\cos(\Omega t+\zeta) \\ \gamma\cos(\Omega t+\eta) \\ \rho\sin(\Omega t+\zeta) \\ \gamma\sin(\Omega t+\eta) \end{bmatrix}\right) + \boldsymbol{\sigma} \tag{5-61}$$

式中：$\boldsymbol{T}_S$ 为位移矢量从质心坐标系到位移传感器坐标系的转换矩阵；$\boldsymbol{\varepsilon}$ 为传感器误差矢量；$\boldsymbol{\sigma}$ 为位移传感器调零误差矢量。$\boldsymbol{Q}_S$ 和 $\boldsymbol{\sigma}$ 分别为

$$\boldsymbol{Q}_S = [x_{as} \quad x_{bs} \quad y_{as} \quad y_{bs}]^{\mathrm{T}}, \boldsymbol{\sigma} = [x_{a0} \quad x_{b0} \quad y_{a0} \quad y_{b0}]^{\mathrm{T}}$$

3. 磁悬浮惯性动量轮磁轴承系统模型

结合式（4-19）所描述的磁轴承控制电流矢量表达式，对式（5-59）~式（5-61）进行合并整理，即可得到磁悬浮惯性动量轮磁轴承转子系统的闭环模型。如果再考虑到动量轮基座的运动，则包含扰动的整个磁悬浮动量轮磁轴承转子系统闭环模型如图 5-16 所示。图中磁轴承控制系统（图中上矩形框所围部分）中的各状态变量，均以转子检测轴为参考，采用的是传感器坐标系（几何形体坐标）；而转子动力学系统（图中下矩形框所围部分）中的各状态变量，均以转子惯性轴为参考，采用的是质心坐标系（广义坐标）。

$$\begin{aligned} \boldsymbol{M}\ddot{\boldsymbol{q}} + \boldsymbol{G}\dot{\boldsymbol{q}} = \boldsymbol{T}_f\{&\boldsymbol{K}_i\mathrm{Ctrl}[\boldsymbol{r} - \boldsymbol{T}_S(\boldsymbol{q}+\boldsymbol{\varepsilon}-\boldsymbol{u}) - \boldsymbol{\sigma}] + \\ &\boldsymbol{K}_s[\boldsymbol{T}_x(\boldsymbol{q}+\boldsymbol{\delta}-\boldsymbol{u})]\} + F_\varepsilon \end{aligned} \tag{5-62}$$

图 5-16 清楚地表明，不平衡扰动和传感器误差是通过两条完全不同的路径进入到磁悬浮动量轮磁轴承闭环系统之中的，引起动量轮转子不同性质的振动。具体来讲，不平衡扰动是通过磁轴承本身进入闭环系统的，与磁轴承位移

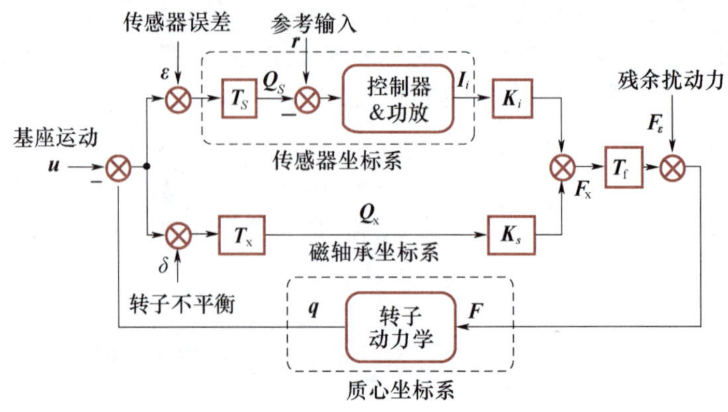

图 5-16 包含扰动的磁悬浮动量轮磁轴承系统闭环模型

负刚度密切相关；而传感器误差是通过磁轴承控制器进入闭环系统的，与控制参数和电流刚度密切相关。因而在相应的控制策略方面，必须将二者区别对待。

5.4.2 磁悬浮惯性动量轮传感器调零与位移自检测

1. 磁悬浮惯性动量轮位移传感器调零[9]

位移传感器调零的目的在于得到磁定轴，将其作为整个磁轴承控制系统的给定参考输入，即基准轴，这种以磁定轴为基准的调零称其为磁中心调零，即在静态悬浮的状态下，调整磁轴承控制系统的参考零位，找到永磁偏置平衡点，使得磁轴承线圈控制电流接近于零（无重力影响），转子主要依靠永磁偏置力达到力平衡。如果不按磁定轴进行位移传感器的调零，则磁悬浮动量轮会存在平衡位偏差。这里平衡位偏差特指磁悬浮动量轮给定悬浮位置与磁定轴之间的偏差，对于存在偏置磁场的磁悬浮动量轮而言，这一偏差会给不平衡补偿带来困难，使不平衡振动控制精度降低。

在地面条件下，由于重力不可避免，则磁中心调零的具体方法为：将动量轮静态全悬浮，使其转轴位于水平面内，绕动量轮定子轴中心线缓慢旋转动量轮定子（动量轮基座），同时监测径向磁轴承 X 向、Y 向的控制电流，使其在示波器上形成李莎育图，并保留余迹，则在重力作用下，当定子旋转一周时，示波器上会形成一个环形余迹，调整传感器参考零位，使该环形余迹的中心与示波器参考零位重合。另外，为了避免磁轴承转子各向异性对传感器调零精度造成影响，可在转动动量轮定子的同时，让电机驱动动量轮转子低速旋转。

针对实际的磁悬浮动量轮及其磁轴承控制系统，还可以采用其他的方法进行磁中心调零，如通过对参考位置进行积分的方法在线地实现传感器调零，这里不作具体的介绍。

永磁偏置磁轴承，既传承了纯电磁磁轴承主动可控等诸多优点，又克服了其功耗大的缺点，采用永磁偏置磁轴承的磁悬浮动量轮，具有无磨损、微振动、高转速、低功耗等特点，是航天器理想的高精度姿态控制执行机构和高密度能量存储单元。

飞轮转子位移的可靠、精确检测直接关系到主动磁悬浮动量轮的稳定性和控制精度，传统分立式位移传感器检测线路复杂、工作环境差、可靠性低，成为影响主动磁悬浮动量轮可靠性，制约其空间推广应用的一个主要因素。

传统位移自检测研究大多基于纯电磁磁轴承，本节针对磁悬浮动量轮用永磁偏置径向磁轴承，介绍一种新的基于双 PWM 载波的转子两自由度位移自检测方法。

2. 永磁偏置径向磁轴承位移自检测原理[9]

永磁偏置径向磁轴承 X 或 Y 方向的 4 个电磁线圈，根据串并联的方式不同，共有 6 种不同的连接方法，即全并联接线、全串联接线、同极先串联后并联、同极先并联后串联、对极先并联后串联、对极先串联后并联接线，如第 2 章图 2-9 所示。为简明起见，将图 2-9(a) 所示接线方式简称为串联，将图 2-9(c) 所示接线方式简称为并联。

永磁偏置径向磁轴承及其永磁磁路、电磁磁路模型如图 5-17 所示。为了利用差动变压器原理实现转子位移自检测，采用各轴（X 轴、Y 轴）正、负向线圈对串联的连接方式。由于磁路之间的耦合关系，各线圈除自感外，相互之间还存在互感，这正使得仅通过 X 轴（或 Y 轴）正负向线圈端电压差的检测，实现转子 X 轴和 Y 轴两个方向位移的自检测成为可能。

图 5-17　永磁偏置径向磁轴承及其磁路模型

为分析方便，不计漏磁，不计铁芯磁路磁阻，对永磁偏置径向磁轴承的磁路进行分析。其等效磁路如图 5-18 所示。由于线圈串联，通过各线圈磁极对的

电流相等。令 $i_{x+}=i_{x-}=i_x$、$i_{y+}=i_{y-}=i_y$,可得各条磁路的磁通:

$$\Phi_{x+}=\frac{G_{x+}[2Ni_x(2G_{x-}+G_{y+}+G_{y-}+G_{\rm pm})+2Ni_y(-G_{y+}+G_{y-})+F_{\rm pm}G_{\rm pm})]}{G_{x+}+G_{x-}+G_{y+}+G_{y-}+G_{\rm pm}}$$

$$\Phi_{x-}=\frac{G_{x-}[2Ni_x(2G_{x+}+G_{y+}+G_{y-}+G_{\rm pm})+2Ni_y(G_{y+}-G_{y-})-F_{\rm pm}G_{\rm pm})]}{G_{x+}+G_{x-}+G_{y+}+G_{y-}+G_{\rm pm}}$$

$$\Phi_{y+}=\frac{G_{y+}[2Ni_y(2G_{y-}+G_{x+}+G_{x-}+G_{\rm pm})+2Ni_x(-G_{x+}+G_{x-})+F_{\rm pm}G_{\rm pm})]}{G_{x+}+G_{x-}+G_{y+}+G_{y-}+G_{\rm pm}}$$

$$\Phi_{y-}=\frac{G_{y-}[2Ni_y(2G_{y+}+G_{x+}+G_{x-}+G_{\rm pm})+2Ni_x(G_{x+}-G_{x-})-F_{\rm pm}G_{\rm pm})]}{G_{x+}+G_{x-}+G_{y+}+G_{y-}+G_{\rm pm}}$$

$$\Phi_{\rm pm}=\frac{G_{\rm pm}[2Ni_x(G_{x+}-G_{x-})+2Ni_y(G_{y+}-G_{y-})+F_{\rm pm}(G_{x+}+G_{x-}+G_{y+}+G_{y-})]}{G_{x+}+G_{x-}+G_{y+}+G_{y-}+G_{\rm pm}}$$

(5 - 63)

由于永磁体磁化方向长度远远大于磁轴承气隙长度,因而可忽略通过永磁体的电磁磁通,永磁偏置径向磁轴承电磁等效磁路如图 5 - 19 所示。各条磁路的磁通分别为

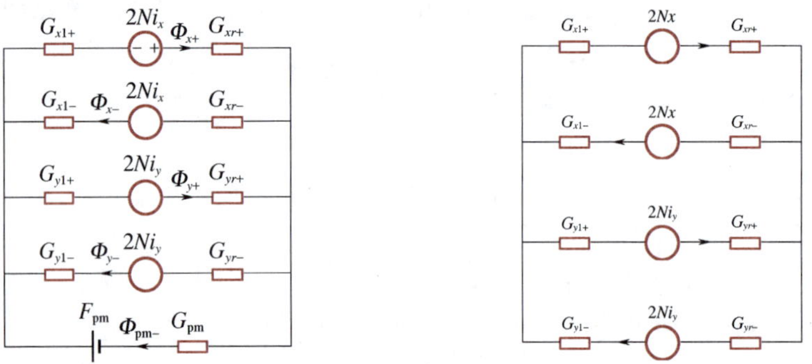

图 5 - 18　永磁偏置径向磁轴承等效磁路　　图 5 - 19　永磁偏置径向磁轴承电磁等效磁路

$$\begin{cases}\Phi_{x+}=\dfrac{\mu_0AN[(2g^2+gx-y^2)i_x+(-gy-xy)i_y]}{g(2g^2-x^2-y^2)}\\ \Phi_{x-}=\dfrac{\mu_0AN[(2g^2-gx-y^2)i_x+(gy-xy)i_y]}{g(2g^2-x^2-y^2)}\\ \Phi_{y+}=\dfrac{\mu_0AN[(2g^2+gy-x^2)i_y+(-gx-xy)i_x]}{g(2g^2-x^2-y^2)}\\ \Phi_{y-}=\dfrac{\mu_0AN[(2g^2-gy-x^2)i_y+(gx-xy)i_x]}{g(2g^2-x^2-y^2)}\end{cases}\qquad(5-64)$$

由线圈磁通与磁链之间的关系 $\psi=n\Phi=2N\Phi$,计算可得

$$\psi_{x+} - \psi_{x-} = \frac{4\mu_0 AN^2(i_x x - i_y y)}{2g^2 - (x^2 + y^2)} \tag{5-65}$$

$$\psi_{y+} - \psi_{y-} = \frac{4\mu_0 AN^2(i_y y - i_x x)}{2g^2 - (x^2 + y^2)} \tag{5-66}$$

$$\psi_{x+} + \psi_{x-} = \frac{4\mu_0 AN^2[(2g^2 - y^2)i_x - xyi_y]}{g(2g^2 - x^2 - y^2)} \tag{5-67}$$

$$\psi_{y+} + \psi_{y-} = \frac{4\mu_0 AN^2[(2g^2 - x^2)i_y - xyi_x]}{g(2g^2 - x^2 - y^2)} \tag{5-68}$$

转子在平衡点运动时，其径向位移变化量 x、y 相对于电流变化速率很慢，同时忽略线圈电阻引起的压降，则由线圈端电压与线圈总磁链之间的关系 $e = \frac{\mathrm{d}\psi}{\mathrm{d}t}$，计算可得

$$\begin{aligned} v_x = v_{x+} - v_{x-} &= \frac{\mathrm{d}(\psi_{x+} - \psi_{x-})}{\mathrm{d}t} \\ &= \frac{4\mu_0 AN^2}{2g^2 - (x^2 + y^2)}\left(x\frac{\mathrm{d}i_x}{\mathrm{d}t} - y\frac{\mathrm{d}i_y}{\mathrm{d}t}\right) \end{aligned} \tag{5-69}$$

$$\begin{aligned} v_y = v_{y+} - v_{y-} &= \frac{\mathrm{d}(\psi_{y+} - \psi_{y-})}{\mathrm{d}t} \\ &= \frac{4\mu_0 AN^2}{2g^2 - (x^2 + y^2)}\left(y\frac{\mathrm{d}i_y}{\mathrm{d}t} - x\frac{\mathrm{d}i_x}{\mathrm{d}t}\right) \end{aligned} \tag{5-70}$$

$$\begin{aligned} u_x = v_{x+} + v_{x-} &= \frac{\mathrm{d}(\psi_{x+} + \psi_{x-})}{\mathrm{d}t} \\ &= \frac{4\mu_0 AN^2}{g(2g^2 - x^2 - y^2)}\left[(2g^2 - y^2)\frac{\mathrm{d}i_x}{\mathrm{d}t} - xy\frac{\mathrm{d}i_y}{\mathrm{d}t}\right] \end{aligned} \tag{5-71}$$

$$\begin{aligned} u_y = v_{y+} + v_{y-} &= \frac{\mathrm{d}(\psi_{y+} + \psi_{y-})}{\mathrm{d}t} \\ &= \frac{4\mu_0 AN^2}{g(2g^2 - x^2 - y^2)}\left[(2g^2 - x^2)\frac{\mathrm{d}i_y}{\mathrm{d}t} - xy\frac{\mathrm{d}i_x}{\mathrm{d}t}\right] \end{aligned} \tag{5-72}$$

式中：$v_x(v_y)$ 为 $X(Y)$ 轴正负向线圈端电压之差；$u_x(u_y)$ 为 $X(Y)$ 轴线圈两端电压。联立以上 4 个方程，可解得

$$v_x = \frac{1}{2g}(u_x x - u_y y) \tag{5-73}$$

$$v_y = \frac{1}{2g}(u_y y - u_x x) \tag{5-74}$$

可见，正、负向线圈的端电压之差与转子的径向位移量 x、y 成线性关系。

由于线圈端电压 u_x 和 u_y 受 PWM 控制，为已知量，因此利用该关系式，只需在两个相邻时刻，分别测得两组互不相关的正、负向线圈端电压之差 $v_x(t_1)$、$v_x(t_2)$（或 $v_y(t_1)$、$v_y(t_2)$），即可求得径向位移量 x 和 y。

3. 永磁偏置径向磁轴承两自由度位移自检测方法

永磁偏置磁轴承通常采用两电平全桥式 PWM 开关功放，通过控制线圈端电压（绝对值恒定）正负交替变换，从而实现线圈电流大小和方向的改变。为了在时间间隔尽可能短的两个相邻时刻，从线圈端电压之差 v_x 中检测出线性叠加在一起的转子位移信号 x 和 y，两个相差为90°的三角波发生器被分别用作 X 轴线圈和 Y 轴线圈 PWM 脉冲生成的比较信号，即载波信号，以保证在一个 PWM 周期内出现互不相关的两种检测状态。

采用差动电桥实现位移自检测的正交相位 PWM 生成及差动电桥检测原理如图 5-20 所示。差动电桥用于正负线圈端电压差值 v_x 的检测。

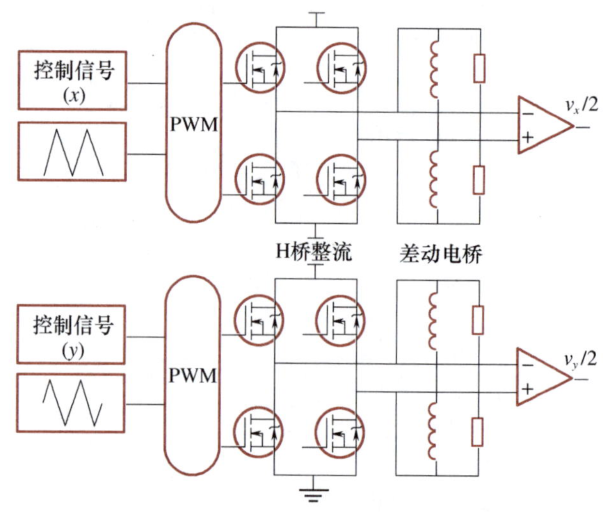

图 5-20　正交相位 PWM 生成及差动电桥检测原理

在实际的信号检测电路中，并不需要数值解算方程组，只需根据 X 向和 Y 向线圈端电压 u_x、u_y 的正负状态，通过一定的逻辑状态检测电路对正负向线圈端电压差信号进行选通和保持，以得到 $x+y$ 和 $x-y$ 两路信号，经过低通滤波后，再将这两路信号分别求和、作差，以得到正比于转子位移的检测信号。逻辑检测电路原理框图如图 5-21 所示，主要由逻辑选通保持器和加法器组成，用于转子位移信号的逻辑检测和解算，而低通滤波器则用于滤除 PWM 调制和快速采样/保持所造成的高频噪声。

另外，从前面的分析可知，由 Y 向正负线圈端电压差 v_y 同样可以检测出转子的两个位移信号 x 和 y，在实际应用中可以作为备份和冗余。

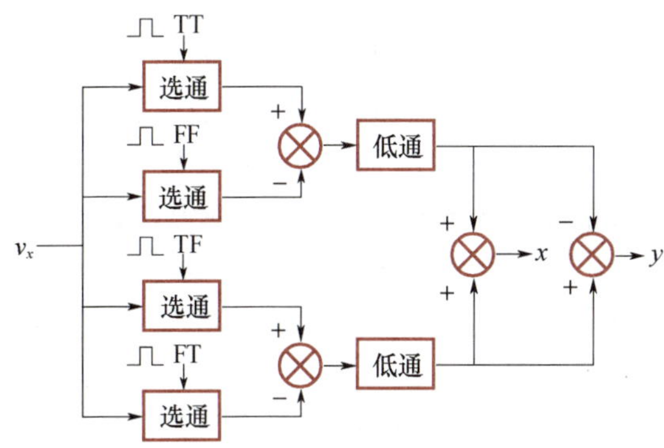

图 5 - 21　转子位移逻辑检测原理框图

5.4.3　磁悬浮惯性动量轮主动振动控制原理

基于上节所建立的数学模型,在第 4 章中介绍的稳定控制方法的基础上,本节主要对动量轮不平衡补偿控制方法,以及传感器误差补偿方法的原理进行介绍[9]。为分析方便,对于不平衡的补偿和对传感器误差的补偿将分别进行考虑和讨论。

(1) 当只考虑不平衡时,闭环磁轴承转子系统模型可简化为

$$\boldsymbol{M}\ddot{\boldsymbol{q}} + \boldsymbol{G}\dot{\boldsymbol{q}} = \boldsymbol{T}_f[\boldsymbol{K}_i \mathrm{Ctrl}(-\boldsymbol{T}_s\boldsymbol{q}) + \boldsymbol{K}_s\boldsymbol{T}_x(\boldsymbol{q}+\boldsymbol{\delta})] \tag{5-75}$$

通过式(5 - 75)可以清楚地看到,由于位移负刚度的存在,由气隙偏差矢量 $\boldsymbol{\delta}$ 所描述的不平衡必然会给系统引入周期性的扰动,要对其进行抑制,就必须引入独立的前馈补偿控制。如果忽略控制器、功放的相位延迟,则可由下式求得前馈矩阵 $\boldsymbol{K}_\delta$:

$$\boldsymbol{K}_s\boldsymbol{T}_x = \boldsymbol{K}_i\boldsymbol{K}_\delta\boldsymbol{T}_s \tag{5-76}$$

$$\boldsymbol{K}_\delta = \boldsymbol{K}_i^{-1}\boldsymbol{K}_s\boldsymbol{T}_x\boldsymbol{T}_s^{-1} = \frac{k_s}{(a_s-b_s)k_i}\begin{bmatrix} -b_s+a & a_s-a & 0 & 0 \\ -b_s+b & a_s-b & 0 & 0 \\ 0 & 0 & -b_s+a & a_s-a \\ 0 & 0 & -b_s+b & a_s-b \end{bmatrix} \tag{5-77}$$

如果动量轮转子为上下对称转子结构,则前馈矩阵可简化为

$$\boldsymbol{K}_\delta = \frac{k_s}{2a_sk_i}\begin{bmatrix} a_s+a & a_s-a & 0 & 0 \\ a_s-a & a_s+a & 0 & 0 \\ 0 & 0 & a_s+a & a_s-a \\ 0 & 0 & a_s-a & a_s+a \end{bmatrix} \tag{5-78}$$

更进一步,如果 $a = a_s$,则有

$$\boldsymbol{K}_{\delta} = \frac{k_s}{k_i}\begin{bmatrix} 1 & 0 & 0 & 0 \\ 0 & 1 & 0 & 0 \\ 0 & 0 & 1 & 0 \\ 0 & 0 & 0 & 1 \end{bmatrix} \tag{5-79}$$

可见不平衡补偿的实现主要取决于气隙偏差矢量 $\boldsymbol{\delta}$ 的估计，以及位移刚度与电流刚度比值的获取。另外需要指出的是，对于功放频率特性在转频处的放大倍数衰减及相位滞后也应适当予以考虑，特别是当动量轮转速很高时，则实际的不平衡前馈补偿可表示为

$$\boldsymbol{K}_{\delta}\boldsymbol{T}_s \frac{1}{k_{\omega}}\begin{bmatrix} \lambda\cos(\Omega t + \varphi - \kappa_{\omega}) \\ \theta\cos(\Omega t + \psi - \kappa_{\omega}) \\ \lambda\sin(\Omega t + \varphi - \kappa_{\omega}) \\ \theta\sin(\Omega t + \psi - \kappa_{\omega}) \end{bmatrix} \tag{5-80}$$

式中：k_{ω} 和 κ_{ω} 分别为功放在转频 ω 处的增益和相位滞后角。

（2）当单独考虑传感器误差时，闭环磁轴承系统模型可简化为

$$\boldsymbol{M}\ddot{\boldsymbol{q}} + \boldsymbol{G}\dot{\boldsymbol{q}} = \boldsymbol{T}_f[\boldsymbol{K}_i\mathrm{Ctrl}[\boldsymbol{r} - \boldsymbol{T}_s(\boldsymbol{q} + \boldsymbol{\varepsilon})] + \boldsymbol{K}_x\boldsymbol{T}_x\boldsymbol{q}] \tag{5-81}$$

则传感器误差的补偿可以通过简单地引入一个变参考输入即可实现，即

$$\boldsymbol{r}_{\varepsilon} = \boldsymbol{T}_s\boldsymbol{\varepsilon} \tag{5-82}$$

当同频以及高阶谐波频率成分均予以补偿时，则相应的补偿参考输入为

$$\boldsymbol{r}_{\varepsilon} = \boldsymbol{T}_s(\boldsymbol{\varepsilon}_1 + \boldsymbol{\varepsilon}_2 + \boldsymbol{\varepsilon}_3 + \cdots + \boldsymbol{\varepsilon}_n) \tag{5-83}$$

式中：下标 $1,2,3,\cdots,n$ 分别表示需要补偿的谐波阶数，本节暂只考虑对动量轮振动影响最大的同频成分，即一阶谐波误差。

当动量轮悬浮控制系统中只存在传感器误差而没有不平衡扰动时，单独对于传感器误差的补偿就变得相对简单得多，只要从传感器信号中滤除相对惯性轴的同频误差及其倍频干扰即可。这时控制器的给定参考是与转子转速、转子相对位置以及转速倍频及其相位相关的变参考量。

5.4.4 磁悬浮惯性动量轮不平衡振动补偿控制原理

磁悬浮惯性动量轮转子组件在装配完成后，通常都会进行精加工，以减小几何检测轴与几何支承轴之间的偏差，当两者之间的偏差小到可以忽略不计时，则磁悬浮动量轮磁轴承系统闭环扰动模型（图 5－16）中的传感器误差 $\boldsymbol{\varepsilon}$ 和转子不平衡 $\boldsymbol{\delta}$ 就可视为同一扰动（这也正是 5.3 节所介绍的不平衡振动补偿控制方法的应用前提），本节将依据 5.4.3 节所介绍的主动振动控制原理，对其不平衡振动补偿控制原理作进一步的分析和讨论[9]。

1. 自适应陷波器

陷波器方法以其简单、实用等特点，在磁悬浮转子不平衡振动控制中得到了广泛的应用。在 5.3.3 节中就曾对典型的自适应陷波器作过介绍，但在实际的调试应用中，还可以根据需要采用其他形式的自适应陷波器。下面简要介绍几种广泛应用的自适应跟踪滤波器（用于已知频率正弦信号的提取和生成）和自适应陷波器（用于已知频率正弦信号的陷除滤波），并给出其传递函数及频率特性。

1）典型自适应跟踪滤波器

正弦信号自适应跟踪滤波器如图 5－22 所示，其传递函数为

$$G_{\mathrm{f}}(s)=\frac{o_{\mathrm{f}}(s)}{r(s)}=\frac{s}{s^{2}+\Omega^{2}} \tag{5-84}$$

由图 5－23 所示的连接方式，考虑反馈增益 k_{n}，则可得到正弦信号自适应陷波器，其频率特性如图 5－24 所示，所设陷波器中心频率为 66.67Hz（4000r/min）。

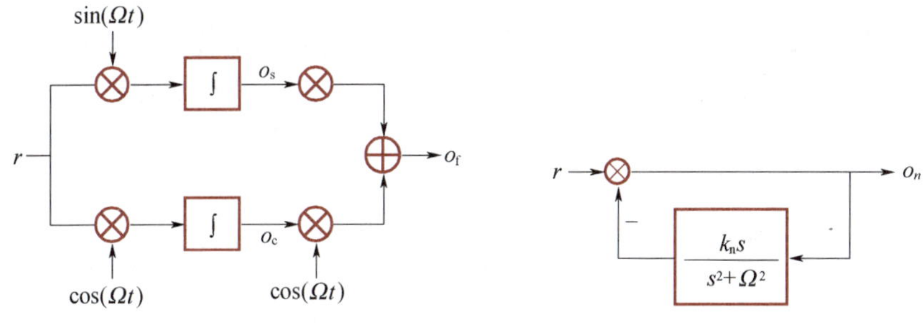

图 5－22　自适应跟踪滤波器　　图 5－23　正弦信号自适应陷波器

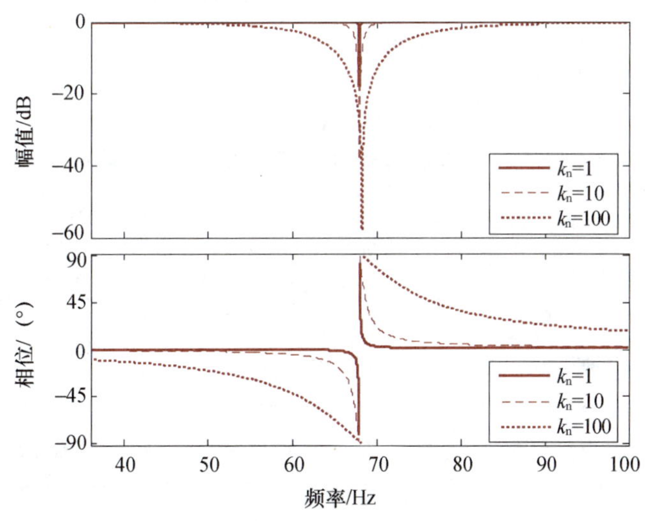

图 5－24　自适应陷波器频率特性

2）带有相移的自适应跟踪滤波器

带有相移的自适应跟踪滤波器如图 5－25 所示，其传递函数为

$$G_f(s)=\frac{o_f(s)}{r(s)}=\frac{s\cos\theta+\Omega\sin\theta}{s^2+\Omega^2} \tag{5-85}$$

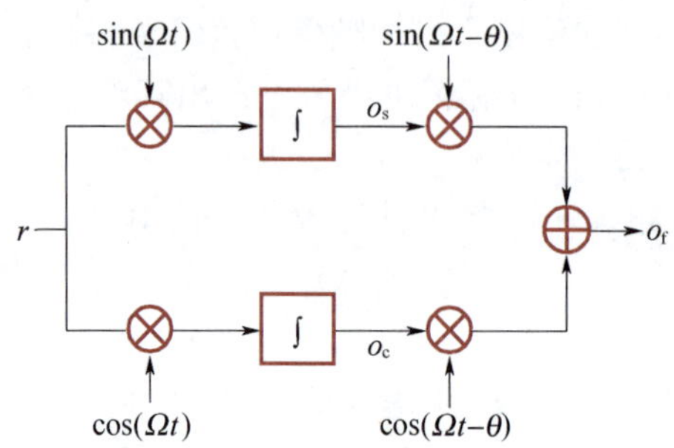

图 5－25　带有相移的自适应跟踪滤波器

参考图 5－23 的连接方式，则可得到带相移的自适应陷波器。带相移的自适应跟踪滤波器及陷波器的频率特性如图 5－26 所示，所设陷波器中心频率为 50Hz（3000r/min）。

3）低通自适应跟踪滤波器

低通自适应跟踪滤波器如图 5－27 所示，其传递函数为

式中：f_c 为低通截止频率。

$$G_f(s)=\frac{o_f(s)}{r(s)}=\frac{Ts+1}{(Ts+1)^2+(T\Omega)^2}\quad T=\frac{1}{2\pi f_c} \tag{5-86}$$

低通自适应跟踪滤波器及陷波器的频率特性如图 5－28 所示，陷波器中心频率为 50Hz（3000r/min）。

4）带相移的低通自适应跟踪滤波器

带相移的低通自适应跟踪滤波器如图 5－29 所示，其传递函数为

$$G_f(s)=\frac{o_f(s)}{r(s)}=\frac{(Ts+1)\cos\theta+T\Omega\sin\theta}{(Ts+1)^2+(T\Omega)^2}\quad T=\frac{1}{2\pi f_c} \tag{5-87}$$

5）带相移的倍频自适应跟踪滤波器

带相移的倍频自适应跟踪滤波器如图 5－30 所示。

采用上述陷波器对含有同频及其倍频信号的周期信号进行滤波，可得到图 5－31 所示的仿真曲线。三条曲线依次为原始输入 r，跟踪滤波输出 o_f 和陷波输出 o_n 。可见跟踪滤波输出信号与原始输入信号具有同频同相的特性，而陷波输出则不再含有同频或倍频成分。

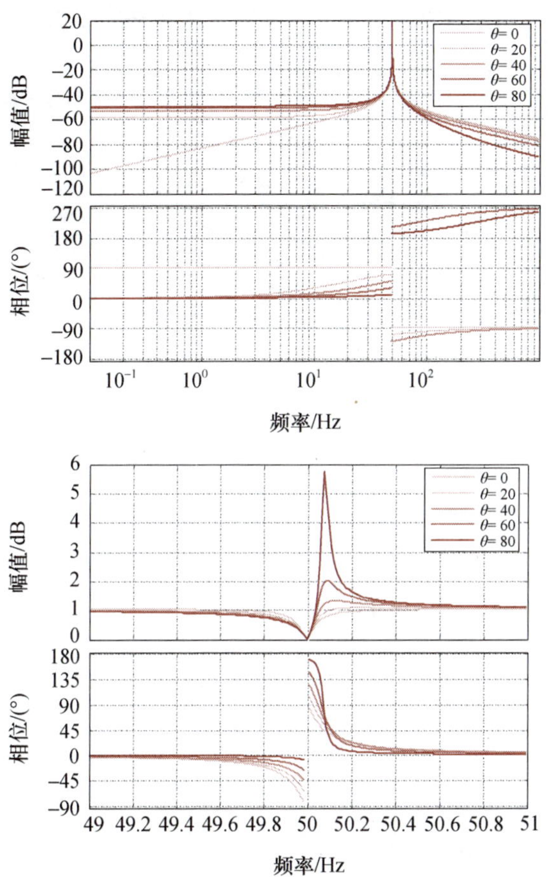

图 5-26　带有相移的自适应跟踪滤波器及陷波器频率特性

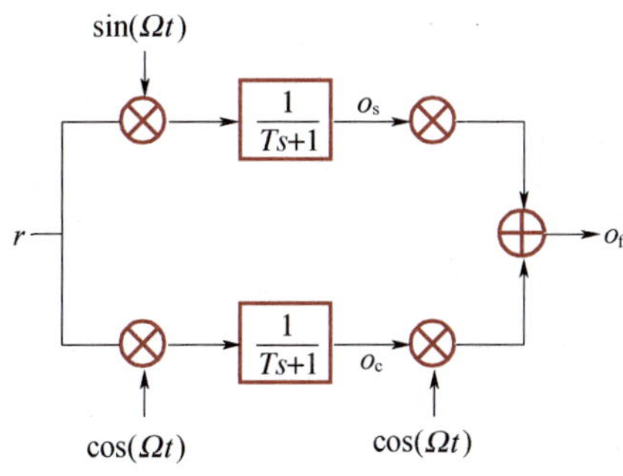

图 5-27　低通自适应跟踪滤波器

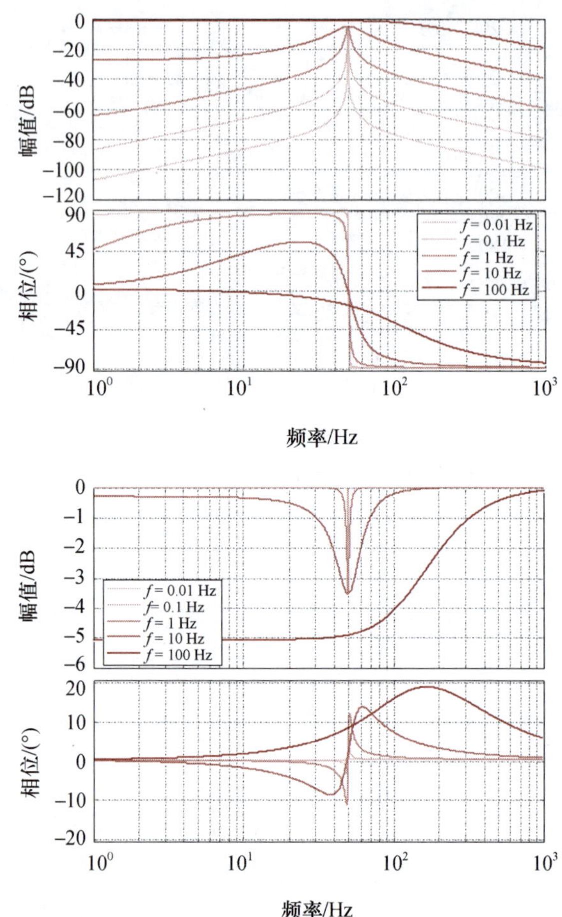

图 5-28　低通自适应跟踪滤波器及陷波器频率特性

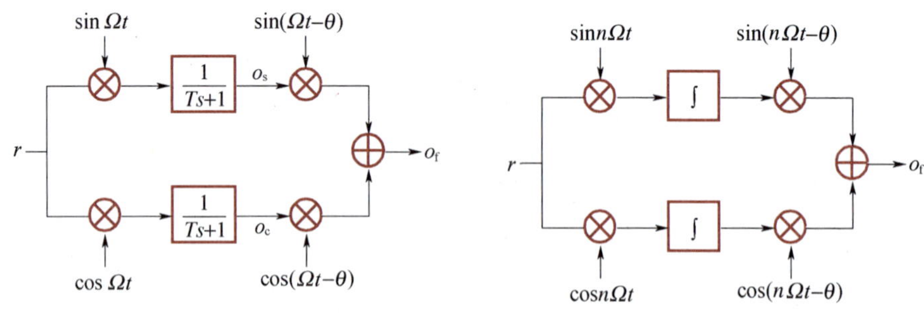

图 5-29　带相移的低通自适应跟踪滤波器　　图 5-30　带相移的倍频自适应跟踪滤波器

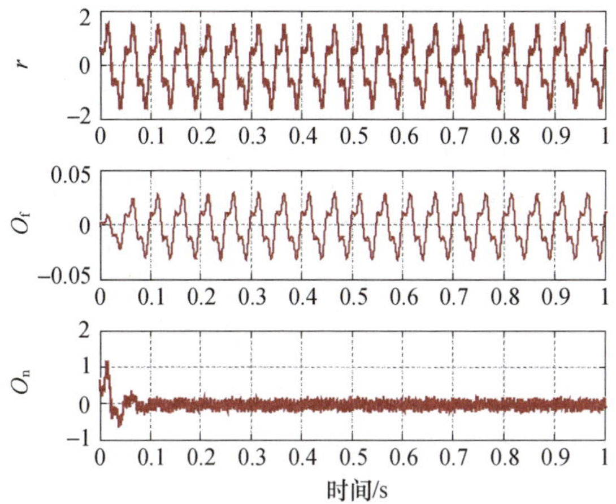

图5-31　周期扰动自适应跟踪滤波、陷波仿真曲线

2. 不平衡振动补偿

当转子不平衡 $\boldsymbol{\delta}$ 已知时，可采用图5-32所示的补偿控制原理，对其进行偏心补偿和永磁磁偏拉力补偿。

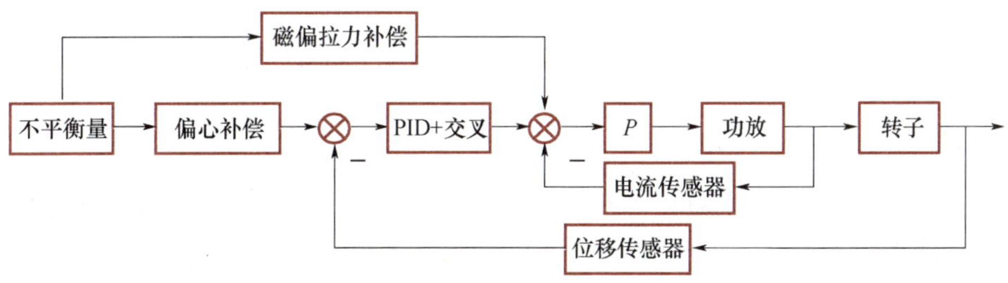

图5-32　不平衡振动补偿控制原理

动量轮转子在地面条件下做过离线或在线动平衡后[33]，其残余不平衡量主要由实际的转子支承位置和方式所决定，一般情况下都是未知和变化的，且与动量轮的工作转速和环境温度密切相关。特别是对于地面和空间两种不同工作环境，在经历了卫星发射振动，进入空间失重环境后，由于受到轮体振动变形、材料应力改变、悬浮位置变化等多种因素的影响，动量轮转子的不平衡量会有比较大的差别[34]。因而，对于残余不平衡量的估计，即 δ 的识别，最好在动量轮实际工作条件下，以在线的方式来获得。

转子不平衡量的估计，可以利用高速时动量轮转子趋于绕其惯性主轴旋转的原理（简称其为惯性自对准原理），并借鉴零电流控制的思想，用自适应陷波器滤除同频控制量，使控制同频电流为零，则可近似地认为无电磁力作用，转子稳定悬浮转动时,离心力与永磁磁偏拉力达到平衡。这时由跟踪滤波的输出就可确定动量轮转子的旋转轴(近似于其惯性主轴)与几何检测轴之间的相对位置关系。

需要说明的是,由于磁轴承控制的基本原理,就是根据转子位移的偏差,形成控制电流,并最终形成电磁力作用于动量轮转子上,如果从位移信号中提取出其中的转速同频信号,使其不进入控制器,就不会有同频的控制电流产生,也即无同频电磁力作用。因而对于实际的磁轴承零电流控制方法来说,同频自适应陷波器一般是加入到磁轴承控制系统中的位移环,而非电流环。闭环不平衡振动自适应滤波及零电流控制框图如图 5-33 所示。由转速自适应滤波器来完成不平衡量 δ 的估计,并同时实现零电流控制。

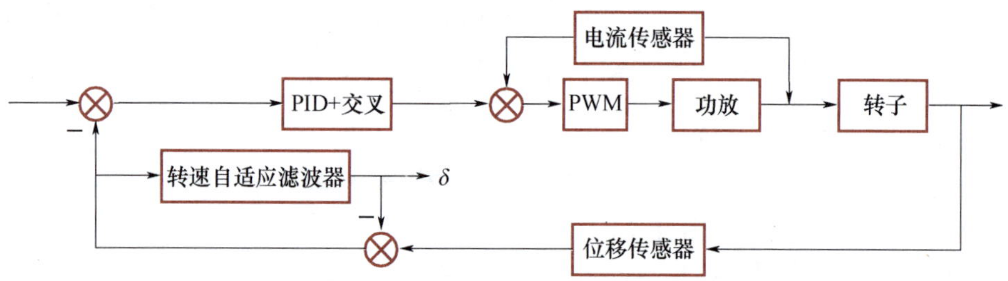

图 5-33　闭环不平衡振动自适应滤波及零电流控制框图

对于惯性自对准原理在磁悬浮动量轮高精度主动振动控制中的应用,需要指出的是,动量轮转子的离心力,是随动量轮转速而变化的,并与转速的平方成正比;而磁轴承永磁磁偏拉力,在动量轮转子惯性轴与磁转轴位置相对固定的前提下,当动量轮绕其惯性主轴旋转时,该磁偏拉力是恒定的,与转速无关。具体来说,在采用零电流控制后,磁轴承电磁力近似等于零,有以下几种情况:

(1) 高速时,动量轮趋于绕其惯性主轴旋转,尽管偏心很小,但离心力较大,由于永磁磁偏拉力相对恒定并与离心力相平衡,因而,转速越高,旋转轴与惯性轴之间的偏心也越小。

(2) 中速时,动量轮旋转轴偏离其惯性主轴,向磁转轴靠近,偏心增大,但由于转速不高,离心力整体减小,与相对减小的永磁磁偏拉力仍然可以形成力平衡。

(3) 低速时,由于磁悬浮动量轮转子系统的灵敏度函数发生相移,无法继续采用闭环零电流控制,否则会对系统的稳定性造成影响,参见前文。这时,在控制器的参考输入控制作用下,转子趋于绕磁转轴旋转,永磁磁偏拉力与电磁力也趋于减小,但由于磁转轴与转子惯性轴不共线,离心力得不到相应的补偿控制,转子跳动量反而变大。

低速时,尽管无法采用闭环零电流控制继续对不平衡量 δ 进行在线估计,但由于在高速闭环控制过程中,已经取得了磁悬浮动量轮惯性主轴的相对位置信息,因而可改用开环补偿控制方法(图5-34)所示,仍可达到使动量轮转子绕其惯性主轴旋转、减小振动的目的。

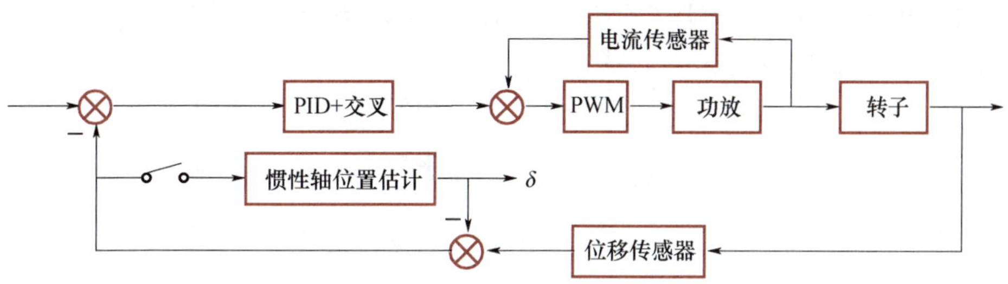

图5-34　开环不平衡振动补偿控制框图

3. 传感器误差补偿

传感器误差主要是由于动量轮转子几何检测轴与惯性主轴不一致所造成的。在上节对不平衡振动的补偿中,由于已经近似得到了转子的旋转轴(近似于其惯性主轴)相对于几何检测轴的位置,也就是说实际上已经完成了对传感器同频误差 $\boldsymbol{\varepsilon}_1$ 的估计和补偿。只是传感器误差的识别精度会对下面将要讨论的磁偏拉力补偿精度造成影响。

而对于振动频率与转频成倍数关系的谐波振动而言,其补偿控制与因传感器误差引起的不平衡振动相类似,可采用自适应跟踪滤波和陷波的方法来实现,只是要避开磁悬浮动量轮灵敏度函数发生相位突变的频段(参见5.3.4节),同样可采用开环补偿的方法来解决。

4. 磁偏拉力补偿

对于磁悬浮动量轮而言,磁偏拉力主要是由偏置磁场的存在和动量轮转子惯性轴与磁转轴不一致所共同造成的。该偏置磁场对于永磁偏置磁轴承,由永磁体产生,而对于纯电磁磁轴承,则由电磁线圈中的偏置电流所产生。

由不平衡振动补偿控制原理图(图5-32)可以看到,要使转子完全绕其惯性轴旋转,还必须使磁偏拉力得到平衡,也就是说要通过电磁力对永磁磁偏拉力进行补偿,使其成为一对平衡力。

磁偏拉力的补偿在于前馈矩阵 $\boldsymbol{K}_\delta$ 的确定,其中关键是如何得到位移刚度与电流刚度比值 $\dfrac{k_s}{k_i}$。理论上,位移刚度 k_s 与电流刚度 k_i 都可通过电磁计算得到。但考虑到计算精度的问题,下面对其实验测定方法进行介绍。

假设动量轮惯性主轴与几何检测轴在传感器测量平面处及磁轴承平面处的偏差已知，为简单起见，不妨假设传感器测量平面与磁轴承平面共面，可以得到动量轮转子在任一给定位置绕其惯性主轴旋转的力平衡条件，即永磁磁偏拉力与电磁拉力达到平衡(图5-35)。

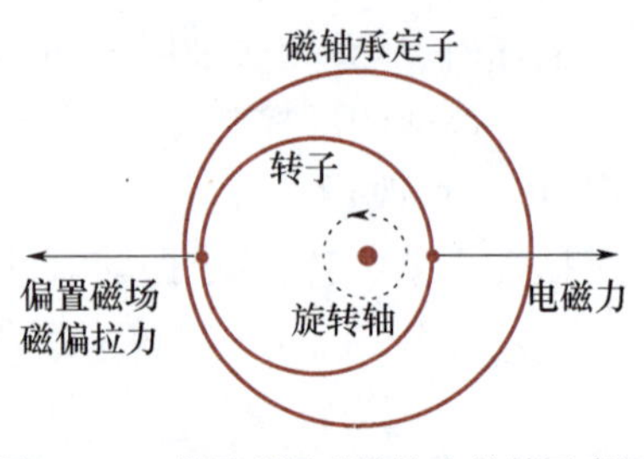

图5-35　偏置磁场磁偏拉力补偿示意图

$\frac{k_s}{k_i}$ 的确定可以利用动量轮在静态悬浮状态下，转轴处于水平面时的力平衡条件，进行测算，前提是以磁轴承为中心进行调零。使动量轮单径向承重，则力平衡时，重力、电磁力、永磁力三力平衡，即

$$k_i i + k_s x = F_g \tag{5-88}$$

在上式中，只需知道转子位移，控制电流和转子重量，即可求得 $\frac{k_s}{k_i}$。

在转子重量未知的情况下，可利用增加配重的方法进行，即已知配重 F_a，由

$$\begin{cases} k_i i_1 + k_s x_1 = F_g \\ k_i i_2 + k_s x_2 = F_g + F_a \end{cases} \tag{5-89}$$

亦可求得 k_s/k_i。只是由于受低通、功放以及数控时延等串联环节的滞后影响，很难达到完全的实时补偿。为了使电磁力能实时地平衡永磁磁偏拉力，要求刚度补偿控制环节及功放有较快的响应速度(滞后小)。假设位移传感器偏差已经得到补偿，则控制器输出趋近于零，随着转速的上升，永磁磁偏拉力跟随转速变化越来越快，也就要求对永磁磁偏拉力进行补偿的电磁力响应速度不断加快，这时，补偿电磁磁场成为与转速同频的旋转磁场。

另外，由于对磁偏拉力的补偿，并不需要知道位移刚度或电流刚度的具体数值，而只需要知道其比值就可以实现补偿，因而也可以采用在线调试的方法，在实现动量轮高速闭环不平衡振动自适应滤波的同时，通过对动量轮振动的监测，直接对该补偿控制参数进行在线整定。

5.4.5　磁悬浮惯性动量轮惯性自对准主动振动控制方法

通过以上的理论分析和讨论，最终可得磁悬浮动量轮惯性自对准主动振动控制原理框图(图5-36)。当动量轮高速旋转时，通过闭环自适应滤波的方法得到惯性主轴的相对位置信息，利用该信息就可实现对磁偏拉力的补偿。

需要说明的是，该方法所得到的惯性主轴位置是相对于检测轴的。当检测

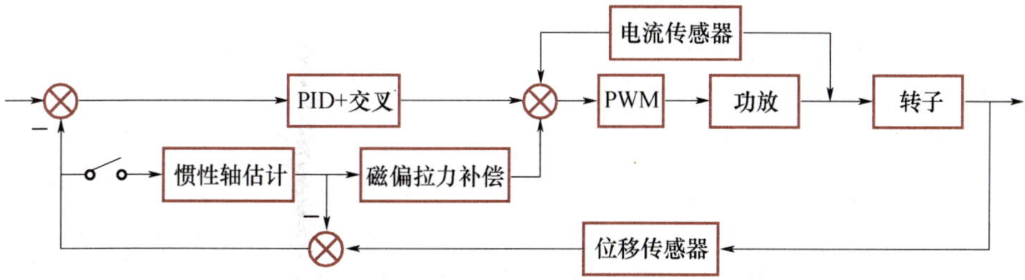

图 5 - 36　惯性自对准主动振动控制原理框图

轴与磁定轴不重合时，则可采用双环自适应陷波控制方法对磁悬浮动量轮进行主动振动控制（图 5 - 37），其本质同前所述的惯性自对准主动振动控制方法相比，只是将对磁偏拉力的补偿实现单独闭环控制，根据转速控制开关切换，使两个控制环交替闭合，最终达到转子惯性轴与基准轴相重合，以减小动量轮不平衡振动的目的。

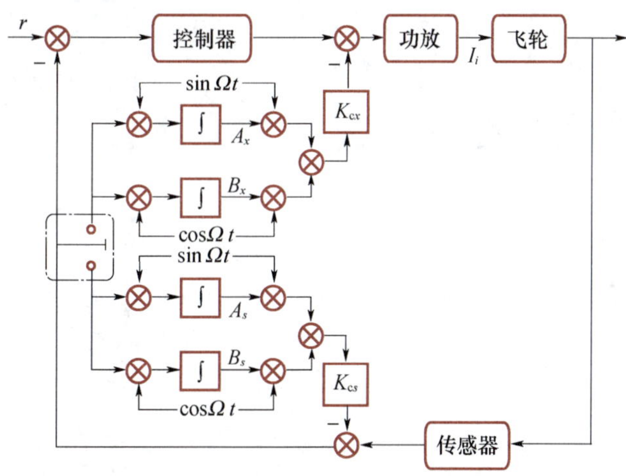

图 5 - 37　双环自适应陷波振动补偿控制框图

由于磁悬浮动量轮主动振动控制的目的是使动量轮绕其惯性主轴旋转，这与对动量轮转子进行动平衡的目的完全一致，因此该方法还可进一步推广应用于磁悬浮动量轮的高精度在线动平衡。

5.5　磁悬浮惯性动量轮主动振动控制实验与测试

5.5.1　磁悬浮惯性动量轮转子角位置检测

由于在进行开环不平衡扰动补偿时，首先需要在高速时采用闭环自适应陷波方法获取转子不平衡的大小和相位参数，然后依据这些参数，对照转子当前角位置进行开环不平衡补偿控制，因此如何准确获得转子当前角位置对于开环不平衡补偿而言就变得十分重要。

转子角位置指飞轮转子相对于磁轴承定子的绝对角位置，从信号检测的角度来讲，可以采用单个具有绝对角位置检测功能的光电码盘，还可以在飞轮电机相对角位置检测（速度检测）的基础上，增加绝对角位置标识以获得绝对角位置。

装有角位置检测装置的磁悬浮惯性动量轮如图 5－38 所示，其中图 5－38(a)在动量轮轮盘上镶嵌了一圈位置测试孔，采用电涡流位移传感器给出动量轮的相对转角位置。而图 5－38(b)则直接采用了来自电机霍耳位置传感器的检测信号，给出动量轮的相对角位置，其绝对角位置信号则由光电传感器（光电测速计）给出[8]。

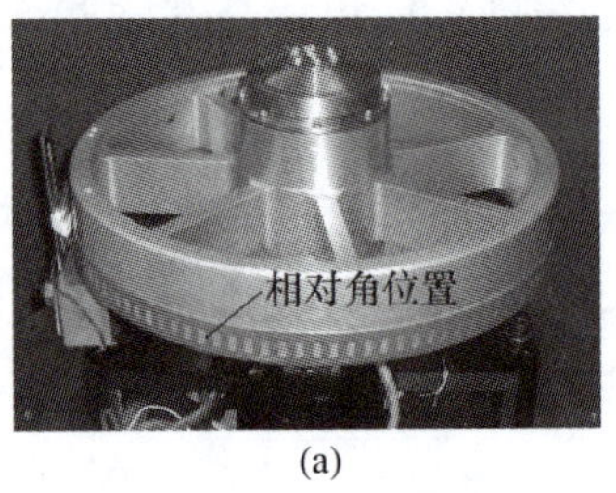

(a)

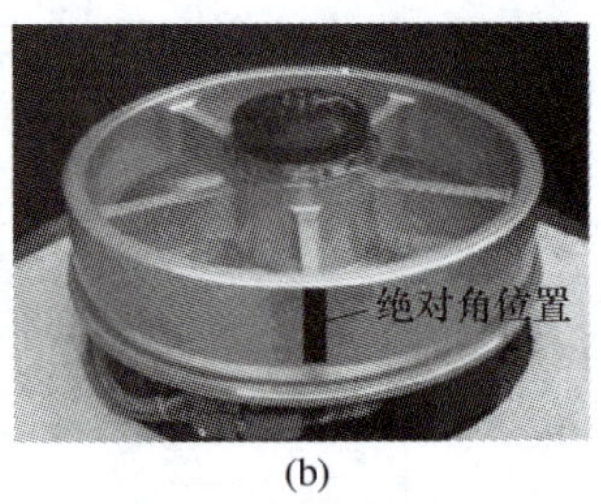

(b)

图 5－38　装有角位置检测装置的磁悬浮惯性动量轮

(a) 基于电涡流位移传感器；(b) 基于电机霍耳位置传感器。

基于电机霍耳位置传感器的角位置检测装置主要由光电传感器和霍耳传感器等组成，其检测原理如图 5－39 所示，其中光电传感器用于绝对角位置标识检测，霍耳传感器用于相对角位置的检测。

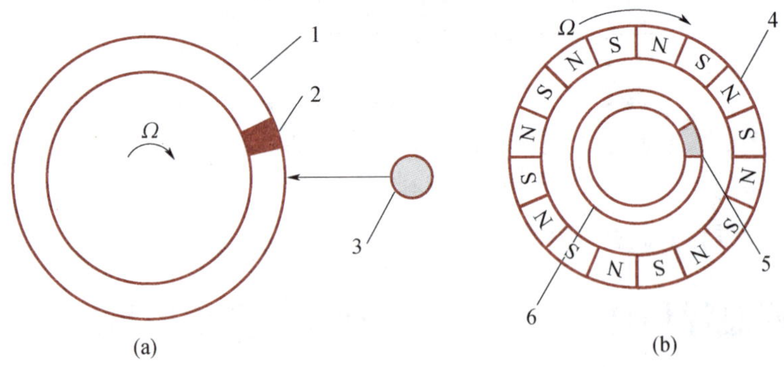

图 5－39　基于光电传感器和霍耳传感器的转子角位置检测原理示意图

(a) 绝对角位置标识检测示意图；(b) 相对角位置检测示意图。

1—转子；2—转子绝对角位置标识；3—光电传感器；4—转子磁极；5—霍耳传感器；6—电机定子。

无刷直流电机通常采用霍耳传感器进行定转子相对角位置检测,当转子旋转时,磁极每交变一次,霍耳传感器的输出就高低切换一次,若电机转子上共有 p 对磁极,定子上共有 q 个霍耳传感器,则转子旋转一周所有霍耳传感器的高低跳变总次数为 $N = 2pq$,即转子一周被细分为 N 等份,在此基础上,由光电传感器给出绝对角位置标识,用于高低跳变计数 n 的复位清零,则可由式(5-90)计算得到光电传感器所在位置与当前转子绝对角位置标识之间的角度,即定转子之间的绝对角位置 θ:

$$\theta \frac{n}{N} \times 360° \tag{5-90}$$

5.5.2　磁悬浮惯性动量轮振动测试系统

为了对动量轮振动进行检测,搭建了主要由动量轮支架、加速度传感器和真空台组成的振动测试平台[8],由安装于动量轮支架(包括十字形底座板和正八角形平台)上的振动加速度传感器对振动信号进行测量,振动测试平台及传感器布局如图5-40所示,其中十字形底座板 $X+$ 向、$X-$ 向、$Y+$ 向、$Y-$ 向的上表面各安装一个振动加速度传感器,用来测试 Z 向的振动量,正八角形平台的 $X+$ 向、$X-$ 向、$Y+$ 向和 $Y-$ 向侧面各安装一个振动加速度传感器,用来测试 X 向和 Y 向的振动量。

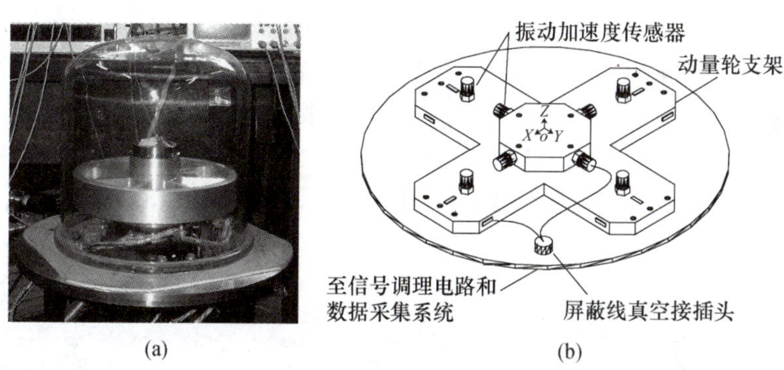

图5-40　磁悬浮动量轮振动测试平台及其传感器布局

(a) 振动测试平台; (b) 动量轮支架传感器布局。

测试用振动加速度传感器灵敏度为1.5V/g,通过碳素纤维屏蔽线和真空接插头将振动信号引至真空台外部的外围电路。

5.5.3　磁悬浮惯性动量轮主动振动控制实验

以角动量50N·m·s、额定转速为5000 r/min磁悬浮惯性动量轮为实验对象,进行主动振动控制方法实验验证。以下主要对惯性自对准主动振动控制方法的闭环、开环和倍频补偿实验结果进行介绍[35]。

1. 惯性自对准主动振动控制闭环补偿实验结果

采用惯性自对准主动振动控制方法进行闭环补偿,补偿前后的实验结果对比如图 5-41 所示。由图 5-41(a)可见,闭环控制前,振动信号中存在较大的同频(80 Hz)振动分量,约为 0.1229g;由图 5-41(b)可见,闭环控制后,同频振动分量减小至 0.0064g,约为原来的 5.2%。

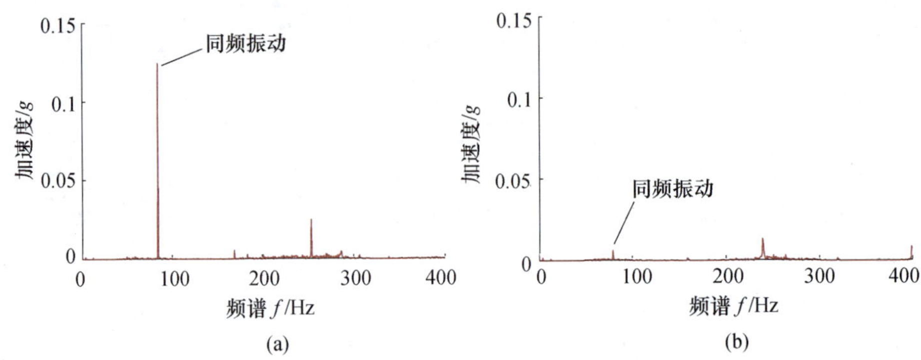

图 5-41　主动振动控制闭环补偿前后的振动信号频谱
(a) 补偿前;(b) 闭环补偿后。

2. 惯性自对准主动振动控制开环补偿实验结果

依据高速时的不平衡量辨识结果,在整个转速范围内,采用惯性自对准主动振动控制方法进行开环补偿,补偿前后的实验结果对比如图 5-42 所示。补偿后,转子径向振动信号中同频分量在整个转速范围内(0~5000r/min)都得到了很好的抑制,基本解决了磁悬浮动量轮穿越临界转速时的振动问题。

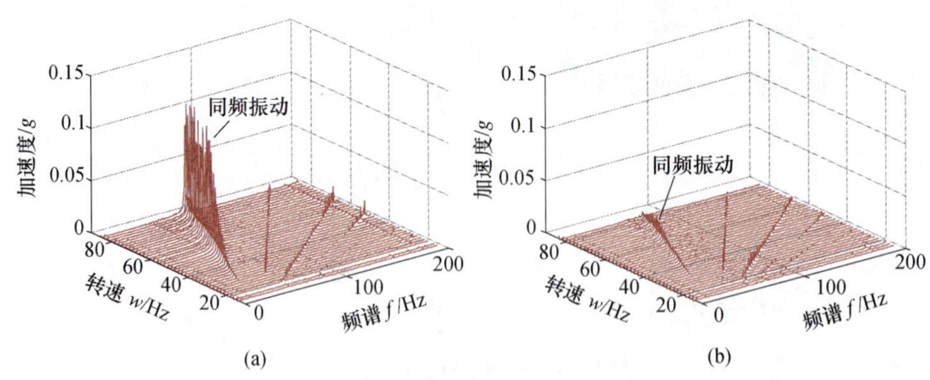

图 5-42　主动振动控制开环补偿前后的振动信号瀑布图
(a) 补偿前;(b) 开环补偿后。

3. 惯性自对准主动振动控制倍频补偿实验结果

磁悬浮惯性动量轮在经过高精度动平衡后，同频振动分量明显减小。以下将三倍频振动分量作为主要抑制对象，采用惯性自对准主动振动控制方法对其进行补偿，补偿前后的实验结果对比如图5-43和图5-44所示。从图中可以看出，三倍频振动分量幅值由补偿前的-26dB衰减至补偿后的-60dB以下，衰减至原来的1/50。

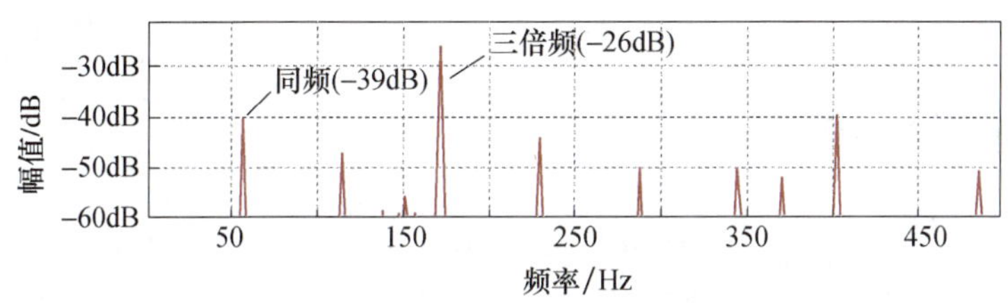

图5-43　加入不平衡振动控制算法前振动信号频谱

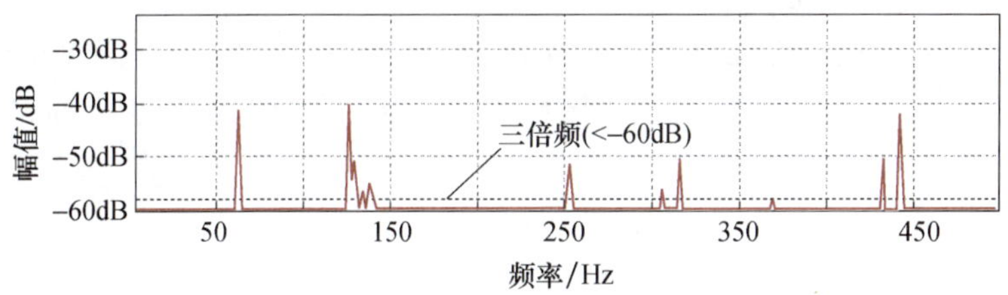

图5-44　加入不平衡振动控制算法后振动信号频谱

需要说明的是，对于磁悬浮动量轮，应首先采用自驱动平衡方法以尽量减小转子的不平衡振动，然后在此基础上，采用主动振动控制方法进一步对转子的不平衡振动进行抑制。由于自驱动平衡方法的实质是通过减小转子不平衡量以达到抑制不平衡振动（即同频振动）的目的，而对于倍频振动，则只能采取主动振动控制的方法进行抑制。相对而言，主动振动控制方法具有自适应地跟踪转子不平衡量变化的特点，即使在磁悬浮动量轮密封后依然适用。

结合以上分析和实验结果，惯性自对准主动振动控制方法在具体实现时，主要存在以下四种误差来源：

（1）惯性主轴辨识误差：惯性自对准主动振动控制方法以惯性自对准原理为基础，辨识误差与闭环实验转速密切相关，一般来说，转速越高，辨识效果越好，这种由于实际转速有限而造成的误差为原理性误差；

（2）磁偏拉力补偿误差：磁轴承力是多变量、非线性的，而磁偏拉力补偿是以轴承力近似线性化为前提，对于本质非线性的轴承力采用线性补偿方法必然

存在误差,该误差为方法性误差;

(3) 开环补偿误差:实际的动量轮转子并非严格的刚性转子,其不平衡量与动量轮的工作转速和环境温度密切相关,采用某一高转速时的不平衡辨识参数对整个转速范围进行开环补偿必然存在一定误差;

(4)控制系统误差:由于采用数字控制,转速误差、正余弦信号离散误差,以及系统延时和噪声等均会对控制补偿效果造成影响,该误差可以通过提高控制系统的性能得到减小。

5.6 本章小结

磁悬浮惯性动量轮只有通过主动振动控制才能真正实现其在航天器姿态控制中的高精度优势,本章主要针对磁悬浮惯性动量轮转子的不平衡和传感器误差,主要介绍了基于自适应陷波的不平衡振动补偿方法和惯性自对准主动振动控制方法,这两种方法在本质上是一致的,其区别仅在于对问题的分析角度有所不同。由于磁悬浮惯性动量轮主动振动控制的最终目的在于使动量轮转子绕其惯性主轴旋转,因此这也为磁悬浮惯性动量轮实现高精度转子动平衡奠定了基础。

参考文献

[1] Rachmanto Budi, Nonami Kenzo, Kuriyama Kenta. Attitude Stabilization Control of AMB-Flywheel Supported by Two-Axes Gimbals[A]. Proceedings of the 11th International Symposium on Magnetic Bearings[C], 2008.

[2] Rachmanto Budi, Nonami Kenzo, Kuriyama Kenta. Attitude Control of Flywheel with Two-Axis Gimbal and Nonlinear Input Shaping[A]. Proceedings of the 11th International Symposium on Magnetic Bearings[C], 2008.

[3] Tang Liang, Chen Yiqing. Model Development and Adaptive Imbalance Vibration Control of Magnetic Suspended System[J]. Acta Astronautica. 2009, 65(9-10): 1506-1514.

[4] Setiawan Joga D, Mukherjee Ranjan, Maslen Eric H. Adaptive Compensation of Sensor Runout for Magnetic Bearings with Uncertain Parameters: Theory and Experiments[J]. Journal of Dynamic Systems, Measurement, and Control. 2001, 123(2): 211-218.

[5] Bi C, Wu D Z, Jiang Q, et al. Automatic learning control for unbalance compensation in active magnetic bearings[J]. IEEE Transactions on Magnetics, 2005, 41(7): 2270-2280.

[6] Saito Mitsunori, Fukushima Kazuhiko, Sato Norio, et al. Development of Magnetic Bearing Wheel (MBW) with Inclined Magnetic Poles (3rd Report, Low Disturbance Control Based

On Disturbance Feedback)[J]. Transactions of the Japan Society of Mechanical Engineers, Part C,2006,72(3):698 – 705.

[7] Xie Y C,Sawada H,Hashimoto T,et al. Adaptive model following control method for actively controlled magnetic bearing momentum wheel[C]. 5th International Symposium on Magnetic Suspension Technology,Santa Barbara,America,1999:547 – 561.

[8] 刘彬. 五自由度全主动大力矩磁悬浮动量轮磁轴承系统控制方法与实验研究[D]. 北京:北京航空航天大学,2011.

[9] 樊亚洪. 空间用磁悬浮动量轮磁轴承系统高稳定度高精度控制方法与实验研究[D]. 北京:北京航空航天大学,2011.

[10] 刘彬,房建成,刘刚,等. 磁悬浮动量轮不平衡振动控制方法与试验研究[J]. 机械工程学报,2010,46(12):188 – 194.

[11] Bichler U J. Magnetic Bearing Momentum Wheel for High Pointing Accuracy and Vibration Sensitive Space Applications[J]. Advances in the Astronautical Sciences,1991,74: 149 – 164.

[12] Gerlach Bernd,Ehinger Markus,Raue Hans Knut,et al. Gimballing Magnetic Bearing Reaction Wheel with Digital Controller[A]. European Space Agency,(Special Publication) ESA SP[C]. Lucerne,Switzerland:European Space Agency,2005:35 – 40.

[13] Xie Yongchun,Sawada Hideyuki,Hashimoto Tatsuaki,et al. Actively Controlled Magnetic Bearing Momentum Wheel and Its Application to Satellite Attitude Control[R]. The Institute of Space and Astronautical Science Report,2001,No. 680.

[14] Dzu K Le,Andrew J Provenza. Tracking the Polar Principal Axis for Magnetic Bearing Control and Flywheel Balancing[A]. Proceedings of SAE Aerospace Power Systems Conference and Exposition[C],2000.

[15] Ali Charara,Jerome De Miras,Bernard Caron. Nonlinear Control of a Magnetic Levitation System without Premagnetization[J]. IEEE Transactions on Control Systems Technology, 1996,4(5):513 – 523.

[16] 彭晓军,高钟毓,王永樑. 磁电轴承中抑制不平衡振动的陷波滤波器设计方法[J]. 机械工程学报,2006,42(6):120 – 123.

[17] 丁力,房建成,魏彤. 基于干扰观测器的磁悬浮转子扰动抑制方法[J]. 轴承,2009,(8):6 – 9.

[18] 田希晖,房建成. 磁悬浮动量轮转子不平衡力非线性抑制研究[J]. 装备指挥技术学院学报,2010,21(2):47 – 51.

[19] Takeshi Mizuno. Analysis on the Fundamental Properties of Active Magnetic Bearing Control Systems by a Transfer Function Approach[J]. JSME International Journal,Series C:Mechanical Systems,Machine Elements and Manufacturing,2001,44(2):367 – 373.

[20] Bi Chao,Wu Dezheng,Jiang Quan,et al. Automatic Learning Control for Unbalance Compensation in Active Magnetic Bearings[J]. IEEE Transactions on Magnetics,2005,41(7):

2270 – 2280.

[21] Higuchi T, Mizuno T Tsukamoto. Digital Control System for Magnetic Bearings with Automatic Balancing[A]. Proceedings of the 2nd International Symposium on Magnetic Bearings [C]. Tokyo, Japan, 1990:27 – 32.

[22] Fumio Matsumura, Masayuki Fujita, Kenji Okawa. Modeling and Control of Magnetic Bearing Systems Achieving a Rotation around the Axis of Inertia [C]. Proceedings of the 2nd International Symposium on Magnetic Bearings, Tokyo, Japan, 1990:273 – 80.

[23] Takeshi Mizuno, T. Higuchi. Design of Magnetic Bearing Controllers Based on Disturbance Estimation[C]. Proceedings of the 2nd International Symposium on Magnetic Bearings, Tokyo, Japan, 1990:281 – 88.

[24] Abdelfatah M Mohamed, Ilene Busch-Vishniac. Imbalance Compensation and Automation Balancing in Magnetic Bearing Systems Using the Q-Parameterization Theory[J]. IEEE Transactions on Control Systems Technology, 1995, 3(2):202 – 11.

[25] Lum K Y, Coppola V T, Bernstein D S. Adaptive Autocentering Control for an Active Magnetic Bearing Supporting a Rotor with Unknown Mass Imbalance[J]. IEEE Transactions on Control System Technology, 1996, 4(5):587 – 597.

[26] Johannes v Löwis, Joachim Rudolph. Adaptive Inertial Autocentering of a Rigid Rotor with Unknown Imbalance Supported by Active Magnetic Bearings[C]. Proceedings of the 7th International Symposium on Magnetic Bearings, ETHZurich, 2000:561 – 566.

[27] Zhang Xiaoyou, Shinshi Tadahiko, Li Lichuan, et al. Precision Control for Rotation about EstimatedCenter of Inertia of Spindle Supported by Radial Magnetic Bearing[J]. JSME International Journal, Series C: Mechanical Systems, Machine Elements and Manufacturing, 2004, 47(1):242 – 250.

[28] Li Lichuan, Shinshi Tadahiko, Zhang Xiaoyou, et al. A Simple Method for Rotation about the Inertial Axis of a Rigid AMB Rotor[C]. Proceedings of the 8th International Symposium on Magnetic Bearings, Mito, Japan, 2002:405 – 410.

[29] Li Lichuan, Shinshi Tadahiko, Iijima C, et al. Compensation of Rotor Imbalance for Precision Rotation of a Planar Magnetic Bearing Rotor[J]. Precision Engineering, 2003, 27(3):140 – 150.

[30] Lum K Y, Coppola V T, Bernstein D S. Adaptive autocentering control for an active magnetic bearing supporting a rotor with unknown mass imbalance[J]. IEEE Transaction on Control System Technology, 1996, 4(5):587 – 597.

[31] Herzog R, Buhler P, Gahler C, et al. Unbalance compensation using generalized notch filters in the multivariable feedback of magnetic bearings[J]. IEEE Transactions on Control Systems Technology, 1996, 4(5):580 – 586.

[32] Liu Bin, Fang Jiancheng, Liu Gang. Self-tuning control based on rbf neural network observer in suppression of imbalance vibration of magnetically suspended flywheels[C]. Proceedings

of the 2nd International Symposium on Systems and Control in Aerospace and Astronautics, Shenzhen, China, Dec. 10 – 12, 2008: 1 – 5.

[33] 韩辅君,房建成. 磁悬浮动量轮转子系统的现场动平衡方法[J]. 航空学报,2010,31(1):184 – 190.

[34] 韩邦成,房建成,等. 不平衡质量对磁悬浮 CMG 转子运动特性的影响分析及实验[J]. 宇航学报,2008,29(2):585 – 589.

[35] 刘彬,房建成,刘刚. 基于 TMS320C6713B + FPGA 数字控制器实现磁悬浮动量轮主动振动控制[J]. 光学精密工程,2009,17(1):151 – 157.

第 6 章 主被动磁悬浮反作用飞轮设计及其输出力矩高精度控制

6.1 引言

磁悬浮反作用飞轮的过零摩擦比传统机械轴承飞轮小 1 ~ 2 个数量级，特别适合于航天器的高精度姿态控制。主被动磁悬浮反作用飞轮采用永磁偏置磁轴承与被动磁轴承相结合的磁轴承构型，具有高精度、低功耗和高可靠的综合性能优势，使其较早地实现了空间应用。

对于被动磁轴承而言，一般分为两类，一类是通过磁阻式磁偏拉力实现被动悬浮，另一类则是通过永磁体之间的相互作用实现被动悬浮。从提高被动磁轴承刚度的角度来讲，Halbach 磁轴承由于采用多向充磁方式，因而具有较大的刚度[1,2]，但是由于大尺寸的高矫顽力磁钢难以加工，在实际应用中常为拼块使用，因此在高速下存在磁场波动，旋转损耗较大；而采用低矫顽力整体磁环被动磁轴承可避免高频磁场波动，降低旋转损耗，但存在刚度低的问题，为了进一步提高被动刚度，可将稀土永磁和低矫顽力永磁组合使用，构成吸力型永磁被动轴向磁轴承结构，由稀土永磁提供稳定磁场，利用整环式低矫顽力永磁叠层使拼块式稀土永磁的磁场均匀化，从而削弱旋转涡流损耗。

本章从被动磁轴承的工作原理和分类入手，介绍了普通磁体结构的永磁被动磁轴承以及具有高刚度的 Halbach 磁体结构永磁被动磁轴承的分析与设计，考虑到高速下永磁体在气隙磁场中的波动，分析并设计了整体磁环和组合式整体磁环的被动磁轴承结构,同时考虑到被动磁轴承的阻尼问题,介绍了常用的阻尼器结构,在此基础上,介绍了主被动磁悬浮反作用飞轮总体设计原则,并给出了一种通过振动测试信号直接推算转子剩余不平衡量大小和分布的磁悬浮动量轮自驱动平衡方法,以实现飞轮趋于绕其惯性主轴旋转,提高输出力矩精度。

6.2　被动磁轴承工作原理与分类

对于五自由度磁悬浮惯性动量轮,特别是磁悬浮控制力矩陀螺而言,当框架转动输出大力矩时,会作用在径向磁轴承上很大的力,因此所需电流急剧增大,磁轴承功耗大幅增加,为了减小磁悬浮控制力矩陀螺输出力矩时的功耗,可以采用永磁被动磁轴承方案[3],由于被动磁轴承不需消耗功率,结构简单,因此得到了广泛的关注[4-10],现有永磁被动磁轴承(包括径向被动磁轴承以及轴向被动磁轴承)一般均采用轴向充磁方式结构[11]。被动磁轴承的工作原理是通过定子永磁体和转子永磁体之间的吸力或斥力产生回复力,或者是通过定转子之间的磁阻吸力产生回复力,其详细的分类已在2.3.1节中进行了描述,在此不再赘述。本章重点介绍轴向被动磁轴承以及径向被动磁轴承的分析与设计[12-17]。

采用被动磁轴承支承的系统,其转子在旋转过程中会产生振动,为了提高整个系统的控制性能,在转子的减振方面,通常采用变刚度支承和加阻尼器的方法[18],其中变支承刚度的方法采用机械液压的方法实现,属于主动减振的方法,但是系统往往很复杂,利用形状记忆合金元件对转子系统进行主动控制是近年来振动控制中新兴的一个方向;使自由振动衰减的各种摩擦和其他阻碍作用称为阻尼,而安置在结构系统上的“特殊”构件可以提供运动的阻力,耗减运动能量的装置称为阻尼器。对于加阻尼器的方法,常用的阻尼器有挤压油膜阻尼器(SFD)、电流变液或磁流变液阻尼器、电磁阻尼器、记忆形状合金阻尼器等。其中挤压油膜阻尼器的基本结构形式为将普通机械轴承的外环与轴承座之间的过盈配合变为间隙配合,并向该间隙提供一定压力的润滑油,但是挤压油膜阻尼器的动态特性受系统参数影响大,其本身是一个高度非线性器件,会产生新的非协调响应,从而给转子系统带来不良影响。电流变液是一种智能材料,利用电流变效应的特点,主要被用作支承上的可控阻尼器,但是电流变液需要极高的外加电压,这限制了其应用范围。磁流变液需要十几伏的电压就可产生所需磁场,但是磁流变液的零场黏度较高,稳定性不理想。形状记忆合金的相变伪弹性表现出很强的阻尼特性,其阻尼减振是将振动能转变为热能耗散出去，但是其对高频振动不敏感，因而在工程上只适用于低频场合。综合现有的阻尼结构与方法[19-25]，并考虑到现有磁轴承结构的特点，加之主动控制的刚度阻尼可调，因此本章采用的阻尼器为电磁阻尼器。

6.3 Halbach 磁体被动磁轴承分析与优化设计

6.3.1 Halbach 磁体被动磁轴承分析

永磁被动磁轴承的分析方法主要有等效磁荷法[26]以及有限元法[27]。下面分别作一介绍。

1. 被动磁轴承的等效磁荷分析法

所谓等效磁荷法，是指被动磁轴承的承载力以及轴向力是由静磁环面上的磁荷与动磁环表面的磁荷相互作用的结果，即磁轴承的承载能力源于分布在内静磁环 4 个表面的磁荷之间的相互作用力。

轴向磁化的径向被动磁轴承如图 6 - 1 所示。

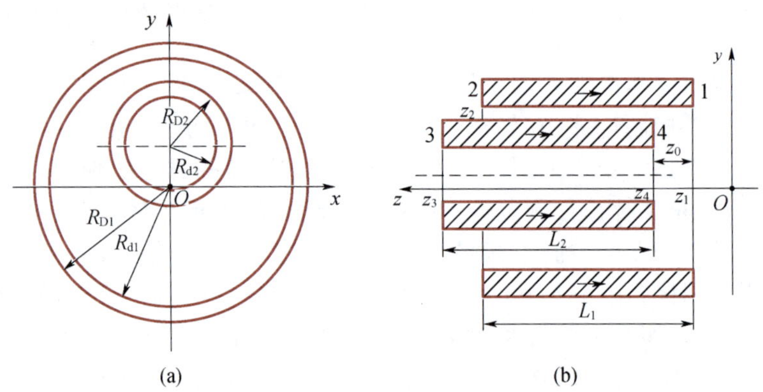

图 6 - 1 轴向磁化的径向被动磁轴承结构

(a) 端面图；(b) 截面图。

根据等效磁荷法可以计算径向被动磁轴承平动时其承载力 F_y、轴向力 F_z 以及力矩 M_x、M_y，见附录附 1.1。对于轴向被动磁轴承来说，如图 6 - 2 所示，发生平动时其承载力 F_y 以及轴向力 F_z 以及力矩 M_x、M_y，见附录附 1.2。

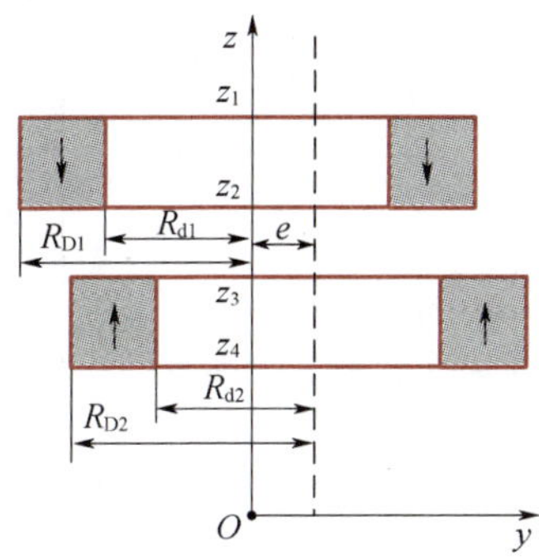

图6-2 轴向磁化轴向被动磁轴承结构

2. 被动磁轴承的有限元分析法

采用有限元分析就是通过建立永磁被动磁轴承的模型,对其赋予边界条件,然后进行网格剖分并求解的过程。对于被动磁轴承所建的模型如图6-3所示,图6-3(a)为径向被动磁悬浮轴承模型,图6-3(b)为轴向被动磁悬浮轴承模型。

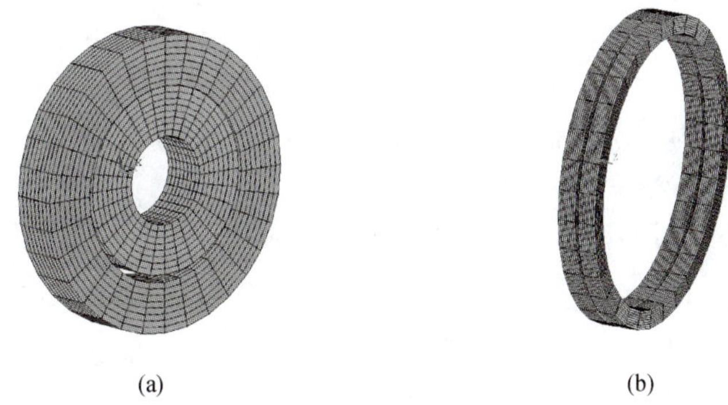

图6-3 有限元模型

(a)径向被动磁轴承;(b)轴向被动磁轴承。

3. 基于 Halbach 磁体结构的新型永磁被动磁轴承结构

为了提高永磁被动磁轴承的刚度,以轴向被动磁轴承为例,普通永磁被动磁轴承结构如图6-4(a)所示,永磁体采用分块叠压的形式[28],为了进一步提高磁轴承性能指标(承载力、位移刚度等),本节提出了采用 Halbach 磁体阵列结构的斥力型永磁被动磁轴承,如图6-4(b)所示。图6-5给出了不同充磁方式下轴向被动磁轴承气隙磁感应强度分布图。

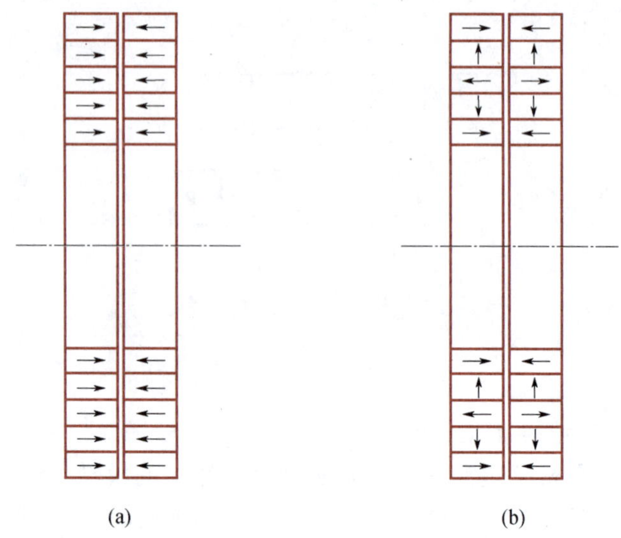

图 6-4 不同充磁方式的轴向被动磁轴承结构

（a）普通永磁被动磁轴承；（b）Halbach 磁体结构永磁被动磁轴承。

对于图 6-4(a)所示的多块永磁体拼成的被动磁轴承，其力和力矩的表达式为式(6-99)～式(6-154)中乘以系数($2n-1$)，对于图 6-4(b)所示的 Halbach 磁体结构被动磁轴承，其力和力矩的表达式为式(6-99)～式(6-154)中乘以系数($2n-1$)×1.8。

永磁磁环之间的斥力大小是通过磁感应强度大小反映的，从图 6-5 可

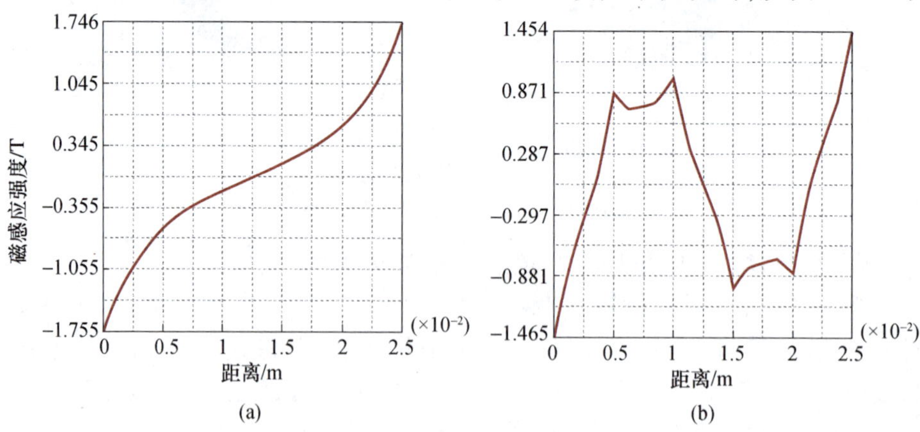

图 6-5 不同充磁方式下轴向被动磁轴承磁感应强度分布

（a）普通充磁方式；（b）Halbach 充磁方式。

以看出，具有 Halbach 磁体结构的斥力型被动磁轴承在气隙处具有两个波峰，而普通的被动磁轴承在气隙的两端具有较大的磁感应强度值，被动磁轴承的出力主要在于气隙处的磁感应强度大小而不是磁体边缘处的磁感应强度大小，因此具有 Halbach 磁体结构的被动磁轴承的承载力和刚度要远远大于普通的被动磁轴承，可应用于输出大力矩的磁悬浮控制力矩陀螺中[29]。

6.3.2　Halbach 磁体被动磁轴承优化设计及实验测试

1. 基于 Halbach 磁体结构的新型径向被动磁轴承优化设计

本节对于径向被动磁轴承进行分析说明，在一定体积条件下，分析径向被动磁轴承在最大刚度下的最优结构参数值[30]。Halbach 磁体结构径向被动磁轴承结构如图 6－6 所示，本章采用的是有限元分析法，所建模型如图 6－7所示，图 6－7(a)为结构尺寸图，(b)为 7 块拼装的 Halbach 磁体结构有限元模型图，图中 H 为径向被动磁轴承的轴向高度，h 为单块永磁体轴向长度，d 为平均气隙直径，D 为径向被动磁轴承最外径，a 为被动径向磁轴承最内径，g 为被动径向磁轴承定、转子磁环之间的磁气隙。

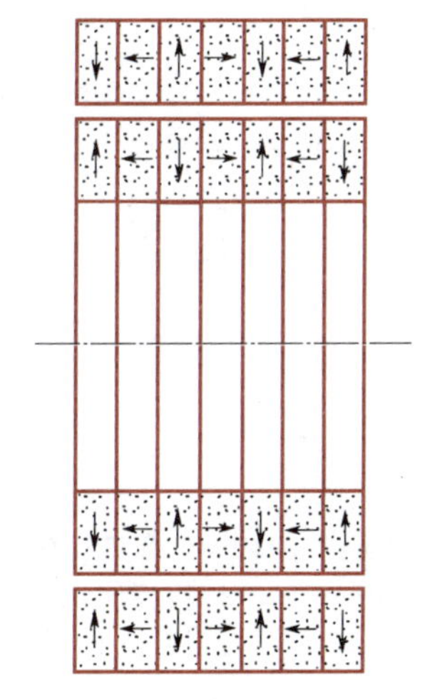

图 6－6　Halbach 磁体结构径向被动磁轴承结构

通常需要在一定空间中设计永磁磁环，下面对于一固定体积的情况下，分析被动磁悬浮轴承在最大刚度下的最优值。经过大量仿真分析，得到气隙大小与磁轴承刚度比的关系曲线，如图 6－8 所示，图中 $K_{r,m,max}$ 为 $H/h=1$ 时的最大刚度值，K_r 为磁轴承位移刚度，仿真条件为：$g/D=0.047$，长径比 $H/D=0.45$，从图中可以看出，在平均气隙直径/定子磁环外径为 0.8 时，径向被动磁轴承刚度达到最大。

Halbach 磁体结构径向被动磁轴承永磁体块数与位移刚度的关系曲线如图 6－9 所示，仿真条件为：$g/D=0.047$，长径比 $H/D=0.45$，从图中可以看出，在永磁体为 7 块时，径向被动磁轴承位移刚度达到最大。

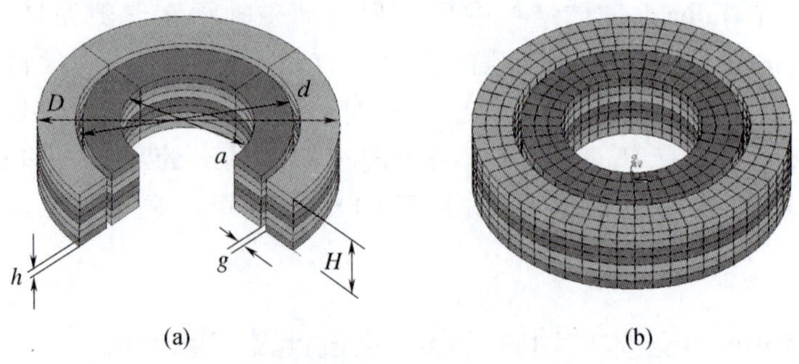

图 6－7　Halbach 磁体结构径向被动磁轴承有限元模型

（a）结构尺寸图；（b）有限元模型图。

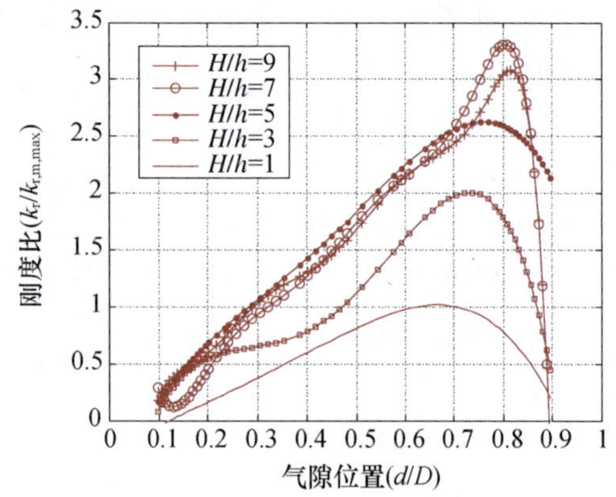

图 6－8　Halbach 磁体结构径向被动磁轴承气隙大小与刚度比的关系曲线

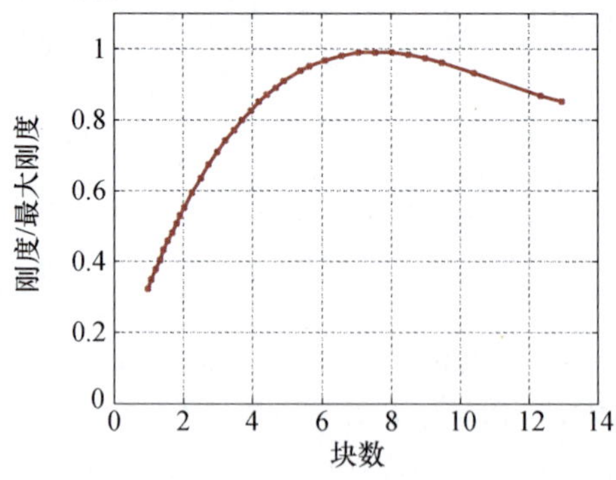

图 6－9　Halbach 磁体结构径向被动磁轴承永磁体块数与位移刚度的关系曲线

Halbach 磁体结构径向被动磁轴承气隙与永磁体轴向长度的关系曲线如图 6－10 所示，仿真条件为：长径比 $H/D=0.45$，从图中可以看出，气隙长度/定子磁环外径越大，为达到最大的径向磁轴承刚度，最佳永磁体磁化方向长度越大。

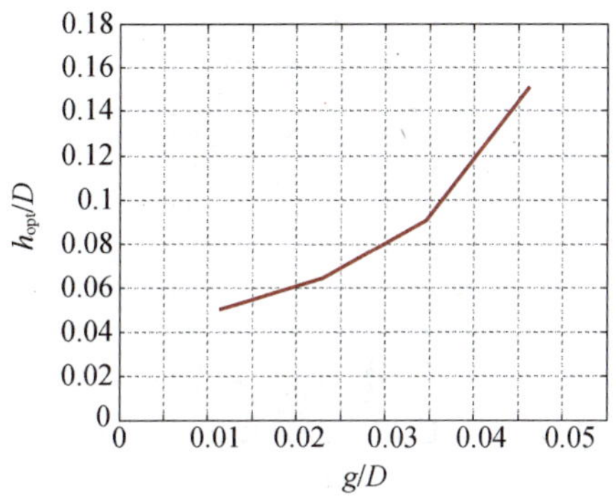

图6－10　Halbach 磁体结构径向被动磁轴承气隙与永磁体轴向长度的关系曲线

Halbach 磁体结构径向被动磁轴承气隙与永磁体块数的关系曲线如图 6－11 所示，仿真条件为：长径比 $H/D=0.45$，从图中可以看出，气隙长度/定子磁环外径越大，为达到最大的径向磁轴承刚度，最佳永磁体块数越小。

Halbach 磁体结构径向被动磁轴承气隙长度与平均气隙直径的关系曲线如图 6－12 所示，仿真条件为：$H/h=7$，长径比 $H/D=0.45$，从图中可以看出，气隙长度/定子磁环外径越大，为达到最大的径向磁轴承刚度，最佳定、转子磁环之间的平均气隙直径就越大，但是变化并不是很明显。

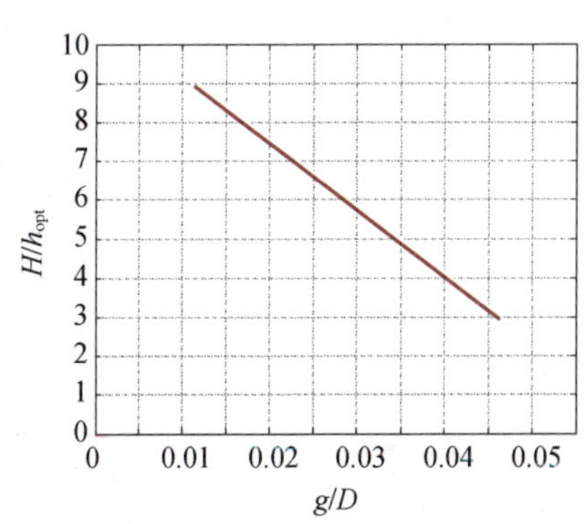

图6－11　Halbach 磁体结构径向被动磁轴承气隙与永磁体块数的关系曲线

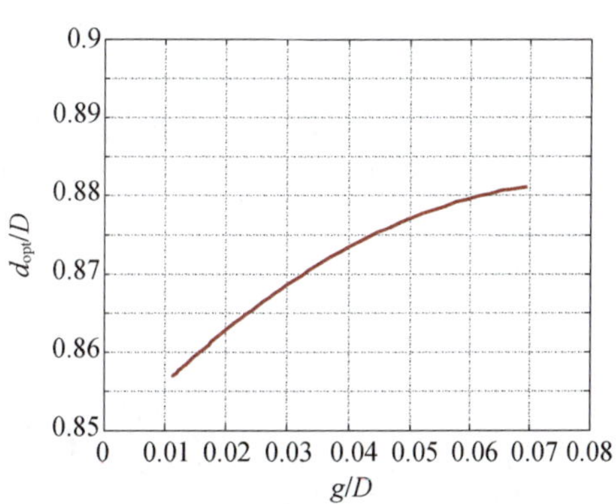

图6－12　Halbach 磁体结构径向被动磁轴承气隙长度与平均气隙直径的关系曲线

在实际应用中，为了减小斥力型径向被动磁轴承的漏磁影响，在定子、转子部分加有导磁环，如图 6－13 所示。

根据以上优化分析方法对径向被动磁轴承进行了设计，结构参数如表 6－1 所列。

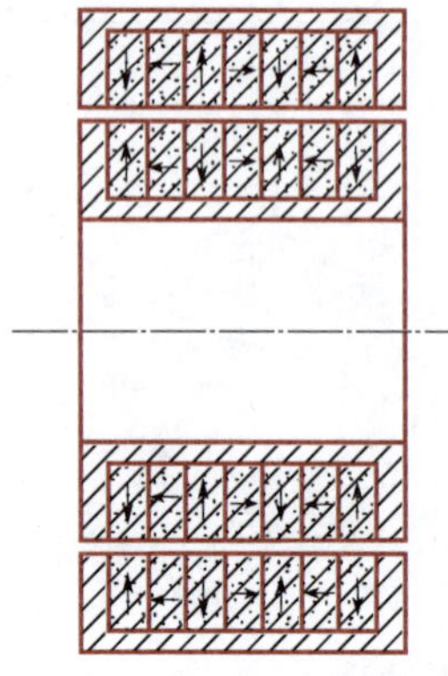

图 6-13　实际应用时 Halbach 磁体结构径向被动磁轴承结构图

表 6-1　Halbach 磁体结构径向被动磁轴承结构参数

项目	量值	项目	量值
静磁环外径/mm	43	静磁环内径/mm	32
动磁环外径/mm	30	动磁环内径/mm	19
磁环轴向长度/mm	2.8	两个被动磁轴承之间的距离/mm	112
导磁环外侧厚度/mm	2	导磁环内侧厚度/mm	1.5

计算得到的偏移—力、偏转角—偏转力矩及刚度曲线如图 6-14 所示。从图中可以看出，径向被动磁轴承刚度为 0.28N/μm，偏转角刚度为 1100 N · m/rad。

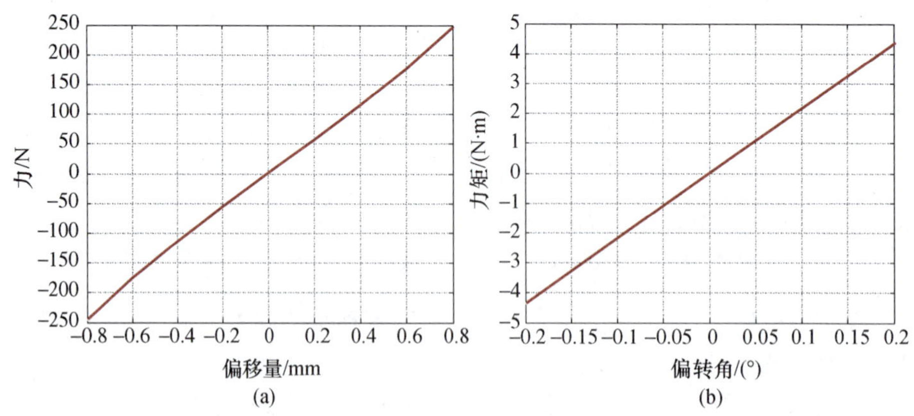

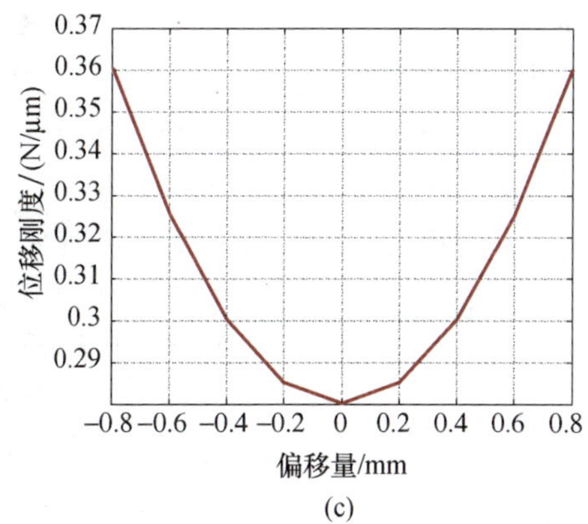

图 6－14　径向被动磁轴承偏移—力、偏转角—偏转力矩及刚度曲线
(a) 偏移—力关系曲线；(b) 偏转角—偏转力矩关系曲线；(c) 刚度曲线。

2. Halbach 磁体新型轴向被动磁轴承优化设计

本节对于轴向被动磁轴承进行分析说明，在一定体积条件下，分析轴向被动磁轴承在最大刚度条件下的最优结构参数值。Halbach 磁体结构轴向永磁波动磁轴承如图 6－4(b)所示，本章采用的是有限元分析法，所建模型如图6－15所示，图 6－15(a)为结构尺寸图，图(b)为 5 块拼装时的 Halbach 磁体结构有限元模型图，图中 H 为一对被动轴向磁轴承轴向长度，D 为轴向被动磁轴承最外径，a 为轴向被动磁轴承最内径，d 为轴向被动磁轴承转子磁环轴向长度，g 为被动磁轴向轴承定、转子磁环之间的磁气隙，h 为单块磁环的高度。

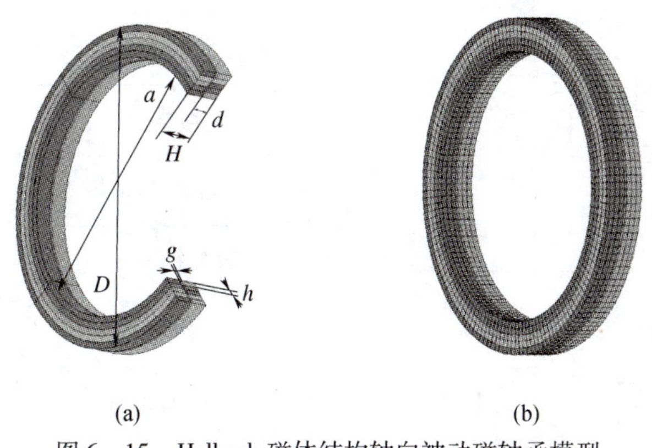

图 6－15　Halbach 磁体结构轴向被动磁轴承模型
(a) 结构尺寸图；(b) 有限元模型图。

经过大量分析，可以得到气隙与轴向磁轴承刚度比的关系曲线如图 6－16 所示，其仿真条件是：长径比 $H/D=0.1$，$g/D=0.047$，图中 $K_{a,m,max}$ 指的是 $H/h=1$ 时的最大轴承刚度值。轴向磁轴承刚度与永磁体块数的关系曲线如图 6-17 所示，图中，K_a 为不同磁块时磁轴承的最大刚度值，$K_{a,min}$ 为不同磁块时轴向被动磁轴承最大刚度中的最小值，其仿真条件是：长径比 $H/D=0.1$，$g/D=0.047$，$d/H=0.5$，从图 6-16 中可以看出，被动轴向磁轴承的 d_{opt}/H 出现在 0.5；随着永磁体块数的增加，轴向磁轴承刚度呈上升趋势，但是永磁体块数的增加要兼顾其加工性能。

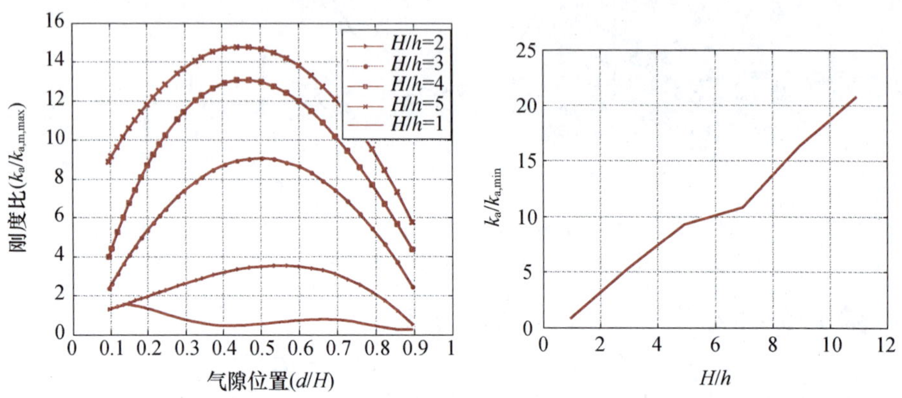

图 6-16　Halbach 磁体结构轴向被动磁轴承不同磁体块数下气隙与刚度比的关系曲线

图 6-17　Halbach 磁体结构轴向被动磁轴承刚度与磁体块数的关系曲线

在实际应用中，为了减小斥力型轴向被动磁轴承的漏磁影响，在定子、转子部分加有导磁环，如图 6-18 所示。

根据以上优化分析方法对轴向被动磁轴承进行了设计，结构参数如表 6-2 所列。

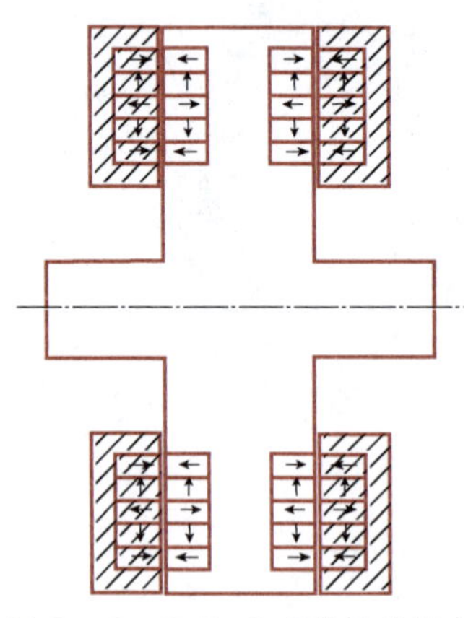

图 6-18　Halbach 磁体结构轴向被动磁轴承结构图

表 6-2　轴向被动磁轴承结构参数

项目	量值
磁环最内径/mm	182
磁环最外径/mm	227
磁环数	5
每块磁环厚度/mm	4.5
磁环轴向长度/mm	10
定子导磁环厚度/mm	3.5

计算得到的轴向被动磁轴承偏移—力关系曲线如图6－19所示；计算得到的轴向被动磁轴承偏转角—偏转力矩关系曲线如图6－20所示；计算得到的轴向被动磁轴承位移刚度曲线如图6－21所示；计算得到的轴向被动磁轴承径向偏移时的受力曲线如图6－22所示。可以看出，轴向被动磁轴承会产生一定的径向力，这部分径向力需要由整个系统的径向磁轴承承担；计算得到的轴向被动磁轴承定子单边受力曲线如图6－23所示。

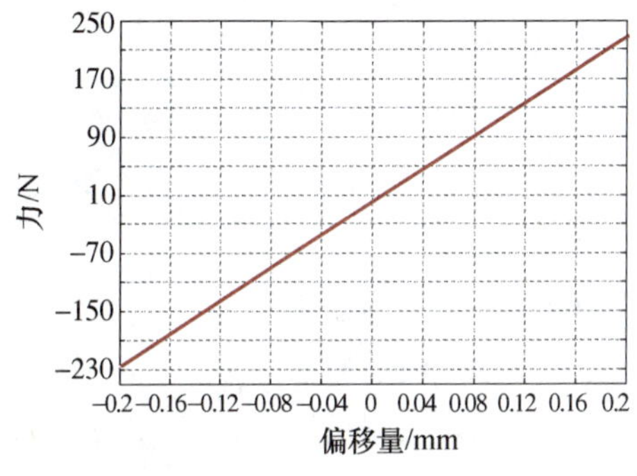

图6－19　偏移—力关系曲线

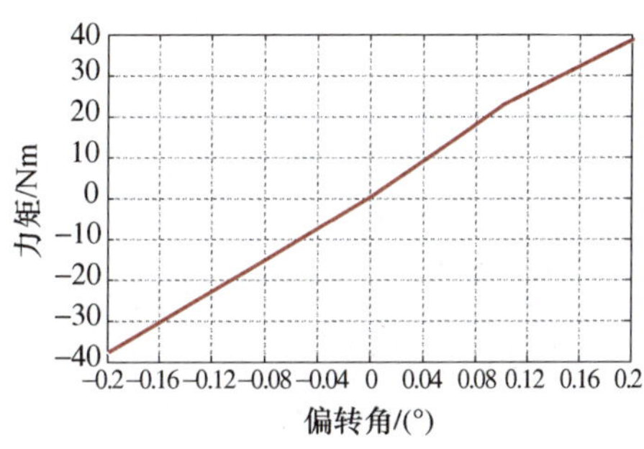

图6－20　偏转角—偏转力矩关系曲线

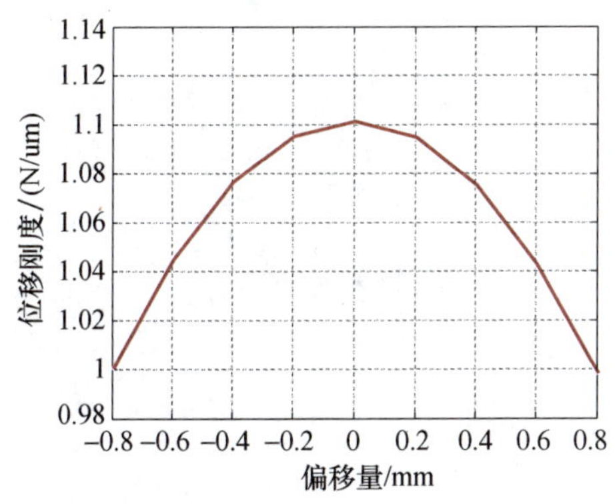

图6－21　刚度曲线

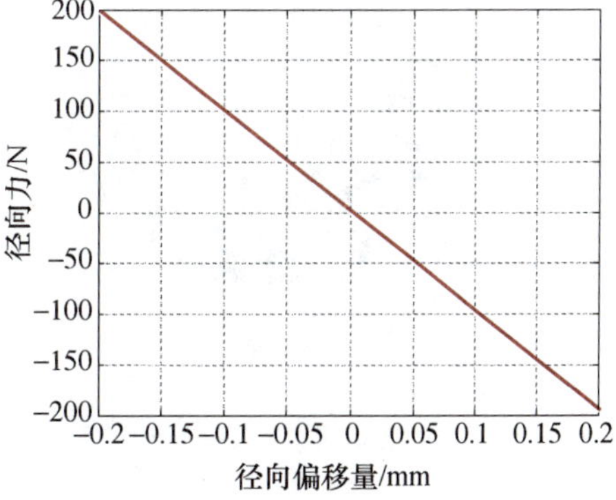

图6－22　径向偏移时的受力曲线

从图6－19～图6－23可以看出，轴向被动磁轴承刚度为1.1N/μm，偏转角刚度为13178N·m/rad，通过有限元计算可得到转子处于平衡位置（3.4mm）时，轴向被动磁轴承单边定子受力为1420N。

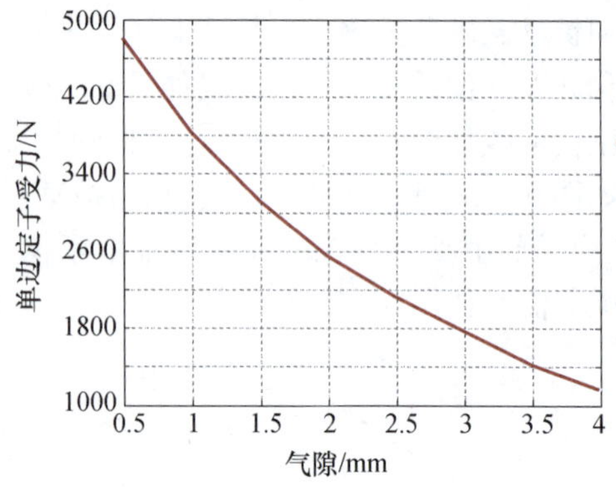

图 6-23　定子单边受力曲线

3. 基于 Halbach 磁体结构的新型被动磁轴承的实验研究

本节针对轴向被动磁轴承进行了实验研究，由于轴向被动磁轴承定、转子之间的气隙越小，斥力越大，因此实验中通过压力机可测试定子所受斥力的大小，轴向被动磁轴承的定子以及转子组件实物图如图 6-24 所示。

(a)

(b)

图 6-24　轴向被动磁轴承实物图
(a) 定子实物图；(b) 转子实物图。

实验前，为了保证磁悬浮动量轮的转子部分悬浮于理论的平衡位置（实验中调节轴向被动磁轴承定转子之间的轴向磁气隙为 1mm），需要调整轴向被动磁轴承定转子之间的磁气隙，采用的方法是：按照实际轴向被动磁轴承的定子尺寸加工一铝制材料（不导磁材料即可）的定子，将其安装于陀螺房中，通过将转子推到两端被动磁轴承定子以及保护轴承来确定磁气隙以及保护气隙的大小，调节好后，将实际的轴向被动磁轴承定子加工成与铝制材料做的定子相同的尺寸，这样当大端陀螺房与小端陀螺房接触时，可以保证磁气隙的大小。在实验中，将大端陀螺房与小端陀螺房之间通过导向螺钉相连，目的是保证轴向被动磁轴承定子、转子之间的同心，避免直接压入小端陀螺房时由于轴向被动磁轴承定转子之间的斥力造成的不稳定。实验过程中，压力机的载荷随着大端陀螺房与小端陀螺房之间的距离减小而增加，得到的施加载荷与压入距离的关系曲线如图 6 - 25 所示，图中光滑曲线为拟合曲线。

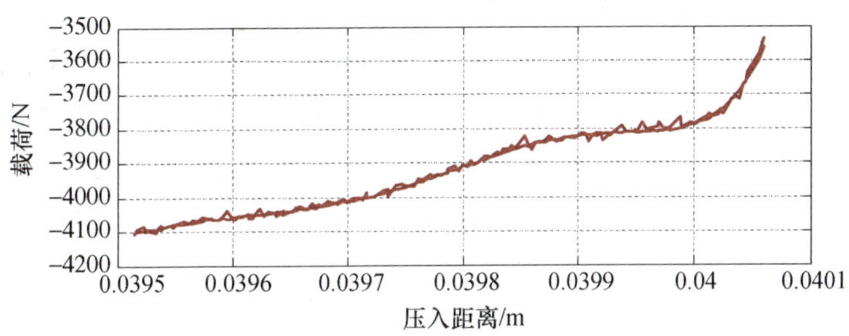

图 6 - 25　压力机压入陀螺房时施加载荷与压入距离的关系曲线

从图 6 - 25 可以看出，随着压入距离的减小，由于轴向被动磁轴承斥力的增加使得施加载荷越来越大，最后当大端陀螺房与小端陀螺房相重合时压力机读数为 4100N 左右，与理论分析值 3833N 相比相差 7%，验证了理论分析的正确。

6.4　整体磁环被动磁轴承分析与设计

6.4.1　整体磁环被动磁轴承分析

矫顽力是表征材料永磁特性的基本指标。根据矫顽力是否超过 200A/m，可将永磁材料大致分为两大类：

(1) 低矫顽力永磁　包括碳钢、钨钢等合金钢，以及 FeCoV、AlNiCo 合金、FeCrCo 合金等。

(2) 高矫顽力永磁　PtCo 合金、MnAlC 合金、铁氧体永磁、稀土永磁等。

高矫顽力永磁中，PtCo 合金磁性能稳定且耐腐蚀能力强，但贵金属铂的含量在 80% 以上，因而仅仅以小规格应用于极特殊的场合；MnAlC 合金的中温热挤压工艺非常复杂，剩磁的可逆温度系数较高，不利于温度大范围变化的环境使用；铁氧体永磁剩磁及矫顽力的可逆温度系数都非常高；稀土永磁 NdFeB，是目前磁性能最强的永磁材料；稀土永磁 SmCo，虽然磁性能较 NdFeB 略低，但温度稳定性尤其是高温特性要好得多。

低矫顽力永磁中,碳钢等合金钢的磁性能都很低;铁钴钒合金由于矫顽力很低,常被用作磁滞合金;在稀土永磁出现以前,Al－Ni 系合金是主要的永磁材料,而在目前对磁性能稳定性要求特别高或极高温的场合,AlNiCo 合金仍发挥着重要作用。其中,AlNiCo 分为 5 类、6 类、7 类、8 类等类型,通常使用铸造工艺,相比烧结工艺更容易获得良好均匀性的坯料,即有利于整体磁环的磁场均匀性。其中 7 类、8 类 AlNiCo 具有更高的矫顽力,但钛元素含量高,材质极脆,目前工艺难以制成大直径整环;5 类 AlNiCo 矫顽力低,且抗拉强度只有 30MPa,不能满足转子 10000r/min 时安全系数为 2 的力学强度要求(抗拉强度需大于 100MPa 才能保证被动磁轴承的转子磁环不会断裂)。只有 6 类 AlNiCo(国标牌号 LNGT28)既满足力学强度要求,又可以在现有工艺条件下实现直径 200mm 左右的大磁环,其磁性能与 5 类基本相当,具体如下:

矫顽力 $H_c \geqslant 58\text{kA/m}$;剩磁 $B_r \geqslant 1.05\text{T}$;最大磁能积 $(B \cdot H)\max \geqslant 28\text{kJ/m}^3$;抗拉强度 $\sigma_b \geqslant 205.8\text{MPa}$,而且 LNGT28 的电阻率为 $0.62\mu\Omega/\text{m}$,较一般金属高得多,有利于铁耗的降低。

应用于磁悬浮动量轮的永磁被动轴向磁轴承(APMP),从磁性能强弱及稳定性等方面,首选烧结 Sm2Co17,但目前工艺难以加工直径 200mm 的大磁环,而采用磁块拼环的方式,磁块接缝处的磁感应强度波动会在高转速时带来显著的铁耗。以下对其进行简单的分析,单位体积中总铁耗由磁滞损耗与涡流损耗两部分组成,即

$$p_c = aB_{\max}^k f + bB_{\max}^2 f^2 \tag{6-1}$$

式中:$B_{\max}$ 为磁场变化的幅值;f 为磁场变化的频率;a、b 分别为两类损耗的系数,由材料特性决定。k 与 $B_{\max}$ 有关,在中高磁感应强度(不低于 0.3T)下,一般取 1.6。

对于外径 197mm、内径 187mm 的磁环,根据现有工艺水平,至少需 12 块 Sm2Co17 磁瓦拼接,每相邻两块磁瓦接缝处都存在着显著的磁场波动,图 6－26 是其磁环表磁分布,波动幅值可达 0.1T。如应用于额定转速 6000r/min 的磁悬浮动量轮,则相当于磁体处于基频 1.2kHz 以上的交变磁场中。根据式(6－1),估算 APMP 可产生数十瓦量级的旋转功耗。因而,采用整体磁环是 APMP 应用于功耗要求苛刻的磁悬浮动量轮的必要条件。除了上述 LNGT28 满足要求外,FeCrCo 永磁也非常理想。FeCrCo 磁性能与 LNGT28 相当,但有

着更好的机械加工性能，可制成各种复杂的异形永磁零件。国内尚不具备制备 100mm 以上棒料的能力，但由于 FeCrCo 可轧制成最薄 0.1mm 的带材，因而可将带材卷绕成大直径磁环。其优点是尺寸不受工艺与设备的制约，但卷绕磁环的磁场均匀性依赖于带材轧制的均匀性，要比整体浇铸成坯再加工到位的磁环差。

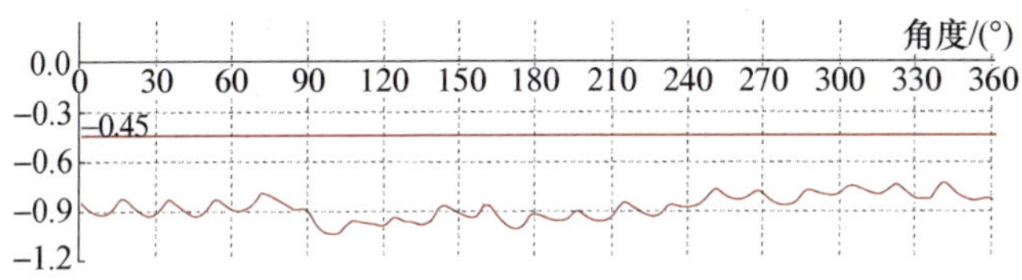

图 6-26　拼块 Sm_2Co_{17} 磁环表磁分布

若是借鉴软磁卷绕铁芯的制作工艺，将 FeCrCo 带材表面涂敷绝缘层后再卷绕成形，就可以有效抑制波动磁场的轴向分量与周向分量在磁环中产生的旋转铁耗。FeCrCo 电阻率略高于 AlNiCo，也有利于降低旋转损耗。本节选择 LNGT28 制成整体磁环的 APMP，应用于 10N·m·s 主被动磁悬浮反作用飞轮[28]。

6.4.2　整体磁环被动磁轴承设计

退磁曲线描述了永磁材料的基本磁特性，是永磁材料应用的基础。图 6-27中的曲线段 B_rKH_c 即是 LNGT28 的退磁曲线，其中 B_r、H_c 分别为材料的剩磁与矫顽力。同大多数低矫顽力永磁材料一样，LNGT28 退磁曲线上有一点，斜率变化最剧烈，即膝点 K。可近似以 K 为界，将退磁曲线分为两段：K 到磁感应强度轴的 KB_r 段，K 到磁场强度轴的 KH_c 段。其中 KB_r 段可近似看作直线段。

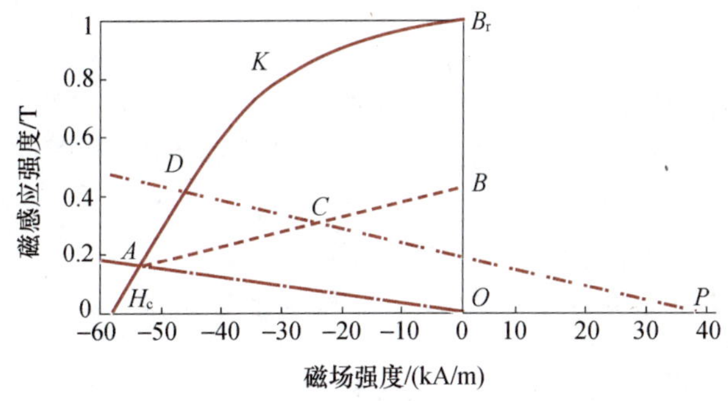

图 6-27　AlNiCo 永磁轴承实际工作点的确定

低矫顽力永磁材料在应用中存在的一个主要问题就是：若工作磁路与充磁磁路不同，则实际回复曲线与退磁曲线不重合，难以充分发挥材料的磁性能。例如 LNGT28 磁环，充磁完毕断开充磁磁路后，磁环处于开路状态，直线 OA 为开路负载线，与退磁曲线的交点 A 即磁环此时的工作点。当定、转子磁环装配成被动磁轴承后，分别处于彼此的顺磁磁场中。直线 PD 即为被动磁轴承装配好后磁环的实际负载线，在横轴上的截距 OP 即另一磁环在该磁环处产生的磁场强度。PD 的斜率大于 OA，这是由于 LNGT28 的相对回复磁导率（即回复曲线 AB 的斜率）为 3.5 ~ 5.5，因而被动磁轴承装配好后，每个磁环的外磁路磁阻都要比其单独置于无磁介质环境中小。此时磁环的工作点为 C，即回复曲线 AB 与负载线 PD 的交点，而非退磁曲线 B_rKH_c 与 PD 的交点 D。C 点在纵轴上的投影即磁环的表观磁感应强度。

通常对永磁被动磁轴承磁力计算的方法有解析法与数值法两类。Yonnet 对基于高矫顽力永磁材料的各种形式永磁被动磁轴承的磁力解析法做了大量研究；而对于低矫顽力永磁材料在 PMP 中的应用，则几乎没有学者研究。本节采用有限元软件求解。在有限元软件中，永磁材料的属性只用退磁曲线描述，不会“智能”地考察不同工作状态下的回复曲线。而不同的回复曲线实际上可看作永磁部件在不同工作状态下的“退磁曲线”。根据被动磁轴承的装配过程，各个磁环的回复曲线实际由其单独处于空气中，即开路负载状态决定的。故采取以下步骤对基于 LNGT28 的 PMP 仿真：

（1）根据 LNGT28 退磁曲线分别仿真单个定子、转子磁环磁感应强度（即 A 点在磁感应强度轴上投影）。

（2）根据磁环中平均磁感应强度分布，确定单个磁环的工作点 A，过点 A 作 KB_r 的平行线段 AB。

（3）建立具有定转子磁环的永磁轴承模型，将曲线段 BAH_c 作为新的退磁曲线赋予模型（为了保证仿真软件的收敛，需要对 A 点附近的曲线段光滑化处理），即可仿真各个工况下被动磁轴承的出力。

APMP 的偏转回复刚度源于轴向回复刚度，而径向不平衡刚度则是抵消作用。APMP 的轴向回复刚度与径向不平衡刚度不是常数，而是偏移量的函数。故推导偏转刚度精确的解析表达式，是非常困难的。而一般有限元软件仅能计算轴对称体的绕对称轴的转矩，即转子绕转轴的转矩，不能直接计算转子的偏转力矩。本节采用如下方法计算，以转子绕 y 轴偏转、输出力矩方向沿 y 轴为例说明。

首先将转子磁环模型沿周向均分为 $4N$ 个扇环，再沿轴向将每个磁环均分为两层，共计 $8N$ 个扇环，则转子偏转后，关于圆环中心对称的两个扇环受力大小相同但方向相反，将力分解为径向力与轴向力，则两个扇环受到力偶矩的作用，但径向力产生的力偶矩与轴向力产生的力偶矩方向相反。取在转子圆环直

径上的 4 个扇环构成一个扇环组,其偏转力矩示意图如图 6－28 所示。则扇环组受到 4 个力偶矩作用,合力矩为

$$M = (f_{\mathrm{zlarge}} - f_{\mathrm{zsmall}})D - (f_{\mathrm{rlarge}} - f_{\mathrm{rsmall}})L \tag{6-2}$$

式中:D 为磁环直径;L 为磁环厚度(充磁长度)。

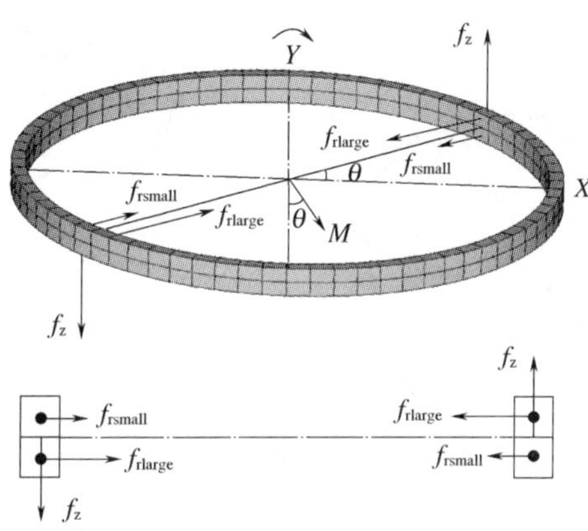

图 6－28　仿真计算转子偏转力矩示意图

若直径与 x 轴夹角为 θ,则扇环组的合力矩在 y 轴上的投影为 $M\cos\theta$;而直径与 x 轴夹角为 $-\theta$ 的扇环组的合力矩在 y 轴上的投影与之相同,但二者合力矩在 x 轴上投影的代数和为零。因而为求得整个磁环的总力矩,只需求 θ 属于第一象限的直径所对应的 N 个扇环组的合力矩在 y 轴上投影的代数和,即

$$M = 2\sum_{i=1}^{N}(f_{iz}D\cos\theta_i - f_{ir}L\cos\theta_i) \tag{6-3}$$

式中:i 表示扇环组的序号,且 $\theta_i = (90°/\mathrm{N})i \quad i = 1,2,\cdots,N$。

f_{iz}、f_{ir} 分别为第 i 个扇环组的轴向合力与径向合力,即式(6－2)中小括号中的合力。可见,增大 D、减小 L 有利于偏转回复刚度的增大。但磁环的充磁长度不能太小,否则自退磁效应会严重削弱磁环的工作磁场。

对于有限元软件,可求磁力的模型部分必须被空气模型包围,故各扇环模型之间须用薄空气片隔开。在空气片占磁环模型总体积比例可忽略的前提下,其对磁力计算结果的影响可忽略。另一方面,受软件制约,空气片不能太薄,即厚度有下限。N 越大,虽然各扇环所受力矩的计算精度高,但空气片在总体积中占的比例也越大,反而对精度的影响越显著。综合考虑,选取 $N=18$,空气片占总体积的 2%,设计基于 LNGT28 的 APMP,其结构参数见表 6－3。

表 6－3　APMP 结构参数

外径	197mm	径向厚度	5mm
轴向长度	10mm	气隙	0.8mm

APMP 转子(外磁环)偏转 2°时的有限元模型及仿真磁力线分布如图 6－29 所示。

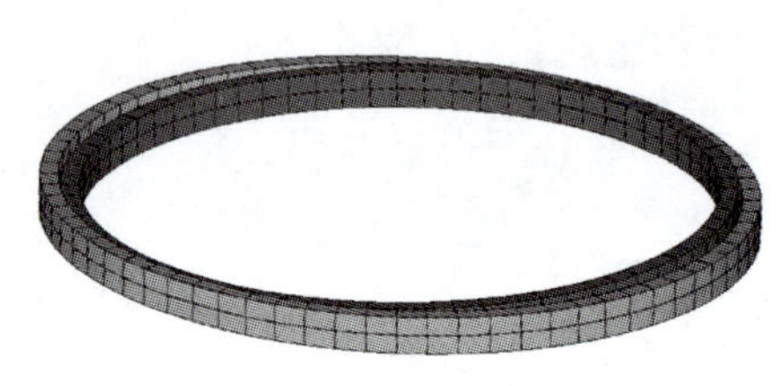

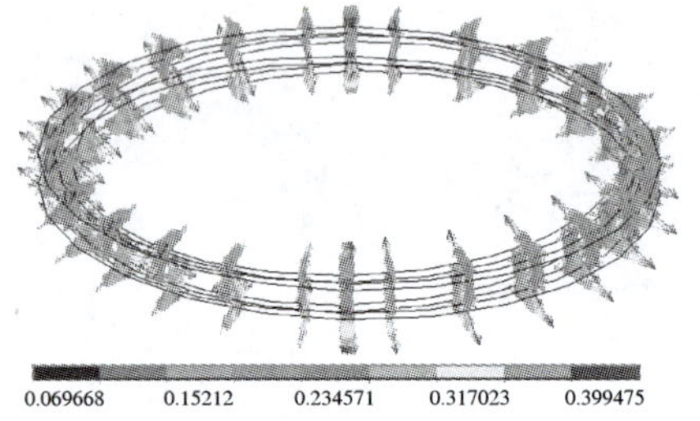

图 6－29　有限元模型及仿真磁力线分布

转子磁环偏转 2°时,各扇环模型所受的轴向力、径向力与合成力偶矩随周向位置变化的曲线呈显著的非线性(图 6－30)。这也正是按线性模型通过平动刚度计算偏转刚度的解析方法精度不高的原因。

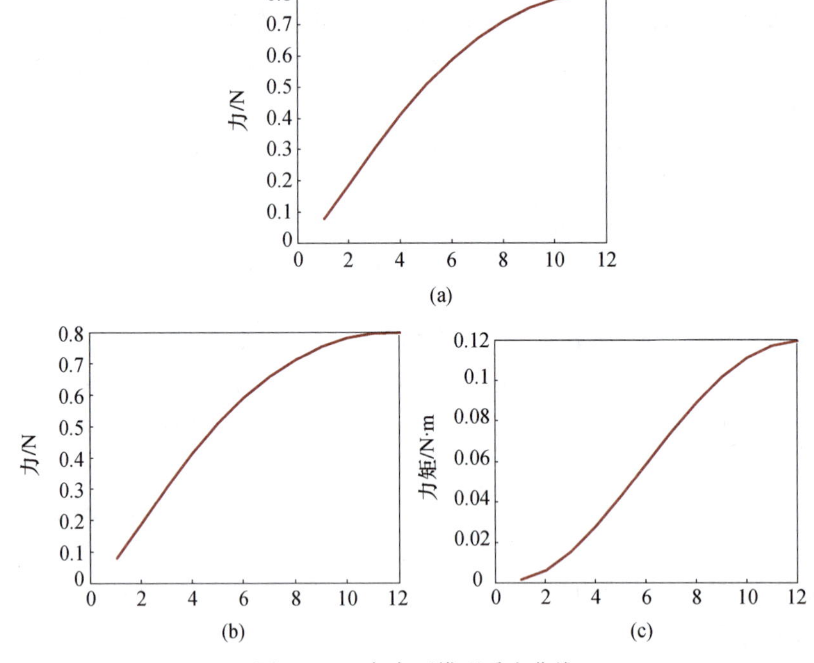

图 6－30　各扇环模型受力曲线

(a) 轴向受力图;(b) 径向受力图;(c) 受到的力矩。

根据式(6－3)计算外磁环偏转不同角度时所受的回复力矩,并计算外磁环轴向偏移不同距离时所受的回复力。从图6－30可见,力—位移曲线、力矩—偏转角度呈显著的非线性,即随着偏移(转)量的增大,单位偏移(转)量产生的回复力(力矩)减小,即轴向平动回复刚度、径向偏转回复刚度随着偏移(转)量的增大而减小。因此,仅用一个数值不能反映刚度指标,故表6－4给出了最大轴向偏移时的轴向力,及达到最大偏转角时的偏转力矩。最大轴向偏移是指飞轮实现轴向承重状态下的偏移量。由于主动控制,转子沿径向总可以保持在平衡位置附近,故径向刚度即为平衡位置的刚度值。

表6－4　APMP性能参数

径向不平衡刚度/(N/mm)	偏移2.1mm的回复力/N	偏转2°输出力矩/N·m
－15	23.1	1.16

6.4.3　组合式整体磁环被动磁轴承设计

组合式磁体的吸力型轴向被动磁轴承结构如图6－31所示。其核心思想是:为了克服低矫顽力永磁材料自退磁的缺点,采用高矫顽力稀土永磁作为稳磁磁体,首先沿低矫顽力永磁磁环的磁化方向与磁环构成组件,将组件整体充磁,这样低矫顽力永磁磁环就会工作在永磁材料的退磁曲线上,充分发挥了材料的磁性能[27]。

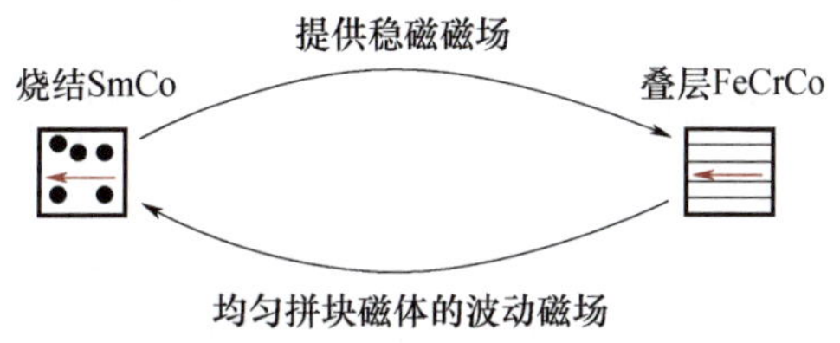

图6－31　组合式磁体的吸力型轴向被动磁轴承结构

吸力型被动磁轴承由定子组件与转子组件构成,每个组件又是由两个充磁方向相反的组合式整体磁环构成(图6－32)。辐向磁化的瓦形 Sm_2Co_{17} 磁块沿辐向磁化的FeCrCo磁环外缘或内缘拼成整环构成一个组合式整体磁环,整体

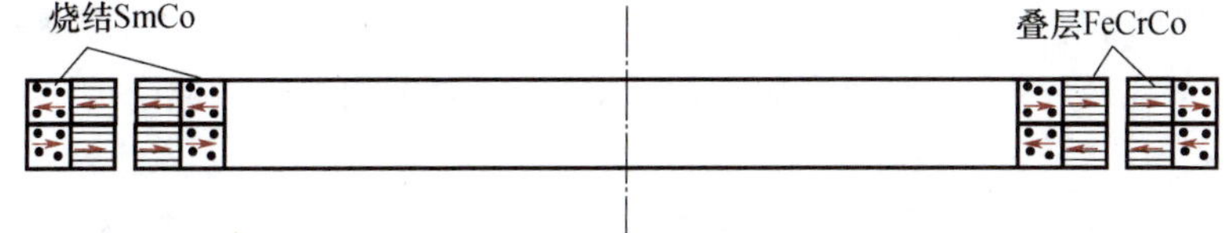

图6－32　组合式磁体的吸力型轴向被动磁轴承结构

辐向充磁后，再将两个充磁方向相反的组合式整体磁环构成定子或转子组件。组件随同 MSCMG 定转子一同装配。

稳磁材料选用 Sm_2Co_{17}，利用其高磁能积及磁性能的高稳定性。而低矫顽力永磁选用 FeCrCo，且为叠层形式。如前所述，FeCrCo 磁性能与 LNGT28 相当，但力学性能及可加工性更优，甚至可以对带材冲片，在工业上广泛应用于复杂结构的异型永磁零件的制造。借用软磁带材制成叠层的工艺，将 FeCrCo 带材制成"永磁叠层"，一方面是由于 FeCrCo 带材经轧制得到，相比棒料较容易得到大尺寸的带材；另一方面，FeCrCo 叠层沿轴向叠压，片间胶层可有效抑制拼块 Sm_2Co_{17} 磁体不均匀磁场的轴向分量，同时显著削弱不均匀磁场径向分量、周向分量在叠层中产生的旋转损耗，一举多得。但由于采用图 6－32 所示的被动磁轴承结构形式，FeCrCo 叠层磁环需辐向充磁，只能采用各向同性带材制备，其磁性能较 LNGT28 有所下降，如表 6－5 所列。

表 6－5　FeCrCo 的性能参数

物理量	数值	物理量	数值
矫顽力 H_c	≥34kA/m	温度系数 H_c	+0.03%
剩磁 B_r	≥0.85T	温度系数 B_r	-0.03%
电阻率	0.7μΩ/m	抗拉强度 σ_b	≥600MPa
最大磁能积 $(B\cdot H)_{max}$	≥14kJ/m³		

通过图 6－27 所示的 FeCrCo 退磁曲线，说明组合式整体磁环永磁被动磁轴承高被动刚度的原理。首先将 FeCrCo 叠层磁环与拼块 SmCo 磁块装配成一个组合式整体磁环，相当于利用 SmCo 磁块产生的辐向磁场对开路的 FeCrCo 磁环充磁，则 FeCrCo 磁环工作点由开路状态的 A 点上升至外磁场作用下的 C 点。此时再对组合式整体磁环饱和充磁，则 FeCrCo 磁环的工作点就会沿着实际负载线 PD 上升至 D 点，而 D 点在 FeCrCo 的退磁曲线上，而不像整体磁环永磁被动磁轴承那样工作点只能在实际回复曲线上，即磁环的表观磁感应强度显著提高，相应被动磁轴承的回复刚度也显著提高。

由于径向充磁的拼块 SmCo 磁环，所产生的磁场必然是波动的，即使经过整体的 FeCrCo 磁环，磁场波动的幅度有所减弱，被动磁轴承中气隙中的磁场波动也不可避免。FeCrCo 磁环的径向宽度越大，则气隙中的波动必然越小，相应 SmCo 磁环对 FeCrCo 磁环的稳磁作用越弱，气隙磁感应强度越小，被动磁轴承的回复刚度越小。应根据实际需求，综合考虑旋转损耗与被动刚度指标，合理设计组合式整体磁环中两种磁体径向宽度的比例关系。

根据设计结果制造了组合式磁体吸力型轴向被动磁轴承样机(轴向磁体之间加入隔磁材料),实物照片如图 6－33 所示。

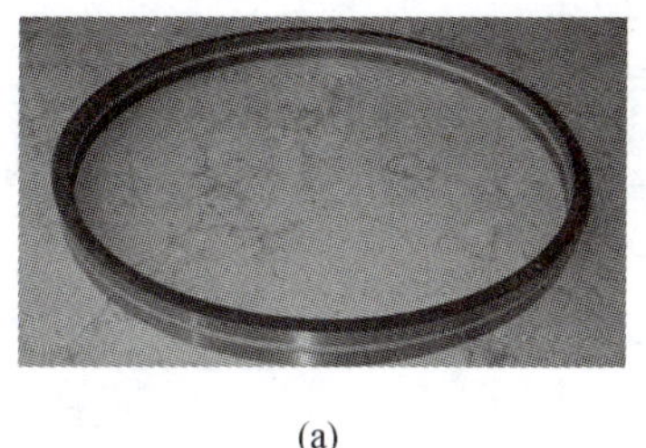

(a)

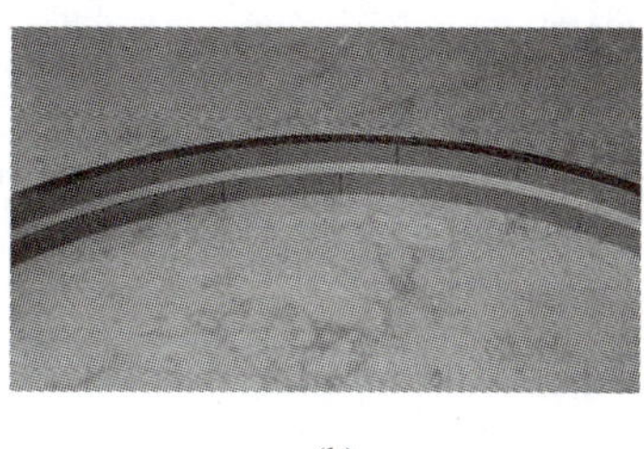

(b)

图 6－33　组合式磁体吸力型 APMP 的实物照片

(a) 整体;(b) 局部放大。

对组合式磁体磁环进行表磁测试,其结果如图 6－34 所示。可见,其均匀性虽然不如整体磁环,但要比拼块磁体的均匀性好很多,对其进行刚度测试。其仿真结果与测试结果比较如图 6－35 所示。

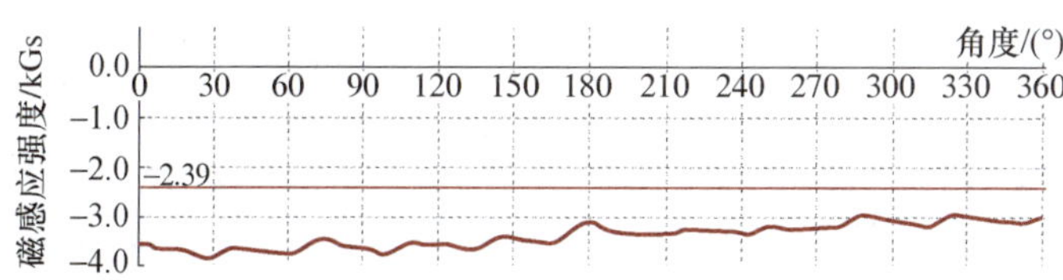

图 6－34　组合式磁体吸力型 APMP 的表磁测试结果

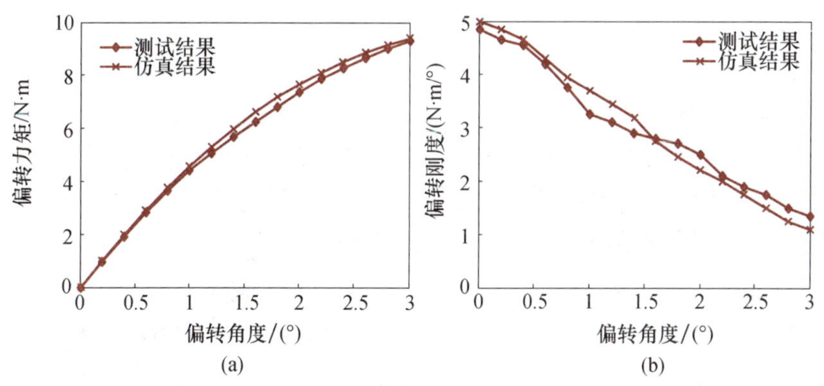

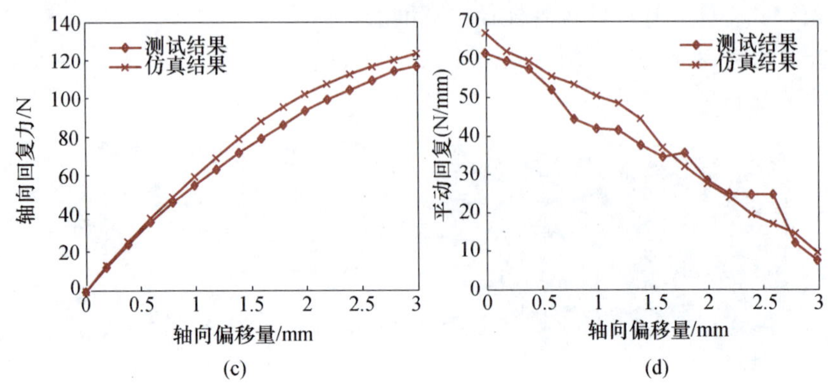

图 6－35　组合式磁体吸力型 APMP 刚度仿真结果与测试结果的比较

（a）偏转回复力矩曲线；（b）偏转刚度曲线。

（c）轴向回复力曲线；（d）轴向刚度曲线。

相比于整体式磁体的吸力型轴向被动磁轴承的刚度测试结果，组合式磁体刚度提高了 3 倍，最大输出力矩增大了近 6 倍。

6.4.4　组合式整体磁环被动磁轴承优化设计

1. 参数优化

组合式磁体吸力型轴向被动磁轴承的刚度与旋转损耗存在着矛盾：拼块 Sm_2Co_{17} 磁体体积比越大，被动磁轴承的刚度越大，但旋转损耗也越大；反之，FeCrCo 叠层体积比越大，被动磁轴承的旋转损耗越小，但刚度也越小。需要根据具体设计指标，优化刚度与旋转损耗。可优化的参数有：

（1）叠层磁钢的径向宽度—拼块磁钢的径向宽度；

（2）每层磁钢厚度—磁钢层数—层间隔磁层厚度；

（3）气隙。

2. 结构优化

通过结构上的改进，优化刚度与旋转损耗：叠层磁钢与拼块磁钢之间再加一环导磁环，以均匀化拼块磁钢的磁场波动；而导磁环的磁导率与矫顽力选取根据刚度与旋转损耗的要求优化，如图 6－36 所示。

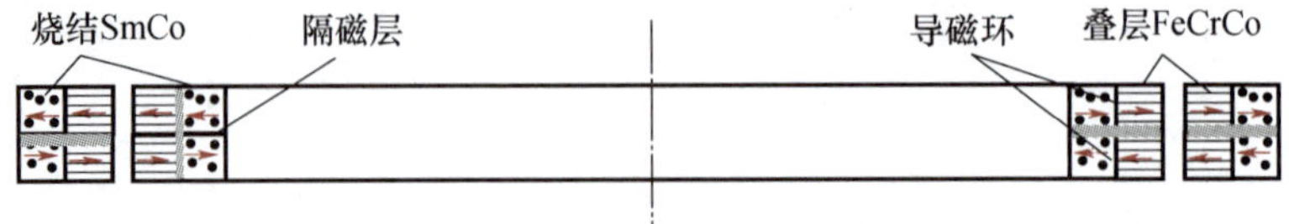

图 6－36　组合式磁钢被动轴承的结构优化

在对刚度要求更高的应用场合中,例如高力矩密度的 DGCMG,允许牺牲一定的旋转功耗,那么可选择图 6－37 所示的另一种形式的组合式磁体吸力型轴向被动磁轴承,其定子或转子磁体完全是拼块稀土永磁构成,可显著提高刚度,但也会增大旋转功耗。

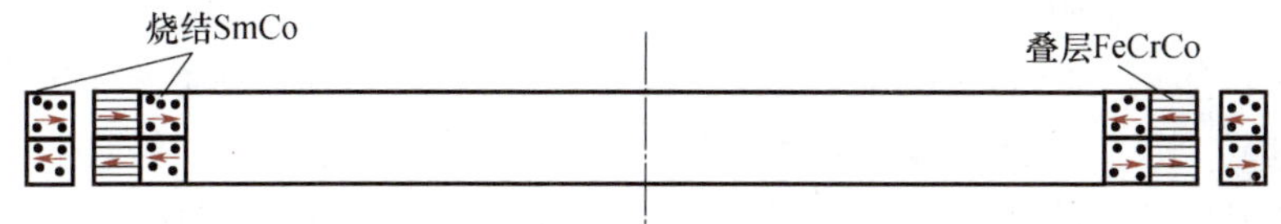

图 6－37　组合式磁钢被动轴承牺牲旋转功耗的高刚度设计

在要求大力矩的应用场合中,可充分利用轮盘径向空间,即永磁与永磁沿径向有两个作用面,可显著提高刚度及最大承载力。

综上,可根据实际需求的不同,灵活把握刚度与旋转损耗之间的关系,灵活设计组合式磁体吸力型轴向被动磁轴承。

6.5　被动磁轴承阻尼器设计

被动磁轴承由于不需要控制系统及电源,具有结构简单、可靠性高、损耗小的优点,但其缺少阻尼。对于磁悬浮反作用飞轮来说,转子一般会穿越 2 阶 ~3 阶的刚性模态,如果没有足够的阻尼,转子将会由于动、静不平衡量的存在而被激发产生振动。

6.5.1　被动磁轴承阻尼器分类及工作原理

现有的阻尼器结构主要分为主动阻尼器和被动阻尼器两大类,其中主动阻尼器根据转子运行状态的不同采取不同的控制措施,在磁悬浮系统中最为常见的主动阻尼器是主动控制式电磁轴承阻尼器[32－34](AMB/Damper),其结构为传统的纯电磁磁轴承结构(图 2－7),通过位移传感器检测转子的振动信号,经控制器分析处理,将所需要的反馈信号通过功率放大器施加到线圈上产生磁力,以提供相应的刚度和阻尼,为了减小主动控制式电磁轴承阻尼器在气隙中的磁场交变会产生额外涡流损耗的问题,H. M. Chen 提出了一种用于 60000r/min 储能飞轮的主动径向阻尼器结构[35],如图 6－38 所示。该结构采用了单边的同极性电磁结构,并利用永磁体提供偏置磁感应强度。

从目前的主动型电磁阻尼器来看,多用作径向阻尼器,虽然可以根据实际负载调整阻尼力的大小,使用更加灵活,但由于必须外加阻尼控制系统,因此结构复杂，成本较高，并且其控制效果的优劣取决于传感器等元件的性能，而导致可靠性下降。

对于被动阻尼器来说，不需要对转子系统施加控制，不需要传感器和外加控制系统，结构简单，成本低、可靠性高。在磁悬浮系统中常见的被动阻尼器主要有感应式电磁阻尼器和涡流式永磁阻尼器[36-38]，其中前者常用作径向阻尼器，结构与传统的纯电磁磁轴承类似，其基本原理是在线圈中通入一定大小的静态电流，当转子振动时，阻尼器气隙中的磁通发生变化，产生感应电势，线圈内的电流也随之波动，由于波动电流与转子振动位移之间存在相位差，从而产生了阻尼。而后者在结构上由定子永磁体和安装在转子上的阻尼部件组成，其原理是当转子振动时，永磁体产生的磁场会在阻尼部件中产生涡流实现阻尼效果，显然后者结构上更简单，可靠性更高，最为典型的涡流式永磁阻尼器结构如图6-39所示。

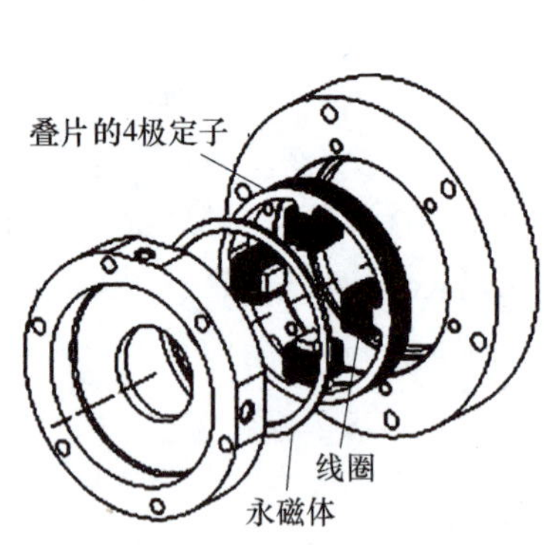

图6-38　主动径向阻尼器结构

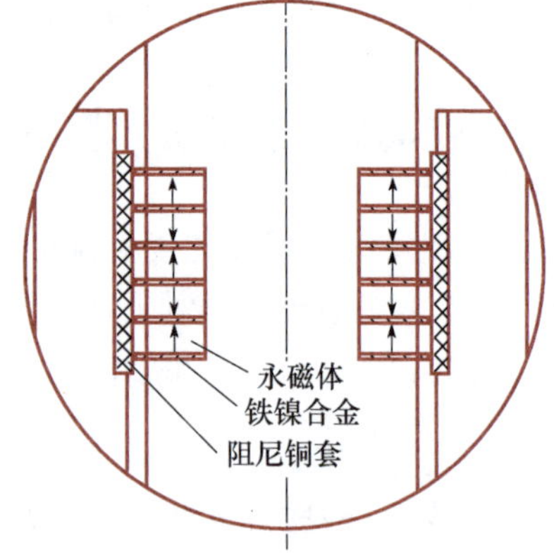

图6-39　典型的涡流式永磁阻尼器结构

转子主要振动频率为转频和章动频率，其运动方程为

$$m\ddot{x} + c\dot{x} + Kx = Kx_r$$

式中：m 为质量；c 为阻尼系数；K 为位移刚度系数；x 为转子实际运动位移；x_r 为给定位移。

将上述方程按照典型二阶方程整理成下式：

$$\ddot{x} + 2\xi\omega_n\dot{x} + \omega_n^2 x = \omega_n^2 x_r$$

则 $\omega_n = \sqrt{\dfrac{K}{m}}$，$\xi$ 为阻尼系数，$c = 2\xi\sqrt{Km}$。于是，$2\xi\omega_n m\dot{x}$ 即为施加的阻尼力。

6.5.2　Halbach 磁体被动阻尼器设计

传统被动阻尼器与被动磁轴承相对独立，为了减小体积，本节介绍一种 Halbach 磁体阻尼器，并将其与轴向被动磁轴承集成一体化设计[39]，如图 6－40 所示。该结构利用永磁体与转子齿之间的磁阻力提供轴向刚度，利用置于磁场中阻尼套的涡流提供阻尼力。该一体化结构由静止部分和可动部分组成，静止部分包括定子安装套 1、定子阻尼安装套 5、定子导磁环 2、定子永磁体 3、定子阻尼永磁体 6；可动部分包括转子轴 11、空心杯转子 9、转子齿 10、阻尼套 8。在静止部分中，定子永磁体 3 与定子导磁环 2 交叉依次排列，共同安装在定子安装套 1 上，定子永磁体 3 均为“背靠背”轴向充磁方式。定子阻尼永磁体 6 由 Halbach 磁体组成，安装在定子阻尼安装套 5 上。从图中可以看出，空心杯转子 9 外侧为转子齿 10，内侧为阻尼套 8，空心杯转子 9 将提供支承的转子齿 10 和提供阻尼的阻尼套 8 集成于一体。定子导磁环 2 内表面与其对应的转子齿 10 外表面形成气隙 4，用以提供支承力；定子阻尼永磁体 6 外表面与阻尼套 8 内表面形成阻尼气隙 7，用以提供阻尼力。

被动磁轴承—阻尼器的具体磁路如图 6－41 所示，其中提供支承力的磁路为：定子永磁体 3 经其两侧的定子导磁环 2、气隙 4 及定子导磁环 2 对应的转子齿 10 形成闭合回路，当转子受到外部干扰而产生轴向偏移时，每环定子导磁环 2 与其对应的转子齿 10 出现轴向偏移从而在磁气隙 4 中产生与外部干扰力方向相反的轴向回复力，使得转子保持轴向稳定。提供阻尼力的磁路为：Halbach 磁体 6 经过阻尼气隙 7、阻尼套 8 及空心杯转子 9 形成闭合回路。当转子轴向出现振荡时，定子阻尼永磁体 6 将在阻尼套 8 上产生磁通变化，并产生阻尼电流，阻止转子的振荡，使转子恢复到稳定状态。

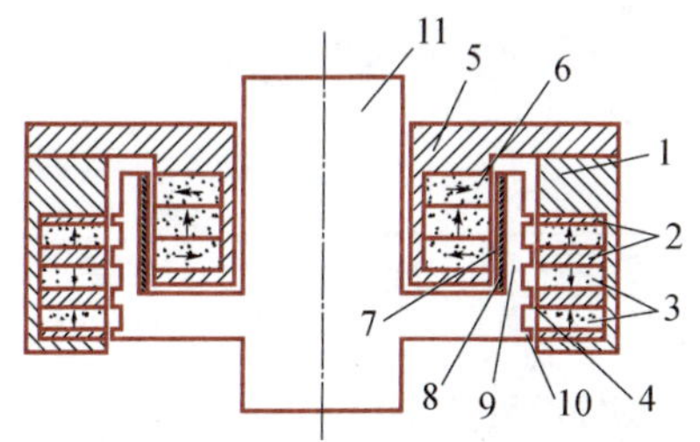

图 6－40　被动磁轴承—阻尼器示意图

1—定子安装套；2—定子导磁环；3—定子永磁体；4—气隙；5—阻尼安装套；6—定子阻尼永磁体；7—阻尼气隙；8—阻尼套；9—空心杯转子；10—转子齿。

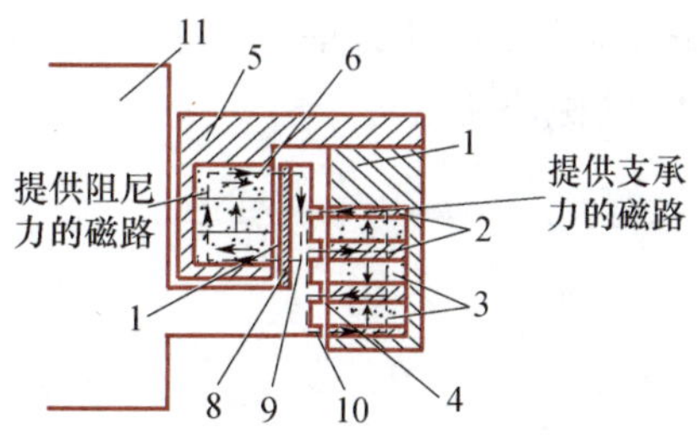

图 6－41　被动磁轴承—阻尼器磁路

从图 6－40 和图 6－41 可以清楚地看到，被动磁轴承—阻尼器在结构上集成，在磁路上独立。需要说明的是，由于空心杯形转子的内侧没有齿，因此在提供阻尼的磁路中，Halbach 磁体对转子不会产生轴向支承力，而支承力则仅在磁气隙中产生，两者相互独立，无耦合。

6.6 主被动磁悬浮反作用飞轮总体设计

6.6.1 两轴主动磁悬浮反作用飞轮基本结构

由于飞轮是通过角动量交换的原理实现航天器姿态控制的，故角动量是飞轮的主要指标之一。为了提高质量对转动惯量的贡献，飞轮转子都是采用扁平的盘式结构，质量集中在轮缘。永磁被动轴向磁轴承应用于磁悬浮飞轮，可以在结构上带来如下优势：永磁被动轴向磁轴承置于轮缘，作为有效角动量，并充分利用了飞轮充裕的径向空间，有利于回复刚度尤其是偏转刚度的提高；由于是空心圆环，因而不影响内侧的电机、永磁偏置径向磁轴承、传感器等部件的结构设计；吸力型永磁被动轴向磁轴承为径向间隙、径向力，而永磁偏置径向磁轴承、电机、保护轴承也是径向间隙，没有轴向间隙，从而简化了飞轮的装配与调试。

吸力型永磁被动轴向磁轴承基本结构如图 6－42 所示，由两个同心永磁磁环构成，一个为转子部分，一个为定子部分，其磁化方向相反（图中沿轴向，也可沿径向）。其工作原理是：图 6－42 所示的平衡位置，当两个磁环沿轴向平动或沿径向偏转有相对运动时，就会产生将二者拉回平衡位置的回复力或回复力矩；但沿径向平动的磁力为负刚度。在一定的偏移量或偏转量下，回复力的大小由磁环的矫顽力、剩磁等材料属性，以及磁环尺寸、气隙决定。

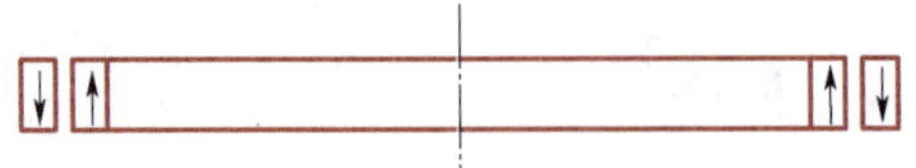

图 6－42 吸力型永磁被动轴向磁轴承的基本结构

采用两轴主动永磁偏置径向磁轴承，通过其磁极之间的磁阻式磁偏拉力实现被动悬浮的磁悬浮反作用飞轮结构如图 6－43(a) 所示，在体积和质量约束范围内，飞轮的偏转能力难以达到星体大机动指标的要求，而通过轴向被动磁轴承中定转子永磁体之间的相互作用力实现被动悬浮的磁悬浮反作用飞轮结构如图6－43(b)所示。从图中可以看出,后者较前者而言,整体结构得到了优化,减小了径向磁轴承的体积和质量,同时由于轴向被动磁轴承可以置于轮缘上,因此可以实现较大的偏转回复力矩。

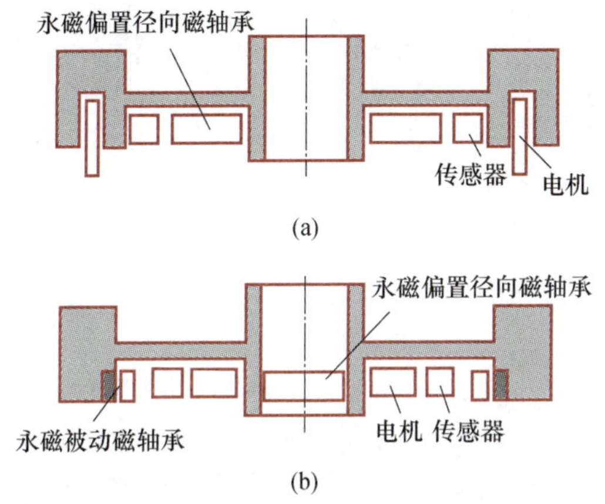

图6－43　不同磁轴承构型的磁悬浮反作用飞轮结构示意图

(a) 通过磁阻式磁偏拉力实现被动悬浮；(b) 通过永磁体之间的相互作用力实现被动悬浮。

采用独立永磁被动轴向磁轴承与永磁偏置径向磁轴承相结合的主被动磁悬浮反作用飞轮,其设计思路为:根据飞轮所要承受的最大扰动力矩指标(依据陀螺效应,由星体机动最大角速度得到),根据永磁材料的选择确定永磁被动轴向磁轴承单位体积的偏转回复刚度,进而确定永磁被动轴向磁轴承的直径和飞轮的偏转角度,然后根据永磁被动轴向磁轴承的不平衡刚度与保护间隙确定永磁偏置径向磁轴承在飞轮起浮时的最大承载力,再根据径向磁间隙、电流刚度等约束条件,确定永磁偏置径向磁轴承的永磁体参数、磁极尺寸、轭部铁心尺寸、线圈尺寸等,最后计算永磁偏置径向磁轴承的回复刚度,从而得到飞轮的回复刚度(主要是轴向回复刚度有增加,偏转回复刚度增加的较小)[31]。

6.6.2　两轴主动磁悬浮反作用飞轮设计

两轴主动磁悬浮反作用飞轮的基本指标为:额定转速6000r/min,额定角动量10N·m·s,飞轮转子质量不超过3kg,直径不超过210mm,轮体材料为无磁不锈钢。星体机动最大角速度为6.5°/s,依据陀螺效应,此时飞轮转子受到陀螺力矩为1.1N·m。两轴主动磁悬浮飞轮的二维结构如图6－44所示;磁悬浮反作用飞轮结构剖视图如图6－45所示[31]。

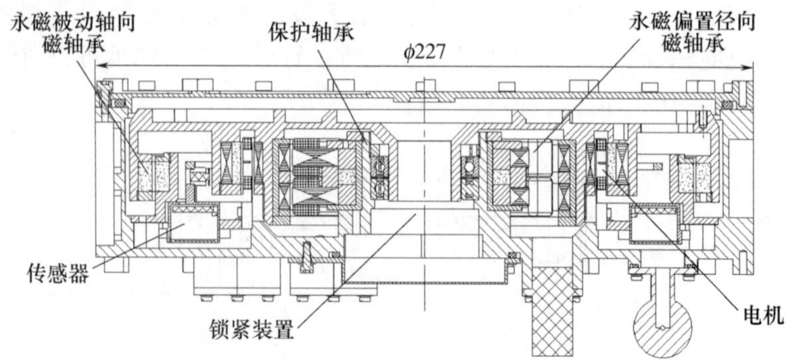

图 6-44 两轴主动磁悬浮反作用飞轮的二维结构示意图

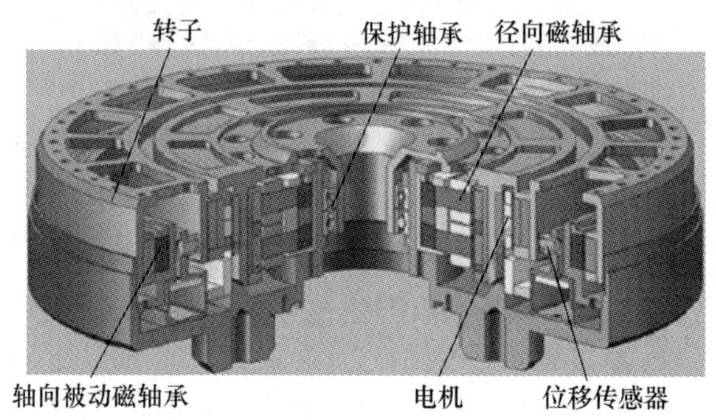

图 6-45 磁悬浮反作用飞轮结构剖视图

为了实现飞轮转子的五自由度悬浮,除了上述设计的基于 LHGT28 的永磁被动轴向磁轴承,还需要永磁偏置径向磁轴承与之配合。永磁偏置径向磁轴承的主要作用是:通过主动控制,消除永磁被动轴向磁轴承在径向上产生的不平衡刚度的影响;抑制转子静不平衡引起的振动。由于主要目的是验证基于 LNGT28 的被动轴向磁轴承的性能,因而永磁偏置径向磁轴承的设计参数见表 6-6,其性能参数见表 6-7。

表 6-6 径向磁轴承设计参数

外径	105mm	高度	25mm
气隙	0.8mm	保护轴承间隙	0.3mm
线圈匝数	150	线径	0.29mm
磁极弧度	60°	磁极轴向长度	6mm
永磁体面积	10cm^2	永磁体长度	5mm

表6-7　径向磁轴承性能参数

电流刚度/(N/A)	径向不平衡刚度/(N/mm)	偏移2.1mm的回复力/N	偏转2°输出力矩/(N·m)
68	-130	5.8	0.21

根据APMP与RPMB的刚度特性,得到磁悬浮动量轮的悬浮特性参数,如表6-8所列。

表6-8　磁悬浮动量轮的性能参数

径向不平衡刚度/(N/mm)	偏移2.1mm的回复力/N	偏转2°输出力矩/(N·m)
-145	28.9	1.37

6.7　主被动磁悬浮反作用飞轮自驱动平衡方法及其原理

飞轮的主要功能是对卫星的姿态进行调整和稳定,以抑制卫星由于外扰动力和力矩造成的姿态的偏移,保证卫星上的载荷(尤其是相机等对平台稳定度要求很高的载荷)能够可靠稳定地工作。理想的飞轮不仅要求在输出力矩方向能够输出期望力矩值,同样要求在非输出力矩方向上不对航天器输出扰动力和扰动力矩。对于飞轮的实际应用来说,由于其输出力矩矢量方向和转子的角动量方向有关,因此在飞轮的实际应用中需要已知(或者严格限制)转子的角动量矢量 H 的方向(即飞轮转子实际旋转轴的空间指向)。由于磁悬浮动量轮的转子高速旋转,飞轮输出的扰动力和力矩主要与飞轮转子的剩余不平衡有关,因此抑制磁悬浮动量轮本身的不平衡振动同样是卫星对其提出的一个应用需求。如果通过控制的方法对磁悬浮动量轮转子的不平衡振动进行抑制,则需要消耗额外的控制电流,造成磁轴承系统的功耗增加。因此,通过动平衡的方法尽量减小磁悬浮动量轮转子的残余不平衡对其空间应用来说是十分必要的。

针对主被动磁悬浮动量轮剩余不平衡表现的特殊形式,本节介绍了一种主被动磁悬浮动量轮的自驱动平衡方法。所有作用在高速旋转飞轮转子上的周期性的扰动力和扰动力矩均可等效为对应的轮缘分布的剩余不平衡质量造成的影响。基于以上等效,建立了从剩余不平衡质量大小和分布位置到测试振动信号的幅值和相位之间的传递函数关系。通过振动测试信号直接计算得到转子等效剩余不平衡的质量和分布[41]。

6.7.1 不平衡量对磁悬浮反作用飞轮性能的影响

1. 动平衡补偿的必要性

普通的机械飞轮由于其支承轴承之间仅有微量的窜动游隙（$<5\mu m$），因此转子的旋转轴能够和飞轮的定子轴较好地重合在一起，从而保证了飞轮转子的 $\boldsymbol{H}$ 矢量方向和定子轴的方向重合。而对于磁悬浮动量轮来说，在整个飞轮系统中有转子几何轴 $\boldsymbol{H}_{-G}$，转子惯性主轴 $\boldsymbol{H}_{-I}$，转子旋转轴 $\boldsymbol{H}'$ 以及定子几何轴 $\boldsymbol{H}$ 四个不同的轴向定义。由于转子和定子之间的非接触特性，使得飞轮的旋转轴既不和转子几何轴重合，也不和定子轴重合。对于飞轮的空间应用来说，磁悬浮动量轮的 $\boldsymbol{H}'$ 矢量只能定义在飞轮的定子几何轴 $\boldsymbol{H}$ 上，而飞轮的转子旋转轴 $\boldsymbol{H}'$ 相对于飞轮定子轴 $\boldsymbol{H}$ 总是存在偏心和偏转。图 6－46 为磁悬浮动量轮的定义角动量 $\boldsymbol{H}$ 和实际角动量 $\boldsymbol{H}'$ 的关系，且 $\boldsymbol{H}'$ 随转速的变换和转子跳动量的大小而变化。磁悬浮动量轮理想的工作状态是将上述四个轴向约束至重合。因此减小飞轮转子的位移跳动量是约束磁悬浮动量轮系统实际 $\boldsymbol{H}'$ 矢量逼近定义 $\boldsymbol{H}$ 矢量的唯一手段。

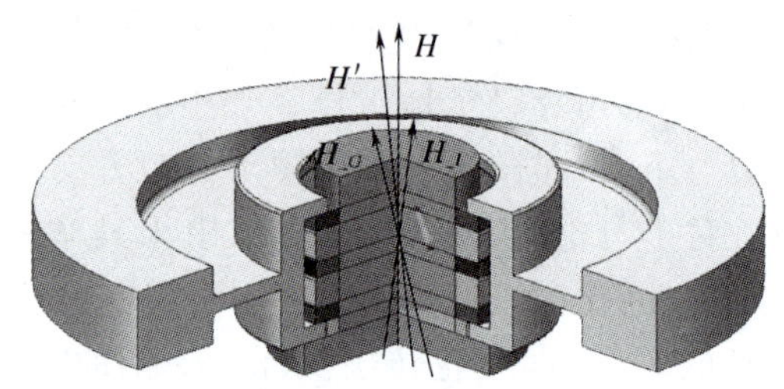

图 6－46　磁悬浮动量轮系统的定义角动量 $\boldsymbol{H}$ 和实际角动量方向 $\boldsymbol{H}'$ 的关系

$\boldsymbol{H}$— 定义在定子坐标系角动量方向；H'— 转子的实际角动量方向；

H_{-I}— 转子的惯性主轴；H_{-G}— 转子的几何对称轴。

飞轮转子在高速旋转时受到的主要扰动力为飞轮转子的剩余静不平衡和剩余偶不平衡造成的离心力和力矩，且该力和力矩的大小同转速的平方成正比。由于主动磁轴承的位移负刚度特性，飞轮转子在高速旋转时由于受到周期性的外扰动，会进一步偏离平衡位置，从而造成飞轮的悬浮失稳。为了抑制该周期性的扰动对飞轮转子造成的位移跳动量，可利用磁轴承线圈中的由位移传感器检测到的跳动量生成控制电流产生回复力来实现飞轮转子的稳定悬浮。由于抑制飞轮转子的跳动量需要额外的控制电流，因此飞轮转子在高速旋转时，整个系统需要额外的能量消耗，并且该能量消耗随着飞轮转子转速的提高而增加。虽然定子轴上的主动磁轴承产生回复力并通过磁场作用在飞轮转子从而控制其稳定悬浮，但是该回复力的动反力通过定子轴传递至飞轮底座从而传递至卫星，造成卫星本体受扰。因此，磁悬浮动量轮剩余不平衡会引起不期望的扰动力，必须进行高精度的补偿抑制。

磁悬浮动量轮的等效剩余不平衡不仅与飞轮转子质量分布的均匀性有关，还和磁轴承通道的对称性、电涡流位移传感器、功率放大模块通道的对称性、电涡流位移传感器检测面的对称性有关。因此，传统的仅在平衡机上对转子进行不平衡质量分布对称性测试和补偿的方法不适用于磁悬浮动量轮[40]。同时由于磁悬浮动量轮转子在平衡前后需要对飞轮转子进行拆装，装配误差会进一步破坏在平衡机上的补偿效果。

主动磁轴承的一个显著特点就是其转子的支承力由永磁体和控制电流共同产生。由于控制电流的可调性，可以通过控制算法抑制飞轮高速旋转时对卫星平台输出的振动。对于两自由度主被动磁悬浮动量轮来说，剩余静不平衡质量对飞轮产生的影响作用在其两个径向平动主动自由度上，可以通过可控的电磁力对该扰动力造成的影响进行主动抑制。剩余偶不平衡质量在径向偏转被动自由度上产生周期性的干扰力矩。由于被动自由度没有控制电流参与该自由度的悬浮，因此没有办法通过主动控制的方法来抑制剩余偶不平衡对飞轮的造成的影响。因此，剩余偶不平衡产生的不平衡振动只能通过不平衡补偿的方法来抑制。

高速旋转体的平衡补偿是一个研究热点，由于磁轴承电磁力主动可控的优势，因而可以通过对磁轴承支承的高速旋转体进行振动控制抑制。对于磁轴承支承的高速转子来说，其控制目标可以分为零位移和零振动两大类。以零位移为控制目标的控制方法也称为不平衡补偿[42-44]（Imbalance Compensation），以零振动为控制目标的方法通常归类为自平衡（Auto Balancing）方法[45-47]。

不平衡补偿利用传感器检测飞轮转子相对于定子轴的位移，控制器根据反馈的位移信号生成控制电流，通过磁轴承生成控制力，使得转子在高速旋转时能够保持在坐标系 $oxyz$ 的原点。由于飞轮转子的剩余不平衡的存在，使得转子在高速旋转时受到一个和飞轮转子转频相同的不平衡干扰力和干扰力矩，使得飞轮转子偏离其参考位置。磁轴承生成的控制力使得飞轮转子能够在一定的裕度下保持稳定悬浮，但是该控制力的动反力则通过定子轴传递到飞轮底座上从而传递至卫星上，对卫星来说则表现为飞轮系统输出一个同频的干扰力和干扰力矩。这种控制方法以飞轮转子的跳动量大小为控制目标，从而能保证飞轮转子较高的 $\boldsymbol{H}$ 矢量指向精度。当飞轮转子的剩余不平衡较大时，由于磁轴承功放模块的饱和等因素，可能引起磁轴承生成的控制力不足以抵消飞轮旋转时产生的不平衡力，进而造成飞轮转子的跳动量大甚至是失稳。

自平衡方法利用磁轴承电磁力主动可控的优势，通过设定飞轮旋转时的参考位置，可以在线调整磁悬浮动量轮的旋转参考轴，从而使得飞轮参照其惯性主轴(Inertial Axis)旋转。主要的方法有自适应 Q - 综合控制器、同频陷波器(Notch Filter)等手段。由于以上方法的主要思想和手段是通过利用电磁力主动可控的优点以及磁轴承在空间上一定的余量内参考位置可变的特点来调整磁悬浮动量轮的旋转主轴，因此，在飞轮本身的剩余不平衡量较大的情况下，飞轮惯性主轴和定子主轴之间存在较大的偏移，使得飞轮的跳动量较大，飞轮实际的 $\boldsymbol{H}$ 矢量方向和定子主轴之间的方向存在较大的偏差。对于 $\boldsymbol{H}$ 矢量方向要求不高的磁轴承控制场合来说，该方法能够非常有效地抑制转子不平衡造成的不平衡扰动输出，但是对于 $\boldsymbol{H}$ 矢量要求有较高精度场合来说，该方法有一定的局限性。

上述两种方法针对的控制目标不同，分别实现了对飞轮的 $\boldsymbol{H}$ 矢量方向的高精度控制以及对输出扰动力和扰动力矩的抑制。既能有效地抑制飞轮的不平衡振动输出(零振动)，又能保证飞轮的 $\boldsymbol{H}$ 矢量和定子轴之间的偏差(零位移)的平衡方法，是磁悬浮动量轮实际应用中的一个现实问题。

对于主被动磁悬浮动量轮来说，其剩余静不平衡对系统的影响体现在主动自由度上，因此可以通过调整线圈中的控制电流来抑制不平衡对系统的影响。对剩余偶不平衡来说，由于其对系统的影响主要体现在被动自由度上，而被动自由度完全靠被动磁轴承来实现，因此其无法通过控制算法来实现对剩余不平衡造成的影响的抑制。为了抑制主被动磁悬浮动量轮的不平衡振动输出，提高飞轮角动量的方向精度，提高系统的可靠性，必须对主被动飞轮系统进行高精度动平衡补偿。

本节介绍了一种磁悬浮动量轮自驱动平衡补偿的方法，直接测量飞轮在参考转速下的振动输出，等效为飞轮转子上的静不平衡和偶不平衡质量分布，直接对该不平衡质量进行补偿，从而同时降低飞轮系统的转子跳动量以及不平衡振动输出，进而约束飞轮的惯性主轴和参考主轴之间的偏差，使得飞轮的实际 $\boldsymbol{H}$ 矢量与定子主轴重合。

2. 不平衡量对磁悬浮反作用飞轮功耗的影响

磁悬浮动量轮的剩余不平衡不仅对飞轮系统的输出振动有影响。为了抵消剩余不平衡产生的扰动力，必须通过控制电流产生电磁力来抑制剩余不平衡产生的扰动力。

高速旋转的磁悬浮动量轮系统的功耗主要由四部分组成：

(1) 控制系统电路部分的功耗。对于固定的飞轮系统来说，该功耗是一个恒定值。

（2）静态悬浮功耗。在承重方向，由于需要克服重力的影响，需要一个恒定的电流值来产生一个偏置的悬浮力来抵消重力的影响。在非承重方向，由于同一方向上不同磁极的磁场强度的不对称性，同样需要一个恒定的电流来产生磁通使得同向不同极磁场的对称性。该功耗值是一个恒定值，同时，该功耗可以通过调整飞轮悬浮的参考位置来减小。

（3）动态悬浮功耗。由于飞轮转子在高速旋转时，受到周期性或者随机的扰动力和扰动力矩，飞轮会偏离其平衡位置。由于永磁力的位移负刚度特性，飞轮转子会偏离其平衡位置。控制器根据扰动力和扰动力矩的幅值和相位生成对应的动态电流以消除该力和力矩的影响。对转子的动态调整增加了整个系统的功耗。

（4）飞轮电机的损耗。尽管磁悬浮动量轮的转子由磁轴承实现无接触支撑，摩擦力矩较机械飞轮大大降低，但是由于风阻、磁轴承定转子之间的磁滞、涡流，以及驱动电机的磁偏拉力等原因，使得作用在飞轮转子上的损耗力矩不为零。为了维持飞轮的转速，驱动电机必须消耗一定的功率来抵消作用于飞轮转子上的等效损耗力矩。当磁轴承线圈的动态调整电流的幅值和频率过大时，会在磁轴承的定转子之间产生交变涡流，从而增加飞轮转子的损耗力矩。

因此，飞轮的剩余不平衡不仅影响其输出的扰动力和扰动力矩的大小，同样影响其功耗。

磁轴承系统的线圈电流为

$$i = i_0 + \Delta i_t + i_n \tag{6-4}$$

式中：i_0 为抵消重力或者磁场不均匀性所需的恒值电流，和周期性的扰动力和力矩无关；Δi_t 为抵消周期性的扰动力和扰动力矩的周期性电流，决定于外界的周期性扰动力和力矩；i_n 为电流噪声，以下忽略该电流噪声对系统功耗的影响。

剩余不平衡引起的系统电流的增加量为

$$\begin{cases} i_{tx} = k_a(k_P + k_D\omega)r_s\sin(\omega t + \theta_s) \\ i_{ty} = k_a(k_P + k_D\omega)r_s\cos(\omega t + \theta_s) \end{cases} \tag{6-5}$$

式中

$$\begin{aligned} r_s &= f_{r0}/A_f \\ \theta_s &= \alpha_s - \theta_f \end{aligned} \tag{6-6}$$

A_f和 θ_f如式(6-21)和式(6-22)所示。

因此，由抵消等效剩余不平衡质量所产生的扰动力和力矩造成的动态电流的有效值为

$$\Delta I = 4k_a(k_P + k_D\omega)r_s/\pi \tag{6-7}$$

6.7.2 主被动磁悬浮反作用飞轮自驱动平衡方法

剩余不平衡对飞轮转子造成的影响主要体现在四个径向自由度上,磁悬浮动量轮的残余不平衡产生原因主要有:转子材料本身的不均匀性;生产、装配过程中的误差;磁轴承磁性材料的不对称性造成的等效不平衡;传感器定义坐标系和转子实际旋转圆之间的误差造成的等效不平衡;飞轮驱动电机的磁钢安装偏差以及磁场不均匀等造成的电机驱动飞轮旋转时的等效不平衡等。

假设在飞轮转子上的周期性同频径向扰动力为 $\Delta\boldsymbol{F}_{r1},\Delta\boldsymbol{F}_{r2},\Delta\boldsymbol{F}_{r3},\cdots$;作用在飞轮转子上的同频径向扰动力矩为 $\Delta\boldsymbol{M}_{r1},\Delta\boldsymbol{M}_{r2},\Delta\boldsymbol{M}_{r3},\cdots$。根据矢量合成的原理,所有上述的扰动力和扰动力矩可以合成一个作用在转子质心的归一扰动力 $\Delta\boldsymbol{F}_r$和扰动力矩 $\Delta\boldsymbol{M}_r$。

$$\begin{cases}\Delta\boldsymbol{F}_r = \sum \boldsymbol{F}_{ri}\\ \Delta\boldsymbol{M}_r = \sum \boldsymbol{M}_{ri}\end{cases} \tag{6-8}$$

该合成的同频扰动力在转子极坐标中表示为 $\Delta\boldsymbol{F}_r = (\Delta F_r, \alpha_s)$;合成的同频扰动力矩在转子及坐标系中的表示为 $\Delta\boldsymbol{M}_r = (\Delta M_r, \alpha_d + \pi/2)$,如图 6-47 所示。

1. 剩余静不平衡

根据作用在飞轮转子上的合成周期性扰动力的幅值和相位,可以将其视为等效集总的剩余静不平衡质量造成的扰动。该集总剩余静不平衡质量分布在转子外缘中部,如图 6-47 所示,($m_s\alpha_s$)为该等效剩余静不平衡的质量和在转子极坐标系中的角。剩余静不平衡质量产生的离心力的幅值和式(6.8)所示的合成同频扰动力有如下关系:

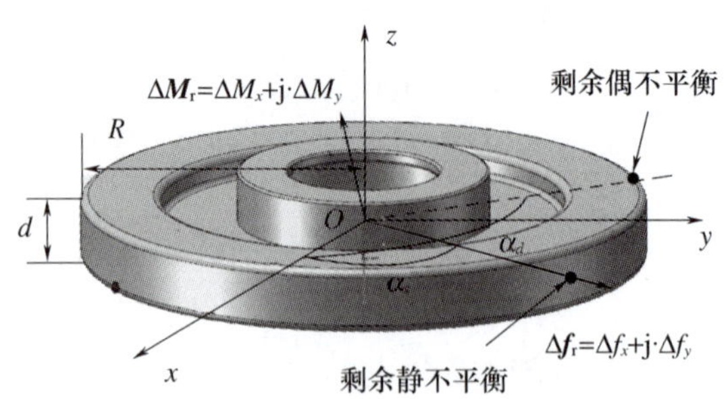

图 6-47 转子等效剩余静不平衡、偶不平衡示意图

$$\begin{cases}\Delta F_r = m_s R\omega^2 \\ \Delta F_r = \Delta F_r \cdot e^{j(\omega t+\alpha_s)}\end{cases} \tag{6-9}$$

式中:ω 飞轮转子的转速。该等效剩余不平衡质量产生的扰动力在定子坐标系上的分力为

$$\begin{cases}\Delta F_x = m_s R\omega^2 \cos(\omega t + \alpha_s) \\ \Delta F_y = m_s R\omega^2 \sin(\omega t + \alpha_s)\end{cases} \tag{6-10}$$

2. 剩余偶不平衡

根据作用在飞轮转子上的合成周期性扰动力矩的幅值和相位,可以将该周期性扰动力矩等效成为剩余偶不平衡质量对造成的影响,该点质量对分别沿轮缘隔180°分布在转子外缘的上下端部处,如图6-47所示。假设($m_d\alpha_d$)为转子上部剩余偶不平衡的质量和在转子极坐标系中的相角。当转子高速旋时,该剩余偶不平衡质量对产生的扰动力矩的幅值和式(6-8)所示的合成同频扰动力有如下关系:

$$\begin{cases}\Delta M_r = m_d R d\omega^2 \\ \Delta M_r = \Delta M_r \cdot e^{j(\omega t+\alpha_d+\pi/2)}\end{cases} \tag{6-11}$$

该等效剩余偶不平衡质量在转子上产生的扰动力矩在定子坐标系上的分量为

$$\begin{cases}\Delta M_x = -m_d R d\omega^2 \cos(\omega t + \alpha_d + \pi/2) \\ \Delta M_y = m_d R d\omega^2 \sin(\omega t + \alpha_d + \pi/2)\end{cases} \tag{6-12}$$

对于主被动磁悬浮反作用飞轮的自驱动平衡来说,有以下前提条件和假设:

(1) 磁轴承的电磁力或永磁力在线性工作点进行线性化;在一定的精度范围内,能够较为完整地描述主动磁轴承和被动磁轴承的电磁力特性。

(2) 飞轮剩余不平衡建模时将飞轮转子的剩余静、偶不平衡质量视为在转子轮缘的点质量分布。

(3) 在飞轮的设计环节要保证飞轮转子的一阶弹性模态(>1000Hz)远远高于飞轮的额定工作转速(83.3Hz)。在飞轮工作额定转速范围内,视飞轮转子为刚性体,而不考虑其挠性;

(4) 不考虑飞轮转子长时间效应(>10 年)的蠕变以及应力变形等造成的剩余不平衡质量的大小分布位置。飞轮的剩余静偶不平衡质量分布不随转速的变化而发生变化。

(5) 在飞轮工作转速范围内,磁轴承控制器的电气参数保持不变,功率放

大部分等环节不会发生饱和非线性等现象。

(6) 由于飞轮转子为薄圆盘转子,因而必须考虑转子高速旋转时的陀螺效应。

基于以上假设,可以得到考虑磁悬浮动量轮转子静偶不平衡质量时的电磁动力学模型,作为自驱动平衡补偿的理论和试验依据。

飞轮向外界输出的振动在本质上是由磁轴承稳定飞轮转子时控制力的动反力通过定子轴和底座向外传递造成的。飞轮转子高速旋转时受到周期性的扰动会偏离其平衡位置,为了稳定转子的悬浮,主动磁轴承通过控制电流生成回复力抵消该扰动对转子的影响。被动磁轴承则通过永磁体的斥力或吸力实现转子在该自由度上的稳定悬浮。造成同频扰动的等效剩余不平衡质量和飞轮传递出的扰动量有严格的对应关系,因此可以通过测试高速旋转飞轮向外界输出的振动值计算出等效剩余不平衡质量的大小和分布,然后通过加重或者去重补偿方法,可以在很大程度上消除飞轮高速旋转时所受的同频扰动。图 6-48 所示为依循该传递路径则可由测试所得振动信号反推出等效剩余不平衡质量的相关信息。

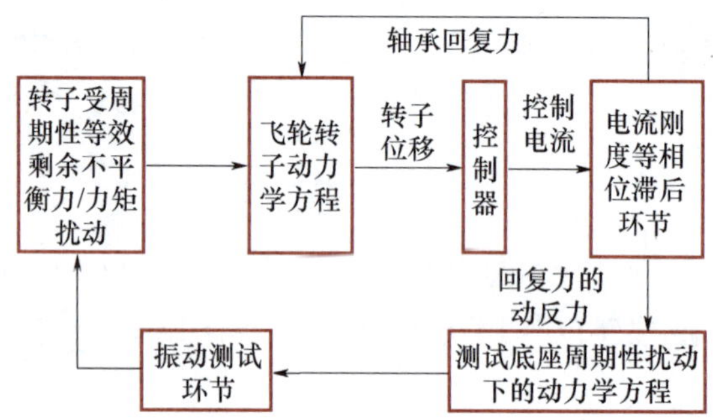

图 6-48　等效剩余不平衡质量的大小和分布值测试所得振动幅值和相位之间的传递路径

6.7.3　主被动磁悬浮反作用飞轮自驱动平衡原理

由等效剩余不平衡质量至振动测试信号的传递过程中,存在磁轴承控制器的频率特性影响、磁轴承电流刚度和位移刚度造成的放大及相位滞后、振动测试平台的放大及相位滞后三个环节。下面就这三个环节分别进行介绍。

1. 控制器的频率特性影响

对于主动磁轴承来说,当扰动力/力矩驱动飞轮转子偏离其平衡位置时,主动磁轴承根据位移传感器获得的转子偏移量,生成控制电流信号经功率放大环节之后,由线圈产生回复力,驱动飞轮转子回复到其平衡位置。为了建模方便,将传感器检测环节的传递函数、功率放大模块的检测环节的传递函数并入控制器的传递函数环节。不同的控制算法和控制参数,将导致控制器传递环节不同的幅频特性和相频特性曲线。以 PD 控制器为例,磁轴承支承的飞轮转子动力学方程为

$$\begin{cases} m\ddot{x} = F_x + \Delta F_x \\ m\ddot{y} = F_y + \Delta F_y \\ J_e\ddot{\beta} - J_p\omega\dot{\alpha} = M_y + \Delta M_y \\ J_e\ddot{\alpha} + J_p\omega\dot{\beta} = M_x + \Delta M_x \end{cases} \tag{6-13}$$

将上式写成极坐标的形式,则有

$$\begin{cases} m\ddot{\boldsymbol{r}} = \boldsymbol{F} + \Delta \boldsymbol{F}_r \\ J_e\ddot{\zeta} + J_p\omega\dot{\zeta}\mathrm{e}^{-\mathrm{j}\frac{\pi}{2}} = \boldsymbol{M} + \Delta \boldsymbol{M} \end{cases} \tag{6-14}$$

式中

$$\begin{cases} \boldsymbol{r} = x + \mathrm{j}\cdot y \\ \boldsymbol{F} = F_x + \mathrm{j}\cdot F_y \\ \Delta \boldsymbol{F}_\mathrm{r} = \Delta F_x + \mathrm{j}\cdot \Delta F_y \end{cases} \quad \begin{cases} \boldsymbol{\zeta} = \alpha + \mathrm{j}\cdot \beta \\ \boldsymbol{M} = M_x + \mathrm{j}\cdot M_y \\ \Delta \boldsymbol{M}_\mathrm{r} = \Delta M_x + \mathrm{j}\cdot \Delta M_y \end{cases} \tag{6-15}$$

对于控制径向平动自由度的主动磁轴承的 PD 控制器来说,磁轴承控制器根据位移传感器检测到的转子平动位移信号 x、y 生成控制电流 i_x 和 i_y。该控制电流和永磁偏置磁场一起生成作用在飞轮转子上的径向回复力,如式(6-16)所示。

$$\begin{cases} i_x = \mathrm{kamp}(k_\mathrm{P}x + k_\mathrm{D}\dot{x} \\ i_y = \mathrm{kamp}(k_\mathrm{P}y + k_\mathrm{D}\dot{y}) \\ F_x = k_\mathrm{s}x + k_\mathrm{A}k_i(k_\mathrm{P}x + k_\mathrm{D}\dot{x} \\ F_y = k_\mathrm{s}y + k_\mathrm{A}k_i(k_\mathrm{P}y + k_\mathrm{D}\dot{y}) \end{cases} \tag{6-16}$$

式中:K_A 为功率放大模块的放大倍数;k_P, k_D 为 PD 控制器的比例和微分系数;k_i 和 k_s 为磁轴承的电流刚度和位移刚度:ΔF_x 、ΔF_y 、ΔM_x 、ΔM_y 为作用在飞轮转子上周期性的不平衡扰动力和扰动力矩;F_x、F_y 为磁轴承作用在转子上的控制力(含主动电磁力和被动永磁力两部分)。

对于被动磁轴承来说,其产生的回复力矩 M_x 和 M_y 为

$$\begin{cases} M_x = k_{rp}\alpha + c_{rp}\dot{\alpha} \\ M_y = k_{rp}\beta + c_{rp}\dot{\beta} \end{cases} \tag{6-17}$$

式中:k_{rp}为被动磁轴承的刚度系数;c_{rp}为被动磁轴承的阻尼系数。

2. 电流刚度和位移刚度环节的放大和相位滞后

理想的磁轴承电流刚度是一个不受电流频率影响和常量恒值,其等效的线性化电磁力表达式为

$$F = k_s x + k_i i_x \tag{6-18}$$

式中:k_s为线性化的位移刚度;k_i为线性化的电流刚度。

但是,磁轴承的磁滞、涡流等会造成控制电流和产生控制力之间的相位滞后,即电流刚度和位移刚度随角频率的变化而衰减以及滞后[48]。通常来说,要获得电流刚度准确的幅频特性和相频特性解析表达式是比较困难的。因此,以下通过有限元分析法(FEM)来获得不同频率下的电流刚度的幅值衰减和相位滞后关系。电流刚度的描述函数为

$$k_i(\omega) = k_{i0}A(\omega)\mathrm{e}^{\mathrm{j}\theta(\omega)} \tag{6-19}$$

式中:k_{i0} 为定转子之间没有相对转动时的电流刚度,称为静态电流刚度;$A(\omega)$ 为相频特性函数;$\theta(\omega)$ 为幅频特性函数。通过 FEM 计算方法,可以得到 $A(\omega)$ 和 $\theta(\omega)$ 随频率变化的曲线函数。

从图 6-49 可知,当转速为 5000r/min(83.3Hz)时,电流刚度造成的相位滞后约为 3.8°,电流刚度的衰减约为 -1.8 dB。将式(6-18)和式(6-19)代入式(6-13),可以得到主动磁轴承产生的回复力为

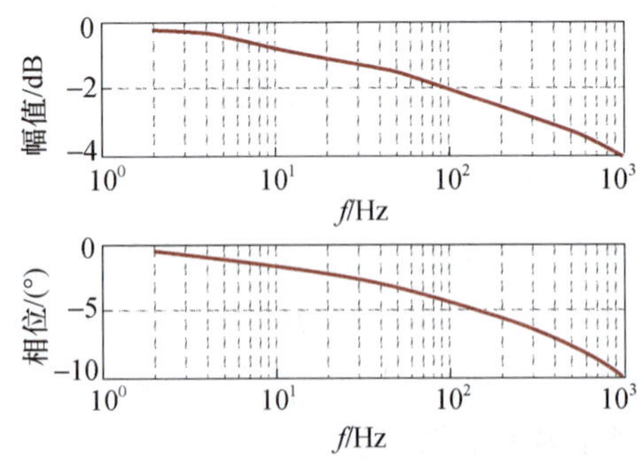

图 6-49 电流刚度的幅频特性曲线和相频特性曲线

$$\begin{cases}\boldsymbol{F}_{\mathrm{r}} = \left[-m\omega^2 \dfrac{F_{\mathrm{r0}}}{A_{\mathrm{f}}}\mathrm{e}^{\mathrm{j}(-\theta_f)} - 1\right]\Delta F\mathrm{e}^{\mathrm{j}(\omega t+\alpha_{\mathrm{s}})} \\ \boldsymbol{F}_{\mathrm{r}} = F_{\mathrm{r}x} + \mathrm{j}\cdot F_{\mathrm{r}y}\end{cases} \tag{6-20}$$

式中：

$$A_f = \sqrt{\begin{aligned}&[-m\omega^2 - k_{\mathrm{s}} - k'_{\mathrm{P}}\cos\theta(\omega) + k'_{\mathrm{D}}\omega\sin\theta(\omega)]^2 \\ &+ [-\omega k'_{\mathrm{D}}\cos\theta(\omega) - k'_{\mathrm{P}}\sin\theta(\omega)]^2\end{aligned}} \tag{6-21}$$

为控制器环节的增益系数。

$$\theta_{\mathrm{f}} = \arctan\frac{-\omega k'_{\mathrm{D}}\cos\theta(\omega) - k'_{\mathrm{P}}\sin\theta(\omega)}{-m\omega^2 - k_{\mathrm{s}} - k'_{\mathrm{P}}\cos\theta(\omega) + k'_{\mathrm{D}}\omega\sin\theta(\omega)} \tag{6-22}$$

为控制器环节造成的相位滞后。式(6－21)和式(6－22)中：

$$\begin{cases}k'_{\mathrm{P}} = k_{i0}A(\omega)k_{\mathrm{a}}k_{\mathrm{P}} \\ k'_{\mathrm{D}} = k_{i0}A(\omega)k_{\mathrm{a}}k_{\mathrm{D}}\end{cases} \tag{6-23}$$

对于径向偏转自由度来说，其回复力由被动磁轴承产生，没有控制电流参与，将偏转力矩的表达式代入飞轮转子的受迫振动中，可以得到转子在该自由度上的动力学方程为

$$\begin{cases}J_{\mathrm{e}}\beta - J_{\mathrm{p}}\omega\dot{\alpha} = k_{\mathrm{rp}}\beta + c_{\mathrm{rp}}\dot{\beta} + \Delta M_y \\ J_{\mathrm{e}}\ddot{\alpha} + J_{\mathrm{p}}\omega\beta = k_{\mathrm{rp}}\alpha + c_{\mathrm{rp}}\dot{\alpha} + \Delta M_x\end{cases} \tag{6-24}$$

将上式写成复数形式，则有

$$J_{\mathrm{e}}\zeta + J_{\mathrm{p}}\omega\dot{\zeta}\mathrm{e}^{-\mathrm{j}\frac{\pi}{2}} - \boldsymbol{k}\boldsymbol{\zeta} - \boldsymbol{c}\dot{\boldsymbol{\zeta}} = \Delta\boldsymbol{M} \tag{6-25}$$

在剩余偶不平衡力矩$\Delta\boldsymbol{M}$的周期性激励下，转子的运动方程为

$$\begin{cases}\zeta = A(\xi)\mathrm{e}^{\mathrm{j}[\omega t+\alpha(\xi)]} \\ A(\xi) = \dfrac{M_{\mathrm{r}}}{\sqrt{(J_{\mathrm{p}}\omega^2 - J_{\mathrm{e}}\omega^2 - k_{\mathrm{rp}})^2 + (c_{\mathrm{rp}}\omega)^2}} \\ \alpha(\xi) = \omega t + \alpha_{\mathrm{d}} + \dfrac{\pi}{2} - \arctan\dfrac{c_{\mathrm{rp}}\omega}{J_{\mathrm{e}}\omega^2 - J_{\mathrm{p}}\omega^2 + k_{\mathrm{rp}}}\end{cases} \tag{6-26}$$

被动磁轴承提供的回复力为

$$\begin{cases}M = M(\xi)\mathrm{e}^{\mathrm{j}[\omega t+\alpha_M(\xi)]} \\ M(\xi) = \dfrac{M_{\mathrm{r}}\sqrt{k_{k_{\mathrm{rp}}}^2 + \omega^2 c_{k_{\mathrm{rp}}}^2}}{\sqrt{(J_{\mathrm{p}}\omega^2 - J_{\mathrm{e}}\omega^2 - k_{\mathrm{rp}})^2 + (c_{\mathrm{rp}}\omega)^2}} \\ \alpha_M(\xi) = \omega t + \alpha_{\mathrm{d}} + \dfrac{\pi}{2} - \arctan\dfrac{c_{\mathrm{rp}}\omega}{J_{\mathrm{e}}\omega^2 - J_{\mathrm{p}}\omega^2 + k_{\mathrm{rp}}} + \arctan\dfrac{\omega c_{\mathrm{rp}}}{k_{\mathrm{rp}}}\end{cases} \tag{6-27}$$

3. 振动测试环节的放大和相位滞后

磁轴承产生的回复力的动反力通过定子轴和飞轮底座传递至振动测试平台,振动测试平台在上述周期性激振力的作用下产生简谐振动。自驱动平衡的振动测试平台如图 6-50 所示。振动测试平台由一个十字底座板,四个支承弹簧以及六个振动传感器组成。相对于飞轮来说,可视其为一个刚性支架。四只传感器的 $SZ_1 \sim SZ_4$ 敏感轴向为 z 向。传感器 SX 的敏感轴向为 x 向,传感器 SY 的敏感轴向为 y 向。将动反力向振动测试台的质心进行矢量合成,可以得到振动测试台质心所受的力和力矩为

$$\begin{cases} F_{bx} = -F_{rx} \\ F_{by} = -F_{ry} \\ M_{bx} = -M_{rx} - F_y h \\ M_{by} = -M_{ry} + F_x h \end{cases} \tag{6-28}$$

在极坐标系中表示为

$$\begin{cases} \boldsymbol{F}_{b} = -\boldsymbol{F}_{r} \\ \boldsymbol{M}_{b} = -\boldsymbol{M}_{r} + \boldsymbol{F}_{r} \cdot e^{j\frac{\pi}{2}} \cdot h \end{cases} \tag{6-29}$$

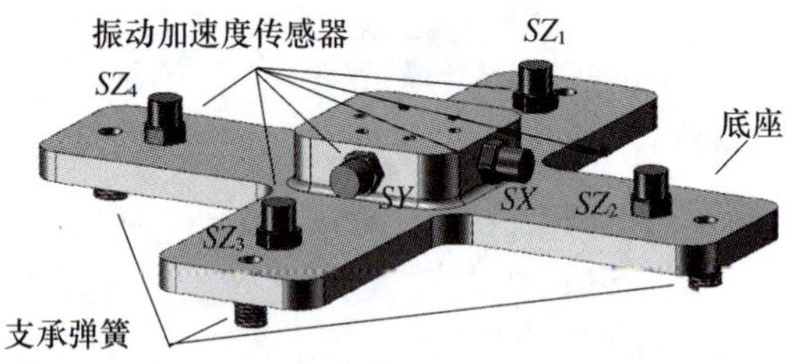

图 6-50 自驱动平衡振动测试系统

相比于作用在振动测试平台上的动反力和力矩的幅值和频率来说,十字振动测试平台可以视为刚性。对于振动测试台来说,可以等效为一个四自由度的自由振动系统,其运动微分方程具有如下形式:

$$\begin{cases} m_b \ddot{x}_b + c_{tb} \dot{x}_b + k_{tb} x_b = -F_x \\ m_b \ddot{y}_b + c_{tb} \ddot{y}_b + k_{tb} y_b = -F_y \\ J_{xb} \ddot{\alpha}_b + c_{rb} \dot{\alpha}_b + k_{rb} \dot{\alpha}_b = -M_x - F_y h_b \\ J_{yb} \beta_b + c_{rb} \dot{\beta}_b + k_{rb} \beta_b = -M_y + F_x h_b \end{cases} \tag{6-30}$$

式中：m_b为飞轮定子轴、底座加振动测试平台的质量；J_{xb}和 J_{yb}振动测试平台沿 x 轴和 y 轴的转动惯量；k_{tb}和 k_{rb}为测试平台支承弹簧的轴向支承刚度和偏转支承刚度；c_{tb}和 c_{rb}为支承弹簧的轴向阻尼系数和支承偏转系数；h_b为定子坐标系的原点至测试平台安装面的距离；$[F_x\ F_y\ M_x\ M_y]$为作用在飞轮转子上的主动控制力和被动力矩。

由动反力和力矩至振动测试平台激起的振动，其放大和相位滞后为

$$\begin{cases} A_{is} = 1/\sqrt{(k_{tb} - m_b\omega^2)^2 + (c_{tb}\omega)^2} \\ \theta_{is} = \arctan\dfrac{c_{tb}\omega}{(k_{tb} - m_b\omega^2)} \quad (i = x, y) \end{cases} \tag{6-31}$$

$$\begin{cases} A_{id} = 1/\sqrt{(k_{rb}{}^2 - J_{rb}\omega)^2 + (c_{rb}\omega)^2} \\ \theta_{id} = \arctan\dfrac{c_{rb}\omega}{(k_{rb} - J_{rb}\omega^2)} \quad (i = x, y) \end{cases} \tag{6-32}$$

由式(6－21)、式(6－22)和式(6－32)所得振动测试信号的幅值和相位可以计算得到等效剩余不平衡质量的大小和相位。

6.7.4　主被动磁悬浮反作用飞轮自驱动平衡实验

以 10N·m·s 主被动磁悬浮动量轮为例，飞轮的平衡转速为 5000r/min。为了模拟飞轮的实际工作环境同时消除风阻对飞轮造成的同频扰动，飞轮在小于 3Pa 的真空环境下运行。使用的振动传感器以及飞轮转子的基本参数如表 6－9 所列。

表 6－9　振动传感器及飞轮转子参数

参数	数值	参数	数值
量程	3g	频率范围	0.1Hz～2000Hz
灵敏度	1500mV/g	谐振频率	7500Hz
分辨力	$2\times10^{-5}g$	飞轮转子半径	110mm
飞轮转子跨距	30mm	平衡螺钉孔	64 个
平衡面数量	2		

为了提高飞轮剩余不平衡的补偿精度，采用双面加重补偿方法，如图 6－51 所示。飞轮转子的上下轮缘处各均布有 64 个平衡螺钉螺纹孔，根据测试所得的剩余不平衡质量的大小和位置，在相对应的位置处进行加重补偿。补偿螺钉

选用高比重合金、铜、铝合金三种材料制成，根据需要补偿的质量选定不同长度的螺钉来确定加重螺钉的质量。采用该加重方式，能够方便而且可重复地进行剩余不平衡质量的补偿。

图 6－51　飞轮转子剩余不平衡轮缘（平衡螺钉）加重补偿

飞轮经自驱动平衡补偿前后的剩余不平衡质量的大小和相位如表 6－10 所列。

表 6－10　补偿前后的剩余不平衡质量

	平衡前	平衡后
剩余静不平衡质量	200mg∠179°	32mg∠24°
剩余偶不平衡质量	360mg∠270°	18mg∠123°

1. 飞轮转子的位移量

飞轮平衡前后的转子位移跳动量对比如图 6－52 所示，由图可知，平衡前转子跳动量的峰峰值为 40μm 左右，平衡后仅为 5μm 左右，通过自驱动平衡补偿，磁轴承对转子位移的跳动量有了很大的抑制，仅为原来的 1/8 左右。动平衡补偿前后转子 x 跳动量与 α 跳动量的瀑布图分别如图 6－53 和图 6－54 所示，从图中可以看出，各转速下的转子 x 跳动量与 α 跳动量均有不同程度的减小。

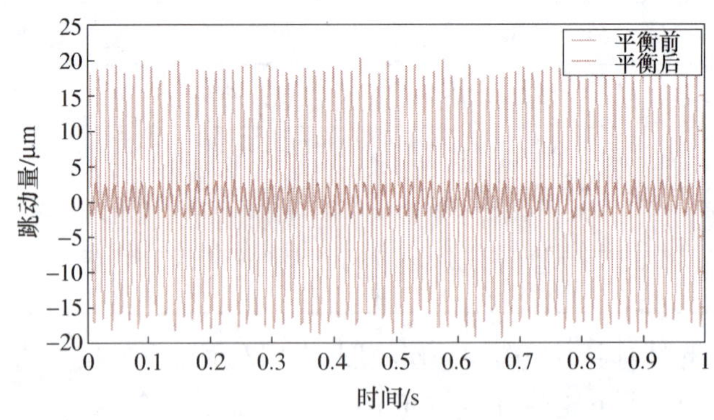

图 6－52　飞轮转子 5000r/min 时位移跳动量对比

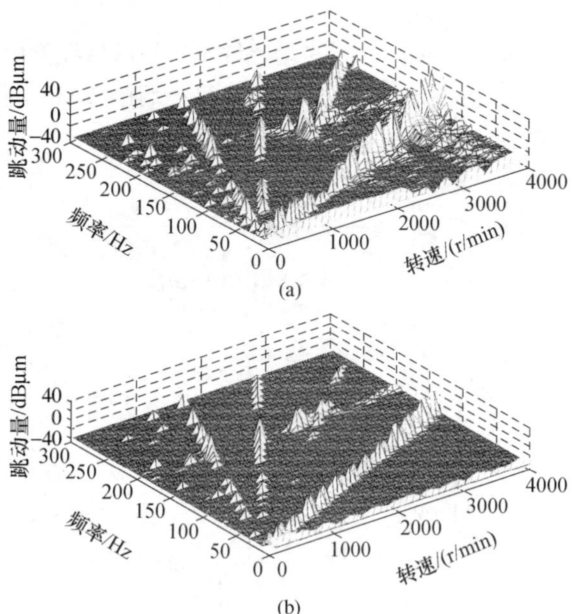

图6－53　动平衡补偿前后转子 x 跳动量瀑布图

（a）动平衡补偿前；（b）动平衡补偿后。

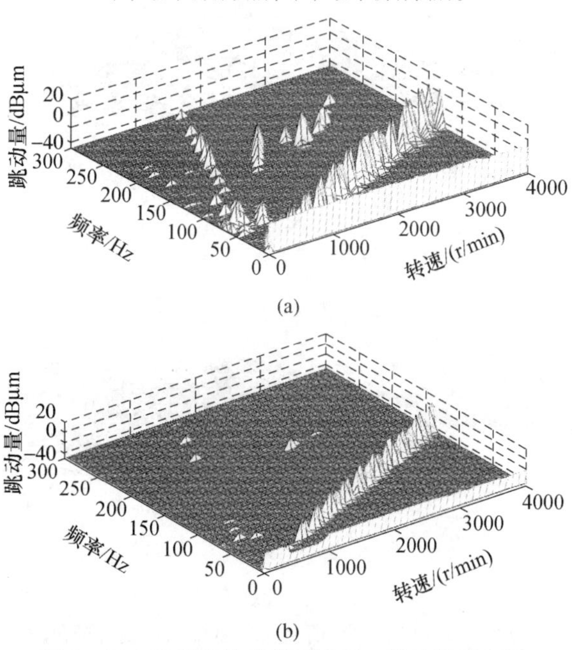

图6－54　动平衡补偿前后转子 α 跳动量瀑布图

（a）动平衡补偿前；（b）动平衡补偿后。

2. 主动磁轴承的控制电流

图6－55为转速5000r/min时，主动磁轴承平衡前后线圈电流对比，由图可见，线圈电流的峰峰值由平衡前的75mA降至平衡后的20mA。图6－56为自驱动平衡补偿前后线圈电流 i_x 的瀑布图，从图中可以看出，各转速下的线圈电流均有不同程度的减小。

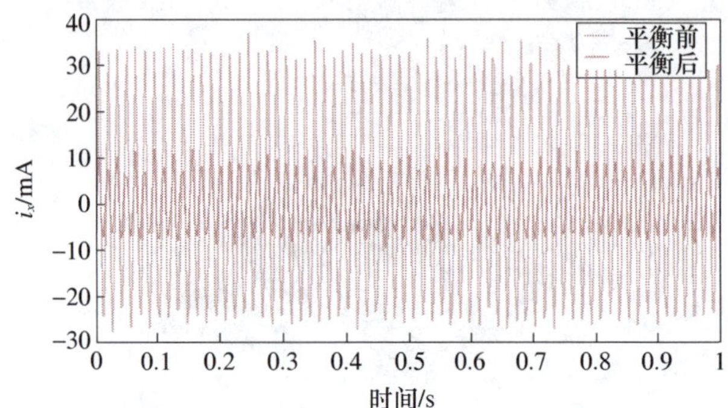

图6－55　飞轮转子5000 r/min时线圈电流 i_x 对比

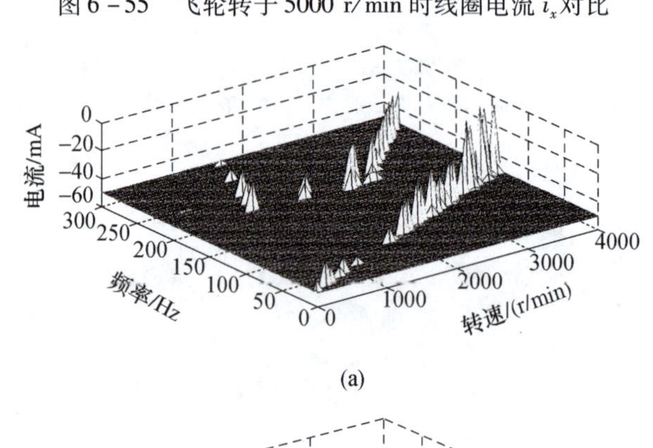

(a)

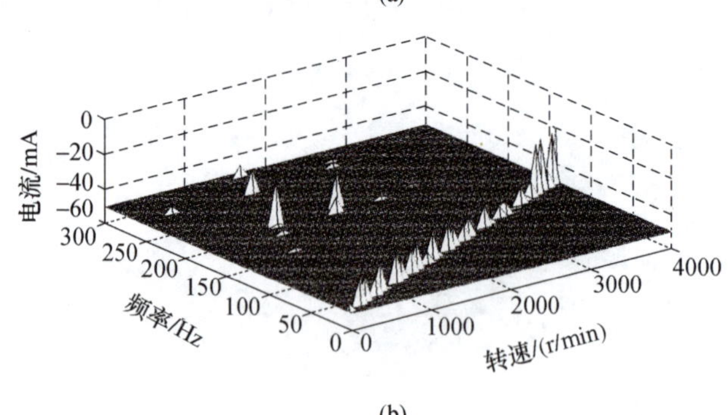

(b)

图6－56　自驱动平衡补偿前后线圈电流 i_x 瀑布图

（a）动平衡补偿前；（b）动平衡补偿后。

3. 飞轮输出的振动量

图6-57为转速5000r/min时，主动磁轴承平衡前后x向平动振动输出对比，由图可见，输出振动的峰峰值由平衡前的300mg降至平衡后的90mg。采用自驱动平衡补偿前后的转子x方向与α方向振动瀑布图分别如图6-58和图6-59所示，从图中可以看出，飞轮在各转速下的静不平衡振动和动不平衡振动均得到明显改善。

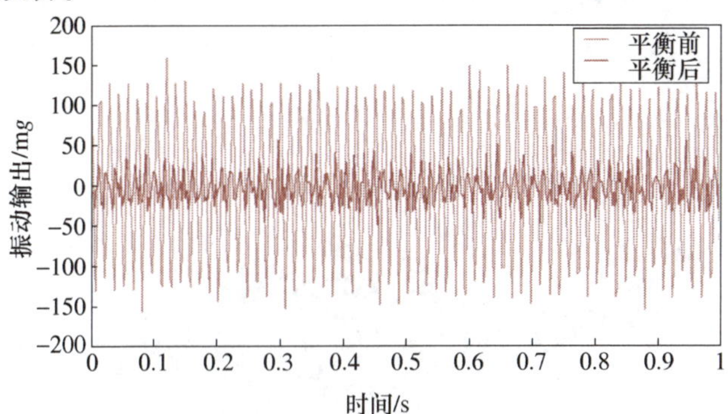

图6-57　飞轮转子5000r/min时振动输出对比

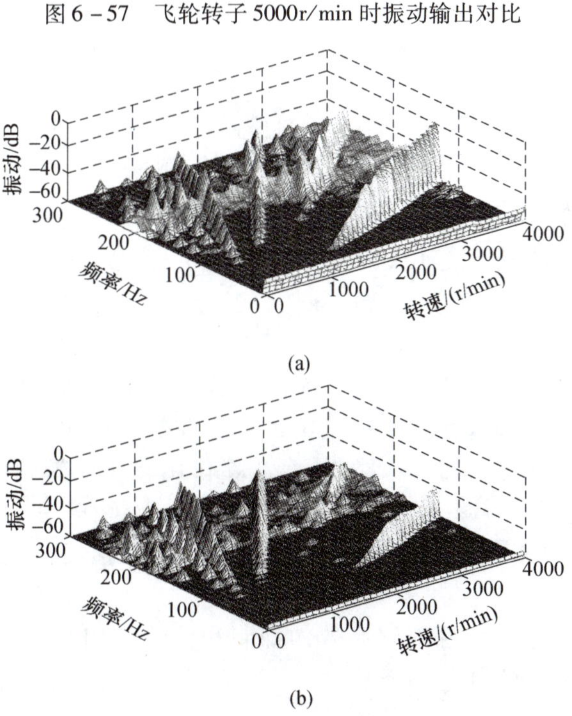

图6-58　自驱动平衡补偿前后x向振动瀑布图
(a) 动平衡补偿前；(b) 动平衡补偿后。

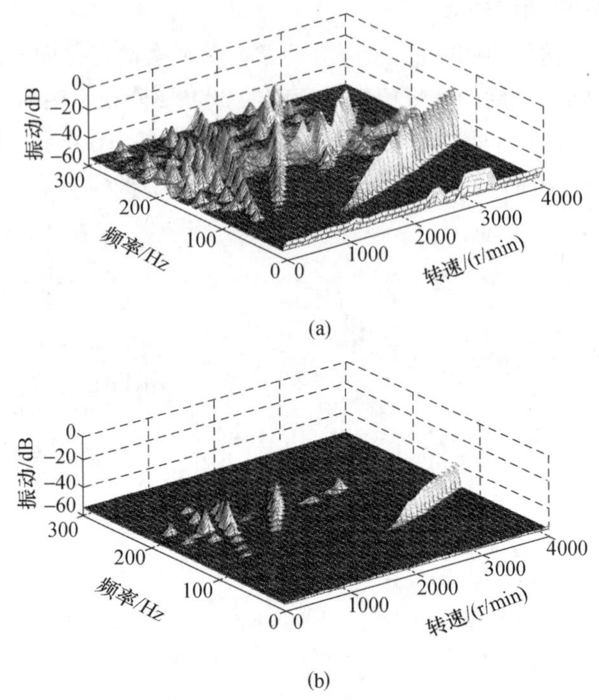

图 6-59　自驱动平衡补偿前后 α 向振动瀑布图

(a) 动平衡补偿前；(b) 动平衡补偿后。

综上所述，本节针对磁悬浮动量轮系统的高精度自驱动平衡方法进行了研究，分析了磁轴承支承飞轮转子和普通机械轴承支承飞轮转子的动力学模型以及不平衡表现形式的特殊性，将所有磁悬浮动量轮转子的周期性的扰动力和扰动力矩等效为飞轮转子上的剩余不平衡质量。强制飞轮转子沿定子几何轴旋转，测试飞轮向外界输出的振动量。通过测试振动信号的幅值和相位信息，可以计算得到飞轮转子的等效剩余不平衡的质量和位置信息，从而实现准确的加重补偿，从而消除作用在飞轮转子上的同频扰动。通过高精度自驱动平衡，实现了对飞轮转子的"小位移"和"低振动"两个控制目标，除此之外，主动磁轴承为控制飞轮转子位移而消耗的动态电流也显著降低。

飞轮自驱动平衡方法能够有效的抑制和消除作用在飞轮转子上的同频扰动力，对于残余的其他倍频振动，可以通过自适应陷波器等方法进一步抑制。

6.8 磁悬浮反作用飞轮用永磁无刷直流电机的输出力矩高精度控制

磁悬浮反作用飞轮通过电机使飞轮转子加速或制动，以其所产生的反作用力矩作为控制力矩，达到卫星姿态调整，或扰动力矩抑制，保持卫星姿态稳定的目的。磁悬浮反作用飞轮输出力矩的方向精度取决于磁轴承控制精度，而输出力矩的大小精度主要由电机控制精度决定。磁悬浮反作用飞轮转子经过高精度动平衡，并采取一定的主动振动控制后，飞轮转子趋于绕其惯性主轴旋转，振动小、角动量指向精度高，同时，由于磁悬浮支承无机械接触，无论是启动阻力矩，还是旋转阻力矩，均比机械轴承支承显著减小，这使得磁悬浮反作用飞轮更容易实现高精度的输出力矩控制。

磁悬浮反作用飞轮在空间应用中处于长周期的循环工作状态，普遍采用加速时电动控制，减速时能耗或反接制动控制的技术途径来实现飞轮四象限运行。即高速时采用能耗制动方式，使电机工作于发电状态，飞轮所存储的动能可通过与电机驱动部分相串联的能耗制动电阻得以释放，并产生制动力矩驱动飞轮转速下降，随着飞轮转速的降低，能耗制动作用减弱，因此在低速时切换至反接制动方式，以保证飞轮在低速段具有输出较大制动力矩的能力。采用能耗制动与反接制动相结合的方式可以有效利用飞轮所存储的动能，降低了制动过程中能源消耗，节省能量。

在卫星的姿态控制中，由于飞轮受到内部与外部扰动力矩作用，导致其输出力矩精度下降，就飞轮电机高精度输出力矩控制而言，主要有力矩控制和速度控制[49-51]两种控制方式。其中，力矩控制方式的特点是简单、容易实现，并可获得比较精确的电磁力矩，而要获得精确的输出力矩，不仅需要通过抑制电磁力矩脉动提高其控制精度[52,53]，还需要通过扰动观测器实现扰动力矩的实时观测与补偿。而速度控制方式可以直接控制飞轮输出力矩，即通过高精度的转速控制实现飞轮输出力矩的实时控制，但由于飞轮转速指令的变化率与姿控计算机输出指令成比例，因此速度控制方式需要通过积分操作来获得实时转速指令[54]。通过以上分析可知，采用力矩控制方式时，其难点在于力矩脉动的抑制与扰动观测器的设计，而采用速度控制方式时，其难点在于高精度转速信号的获取，以及克服由于积分与驱动系统死区带来的系统延时与动态性能下降。

永磁无刷直流电机具有可靠性高、寿命长、功耗小、效率高、启动力矩大、速度范围宽、调速特性好且控制方式简单等优点，应用广泛[55,56]；而无定子铁芯结构的永磁无刷直流电机彻底消除了传统无刷直流电机的齿槽转矩脉动和定子铁耗，是目前各类惯性动量轮所普遍采用的驱动机构。

本节针对磁悬浮反作用飞轮用无定子铁芯永磁无刷直流电机的高精度输出力矩控制，分别介绍了基于加速度干扰力矩观测器的力矩控制和基于前馈与反馈控制器的速率控制两种实现方式。

6.8.1　基于力矩模式的磁悬浮反作用飞轮电机输出力矩高精度控制

飞轮电机输出力矩与其电磁力矩之间的关系为

$$T_o = T_e - \tau_L \tag{6-33}$$

式中：T_o为输出力矩；T_e为电磁力矩；τ_L为扰动力矩。

由式(6－33)可知，当采用力矩模式实现高精度输出力矩控制时需要解决两个问题，一是电磁力矩的高精度控制，二是扰动力矩的估计和补偿。由于飞轮电机一般采用无定子铁芯永磁无刷直流电机以降低铁耗，其电枢电感非常小，换相时间非常短，因此如果采用传统的三相桥直驱方式就会带来较大的调制脉动，一般的换相脉动抑制方法也不再适用。并且，飞轮电机一般采用单电流传感器的方式（以提高系统可靠性，减小驱动电路体积和功耗），当电机三相绕组存在不对称时，也会造成力矩控制精度的降低。

目前对于扰动力矩的观测与补偿主要采用驱动系统模型逆的方法，这种方法直观简单。但由于其需要获得系统模型逆，因此对系统参数的依赖性较强，当参数出现大范围波动时，系统的稳定性就会受到影响。尽管采用非线性干扰观测器可以获得较好的控制性能，但由于其算法复杂，目前难于工程实现；而通过系统参考电流与加速度响应信息来获得系统扰动力矩，这种扰动观测器的动态方程无需直接求解，依据加速度信息就可以获得动态方程非线性项，但这种扰动观测方法需要精确的转速反馈信息，并且需要解决转速检测、滤波，以及扰动估计的同步问题。

本节针对磁悬浮反作用飞轮用无齿槽无定子铁芯的小电感永磁无刷直流电机，介绍一种采用单直流侧电流传感器的输出力矩控制方法。首先，通过降低导通区与换相区力矩脉动的方法实现了高精度的电磁力矩控制。其中导通区三相桥调制脉动通过在其前端加入 Buck 变换器的方式予以解决；三相绕组不对称问题通过设计一种不对称补偿函数予以改善；换相区脉动通过重叠换相和最优化控制器占空比的方法进行抑制。其次，设计了一种基于加速度的扰动观测器对系统扰动进行抑制，其中飞轮转速检测通过改进的 M/T 法实现，而转速检测、滤波，以及干扰观测器的同步问题通过一种解析低通滤波器方法予以解决[61]。

1. 永磁无刷直流电机力矩模式控制系统及驱动模型

磁悬浮反作用飞轮电机控制系统框图如图 6－60 所示，主要包括电磁转矩控制器和干扰力矩控制器两部分，前者通过导通区控制器和换相区控制器来抑制电机的转矩脉动，后者采用加速度干扰观测器对外界干扰力矩进行观测与补偿。永磁无刷直流电机驱动系统拓扑结构如图 6－61 所示，采用了 Buck DC－DC 功率变换器以及三相全桥拓扑结构。

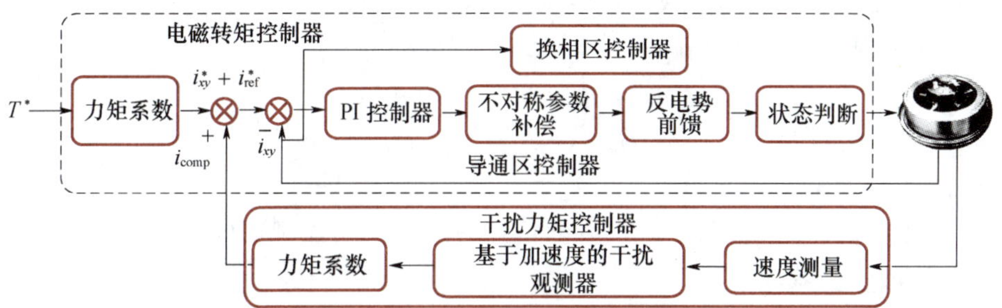

图 6－60　磁悬浮反作用飞轮电机控制系统框图

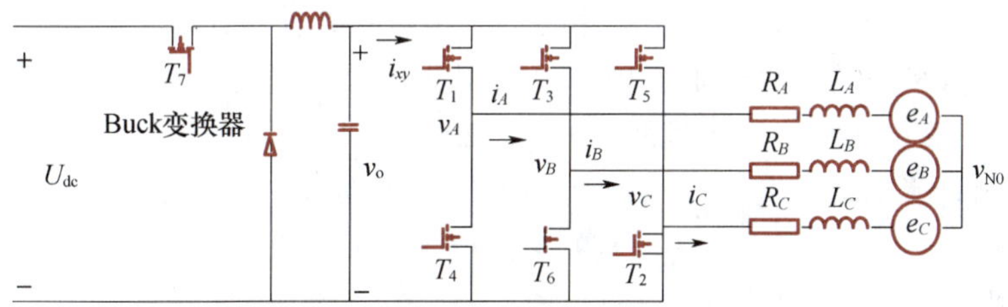

图 6－61　永磁无刷直流电机驱动系统拓扑结构

U_{dc}—直流端电压；v_o—Buck 变换器输出电压；i_{xy}—直流侧电流。

三相绕组的电压方程为

$$\begin{bmatrix} v_A \\ v_B \\ v_C \end{bmatrix} = \begin{bmatrix} R_A & 0 & 0 \\ 0 & R_B & 0 \\ 0 & 0 & R_C \end{bmatrix} \begin{bmatrix} i_A \\ i_B \\ i_C \end{bmatrix} + \begin{bmatrix} L_A & 0 & 0 \\ 0 & L_B & 0 \\ 0 & 0 & L_C \end{bmatrix} \frac{\mathrm{d}}{\mathrm{d}t} \begin{bmatrix} i_A \\ i_B \\ i_C \end{bmatrix} + \begin{bmatrix} e_A \\ e_B \\ e_C \end{bmatrix} + \begin{bmatrix} v_{N0} \\ v_{N0} \\ v_{N0} \end{bmatrix} \quad (6-34)$$

式中：v_A、v_B、v_C 为电机相绕组对地的电压；e_A、e_B、e_C 为电机相反电势；i_A、i_B、i_C 为电机相电流；R_A、R_B、R_C 为电机相电阻；L_A、L_B、L_C 为电机相电感；由于电枢电阻值一般为欧姆量级，而其电感值为 μH 量级，因此可以将其忽略。v_{N0} 为电枢绕组中性点对地的电压。

电磁力矩平衡方程为

$$T_e = \frac{e_A(\theta_e)i_A + e_B(\theta_e)i_B + e_C(\theta_e)i_C}{\omega_m} \tag{6-35}$$

式中：T_e为电机电磁力矩；θ 为转子位置角；ω_m为转子机械角速度。

采用两相导通方式(两两导通三相六状态)时，导通区任意时刻有两相绕组导通，假设 x 相与 y 相绕组导通，则当采用单个电流传感器检测直流端电流时，有

$$i_x = -i_y = i_{xy}, i_z = 0 \quad x,y = A,B,C; x \neq y; z \neq x,y \tag{6-36}$$

式中：下标 x、y 为电机电枢绕组导通相。

因此，导通区电磁力矩为

$$T_e = \frac{e_x(\theta_e)i_x + e_y(\theta_e)i_y}{\omega_m} = \frac{e_{xy}(\theta_e)i_{xy}}{\omega_m} = k_{xy}(\theta_e)i_{xy} \tag{6-37}$$

式中：$k_{xy}(\theta_e)$为力矩系数。

由式(6-37)可知，力矩系数的估计与线电流的控制精度将会直接影响电磁力矩的控制效果。

2. 永磁无刷直流电机电磁力矩控制器设计

1) 力矩系数的获取

由式(6-37)可以看出，力矩系数与反电势系数相等，因此力矩系数可以通过线反电势系数的估计获取。由于电机永磁体存在磁化不均匀或安装存在误差等因素，使得实际的反电势波形为非理想梯形波，并且各反电势不完全一致。由于无刷直流电机反电势与电机转速成正比，因而可以得到如下关系：

$$e_{xy}(\theta_e) = f_{xy}(\theta_e) \times \omega_m \tag{6-38}$$

式中：$f_{xy}(\theta_e)$ 为线反电势波形函数。

实际中通过对不同转速的反电势波形进行检测可以得到反电势波形与转子角位置的关系，由于各相反电势存在不一致性与半波不对称性，为了获得更加准确的各线反电势波形，本节采用神经网络拟合的方法构造线反电势波形函数，根据拟合精度要求选取神经层数、每层神经元、训练次数与目标精度，可以获得较为准确的反电势波形函数，如图 6-62 所示，将反电势波形函数存入查找表中。由式(6-38)可知，根据飞轮反馈转子位置与速度信息可以得到实时反电势值。

根据估计的力矩系数以及力矩参考值可以得到直流母线电流参考值

$$i_{xy}^* = \frac{T^*}{\hat{k}_{xy}(\hat{\theta}_e)} \tag{6-39}$$

式中：上标^和 * 分别表示估计值和参考值。

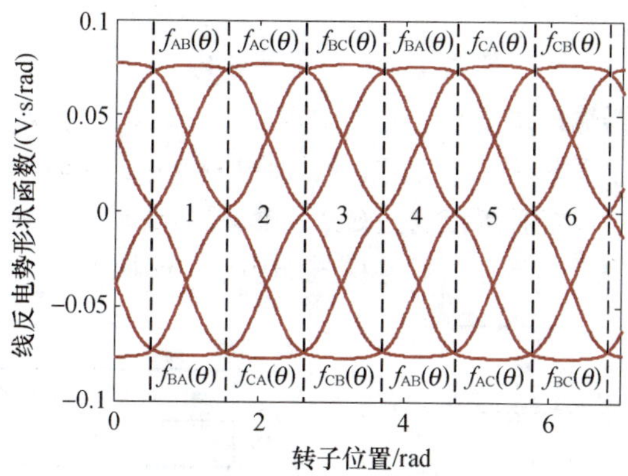

图6-62　采用神经网络拟合的线反电势波形函数

2）换相控制器的设计

根据式(6-34)可得绕组中点对地的电压为

$$v_{N0} = \frac{1}{3}(v_A + v_B + v_C - e_A - e_B - e_C) \tag{6-40}$$

根据式(6-34)和(6-40)可得各相绕组电流为

$$\begin{cases} i_A = \left(i_{AB} - \dfrac{V_{A0}}{R_A}\right)\exp\left(-\dfrac{R_A}{L_A}t\right) + \dfrac{V_{A0}}{R_A} \\ i_B = \left(-i_{AB} - \dfrac{V_{B0}}{R_B}\right)\exp\left(-\dfrac{R_B}{L_B}t\right) + \dfrac{V_{B0}}{R_B} \\ i_C = \left(-\dfrac{V_{C0}}{R_C}\right)\exp\left(-\dfrac{R_C}{L_C}t\right) + \dfrac{V_{C0}}{R_C} \end{cases} \tag{6-41}$$

式中：i_{AB}为换相前的直流母线电流，绕组阻抗电压为

$$\begin{cases} V_{A0} = \dfrac{v_o - 2e_A + e_B + e_C}{3} \\ V_{B0} = \dfrac{v_o - 2e_B + e_A + e_C}{3} \\ V_{C0} = \dfrac{-2v_o - 2e_C + e_A + e_B}{3} \end{cases} \tag{6-42}$$

进而可以得到开通相上升时间与关断相的下降时间为

$$t_{B,\text{fall}} = -\frac{L_B}{R_B}\ln\left(\frac{V_{B0}}{i_{AB}R_B + V_{B0}}\right) \tag{6-43}$$

$$t_{C,\mathrm{rise}} = -\frac{L_C}{R_C}\ln\left(1+\frac{i_{AB}R_C}{V_{C0}}\right) \tag{6-44}$$

在 Buck 变换器输出端电压一定的情况下，$t_{B,\mathrm{fall}} < t_{C,\mathrm{rise}}$，$B$ 相电流 i_B 下降很快，而 C 相电流 i_C 上升较慢，因此在换相过程中产生了脉动。为了保持整个换相过程中电磁力矩为常值，可以通过延迟关断相关断时间来减小换相电流与力矩波动，此时三相桥工作于三相导通模式如图 6-63 所示。

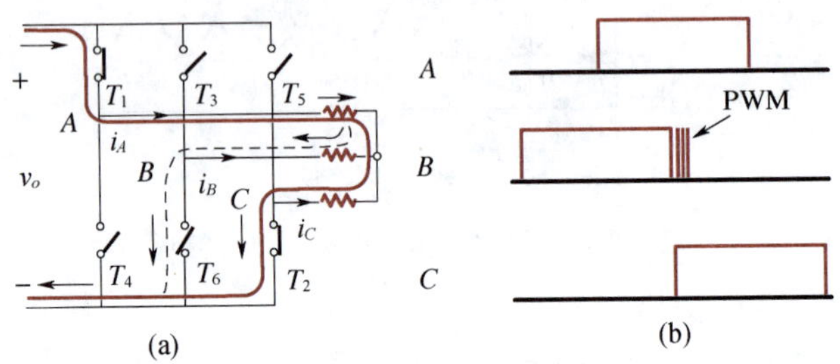

图 6-63　换相过程三相导通模式

（实线表示无调制持续导通电流，虚线表示经 PWM 调制电流）

(a) 三相逆变器的电流；(b) 三相逆变器的开关状态。

假定开关管 T_6 的占空比为 D，为了减小换相转矩脉动，则换相过程中的相电压为

$$\begin{cases} v_A = v_o = R_A i_A + L_A\dfrac{\mathrm{d}i_A}{\mathrm{d}t} + e_A + v_{N0} \\ v_B = (1-S)\cdot v_o = R_B i_B + L_B\dfrac{\mathrm{d}i_B}{\mathrm{d}t} + e_B + v_{N0} \\ v_C = 0 = R_C i_C + L_C\dfrac{\mathrm{d}i_C}{\mathrm{d}t} + e_C + v_{N0} \end{cases} \tag{6-45}$$

式中：$S=1$ 表示开通；$S=0$ 表示关断。

由上式可得，中点对地的电压为

$$v_{N0} = \frac{(2-S)v_o - e_A - e_B - e_C}{3} \tag{6-46}$$

假定 PWM 的载波周期为 T_{pwm}，则在 DT_{pwm} 时间内 $S=1$，而在 $(1-D)T_{\mathrm{pwm}}$ 时间内 $S=0$，则式(6-46)可表示为

$$v_{N0} = \frac{(2-D)\mathrm{v}_o - e_A - e_B - e_C}{3} \tag{6-47}$$

式(6-42)变为

$$\begin{cases} V_{A0} = \dfrac{(1 + D)v_o - 2e_A + e_B + e_C}{3} \\ V_{B0} = \dfrac{(1 - 2D)v_o - 2e_B + e_A + e_C}{3} \\ V_{C0} = \dfrac{(D - 2)v_o - 2e_C + e_A + e_B}{3} \end{cases} \tag{6-48}$$

在式(6－41)中,将指数项进行泰勒展开并忽略二次及高阶项,有 $\exp\left(-\dfrac{R_i}{L_i}t\right) \approx 1 - \dfrac{R_i}{L_i}t, i = A,B,C$,则式(6－41)可化简为

$$\begin{cases} i_A = \left(i_{AB} - \dfrac{V_{A0}}{R_A}\right)\left(1 - \dfrac{R_A}{L_A}t\right) + \dfrac{V_{A0}}{R_A} \\ i_B = \left(-i_{AB} - \dfrac{V_{B0}}{R_B}\right)\left(1 - \dfrac{R_B}{L_B}t\right) + \dfrac{V_{B0}}{R_B} \\ i_C = \left(-\dfrac{V_{C0}}{R_C}\right)\left(1 - \dfrac{R_C}{L_C}t\right) + \dfrac{V_{C0}}{R_C} \end{cases} \tag{6-49}$$

则开通相上升时间与关断相的下降时间为

$$\begin{cases} t_{B,\text{fall}} = \dfrac{L_B i_{AB}}{R_B i_{AB} + V_{B0}} \\ t_{C,\text{rise}} = -\dfrac{L_C i_{AB}}{V_{C0}} \end{cases} \tag{6-50}$$

最终可求得占空比 D 为

$$D = \frac{(L_C - 2L_B)v_o + (L_B + L_C)e_A + (L_B - 2L_C)e_B + (L_C - 2L_B)e_C + 3R_B L_C i_{AB}}{(2L_C - L_B)v_o} \tag{6-51}$$

若 $L_B \approx L_C$, $e_B(\theta_e) \approx e_C(\theta_e)$,则换相过程中的占空比 D 可以简化为

$$D = \frac{2e_{AB} + 3R_B i_{AB}}{v_o} - 1 \tag{6-52}$$

当线反电势采用波形函数计算时,占空比为

$$D = \frac{2\hat{e}_{xy} + 3R_y i_{xy}}{v_o} - 1 \tag{6-53}$$

3）导通区控制器的设计

导通区控制器主要包括 PI 控制器设计、不对称绕组参数补偿和反电势前

馈控制三个方面，对于PI控制器设计，如图6－64所示。

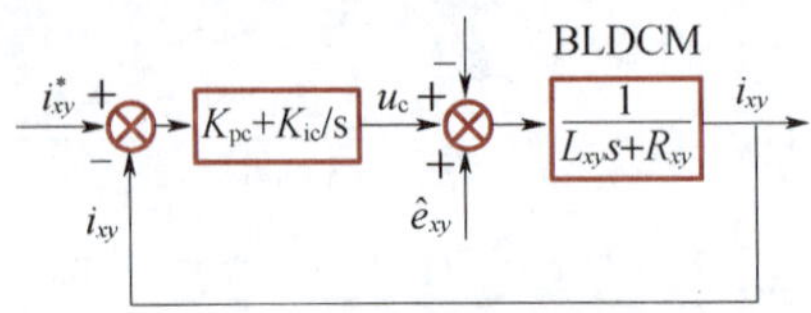

图6－64　PI控制器框图

由式(6－34)和图6－64可知，在电流环控制过程中线反电势e_{xy}对于电机电流控制来说是一种扰动因素。假设线反电势e_{xy}扰动可以由前馈控制完全补偿，则PI控制的传递函数可以简化为

$$G_c(s)=\frac{i_{xy}(s)}{i_{xy}^*(s)}=\frac{K_{pc}s+K_{ic}}{L_{xy}s^2+(K_{pc}+R_{xy})s+K_{ic}} \tag{6-54}$$

式中：K_{pc}和K_{ic}为比例系数和积分系数；R_{xy}和L_{xy}为电枢线电阻和线电感，设电流环带宽为ω_c，则PI参数为$K_{pc}=\omega_c L_{xy}$，$K_{ic}=\omega_c R_{xy}$。

针对电机三相绕组参数存在的不对称性问题，本节介绍一种不对称参数补偿方法，由于电机的电感极小，在此将其忽略，不对称参数补偿方法的关键在于电机电阻的精确测量。假定x相和y相导通，则由式(6－34)可得线电压方程为

$$v_o=R_{xy}i_{xy}+L_{xy}\frac{di_{xy}}{dt}+e_{xy} \tag{6-55}$$

转换为z域下的表达式为

$$i_{xy}(z)=\frac{\beta(v_o(z)-e_{xy}(z))}{z-\alpha} \tag{6-56}$$

其中，α、β为待定系数：

$$\alpha=\exp(-R_{xy}T_s/L_{xy}) \tag{6-57}$$

$$\beta=(1-\alpha)/R_{xy} \tag{6-58}$$

式中：T_s为采样时间。

式(6－56)的时域表达式为

$$i_{xy}(k)=\alpha i_{xy}(k-1)+\beta v_o^*(k-1) \tag{6-59}$$

式中：k为迭代系数；$v_o^*(k)=v_o(k)-e_{xy}(k)$。

因此，无刷直流电机的母线电流观测器为

$$\hat{i}_{xy}(k)=\hat{\alpha}i_{xy}(k-1)+\beta\hat{v}_o^*(k-1) \tag{6-60}$$

式中：

$$\hat{v}_o^*(k) = v_o(k) - \hat{e}_{xy}(k)$$

由式(6-57)和式(6-58)，可以得到绕组的线电阻和线电感估计值为

$$R_{xy} = (1 - \hat{\alpha})/\beta \tag{6-61}$$

$$L_{xy} = - R_{xy} T_s / \ln(\hat{\alpha}) \tag{6-62}$$

不对称参数补偿函数定义为

$$f(R_{xy}) = R_{xy} / (\text{average}(R_{AB}, R_{AC}, R_{BC})) \tag{6-63}$$

若 PI 控制器的输出为 u_c，则上式可表示为

$$u_R = f(\hat{R}_{xy}) \times u_c \tag{6-64}$$

另外，干扰电压的补偿通过前馈控制来实现，根据式(6-38)可得导通区控制器的最终输出为

$$u_e = f(\hat{R}_{xy}) \times u_c + \hat{e}_{xy} \tag{6-65}$$

3. 永磁无刷直流电机干扰力矩控制器设计

1）基于加速度的干扰观测器设计

从电机的力矩平衡方程可知，磁悬浮反作用飞轮的输出力矩与其转子的加速度成正比，实际中由于转子加速度难以测得，因此本节首先介绍一种干扰力矩观测器[57-60]，如 6-65 所示，其扰动力矩通过转子转速和参考电流计算得到。

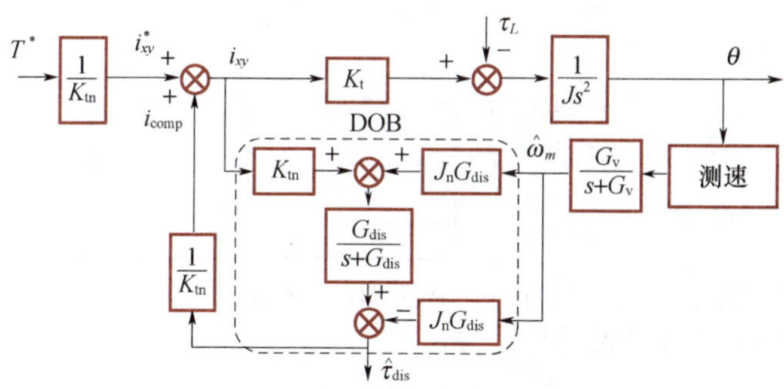

图 6-65　干扰观测器估计和补偿控制框图

$\hat{\tau}_{dis}$ —估计的干扰力矩；G_{dis} 和 G_v—干扰观测器和低通滤波器的截止频率；

k_t—力矩系数；J—电机的转动惯量；下标 n 和 comp 分别表示额定值和估计值。

从图中可以得到干扰力矩 $\hat{\tau}_{dis}$ 和补偿电流 i_{comp} 分别为

$$
\begin{cases}
\hat{\tau}_{dis} = \dfrac{G_{dis}}{s + G_{dis}}(k_{tn}(i_{xy}^{*} + i_{comp}) - J_n\hat{\omega}_m s) \\
\quad = \dfrac{G_{dis}}{s + G_{dis}}(k_{tn}(i_{xy}^{*} + i_{comp}) + J_n G_{dis}\hat{\omega}_m) - J_n G_{dis}\hat{\omega}_m \\
\quad = \dfrac{G_{dis}}{s + G'_{dis}}\tau_L\left(G'_{dis} = \dfrac{k_t}{k_{tn}}G_{dis}\right) \\
i_{comp} = \dfrac{\hat{\tau}_{dis}}{k_{tn}}
\end{cases}
\tag{6-66}
$$

式中的加速度项 $\hat{\omega}_m s$ 需要利用安装在飞轮中的光电码盘的输出信号得到。从表达式中可以看出，干扰力矩估计的精度取决于力矩系数、直流侧母线电流的跟踪性能、转子转速的估计以及低通滤波器 LPF 的设计，其中前两方面已在上一节中进行了介绍，以下对后两方面的因素进行分析。

2）转子转速的估计与 LPF 设计

对于转子的转速测量，采用光电码盘信号利用 M/T 法进行测量，其工作原理如图 6-66 所示，图中 m_1 和 m_2 为检测时间 T_v 内光电码盘输出脉冲以及时钟脉冲的个数，T_v 为固定的最小测量时间。

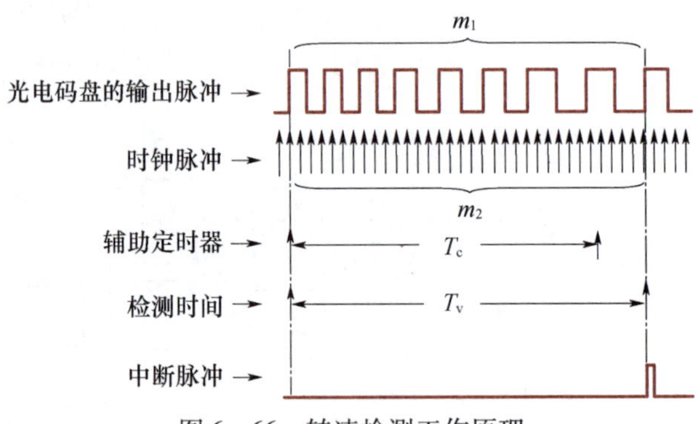

图 6-66　转速检测工作原理

从图中可以得出转速估计值为

$$
\hat{\omega}_m = \frac{2\pi f_c m_1}{P m_2} \tag{6-67}
$$

式中：P 为转子旋转一周光电码盘输出的脉冲数；f_c 为时钟脉冲的频率。

在转子转速的实际检测中，由于光电码盘的量化误差会导致转速估计值中包含有一定的噪声，而且 M/T 法的检测时间随着转子位置和转子转速的变化并不固定,为了对变时间采样的转速检测值进行滤波,需要对一般的低通滤波器(LPF)进行改进,使其与M/T法同步,改进后的LPF输出为

$$\widehat{\omega}_{m(k)} = (1 - \exp^{-GT_v})(\hat{\omega}_{m(k)} - \widehat{\omega}_{m(k-1)}) + \widehat{\omega}_{m(k-1)} \qquad (6-68)$$

式中:G为LPF的截止频率。

综上所述,整个干扰力矩补偿原理框图如图6-67所示。

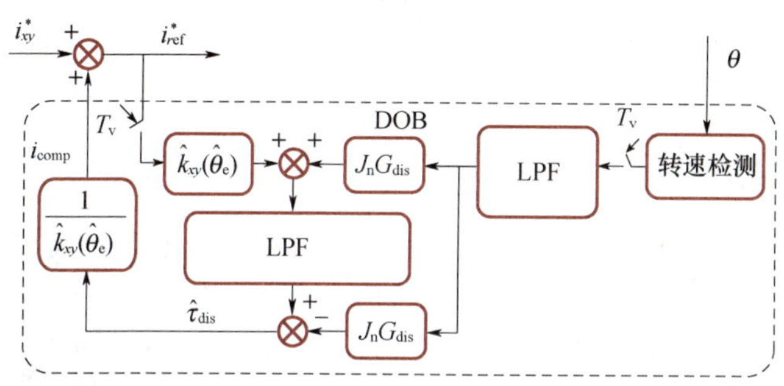

图6-67 干扰力矩补偿原理框图

6.8.2 基于速率模式的磁悬浮反作用飞轮电机输出力矩高精度控制

飞轮采用速率模式进行控制,要输出正、负力矩,必须进行四象限运行。四象限运行有6种状态,即

- 第一象限:正向加速
- 第二象限:反向制动
  - 高速能耗
  - 低速反接
- 第三象限:反向加速
- 第四象限:正向制动
  - 高速能耗
  - 低速反接

电机的转速信息通常可以较为实时、准确地获得,将力矩指令转换为速度指令,通过控制转速实现输出力矩控制,可以实现较高的力矩控制精度。但力矩指令转换为速度指令需要通过积分实现,这将会造成系统的动态响应速度变慢。另外,前馈控制与反馈控制相比,需要较短的时间,属于开环控制方法,不存在闭环稳定性问题,但它要求模型准确,且不能消除余差,所以前馈控制常和反馈控制一起构成两自由度的控制器。

为了使得磁悬浮反作用飞轮实现高精度、快响应的输出力矩,本节介绍了一种基于速率模式的输出力矩控制策略,设计了无刷直流电机控制系统,采用指令前馈与反馈控制相结合的两自由度力矩控制器控制电机输出力矩,驱动系

统中的待定参数通过递归最小方差(RLS)的方法进行辨识,并将基于柔化因子的 Kalman 滤波应用于信号处理中,以更新前馈与反馈控制器参数,最后对控制方法进行了实验验证[62]。

1. 永磁无刷直流电机速率模式控制系统及驱动模型

采用速率模式时由于将力矩转换为转速要通过积分实现,因此会影响系统的动态响应速度。要实现快响应、高精度的电机控制,电机控制策略中至少包含三个部分——反馈控制器、前馈控制器、参数辨识机制,需要解决以下几个关键问题:电机控制系统模型的获得(参数辨识);两自由度的控制器参数的设计(前馈、反馈控制器设计);指令前馈控制策略中电机控制系统模型逆的实现与参数的在线调节。

无刷直流电机力矩控制系统结构如图 6-68 所示,转速环采用 IP 控制器实现,电流环采用 PI 控制器实现;电流控制 PWM 调制频率为 10kHz,由于开关管的开通、关断会引起电流尖峰,因此采用同步采样技术进行电流采样。

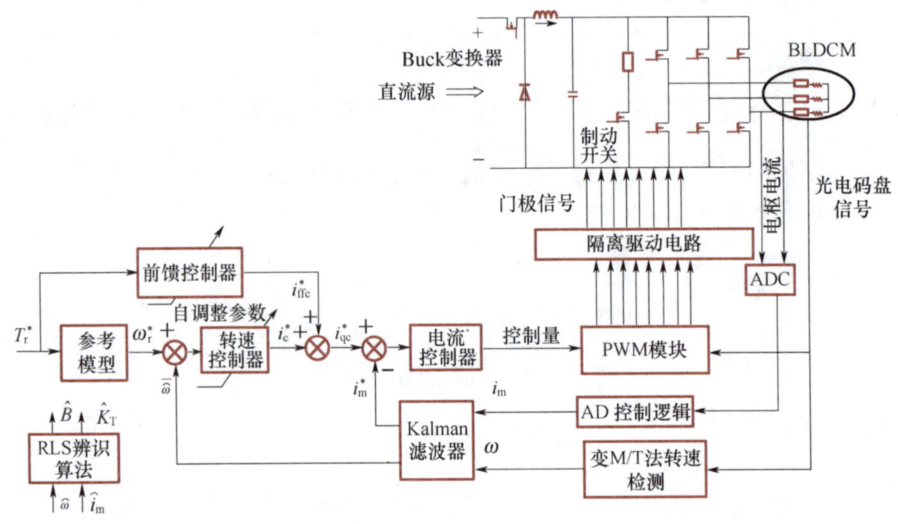

图 6-68 BLDCM 控制系统结构

由图 6-68 可知准确的转速控制依赖于电流的调节,在高性能的驱动中,电流环具有较高带宽,以保证电流的准确跟踪,并且极大地缩短了过渡过程。通过设计电流控制器可以使电枢电流很好的跟踪参考电流,因此在力矩控制系统设计过程中认为 $i_m = i_{qc}^*$。

无刷直流电机可以看做是具有两个输入、两个输出的控制系统,其中电机电枢电压、系统扰动为输入,电机转速与电流为输出,建立电机控制系统的微分

方程

$$\begin{cases} L_{\mathrm{m}} \dfrac{\mathrm{d}i_{\mathrm{m}}}{\mathrm{d}t} = u - R_{\mathrm{m}} i_{\mathrm{m}} - K_{\mathrm{e}} \omega \\ J \dfrac{\mathrm{d}\omega}{\mathrm{d}t} = K_{\mathrm{t}} i_{\mathrm{m}} - B\omega - T_{\mathrm{L}} \end{cases} \tag{6-69}$$

式中：L_{m}为电枢电感；i_{m}为电枢电流；u 为 Buck 变换器的输出电压，由于功率开关管开通时导通压降非常小可以忽略，u 可视为电机电枢电压；R_{m}为电枢电阻；K_{e}为反电动势系数；ω 为电机的角速度；J 为转动惯量；K_{t}为力矩系数；B 为摩擦/阻尼系数；T_L为电机负载转矩。

电机力矩控制策略如图 6－69 所示，主要由 RLS 参数辨识器、Kalman 滤波器、两自由度控制器(2DOFC)组成。力矩控制策略简要介绍如下：

(1) 参数辨识器，采用 RLS 算法实现，基于离散辨识算法分析系统模型，通过闭环测试得到量测输出与预测输出的最佳匹配，辨识参数更新 2DOFC 参数。当系统干扰或噪声较大时辨识参数变化较大，虽然不影响参数的收敛性，但辨识精度有所降低。

(2) Kalman 滤波器，对系统状态变量进行滤波，在迭代算法中加入柔化因子以得到滤波平滑性与跟踪性的最佳折中；采用 Kalman 滤波器可以较大地改善参数辨识与力矩控制效果。

(3) 反馈控制器，包含转速控制器与电流控制器，转速环采用 IP 控制器实现，控制参数根据参数辨识结果实时更新；电流环采用 PI 控制器实现，控制器参数根据电流环带宽设计。

(4) 指令前馈控制器(CFFC)，指令前馈控制的模型等于电机驱动模型的逆，其关键参数采用 RLS 算法实时更新。

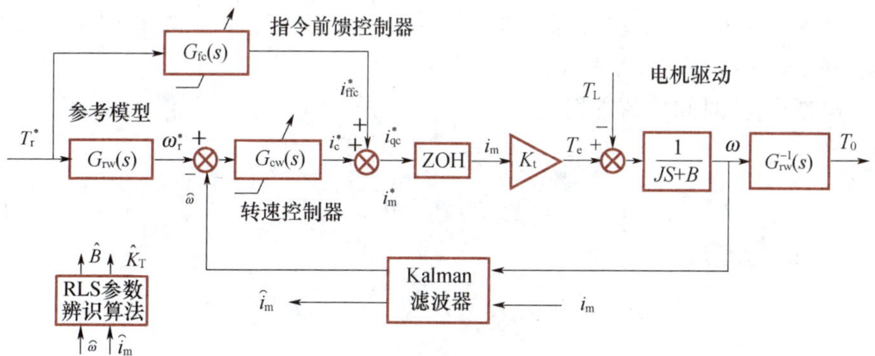

图 6－69　电机力矩控制策略

2. 永磁无刷直流电机速率模式控制器设计

1）Kalman 滤波器的设计

Kalman 滤波器的设计对系统模型的精确度要求不高，可以采用系统名义模型进行 Kalman 滤波器的设计。在控制系统实现过程中脉宽调制 PWM 变换器可以看做零阶保持器，其传递函数为

$$H(s)=\frac{1-\mathrm{e}^{-sT}}{s} \tag{6-70}$$

式中：T 为离散控制系统采样周期；s 为拉普拉斯算子。

为了控制算法的数字实现，采用零阶保持器将控制系统表示为离散形式：

$$\begin{cases}\boldsymbol{X}_k=\boldsymbol{\Phi}_{\mathrm{kf}}\boldsymbol{X}_{k-1}+\boldsymbol{\Gamma}v_k+\boldsymbol{\Gamma}\xi_{k-1}\\ Z_k=\boldsymbol{H}\boldsymbol{X}_k+\boldsymbol{\eta}_k\end{cases} \tag{6-71}$$

式中

$$\boldsymbol{x}_k=[i_{\mathrm{m}k}\ \omega_k]^{\mathrm{T}},\boldsymbol{v}_k=[u_k\quad T_{\mathrm{L}k}]^{\mathrm{T}}$$

$$\boldsymbol{\Phi}_{\mathrm{kf}}=\begin{bmatrix}1-\dfrac{TR_{\mathrm{m0}}}{L_{\mathrm{m0}}} & -\dfrac{TK_{\mathrm{e0}}}{L_{\mathrm{m0}}}\\ \dfrac{TK_{\mathrm{t0}}}{J_0} & 1-\dfrac{TB_0}{J_0}\end{bmatrix},\boldsymbol{\Gamma}=\begin{bmatrix}\dfrac{T}{L_{\mathrm{m0}}} & 0\\ 0 & -\dfrac{TT_{L0}}{J_0}\end{bmatrix},\boldsymbol{H}=\begin{bmatrix}1 & 0\\ 0 & 1\end{bmatrix}$$

式中：$\boldsymbol{k}$ 为迭代次数；下标 0 表示名义参数；过程噪声 ξ_k 与量测噪声 η_k 为零均值高斯白噪声，两者不相关。

$$\begin{cases}\mathrm{E}[\boldsymbol{\xi}_k\boldsymbol{\xi}_i^{\mathrm{T}}]=\begin{cases}\boldsymbol{Q}, & i=k\\ 0, & i\neq k\end{cases},\mathrm{E}[\boldsymbol{\xi}_k\boldsymbol{\eta}_i^{\mathrm{T}}]=0\\ \mathrm{E}[\boldsymbol{\eta}_k\boldsymbol{\eta}_i^{\mathrm{T}}]=\begin{cases}\boldsymbol{R}, & i=k\\ 0, & i\neq k\end{cases}\end{cases} \tag{6-72}$$

式中：$\boldsymbol{Q}$ 为过程噪声协方差矩阵；$\boldsymbol{R}$ 为量测噪声协方差矩阵。

为改进 Kalman 滤波器性能，将柔化因子引入到迭代算法，柔化因子值采用试验方法确定。

预测状态/时间更新方程

$$\hat{\boldsymbol{X}}_{k/k-1}=\boldsymbol{\Phi}_{\mathrm{kf}}\hat{\boldsymbol{X}}_{k-1}+\boldsymbol{\Gamma}v_{k-1} \tag{6-73}$$

$$\boldsymbol{P}_{k/k-1}=\lambda_{kf}\boldsymbol{\Phi}_{kf}\boldsymbol{P}_{k-1}\boldsymbol{\Phi}_{kf}^{\mathrm{T}}+\boldsymbol{\Gamma}\boldsymbol{Q}\boldsymbol{\Gamma}^{\mathrm{T}} \tag{6-74}$$

修正/量测更新方程

$$\boldsymbol{K}_k=\boldsymbol{P}_{k/k-1}\boldsymbol{H}^T[\boldsymbol{H}\boldsymbol{P}_{k/k-1}\boldsymbol{H}^T+\boldsymbol{R}]^{-1} \tag{6-75}$$

$$\hat{\boldsymbol{X}}_k=\hat{\boldsymbol{X}}_{k/k-1}+\boldsymbol{K}_k[\boldsymbol{Z}_k-\boldsymbol{H}\hat{\boldsymbol{X}}_{k/K-1}] \tag{6-76}$$

$$\boldsymbol{P}_k = [\boldsymbol{I} - \boldsymbol{K}_k\boldsymbol{H}]\boldsymbol{P}_{k/k-1}[\boldsymbol{I} - \boldsymbol{K}_k\boldsymbol{H}]^T + \boldsymbol{K}_k\boldsymbol{R}\boldsymbol{K}_k^{\mathrm{T}} \tag{6-77}$$

式中：λ_{kf}为柔化因子。当 $\lambda_{kf}<1$，滤波器处于稳定状态滤波的平滑性有所改进；当 $\lambda_{kf}>1$，会获得较好的跟踪性；当 $\lambda_{kf}=1$ 时变为一般的 Kalman 滤波器。

2）系统参数辨识

要实现指令前馈控制需要获得电机驱动模型的逆，电机驱动部分的动态可以由式(6-78)描述，电机驱动的平均模型如图 6-70 所示，式(6-78)中电机参数为转动惯量、力矩系数、摩擦/阻尼系数。转动惯量随运动系统的机械配置而变化；由于转子磁场的不规则分布，力矩系数会随转子位置而变化；摩擦/阻尼与系统工作环境相关，随环境而变化。

$$\omega(s) = \frac{K_t i_m - T_L}{Js + B} \tag{6-78}$$

采用零阶保持器，将驱动系统方程变换到 z 域：

$$\omega(z) = \frac{b_1 z^{-1}(i_m(z) - i_L(z))}{1 + a_1 z^{-1}} \tag{6-79}$$

式中：$a_1 = -\exp(-TB/J)$、$b_1 = K_t(1 + a_1)/B$ 为电机参数；$i_L = T_L/K_t$ 为等价负载电流，负载力矩可以通过干扰观测器进行补偿。

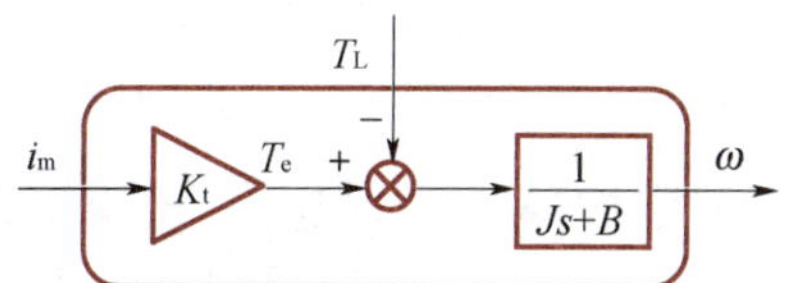

图 6-70　电机驱动的平均模型

将电流与转速之间的传递函数用 $G(z^{-1})$ 表示，具有如下形式

$$G(z^{-1}) = \frac{B_{RLS}(z^{-1})}{A_{RLS}(z^{-1})} = \frac{b_1 z^{-1}}{1 + a_1 z^{-1}} \quad \epsilon R(z^{-}1) \tag{6-80}$$

式中：b_1 与 a_1 为离散系统需要辨识的参数。

3）RLS 参数辨识算法

RLS 算法具有数值解简单、参数收敛速度快、在较大的操作范围内具有较高的模型精度的优点，被广泛应用于参数辨识。

RLS 算法的输入为 Kalman 滤波后的值，根据电流与转速之间的传递函数式，辨识系统输入输出之间的关系：

$$\hat{\omega}_k = b_1 \hat{i}_{m(k-1)} - a_1 \hat{\omega}_{k-1} + e_k \tag{6-81}$$

式中：e_k 为建模误差和系统扰动引起的残差。将上式转换为紧凑的形式：

$$\widehat{\boldsymbol{\omega}} = \boldsymbol{\phi}_k^T\boldsymbol{\theta} + e_k \tag{6-82}$$

式中：$\boldsymbol{\phi}_k = [-\widehat{\omega}_{k-1} \quad \widehat{i}_{m(k-1)}]^{\mathrm{T}}$；$\boldsymbol{\theta} = [\alpha_1 \quad b_1]^{\mathrm{T}}$。误差序列$\{e_k\}$为独立不相关噪声序列，方差为$\sigma^2$，期望$E\{e(t)\} = \mu$，$e_k$的均值$\mu$为零均值无偏估计。系统参数$a_1$，$b_1$为要估计的未知参数，系统的估计模型为

$$G_e(z^{-1}) = \frac{B_e(z^{-1})}{A_e(z^{-1})} = \frac{b_1 z^{-1}}{1 + \hat{a}_1 z^{-1}} \quad \epsilon R(z^{-1}) \tag{6-83}$$

式中：符号^表示估计的参数，参数估计矢量为

$$\hat{\boldsymbol{\theta}} = [\alpha_1 \quad \hat{b}_1]^{\mathrm{T}} \tag{6-84}$$

估计模型的输出为

$$\hat{\boldsymbol{\omega}} = \boldsymbol{\phi}_k^{\mathrm{T}}\hat{\theta}_{k-1} \tag{6-85}$$

RLS 算法在每个采样时间内对参数进行更新，定义系统输出与估计模型输出的偏差为

$$\boldsymbol{\varepsilon}_k = \widehat{\boldsymbol{\omega}}_k - \boldsymbol{\phi}_k^T\hat{\theta}_{k-1} \tag{6-86}$$

模型预测误差$\boldsymbol{\varepsilon}_k$用于更新估计参数

$$\hat{\boldsymbol{\theta}}_k = \hat{\boldsymbol{\theta}}_{k-1} + \boldsymbol{P}_{\mathrm{RLS}(k)}\boldsymbol{\phi}_k\boldsymbol{\varepsilon}k \tag{6-87}$$

其中，估计方差阵$\boldsymbol{P}_{\mathrm{RLS}}(k)$采用下式更新

$$\boldsymbol{P}_{\mathrm{RLS}(k)} = \frac{1}{\boldsymbol{\lambda}_{\mathrm{RLS}}}\boldsymbol{P}_{\mathrm{RLS}(k-1)}\left[\boldsymbol{I}_P - \frac{\boldsymbol{\phi}_k\boldsymbol{\phi}_k^T\boldsymbol{P}_{\mathrm{RLS}(k-1)}}{\boldsymbol{\lambda}_{\mathrm{RLS}} + \boldsymbol{\phi}_k^T\boldsymbol{P}_{RLS(k-1)}\boldsymbol{\phi}_k}\right] \tag{6-88}$$

式中：下标$\boldsymbol{P}$为辨识矩阵的维数；λ_{RLS}为遗忘因子，用于控制参数的收敛速度，$0 < \lambda_{\mathrm{RLS}} \leqslant 1$。一般选取$0.98 < \lambda_{\mathrm{RLS}} < 1$，可以得到收敛速度与噪声敏感性之间较好的折中。

4）反馈控制器设计

（1）转速控制器的设计。通过 RLS 算法可以得到可靠的参数估计，利用估计的参数实时更新图 6－69 所示不同控制模块的参数。电机转速环采用 PI 控制器实现，PI 控制器参数根据辨识参数实时更新，以提高其跟踪性能。转速环控制器结构如图 6－71 所示。

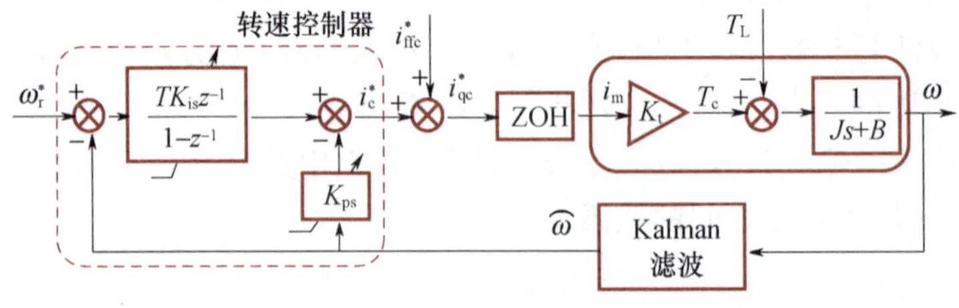

图 6－71　转速控制器结构

参考转速与实际转速之间的传递函数离散形式为

$$\frac{\widehat{\omega}}{\omega_r^*} \frac{b_1 K_{is} T}{z^2 - (1 - a_1 - b_1 K_{ps})z + [-a_1 + b_1(K_{is}T - K_{ps})]} \quad (6-89)$$

式中:K_{is}与K_{ps}为转速环PI控制器积分与比例增益。采用带宽的方法,控制器在时域可以达到较好的跟踪性能,自调整控制器增益:

$$K_{is} = \frac{1}{\hat{b}_1 T}[\exp(-2\xi\omega_n T) + \hat{b}_1 K_{ps} + \hat{a}_1] \quad (6-90)$$

$$K_{ps} = \frac{1}{\hat{b}_1}[1 - \hat{a}_1 - 2\exp(-\xi\omega_n T)\cos(\omega_n T\sqrt{1-\xi^2})] \quad (6-91)$$

式中:ξ为阻尼比;ω_n为特征方程的自然频率。

(2)电流控制器的设计。可以得到电枢电压与电枢电流关系,反电动势($E = K_e\omega$)可以看做控制器要抑制的扰动,电流环控制器结构如图6-72所示。

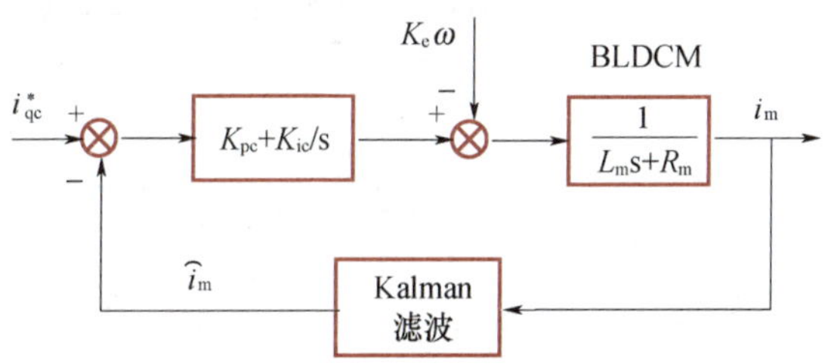

图6-72 电流控制器结构

电流环PI控制器闭环传递函数具有如下形式:

$$G_c(s) = \frac{\hat{i}_m(s)}{i_{qc}(s)} = \frac{K_{pc}s + K_{ic}}{L_m s^2 + (K_{pc} + R_m)s + K_{ic}} \quad (6-92)$$

式中:K_{pc}与K_{ic}为电流环PI控制器比例与积分增益。如果定义电流环理想带宽为ω_c,则电流环增益$K_{pc} = \omega_c L_m$,$K_{ic} = \omega_c R_m$。

5)指令前馈控制器设计

参考转速轨迹由参考模型给出,T_r^*与ω_r^*之间的转换关系如下式:

$$T_r^* = J\frac{d\omega_r^*}{dt} \quad (6-93)$$

采用离散方式实现,参考转速具有如下形式:

$$\omega_{r(k)}^* = \frac{T}{J}T_{r(k)}^* + \omega_{r(k-1)}^* \quad (6-94)$$

由系统方程式可知,指令前馈控制器输出前馈电流为

$$i_{\text{ffc}}^{*}=\frac{T_{\text{r}}^{*}+\hat{B}\omega_{\text{r}}^{*}}{\hat{K}_{t}}=\frac{\left(1+\frac{\hat{B}}{\hat{J}s}\right)}{\hat{K}_{t}}T_{r}^{*} \tag{6-95}$$

式中：$\hat{K}_t$、$\hat{B}$、$\hat{J}$ 由 RLS 算法实时更新。

指令前馈控制器结构如图 6－73 所示，由于指令前馈控制器中不含纯微分环节，因此可以实现。电机参考电流为转速环输出参考电流与前馈电流之和。

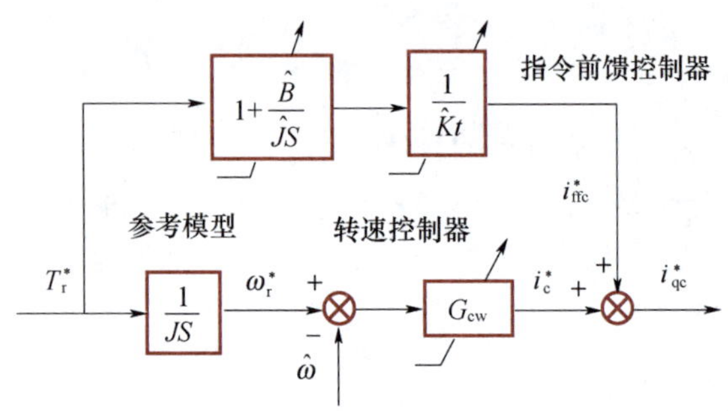

图 6－73　指令前馈控制器结构图

6）高精度速率模式控制实验验证

采用的磁悬浮反作用飞轮（MSFW）电机的主要参数如表 6－11 所列。实验对力矩控制策略对提高飞轮输出力矩精度的有效性进行了验证，通过实验对比了速率模式与力矩模式控制下的飞轮输出力矩性能，如图 6－74 所示。

表 6－11　飞轮电机主要参数

名称	量值	名称	量值
ω	±523.6rad/s	L_{m0}	3.4×10^{-5} H
T_{o}	±0.05N · m	K_{e0}	0.04 V/rad
R_{m0}	0.6Ω	K_{T0}	0.04N · m/A
J_0	0.0286kg · m^2	DC 电压	28 V
PI 比例系数	0.034	PI 积分系数	600

从图中可以看出，磁悬浮反作用飞轮的速率模式控制方法与力矩模式控制方法相比，具有更快的响应速度和更高的精度。

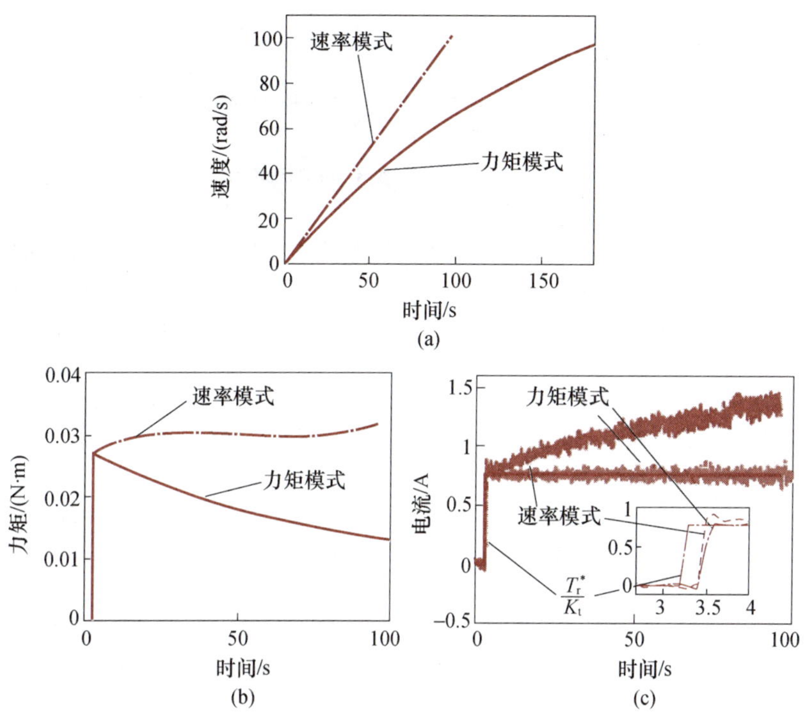

图6-74 磁悬浮反作用飞轮动态响应曲线

(a) 转速；(b) 输出力矩；(c) 直流母线电流。

6.9 本章小结

主被动磁悬浮反作用飞轮具有高精度、低功耗和高可靠的综合性能优势，其高精度优势主要体现在两个方面，一是过零摩擦小，二是其可控自由度也能够实现主动振动控制；其低功耗和高可靠优势主要是由于采用了被动磁轴承，飞轮结构简单，控制系统的复杂程度降低。本章主要介绍了被动磁轴承的分析与设计、主被动磁悬浮反作用飞轮的总体设计以及自驱动平衡方法三方面的内容，对于被动磁轴承，重点介绍了 Halbach 磁体被动磁轴承和整体磁环被动磁轴承的分析及设计方法；对于主被动磁悬浮反作用飞轮的总体设计，重点介绍了两轴主动磁悬浮反作用飞轮的设计方法；对于自驱动平衡方法，建立了从剩余不平衡质量大小和分布位置到测试振动信号的幅值和相位之间的传递函数关系，实现了磁悬浮动量轮的高精度动平衡。

参考文献

[1] Cazzolato B, Zander A. Design of a non-contact magnetic spring for vibration isolation[R]. AUS: The University of Adelaide, 2003.

[2] 徐飞鹏, 李铁才. 采用 Halbach 磁场的新型被动磁轴承仿真[J]. 电机与控制学报, 2007, 11(5): 538-541.

[3] 夏平畴. 永磁机构[M]. 北京: 北京工业大学出版社, 2000.

[4] Mukhopadhyay S C, Ohji T, Iwahara M, et al. Disturbance Attenuation and H/spl infin/ Control via Permanent Magnet Placement on Repulsive Type Magnetic Bearing[A]. 1997 IEEE International Magnetic Conference[C], 1997: BR-12.

[5] Mukhopadhyay S C, Ohji T, Iwahara M, et al., A New Repulsive Type Magnetic Bearing-Modeling and Control[C]. 1997 International Conference on Power Electronics and Drive Systems, 1997, V1: 12-18.

[6] Mukhopadhyay S C, Ohji T, Iwahara M, et al. Design, analysis and control of a new repulsive-type magnetic bearing system [J]. IEE Proc. Electr. Power Appl. 1999, 146 (1): 33-40.

[7] Mukhopadhyay S C, Ohji T, Iwahara M, et al. Modeling and Control of a New Horizontal-Shaft Hybrid-Type Magnetic Bearing [J]. IEEE Trans on Industry Electronics, 2000, 47 (1): 100-108.

[8] Mukhopadhyay S C, Modeling of a Repulsive Type Magnetic Bearing for Five Axis Control Under Intermittent Operation Including Eddy Current Effect [J]. Proceedings of the First IEEE International Workshop on Electronic Design, Test and Applications. 2002: 425-427.

[9] 杨安全. 一种径向永磁轴承的磁力计算及刚度分析[D]. 长沙:中南大学. 2004.

[10] 杨怀玉, 陈龙. 被动磁轴承在磁悬浮技术中的应用[J]. 机械工程与自动化,2005, (4): 123-126.

[11] 修世超, 谭庆昌, 孟慧琴. 径向磁化不均匀的被动磁轴承磁性参数修正方法[J]. 黄金学报,1999, V1(3): 205-207.

[12] 谭庆昌, 刘明洁, 孟慧琴, 等. 永磁向芯轴承承载能力与刚度的计算[J]. 摩擦学学报,1994,(4): 337-343.

[13] 魏勇, 张大卫, 杨志永, 等. 径向永磁轴承承载能力数值分析与设计[J]. 机械设计与研究,2002,(6): 48-52.

[14] 谭凤顺, 金能强. 永磁磁浮轴承的设计及其计算[J]. 低温与超导,2002,(1): 35-39.

[15] 沈洁, 汤双清, 陈希坤. 永磁磁力轴承的悬浮力的计算方法分析[J]. 三峡大学学报, 2004,(1): 35-37.

[16] 尹松夺, 李群明, 黄明辉, 等. 一种永磁轴承的刚度特性分析[J]. 机械制造,2006,

(2): 53 -55.

[17] 李群明，万梁，段吉安. 一种永磁轴承的设计和磁场分布的解析计算[J]. 中南大学学报(自然科学版),2006,(5): 970 -975.

[18] 姚海. 永磁轴承力学特性的研究[D]. 杭州: 浙江工业大学, 2001.

[19] Joe I. Development and Testing of a Passive Magnetic Support and Damping (PMSD) System[A]. Ninth International Symposium on Magnetic Bearings[C],Lexington, Kentucky, USA, August 3 -6, 2004.

[20] Chen H M , Thomas W, Scott W, et al. A Passive Magnet Bearing System for Energy Storage Flywheels[A]. Ninth International Symposium on Magnetic Bearings[C],Lexington, Kentucky, USA, August 3 -6, 2004.

[21] Ohji T, Iwahara M, Yamada S. Performance of Repulsive Type Magnetic Bearing System Under Nonuniform Magnetization of Permanent Magnet[J]. IEEE Trans on Magnetics, 2000, V36(5): 3696 -3698.

[22] 王桂红，郑水英，马振飞. 被动式电磁阻尼器的实验研究[J]. 青海大学学报(自然科学版),2004,(6): 40 -43.

[23] 郑水英，马振飞. 被动式电磁阻尼器的原理和实验研究[J]. 振动工程学报,2005,(1): 75 -78.

[24] 王桂红，郑水英，马振飞. 被动式电磁阻尼器用于转子振动控制的实验研究[J]. 机床与液压,2004,(7): 75 -76.

[25] 王桂红. 被动式电磁阻尼器的理论与实验研究[D]. 杭州: 浙江大学, 2004.

[26] 张俊红，孙少军，郭军华. 永磁轴承承载能力的数值分析及稳定性研究[J]. 机床与液压,2005,(3): 95 -97.

[27] 彭江涛，郝德清，胡业发. 基于ANSYS分析的永磁径向轴承的设计[J]. 现代机械,2006,(1): 53 -54.

[28] Yonnet J P , Lemarquand G, Hemmerlin S, et al. Stacked structures of passive magnetic bearings[J]. American Institute of Physics, 1991, V70(10): 6633 -6635.

[29] 孙津济. 磁悬浮飞轮用新型永磁偏置主动磁轴承结构与设计方法研究[D]. 北京: 北京航空航天大学, 2010.

[30] Roland M, Jan S, Hannes B. Optimization of Repulsive Passive Magnetic Bearings[J]. IEEE Trans on Magnetics, 2006, 42(8): 2038 -2042.

[31] 王曦. 磁悬浮惯性执行机构用新型永磁偏置及永磁被动磁轴承研究[D]. 北京: 北京航空航天大学, 2011.

[32] Arredondo I, Jugo J, Etxebarria V. Modeling and Control of a Flexible Rotor System with AMB-based Sustentation[J]. ISA Transactions, 2008, 47(1): 101 - 112.

[33] Simon E Mushi, Zongli Lin, Paul Allaire E. Design, Construction and Modeling of a Flexible Rotor Active Magnetic Bearing Test Rig[J]. IEEE/ASME Transaction on Mechatronics, 2011(99): 1 -13.

[34] Balini H M N K, Carsten W Scherer, Jasper Witte. Performance Enhancement for AMB Systems Using Unstable H∞ Controllers[J]. IEEE Transactions on Control Systems Technology, 2011, 19(6): 1479 - 1492.

[35] Chen H M, Walter T, Wheeler S, et al. A Passive Magnet Bearing System for Energy Storage Flywheels[C]. Pro. 9th International Symposium on Magnetic Bearing. USA, 2004: 537 - 542.

[36] Amati N, Tonoli A, Canova A, et al. Dynamic Behavior of Torsional Eddy-Current Dampers Sensitivity of the Design Parameters[J]. IEEE Transactions on Magnetics, 2007, 43(7): 3266 - 3277.

[37] Cheng Tai-Hong, Oh Il-Kwon. ibration Suppression of Flexible Beam Using Electromagnetic Shunt Damper[J]. IEEE Transactions on Magnetics, 2009, 45(6): 2758 - 2761.

[38] Zheng Jun, Deng Zigang, Zhang Ya. Performance Improvement of High Temperature Superconducting Maglev System by Eddy Current Damper[J]. IEEE Transactions on Applied Superconductivity, 2009, 19(3): 2148 - 2151.

[39] 房建成，乐韵，孙津济. 具有被动阻尼作用的永磁被动式轴向磁悬浮轴承[P]. 中国专利:201110276772.4,2011 - 09 - 19.

[40] Zhou S, Shi S. Active Balancing and Vibration Control of Rotating Machinery: A Survey, The Shock and Vibration Digest, 2001: 361 - 371.

[41] Wen Tong, Fang Jiancheng: The Exact Feedback Linerization Control for the 2 - DOF Flywheel Suspended by the Passive and Active Hybrid Magnetic Bearings. The 2011 International Conference on Mechanical and Aerospace Engineering.

[42] Mizuno T. Analysis on the fundamental properties of ac tive magnetic bearing control systems by a transfer function approach, JSME International Journal Series C, 2001, 44(2): 367 - 373.

[43] Li L, Shinshi T, Iijima C, et al. Compensation of rotor imbalance for precision rotation of a planar magnetic bearing rotor, Precision Engineering, 2003, 27(2): 140 - 150.

[44] Shafai B, Beale S, LaRocca P, et al, Magnetic bearing control systems and adaptive forced balancing. IEEE Control systems Magazine, 1994 14(2): 4 - 13.

[45] Shi J, Zmood R, Qin LJ, The direct method for adaptive feed-forward vibration control of magnetic bearing systems, 7th International Conference on Control, Automation, Robotics and Vision, 2002, 2(2), 675 - 680.

[46] Liu Z, Nonami K, Ariga Y. Adaptive unbalanced vibration control of magnetic bearing systems with rotational synchronizing and asynchronizing harmonic disturbance, JSME International Journal Series C, 2002, 45(1): 42 - 149.

[47] Herzog R, Buhler P, Gahler C, et al. Unbalance compensation using generalized notch filters in the multivariable feedback of magnetic bearings, IEEE Transactions on Control Systems Technology, 1996, 4(5): 580 - 586.

[48] Sun Y,Ho Y, Yu L. Dynamic Stiffness of Active Magnetic Thrust Bearing Including Eddy-Current Effects. IEEE Transactions on Magnetics, 2009, 45(1): 139 – 149.

[49] 屠善澄. 卫星姿态动力学与控制(4)[M]. 北京: 中国宇航出版社, 2006.

[50] 程颢, 葛升民, 刘付成,等. 反作用飞轮力矩模式控制系统设计[J], 宇航学报, 2006, 11(27):1248 – 1253.

[51] 程颢, 葛升民, 刘付成,等. 反作用飞轮速率模式控制系统设计[J]. 宇航学报, 2006, 27: 1 – 5.

[52] 王志强,房建成. 反作用飞轮电机换相力矩波动抑制协同控制方法[J]. 宇航学报, 2011,32(6):1305 – 1311.

[53] 王志强. 磁悬浮飞轮电机高精度控制技术研究与应用[D]. 北京: 北京航空航天大学, 2008.

[54] 朱娜. 磁悬浮飞轮高精度速率模式控制方法及实验研究[D]. 北京: 北京航空航天大学, 2008.

[55] 张琛. 直流无刷电动机原理及应用[M]. 北京: 机械工业出版社, 2004.

[56] 叶金虎. 现代无刷直流永磁电动机的原理与设计[M]. 北京: 科学出版社, 2007.

[57] Murakami T,Ohnishi K. Observer-based adaptive force control of multi-degrees-of-freedom manipulator. IEEE. Proc. IECON 92, 1992:1500 – 1505.

[58] Katsura S, Matsumoto Y,Ohnishi K. Modeling of Force Sensing and Validation of Disturbance Observer for Force Control," IEEE Trans. Ind. Electron. ,2007,54(1):530 – 538.

[59] Kobayashi H, Katsura S,Ohnishi K. An Analysis of Parameter Variations of Disturbance Observer for Motion Control. IEEE Trans. Ind. Electron. ,2007,54(6):3413 – 3421.

[60] Katsura S, Irie K, Ohishi K. Wideband Force Control by Position-Accelerated Integrated Disturbance Observer. IEEE Trans. Ind. Electron. , 2008,55(4):1699 – 1706.

[61] Fang Jiancheng, Zhou Xinxiu, Liu Gang. Precise Accelerated Torque Control for Small Inductance Brushless DC Motor[J]. IEEE Trans actions on Power Electronics,2013,28(3): 1400 – 1412.

[62] Fang Jiancheng, Zhou Xinxiu, Liu Gang. Instantaneous Torque Control of Small Inductance Brushless,2012,27(12):4952 – 4964.

第 7 章 大力矩磁悬浮偏置动量轮设计及其空间应用

7.1 引言

传统动量轮通过转速变化输出姿态控制力矩，而具有微框架（Vernier Gimballing）能力的磁悬浮惯性动量轮可以在磁间隙范围内，通过磁轴承控制转子旋转轴绕径向以一定角速度偏转，使动量轮具有输出较大的二自由度陀螺力矩的能力，功能上类似双框架动量轮，称其为磁悬浮微框架惯性动量轮，或大力矩磁悬浮惯性动量轮，可用于抵消星体受到的周期性扰动力矩或实现小范围姿态机动，有利于减少卫星三轴姿态稳定控制所需的动量轮个数，简化系统构型，改善和提升姿态控制系统性能，是惯性执行机构技术的一个重要发展方向。

理论上讲，只要磁悬浮惯性动量轮两个偏转自由度主动可控就可实现微框架能力，从已有的大力矩磁悬浮偏置动量轮磁轴承的总体构型来看，主要有三种：纯磁阻力构型、纯洛仑兹力构型以及磁阻力和洛仑兹力组合构型。从性能上看，纯磁阻力构型电流刚度较大，地面承重功耗小；纯洛仑兹力构型偏转控制精度高；磁阻力和洛仑兹力组合构型可实现较大的偏转角，但结构复杂，体积和重量不占优势。

就磁轴承系统而言，大力矩磁悬浮偏置动量轮应用于卫星姿态控制，首先要解决的是微框架控制问题，即通过磁轴承主动施加控制力矩，驱使转子旋转主轴按姿态控制指令沿径向偏转的跟踪控制问题。由于动量轮转子在惯性空间的指向发生了改变，因此会产生较大的陀螺控制力矩，远大于通过改变转速大小所产生的反作用控制力矩。

对偏置动量卫星而言，采用单个大力矩磁悬浮偏置动量轮就可实现卫星的三轴姿态稳定，并且通过微框架控制还可对星体受到的高频周期性扰动进行有效抑制，提高卫星姿态稳定度。对零动量卫星而言，只需在其中纳入一个大力矩磁悬浮偏置动量轮，就可使卫星姿态控制系统具有双轴小角度频繁快速机动与快速稳定的能力，实现卫星小角度快速往复式扫描机动或抑制摆扫式机动载荷带来的星体扰动等，特别适合于既要求快速小角度机动，又要求高稳定度的长寿命三轴姿态稳定卫星，如地球静止轨道对地观测卫星等。

本章针对磁悬浮惯性动量轮大力矩的需求，首先分析了几种轴向力偏转磁轴承结构，包括轴向力偏转 Homopolar 三自由度磁轴承、轴向力偏转 Heteropolar 三自由度磁轴承以及轴向力偏转五自由度磁轴承和洛仑兹力三自由度轴向磁轴承，并对其设计方法进行了介绍。其次，对三种不同总体构型的大力矩磁悬浮偏置动量轮进行了介绍，以磁轴承系统微框架控制方法为基础，结合卫星姿态动力学模型，对磁悬浮偏置动量轮应用于卫星姿态控制时的系统稳定性进行了分析。最后，就大力矩磁悬浮动量轮在卫星高频扰动抑制中的应用，分别讨论了基于滚动轴单姿态敏感器和横滚轴、偏航轴双姿态敏感器两种场合下的卫星姿态控制器与磁悬浮动量轮控制器控制律问题，并以大力矩磁悬浮偏置动量轮与传统偏置动量轮相结合的双大力矩磁悬浮动量轮构型为例，介绍了大力矩磁悬浮偏置动量轮在零动量卫星中实现小角度快速姿态机动的应用。

7.2　轴向力偏转 Homopolar 永磁偏置三自由度磁轴承

磁悬浮惯性动量轮常采用外转子结构形式，通过增大转子轮缘直径的方式，以尽可能小的质量实现较大的极转动惯量，同时由于磁悬浮惯性动量轮多为“悬臂梁”结构，因此希望其轴向长度尽可能小以改善动量轮定子模态，减小动量轮振动，提高其稳定性。常见的五自由度磁悬浮惯性动量轮采用两个径向磁轴承以及一对轴向磁轴承支承[1]，如图 7－1 所示。

这种构型的磁悬浮动量轮需要由两个径向磁轴承提供径向偏转力矩，两个径向磁轴承之间需要有一定的跨距，从而大大增加了动量轮的轴向尺寸。

为了减小磁悬浮动量轮的轴向尺寸，可以采用径向—轴向一体化磁轴承[2]，在一定程度上减小磁轴承所占用的轴向尺寸(图 7-2)。但是由于偏转力矩依然由径向力提供，使得径向—轴向一体化磁轴承与径向磁轴承之间的跨距并未得到改变，因此整个动量轮的轴向尺寸也不能有效减小，并且这种径向—轴向一体化磁轴承普遍存在径向力和轴向力的耦合问题，增大了控制难度。

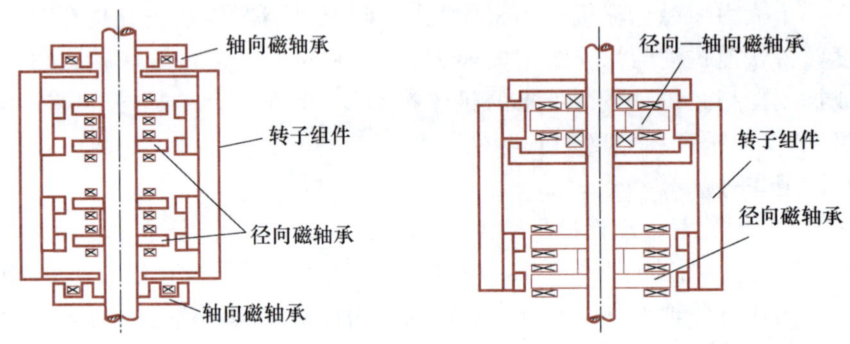

图 7-1　磁悬浮动量轮(两个径向磁轴承 + 单自由度轴向磁轴承)结构示意图

图 7-2　采用径向—轴向一体磁轴承结构的磁悬浮动量轮示意图

如图 7-3 所示，采用具有轴向力偏转功能的三自由度轴向磁轴承则不需要轴向跨距，并且只需单个径向磁轴承与其配合就可实现动量轮的五自由度控制，从而大大减小动量轮的轴向尺寸。

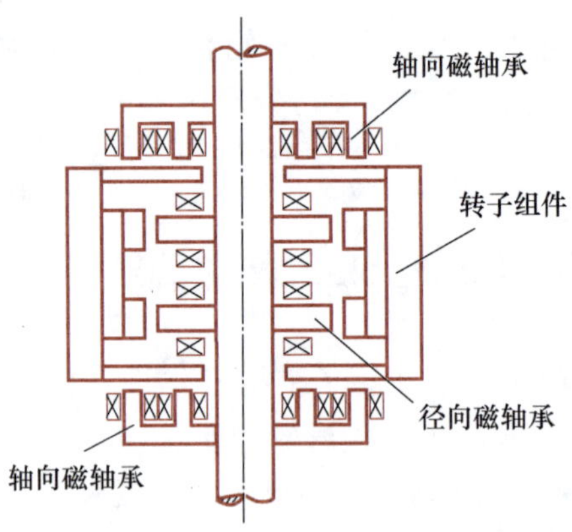

图 7-3　采用三自由度轴向磁轴承结构的磁悬浮动量轮示意图

但是现有的轴向磁轴承定子多为整环结构，对转子只能进行轴向单自由度平动控制[3-8]，无法对转子轴进行偏转控制。Masao 早在 1983 年就提出了两种定子四等分结构的永磁偏置三自由度轴向磁轴承[9]，可以同时实现转子的轴向平动和径向偏转控制，但由于采用单线圈控制模式，电流刚度较低；且定、转子结构复杂，加工装配比较困难。

为了减小磁悬浮惯性动量轮的轴向长度，本节所介绍的新型轴向力偏转 Homopolar 三自由度轴向磁轴承结构，不仅可实现轴向平动的控制，而且可以实现径向偏转的控制，使得五自由度磁悬浮动量轮采用单个径向磁轴承支承即可[10]。

7.2.1 Homopolar 三自由度磁轴承结构

轴向力偏转 Homopolar 三自由度永磁偏置轴向磁轴承结构如图 7-4 所示[10,11]。这种轴向磁轴承由定子部分和转子推力盘组成，定子部分由内环定子铁芯、外环定子铁芯、永磁体以及线圈组成，内、外环定子铁芯构成整个圆周方向上的 8 个定子铁芯磁极，并沿 $+x$、$-x$、$+y$、$-y$ 方向放置，每个定子铁芯磁极上绕制有线圈，定子部分与转子推力盘之间形成轴向磁气隙，内、外环定子铁芯之间为环形永磁体，并与永磁体在径向外侧形成第二气隙。

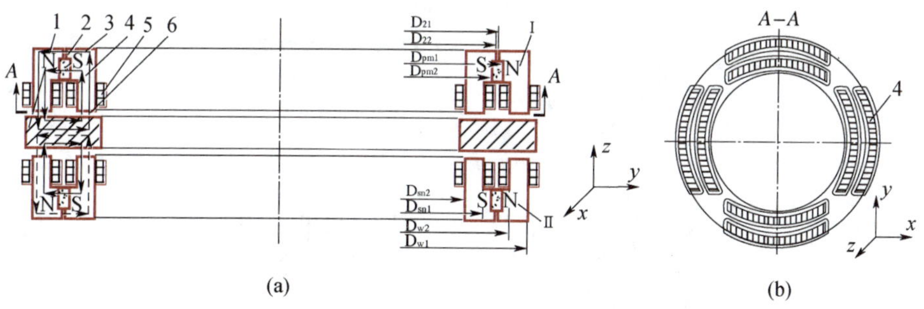

图 7-4 轴向力偏转 Homopolar 三自由度轴向磁轴承结构

(a) 轴向截面图；(b) 端面图。

1—转子推力盘；2—永磁体；3—第二气隙；4—定子铁芯；5—线圈；6—气隙。

这类轴向磁轴承的永磁磁路通过永磁体、定子铁芯磁极、气隙以及转子推力盘构成闭合回路，形成磁轴承的主磁路；电磁磁路通过定子铁芯磁极、气隙、转子推力盘以及第二气隙构成闭合回路。由于该种结构的永磁偏置轴向磁轴承的内、外定子铁芯构成整个圆周方向上的 8 个定子磁极，并沿 $+x$、$-x$、$+y$、$-y$ 方向放置，因而既可实现动量轮转子组件的轴向平动控制，还可实现动量轮转子组件的径向偏转控制[12]。

Homopolar 三自由度轴向磁悬浮轴承的定子如图 7-5 所示，从图中可以看出，三自由度轴向磁轴承的各个定子磁极两边互相平行，因此本书中称之为“平行齿”定子结构三自由度轴向磁轴承。

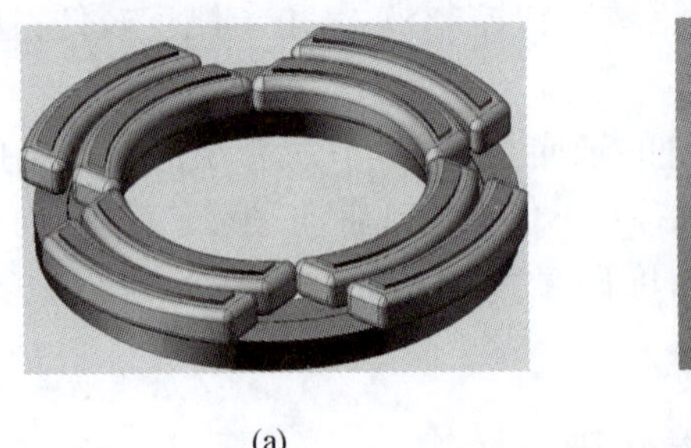

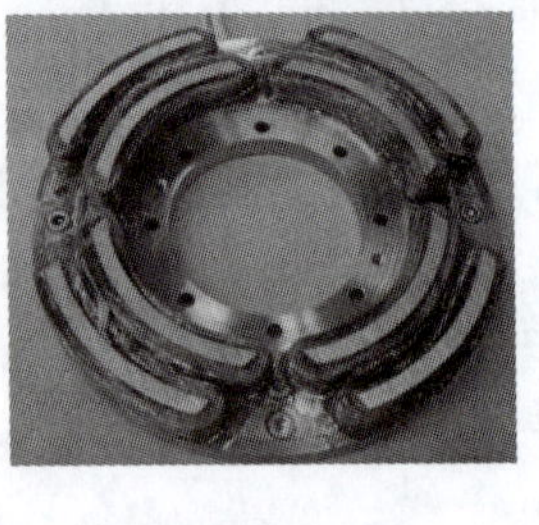

(a) (b)

图 7-5 三自由度轴向磁轴承定子

(a) 定子组件；(b) 实物。

7.2.2 Homopolar 三自由度磁轴承分析与电磁设计

Homopolar 三自由度轴向磁轴承等效磁路如图 7-6 所示[10,11]。由于实际工作时需要成对使用这种三自由度轴向磁轴承，上端轴向磁轴承，下标末位为 1；下端轴向磁轴承下标末位为 2。

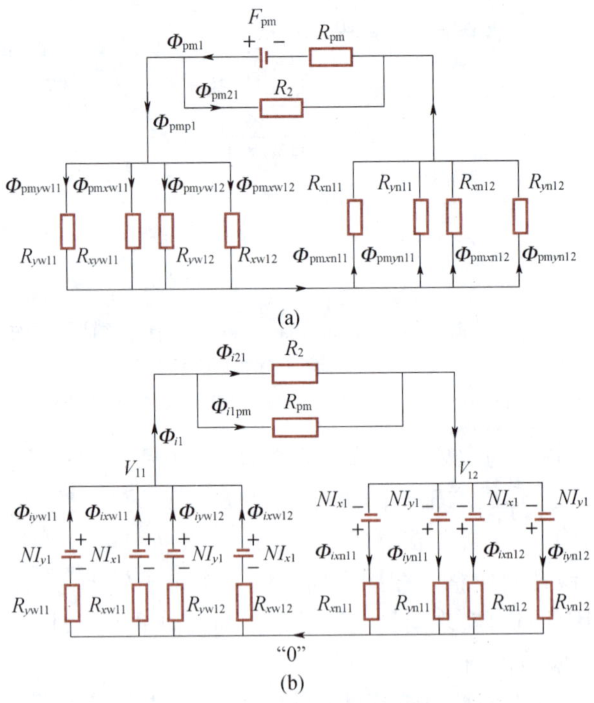

图 7-6 三自由度轴向磁轴承等效磁路

(a) 永磁磁路；(b) 电磁磁路。

从等效磁路以及节点电压法可以得到转子推力盘所受合力为

$$F=\frac{\Phi_{\text{syw11}}^2+\Phi_{\text{syw12}}^2+\Phi_{\text{sxw11}}^2+\Phi_{\text{sxw12}}^2}{2\mu_0A_w}+\frac{\Phi_{\text{sxn11}}^2+\Phi_{\text{sxn12}}^2+\Phi_{\text{sxn11}}^2+\Phi_{\text{sxn12}}^2}{2\mu_0A_n}-\frac{\Phi_{\text{syw21}}^2+\Phi_{\text{syw22}}^2+\Phi_{\text{sxw21}}^2+\Phi_{\text{sxw22}}^2}{2\mu_0A_{\text{w}}}-\frac{\Phi_{\text{sxn21}}^2+\Phi_{\text{sxn22}}^2+\Phi_{sxn21}^2+\Phi_{sxn22}^2}{2\mu_0A_{\text{n}}}\tag{7-1}$$

式中

$$[\Phi_{\text{syw11}}\quad\Phi_{\text{syw12}}\quad\Phi_{\text{sxn11}}\quad\Phi_{\text{sxn12}}]^{\text{T}}=[\Phi_{\text{pmyw11}}\quad\Phi_{\text{pmyw12}}\quad\Phi_{\text{pmyn11}}\quad\Phi_{\text{pmyn12}}]^{\text{T}}+[\Phi_{\text{iyw11}}\quad\Phi_{\text{iyw12}}\quad\Phi_{\text{iyn11}}\quad\Phi_{\text{iyn12}}]^{\text{T}}$$

$$[\Phi_{\text{sxw11}}\quad\Phi_{\text{sxw12}}\quad\Phi_{\text{sxn11}}\quad\Phi_{\text{sxn12}}]^{\text{T}}=[\Phi_{\text{pmxw11}}\quad\Phi_{\text{pmxw12}}\quad\Phi_{\text{pmxn11}}\quad\Phi_{\text{pmxn12}}]^{\text{T}}+[\Phi_{ixw11}\quad\Phi_{\text{ixw12}}\quad\Phi_{\text{ixn11}}\quad\Phi_{\text{ixn12}}]^{\text{T}}$$

$$[\Phi_{\text{syw21}}\quad\Phi_{\text{syw22}}\quad\Phi_{\text{sxn21}}\quad\Phi_{\text{sxn22}}]^{\text{T}}=[\Phi_{\text{pmyw21}}\quad\Phi_{\text{pmyw22}}\quad\Phi_{\text{pmyn21}}\quad\Phi_{\text{pmyn22}}]^{\text{T}}+[\Phi_{\text{iyw21}}\quad\Phi_{\text{iyw22}}\quad\Phi_{\text{iyn21}}\quad\Phi_{\text{iyn22}}]^{\text{T}}$$

$$[\Phi_{\text{sxw21}}\quad\Phi_{\text{sxw22}}\quad\Phi_{\text{sxn21}}\quad\Phi_{\text{sxn22}}]^{\text{T}}=[\Phi_{\text{pmxw21}}\quad\Phi_{\text{pmxw22}}\quad\Phi_{\text{pmxn21}}\quad\Phi_{\text{pmxn22}}]^{\text{T}}+[\Phi_{\text{ixw21}}\quad\Phi_{\text{ixw22}}\quad\Phi_{\text{ixn21}}\quad\Phi_{\text{ixn22}}]^{\text{T}}$$

上述图和公式中：F_{pm} 为永磁体磁动势；A_{w}、A_{n} 为定子外、内环单个磁极面积；R_{pm} 为永磁体磁阻；R_2 为第二气隙磁阻；R_{ywij}、R_{ynij} 为轴向磁轴承Ⅰ和Ⅱ的外、内环定子铁芯 y 方向气隙磁阻 $i,j=1,2$；R_{xwij}、R_{xnij} 为轴向磁轴承Ⅰ和Ⅱ的外、内环定子铁芯 x 方向气隙磁阻 $i,j=1,2$；$\Phi_{\text{pmp}i}$ 为轴向磁轴承Ⅰ和Ⅱ中永磁体提供的工作气隙磁通 $i=1,2$；$\Phi_{\text{pmyw}ij}$、$\Phi_{\text{pmyn}ij}$ 为永磁体在轴向磁轴承Ⅰ和Ⅱ的外、内环定子铁芯 y 方向气隙产生的磁通 $i,j=1,2$；$\Phi_{\text{pmxw}ij}$、$\Phi_{\text{pmxn}ij}$ 为永磁体在轴向磁轴承Ⅰ和Ⅱ的外、内环定子铁芯 x 方向气隙产生的磁通 $i,j=1,2$；Φ_{iywij}、Φ_{iynij} 为线圈通电后在轴向磁轴承Ⅰ和Ⅱ的外、内环定子铁芯 y 方向气隙产生的磁通 $i,j=1,2$；Φ_{ixwij}、Φ_{ixnij} 为线圈通电后在轴向磁轴承Ⅰ和Ⅱ的外、内环定子铁芯 x 方向气隙产生的磁通 $i,j=1,2$；$\Phi_{\text{syw}ij}$、$\Phi_{\text{sxn}ij}$ 为轴向磁轴承Ⅰ和Ⅱ的外、内环定子铁芯 y 方向气隙的合成磁通，$i,j=1,2$；$\Phi_{\text{sxw}ij}$、$\Phi_{\text{sxn}ij}$ 为轴向磁轴承Ⅰ和Ⅱ的外、内环定子铁芯 x 方向气隙的合成磁通，$i,j=1,2$。

对于磁阻和磁通而言，下标"11"和"12"表示轴向磁轴承Ⅰ的定子内环铁芯磁极和外环铁芯磁极所对应的气隙，下标"21"和"22"表示轴向磁轴承Ⅱ的定子内环铁芯磁极和外环铁芯磁极所对应的气隙。三自由度轴向磁轴承的位移刚度与电流刚度由图7-6可以推导得出

$$k_s=-\frac{4(F_{\text{pm}}/\sigma)^2R_2^2(R_{\text{pm}}+R_2)\mu_0A}{[2R_{\text{pm}}R_2\mu_0A+\delta(R_{\text{pm}}+R_2)]^3}\tag{7-2}$$

$$k_i = \frac{2R_2F_{\mathrm{pm}}N(R_2 + R_{\mathrm{pm}})}{\mu_0 A\sigma\sigma_i\left[R_{\mathrm{pm}}\left(R_2 + \frac{R_{\mathrm{n}} + R_{\mathrm{w}}}{4}\right) + R_2\left(\frac{R_{\mathrm{n}} + R_{\mathrm{w}}}{4}\right)\right]\left[\left(\frac{R_{\mathrm{n}} + R_{\mathrm{w}}}{4}\right)(R_2 + R_{\mathrm{pm}}) + R_2R_{\mathrm{pm}}\right]} \tag{7-3}$$

式中

$$R_{\mathrm{n}} = \frac{R_{\mathrm{yn}}}{4} = \frac{R_{\mathrm{xn}}}{4}, R_{\mathrm{w}} = \frac{R_{\mathrm{yw}}}{4} = \frac{R_{\mathrm{xw}}}{4}$$

$$A = A_{\mathrm{w}} = A_{\mathrm{n}}\text{（为了设计考虑作此假设）}$$

为了计算三自由度轴向磁轴承的偏转刚度，需要对分瓣磁极对应的磁阻通过积分形式进行计算：

$$\Lambda_{1,j} = \mu_0\iint\frac{r\mathrm{d}r\mathrm{d}\theta}{\delta + z - r(\beta\cos\theta_{\mathrm{I},j} - \alpha\sin\theta_{\mathrm{I},j})} \tag{7-4}$$

$$\Lambda_{2,j} = \mu_0\iint\frac{r\mathrm{d}r\mathrm{d}\theta}{\delta - z + r(\beta\cos\theta_{\mathrm{II},j} - \alpha\sin\theta_{\mathrm{II},j})} \tag{7-5}$$

式中：r 为分瓣定子磁极的积分半径；θ 为 r 与 x 轴之间的积分角度，$j=1,2,3,4$。

由此可以得到三自由度轴向磁轴承的 x 和 y 方向上的偏转力矩为

$$M_x = \sum_{j=1}^{8}\iint\left(\frac{F_{\mathrm{I},j}^2\cdot\mu_0\cdot r^2\sin\theta\mathrm{d}r\mathrm{d}\theta}{2\left[\delta + z - r(\beta\cos\theta - \alpha\sin\theta)\right]^2} - \frac{F_{\mathrm{II},j}^2\cdot\mu_0\cdot r^2\sin\theta\mathrm{d}r\mathrm{d}\theta}{2\left[\delta - z + r(\beta\cos\theta - \alpha\sin\theta)\right]^2}\right) \tag{7-6}$$

$$M_y = \sum_{j=1}^{8}\iint\left(\frac{F_{\mathrm{I},j}^2\cdot\mu_0\cdot r^2\cos\theta\mathrm{d}r\mathrm{d}\theta}{2\left[\delta + z - r(\beta\cos\theta - \alpha\sin\theta)\right]^2} - \frac{F_{\mathrm{II},j}^2\cdot\mu_0\cdot r^2\cos\theta\mathrm{d}r\mathrm{d}\theta}{2\left[\delta - z + r(\beta\cos\theta - \alpha\sin\theta)\right]^2}\right) \tag{7-7}$$

由图 7－5 可以定性看出，定子磁极分为四瓣后，在转子旋转过程中，转子推力盘中会产生磁感应强度大小的变化，图 7－7 给出了图 7－5 所示结构转子推力盘（采用实心电工纯铁材料）磁感应强度分布图，其中图 7－7（a）为仅永磁

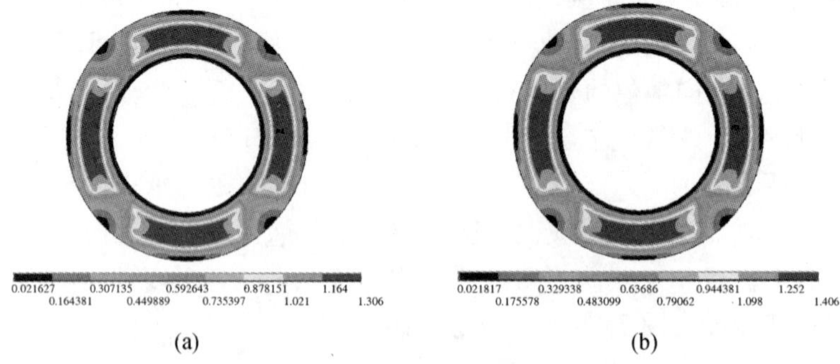

图 7－7　三自由度永磁偏置轴向磁轴承推力盘磁感应强度分布图

（a）仅永磁体作用；（b）加入电流 0.1A。

体作用时的推力盘磁感应强度分布,图7-7(b)为所有磁极上线圈通入0.1A电流时的推力盘磁感应强度分布,从图中可以看出,磁极之间推力盘磁感应强度差别分别为0.4T~1.1T和0.48T~1.25T,如此大的磁感应强度差会带来很大的涡流损耗。

为了减小平行齿定子结构的三自由度轴向磁轴承在高速时带来的旋转损耗,本节给出了改进结构的Homopolar三自由度轴向磁轴承,如图7-8所示,从图中可以看出,内、外环相邻定子磁极之间"槽"的两边是相互平行的,为了区分平行齿结构的三自由度轴向磁轴承结构,本书称这种结构为"平行槽"定子结构。

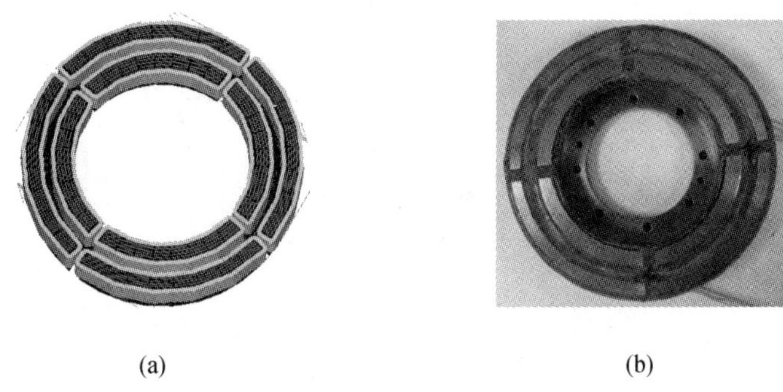

(a)　　　　　　　　(b)

图7-8　平行槽结构Homopolar三自由度永磁偏置轴向磁轴承定子
(a) 定子组件模型;(b) 实物。

平行槽结构Homopolar三自由度轴向磁轴承主要参数如表71所列,由此计算得到的磁轴承电流—力、位移—力、轴向有无偏移时磁轴承沿径向偏转时的两个偏转角(α、β)—偏转力矩(M_x、M_y)之间的关系分别如图7-9～图7-11所示。

表7-1　平行槽结构Homopolar三自由度永磁偏置轴向磁轴承主要参数

项目	量值	项目	量值
定子铁芯内环面积/mm^2	269.5	定子铁芯外环面积/mm^2	287.9
定子铁芯磁极之间距离/mm	5	永磁体截面积/mm^2	1093.3
单边气隙/mm	0.3	第二气隙/mm	0.4
每极线圈匝数	140	第二气隙径向外侧高度/mm	2

根据图7-9～图7-11可以得出,Homopolar平行槽结构三自由度轴向磁轴承的位移刚度K_{sz}为-1.4 N/μm,电流刚度K_{iz}为479N/A,偏转刚度K_θ为2275N·m/rad。

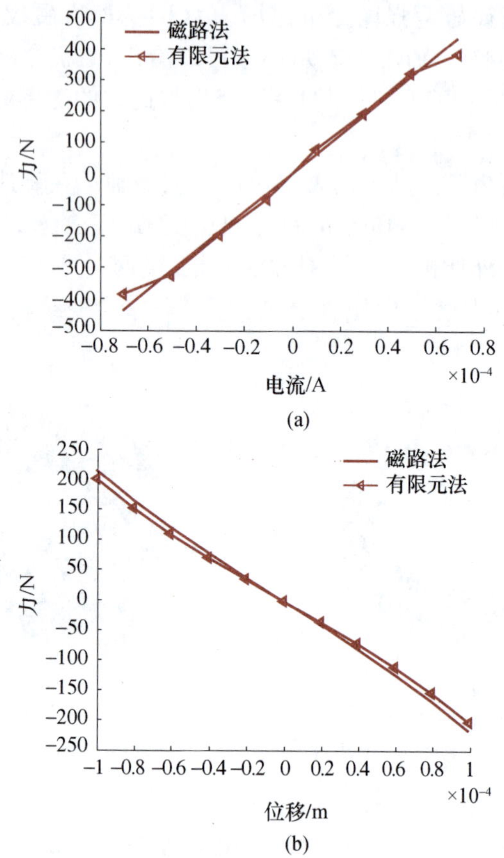

图 7 - 9　平行槽结构 Homopolar 轴向磁轴承受力计算结果

(a) 电流与力；(b) 位移与力。

图 7 - 12 给出了平行槽结构轴向磁轴承转子推力盘磁感应强度分布图，图 7 - 12(a)为仅永磁体作用时的推力盘磁感应强度分布，图 7 - 12(b)为所有磁极上线圈通入 0.1A 电流时的推力盘磁感应强度分布。从图中可以看出，在仅有永磁体作用下，平行槽结构永磁偏置轴向磁轴承转子推力盘磁感应强度变化为 0.5T ~ 0.7T，通入电流后，磁极之间的磁感应强度变化最大为 0.6T ~ 0.8T，与原结构相比，磁极之间磁感应强度变化减小了 70%，这将大大减小永磁偏置轴向磁轴承的旋转功耗。

由上述分析可知，轴向力偏转磁轴承定子磁极分瓣后会在转子中不可避免地产生旋转铁耗。减小旋转铁耗最直接的方法就是采用软磁叠层。软磁叠层一般有叠片式叠层与卷绕式叠层两种，如图 7 - 13 所示。但对于三自由度轴向

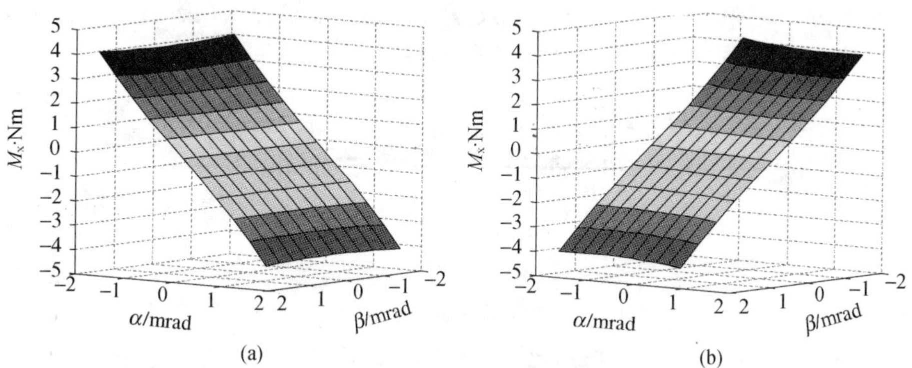

图 7－10　平行槽结构 Homopolar 轴向磁轴承在轴向无偏移时 α、β、M_x 和 M_y 之间的关系

（a）α，β 与 M_x；（b）α，β 与 M_y。

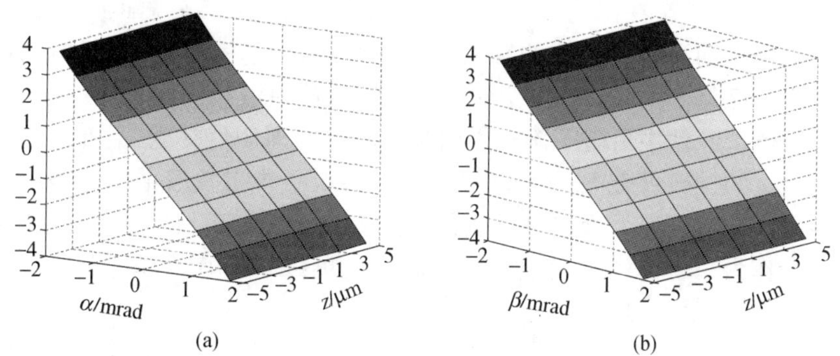

图 7－11　平行槽结构 Homopolar 三自由度轴向磁轴承 z，M_x 和 M_y 之间的关系

（a）β＝0；（b）α＝0。

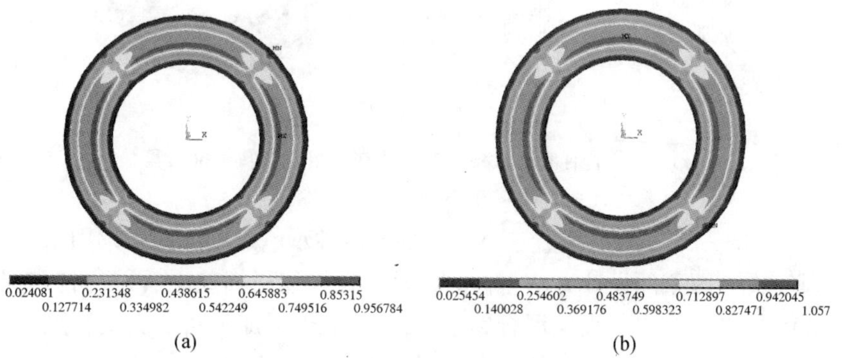

图 7－12　Homopolar 平行槽结构永磁偏置轴向磁轴承的推力盘磁感应强度分布

（a）仅永磁体作用；（b）加入电流 0.1A。

磁轴承而言,若转子推力盘直接采用这两种叠层,必然会存在磁力线穿过叠片的现象,因而会损失永磁磁动势与电磁磁动势。

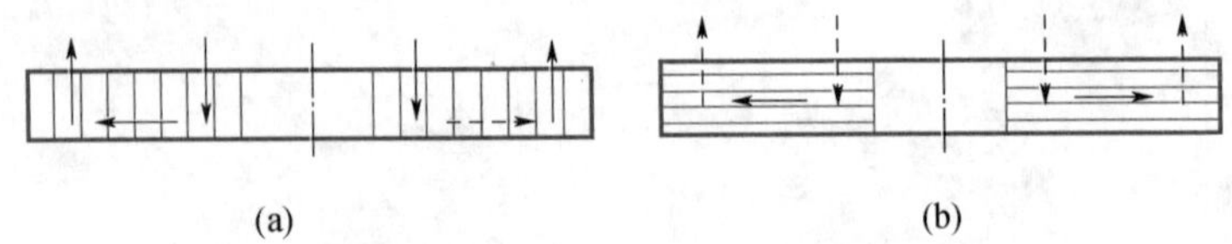

图 7-13 软磁叠层示意图
(a) 卷绕式叠层; (b) 叠片式叠层。

为此,本节介绍一种组合式转子结构解决上述问题。采用 0.03mm 厚的高电阻率(130μΩ·cm)卷绕纳米晶材料(具有高磁导率、低矫顽力、高频损耗小等优点)与电工纯铁的组合件作为转子推力盘[13],如图 7-14 所示。在组合式转子中,不存在磁力线穿过卷绕叠层的现象,并且分瓣的定子磁极所产生的磁场波动沿卷绕叠层的轴向与周向传播,到达实心电工纯铁后,磁感应强度分布已趋于均匀,磁力线在实心电工纯铁中沿径向均匀穿过,即磁力线在实心电工纯铁中沿转子旋转方向基本不产生周期性交变,故在实心电工纯铁中产生的旋转铁耗几乎可以忽略。而纳米晶卷绕叠层由于卷绕厚度薄且电阻率高的特点使得旋转磁场在其中产生的涡流很小。因此,采用组合式转子结构作为三自由度轴向磁轴承的推力盘可进一步有效降低其高速下的旋转功耗。

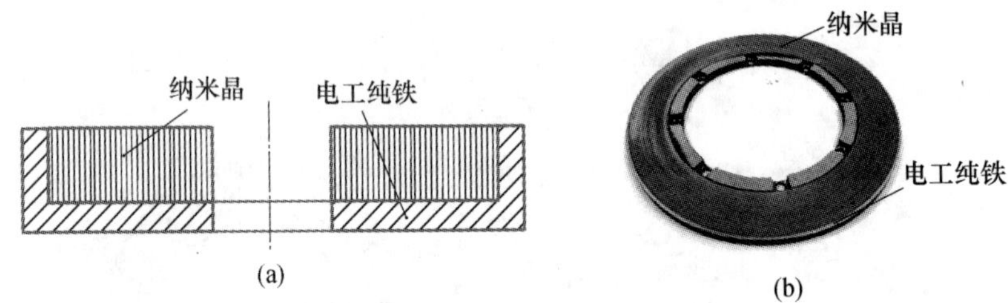

图 7-14 采用纳米晶材料与电工纯铁的组合式转子推力盘结构
(a) 结构示意图; (b) 实物图。

对于 Homopolar 永磁偏置三自由度轴向磁轴承电磁设计同样采用第 3 章给出的基于混合因子的设计方法,首先,在动量轮性能指标确定后,根据功耗要求以及 PID 控制系统参数设定混合因子 K_{pmc},然后根据加工精度决定气隙的大小 δ,根据功耗要求设定静态控制电流 I_z,由式(7-2)和式(7-3)求出永磁偏置磁轴承中永磁体产生的位移刚度 k_s 和电流刚度 k_i。再设定转子转速 n、最大承载力 F_{max}、材料的饱和磁感应强度 B_s 和漏磁系数 σ 等。其次根据定子强度和模态要求，确定推力盘内径 D_{t2} 和定子铁芯内环磁极内径 D_{nei2}，进而确定定子磁极宽度 b，确定原则是使得定子铁心外径、定子铁心极宽与圆心的夹角为 60 度左右令定子内、外磁极面积基本相等。根据最大承载力 F_{max} 计算定子磁极截面积 A，进而得到定子内环磁极径向长度 h_{sfenei} 以及定子内环磁极外径 D_{sneil}，估算定子内环和外环之间的槽宽 L_{cao}，计算定子外环磁极内径 D_{swai2}、径向长度 h_{sfewai} 以及外径 D_{swai1}。根据定子外环磁极外径确定转子推力盘外径 D_{t2}，根据经验确定永磁磁化方向长度 h_{pm}，得到永磁体内径 D_{pm2} 和外径 D_{pm1}。设定第二气隙长度 δ_2，计算形成第二气隙的定子内径 D_{22} 和外径 D_{21}，由气隙与第二气隙的磁阻关系确定第二气隙轴向高度 b_1。根据最大电流以及电流密度取线圈直径，由位移刚度确定永磁体轴向高度 b_{pm}，由电流刚度确定线圈匝数，进而由槽满率确定定子铁心磁极轴向高度 b_{chi}。

7.2.3 Homopolar 三自由度磁轴承实验研究

通过实验对所介绍的 Homopolar 三自由度轴向磁轴承进行验证[10,11]，采用 Homopolar 三自由度轴向磁轴承的 15N · m · s 磁悬浮惯性动量轮样机实物图如图 7 – 15 所示。

图 7 – 15　15N · m · s 磁悬浮惯性动量轮样机

1. 轴向力偏转 Homopolar 永磁偏置三自由度磁轴承功能实验验证

Homopolar 三自由度轴向磁轴承的作用产生转子径向方向的偏转控制力矩和轴向方向的平动控制力。在静态悬浮和 5000r/min 时的转子的位移量分别如图 7 – 16(a) 和图 7 – 16(b) 所示。由图 7 – 16(a) 可知，转子静态时稳定悬浮，α 和 β 的最大值为保护轴承允许值的 3.4%，转子的轴向位移 z 最大值为 2.7μm，为保护间隙的 2.7%。由图 7 – 16(b) 可知，转子在额定转速 5000r/min 时能够稳定悬浮，转子不平衡引起位移信号产生同频跳动，α 和 β 的最大值为保护轴承允许值的 17.1%，轴向平动跳动量 z 最大值为 21.9μm，为保护间隙的 21.9%。实验结果表明，该种轴向磁轴承能够实现期望的控制力输出，保证动量轮转子的稳定悬浮。

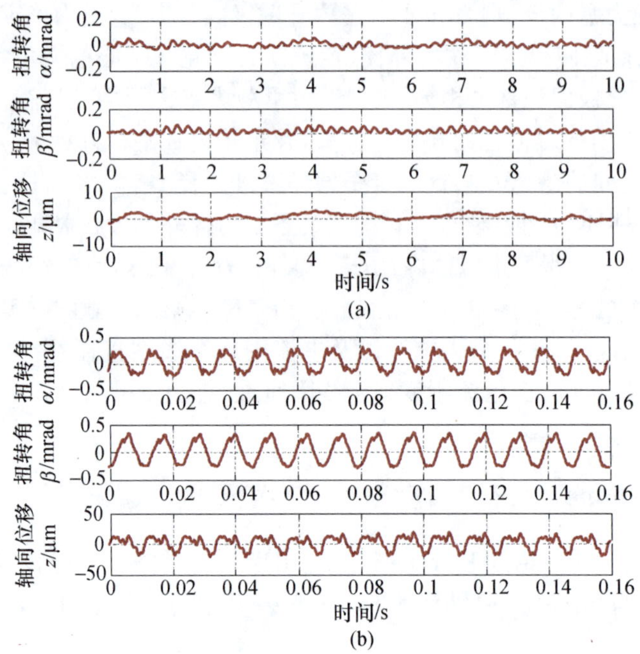

图 7-16 动量轮转子分别在静态悬浮和 5000r/min 时 α、β 和 z 随时间变化的曲线
(a) 静态悬浮；(b) 5000r/min。

为了实验轴向磁轴承各通道的耦合特性，分别给转子偏转位置（图 7-17(a)）和轴向平动位置（图 7-17(b)）以 50Hz 正弦参考，即分别控制转子的偏转角 α 和轴向位移 z 跟随给定 50Hz 正弦信号变化，则磁轴承产生相应的控制磁通。图 7-17(a) 表明，α 跟随给定正弦信号变化，而 β 和 z 基本不受 α 变化的影响；图 7-17 (b) 表明，z 跟随给定正弦信号变化，而 α 和 β 基本不受 z 变化的影响。图 7-17 的实验结果表明，虽然转子某个通道的位移在正弦变动，但是其他通道基本不受该通道位移扰动的影响，始终稳定在一个固定的位置上，从而验证了轴向磁轴承各个控制通道在平衡位置附近是解耦的，与理论分析一致。

2. 轴向力偏转 Homopolar 永磁偏置三自由度磁轴承功耗实验研究

对于采用平行齿定子结构的 Homopolar 三自由度轴向磁轴承的磁悬浮动量轮而言，通过降速实验计算得到动量轮在 5000r/min 时功耗为 19W，而采用平行槽结构定子、纳米晶材料转子的 Homopolar 三自由度轴向磁轴承的磁悬浮动量轮，通过降速实验计算得到动量轮在 5000r/min 时功耗约为 3.2W，两者的降速损耗曲线如图 7-18 所示。

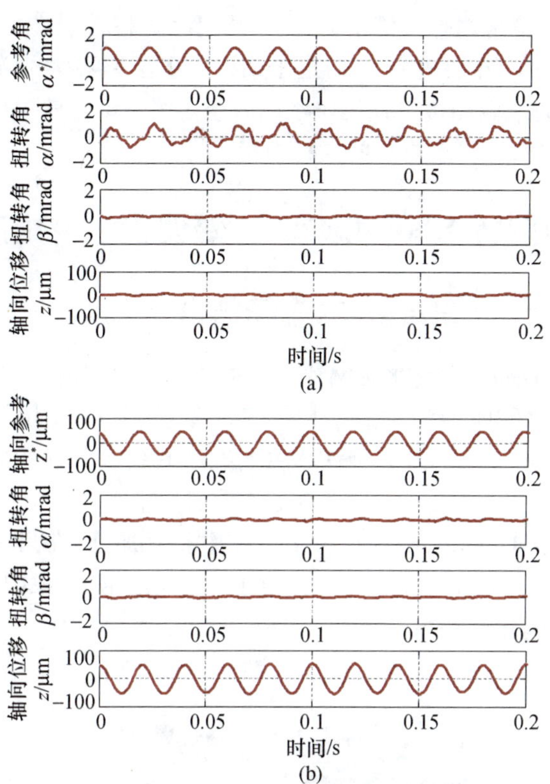

图7-17　分别在 α 和 z 施加正弦扰动时转子的位移曲线

（a）α 施加扰动时的位移；（b）z 施加扰动时的位移。

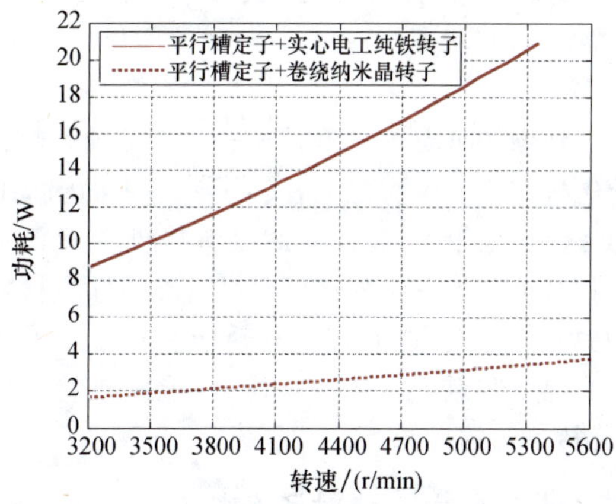

图7-18　采用不同结构三自由度轴向磁轴承的磁悬浮惯性动量轮降速功耗曲线

实验结果表明:采用平行槽结构定子、纳米晶材料转子推力盘后,旋转功耗减小了83%,可以看出,采用平行槽定子结构和电阻率更大的卷绕纳米晶材料转子的 Homopolar 三自由度轴向磁轴承的磁悬浮惯性动量轮可以显著地减小高速时旋转涡流损耗,即具有更小的损耗力矩。

7.3 轴向力偏转 Heteropolar 永磁偏置三自由度磁轴承

7.3.1 Heteropolar 三自由度磁轴承结构

轴向力偏转 Heteropolar 永磁偏置三自由度磁轴承结构及磁通路径如图 7–19 所示[13,14],由永磁体、定子铁芯、线圈、转子铁芯构成。4 块永磁体分别沿切向充磁;4 块 C 形定子铁芯及绕于铁芯两端磁极的线圈分别构成 4 个对称控制通道的主体;每通道 2 个磁极与转子铁芯之间有 2 个工作气隙,即每通道的 2 个差动气隙(控制磁通与永磁磁通在一个气隙中相互加强,在另一个气隙中相互削弱)。图7–19还标示出一块永磁体(位于 xoy 平面第 IV 象限)的偏置磁通路径及通道 x 的控制磁通路径。

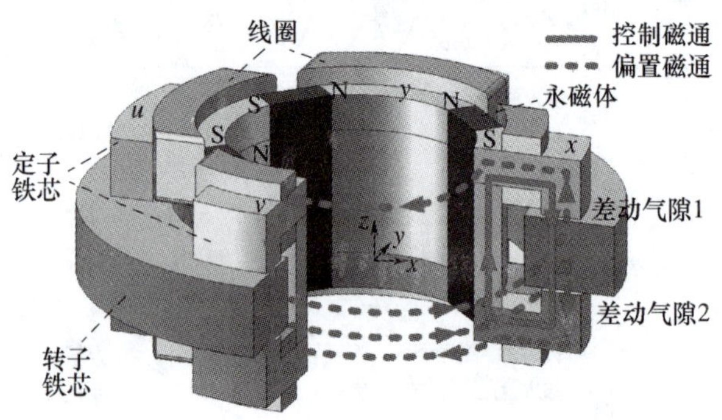

图 7–19　轴向力偏转 Heteropolar 永磁偏置三自由度磁轴承结构及磁通路径

由于 4 个通道磁极产生的偏置磁通在转子铁心表面沿周向 NS 磁极交替,故为 Heteropolar 型磁轴承,相比偏置磁通没有极性变化而只有幅值变化的 Homopolar 型,旋转损耗大。但这个缺点可通过特殊的软磁材料来克服:由于磁力线在转子铁心中只有轴向与周向分量,故转子铁心可采用卷绕软磁叠层;而损耗极低的铁基纳米晶受目前工艺水平所限,只能制成卷绕叠层,可应用于该类结构,达到削弱旋转损耗的目的。

7.3.2 Heteropolar 三自由度磁轴承分析与电磁设计[13,14]

按照图 7–19 所示磁通路径,得到图 7–20 所示的等效磁路。4 个通道电磁力都为轴向力，合理控制各通道功放，可以同时实现转子轴向平动与径向偏转 3 个自由度的主动控制[15]。

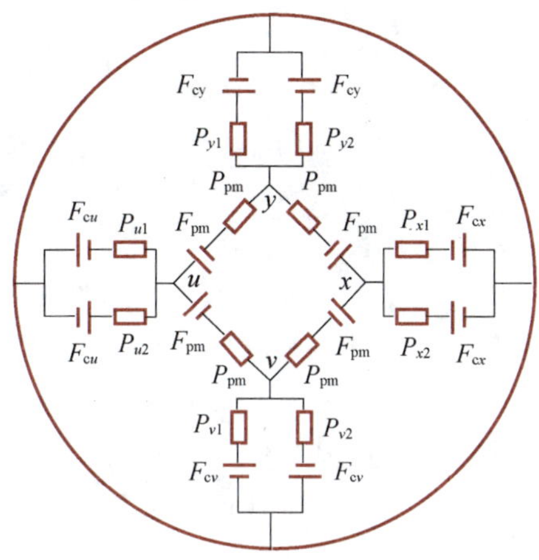

图 7-20　等效磁路

等效磁路中各物理量意义如下（j 代表各通道的差动气隙 1 或 2）：μ_0 为空气磁导率，δ_0 为转子位于平衡位置时的工作气隙，P_0 为转子位于平衡位置时单个差动气隙的磁导，δ_k 为通道 k 的转子轴向偏移量，A_p 为磁极面积，通道 k 差动气隙 j 的磁导 P_{kj} 分别为

$$P_{k1} = \frac{\mu_0 A_p}{\delta_0 - \delta_k}, P_{k2} = \frac{\mu_0 A_p}{\delta_0 + \delta_k}$$

通道 k 两差动气隙的并联磁导 $P_k = P_{k1} + P_{k2}$，通道 k 两差动气隙磁导之差 $P_{kk} = P_{k1} - P_{k2}$；ϕ_{kj} 为通道 k 差动气隙 j 的合成磁通；μ_r、H_c 分别为永磁材料的相对磁导率、矫顽力，A_{pm}、h_{pm} 分别为永磁体的供磁面积、充磁长度，永磁体自身磁动势 $F_{pm0} = H_c h_{pm}$，永磁体自身磁导 $P_{pm0} = \mu_r \mu_0 A_{pm}/h_{pm}$，考虑磁路漏磁后的永磁体磁动势、永磁体磁导分别为 $F_{pm} = F_{pm0} P_{pm0}/P_{pm}$、$P_{pm} = P_{pm0} + P_{leak}$，其中 P_{leak} 为永磁磁路漏磁导；W 为单个线圈的匝数，i_k 为通道 k 的线圈电流，通道 k 单个线圈的控制磁通磁动势 $F_{ck} = W i_k$。

对图 7-20 中 x、y、u 和 v 这 4 个节点列写磁势方程，其矩阵形式为

$$\boldsymbol{PF} = \boldsymbol{\Phi} \tag{7-8}$$

磁导阵 $\boldsymbol{P}$、磁势阵 $\boldsymbol{F}$ 和磁通阵 $\boldsymbol{\Phi}$ 分别为

$$P=\begin{pmatrix}2P_{pm}+P_x & -P_{pm} & 0 & -P_{pm}\\ -P_{pm} & 2P_{pm}+P_y & -P_{pm} & 0\\ 0 & -P_{pm} & 2P_{pm}+P_u & -P_{pm}\\ -P_{pm} & 0 & -P_{pm} & 2P_{pm}+P_v\end{pmatrix},\boldsymbol{\Phi}=\begin{pmatrix}2F_{pm}P_{pm}-F_{cx}P_{xx}\\ -2F_{pm}P_{pm}+F_{cy}P_{yy}\\ 2F_{pm}P_{pm}-F_{cu}P_{uu}\\ -2F_{pm}P_{pm}+F_{cv}P_{vv}\end{pmatrix},\boldsymbol{F}=\begin{pmatrix}F_x\\ F_y\\ F_u\\ F_v\end{pmatrix}$$

式中：$\begin{cases}P_k=P_{k1}+P_{k2}\\ P_{kk}=P_{k1}-P_{k2}\end{cases}$ $\begin{cases}P_{k1}=\dfrac{\mu_0A_p}{\delta_0-\delta_k}\\ P_{k2}=\dfrac{\mu_0A_p}{\delta_0+\delta_k}\end{cases}$

多通道永磁偏置磁轴承，通道 k 参数用下标 k 区分。从等效磁路中可看出：各通道由于永磁体的隔断，相互间不直接构成回路，这是全轴向通道三自由度永磁偏置轴向磁轴承磁路弱耦合特性的本质原因。

解得 $\boldsymbol{F}$ 阵，即得到各节点磁势。以通道 x 为例，忽略 ε 的二次及二次以上项，有

$$F_x=\frac{\varepsilon F_{pm}}{P_x+\varepsilon}+\frac{F_{ey}P_{yy}\varepsilon}{2P_xP_y+2\varepsilon(P_x+P_y)}+\frac{F_{ev}P_{vv}\varepsilon}{2P_xP_v+2\varepsilon(P_x+P_v)}-\frac{F_{ex}P_{xx}}{P_x+\varepsilon}\tag{7-9}$$

而通道 x 两个差动气隙的磁通分别为

$$\begin{cases}\Phi_{x1}=(F_x-F_{cx})P_{x1}\\ \Phi_{x2}=(F_x+F_{cx})P_{x2}\end{cases}\tag{7-10}$$

则通道 x 的轴向承载力为

$$f_x=(\Phi_{x1}^2-\Phi_{x2}^2)/(2\mu_0A_p)\tag{7-11}$$

f_x正方向由差动气隙 2 指向差动气隙 1，即 z 正向。

应用轴向力偏转 Heteropolar 永磁偏置三自由度磁轴承(AGMB)时，可以将单个径向磁轴承与 AGMB 承沿径向嵌套放置以减小动量轮的轴向长度，同时使得转子轮毂部分的结构简化，并将减小的质量移至转子轮缘，提高了转子整体角动量与质量的比值。

7.4 轴向力偏转永磁偏置五自由度磁轴承

7.4.1 五自由度磁轴承结构[16]

多轴向通道五自由度永磁偏置磁轴承(5DOF－PMB)由 4 个轴向通道(控制转子轴向偏移及径向偏转)及两个径向通道(控制转子径向偏移)组成。该轴向力偏转五自由度永磁偏置磁轴承的三维结构如图 7－21 所示。

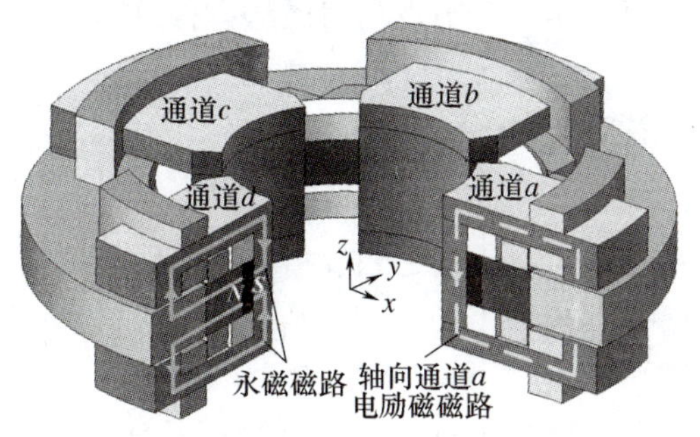

图 7－21　外转子轴向力偏转五自由度永磁偏置磁轴承三维结构

多轴向通道 5DOF－PMB 可认为是在传统 3－DOF－PMB 结构的基础上演变的:将后者轴向轴承部分的定子铁芯连同永磁体对称的分断成 4 个不连通的部分;每部分包含一个 C 形铁芯,由上下两个 L 形磁极及中间的轭部铁芯组成;磁极与转子铁芯之间形成一对差动的工作气隙;磁极上的两个线圈构成一组差动线圈:C 形铁芯、差动线圈以及差动气隙构成一个独立的轴向通道。4 个轴向通道分别以 a、b、c、d 表示。其径向轴承部分与三自由度永磁偏置磁轴承相同,由两个径向通道 x、y 构成;永磁体分断为 4 块,与径向通道、轴向通道定子铁芯间的位置安装关系通过非磁性定位环来保证。合理控制 4 个轴向通道线圈电流关系,就可同时控制转子的轴向偏移及径向偏转[17]。将图 7－21 所示的三维结构沿 xy 平面剖开,得到二维剖面图如图 7－22 (a)所示,根据图 7－21 和图 7－22(a)所示的磁通路径,可以得到 5－DOF－PMB 的等效磁路,如图 7－22 (b)所示。

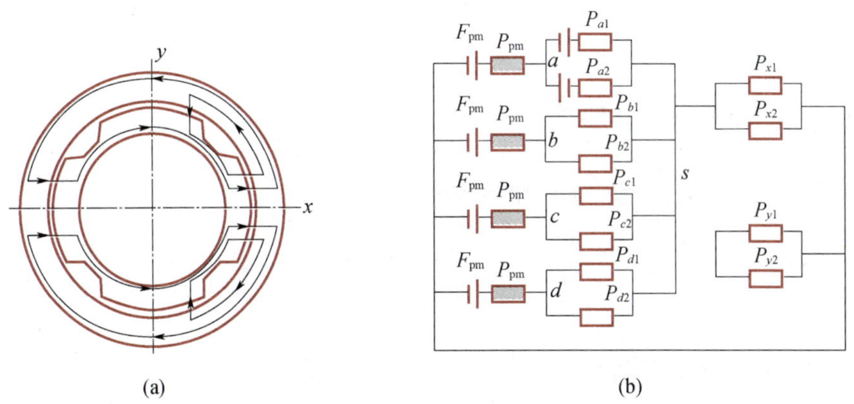

图 7－22　轴向力偏转五自由度永磁偏置磁轴承二维剖面图及等效磁路

(a) 剖面图; (b) 等效磁路。

对等效磁路中 a、b、c、d、s 各节点列写磁势方程,矩阵形式为

$$\boldsymbol{PF} = \boldsymbol{\Phi} \tag{7-12}$$

磁导阵 $\boldsymbol{P}$、磁势阵 $\boldsymbol{F}$、磁通阵 $\boldsymbol{\Phi}$ 分别为

$$\boldsymbol{P} = \begin{bmatrix} \boldsymbol{\Lambda}_z & \boldsymbol{\Pi}^{\mathrm{T}} \\ \boldsymbol{\Pi} & \boldsymbol{\Lambda}_{\mathrm{r}} \end{bmatrix}, \boldsymbol{\Phi} = \begin{bmatrix} -F_{\mathrm{pm}}P_{\mathrm{pm}} + F_{\mathrm{e}a}P_{aa} \\ -F_{\mathrm{pm}}P_{\mathrm{pm}} + F_{\mathrm{e}b}P_{bb} \\ -F_{\mathrm{pm}}P_{\mathrm{pm}} + F_{\mathrm{e}c}P_{cc} \\ -F_{\mathrm{pm}}P_{\mathrm{pm}} + F_{\mathrm{e}d}P_{dd} \\ 4F_{\mathrm{pm}}P_{\mathrm{pm}} - F_{\mathrm{e}x}P_{xx} - F_{\mathrm{e}y}P_{yy} \end{bmatrix}, \boldsymbol{F} = \begin{bmatrix} F_a \\ F_b \\ F_c \\ F_d \\ F \end{bmatrix}$$

式中:

$$\boldsymbol{\Lambda}_z = \begin{bmatrix} P_{\mathrm{pm}} + P_a & 0 & 0 & 0 \\ 0 & P_{\mathrm{pm}} + P_b & 0 & 0 \\ 0 & 0 & P_{\mathrm{pm}} + P_c & 0 \\ 0 & 0 & 0 & P_{\mathrm{pm}} + P_d \end{bmatrix}$$

$$\boldsymbol{\Lambda}_{\mathrm{r}} = (4P_{\mathrm{pm}} + P_x + P_y)$$

$$\boldsymbol{\Pi} = -P_{\mathrm{pm}}[1 \quad 1 \quad 1 \quad 1]$$

将 ε 代入,忽略 ε 的二次项,有

$$F_a = \frac{-F_{\mathrm{pm}}P_{\mathrm{pm}} + F_{\mathrm{e}a}P_{aa}}{P_a}\left(1 - \frac{\varepsilon P_0}{P_a}\right) + \frac{\varepsilon P_0(4F_{\mathrm{pm}}P_{\mathrm{pm}} - F_{\mathrm{e}x}P_{xx} - F_{\mathrm{e}y}P_{yy})}{P_a(4P_{\mathrm{pm}} + P_x + P_y)} \tag{7-13}$$

$$F_{\mathrm{s}} = \frac{4F_{\mathrm{pm}}P_{\mathrm{pm}} - F_{\mathrm{e}x}P_{xx} - F_{\mathrm{e}y}P_{yy}}{P_x + P_y}\left(1 - \frac{4\varepsilon P_0}{P_x + P_y}\right) + \frac{\varepsilon P_0}{P_x + P_y}\sum_{j}^{a,b,c,d}\frac{-F_{\mathrm{pm}}P_{\mathrm{pm}} + F_{\mathrm{e}j}P_{jj}}{P_{\mathrm{pm}} + P_j} \tag{7-14}$$

F_b、F_c、F_d的表达式可由 F_a类似得到;而

$$F_x = F_y = F_{\mathrm{s}} \tag{7-15}$$

当 k 为 a、b、c、d 时,差动气隙中磁通分别为

$$\begin{cases} \Phi_{k1} = (F_k + F_{\mathrm{c}k})P_{k1} \\ \Phi_{k2} = (-F_k + F_{\mathrm{c}k})P_{k2} \end{cases} \tag{7-16}$$

当 k 为 x、y 时,差动气隙中磁通分别为

$$\begin{cases} \Phi_{k1} = (-F_k + F_{\mathrm{c}k})P_{k1} \\ \varphi_{k2} = (F_k + F_{\mathrm{c}k})P_{k2} \end{cases} \tag{7-17}$$

通道 k 的输出力为

$$f_k = \frac{1}{2\mu_0 A_{pk}}(\Phi_{k1}^2 - \Phi_{k2}^2)$$

7.4.2　五自由度磁轴承分析与电磁设计

根据角动量 15N · m · s 磁悬浮反作用飞轮的需求，设计轴向力偏转五自由度永磁偏置磁轴承[16]。飞轮主要参数见表 7－2。与采用双 2－DOF 永磁偏置磁轴承与单轴向磁轴承的分立式构型相比（轴向长度为 151 mm），保持轮体直径不变，基于轴向力偏转五自由度永磁偏置磁轴承结构，采用 iSIGHT 优化设计后，飞轮轴向长度减小为原来的 51%（77mm），体积及质量也显著减小。

表 7－2　磁悬浮反作用飞轮参数

参　数	数值	参　数	数值
角动量/（N · m · s）	15	转子质量/kg	4.3
星体最大角速度/（rad/s^{-1}）	0.087	最大偏转力矩/N · m	1.3
对磁轴承轴向单通道最大负载要求/N	24	对磁轴承径向单通道最大负载要求/N	42

将转子重力设定为磁轴承径向通道、轴向通道的承载力，将星体最大角速度时的偏转力矩设定为偏转负载。根据各通道负载指标及结构尺寸设计 5－DOF 永磁偏置磁轴承，采用等效磁路法设计得到偏置磁感应强度、位移刚度、电流刚度和最大承载力等参数，利用有限元仿真得到最大有效承载力（铁芯接近饱和时的承载力），结果如表 7－3 所列。

表 7－3　轴向力偏转 5－DOF－PMB 性能参数

永磁体参数			
总供磁面积 A_{pm}（mm^2）	1500	充磁长度 h_{pm}（mm）	4
径向单通道参数			
气隙/mm	0.5	磁极面积/mm^2	340
线圈匝数	120	偏置磁感应强度/T	0.53
电流刚度/（N/A）	97	位移刚度/（N/μm）	－0.39
最大承载力/N	170	最大有效承载力/N	65
轴向单通道参数			
气隙/mm	0.5	磁极面积/（mm^2）	230
线圈匝数	90	偏置磁感应强度/T	0.42
电流刚度/（N/A）	41	位移刚度/（N/μm）	－0.11
最大承载力/N	85	最大有效承载力/N	43
轴向通道跨距/mm	98	最大有效偏转力矩/N · m	4.2

由表 7 - 2 和表 7 - 3 可知，设计的 5 - DOF - PMB 径向单通道的最大有效承载力为转子重量的 1.5 倍，轴向单通道的最大有效承载力为最大负载的 1.8 倍。

7.5 洛仑兹力三自由度轴向磁轴承

洛仑兹力磁轴承基于电动力的原理，即通电导线在磁场中受到力的作用。其特点是轴承力 $F = BLI$，磁场由永磁体产生，基本不发生变化，因而轴承力与控制电流恒定成线性关系，即转子无论位置如何，都不需要主动电磁力去保持其位置；无定子铁芯，理想情况下无旋转损耗，上述优点使得洛仑兹力在磁悬浮动量轮的高精度不平衡振动以及微框架功能上具有优势。典型的洛仑兹力轴向轴承由四组独立的线圈组成，同时控制沿轴向的平动与沿 x 轴、y 轴的偏转。

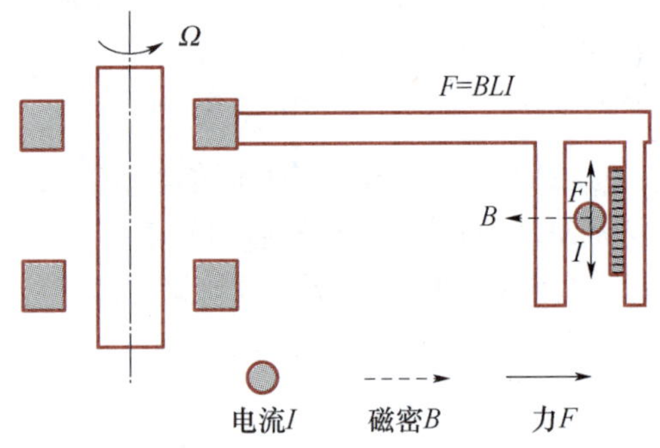

图 7 - 23　轴向洛仑兹力轴承原理示意图

洛仑兹力三自由度轴向磁轴承的电磁设计主要包括两个方面：转子永磁磁场的设计与定子绕组的设计。对转子永磁磁场设计的要求是：径向气隙磁感应强度（有效气隙磁感应强度）尽可能大，轴向气隙磁感应强度（有害气隙磁感应强度，与线圈电流作用产生径向干扰力）尽可能小。经过有限元分析比较，选择 Halbach 永磁体阵列提供气隙磁场，其特点是气隙磁感应强度方向性好，加强侧磁感应强度集中，满足了电流刚度的要求；削弱侧磁感应强度稀疏，节省了导磁材料。并且优化永磁体阵列中各磁体的充磁方向、相对大小，可以进一步削弱有害气隙磁感应强度。但是洛仑兹力三自由度轴向磁轴承采用 Halbach 永磁体阵列会带来一个问题：气隙中永磁磁场沿轴向近似正弦分布，当转子偏转时，由于 B 随偏转角度变化，磁轴承的刚度也会随偏转角变化，从而对高精度控制带来不利影响。改进措施可将 Halbach 永磁体阵列的中间主磁体沿轴向内凹，使转子在偏转范围内，所经的磁场近似恒定。同时，合理设计永磁体阵列的辅磁体尺寸,也可以增加气隙磁感应强度波形沿轴向的平顶特性。

基于洛仑兹力磁轴承的大力矩磁悬浮动量轮,由于电流刚度小、线圈电阻大,地面承重时铜耗非常大,故在地面测试时需考虑施加偏置承重电流。另外,实际在轨应用中,虽然微重力环境使得这一缺点不显著,但遇到大的负载扰动,如空间环境变化引起的转子不平衡量加剧,就会给磁悬浮动量轮带来显著的功耗问题。下面以一具体的洛仑兹力三自由度轴向磁轴承为例对其进行分析说明。

洛仑兹力轴承仅用于提供偏转力,不提供支承力,且将洛仑兹力轴承置于动量轮轮盘,增大了偏转力臂的长度,但由于轴承气隙仍较大,为保持沿径向方向气隙磁感应强度的均匀性,采用内外双层磁钢的轴承形式,如图 7-24 所示。

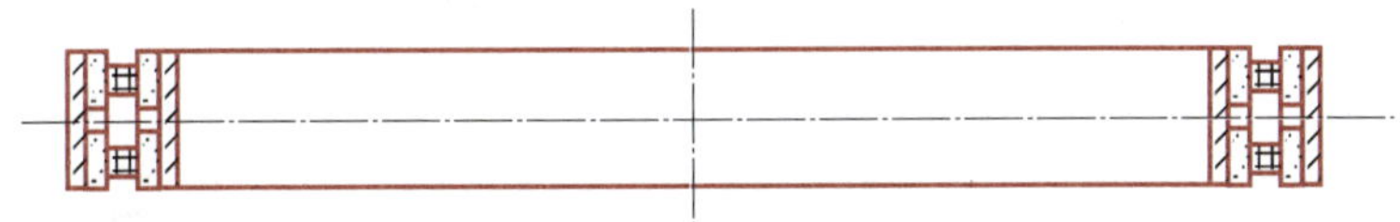

图 7-24　洛仑兹力轴承结构

采用三维有限元方法建立洛仑兹力轴承模型,分析得到轴承磁感应强度分布云如图 7-25 所示,沿气隙轴向不同位置处建立路径(图 7-26),取各路径气隙磁感应强度如图 7-27 所示。

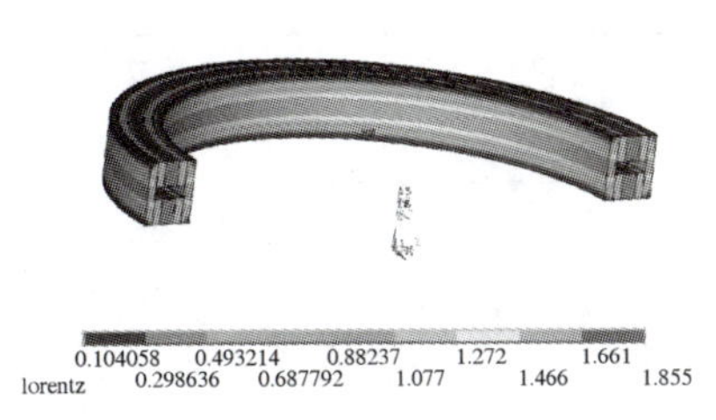

图 7-25　洛仑兹力轴承磁感应强度分布云

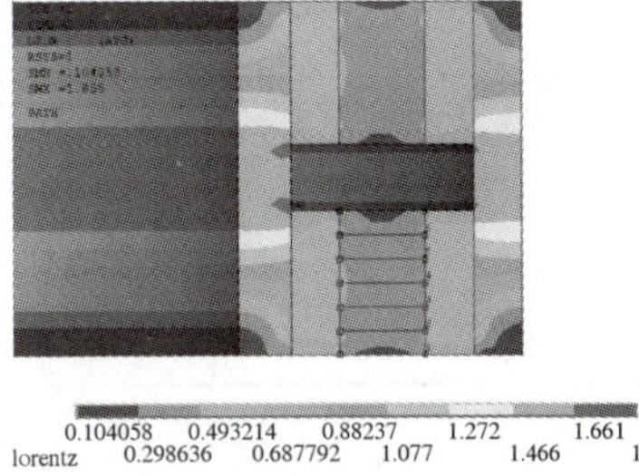

图 7-26　气隙路径位置

从图中可见,径向气隙磁感应强度 B_x(有效气隙磁感应强度,与线圈电流作用产生偏转力)沿轴向分布规律为:以轴向中间路径 B_4 为对称,向两端逐渐减小,磁钢上下两端的气隙磁感应强度为中间气隙磁感应强度的 1/2,故设计中应将定子线圈尽量放置于磁钢沿轴向中间位置处,避免两端较小磁感应强度对出力的影响;而轴向气隙磁感应强度 B_z(与线圈电流作用产生径向干扰力)分布规律为:各路径上的磁感应强度以气隙中点为中心反向对称分布,故将定子线圈

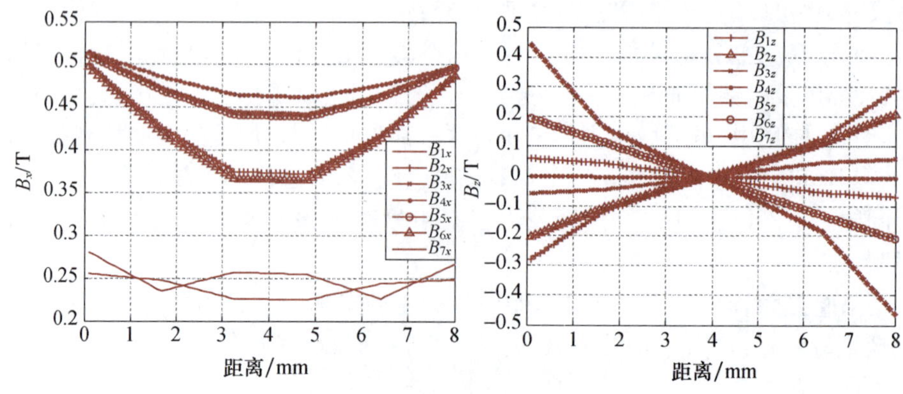

图 7－27　不同位置路径气隙磁感应强度

沿气隙中点对称放置时，B_z对线圈出力的作用力相互抵消，故对外不表现出径向干扰力的影响。所设计洛仑兹力轴承参数如表 7－4 所列，设计结果如表 7－5 所列。

表 7－4　洛仑兹力轴承设计参数

设计项目	量值	设计项目	量值
内永磁体供磁面积/mm^2	10782	外永磁体供磁面积/mm^2	11435
永磁体径向厚度/mm	4.5	线圈轴向长度/mm	6
单个线圈沿周向跨距	80°	单个线圈匝数	100

表 7－5　洛仑兹力轴承设计结果

项目	计算结果	项目	计算结果
内转子铁芯磁感应强度/T	1.78	外转子铁芯磁感应强度/T	1.7
气隙磁感应强度/T	0.42	偏转输出 2N · m 力矩时电流/A	0.45
线圈铜耗/W	4.5		

7.6　大力矩磁悬浮偏置动量轮总体设计

为了实现磁悬浮动量轮转子绕其径向以一定角速度偏转，需要对转子施加一定的偏转力矩，该偏转力矩主要取决于偏转力臂和偏转力两个因素。就偏转力臂而言，由于磁悬浮动量轮一般采用扁平转子结构，径向空间比较大，当采用轴向力偏转的磁轴承构型时，偏转力臂大，从而可以获得比径向力偏转的磁轴承构型更大的偏转力矩；就偏转力来讲，可以是由磁阻式磁轴承提供的磁阻力，也可以是洛仑兹力式磁轴承提供的洛仑兹力。

根据磁轴承构型的不同,五自由度磁悬浮动量轮可分为磁阻力动量轮、洛仑兹力动量轮和磁阻式+洛仑兹力混合式动量轮三类,其中磁阻式+洛仑兹力混合式动量轮由磁阻式轴承控制转子的三个平动自由度,同时由洛仑兹力轴承控制转子的两个偏转自由度[13]。三类动量轮的各自特点对比如表7-6所列。

表7-6　不同磁轴承构型磁悬浮动量轮的特点

项目	磁阻力	洛仑兹力	磁阻力+洛仑兹力
偏转力线性度	存在位移负刚度	只与电流成线性关系,控制简单,精度高	精度较高
偏转电流刚度	较大	较小	较小
偏转角	受限于磁气隙大小,<1°	容易实现较大的偏转角,<5°	较大,5°~15°
力臂	较小,受限于轴向磁轴承径向尺寸	较大,可置于轮缘	较大
旋转损耗	定子有铁芯,磁场波动大	定子无铁芯,磁场波动很小	磁场波动较小
地面承重	功耗小	功耗大	功耗较小
体积重量	中	中	较大

从表中可以看出,采用洛仑兹力动量轮或磁阻式+洛仑兹力混合式动量轮均可实现较大的偏转角,且偏转力矩大小与电流呈线性关系,控制简单,精度高,但洛仑兹力动量轮电流刚度较小,存在地面承重功耗大的问题。而磁阻力动量轮偏转角度小,且存在位移负刚度,不易保证偏转力矩的控制精度。

7.6.1　磁阻力构型磁悬浮偏置动量轮设计

纯磁阻力五自由度磁悬浮偏置动量轮结构如图7-28所示[10]。其中两个偏转自由度和轴向平动自由度的控制采用的是7.2节所介绍的轴向力偏转Homopolar三自由度磁轴承,两个径向平动自由度的控制采用单个永磁偏置径向磁轴承(见图3-8)。

采用磁阻力五自由度磁悬浮偏置动量轮的偏转力矩输出原理如图7-29所示,径向磁轴承和轴向磁轴承均可以提供一定的偏转力矩,而由于轴向磁轴承定子的径向跨距 L_a 较大,因此动量轮输出偏转力矩的大小主要由后者决定。

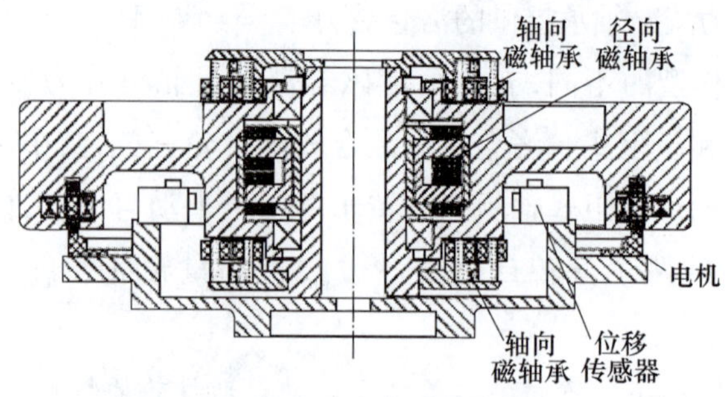

图 7-28 纯磁阻力五自由度磁悬浮偏置动量轮结构

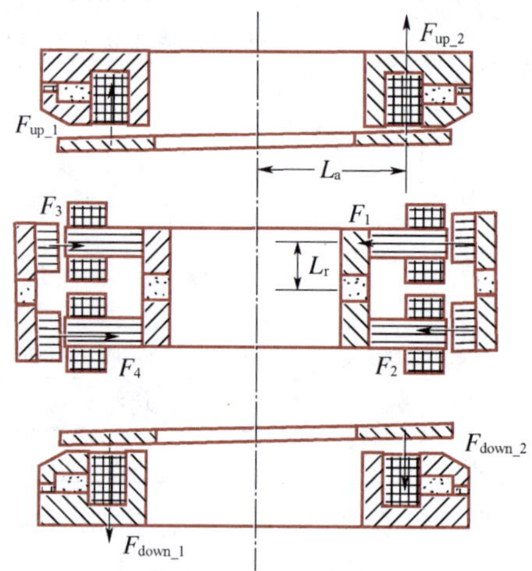

图 7-29 磁阻力五自由度磁悬浮偏置动量轮的偏转力矩输出原理

7.6.2 洛仑兹力构型磁悬浮偏置动量轮设计

纯洛仑兹力五自由度磁悬浮反作用/偏置动量轮结构示意图如图 7-30 所示[13]。其中两个偏转自由度和轴向平动自由度的控制采用洛仑兹力三自由度轴向

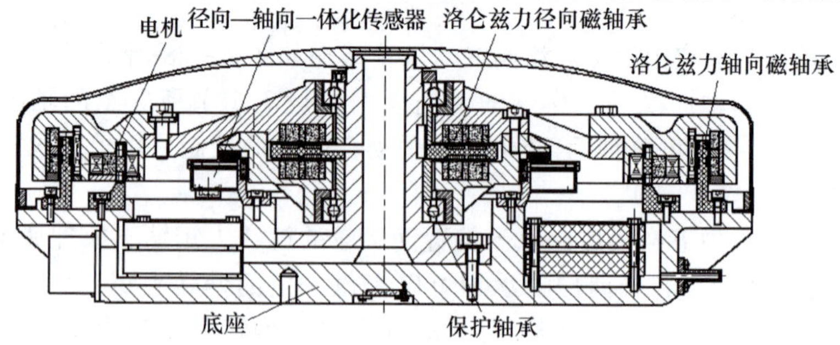

图 7-30 纯洛仑兹力五自由度磁悬浮反作用/偏置动量轮结构

磁轴承,两个径向平动自由度控制采用洛仑兹力径向磁轴承,参见2.3.1节。

洛仑兹力三自由度轴向磁轴承和洛仑兹力两自由度径向磁轴承相关参数如表7-7和表7-8所列。

表7-7 洛仑兹力轴向磁轴承参数

永磁体阵列			
永磁体阵列轴向长度/mm	18	总气隙径向长度/mm	6
永磁体块径向长度/mm	4	有效气隙径向长度/mm	4
气隙径向平均磁感应强度/T	0.60	有效气隙轴向长度/mm	3
气隙轴向平均磁感应强度/T	0.08		
定子绕组			
匝数	65	电流刚度/(N/A)	16
3N·m力矩时线圈电流/A	0.6	3N·m力矩时铜耗/W	20
承重时线圈电流/A	1.3	承重时总铜耗/W	90

表7-8 洛仑兹力径向磁轴承参数

永磁体阵列			
永磁块轴向长度/mm	6	有效气隙径向长度/mm	6
永磁体阵列径向长度/mm	18	气隙径向平均磁感应强度/T	0.6
总气隙轴向长度/mm	10	气隙轴向平均磁感应强度/T	0.08
有效气隙轴向长度/mm	7		
定子绕组			
匝数	260	电流刚度/(N/A)	15
承重时线圈电流/A	2.6	承重时总铜耗/W	220

由设计与计算结果可以看出,采用洛仑兹力轴向磁轴承进行偏转控制,尽管电流刚度远小于磁阻力磁轴承,但是由于其结构简单、气隙大,在设计时可以充分利用径向空间,将其置于轮缘处,明显增大了偏转力臂,仍然可以输出较大的偏转力矩。

7.6.3 磁阻力/洛仑兹力构型磁悬浮偏置动量轮设计

磁阻力和洛仑兹力五自由度磁悬浮偏置动量轮结构如图7-31所示[39],主要由三自由度锥形平动磁轴承和洛仑兹力偏转磁轴承组成。其中三自由度平动磁轴承为永磁偏置锥形磁轴承,具有悬浮功耗小的特点,而两个偏转自由度由洛仑兹力磁轴承控制,具有偏转力矩输出精度高的特点,其详细设计参见7.5节,下面仅对三自由度锥形平动磁轴承的结构及设计进行介绍。

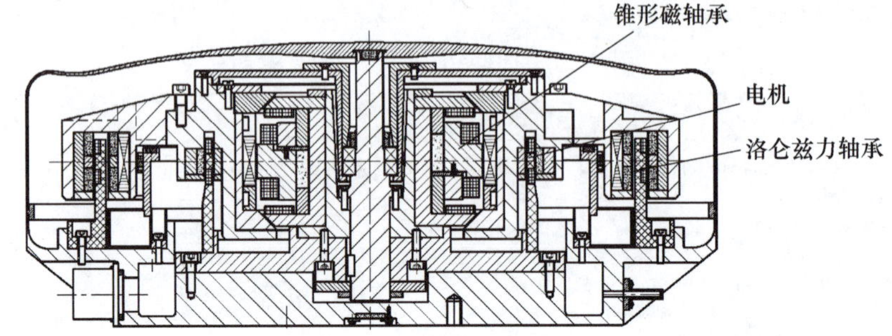

图7-31　磁阻力和洛仑兹力五自由度磁悬浮偏置动量轮结构

三自由度锥形平动磁轴承在设计时应遵循以下原则:永磁偏置磁轴承在转子偏转过程中产生的不平衡力矩应当尽量小,这实质上是要求磁阻力方向须经过转子的质心。

这种三自由度锥形平动磁轴承与传统意义上的五自由度锥形磁轴承不同,五自由度锥形磁轴承为了控制偏转,要求磁极锥形面所在平面尽可能经过质心;而三自由度锥形平动磁轴承磁力为空间汇交力系,二者的差别如图7-32所示。

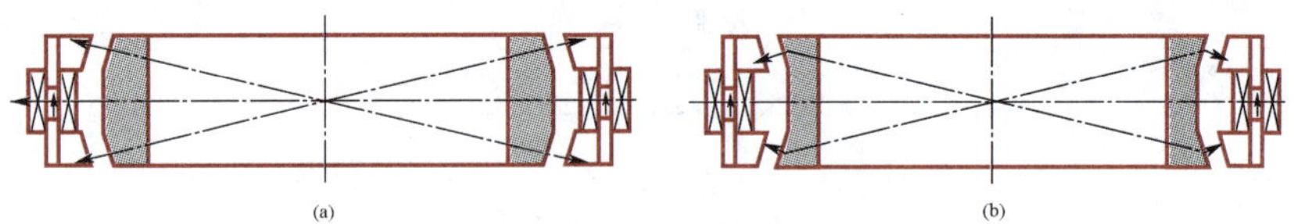

图7-32　锥形永磁偏置磁轴承出力示意图

(a)三自由度锥形平动磁轴承;(b)五自由度锥形磁轴承。

三自由度锥形平动永磁偏置磁轴承结构和磁路分别如图7-33和图7-34

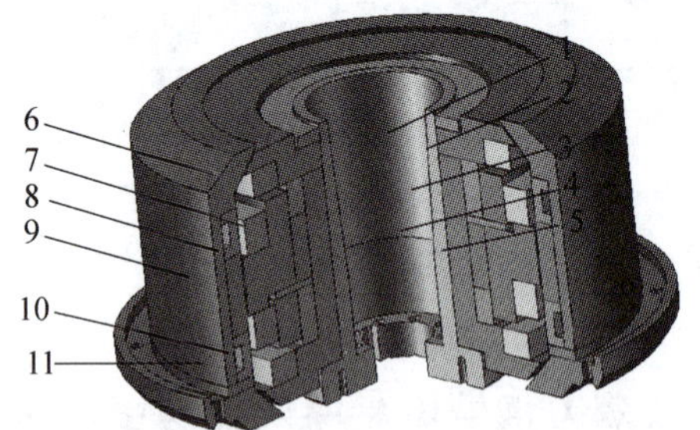

图7-33　三自由度锥形永磁偏置磁轴承结构

1—上层锥形定子;2—上层锥形转子;3—径向线圈;4—x通道径向定子;5—x通道径向转子;6—轴向线圈;7—永磁体;8—y通道径向定子;9—y通道径向转子;10—下层锥形定子;11—下层锥形转子。

所示[19]，主要由上/下锥形定转子、环形径向定转子，以及互不相连的4块永磁体组成，该结构利用锥形面磁极提供轴向支承力，环形面磁极提供径向支承力，同时为了减小径向 x、y 通道之间的耦合，对径向定子进行了通道解耦设计，以避免 x、y 通道间永磁及电磁磁路的相互影响。

三自由度锥形永磁偏置磁轴承磁路如图7－34所示，其中实线为永磁磁路，虚线为电磁磁路。工作原理如下：当转子在永磁体产生的静磁场吸力作用下处于悬浮的平衡位置（中间位置）时，由于磁路的对称性，永磁体产生的磁通在径向转子的4个气隙下是相等的，在上下锥形面的两个气隙下也是相等的，此时如果不计重力，则径向气隙处的磁感应强度是相等的，轴向锥面处的磁感应强度也是相等的，因而产生的径向方向上的吸力相等，产生的轴向方向上的吸力也相等。假设转子在参考位置上受到一个沿 x 轴（或 y 轴）负向的扰动，转子就会偏离参考位置向 $-x$ 方向（或 $-y$ 方向）运动，此时径向转子及锥面转子左侧和右侧的气隙会发生变化，即左侧气隙变大，永磁体产生的磁通减小，故产生的吸力减小；而右侧气隙变小，永磁体产生的磁通增加，产生的吸力增加，此时，传感器检测出转子偏离其参考位置的位移，控制器将这一位移信号变换为控制信号，功率放大器又将该控制信号变换成控制电流，该控制电流经径向定子绕组使定子铁芯内产生电磁磁通，在转子左侧气隙处与永磁磁通叠加，而在转子右侧气隙处抵消一部分永磁磁通，这样转子右侧气隙总磁通减小，此时转子可以重新返回到原来的平衡位置。

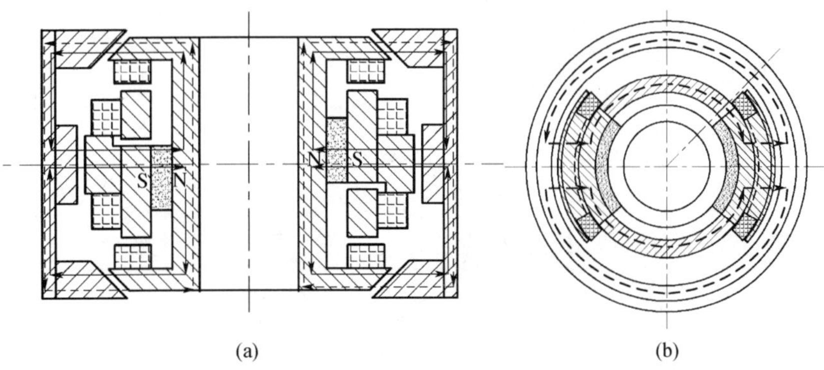

图7－34　三自由度锥形永磁偏置磁轴承磁路
（a）永磁磁路及轴向电磁磁路；（b）径向电磁磁路。

而当转子在参考位置上受到一个沿 z 轴负向的扰动时，转子就会偏离参考位置向 $-z$ 方向运动，此时仅锥面转子上方和下方的气隙就会发生变化，即上方气隙变小，永磁体产生的吸力变大；而下方气隙变大，永磁体产生吸力减小，此时控制系统使轴向线圈产生控制电流，该控制电流流经锥面定子绕组使定子铁芯内产生电磁磁通，在转子下方气隙处与永磁磁通叠加，在转子上方气隙处抵消一部分永磁磁通，这样转子可以重新返回到原来的平衡位置。

结合图 7－34 给出的永磁磁路和电磁磁路，可以得到图 7－35 所示的等效磁路。

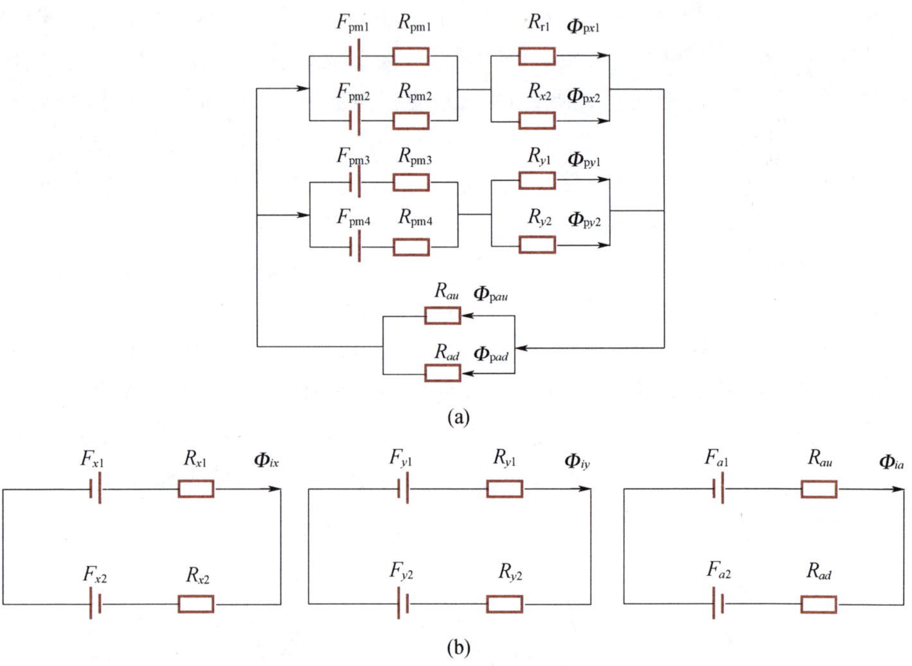

图 7－35　三自由度锥形永磁偏置磁轴承等效磁路
（a）永磁磁路；（b）电磁磁路。

根据等效磁路图，采用网孔电流法整理可得各个方向轴承力为

$$F_x = \frac{(\Phi_{px1} + \Phi_{ix})^2 - (\Phi_{px2} - \Phi_{ix})^2}{2\mu_0 A_x}$$

$$F_y = \frac{(\Phi_{py1} + \Phi_{iy})^2 - (\Phi_{py2} - \Phi_{iy})^2}{2\mu_0 A_y}$$

$$F_z = \frac{(\Phi_{pau} + \Phi_{ia})^2 - (\Phi_{pad} - \Phi_{ia})^2}{2\mu_0 A_z} \cdot \sin\alpha$$

上述图和公式中：F_{pmi} 为永磁磁动势，$i = 1,2,3,4$；F_{x1}、F_{x2} 为 x 方向电磁

磁动势；F_{y1}、F_{y2} 为 y 方向电磁磁动势；F_{a1}、F_{a2} 为 z 方向电磁磁动势；A_x、A_y、A_z 为 x 通道、y 通道径向定子铁芯磁极面积以及锥面磁极面积；R_{x1}、R_{x2} 为 $+x$、$-x$ 方向的气隙磁阻；R_{y1}、R_{y2} 为 $+y$、$-y$ 方向的气隙磁阻；R_{pmi} 为永磁体磁阻，$i=1,2,3,4$；R_{au}、R_{ad} 为上、下锥形磁极处的气隙磁阻；Φ_m 为永磁体提供的外磁路总磁通；Φ_{px1}、Φ_{px2} 为永磁体在径向定子铁芯 x 方向气隙产生的磁通；Φ_{py1}、Φ_{py2} 为永磁体在径向定子铁芯 y 方向气隙产生的磁通；Φ_{pau}、Φ_{pad} 为永磁体在锥形磁极 z 方向气隙产生的磁通；Φ_{ix}、Φ_{iy} 为线圈通电后在径向定子铁心 x 方向和 y 方向气隙产生的磁通；Φ_{ia} 为线圈通电后在锥形磁极 z 方向气隙产生的磁通；α 为锥面倾斜角。

三自由度锥形永磁偏置磁轴承主要参数及设计结果如表 7－9 和表 7－10 所列。由设计与分析结果可以看出，当动量轮偏转角度较大时，由于三自由度锥形平动磁轴承偏置磁感应强度及其所带来的位移负刚度的存在，会对洛仑兹力偏转磁轴承的控制精度造成一定影响，因此在具体设计时，应使上下锥面的法

表 7－9　三自由度锥形永磁偏置磁轴承主要参数

设计项目	量值	设计项目	量值
定子齿对应的圆心角度/(°)	60	永磁体对应的圆心角度/(°)	80
径向磁气隙/mm	0.5	锥面磁气隙/mm	0.8
径向每极线圈匝数	220	轴向每极线圈匝数	180
径向定子磁极面积/mm^2	1463	锥形侧面积/mm^2	1950

表 7－10　三自由度锥形永磁偏置磁轴承设计结果

<table>
<tr><th colspan="3">项　目</th><th>计算结果</th></tr>
<tr><td colspan="2" rowspan="3">永磁偏置状态</td><td>径向、轴向气隙磁感应强度/T</td><td>0.39、0.34</td></tr>
<tr><td>径向、轴向电流刚度/(N/A)</td><td>378、317</td></tr>
<tr><td>径向、轴向位移刚度/(N/μm)</td><td>-0.9、-0.53</td></tr>
<tr><td rowspan="10">轴向承重</td><td rowspan="4">悬浮状态</td><td>轴向气隙磁感应强度/T</td><td>0.431、0.231</td></tr>
<tr><td>转子偏移量/mm</td><td>0.01</td></tr>
<tr><td>力/N</td><td>120</td></tr>
<tr><td>线圈串联电流/A</td><td>0.4</td></tr>
<tr><td rowspan="6">转子偏转 1°</td><td>轴向承重电流/A</td><td>0.4</td></tr>
<tr><td>克服负刚度的径向电流/A</td><td>0.05</td></tr>
<tr><td>上层定子气隙磁感应强度/T</td><td>0.286、0.188</td></tr>
<tr><td>下层定子气隙磁感应强度/T</td><td>0.531、0.349</td></tr>
<tr><td>轴向力臂长/mm</td><td>9.5</td></tr>
<tr><td>偏转负力矩/N·m</td><td>-0.55</td></tr>
</table>

线尽可能相重合并通过质心(或采用球面磁极),避免偏转负力矩的产生。

偏转角度过小(很难超过2°)是目前制约大力矩磁悬浮动量轮应用的一个瓶颈,但通过合理设计,加大转子偏转的角度范围,实现±5°范围以上的动框架功能,成为磁悬浮框架飞轮,则可显著拓展大力矩磁悬浮动量轮的空间应用领域。

7.7 磁悬浮偏置动量轮磁轴承低功耗控制

磁轴承主要有被动磁轴承和主动磁轴承两类。其中被动磁轴承由于不需要主动控制,具有可靠性高、功耗低的特点,是降低磁悬浮动量轮功耗的有效方法;主动磁轴承可以采用纯电磁磁轴承或者永磁偏置磁轴承,其中纯电磁磁轴承结构简单、易于加工,但常值偏置电流的存在会带来较大的铜耗,限制了其在空间的应用,降低其损耗的最有效方法是减小轴承线圈的偏置电流,但偏置电流的减小会引起磁轴承力与电流之间严重的非线性问题。而采用零偏置电流则存在平衡点不可控和抗干扰能力差等问题。纯电磁磁轴承的特性决定了其零偏置特性与抗扰动能力之间是相互矛盾的,由于外部扰动不可避免,因此“零偏置”只在理论意义上存在。

永磁偏置磁轴承利用永磁体产生偏置磁场,在平衡位置保持力—电流、力—位移具有良好线性关系的同时,可有效降低磁悬浮动量轮功耗。理论上讲,由于永磁偏置磁轴承的线圈电流只起调节作用,稳态电流近似为零,但在实际系统中由于各种因素的影响,较大的稳态电流仍会带来一定的损耗:

(1) 重力等常值扰动力(矩):与在轨时的微重力环境不同,磁悬浮动量轮在地面测试时的重力必须由磁轴承磁力抵消,从而导致磁轴承线圈电流增加,损耗增大,即便是选用永磁偏置磁轴承,也需要采取一定的低功耗控制措施;

(2) 磁轴承的几何中心与磁中心不一致:磁悬浮动量轮转子悬浮位置一般以几何中心为参考,由于磁轴承负刚度的存在,当几何中心与磁中心存在偏差时,需要在线圈中通以相应的稳态电流来抵消偏置磁场所产生的磁偏拉力(矩),从而带来一定的损耗;

(3) 传感器的漂移、调零误差等其他因素,同样会造成稳定悬浮位置的变化,增加磁轴承的功耗。

磁悬浮动量轮低功耗控制的本质是利用(永磁)偏置磁场力抵消外界常值扰动,从而减小或消除控制线圈中的稳态电流分量,以达到降低磁悬浮动量轮稳态功耗的目的。

本节针对7.2.1节所给出的三自由度永磁偏置轴向磁轴承,介绍一种基于电流积分正反馈的低功耗控制方法,通过分析轴向磁轴承静态工作点偏移对位移刚度和电流刚度以及控制回路稳定性的影响，设计了增益自适应控制器进行校正环节增益调整，在保证控制回路稳定性的前提下，显著降低了磁悬浮动量轮地面承重时三自由度轴向磁轴承线圈电流和功耗[20]。

7.7.1　三自由度轴向磁轴承低功耗控制方法及其稳定性

对于单自由度轴向磁轴承，以 $G_c(s)$ 和 $k_a(s)$ 分别表示磁轴承控制器和功放的传递函数，则可采用如图 7－36 所示的电流积分正反馈低功耗控制方法[21]，主要是在其控制回路中的功放通道加入了积分正反馈补偿环节，见图中虚线框部分。其基本原理为：当转子受恒定外力(如重力)作用时，由于积分环节的作用，转子产生相应的位移，并稳定在偏置磁场力和外力的新的平衡点，此时线圈电流 i 产生的广义控制力将近似为零，外部扰动完全由偏置磁场力抵消。

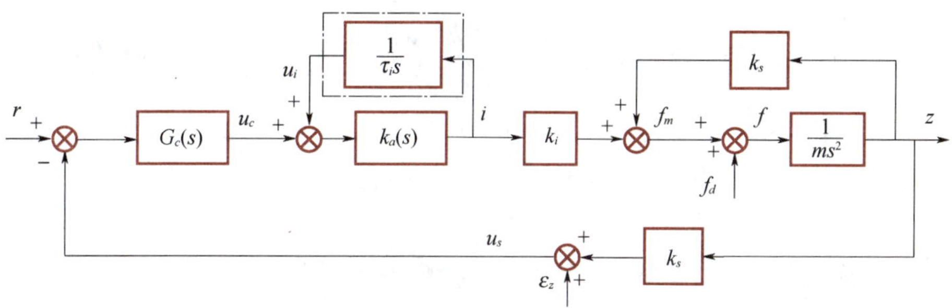

图 7－36　单自由度轴向磁轴承电流积分正反馈低功耗控制框图

对图 7－28 所示的纯磁阻力五自由度磁悬浮偏置动量轮，采用了三自由度永磁偏置轴向磁轴承，其轴向磁轴承及传感器的几何参数如图 7－37 所示，其中 r_m 为单磁极对等效磁力中心所在圆的半径；r_s 为位移传感器轴向探头所在圆的半径；d_s 为位移传感器径向探头所在平面与径向磁轴承中心面的轴向距离。

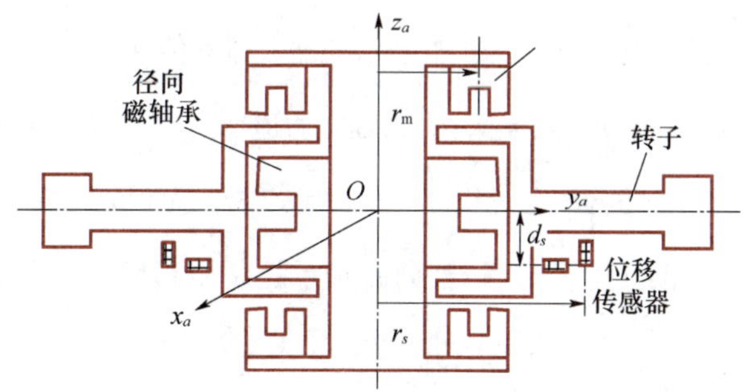

图 7－37　磁悬浮动量轮的轴向磁轴承和传感器的几何参数

将单自由度轴向磁轴承电流积分正反馈低功耗控制方法直接应用到三自

由度永磁偏置轴向磁轴承,在其控制回路的四个功放通道分别加入电流积分正反馈补偿环节 $g_{ia}(s)$ 后,可得到如图 7－38 所示的控制系统框图。

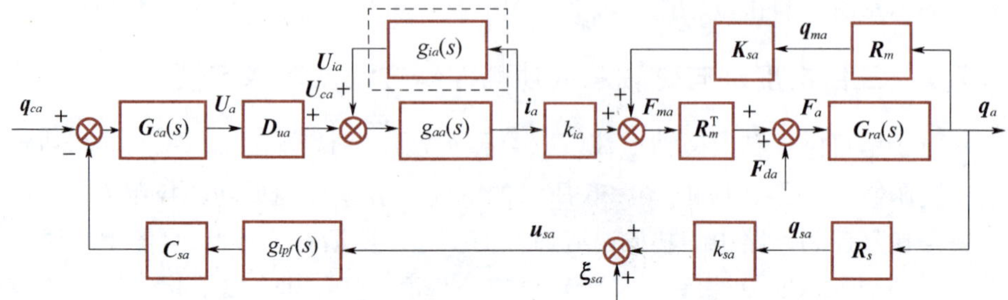

图 7－38　三自由度永磁偏置轴向磁轴承电流积分正反馈控制框图

图 7－38 中: $\boldsymbol{q}_a = \begin{bmatrix} \beta \\ -\alpha \\ z \end{bmatrix}$ 为三自由度位移的广义坐标; $\boldsymbol{G}_{RA}(s) = \dfrac{1}{\boldsymbol{M}_A s^2 + \boldsymbol{G}_A \boldsymbol{s}}$,

其中 $\boldsymbol{M}_a = \begin{bmatrix} J_e & 0 & 0 \\ 0 & J_e & 0 \\ 0 & 0 & m \end{bmatrix}$, $\boldsymbol{G}_a = \begin{bmatrix} 0 & 1 & 0 \\ -1 & 0 & 0 \\ 0 & 0 & 0 \end{bmatrix} J_p \Omega$; $\boldsymbol{R}_S$ 为由广义坐标系到传感器坐标系的转换矩阵, $\boldsymbol{C}_{SA} = (\boldsymbol{R}_s^T \boldsymbol{R}_s)^{-1} \boldsymbol{R}_s^T$; $\boldsymbol{R}_m^T$ 为由轴承力到广义力的转换矩阵,即 $\boldsymbol{F}_A = \boldsymbol{R}_m^T \boldsymbol{F}_{ma} = \begin{bmatrix} -r_m & 0 & r_m & 0 \\ 0 & -r_m & 0 & r_m \\ 1 & 1 & 1 & 1 \end{bmatrix} \begin{bmatrix} F_{z_1} \\ F_{z_2} \\ F_{z_3} \\ F_{z_4} \end{bmatrix}$; 电流分配矩阵 $\boldsymbol{D}_{UA} = (\boldsymbol{R}_m^T)^+ = \boldsymbol{R}_m (\boldsymbol{R}_m^T \boldsymbol{R}_m)^{-1}$,为矩阵 $\boldsymbol{R}_m^T$ 的伪逆; K_{sa} 和 K_{ia} 分别为单个磁极对的位移刚度和电流刚度; $\boldsymbol{\xi}_{sa}$ 为传感器噪声; $G_{lpf}(s)$ 为抗混叠低通滤波器的传递函数; $G_{aa}(s) = \dfrac{k_{aa}}{\tau_{aa} s + 1}$ 为功放的传递函数,其中 k_{aa} 和 τ_{aa} 分别为轴向通道功率放大器的直流放大倍数和时间常数; $g_{ia}(s) = \dfrac{1}{\tau_{ia} s}$ 为功放电流积分器传递函数, τ_{ia} 为积分常数。

加入电流积分正反馈环节后,轴向磁轴承控制回路状态方程变为

$$\dot{\boldsymbol{i}}_a = \frac{k_{aa}}{\tau_{aa}} \boldsymbol{D}_{ua} \boldsymbol{u}_a - \frac{1}{\tau_{aa}} \boldsymbol{i}_a + \frac{k_{aa}}{\boldsymbol{\tau}_{aa} \boldsymbol{\tau}_{ia}} \boldsymbol{u}_{ia} \tag{7-19}$$

$$\dot{\boldsymbol{u}}_{ia} = \boldsymbol{i}_a \tag{7-20}$$

由轴向磁轴承的力平衡条件,得

$$\boldsymbol{F}_a = k_{sa}\boldsymbol{R}_m^{\mathrm{T}}\boldsymbol{R}_m\boldsymbol{q}_a + k_{ia}\boldsymbol{R}_m^{\mathrm{T}}\boldsymbol{i}_a + \boldsymbol{F}_{da} = 0 \tag{7-21}$$

未加入电流积分正反馈环节前，在转子稳定悬浮条件下，根据图738可得到转子的平衡位置和线圈稳态电流为

$$\begin{cases}\boldsymbol{q}_a = (k_{ia}\boldsymbol{K}_s - k_{sa}\boldsymbol{R}_m^{\mathrm{T}}\boldsymbol{R}_m)^{-1}\boldsymbol{F}_{da}\\ \boldsymbol{i}_a = \boldsymbol{D}_{ua}\boldsymbol{K}_{wa}\boldsymbol{q}_a\end{cases} \tag{7-22}$$

式中：$\boldsymbol{K}_{wa}$ 为控制回路的等效刚度矩阵。在未加入电流积分正反馈补偿环节前，在常值外扰动作用下转子的平衡位置和线圈稳态电流是唯一确定的。

轴向磁轴承控制回路加入电流积分正反馈环节后，平衡状态下外扰动完全由偏置磁场产生的永磁力抵消，因此有

$$\boldsymbol{R}_m^{\mathrm{T}}\boldsymbol{i}_a = 0 \tag{7-23}$$

由于 $\mathrm{rank}(R_{\mathrm{m}}^{\mathrm{T}}) = 3 < 4$，式(7－23)中 $\boldsymbol{i}_a$ 具有无穷多解，即由于轴向线圈的冗余特性导致线圈电流解不唯一。将 i_a 的解表成矢量形式

$$\boldsymbol{i}_a = k[1 \quad -1 \quad 1 \quad -1]^{\mathrm{T}} \tag{7-24}$$

式中：$k \in [-i_{a\max}, i_{a\max}]$，$i_{a\max}$ 为轴向线圈允许的最大电流。

根据式(7－19)和式(7－20)可得加入电流积分正反馈后功放的电流为

$$\dot{\boldsymbol{i}}_a = \frac{k_{aa}}{\tau_{aa}}\boldsymbol{u}_{ca} - \frac{1}{\tau_{aa}}\boldsymbol{i}_a + \frac{k_{aa}}{\tau_{aa}\tau_{ia}}\int \boldsymbol{i}_a \mathrm{d}t \tag{7-25}$$

由式(7－25)可得开关功放的线圈电流的时域解为

$$\boldsymbol{i}_a = \begin{bmatrix} C_{11}\mathrm{e}^{p_1 t} + C_{21}\mathrm{e}^{p_2 t}\\ C_{12}\mathrm{e}^{p_1 t} + C_{22}\mathrm{e}^{p_2 t}\\ C_{13}\mathrm{e}^{p_1 t} + C_{23}\mathrm{e}^{p_2 t}\\ C_{14}\mathrm{e}^{p_1 t} + C_{24}\mathrm{e}^{p_2 t}\end{bmatrix} \tag{7-26}$$

式中：C_{11}、C_{12}、C_{13}、C_{14}、C_{21}、C_{22}、C_{23}、C_{24} 为任意常数。p_1 和 p_2 为

$$\begin{cases} p_1 = \dfrac{-\tau_{ia} + \sqrt{\tau_{ia}^2 + 4k_{aa}\tau_{ia}\tau_{aa}}}{2\tau_{ia}\tau_{aa}}\\[2ex] p_2 = \dfrac{-\tau_{ia} - \sqrt{\tau_{ia}^2 + 4k_{aa}\tau_{ia}\tau_{aa}}}{2\tau_{ia}\tau_{aa}}\end{cases} \tag{7-27}$$

当永磁力完全抵消外部扰动时，式(7－26)应当同时满足式(7－24)，由此可得

$$\begin{cases} C_{11} = -C_{12} = C_{13} = -C_{14} = C_1\\ C_{21} = -C_{22} = C_{23} = -C_{24} = C_2\end{cases} \tag{7-28}$$

将式(7－28)带入式(7－26)，功放的电流的时域解式可表示为

$$\boldsymbol{i}_a = (C_1\mathrm{e}^{p_1 t} + C_2\mathrm{e}^{p_2 t})[1 \quad -1 \quad 1 \quad -1]^{\mathrm{T}} \tag{7-29}$$

由式(7－27)可知，随积分常数τ_{ia}的增大，特征根p_1和p_2均趋于零，但由于$p_1>0$且$p_2<0$恒成立，控制系统不稳定，因此不能直接将电流积分正反馈低功耗控制方法应用到三自由度永磁偏置轴向磁轴承。

由于三自由度轴向磁轴承线圈的冗余特性，采用电流积分正反馈时存在非零的解矢量，在线圈电流积分正反馈环节的作用下，磁轴承线圈电流将增至饱和。下面介绍一种三自由度轴向磁轴承电流积分正反馈低功耗控制方法，其系统框图如图7－39所示，通过反馈校正环节的改进，解决了三自由度轴向磁轴承线圈冗余产生的电流不可控问题。

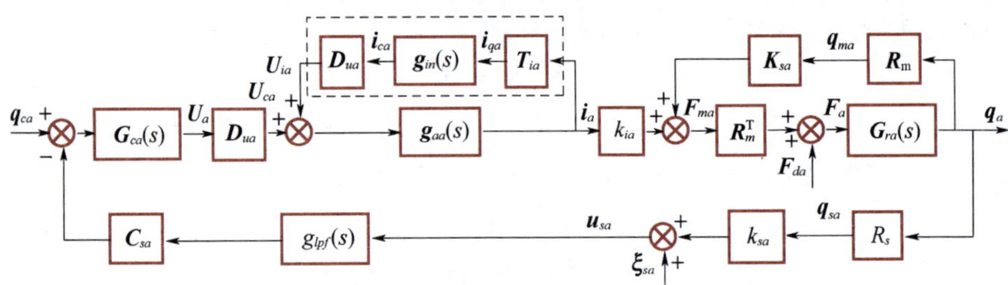

图7－39　三自由度永磁偏置轴向磁轴承电流积分正反馈低功耗控制框图

电流积分正反馈环节改进后，三自由度轴向磁轴承控制回路的状态方程变为

$$\dot{\boldsymbol{i}}_a=\frac{k_{aa}}{\tau_{aa}}\boldsymbol{D}_{ua}\boldsymbol{u}_a-\frac{1}{\tau_{aa}}\boldsymbol{i}_a+\frac{k_{aa}}{\tau_{aa}\tau_{ia}}\boldsymbol{D}_{ia}\boldsymbol{i}_{ca} \tag{7-30}$$

$$\dot{\boldsymbol{i}}_{ca}=\boldsymbol{T}_{ia}\boldsymbol{i}_a \tag{7-31}$$

根据式(7－30)和式(7－31)，开关功放的电流可用微分方程描述为

$$\dot{\boldsymbol{i}}_a=\frac{k_{aa}}{\tau_{aa}}\boldsymbol{D}_{ua}\boldsymbol{u}_a-\frac{1}{\tau_{aa}}\boldsymbol{i}_a+\frac{k_{aa}}{\tau_{aa}\tau_{ia}}\boldsymbol{D}_{ia}\int\boldsymbol{T}_{ia}\boldsymbol{i}_a\mathrm{d}t \tag{7-32}$$

取

$$\begin{cases}\boldsymbol{T}_{ia}=\boldsymbol{R}_{\mathrm{m}}^{\mathrm{T}}\\ \boldsymbol{D}_{ia}=(\boldsymbol{R}_{\mathrm{m}}^{\mathrm{T}})^{+}\end{cases} \tag{7-33}$$

将式(7－33)代入式(7－32)，电流积分反馈环节改进后，线圈电流的时域解为

$$\boldsymbol{i}_a=\begin{bmatrix}1&-1&1&-1\\-1&1&-1&1\\1&-1&1&-1\\-1&1&-1&1\end{bmatrix}\begin{bmatrix}C_{31}\mathrm{e}^{p_3t}\\C_{32}\mathrm{e}^{p_3t}\\C_{33}\mathrm{e}^{p_3t}\\C_{34}\mathrm{e}^{p_3t}\end{bmatrix}+\begin{bmatrix}3&1&-1&1\\1&3&1&-1\\-1&1&3&1\\1&-1&1&3\end{bmatrix}\begin{bmatrix}C_{11}\mathrm{e}^{p_1t}+C_{21}\mathrm{e}^{p_2t}\\C_{12}\mathrm{e}^{p_1t}+C_{22}\mathrm{e}^{p_2t}\\C_{13}\mathrm{e}^{p_1t}+C_{23}\mathrm{e}^{p_2t}\\C_{14}\mathrm{e}^{p_1t}+C_{24}\mathrm{e}^{p_2t}\end{bmatrix}+\begin{bmatrix}f_1(t)\\f_2(t)\\f_3(t)\\f_4(t)\end{bmatrix} \tag{7-34}$$

式中：$p_3 = -\dfrac{1}{\tau_{aa}}$。

根据式(7－23)和式(7－34)，当永磁力完全抵消外扰动时，线圈电流应当满足条件：

$$\begin{cases}(C_{11}-C_{13})e^{p_1t}+(C_{21}-C_{23})e^{p_2t}=0\\(C_{12}-C_{14})e^{p_1t}+(C_{22}-C_{24})e^{p_2t}=0\\(C_{11}+C_{12})e^{p_1t}+(C_{21}+C_{22})e^{p_2t}=0\end{cases} \tag{7-35}$$

$$f_1(t)-f_3(t)=f_2(t)-f_4(t)=f_1(t)+f_2(t)=0 \tag{7-36}$$

即

$$\begin{cases}C_{11}=-C_{12}=C_{13}=-C_{14}=C_1\\C_{21}=-C_{22}=C_{23}=-C_{24}=C_2\\f_1(t)=-f_2(t)=f_3(t)=-f_4(t)=f_0(t)\end{cases} \tag{7-37}$$

将式(7－37)代入式(7－34)，可得

$$\boldsymbol{i}_a = e^{p_3t}\begin{bmatrix}C_{31}+C_{33}-C_{32}-C_{34}\\C_{32}+C_{34}-C_{31}-C_{33}\\C_{31}+C_{33}-C_{32}-C_{34}\\C_{32}+C_{34}-C_{31}-C_{33}\end{bmatrix}+f_0(t)\begin{bmatrix}1\\-1\\1\\-1\end{bmatrix} \tag{7-38}$$

根据式(7－38)，由于$p_3<0$，轴向磁轴承四个线圈的稳态电流值为

$$\lim_{t\to\infty}\boldsymbol{i}_a = f_0(t)\,[1\quad -1\quad 1\quad -1]^{\mathrm{T}} \tag{7-39}$$

由式(7－39)可知，稳定条件下轴向磁轴承的电流值为常值电流。

可以证明$f_0(t)=0$，证明过程如下：

根据图7－39，轴承线圈电流稳定条件下有

$$\boldsymbol{i}_a = k_{aa}(\boldsymbol{u}_{ca}+\boldsymbol{u}_{ia}) = k_{aa}(\boldsymbol{D}_{ua}\,\boldsymbol{u}_a+\boldsymbol{D}_{ia}\,\boldsymbol{i}_{ca}) \tag{7-40}$$

等式(7－40)两边同左乘$\boldsymbol{R}_{\mathrm{m}}^{\mathrm{T}}$，可得

$$\begin{aligned}\boldsymbol{R}_{\mathrm{m}}^{\mathrm{T}}\,\boldsymbol{i}_a &= k_{aa}(\boldsymbol{R}_{\mathrm{m}}^{\mathrm{T}}\boldsymbol{D}_{ua}\,\boldsymbol{u}_a+\boldsymbol{R}_{\mathrm{m}}^{\mathrm{T}}\boldsymbol{D}_{ia}\,\boldsymbol{i}_{ca})\\&= k_{aa}\boldsymbol{R}_{\mathrm{m}}^{\mathrm{T}}(\boldsymbol{R}_{\mathrm{m}}^{\mathrm{T}})^{+}(\boldsymbol{u}_a+\boldsymbol{i}_{ca}) = k_{aa}(\boldsymbol{u}_a+\boldsymbol{i}_{ca})\end{aligned} \tag{7-41}$$

因为$k_{aa}\neq 0$，所以

$$\boldsymbol{u}_a+\boldsymbol{i}_{ca} = \frac{1}{k_{aa}}\boldsymbol{R}_{\mathrm{m}}^{\mathrm{T}}\,\boldsymbol{i}_a \tag{7-42}$$

由于稳定条件下轴承线圈电流为

$$\boldsymbol{i}_a = f_0(t)\,[1\quad -1\quad 1\quad -1]^{\mathrm{T}} \tag{7-43}$$

将$\boldsymbol{R}_{\mathrm{m}}$和式(7－43)代入式(7－42)，可得

$$\boldsymbol{u}_a+\boldsymbol{i}_{ca}=0 \tag{7-44}$$

将式(7-44)代入式(7-40),可得

$$\boldsymbol{i}_a = k_{aa}(\boldsymbol{u}_a + \boldsymbol{i}_{ca}) = 0 \tag{7-45}$$

对比式(7-43)和式(7-45),可知$f_0(t)=0$,即当作用于转子的常值外扰动完全由永磁力抵消且轴向磁轴承控制回路稳定时,轴向磁轴承各线圈的稳态电流分量均为0。

静态悬浮条件下,电流积分正反馈环节改进前后的轴向磁轴承控制回路随积分常数τ_{ia}变化的广义根轨迹对比如图7-40所示,由图可见,改进后的电流积分正反馈方法可以消除右半平面的特征根,从而保证了控制回路的稳定性。

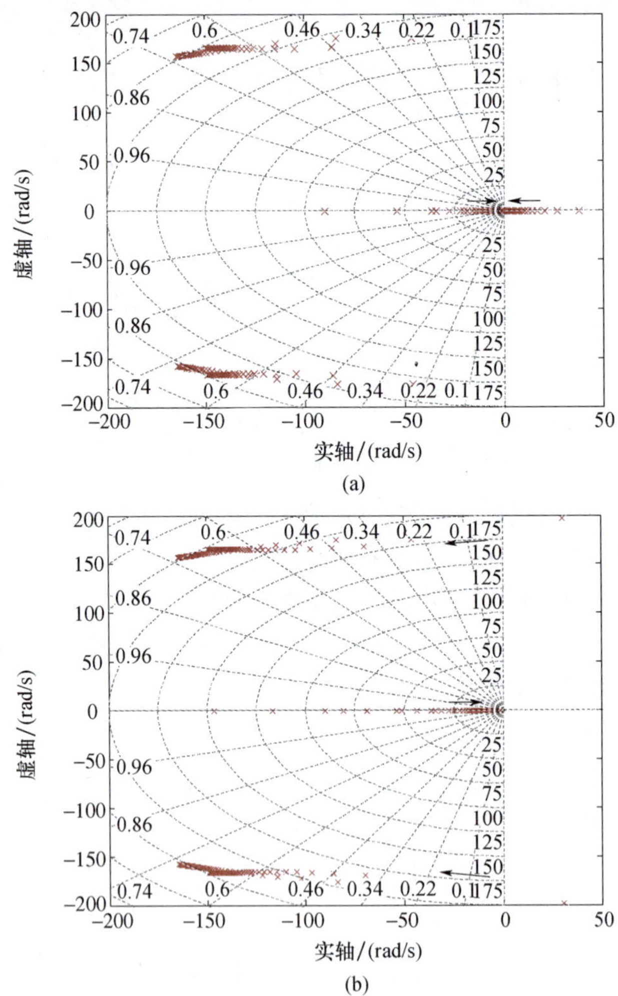

图7-40 电流积分正反馈环节改进前后的轴向磁轴承控制回路的广义根轨迹

(a) 改进前;(b) 改进后。

需要补充说明的是，相对于无积分正反馈时轴向平动控制回路的闭环根轨迹，加入改进后的积分正反馈环节所导致的闭环根轨迹的变化有：

(1) 增加了两个位于 s 右半平面的闭环极点，根轨迹的起点分别为加入积分反馈后开关功放环节的开环极点和磁轴承的不稳定开环极点，随着积分常数 τ_{ia} 的增大，不稳定极点穿越虚轴进入 s 左半平面，趋于稳定；

(2) 存在一个随着积分常数 τ_{ia} 的增大趋于原点的特征根，该根起始于原点附近的稳定开环极点，随积分常数 τ_{ia} 的增大，趋于积分反馈环节引入的开关功放开环零点。

从根轨迹可知：积分常数 τ_{ia} 过小将导致强积分作用，由于积分环节的滞后作用，闭环系统不稳定；随着积分常数 τ_{ia} 的增大，积分环节作用减弱，闭环系统趋于稳定。由于存在随积分常数 τ_{ia} 增大趋于原点的根，因此系统的响应时间增加，该闭环根决定了系统对外部扰动的响应时间，即线圈电流收敛到零的时间。选择积分常数 τ_{ia} 时应当保证转子轴向平动控制回路和偏转控制回路的稳定性，并在系统响应的快速性和稳定性之间进行折中。

另外，由图 7-40(b) 还可知，积分常数 τ_{ia} 主要影响系统闭环极点低频分量的稳定性。对于轴向磁轴承控制回路，加入电流积分正反馈环节前，其主要的低频特征根为转子的进动模态，且随着转速的升高进动模态的频率降低。因此转速越高，当加入改进后的电流积分正反馈环节时，积分常数 τ_{ia} 对进动模态稳定性的影响越大，但通过合理选择积分常数 τ_{ia}，可使积分环节的加入不影响陀螺效应引起转子的低频进动的稳定性。

综上分析可知，在合理选择积分反馈系数的条件下，加入改进后的电流积分正反馈方法不影响轴向磁轴承控制回路的稳定性。

7.7.2 三自由度轴向磁轴承低功耗控制系统特性仿真分析

1. 频率特性仿真分析

前面对采用电流积分正反馈控制的三自由度轴向磁轴承控制回路的稳定性进行了分析，以下从频域角度对引入电流积分正反馈后线圈电流对扰动的抑制特性进行分析[20]。

参考图 7-39，引入电流积分正反馈环节前的磁轴承线圈电流表达式为

$$\boldsymbol{i}_a(s)=\frac{1}{k_{ia}}\boldsymbol{D}_{ua}(\boldsymbol{M}_a s^2+\boldsymbol{G}_a s-k_{sa}\boldsymbol{R}_{\mathrm{m}}^{\mathrm{T}}\boldsymbol{R}_{\mathrm{m}})(\boldsymbol{M}_a s^2+\boldsymbol{G}_a s+k_{ia}k_s g_{\mathrm{lpf}}(s)g_{aa}(s)\boldsymbol{G}_{ca}(s)-k_{sa}\boldsymbol{R}_{\mathrm{m}}^{\mathrm{T}}\boldsymbol{R}_{\mathrm{m}})^{-1}(k_{ia}g_{aa}(s)\boldsymbol{G}_{ca}(s)(\boldsymbol{q}_{ca}-g_{\mathrm{lpf}}(s)\boldsymbol{C}_{sa}\boldsymbol{\xi}_a)+\boldsymbol{F}_{da})-\frac{1}{k_{ia}}\boldsymbol{D}_{ua}\boldsymbol{F}_{da} \tag{7-46}$$

根据图 7－39 和式(7－33)，引入电流积分正反馈环节后的磁轴承线圈电流表达式为

$$\boldsymbol{i}_a(s)=\frac{1}{k_{ia}}\boldsymbol{D}_{ua}(\boldsymbol{M}_a s^2+\boldsymbol{G}_a s-k_{sa}\boldsymbol{R}_m^{\mathrm{T}}\boldsymbol{R}_m)(\boldsymbol{M}_a \boldsymbol{s}^2+\boldsymbol{G}_a s+k_{ia}k_s g_{\mathrm{lpf}}(s)g'_{aa}(s)\boldsymbol{G}_{ca}(s)-k_{sa}\boldsymbol{R}_m^{\mathrm{T}}\boldsymbol{R}_m)^{-1}(k_{ia}g'_{aa}(s)\boldsymbol{G}_{ca}(s)(\boldsymbol{q}_{ca}-g_{\mathrm{lpf}}(s)\boldsymbol{C}_{sa}\boldsymbol{\xi}_a)+\boldsymbol{F}_{da})-\frac{1}{k_{ia}}\boldsymbol{D}_{ua}\boldsymbol{F}_{da} \tag{7-47}$$

式(7－46)和式(7－47)分别给出了引入电流积分正反馈前、后轴向磁轴承线圈电流 $\boldsymbol{i}_a$ 与给定位置参考输入 $\boldsymbol{q}_{ca}$、传感器噪声 $\boldsymbol{\xi}_a$ 及扰动力 $\boldsymbol{F}_{da}$ 的传递函数矩阵。结合系统参数，由其可以得到闭环系统线圈电流对上述各扰动的频率特性曲线。

1）线圈电流对扰动力 $\boldsymbol{F}_{da}$ 的频率特性

引入电流积分正反馈前后，线圈电流 i_{z1} 对轴向扰动力 F_{daz} 及偏转扰动力矩 M_{da} 的频率特性曲线如图 7－41。由图 7－41(a)可见，引入电流积分正反馈后，线圈电流对轴向低频扰动力呈现衰减特性，且随频率降低幅值衰减增大，即线圈电流对低频扰动力不敏感，而高频部分的幅相频率特性与引入电流积分反馈前基本相同，不影响系统的稳定性。而由图 7－41(b)可见，为引入电流积分正反馈后，线圈电流同样对低频扰动力矩呈现衰减特性，且频率越低，幅值衰减越大。

2）线圈电流对传感器噪声 $\boldsymbol{\xi}_a$ 及给定参考输入 $\boldsymbol{q}_{ca}$ 的频率特性

引入电流积分正反馈前、后，线圈电流分量 i_{z1} 对噪声 $\boldsymbol{\xi}_a=[\xi_{z1}\quad \xi_{z2}\quad \xi_{z3}\quad \xi_{z4}]^{\mathrm{T}}$ 分量 ξ_{z1} 的频率特性曲线如图 7－42(a)所示，对给定参考输入 $q_{ca}=[q_{ca\beta}\quad -q_{ca\alpha}\quad -q_{caz}]^{\mathrm{T}}$ 分量 $q_{ca\beta}$ 的频率特性曲线如图 7－42(b)所示。从图中可以看出，引入电流积分正反馈后，线圈电流对低频噪声及低频参考输入同样不敏感，呈现衰减特性。

以上仿真分析表明，引入电流积分正反馈后，轴向磁轴承线圈电流 $\boldsymbol{i}_a$ 对 $\boldsymbol{F}_{da}$、$\boldsymbol{\xi}_a$ 和 $\boldsymbol{q}_{ca}$ 中的低频扰动均呈幅值衰减特性，即在三类低频外扰动作用下，系统稳定后的轴向磁轴承线圈稳态电流均近似为零。由于转子重力、磁轴承磁中心与几何中心的偏差可等效为低频外扰动，传感器零位偏移可等效为低频噪声，传感器信号漂移(温漂或时漂)可等效为低频参考输入，因此电流积分正反馈的引入可有效避免以上因素所带来的不良影响，防止轴向磁轴承线圈稳态电流增大，从而显著降低系统功耗。

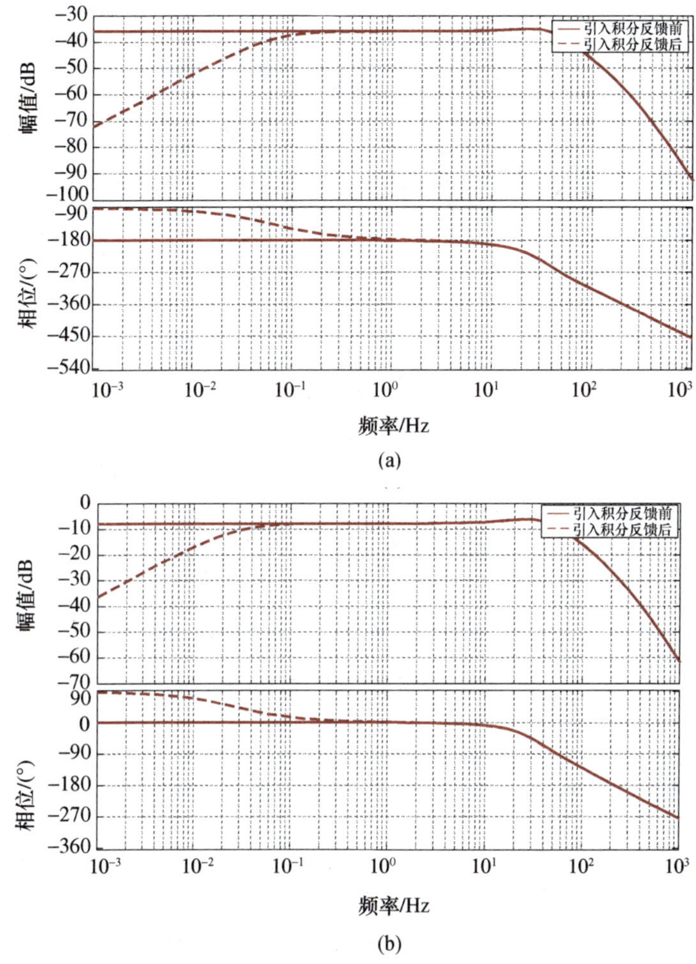

图7-41 引入积分正反馈前、后线圈电流 i_{z1} 对 F_{daz} 与 i_{z1} 对 M_{da} 的频率特性曲线

(a) i_{z1} 对 F_{daz}；(b) i_{z1} 对 M_{da}。

2. 时域特性仿真分析

电流积分正反馈环节改进前后，轴向磁轴承线圈电流的变化波形对比如图7-43所示，改进前线圈电流呈指数规律发散，而改进后线圈电流随时间以指数规律收敛到零。

电流积分正反馈环节改进前后，转子轴向位移随时间变化的曲线对比如图7-44所示。在初始条件下，转子均可稳定在新的平衡位置，转子重力完全由永磁力承担。

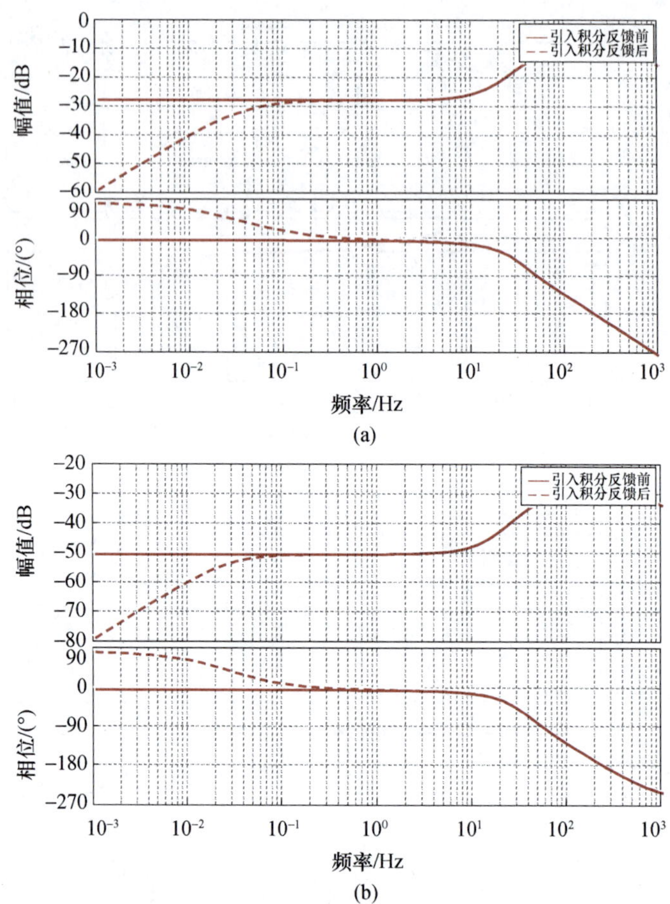

图 7-42　引入积分正反馈前、后线圈电流 i_{z1} 对 ξ_{z1} 与 i_{z1} 对 $q_{ca\beta}$ 的频率特性曲线

(a) i_{z1} 对 ξ_{z1}；(b) i_{z1} 对 $q_{ca\beta}$。

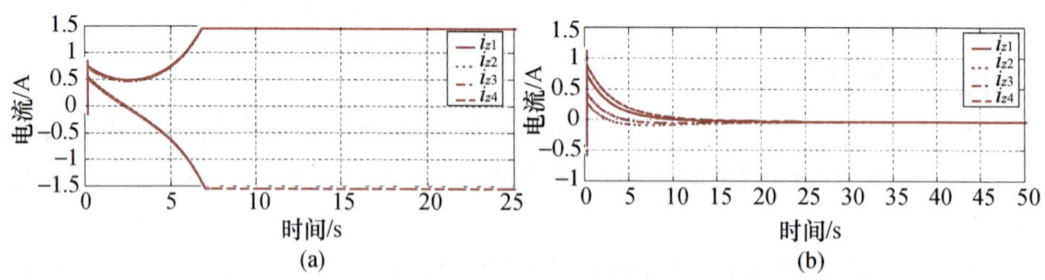

图 7-43　改进前后电流积分正反馈条件下线圈电流的变化波形

(a) 改进前；(b) 改进后。

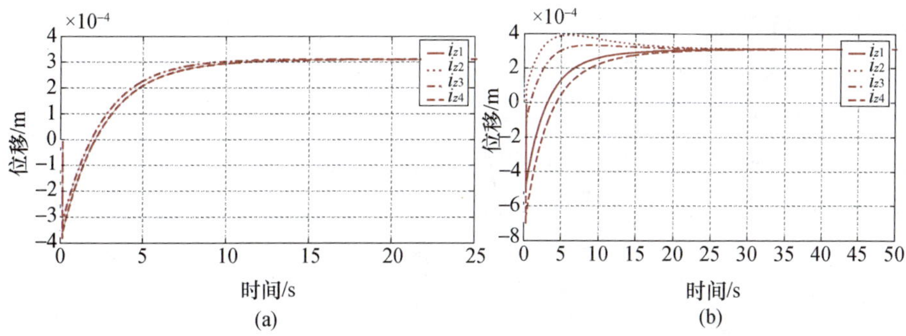

图7-44 改进前后的电流积分正反馈条件下转子轴向位移变化波形

（a）改进前；（b）改进后。

7.7.3 静态工作点偏移时的三自由度轴向磁轴承磁力特性及其稳定控制

1. 静态工作点偏移对磁力特性的影响分析

三自由度轴向磁轴承静态工作点偏移对磁轴承磁力特性的影响分析，主要是研究转子相对静态工作零点存在较大广义位移(α,β,z)条件下，轴向磁轴承的位移刚度 k_{sa} 和电流刚度 k_{ia} 与名义值的偏差。由于磁悬浮动量轮用三自由度轴向磁轴承所受的主要外扰动力为转子的重力在自转轴方向的分力，该扰动力将引起转子轴线方向的平动位移 z，因此轴向磁轴承的静态工作点偏移主要指转子的轴向平动位移 z。另外，转子不平衡量也会产生不平衡扰动力矩，引起转子的径向偏转广义位移 α、β，但是在对转子进行高精度动平衡后，该因素被弱化，不再是引起静态工作点偏移的主要因素[20]。

为了研究轴向磁轴承平动偏移 z 对磁轴承参数的影响，定义轴向磁轴承轴向平动方向的偏心比：$\sigma_z = z/g_0$；同样定义径向偏转方向的偏心比：$\sigma_\alpha = \alpha/\alpha_0$，$\sigma_\beta = \beta/\beta_0$，其中 $\alpha_0 = \beta_0 = \max(\alpha) = \max(\beta)$。

由轴向磁轴承的控制力表达式可知以下等式成立

$$\begin{cases} k_{sz} = 4k_{sa} \\ k_{iz} = k_{ia} \end{cases}, \begin{cases} k_{sw} = 2k_{sa}r_{\mathrm{m}}^2 \\ k_{iw} = k_{ia}r_{\mathrm{m}} \end{cases} \tag{7-48}$$

然后对 k_{sz}、k_{sw}、k_{sa}、k_{iz}、k_{iw}、k_{ia} 分别以平衡位置 $q_a = [0 \quad 0 \quad 0]^{\mathrm{T}}$ 的名义值为基准进行归一化，归一化后的参数分别为 $\bar{k}_{sz}$、$\bar{k}_{sw}$、$\bar{k}_{sa}$、$\bar{k}_{iz}$、$\bar{k}_{iw}$、$\bar{k}_{ia}$，则

$$\bar{k}_{sz} = \bar{k}_{sw} = \bar{k}_{sa};\bar{k}_{iz} = \bar{k}_{iw} = \bar{k}_{ia} \tag{7-49}$$

归一化的位移刚度 $\bar{k}_{sa}$ 和电流刚度 $\bar{k}_{ia}$ 随转子偏心比 σ_z 变化的特性曲线分

别如图 7－45 和图 7－46 所示。由图可见，$\bar{k}_{sa}$ 和 $\bar{k}_{ia}$ 与 σ_z 具有强非线性关系，在 $|\sigma_z|$ 较大时，严重偏离名义值。

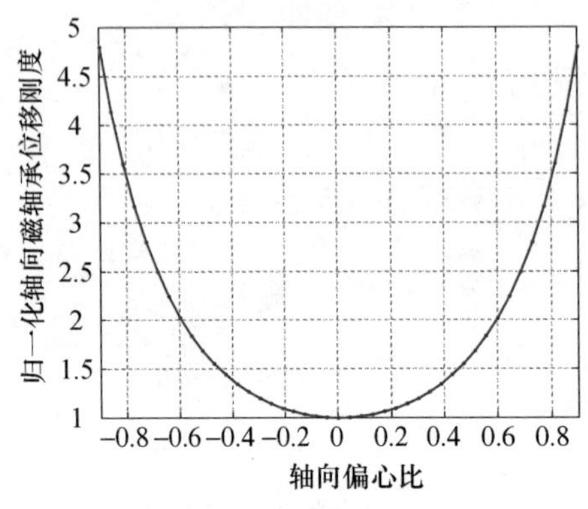

图 7－45　$\bar{k}_{sa}$ 随 σ_z 的变化曲线

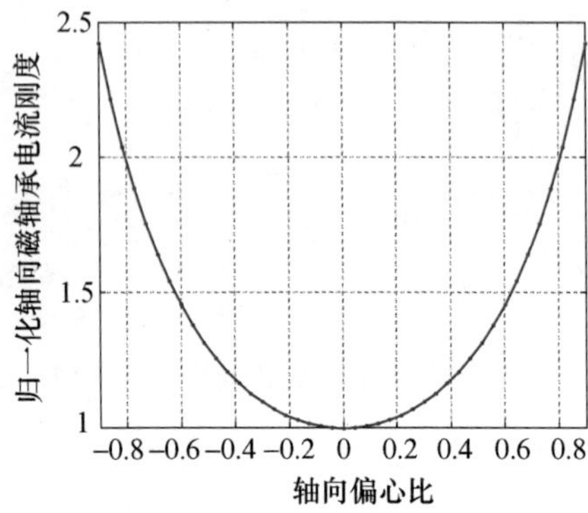

图 7－46　$\bar{k}_{ia}$ 随 σ_z 的变化曲线

对图 7－45 和图 7－46 中的曲线进行拟合，可以得到 $\bar{k}_{sa}$ 和 $\bar{k}_{ia}$ 受 σ_z 影响的函数表达式分别为

$$\begin{cases}\bar{k}_{sa} = c_{dsa}(\sigma_z^2) \\ \bar{k}_{ia} = c_{dia}(\sigma_z^2)\end{cases} \tag{7-50}$$

$\bar{k}_{sa}$ 和 $\bar{k}_{ia}$ 随 σ_α 和 σ_β 变化的特性曲线分别如图 7－47 和图 7－48 所示。由图可见：σ_α 和 σ_β 的变化对 $\bar{k}_{sa}$ 和 $\bar{k}_{ia}$ 的影响很小，且当转子经过高精度动平衡后，由于 $|\sigma_\alpha| \ll 1$ 和 $|\sigma_\beta| \ll 1$，完全可以忽略 σ_α 和 σ_β 对 $\bar{k}_{sa}$ 和 $\bar{k}_{ia}$ 的影响，因此 σ_α 和 σ_β（即转子动不平衡引起的径向偏转广义位移 α、β）不是引起轴向磁轴承静态工作点偏移的主要因素。

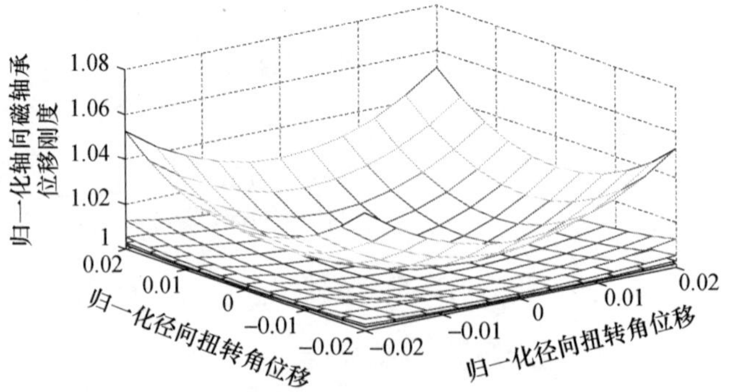

图 7－47　$\bar{k}_{sa}$ 随 σ_α 和 σ_β 的变化曲线

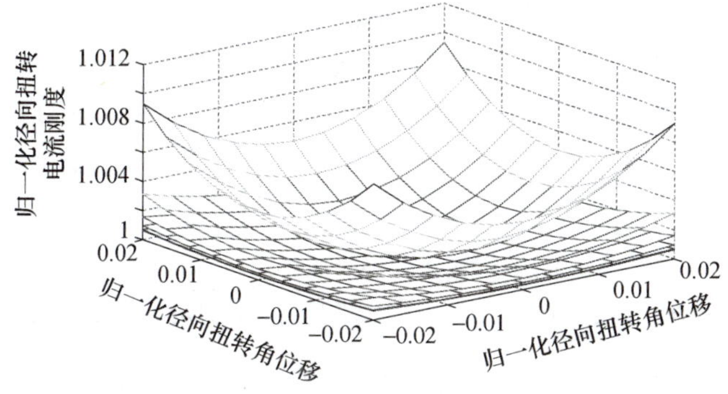

图 7－48　$\bar{k}_{ia}$ 随 σ_α 和 σ_β 的变化曲线

综上所述，造成轴向磁轴承静态工作点偏移的主要因素是转子轴向平动偏移 σ_z，随着 $|\sigma_z|$ 增大，$\bar{k}_{sa}$ 和 $\bar{k}_{ia}$ 将显著偏离名义值 1，且与 $|\sigma_z|$ 具有强非线性。由于 $\bar{k}_{sa}$ 和 $\bar{k}_{ia}$ 偏离名义值将直接影响轴向磁轴承控制回路的稳定性，因此研究轴向磁轴承静态工作点偏移条件下系统的稳定性及其补偿控制方法非常重要。

2. 静态工作点偏移条件下的磁轴承转子系统的稳定控制

由于动量轮转子总要承受一定的外部扰动力，轴向磁轴承闭环控制回路通过调整转子悬浮位置由永磁力抵消外部扰动，由此造成磁轴承的静态工作点偏离理想平衡位置，且扰动力幅值的增大将加剧偏离程度。控制系统设计基于平衡点线性化模型，而轴向磁轴承位移刚度和电流刚度与转子相对理想位置的位移呈非线性关系，在外扰动力作用下，位移刚度和电流刚度将严重偏离名义值。如不考虑转子位置偏移对轴向磁轴承位移刚度和电流刚度的影响，将不能保证大幅扰动力作用情况下轴向磁轴承控制回路的稳定性。

根据式(7－21)，对于三自由度轴向磁轴承，如果磁轴承设计时保证存在永磁力抵消外部扰动的平衡点且控制律能够保证轴向磁轴承—转子系统稳定，当系统达到稳态有

$$\begin{cases} \boldsymbol{i}_{a0} = 0 \\ \boldsymbol{q}_{ma0} = -\dfrac{1}{k_{sa}} \boldsymbol{R}_m (\boldsymbol{R}_m^{\mathrm{T}} \boldsymbol{R}_m)^{-1} \boldsymbol{F}_{da0} \end{cases} \tag{7-51}$$

式中：下标 0 表示平衡状态。

式(7－51)表明：当外部扰动恒定且轴向磁轴承永磁力抵消外部扰动条件下，磁轴承将工作在新的静态工作点 $\boldsymbol{q}_{ma0}$，且其位置取决于 $\boldsymbol{F}_{da0}$。

稳定条件下转子的轴向位移包括稳定值 $\boldsymbol{q}_{a0}$ 和动态分量 $\tilde{\boldsymbol{q}}_a$ 两部分，即

$$\boldsymbol{q}_a = \boldsymbol{q}_{a0} + \tilde{\boldsymbol{q}}_a \tag{7-52}$$

由于给定的位置参考 $\boldsymbol{q}_{ca}$ 和噪声信号 $\boldsymbol{\xi}_a$ 不影响系统稳定性，当考虑轴向偏心比对位移刚度和电流刚度的影响时，轴向磁轴承—转子控制回路的闭环方程为

$$\begin{aligned}(\boldsymbol{M}_a s^2 + \boldsymbol{G}_a s + (C_{dia} k_{ia} k_s g_{lpf}(s) g'_{aa}(s)\, \boldsymbol{G}_{ca}(s) - \\ C_{dsa} k_{sa}\, \boldsymbol{R}_m^{\mathrm{T}} \boldsymbol{R}_m))(\boldsymbol{q}_{a0} + \tilde{\boldsymbol{q}}_a) = F_{da}\end{aligned} \tag{7-53}$$

由于 $\boldsymbol{q}_{a0}$ 为稳态值，当采用电流积分正反馈，且恒值扰动由永磁力抵消时，有

$$\begin{aligned}(\boldsymbol{M}_a s^2 + \boldsymbol{G}_a s + (C_{dia} k_{ia} k_s g_{lpf}(s) g'_{aa}(s)\, G_{ca}(s) - \\ C_{dsa} k_{sa}\, \boldsymbol{R}_m^{\mathrm{T}} \boldsymbol{R}_m))\, \tilde{\boldsymbol{q}}_a = 0\end{aligned} \tag{7-54}$$

由式(7-54)可知：外部扰动 $\boldsymbol{F}_{da}$ 将导致转子偏离平衡位置，造成轴向磁轴承的位移刚度 k_{sa} 和电流刚度 k_{ia} 偏离名义值，由此导致状态方程特征根的变化，影响轴向磁轴承控制回路的稳定性。

而当转子不存在轴向偏心时，轴向磁轴承—转子系统的闭环方程为

$$(\boldsymbol{M}_a s^2 + \boldsymbol{G}_a s + (k_{ia} k_s g_{\mathrm{lpf}}(s) g'_{aa}(s)\, \boldsymbol{G}_{ca}(s) - k_{sa}\, \boldsymbol{R}_m^{\mathrm{T}} \boldsymbol{R}_m))\, \boldsymbol{q}_a = 0 \tag{7-55}$$

为了保证轴向磁轴承静态工作点偏移后闭环系统的动态性能不发生改变，联立式(7-54)和式(7-55)，可得

$$\begin{aligned}\boldsymbol{G}'_{ca}(s) = C_{dia}^{-1}\, \boldsymbol{G}_{ca}(s) + (k_{ia} k_s g_{\mathrm{lpf}}(s) g'_{aa}(s))^{-1} \cdot \\ C_{dia}^{-1}(C_{dsa} - 1) k_{sa}\, \boldsymbol{R}_m^{\mathrm{T}} \boldsymbol{R}_m\end{aligned} \tag{7-56}$$

显然，如采用式(7-56)的控制律，式(7-54)与式(7-55)将具有相同的解，即可以保证轴向磁轴承静态工作点偏移条件下系统的动态性能不变。式(7-56)给出的控制律增加了电流刚度修正系数和位移刚度系数，实际上是对转子偏心引起的电流刚度和位移刚度变化的自适应补偿，避免了补偿前未考虑偏心比 $|\sigma_z|$ 的影响所导致的闭环系统动态性能恶化及综合刚度减小为负值而出现的系统失稳。

将传感器和功放环节等效为比例环节，式(7-56)可简化为

$$\begin{aligned}\boldsymbol{G}'_{ca}(s) &= C_{dia}^{-1}(\boldsymbol{G}_{ca}(s) + (k_{ia} k_s k_{aa})^{-1}(C_{dsa} - 1) k_{sa}\, \boldsymbol{R}_m^{T} \boldsymbol{R}_m) \\ &= C_{dia}^{-1}(\boldsymbol{G}_{ca}(s) + \Delta \boldsymbol{k}_{cp})\end{aligned} \tag{7-57}$$

则具有增益自适应调整功能的三自由度轴向磁轴承闭环系统框图如图7-49所示，图中 $\Delta \boldsymbol{k}_{cp}$ 和 C_{dia}^{-1} 依据转子偏心比，可自适应地进行控制刚度和放大系数的调整，其中 $\Delta \boldsymbol{k}_{cp} = (k_{ia} k_s k_{aa})^{-1}(C_{dsa} - 1) k_{sa}\, \boldsymbol{R}_m^{\mathrm{T}} \boldsymbol{R}_m$。

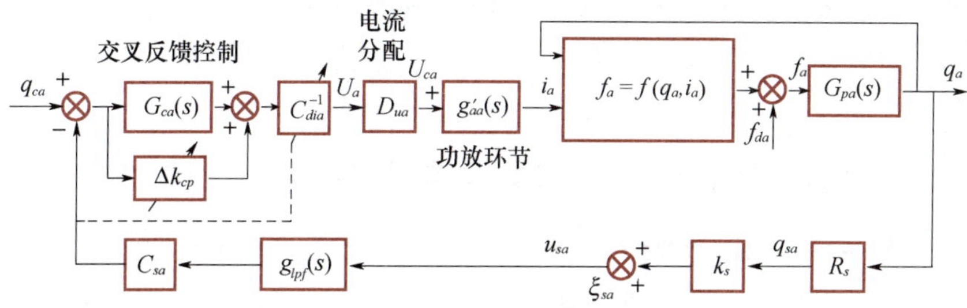

图7-49 增益自适应调整三自由度轴向磁轴承闭环系统框图

当转子静态悬浮时，增益自适应调整前后轴向控制回路随转子偏心比 σ_z 变化的广义根轨迹对比如图7-50所示。由图可见，加入增益自适应调整前，随着转子偏心的增大，系统综合刚度减小，出现趋于坐标原点的特征根，系统稳定

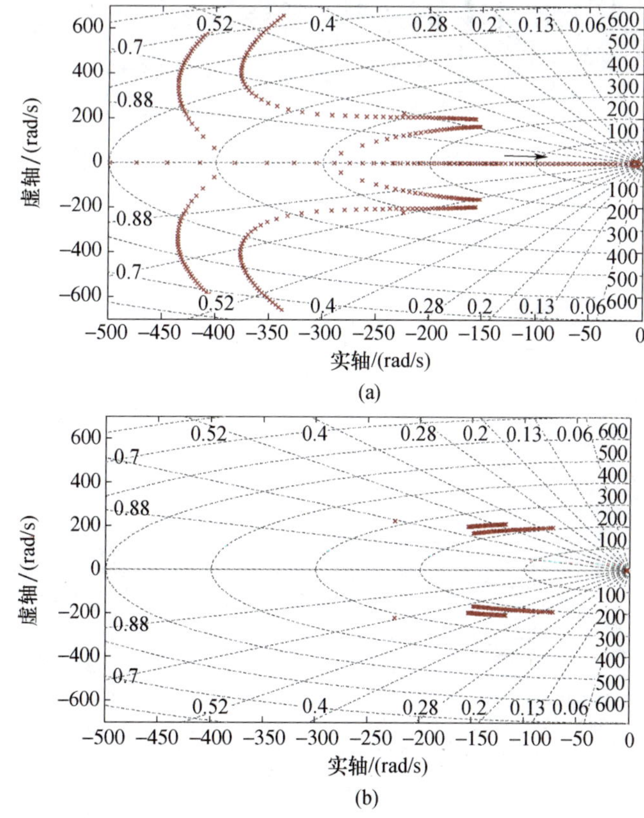

图7-50 增益自适应调整前后轴向控制回路随转子偏心比变化的根轨迹

（a）调整前；（b）调整后。

性变差；而加入增益自适应调整后，闭环特征根受 σ_z 的影响显著减小，只是由于所采用的补偿控制方法为比例自适应方法，因而偏心引起的参数变化并未得到完全补偿。

7.7.4 三自由度轴向磁轴承低功耗控制实验

将 15N · m · s 磁悬浮动量轮置于转台上，调整其自转轴线与水平方向的夹角以改变转子重力在轴向方向的分力，采用三自由度轴向磁轴承低功耗控制方法，对不同轴线倾角条件下的线圈电流进行测试，如图 7－51 所示，测试中定义动量轮转轴处于水平位置时的偏角为零度[20]。

图 7－51 15N · m · s 磁悬浮动量轮在不同轴线倾角条件下的线圈电流测试实验

加入低功耗控制方法前后，测试得到的不同偏角条件下线圈电流随偏角变化的曲线对比如图 7－52 所示。由图可见，低功耗控制前由于随偏角的变

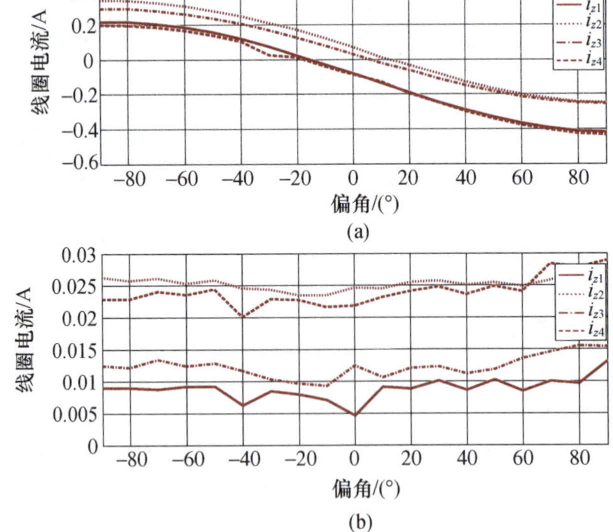

图 7－52 低功耗控制前后线圈电流随偏角的变化曲线

(a) 低功耗控制前；(b) 低功耗控制后。

化引起重力分量在轴向分量的变化，线圈电流将跟随偏角的改变而变化；而低功耗控制后，重力由永磁力承担，线圈稳态电流很小，且基本不受偏角改变的影响。

加入低功耗控制方法前后，转子轴向悬浮位置及线圈铜耗随转角变化的曲线如图7－53所示。由图可见，低功耗控制前，转子悬浮位置基本不受转角变化的影响，但线圈电流与转角位置密切相关，最大铜耗可达14.4W，而低功耗控制后，转子悬浮位置随转角变化自行调整，线圈电流引起的铜耗小于0.2W，且基本不随重力分量的改变而变化。

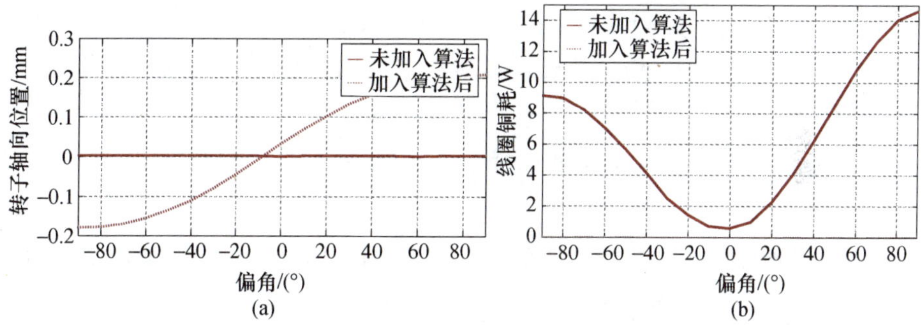

图7－53　低功耗控制前后转子轴向悬浮位置及线圈铜耗随偏角的变化曲线
（a）轴向悬浮位置对比；（b）线圈铜耗对比。

7.8　大力矩磁悬浮偏置动量轮微框架控制

磁悬浮偏置动量轮的微框架控制的目的是通过控制使偏置动量轮转子旋转轴偏转，以输出较大的陀螺力矩（即偏转力矩），其实现过程为磁悬浮偏置动量轮接收姿控计算机发出的姿态控制指令，磁轴承控制器根据指令中所给出的输出力矩与角动量变化要求，计算所需的微框架角速度与偏转角度，然后通过磁轴承施加控制力矩，使偏置动量轮转子旋转主轴按给定角速度偏转至给定角度。也就是说，磁悬浮偏置动量轮的微框架控制的实质是在磁轴承控制作用下，以指令角度与指令角速度为控制目标，实现高速转子的旋转轴沿径向平面内某一轴的偏转，即对偏转运动进行跟踪控制。

然而，为了同时保证磁悬浮偏置动量轮的稳定性，微框架控制需要在滤波交叉反馈控制等解耦控制方法的基础上进行转子旋转主轴偏转跟踪控制方法的设计，鉴于滤波交叉反馈控制方法在工程上很难实现转子动力学的完全解耦控制，因此，磁悬浮偏置动量轮的微框架控制可归结为不完全解耦条件下磁轴承—转子系统转子旋转主轴沿径向偏转运动的跟踪控制问题[22]。

7.8.1 磁悬浮偏置动量轮微框架控制系统建模

由于滤波交叉反馈控制是速度交叉反馈控制的一种变形，因此在一定程度上可以将其理解为一种不完全速度交叉反馈控制（见 4.3.1 节），当磁悬浮偏置动量轮采用基本分散 PD 控制的不完全速度交叉控制时，即当

$$\mathrm{Ctrl}(-\boldsymbol{Q}_s) = \mathrm{Ctrl}(-\boldsymbol{T}_s\boldsymbol{q}) = -[(\boldsymbol{K}_\mathrm{D} + \lambda_c\boldsymbol{K}_\mathrm{Dcross})\boldsymbol{T}_s\dot{\boldsymbol{q}} + \boldsymbol{K}_\mathrm{P}\boldsymbol{T}_s\boldsymbol{q}] \tag{7-58}$$

式中：$\boldsymbol{K}_\mathrm{Dcross}$ 为式(4-33)所定义的最优速度交叉系数矩阵；$\lambda_\mathrm{c} \in [0,1]$ 为不完全交叉因子，则式(4-21)所描述的磁悬浮惯性动量轮磁轴承转子系统动力学方程转换为

$$\boldsymbol{M}\ddot{\boldsymbol{q}} + (1-\lambda_\mathrm{c})\boldsymbol{G}\dot{\boldsymbol{q}} = \boldsymbol{T}_f[-K_i(\boldsymbol{K}_\mathrm{D}\boldsymbol{T}_s\dot{\boldsymbol{q}} + \boldsymbol{K}_\mathrm{P}\boldsymbol{T}_s\boldsymbol{q}) + \boldsymbol{K}_s\boldsymbol{T}_s\boldsymbol{q}] = \boldsymbol{F} \tag{7-59}$$

由于磁悬浮偏置动量轮的平动与转动运动相互解耦，且微框架控制仅与转动有关，不涉及平动控制，则将式(7-59)展开，可得到不完全解耦条件下的磁悬浮偏置动量轮磁轴承转子系统转动动力学方程：

$$\begin{cases} J_\mathrm{e}\ddot{\alpha} + J_\mathrm{p}\Omega\dot{\beta}(1-\lambda_\mathrm{c}) = -l_aF_{ya} - l_bF_{yb} \\ J_\mathrm{e}\ddot{\beta} - J_\mathrm{p}\Omega\dot{\alpha}(1-\lambda_\mathrm{c}) = l_aF_{xa} + l_bF_{xb} \end{cases} \tag{7-60}$$

写成矩阵形式

$$\boldsymbol{M}_\mathrm{r}\ddot{\boldsymbol{q}}_\mathrm{r} + (1-\lambda_\mathrm{c})\boldsymbol{G}_\mathrm{r}\dot{\boldsymbol{q}}_\mathrm{r} = \boldsymbol{P}_\mathrm{r} \tag{7-61}$$

$$\boldsymbol{P}_\mathrm{r} = \boldsymbol{T}_{\mathrm{r}f}\boldsymbol{F}_\mathrm{x} \tag{7-62}$$

式中

$$M_\mathrm{r} = \begin{bmatrix} J_\mathrm{e} & 0 \\ 0 & J_\mathrm{e} \end{bmatrix}, \boldsymbol{q}_\mathrm{r} = \begin{bmatrix} \alpha \\ \beta \end{bmatrix}, \boldsymbol{G}_\mathrm{r} = J_\mathrm{p}\Omega\begin{bmatrix} 0 & 1 \\ -1 & 0 \end{bmatrix}, \boldsymbol{T}_{\mathrm{r}f} = \begin{bmatrix} 0 & 0 & -l_a & -l_b \\ l_a & l_b & 0 & 0 \end{bmatrix}$$

7.8.2 磁悬浮偏置动量轮微框架控制方法

微框架控制是为了利用陀螺效应，通过主动施加控制力矩使转子旋转轴偏转，产生进动，输出陀螺力矩，由陀螺力矩的定义[24] $\boldsymbol{M}_G = \boldsymbol{H}\times\boldsymbol{\omega}$ 可知，微框架控制最终需要解决的是减小转子动力学耦合对微框架控制精度的影响，以提高偏置动量轮转子旋转主轴偏转运动跟踪姿态控制偏转指令的控制精度[25]。

不完全解耦条件下磁悬浮偏置动量轮转子旋转主轴偏转运动跟踪控制方法框图如图7－54所示。图中$\boldsymbol{G}_p$为进动控制力矩到沿径向偏转角的传函矩阵，$\boldsymbol{G}_c$为转动自由度的分散控制矩阵，$\boldsymbol{G}_g$为前馈矩阵。$\boldsymbol{q}_{\mathrm{ref}} = [\alpha_{\mathrm{ref}} \quad \beta_{\mathrm{ref}}]^{\mathrm{T}}$为偏转指令信号。由于本节侧重于转子动力学耦合特性及其前馈矩阵控制方法的研究，框图中忽略了传感器和功放等环节，并假设传感器检测位置即磁轴承所在位置。

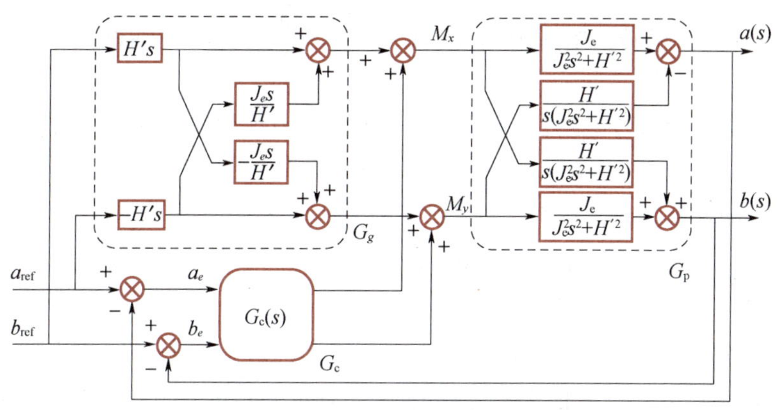

图7－54　前馈矩阵控制方法框图

前馈矩阵的形式为

$$\boldsymbol{G}_{\mathrm{g}}(s) = \begin{bmatrix} J_{\mathrm{e}}s^2 & H's \\ -H's & J_e s^2 \end{bmatrix} \tag{7-63}$$

其中，$H' = (1 - \lambda_{\mathrm{c}}) \cdot H$，磁轴承通过前馈矩阵对转子施加的前馈补偿力矩：

$$\boldsymbol{M}_{\mathrm{g}}(s) = \boldsymbol{G}_{\mathrm{g}}(s) \cdot \boldsymbol{q}_{\boldsymbol{r}}(s) \tag{7-64}$$

其实质是根据给定的偏转角速度指令及转子动力学耦合特性，通过前馈的方式对偏转控制的跟踪性能进行改善。

由于不同类型的磁悬浮偏置动量轮，其偏转力矩产生的机理不同，主要有磁阻力与洛仑兹力两类，下面依次对磁阻力和洛仑兹力磁轴承微框架控制力矩的实现形式进行介绍及对比分析。

1. 磁阻力磁轴承微框架控制

磁阻力磁轴承的微框架控制力矩可表示为

$$\boldsymbol{M}_{\mathrm{c}} + \boldsymbol{M}_{\mathrm{g}} = \boldsymbol{T}_{rf}\boldsymbol{F}_x = \boldsymbol{P}_{\mathrm{r}} \tag{7-65}$$

$$\boldsymbol{F}_x = \boldsymbol{K}_s \boldsymbol{Q}_{\mathrm{rs}} + \boldsymbol{K}_i \boldsymbol{I}_{\mathrm{ri}} \tag{7-66}$$

式中：$\boldsymbol{Q}_{\mathrm{rs}}$和$\boldsymbol{I}_{\mathrm{ri}}$分别为转子旋转轴绕$x$轴与$y$轴偏转引起的偏转角与偏转控制电流。

分散交叉反馈控制产生的控制力矩 $\boldsymbol{M}_c$ 为

$$\boldsymbol{M}_c = \boldsymbol{T}_{rf} \cdot (\boldsymbol{K}_s \boldsymbol{q}_r + \boldsymbol{K}_i \boldsymbol{i}_c) \tag{7-67}$$

$$\boldsymbol{i}_c = -\boldsymbol{K}_P \boldsymbol{e}_s - \boldsymbol{K}_D \dot{\boldsymbol{e}}_s \tag{7-68}$$

式中：$\boldsymbol{e}_s = \boldsymbol{T}_{rs}\boldsymbol{e}$ 表示轴承坐标系中偏转运动跟踪控制的误差，其中 $\boldsymbol{e} = \boldsymbol{q}_{ref} - \boldsymbol{q}_r = \begin{bmatrix} \alpha_e \\ \beta_e \end{bmatrix}$ 为偏转运动跟踪控制的误差；$\boldsymbol{T}_{rs} = \boldsymbol{T}_{rf}^T = \begin{bmatrix} 0 & 0 & -l_a & -l_b \\ l_a & l_b & 0 & 0 \end{bmatrix}^T$ 是广义坐标系到轴承坐标系的转移矩阵；$\boldsymbol{i}_c$ 是反馈控制的控制电流；$\boldsymbol{M}_g$ 是前馈矩阵产生的控制力矩。

为补偿转子动力学耦合引起的误差，由前馈矩阵产生的线圈电流 $\boldsymbol{i}_r$ 为

$$\boldsymbol{i}_r = \boldsymbol{T}_{rs} (\boldsymbol{T}_{rf} \boldsymbol{K}_i \boldsymbol{T}_{rs})^{-1} \boldsymbol{G}_g \boldsymbol{q}_r \tag{7-69}$$

不完全解耦的磁轴承—转子系统动力学方程可由下式描述

$$\boldsymbol{M}_r \ddot{\boldsymbol{q}}_r + (1-\lambda_c) \boldsymbol{G}_r \dot{\boldsymbol{q}}_r = \boldsymbol{T}_{rf}[\boldsymbol{K}_s \boldsymbol{T}_{rs} \boldsymbol{q}_r + \boldsymbol{K}_i(-\boldsymbol{K}_P \boldsymbol{T}_{rs}\boldsymbol{e} - \boldsymbol{K}_D \boldsymbol{T}_{rs}\dot{\boldsymbol{e}})] \tag{7-70}$$

在式(7-70)中，反馈控制的目标是使跟踪误差 $\boldsymbol{e}$ 趋于0，但转子动力学特性项基于广义坐标 $\boldsymbol{q}_r$ 。加入前馈矩阵补偿后，磁轴承—转子系统动力学方程为

$$\boldsymbol{M}_r\ddot{\boldsymbol{e}} + (1-\lambda_c) \boldsymbol{G}_r\dot{\boldsymbol{e}} = \boldsymbol{T}_{rf}[\boldsymbol{K}_s\boldsymbol{T} q_r + \boldsymbol{K}_i(-\boldsymbol{K}_P \boldsymbol{T}_{rs}\boldsymbol{e} - \boldsymbol{K}_D \boldsymbol{T}_{rs}\dot{\boldsymbol{e}})] \tag{7-71}$$

比较式(7-70)与式(7-71)可知，前馈矩阵改善了运动微分方程中体现转子动力学特性的一阶微分项 $(1-\lambda_c) \boldsymbol{G}_r \dot{\boldsymbol{q}}_r$ 与二阶微分项 $\boldsymbol{M}_r \ddot{\boldsymbol{q}}_r$ 特性。由此可知前馈矩阵控制通过速度信号与加速度信号，改善了磁轴承—转子系统的动力学特性。

式(7-71)中，$\boldsymbol{T}_{rf} \boldsymbol{K}_s \boldsymbol{T}_{rs} \boldsymbol{q}_r$ 是由等效角位移负刚度力矩产生的力矩，它反映了磁轴承的力—位移特性，即磁阻力轴承会产生正比于转子相对于 x 轴与 y 轴偏转角度的力矩，该比值即为等效的角位移负刚度。角位移负刚度力矩会影响偏转运动跟踪控制的精度，需对其进行补偿。补偿的原理是通过力—电流特性对角位移负刚度力矩进行抵消，补偿角位移负刚度力矩的线圈电流由下式表示

$$\boldsymbol{i}' = \boldsymbol{K}_i^{-1} \boldsymbol{K}_s \boldsymbol{T}_{rs} \boldsymbol{q}_r \tag{7-72}$$

因而磁阻力轴承实现微框架控制的线圈电流为

$$\boldsymbol{i} = \boldsymbol{i}_c + \boldsymbol{i}_r + \boldsymbol{i}' \tag{7-73}$$

在这三部分电流作用下，磁轴承—转子系统的运动方程可描述为

$$\boldsymbol{M}_r\ddot{e} + (1-\lambda_c) \boldsymbol{G}_r\dot{\boldsymbol{e}} = \boldsymbol{T}_{rf}[\boldsymbol{K}_i(-\boldsymbol{K}_P \boldsymbol{T}_{rs}\boldsymbol{e} - \boldsymbol{K}_D \boldsymbol{T}_{rs}\dot{\boldsymbol{e}})] \tag{7-74}$$

式(7.74)表明,经过前馈矩阵与角位移负刚度补偿后,系统运动微分方程以减小跟踪误差 e 为最终的控制目标。

2. 洛仑兹力磁轴承微框架控制

洛仑兹力磁轴承的轴承力与位移无关,并与线圈电流成线性特性。采用洛仑兹力磁轴承进行微框架控制时的磁轴承线圈电流为

$$\boldsymbol{i} = \boldsymbol{i}_c + \boldsymbol{i}_r \tag{7-75}$$

其中,$\boldsymbol{i}_c$和 $\boldsymbol{i}_r$与式(7-68)和(7-69)相同。

加入前馈矩阵补偿的洛仑兹力磁轴承的磁轴承—转子系统运动微分方程亦为式(7-74),或者说,磁阻力磁轴承微框架控制只有在加入角位移负刚度补偿力矩后,才能在理论上取得与洛仑兹力磁轴承相同的微框架控制效果。

3. 微框架控制特性分析

若对磁阻力轴承采用小位移线性化处理,进行 Taylor 展开,则磁阻力与洛仑兹力磁轴承的承载力可用同一公式表述

$$F = k_s x + k_i i \tag{7-76}$$

对于磁阻力纯电磁磁轴承

$$\begin{cases} k_s = \dfrac{\mu_0 N^2 A}{2}\dfrac{I_0^2}{\delta_0^3} \\ k_i = \dfrac{\mu_0 N^2 A}{2}\dfrac{I_0}{\delta_0^2} \end{cases} \tag{7-77}$$

对于洛仑兹力磁轴承

$$\begin{cases} k_s = 0 \\ k_i = BL \end{cases} \tag{7-78}$$

式中:B 表示气隙的磁通密度;L 表示磁场中线圈的有效长度。

由于磁阻力轴承的电流刚度 k_i一般比洛仑兹力轴承大 1 ~2 个数量级,因此磁阻力轴承最大微框架输出力矩较大,且输出最大力矩时的附加损耗较小。但磁阻力轴承的轴承力具有非线性,且存在位移刚度,使得转子偏转离开平衡位置时产生扰动力矩,因此其微框架控制精度较洛仑兹力轴承低。另外,磁阻力轴承的电流刚度与位移刚度均与气隙长度成反比,为了获得更大的电流刚度,磁阻力轴承的气隙一般较小,成为制约其最大偏转角度的主要因素。洛仑兹力轴承的轴承力与气隙大小没有直接关系,因此可以实现较大的偏转角度。

综上所述,就微框架控制性能而言,磁阻力轴承磁悬浮偏置动量轮适用于

需要大力矩、快响应的姿态控制场合，如抑制卫星高频姿态扰动力矩等，而洛仑兹力磁悬浮偏置动量轮则适用于高精度微框架控制，如卫星大角度姿态机动、地球同步轨道卫星的三轴姿态控制等。

4. 微框架控制方法稳定性分析

从控制理论的角度来看，前馈控制不影响系统的稳定性；但在磁阻力轴承磁悬浮偏置动量轮的微框架控制方法中，由于角位移负刚度补偿部分修改了控制系统的反馈环节，因此需要对系统的稳定性进行研究。

式(7-74)给出了采用微框架控制方法后的系统方程，对其进行拉普拉斯变换，可得

$$\boldsymbol{e}(s)\cdot[\boldsymbol{M}_{\mathrm{r}}s^2+((1-\lambda_{\mathrm{c}})\boldsymbol{G}_{\mathrm{r}}+\boldsymbol{T}_{\mathrm{rf}}\boldsymbol{K}_{\mathrm{i}}\boldsymbol{K}_{\mathrm{D}}\boldsymbol{T}_{\mathrm{rs}})s+\boldsymbol{T}_{\mathrm{rf}}\boldsymbol{K}_{i}\boldsymbol{K}_{\mathrm{P}}\boldsymbol{T}_{\mathrm{rs}}]=0 \tag{7-79}$$

而仅采用分散滤波交叉反馈控制时的系统方程(参见式(7.59))，经位移负刚度补偿后，进行拉普拉斯变换，可得

$$\boldsymbol{q}(s)\cdot[\boldsymbol{M}_{\mathrm{r}}s^2+((1-\lambda_{\mathrm{c}})\boldsymbol{G}_{\mathrm{r}}+\boldsymbol{T}_{\mathrm{rf}}\boldsymbol{K}_{\mathrm{i}}\boldsymbol{K}_{\mathrm{D}}\boldsymbol{T}_{\mathrm{rs}})s+\boldsymbol{T}_{\mathrm{rf}}\boldsymbol{K}_{i}\boldsymbol{K}_{\mathrm{P}}\boldsymbol{T}_{\mathrm{rs}}]=0 \tag{7-80}$$

对比式(7-79)与式(7-80)式可知：两系统的特征根相同，即微框架控制不影响系统的稳定性；通过适当选择 K_{P}、K_{D}与 λ_{c} 即可保证工作转速范围内系统的稳定性。

7.8.3 磁悬浮偏置动量轮微框架控制实验

磁轴承—转子系统采用分散 PID + 速度交叉反馈稳定控制方法[26]，并通过前馈矩阵和角位移负刚度补偿方法对稳定控制器的输出进行补偿，具体控制参数依据设计参数计算得到，并根据实验结果进行微调。

根据所接收的控制指令不同，主要进行两种微框架控制实验。第一种实验的控制指令为角速度，即磁悬浮偏置动量轮所接收姿控计算机的指令信号为输出力矩与角动量变化需求，磁轴承控制器将力矩与角动量计算转换为指令角速度与指令角位置，控制转子旋转轴以给定的角速度偏转至给定的角位置，主要应用于卫星大角度姿态机动；第二种实验的控制指令为角位置，即输入指令为表征转子跟踪角位置的正弦信号，直接作为磁轴承控制器的输入参考信号，主要应用于卫星姿态高频扰动力矩的抑制[25]。

1. 按指令角速度偏转的微框架控制实验

1）单轴微框架控制实验

加入前馈补偿算法前后的微框架角波形对比如图 7-55 所示。由图可见，

由平衡位置偏转至指令角位置时，无前馈补偿控制时的偏转控制稳定时间为2.4s；前馈补偿后的偏转控制稳定时间为0.012s，稳定时间减少99.5%。由指令角位置回到平衡位置时，无前馈补偿时的偏转控制稳定时间大于8s，前馈补偿后的偏转控制稳定时间为0.012s，稳定时间减少99.9%。

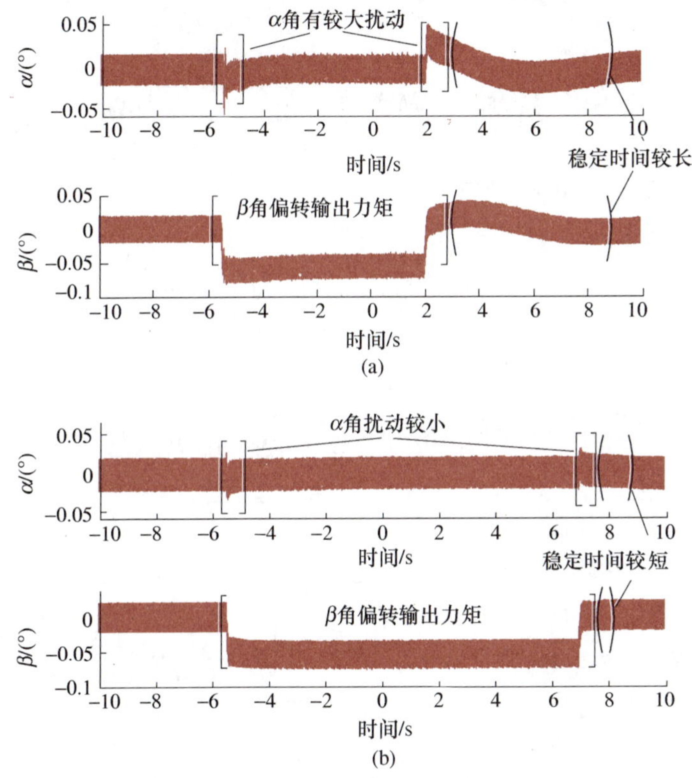

图7－55　按指令角速度偏转的微框架控制前后框架角对比波形

(a) 无前馈补偿；(b) 前馈补偿。

加入前馈补偿算法前后微框架角的瞬时波形对比如图7－56与图7－57所示。由图7－56可见，由平衡位置偏转至指令角位置，无前馈补偿时的偏转扰动峰值为0.036°，前馈补偿后的偏转扰动峰值为0.011°，扰动幅值减小69.5%。由图7－57可见，由指令角位置回到平衡位置，无前馈补偿时的偏转扰动峰值为0.037°；前馈补偿后的偏转扰动峰值为0.011°，扰动幅值减小70.3%。

由上述实验结果可见，当采用前馈补偿控制算法时，无论是由平衡位置到指令偏转位置，还是由指令偏转位置到平衡位置，磁悬浮偏置动量轮的偏转特

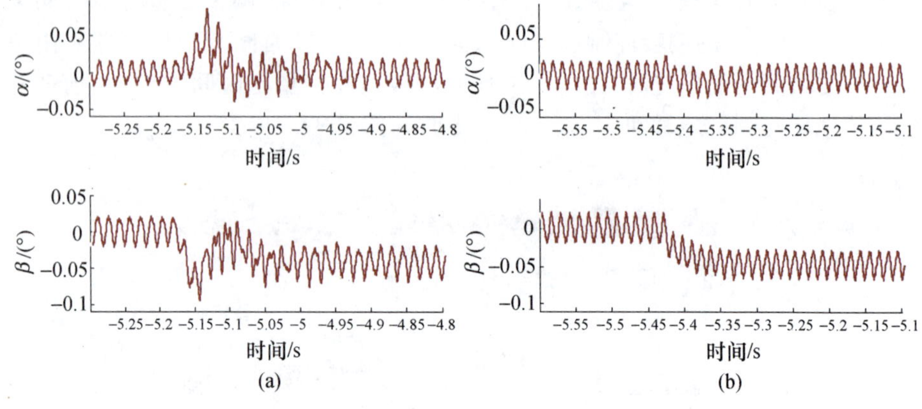

图 7－56　由平衡位置到指令偏转位置时微框架角实验波形

（a）无前馈补偿；（b）前馈补偿。

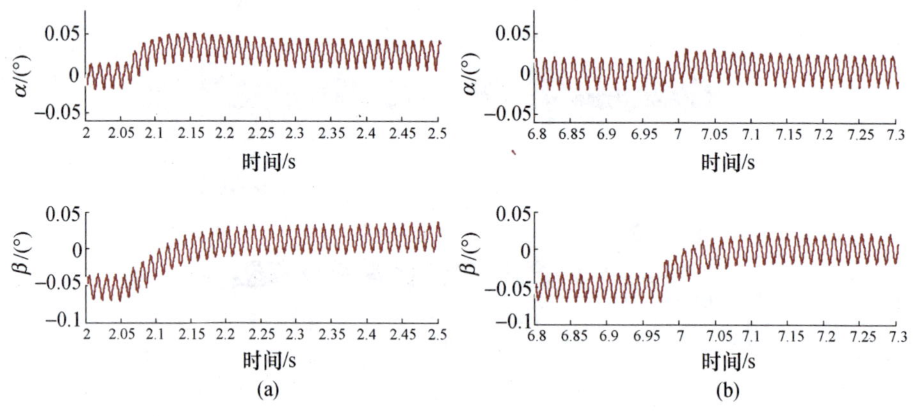

图 7－57　由指令偏转位置到平衡位置时微框架角实验波形

（a）无前馈补偿；（b）前馈补偿。

性基本一致；而无前馈补偿控制时，由于指令角位置为非平衡位置，偏转位移负刚度较大，且电流刚度较低，因此返回平衡位置时的稳定时间较长。

2）双轴微框架控制测试

微框架磁悬浮偏置动量轮，不存在实体框架，不需要任何附加装置，图 7－58给出了采用前馈补偿后的动量轮转子旋转轴同时绕 x 轴和 y 轴偏转时的框架角变化曲线。测试结果表明：其具有绕径向平面内任意轴偏转以输出陀螺力矩的能力，功能上类似于双框架动量轮，可以进行多自由度的动量交换。

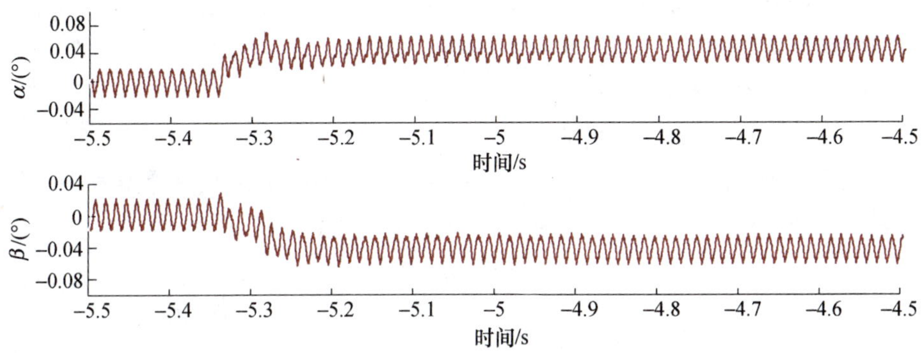

图 7-58　转子同时绕 x 轴与 y 轴偏转时的框架角变化曲线

2. 按正弦输入信号偏转的微框架跟踪控制实验

采用微框架控制前后，转子旋转轴跟踪正弦输入信号的跟踪控制效果对比如图 7-59 所示。由图 7-59(a)可见，当 β 角跟踪输入正弦信号时，α 角有较大扰动，达到了 0.035°，甚至碰撞到保护轴承；由图 7-59(b)可见，当采用前馈

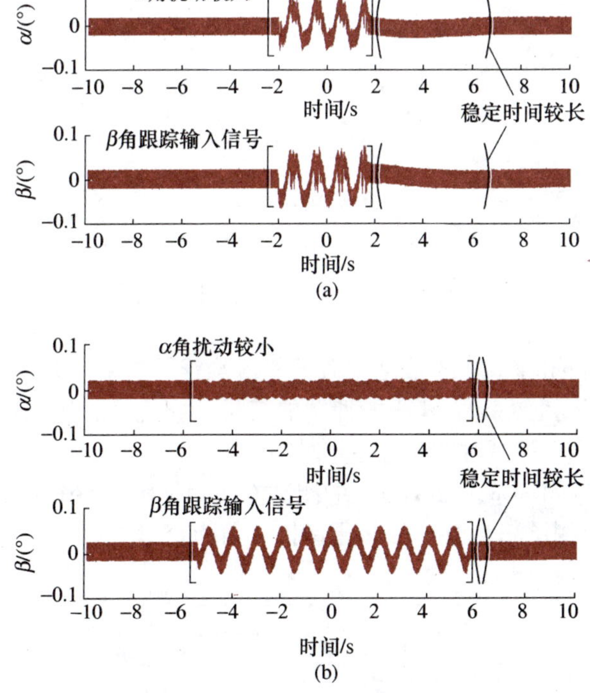

图 7-59　按正弦输入信号偏转的微框架跟踪控制前后对比波形

(a) 无前馈补偿；(b) 前馈补偿。

矩阵与角位移负刚度补偿后，α 角的扰动减小为 0.003°，扰动峰值衰减了 91.4%，同时稳定时间也明显减小。

3. 微框架控制性能测试实验

1）最大偏转输出力矩测试

定义磁轴承线圈电流达到饱和时的输出力矩为微框架磁悬浮偏置动量轮的最大偏转输出力矩，可以通过式(7-81)计算得到

$$M = H\frac{\Delta\beta}{\Delta T} \tag{7-81}$$

式中：H 为动量轮角动量；$\Delta\beta$ 为偏转角度；ΔT 为偏转时间。

对于 50N·m·s 磁阻力磁悬浮偏置动量轮，其磁轴承最大饱和电流约为 3A，测试其输出最大偏转力矩时的框架角变化曲线如图 7-60 所示，动量轮转子旋转轴在 0.01s 内偏转了 0.05°，则由式(7-81)计算得到其最大偏转输出力矩约为 4.36N·m。相对于洛仑兹力轴承[15]而言，磁阻力磁轴承的最大偏转力矩更大一些。

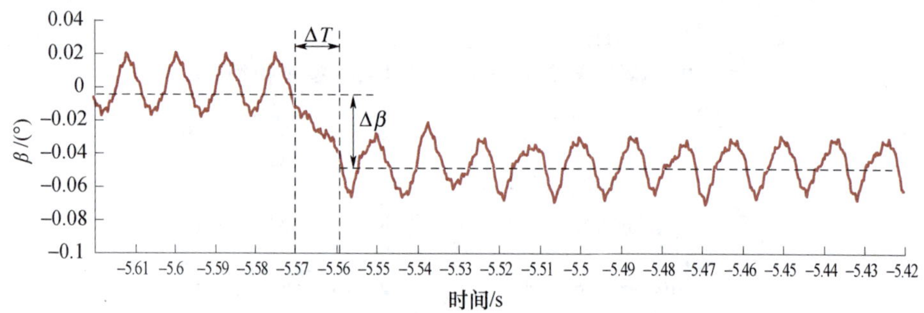

图 7-60 以最大角速率偏转时的微框架角

2）微框架控制闭环系统带宽测试

微框架控制闭环系统的带宽是微框架磁悬浮偏置动量轮的一个重要性能指标，在一定程度上决定了其所能抑制的卫星高频扰动力矩噪声的频率范围，及其用于载体机动控制时的姿态稳定时间。

微框架控制闭环系统频率特性的测试方法如框图 7-61 所示，在系统闭环工作时，以正弦测试信号 u 作为转子微框架角指令（输入信号），并在加入点之

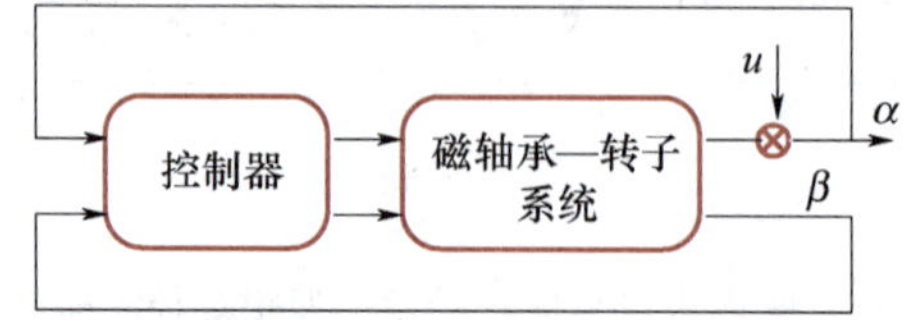

图 7-61 微框架控制闭环系统频率特性测试方法框图

后测量闭环系统的输出，则通过频率扫描（动态分析仪）的方法即可测得闭环系统的频率特性。

实测得到的微框架控制闭环系统频率特性曲线如图 7-62 所示，由图可见，闭环系统带宽约为 7.7Hz（-3dB）。

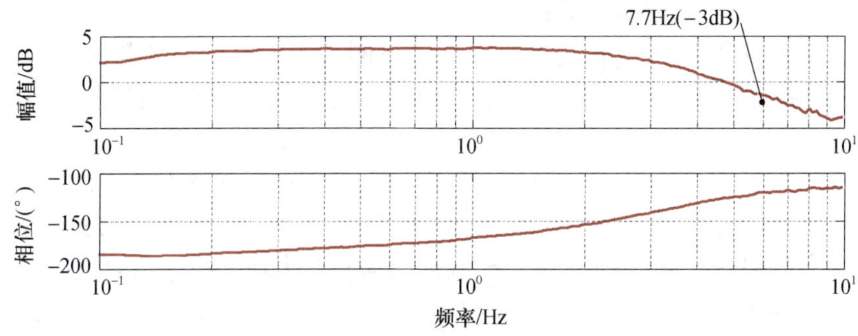

图 7-62　微框架控制闭环系统频率特性曲线

3）输出偏转力矩时磁轴承损耗测试

磁阻力磁悬浮偏置动量轮的电流刚度较大，当磁轴承控制转子旋转轴偏转以输出控制力矩时，会产生一定的附加功耗，该附加损耗 p 可以通过式（7-82）计算得到。

$$p = \sum_{j=1}^{4} \frac{R}{\Delta T} \int_{t_1}^{t_2} i_j^2(t)\,\mathrm{d}t \tag{7-82}$$

式中：R 为线圈电阻；ΔT 为偏转时间；$i_j(t)$ 为第 j 个通道在 t 时刻的瞬时电流。

动量轮转速为 5000r/min，转子旋转轴绕 x 轴偏转，输出力矩 2N·m，实测得到的 a_x 与 b_x 线圈电流波形如图 7-63 所示，由式（7-82）计算可得，动量轮

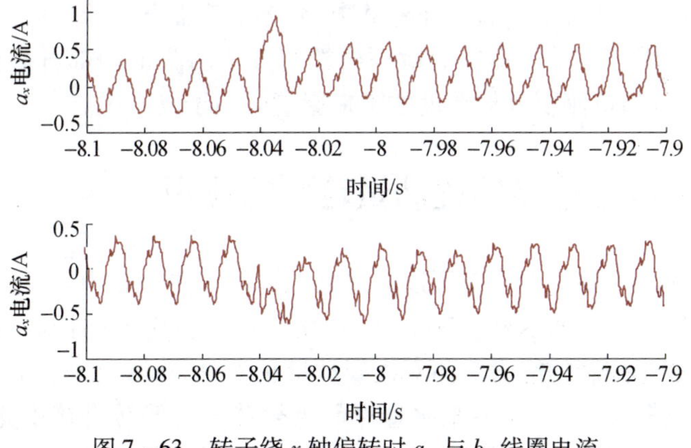

图 7-63　转子绕 x 轴偏转时 a_x 与 b_x 线圈电流

输出偏转力矩时的磁轴承损耗约为4W。

4）实验测试结果误差分析

由图7－55和图7－59中微框架控制后的框架角实验波形可以看出，仅框架角β按指令偏转时，经前馈矩阵与角位移负刚度补偿后，框架角α仍有扰动存在，对其误差原因分析如下：

（1）线性化误差：磁阻力磁轴承的位移刚度和电流刚度均与转子位置有关，在平衡位置附近时可认为其为常值，而当转子偏转远离平衡位置后，位移刚度和电流刚度均会变化，采用线性化的补偿方式必然存在误差；

（2）磁路耦合误差：径向磁轴承的x轴和y轴电磁磁路共用，存在磁路耦合。图7－64给出了动量轮零转速时的四路径向位移信号，由图可见，当转子绕x轴偏转时（见传感器信号S_{ay}、S_{by}反向跳动），会出现其绕y轴的扰动[23]（见传感器信号S_{ax}、S_{bx}）。但由于转速为零时并不存在动力学耦合，除传感器安装偏差可能带来的检测误差外，磁路耦合也是其中原因之一。

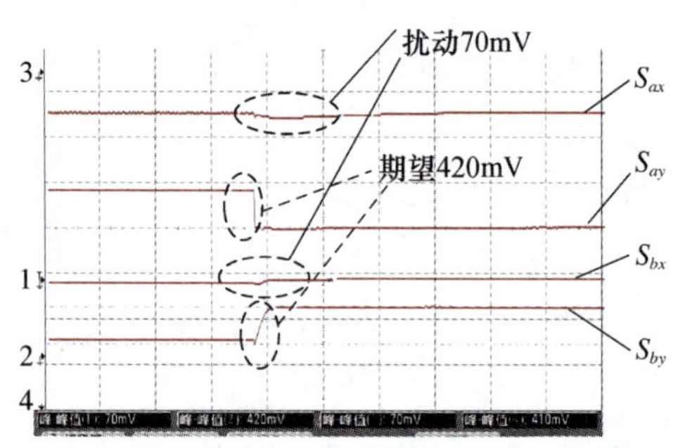

图7－64　零转速时转子绕x轴偏转的位移信号

（3）不平衡扰动及传感器误差：实验波形可见，框架角信号中叠加了较大幅度的同频扰动，这主要由转子不平衡扰动及传感器误差所造成，具体分析详见第5章相关内容。尽管不妨碍微框架控制方法的验证和部分微框架性能的测试，但其对位移负刚度补偿精度的不良影响必须予以考虑。

7.9　大力矩磁悬浮偏置动量轮空间应用

大力矩磁悬浮动量轮不仅可以通过电机输出轴向控制力矩，还可通过磁轴承控制转子绕径向平面内任一轴偏转，输出径向二自由度的控制力矩，从而具有三自由度姿态控制的能力。与双框架动量轮电机驱动框架转动相比，由于没有附加的机械框架机构，大力矩磁悬浮动量轮转子的偏转直接由磁轴承控制，具有高精度、高带宽和万向偏转的特点[27－29]，以及体积小、重量轻、功耗低和可靠性高的综合性能优势。

大力矩磁悬浮动量轮作为三自由度姿态控制执行机构，与双框架动量轮、双框架变速控制力矩陀螺工作原理基本相同，在控制律和应用方面也有相似之处[30,31]，但也有其独特的空间应用优势。本节在对磁悬浮偏置动量轮姿态控制动力学建模和稳定性分析的基础上，主要介绍其在卫星高频扰动抑制和在卫星姿态机动控制中的应用。

7.9.1 大力矩磁悬浮偏置动量轮姿态控制动力学建模

本节主要就利用磁悬浮动量轮微框架能力[32,33]进行卫星的滚动—偏航姿态稳定控制进行介绍[34]。磁悬浮动量轮具有两自由度偏置动量控制能力，采用磁悬浮动量轮的卫星姿态控制分为俯仰通道和滚动—偏航通道的控制两部分。其中俯仰通道的控制可使用与滚动轴承动量轮系统相同的控制方式，而滚动—偏航姿态的控制则利用磁悬浮动量轮的两自由度偏置动量控制能力改变转子角动量的方向，通过动量交换吸收卫星的外扰动力矩实现。利用磁悬浮动量轮进行滚动—偏航姿态稳定控制主要包括磁悬浮动量轮转子径向转动的稳定控制和卫星滚动—偏航姿态控制律设计。其中磁悬浮动量轮转子径向转动的稳定控制采用基于分散 PID 的比例交叉反馈控制。而卫星滚动—偏航姿态控制律与机械轴承双框架动量轮的卫星相似，但动力学模型中包含机械轴承双框架动量轮系统建模中忽略的转子框架角的二次导数项，并在卫星滚动—偏航姿态控制律中对转子框架角的二次导数项进行补偿[25]。

1. 动力学建模

磁悬浮动量轮的转子相对于卫星具有三个转动自由度（不考虑三个平动自由度），采用图 7-65 所示的坐标系统，建立卫星姿态和转子的动力学方程。

其中 $x_oy_oz_o$ 为质心轨道坐标系，$x_sy_sz_s$ 为卫星主轴坐标系，$x_wy_wz_w$ 为与转子固连的转子主轴坐标系，在标称状态下转子的质心与卫星质心重合，转子的自转轴与俯仰轴 oy_o 重合，转子自转方向沿 $-oy_w$ 方向。

1）磁悬浮动量轮转子动力学模型

磁悬浮动量轮转子除自转外还可相对于卫星进行小角度径向转动（忽略质心平动），因此磁悬浮动量轮本身应视为一个具有虚拟外框和虚拟内框的双框架动量轮转子系统。为描述转子的运动，采用如图 7-66 所示的“1-3-2”坐标系旋转变换，坐标系 $x_{g1}y_{g1}z_{g1}$ 和 $x_{g2}y_{g2}z_{g2}$ 分别为与虚拟外框和虚拟内框固连的坐标系。$x_{g1}y_{g1}z_{g1}$ 相对于 $x_sy_sz_s$ 的欧拉角、$x_{g2}y_{g2}z_{g2}$ 相对于 $x_{g1}y_{g1}z_{g1}$ 的欧拉角和

$x_w y_w z_w$ 相对于 $x_{g2} y_{g2} z_{g2}$ 的欧拉角分别为外框角 α 、内框角 β 和自转角 $-\Omega t$（转子转动方向沿 $-oy_w$ 方向）。

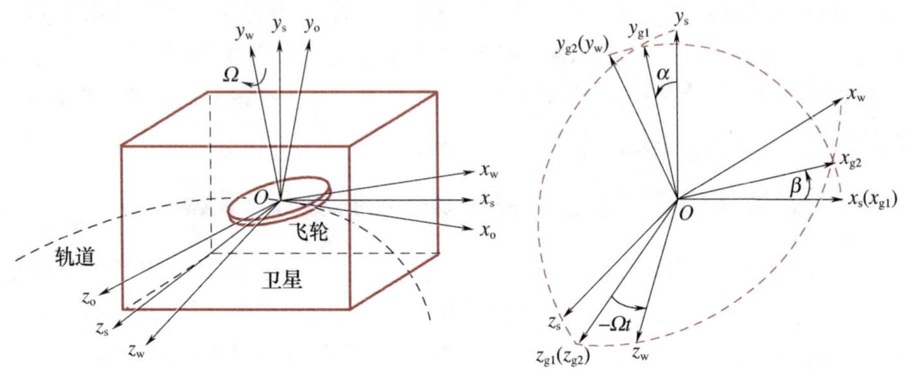

图 7-65　磁悬浮动量轮坐标系统　　　　图 7-66　坐标系 $x_s y_s z_s$ 到 $x_w y_w z_w$ 的变换

定义转子相对于转子固连坐标系 $x_w y_w z_w$ 的惯量张量为 $\boldsymbol{J}_w = \text{diag}([J_{wx} \quad J_{wy} \quad J_{wz}])$，转子相对于卫星主轴坐标系 $x_s y_s z_s$ 的惯量张量为 $\boldsymbol{I}_w$，坐标系 $x_s y_s z_s$ 到 $x_w y_w z_w$ 坐标变换矩阵为 $\boldsymbol{B}_g$，则有

$$\boldsymbol{I}_w = \boldsymbol{B}_g \boldsymbol{J}_w \boldsymbol{B}_g^T \tag{7-83}$$

定义转子相对于坐标系 $x_s y_s z_s$ 角速度为 ω_r，坐标系 $x_s y_s z_s$ 相对于惯性空间的角速度为 ω_s，则转子相对于惯性空间的角速度为 $\boldsymbol{\omega}_w = \boldsymbol{\omega}_s + \boldsymbol{\omega}_r$，在坐标系 $x_s y_s z_s$ 的分量形式为

$$\omega_s = [\dot{\varphi} - \omega_0 \psi \quad -\omega_0 \quad \dot{\psi} + \omega_0 \varphi]^T \tag{7-84}$$

$$\omega_r = [\dot{\alpha} + \Omega\beta \quad -\Omega \quad \dot{\beta} - \Omega\alpha]^T \tag{7-85}$$

磁悬浮动量轮转子的动量矩为

$$\boldsymbol{H}_w = \boldsymbol{I}_w \boldsymbol{\omega}_w \tag{7-86}$$

在坐标系 $x_s y_s z_s$ 中磁悬浮动量轮转子的动量矩定理可表示为

$$\frac{d\boldsymbol{H}_w}{dt} = \dot{\boldsymbol{H}}_w + \boldsymbol{\omega}_s \times \boldsymbol{H}_w = \boldsymbol{T}_w \tag{7-87}$$

式中

$$\boldsymbol{T}_w = [T_{wx} \quad T_{wy} \quad T_{wz}]^T \tag{7-88}$$

T_{wx}、T_{wy}、T_{wz} 分别为磁悬浮动量轮产生的控制力矩在卫星本体坐标系的分量。

在转子动力学建模中作如下假设：

(1) α、β、φ、θ、ψ 及其导数、$\dot{\Omega}$ 均为一阶小量，忽略二阶及以上小量项；

(2) 转子对称：$J_{wx} = J_{wz} = J_e$，$J_{wy} = J_p$；

(3) 动量轮工作在偏置模式下,下式成立:

$$(J_p - 2J_e)\omega_0 + H \approx H, (J_p - J_e)\omega_0 + H \approx H$$

在上述假设条件下,可以得到卫星主轴坐标系下动量轮转子的线性化动力学方程为

$$\begin{cases} T_{wx} = J_e(\ddot{\varphi} + \ddot{\alpha}) + H(\dot{\psi} + \dot{\beta}) + H\omega_0(\varphi + \alpha) \\ T_{wy} = J_p(\theta - \dot{\Omega}) \\ T_{wz} = J_e(\psi + \beta) - H(\dot{\varphi} + \dot{\alpha}) + H\omega_0(\psi + \beta) \end{cases} \tag{7-89}$$

式中:$H = J_p\Omega$, ω_0 为轨道角速度。

由式(7-89)可知:与未考虑卫星姿态应用时的动量轮转子转动动力学方程相比,方程中增加了与卫星姿态角及其导数和轨道角速度有关的耦合项,下面就耦合项对磁轴承系统稳定性的影响进行分析。

2) 基于磁悬浮动量轮的刚体卫星姿态动力学模型

根据动量矩定理,刚体卫星小角度姿态变化范围内姿态动力学方程为

$$\begin{cases} T_{cx} - T_{wx} = I_{sx}\ddot{\varphi} \\ T_{cy} - T_{wy} = I_{sy}\theta \\ T_{cz} - T_{wz} = I_{sz}\psi \end{cases} \tag{7-90}$$

式中:I_{sx} 、I_{sy} 、I_{sz} 为不包含动量轮转子转动惯量情况下卫星的转动惯量分量;T_{cx} 、T_{cy} 、T_{cz} 为除磁悬浮动量轮之外施于卫星的外力矩分量。

将式(7-90)代入式(7-89),则刚体卫星小角度姿态变化范围内姿态动力学方程可化为

$$\begin{cases} I_x\ddot{\varphi} + H\omega_0\varphi + H\dot{\psi} = T_{cx} - (J_e\ddot{\alpha} + H\dot{\beta} + H\omega_0\alpha) \\ I_y\theta = T_{cy} + J_p\dot{\Omega} \\ I_z\psi + H\omega_0\psi - H\dot{\varphi} = T_{cz} - (J_e\beta - H\dot{\alpha} + H\omega_0\beta) \end{cases} \tag{7-91}$$

式中:I_x 、I_y 、I_z 为包含动量轮转子转动惯量情况下卫星的转动惯量分量。

由式(7-91)可知:俯仰通道与滚动—偏航通道运动之间没有耦合,俯仰通道动力学方程与采用机械轴承动量轮时相同,但由于磁悬浮动量轮转子相对卫星存在转动,滚动—偏航姿态控制力矩中增加了与转子外框角、内框角及其导数项相关的耦合项。

2. 姿态控制律

为了实现卫星滚动—偏航姿态和动量轮转子外框角—内框角的稳定控制,可将采用磁悬浮动量轮的卫星姿态控制器分为外环和内环两个闭环,其中外环

为卫星滚动—偏航姿态角控制回路，内环为转子外框角—内框角控制回路，系统框图如图7-67所示[25]。

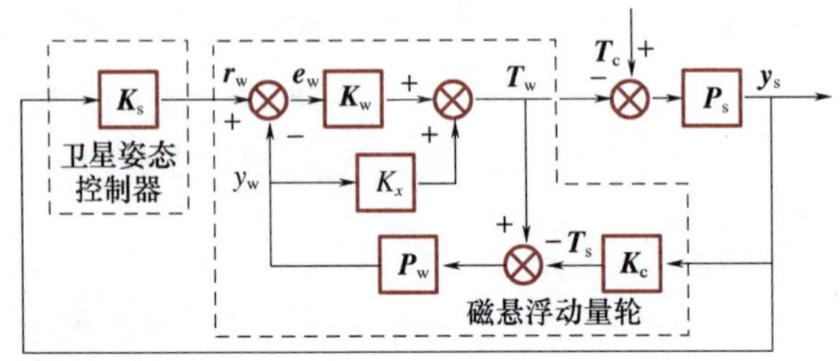

图7-67 磁悬浮动量轮作为执行部件的卫星滚动—偏航姿态控制器

外环回路根据卫星滚动姿态敏感器输出的卫星姿态角信息产生动量轮外框角—内框角的参考值，控制律为$\boldsymbol{K}_s$。内环回路，即转子外框角—内框角控制回路，主要实现对具有强陀螺效应的动量轮转子的稳定控制，并通过控制转子的外框角—内框角跟随外环回路给定的参考值变化实现动量轮转子角动量方向的变化，即与卫星进行角动量交换，内环控制律为$\boldsymbol{K}_w$。图7-67中，P_s和P_w分别为卫星和动量轮转子的动力学模型，$\boldsymbol{K}_c$为卫星姿态变化对转子运动的扰动项。r_w为动量轮外框角和内框角的给定值，y_w为转子外框角和内框角的反馈值，y_s为卫星的滚动和偏航姿态角。

$$\begin{cases} y_s = [\varphi(s) \quad \psi(s)]^T \\ r_w = [\alpha^*(s) \quad \beta^*(s)]^T \\ y_w = [\alpha(s) \quad \beta(s)]^T \end{cases} \tag{7-92}$$

由转子动力学方程(7-92)进行拉普拉斯变换，可得

$$\boldsymbol{T}_w(s) = \begin{bmatrix} J_e s^2 + H\omega_0 & Hs \\ -Hs & J_e s^2 + H\omega_0 \end{bmatrix} (y_w(s) + y_s(s)) \tag{7-93}$$

结合图7-67，可得

$$\boldsymbol{K}_c(s) = P_w^{-1}(s) = \begin{bmatrix} J_e s^2 + H\omega_0 & Hs \\ -Hs & J_e s^2 + H\omega_0 \end{bmatrix} \tag{7-94}$$

由卫星姿态动力学方程式(7-93)进行拉普拉斯变换，可得

$$\boldsymbol{T}_c(s) - \boldsymbol{T}_w(s) = \begin{bmatrix} I_{sx} s^2 & 0 \\ 0 & I_{sz} s^2 \end{bmatrix} y_s(s) \tag{7-95}$$

结合图7-67，可得

$$\boldsymbol{P}_{\mathrm{s}}(s)=\begin{bmatrix} I_{\mathrm{sx}}s^2 & 0 \\ 0 & I_{\mathrm{sz}}s^2 \end{bmatrix}^{-1} \tag{7-96}$$

卫星姿态角控制器的作用是根据偏航姿态角误差生成所需的控制力矩，并根据卫星和转子的动力学方程转换成转子的外框角—内框角指令，控制器框图如图7-68所示。

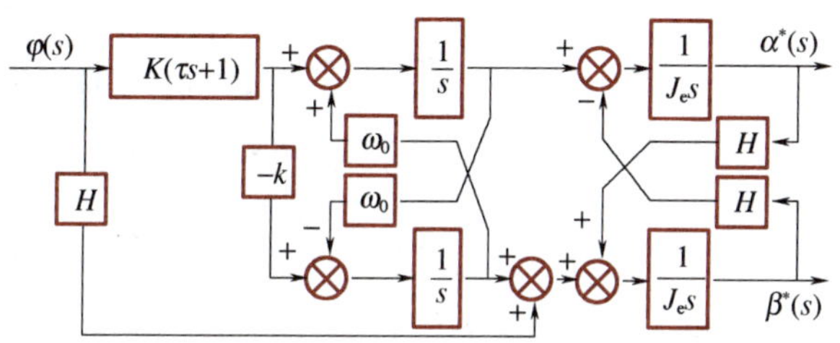

图7-68　卫星滚动—偏航通道控制框图

因为动量轮工作在偏置状态，所以有 $H-J_{\mathrm{r}}\omega_0\approx H$，由图7-68可得

$$\begin{bmatrix} J_{\mathrm{e}}s^2+H\omega_0 & Hs \\ -Hs & J_{\mathrm{e}}s^2+H\omega_0 \end{bmatrix} r_{\mathrm{w}}(s)=\begin{bmatrix} K\tau s+(K-\omega_0 H) & 0 \\ (H-kK\tau)s-kK & 0 \end{bmatrix} y_{\mathrm{s}}(s) \tag{7-97}$$

则滚动—偏航姿态控制器的传递函数为

$$\boldsymbol{K}_{\mathrm{s}}(s)=\begin{bmatrix} J_{\mathrm{e}}s^2+H\omega_0 & Hs \\ -Hs & J_{\mathrm{e}}s^2+H\omega_0 \end{bmatrix}^{-1}\begin{bmatrix} K\tau s+(K-\omega_0 H) & 0 \\ (H-kK\tau)s-kK & 0 \end{bmatrix} \tag{7-98}$$

由图7-68可知：该控制器中存在角速度为 ω_0 的自由振荡项，该项的存在使得在卫星轨道偏航—姿态稳定的条件下转子角动量对惯性空间定向，实现了轨道角速度解耦；增益为转子角动量 H 的反馈环节的目的是实现卫星的滚动—偏航轴的控制力矩指令向动量轮框架角参考的转换。

7.9.2　大力矩磁悬浮偏置动量轮姿态控制稳定性分析

1. 系统稳定性分析

根据图7-67和卫星和转子的动力学方程式(7-93)和式(7-95)，以及磁悬浮动量轮转子径向转动控制律[20]，可对内环和外环两个控制回路的稳定性进行分析[25]。

1）内环磁悬浮动量轮外框角—内框角的稳定性

由图7-67，结合式(7-93)和式(7-94)，假设卫星外部扰动 $T_{\mathrm{c}}=0$，可以

得到如下方程

$$[(\boldsymbol{K}_{\mathrm{w}}-K_x\boldsymbol{I})+(\boldsymbol{I}+\boldsymbol{K}_{\mathrm{c}}\boldsymbol{P}_{\mathrm{s}})^{-1}\boldsymbol{P}_{\mathrm{w}}^{-1}]e_{\mathrm{w}}=[(\boldsymbol{I}+\boldsymbol{K}_{\mathrm{c}}\boldsymbol{P}_{\mathrm{s}})^{-1}\boldsymbol{P}_{\mathrm{w}}^{-1}-K_x\boldsymbol{I}]\boldsymbol{r}_{\mathrm{w}} \tag{7-99}$$

另外,由式(7-94)和式(7-96),可得

$$\boldsymbol{K}_{\mathrm{c}}(s)\boldsymbol{P}_{\mathrm{s}}(s)=\begin{bmatrix}\dfrac{J_{\mathrm{e}}}{I_{\mathrm{s}x}}+\dfrac{H\omega_0}{I_{\mathrm{s}x}s^2} & \dfrac{H}{I_{\mathrm{s}x}s}\\ -\dfrac{H}{I_{\mathrm{s}x}s} & \dfrac{J_{\mathrm{e}}}{I_{\mathrm{s}z}}+\dfrac{H\omega_0}{I_{\mathrm{s}z}s^2}\end{bmatrix} \tag{7-100}$$

因为 $J_{\mathrm{r}} \ll I_{\mathrm{s}x}$, $J_{\mathrm{r}} \ll I_{\mathrm{s}z}$, $H\omega_0 \ll I_{\mathrm{s}x}$, $H\omega_0 \ll I_{\mathrm{s}z}$,由式(7-99)和式(7-100)可得

$$\boldsymbol{A}\boldsymbol{e}_{\mathrm{w}}=(\boldsymbol{K}_{\mathrm{w}}-K_x\boldsymbol{I}+\boldsymbol{P}_{\mathrm{w}}^{-1})\boldsymbol{e}_{\mathrm{w}}\doteq(\boldsymbol{P}_{\mathrm{w}}^{-1}-\boldsymbol{K}_{\mathrm{x}}\boldsymbol{I})\boldsymbol{r}_{\mathrm{w}} \tag{7-101}$$

根据传递函数矩阵 A 的特征根可对转子外框角—内框角的稳定性进行分析,采用基于分散PID的比例交叉反馈控制律能够保证轴向磁轴承控制回路的稳定性。由式(7-100)和式(7-101)的分析可知:由于转子的转动惯量远小于卫星的转动惯量,且偏置动量与轨道角速度的代数值远小于星体的转动惯量的量值,两自由度偏置动量控制模式下轴向磁轴承控制回路的特征方程与地面应用时近似相等,因此,转子与星体的动力学耦合不影响轴向磁轴承控制回路的稳定性。

2)外环卫星滚动—偏航姿态角的稳定性

由于磁悬浮动量轮磁轴承控制系统的带宽远大于卫星姿态控制回路的带宽,在内环动量轮转子外框角和内框角稳定的条件下,可近似认为磁轴承外框角和内框角精确跟随框架角指令 r_{w} ,即 $y_{\mathrm{w}}=r_{\mathrm{w}}$ 。在此假设条件下可得

$$\begin{bmatrix}I_xs^2+K(\tau s+1) & Hs\\ -kK(\tau s+1) & I_zs^2+H\omega_0\end{bmatrix}\begin{bmatrix}\varphi(s)\\ \psi(s)\end{bmatrix}=\begin{bmatrix}T_{\mathrm{c}x}(s)\\ T_{\mathrm{c}z}(s)\end{bmatrix} \tag{7-102}$$

即

$$\boldsymbol{A}'\boldsymbol{y}_{\mathrm{s}}=\boldsymbol{T}_{\mathrm{c}} \tag{7-103}$$

根据传递函数矩阵 A' 的特征根可对卫星滚动—偏航姿态角的稳定性进行分析[35]。

2. 动态特性仿真

磁悬浮动量轮的控制参数为:外环卫星滚动—偏航姿态控制参数 $K=2.56$, $\tau=80$, $k=0.1$;卫星姿态角的初始条件 $\varphi(0)=\psi(0)=0.1°$; $\dot{\varphi}(0)=\dot{\psi}(0)=$

2×10^{-3} °/s；框架角初始条件 $\alpha(0) = \beta(0) = -0.1°$，$\dot{\alpha}(0) = \dot{\beta}(0) = 1°/s$。

1）卫星滚动—偏航姿态角的稳定性仿真

由式(7-101)和式(7-103)得到的 A 和 A' 及系统参数，卫星姿态控制系统内环控制回路和外环控制回路随转速变化（转子转速范围：9000r/min ~ 11000r/min）的广义根轨迹分别如图7-69和图7-70所示。由图7-69和图7-70可知，内环和外环回路的特征根均位于虚轴左半平面，即在给定参数条件下，动量轮转速在9000r/min ~ 11000r/min范围内变化时均可保证卫星滚动—偏航姿态角和转子外框角—内框角的稳定。

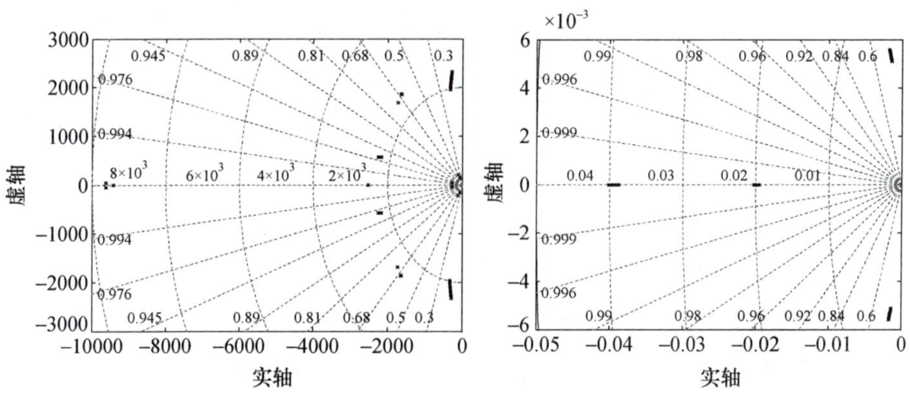

图7-69　内环控制回路随转速变化的根轨迹

图7-70　外环控制回路随转速变化的根轨迹

2）卫星滚动—偏航姿态控制器的动态特性仿真

在给定初始条件下，扰动力矩 T_c 作用于卫星前后姿态角和动量轮框架角变化曲线分别如图7-71(a)和(b)所示。

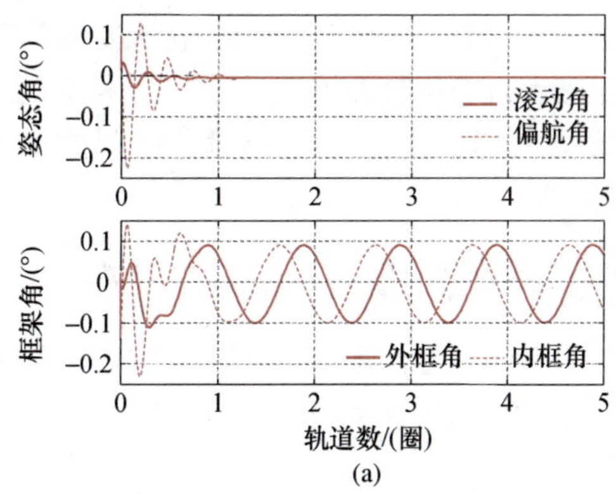

(a)

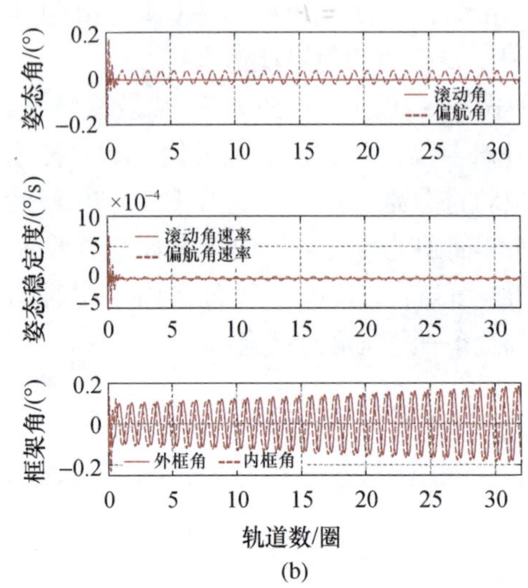

图 7－71　卫星姿态角和动量轮框架角随时间变化的曲线

（a）干扰力矩作用于卫星前；（b）干扰力矩作用于卫星后。

图 7－71(a)的仿真曲线表明:卫星滚动—偏航姿态控制器通过控制动量轮框架角的变化即改变角动量方向实现了对卫星初始角动量的吸收,实现了卫星滚动和偏航姿态角的稳定,但与机械轴承动量轮系统控制偏置动量沿轨道法线方向取向不同,磁悬浮动量轮转子吸收卫星角动量后保持偏置动量对惯性空间定向,因此卫星滚动—偏航轴姿态稳定条件下框架角在卫星主轴坐标系的分量呈与轨道角速度相同的正、余弦形式。图 7－71 (b)表明:所提出的控制律通过改变动量轮框架角吸收了扰动力矩,实现了卫星的姿态稳定。由于未进行卸载,随着扰动力矩冲量的积累,框架角的幅值增大,为了保证磁悬浮动量轮的正常工作,当框架角达到设计值时需要进行卸载,仿真曲线为选择动量轮的偏置动量和框架角提供了参考。与机械轴承动量轮相比,利用磁悬浮动量轮的微框架能力可吸收循环扰动力矩而不必采用进行喷气控制,能够有效减少卫星的燃料消耗,延长卫星的寿命。

7.9.3　大力矩磁悬浮偏置动量轮在抑制卫星高频扰动中的应用

为了更好地体现大力矩磁悬浮动量轮采用微框架效应控制时的特点,将基于大力矩磁悬浮动量轮的控制效果与基于正交安装的反作用飞轮控制效果进行仿真对比[25]。

基于反作用飞轮控制的星体动力学方程为

$$\begin{cases} I_x\ddot{\varphi} = T_x - \dot{h}_x \\ I_y\ddot{\theta} = T_y - \dot{h}_y \\ I_z\ddot{\psi} = T_z - \dot{h}_z \end{cases} \tag{7-104}$$

由式(7－104)可知,基于反作用飞轮控制的各轴方程之间相互对立,为与大力矩磁悬浮动量轮比较,只考虑横滚与偏航轴控制律。取控制量为

$$\begin{cases} U_x = -\dot{h}_x \\ U_z = -\dot{h}_z \end{cases} \tag{7-105}$$

依据姿态敏感器获得的星体横滚与偏航姿态信息,卫星姿态控制器可设计为

$$\begin{cases} U_x = -k_P(k_D\dot{\varphi} + \varphi) \\ U_y = -k_P(k_D\dot{\psi} + \psi) \end{cases} \tag{7-106}$$

此时,系统横滚与偏航轴的动力学方程为

$$\begin{cases} I_x\ddot{\varphi} + k_Pk_D\dot{\varphi} + k_P\varphi = T_x \\ I_z\ddot{\psi} + k_Pk_D\dot{\psi} + k_P\psi = T_z \end{cases} \tag{7-107}$$

操纵律为

$$\begin{cases} J_x\dfrac{d\Omega_x}{dt} = U_x \\ J_z\dfrac{d\Omega_z}{dt} = U_z \end{cases} \tag{7-108}$$

由于反作用飞轮无偏置转速,星体轨道角速度影响可以忽略。

考虑飞轮的控制带宽与最大输出力矩限制,式(7－108)可改写为

$$\begin{cases} J_x\dfrac{d\Omega_x}{dt}\cdot G_f(s)\cdot G_{t2}(s) = U_x \\ J_z\dfrac{d\Omega_z}{dt}\cdot G_f(s)\cdot G_{t2}(s) = U_z \end{cases} \tag{7-109}$$

$$G_f(s) = \frac{1}{Ts+1} \tag{7-110}$$

$$G_{t2}(s)=\begin{cases}T_{wm}(T_{wi}>T_{wm},i=x,z)\\T_{wi}(-T_{wm}<T_{wi}\leqslant T_{wm},i=x,z)\\-T_{wm}(T_{wi}\leqslant -T_{wm},i=x,z)\end{cases}\tag{7-111}$$

仿真时施加的星体扰动力矩如表7－11所列，仿真用大力矩磁悬浮动量轮与反作用飞轮的特性参数如表7－12所列。

表7－11　仿真施加的扰动参数

扰动参数			
横滚轴	$\sin(0.6t)\times10^{-4}$N·m	偏航轴	$\cos(0.6t)\times10^{-4}$N·m

表7－12　仿真用大力矩磁悬浮动量轮与反作用飞轮特性参数

参数名称	大力矩磁悬浮动量轮	反作用飞轮
最大输出力矩 T_{wm}	4.36N·m	0.1N·m
控制带宽参数 $f_c(T)$	7.8Hz(T=0.02)	0.016Hz(T=10)
最大微框架角	1.7°	—

图7－72给出了分别由大力矩磁悬浮动量轮和普通反作用飞轮作为姿态控制执行机构卫星的在受到扰动后的横滚轴姿态角，从图中可以看出，在传统动量轮控制下，10s时姿态扰动已达1.0×10^{-3}/(°)，而在大力矩磁悬浮动量轮控制下，其最大姿态扰动仅为3.8×10^{-6}/(°)。

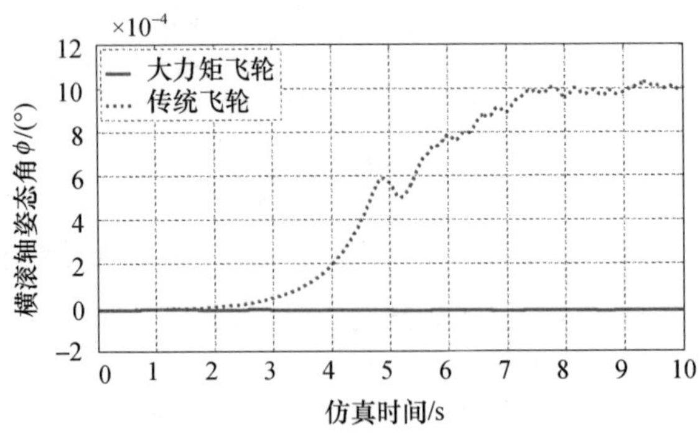

图7－72　高频扰动下的卫星姿态角

图7－73给出了指令框架角与实际框架角。由图7－73可见，实际框架角很好的跟踪了输入的指令框架角。图7－74给出了虚拟内外框架角在抑制卫星高频扰动时的仿真结果，由图可见，在周期性扰动作用下，微框架角的积累较

小，在 10^{-4}N·m 幅值的扰动力矩作用下仅有 10^{-5}/(°) 的框架角偏差，远小于最大框架角的限制。仿真分析表明，大力矩磁悬浮动量轮特别适合用于抑制卫星受到的周期性高频扰动。

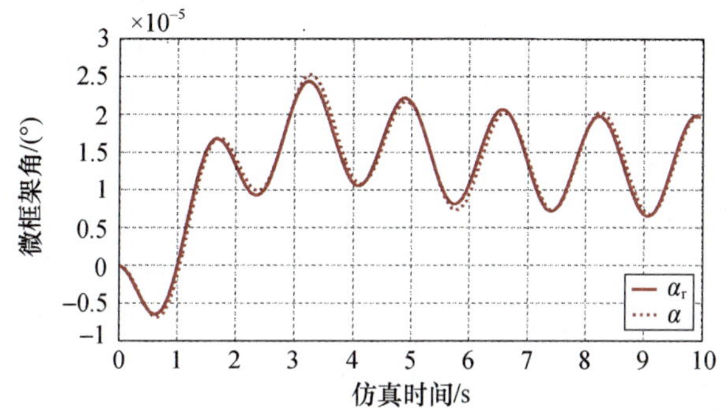

图 7-73　高频扰动下大力矩磁悬浮动量轮框架角与指令值

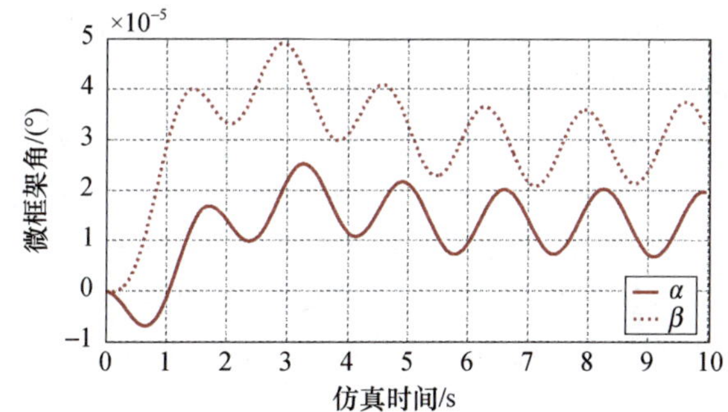

图 7-74　高频扰动下的大力矩磁悬浮动量轮微框架角

图 7-75 给出了大力矩磁悬浮动量轮控制下，仅在横滚轴加入扰动时的卫星姿态角，由图 7-75 可见，由于卫星姿态控制器的解耦作用，横滚轴输入的扰

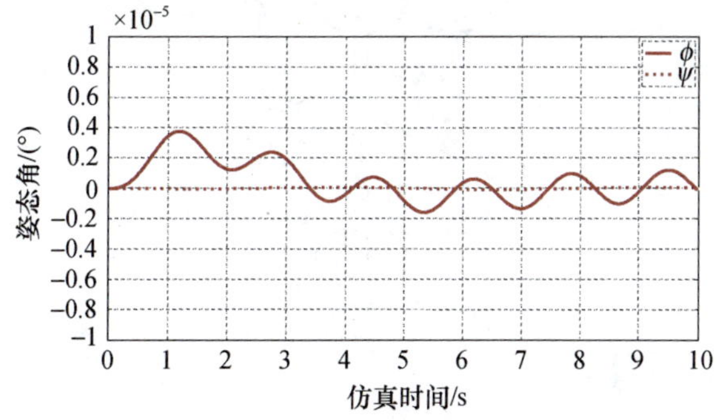

图 7-75　仅横滚轴扰动输入下的姿态解耦效果

动对偏航轴的影响为 $7.5\times10^{-8}/(°)$，仅为横滚轴引起扰动的 1.97%，取得了较好的解耦效果。

7.9.4 大力矩磁悬浮偏置动量轮在卫星姿态机动中的应用

微框架效应具有力矩大、带宽高的优点，但要产生微框架效应，磁悬浮动量轮必须有偏置角动量，这也就使得通常基于大力矩磁悬浮动量轮控制的卫星具有偏转角动量，在控制力矩作用下，星体机动过程为进动形式。

星体进动的特点是，若存在外力矩作用，则星体进动运动，若外力矩停止，则星体进动运动停止，即星体机动过程中，需要持续施加进动控制力矩。由于大力矩磁悬浮动量轮的偏转角度较小，持续施加力矩会造成框架角饱和，不能很好地发挥大力矩与高带宽的优势。

若能通过动量轮构型设计，使星体角动量为零，当星体需要机动时，利用微框架效应输出力矩大的特点，使转子偏转，短时输出其角动量包络，使星体具有一定的转动角速度从而进行机动，待星体机动至期望角位置后，再将转子偏转至初始位置，从而输出反向角动量，使星体停止机动。

基于这一思路，这里介绍一种基于大力矩微框架双磁悬浮动量轮构型，由背靠背安装的两个动量轮构成，如图 7-76 所示[25]。两个动量轮转子转动惯量等物理特征相同，其中一个为大力矩磁悬浮动量轮，另一个为普通动量轮，两个动量轮沿星体的俯仰轴安装于卫星上。若其他两轴由微框架效应稳定，或通过反作用动量轮进行姿态控制，则整星角动量为零。星体姿态动力学方程可描述为

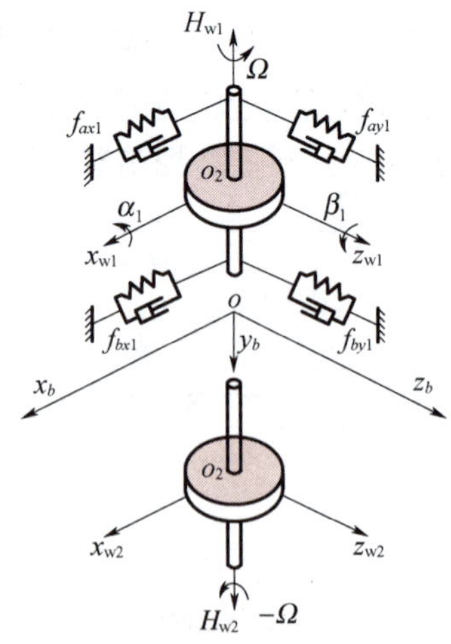

图 7-76　双大力矩磁悬浮动量轮构型

$$\begin{cases} I_x\ddot{\varphi} = T_x - \dot{\beta}h_y \\ I_y\ddot{\theta} = T_y - \dot{h}_y \\ I_z\ddot{\psi} = T_z + \dot{\alpha}h_y \end{cases} \tag{7-112}$$

由式(7-112)可知，星体各轴间无耦合，可分别设计控制器，在此只考虑横滚轴与偏航轴控制器。取控制量为

$$\begin{cases} U_x = -\dot{\beta}h_y \\ U_z = \dot{\alpha}h_y \end{cases} \tag{7-113}$$

卫星姿态控制器采用 PD 控制器

$$\begin{cases} U_x = -k_{\mathrm{P}}(k_{\mathrm{D}}\dot{\varphi} + \varphi) \\ U_z = -k_{\mathrm{P}}(k_{\mathrm{D}}\dot{\psi} + \psi) \end{cases} \tag{7-114}$$

采用大力矩动量轮构型的卫星姿态控制系统具有双轴小角度频繁快速机动与快速稳定的能力，特别适合地球静止轨道对地观测卫星等具有快速机动性、高稳定度、长寿命要求的卫星应用。地球静止轨道对地观测卫星对控制分系统提出了较高要求，主要体现在以下三个方面：需要具备高精度姿态确定性能、高稳定度姿态控制性能，以满足载荷成像的要求；控制系统还必须具备高精度的快速机动与快速稳定能力，以满足成像图像大范围覆盖区域和高时间分辨力的要求；同时，卫星长寿命要求并没有降低。

以下结合地球静止轨道卫星需求，进行双大力矩磁悬浮动量轮构型控制下卫星机动仿真研究。磁悬浮动量轮磁轴承控制器考虑了微框架控制的低通、力矩饱和与偏角饱和等特性，仿真参数如表7-13所列。

表7-13 应用大力矩动量轮构型进行卫星机动仿真参数

参数名称	参数值
卫星主轴转动惯量($I_x = I_z$)	$1000\mathrm{kg \cdot m^2}$
动量轮赤道转动惯量 J_e	$0.0525\mathrm{kg \cdot m^2}$
动量轮极转动惯量 J_y	$0.0956\mathrm{kg \cdot m^2}$
动量轮工作转速 n	10000r/min
最大输出力矩 T_{wm}	$4.36\mathrm{N \cdot m}$
控制带宽参数 $f_c(T)$	$7.8\mathrm{Hz} = (T = 0.02)$
动量轮控制参数 k_{P}	10
动量轮控制参数 k_{D}	180

图7-77与图7-78分别为采用双大力矩磁悬浮动量轮构型进行卫星横

滚轴姿态机动时,卫星横滚轴姿态角、角速度及微框架动量轮虚拟外框架角。由图7-77可知,双大力矩磁悬浮动量轮构型控制下,在1.7°的微框架角范围内,卫星在20s内可完成2.7°的姿态角变化并稳定,使卫星具有了双轴小角度频繁快速机动与快速稳定能力。由图7-77和图7-78可知,当采用双大力矩磁悬浮动量轮构型进行控制时,通过对大力矩动量轮的框架角由平衡位置偏转至指定位置为卫星加速,可于2.5s内将转动惯量为1000kgm^{2}的星体加速至0.165°/s;当卫星机动至期望角度后,将大力矩磁悬浮动量轮微框架角由指定位置偏转回平衡位置使卫星减速,于2.5s内实现快速稳定。双大力矩磁悬浮动量轮构型可以更好的利用大力矩动量轮的大力矩、高带宽特性。

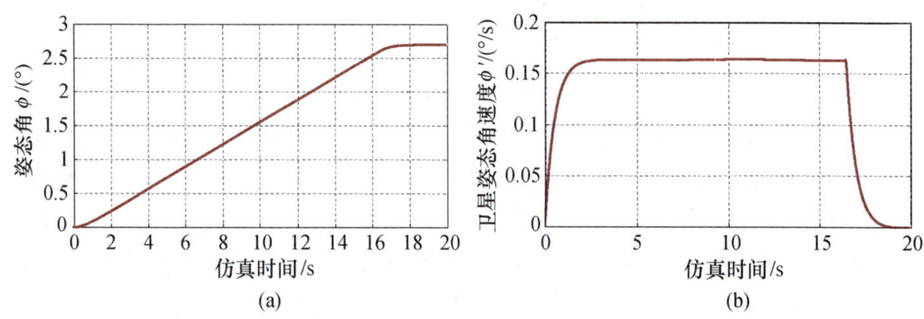

图7-77　采用双大力矩磁悬浮动量轮构型机动时的卫星姿态角与姿态角速度

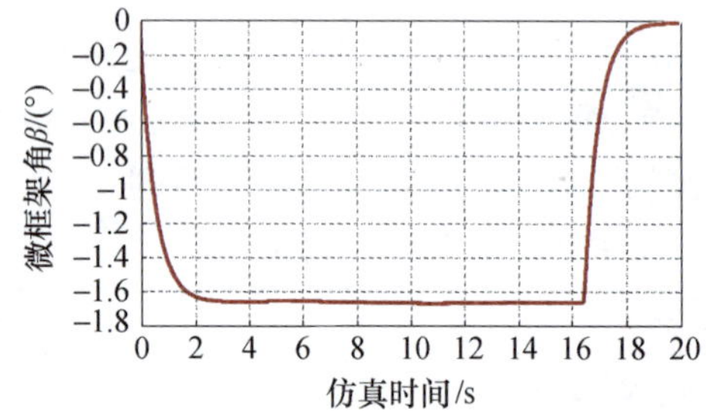

图7-78　采用双大力矩磁悬浮动量轮构型机动时的微框架角

7.10　本章小结

大力矩磁悬浮偏置动量轮的一个突出优势是具有微框架功能。本章首先介绍了可输出大力矩的多种轴向力偏转磁轴承结构,包括Homopolar型和Heteropolar型三自由度永磁偏置磁轴承、五自由度永磁偏置磁轴承和洛仑兹力磁轴承。其次,对纯磁阻力构型、纯洛仑兹力构型和磁阻力+洛仑兹力组合构型三种不同总体构型的大力矩磁悬浮偏置动量轮进行了介绍。最后,针对大力矩磁悬浮偏置动量轮的空间应用,在对卫星姿态动力学模型和稳定性分析的基础上,重点介绍了微框架控制方法及其在抑制卫星高频扰动和在卫星姿态机动中的应用。另外,针对磁悬浮偏置动量轮用永磁偏置磁轴承,还就其最小电流控制方法进行了介绍,以进一步降低动量轮功耗。

参考文献

[1] 徐衍亮. 空间飞行器用高速飞轮系统电磁设计计算研究[A]. 博士后研究工作报告. 北京:北京航空航天大学, 2003.

[2] Patrick T, McMullen C S. Combination Radial-Axial Magnetic Bearing[A]. Proc 7th International Symposium on Magnetic Bearings[C]. ETH Ziirich, 2000: 473 -478.

[3] Fang Jiancheng, Sun Jinji, et al. A New Structure of Permanent Magnet Biased Axial Hybrid Magnetic Bearing[J]. IEEE Transactions on Magnetics,2009,45(12): 5319 -5325.

[4] Crawford R, Meeks W C. Electramagnetic thrust bearing for coupling a rotatable member to a stationary member[P]: US,5250865 C1, 1992 -04 -30.

[5] 贾红云, 朱熀秋. 永磁偏置轴向磁轴承工作原理和参数设计[J],2006,(1): 94 -98.

[6] 孙玉坤, 朱熀秋, 蔡兰. 三自由度混合磁悬浮轴承耦合特性[J]. 江苏大学学报, 2006, 24(7): 432 -436.

[7] Dennis J E , Christoper A G , William K T. Development and testing of an axial halbach magnetic bearing[R]. USA: NASA/TM, 2006.

[8] Han Bangcheng,LIu Bin. The Influences of Parameters on Performance of Hybrid Axial Magnetic Bearing[C]. 第二届航空航天系统与控制国际会议(ISSCAA08), Dec. 10. 中国,深圳, 2008.

[9] Masao I H , Magnetic bearing arrangement for an artificial satellite[P]: US4483570 C1, 1983 -02 -25.

[10] 孙津济. 磁悬浮飞轮用新型永磁偏置主动磁轴承结构与设计方法研究[D]. 北京:北京航空航天大学, 2010.

[11] Fang Jiancheng, Sun Jinji , et al. A Novel 3-DOF Axial Hybrid Magnetic Bearing[J]. IEEE Transactions on Magnetics. 2010,46(12): 4034 -4045.

[12] 刘虎, 房建成, 刘刚. 新型永磁偏置轴向磁轴承的磁力特性[J]. 机械工程学报, 2010, 46(8): 167 -174.

[13] 王曦. 磁悬浮惯性执行机构用新型永磁偏置及永磁被动磁轴承研究[D]. 北京: 北京航空航天大学, 2011.

[14] 王曦,房建成,樊亚洪,等. 磁悬浮飞轮用轴向力偏转永磁偏置轴向磁轴承磁路耦合特性[J]. 航空学报,2011, 32(4): 649 -663.

[15] Gerlach B, Ehinger M, Raue H K, et al. Digital controller for a gimballing magnetic

bearing reaction wheel[R]. AIAA - 2005 - 6467, 2005.

[16] 王曦,房建成,樊亚洪,等.轴向力偏转五自由度永磁偏置磁轴承及磁路解耦设计[J].中国电机工程学报,2011,31(17):91-98.

[17] Gerlach B, Ehinger M, Raue H, et al. Digital controller for a gimbaling magnetic bearing reaction wheel[C]. AIAA Guidance, Navigation and Control Conference and Exhibit. San Francisco: American Institute of Aeronautics and Astronautics, 2005.

[18] 房建成,韩雪飞,汤继强.一种大力矩磁悬浮飞轮[P].中国专利:201110253688.0,2011-08-31.

[19] 房建成,王春娥,王曦.一种三自由度径向解耦锥形磁轴承[P].中国专利:201110254339.0,2011-08-31.

[20] 刘虎.新型五自由度磁悬浮飞轮磁轴承控制方法与实验研究[D].北京:北京航空航天大学,2010.

[21] Ajit V S, Joe B D, Frank M S. A Magnetically Suspended Large Momentum Wheel[J], J. Spacecraft, 1975, 12(7): 420-427.

[22] LIU Bin, Fang Jiancheng, Liu Gang. Gimballing control and its implementation for a magnetically suspended flywheel[C]. Proceedings of the 12th International Symposium on Magnetic Bearings, Wuhan, China, 2010: 161-166.

[23] Polajžer B, Stumberger G, Ritonja J, et al. Impact of magnetic nonlinearities and cross-coupling effects on properties of radial active magnetic bearings[J]. IEEE Transactions on Magnetics, 2004, 40(2): 798-801.

[24] 刘希珠,雷田玉,等.陀螺力学基础[M].北京:清华大学出版社,1987.

[25] 刘彬.五自由度全主动大力矩磁悬浮飞轮磁轴承系统控制方法与实验研究[D].北京:北京航空航天大学,2011.

[26] Ahrens M, Kucera L. Cross Feedback Control of a Magnetic Bearing System Controller Design Considering Gyroscopic Effects[C]. Paul E. M. Proc 3rd Int Symp Magnetic Suspension technol. Pennsylvania, USA: Technomic Publishing Company Inc, 1995: 177-194.

[27] 盖振伟.多自由度动量交换技术研究的新进展[J].航天控制,2006,24(6):84-89.

[28] 刘侃.动量矩可偏置磁悬浮动量轮结构设计[D].长沙:国防科技大学,2005.

[29] 吴刚,张育林,刘昆,等.万向磁悬浮动量轮研究[J].中国空间科学技术,2004,4:30-35.

[30] 刘军,韩潮.应用变速控制力矩陀螺的微小卫星大角度姿态机动控制[J].空间科学学报,2007,27(4):336-341.

[31] Downer J, Johnson B. Modelling and Control of an Annular Momentum Control Device[R]. NASA Contractor Report 4138, 1988.

[32] Seddon J, Pechev A. A low-noise, high-bandwidth magnetically-levitated momentum wheel for 3 axis attitude control from a single wheel[C]. Proceedings of the 13th European Space Mechanisms and Tribology Symp., Vienna, Austria, Sep. 23-25, 2009.

[33] Seddon J, Pechev A. 3Dwheel: 3-axis low noise, high-bandwidth attitude actuation from a single momentum wheel using magnetic bearings[C]. Proceedings of 23rd Annual AIAA/USU Conference on Small Satellites, 2009.

[34] 刘虎, 房建成, 刘刚. 基于磁悬浮动量轮微框架能力的卫星滚动——偏航姿态稳定控制研究[J]. 宇航学报, 2010, 31(4): 1 -7.

[35] 刘虎,房建成,等. 在轨条件下磁悬浮动量轮磁轴承系统稳定性研究[J]. 宇航学报, 2009, 30(2): 625 -630.

附录　被动磁轴承等效磁荷法计算公式

附 1.1　径向被动磁轴承

平动时的承载力 F_y 以及轴向力 F_z 为

$$F_{23y}=\frac{B_r^2}{4\pi\mu_0}\int_0^{2\pi}\int_0^{2\pi}\int_{R_{d1}}^{R_{D1}}\int_{R_{d2}}^{R_{D2}}\frac{(r_3\sin\beta+e-r_2\sin\alpha)r_2r_3\cdot\mathrm{d}r_2\mathrm{d}r_3\mathrm{d}\alpha\mathrm{d}\beta}{[(r_3\cos\beta-r_2\cos\alpha)^2+(r_3\sin\beta+e-r_2\sin\alpha)^2+(z_3-z_2)^2]^{3/2}} \quad (附 1-1)$$

$$F_{23z}=\frac{B_r^2}{4\pi\mu_0}\int_0^{2\pi}\int_0^{2\pi}\int_{R_{d1}}^{R_{D1}}\int_{R_{d2}}^{R_{D2}}\frac{(z_3-z_2)r_2r_3\cdot\mathrm{d}r_2\mathrm{d}r_3\mathrm{d}\alpha\mathrm{d}\beta}{[(r_3\cos\beta-r_2\cos\alpha)^2+(r_3\sin\beta+e-r_2\sin\alpha)^2+(z_3-z_2)^2]^{3/2}} \quad (附 1-2)$$

$$F_{14y}=\frac{B_r^2}{4\pi\mu_0}\int_0^{2\pi}\int_0^{2\pi}\int_{R_{d1}}^{R_{D1}}\int_{R_{d2}}^{R_{D2}}\frac{(r_4\sin\beta+e-r_1\sin\alpha)r_1r_4\cdot\mathrm{d}r_1\mathrm{d}r_4\mathrm{d}\alpha\mathrm{d}\beta}{[(r_4\cos\beta-r_1\cos\alpha)^2+(r_4\sin\beta+e-r_1\sin\alpha)^2+(z_4-z_1)^2]^{3/2}} \quad (附 1-3)$$

$$F_{14z}=\frac{B_r^2}{4\pi\mu_0}\int_0^{2\pi}\int_0^{2\pi}\int_{R_{d1}}^{R_{D1}}\int_{R_{d2}}^{R_{D2}}\frac{(z_4-z_1)r_1r_4\cdot\mathrm{d}r_1\mathrm{d}r_4\mathrm{d}\alpha\mathrm{d}\beta}{[(r_4\cos\beta-r_1\cos\alpha)^2+(r_4\sin\beta+e-r_1\sin\alpha)^2+(z_4-z_1)^2]^{3/2}} \quad (附 1-4)$$

$$F_{13y}=\frac{B_r^2}{4\pi\mu_0}\int_0^{2\pi}\int_0^{2\pi}\int_{R_{d1}}^{R_{D1}}\int_{R_{d2}}^{R_{D2}}\frac{(r_3\sin\beta+e-r_1\sin\alpha)r_1r_3\cdot\mathrm{d}r_1\mathrm{d}r_3\mathrm{d}\alpha\mathrm{d}\beta}{[(r_3\cos\beta-r_1\cos\alpha)^2+(r_3\sin\beta+e-r_1\sin\alpha)^2+(z_3-z_1)^2]^{3/2}} \quad (附 1-5)$$

$$F_{13z}=\frac{B_r^2}{4\pi\mu_0}\int_0^{2\pi}\int_0^{2\pi}\int_{R_{d1}}^{R_{D1}}\int_{R_{d2}}^{R_{D2}}\frac{(z_3-z_1)r_1r_3\cdot\mathrm{d}r_1\mathrm{d}r_3\mathrm{d}\alpha\mathrm{d}\beta}{[(r_3\cos\beta-r_1\cos\alpha)^2+(r_3\sin\beta+e-r_1\sin\alpha)^2+(z_3-z_1)^2]^{3/2}} \quad (附 1-6)$$

$$F_{24y}=\frac{B_r^2}{4\pi\mu_0}\int_0^{2\pi}\int_0^{2\pi}\int_{R_{d1}}^{R_{D1}}\int_{R_{d2}}^{R_{D2}}\frac{(r_4\sin\beta+e-r_2\sin\alpha)r_2r_4\cdot\mathrm{d}r_2\mathrm{d}r_4\mathrm{d}\alpha\mathrm{d}\beta}{[(r_4\cos\beta-r_2\cos\alpha)^2+(r_4\sin\beta+e-r_2\sin\alpha)^2+(z_4-z_2)^2]^{3/2}} \quad (附 1-7)$$

$$F_{24z}=\frac{B_r^2}{4\pi\mu_0}\int_0^{2\pi}\int_0^{2\pi}\int_{R_{d1}}^{R_{D1}}\int_{R_{d2}}^{R_{D2}}\frac{(z_4-z_2)r_2r_4\cdot\mathrm{d}r_2\mathrm{d}r_4\mathrm{d}\alpha\mathrm{d}\beta}{[(r_4\cos\beta-r_2\cos\alpha)^2+(r_4\sin\beta+e-r_2\sin\alpha)^2+(z_4-z_2)^2]^{3/2}} \quad (附 1-8)$$

$$F_y = F_{23y} + F_{14y} - F_{13y} - F_{24y} \tag{附1-9}$$

$$F_z = F_{23z} + F_{14z} - F_{13z} - F_{24z} \tag{附1-10}$$

发生偏转时的承载力 F_r、轴向力 F_z 以及动磁环绕 x 轴的偏转力矩 M_x 为

$$F_{23y} = \frac{B_r^2}{4\pi\mu_0}\int_0^{2\pi}\int_0^{2\pi}\int_{R_{d1}}^{R_{D1}}\int_{R_{d2}}^{R_{D2}} \frac{(r_3\sin\beta\cos\varphi + z_3\sin\varphi + e - r_2\sin\alpha)r_2 r_3 \cdot \mathrm{d}r_2\mathrm{d}r_3\mathrm{d}\alpha\mathrm{d}\beta}{[(r_3\cos\beta - r_2\cos\alpha)^2 + (r_3\sin\beta\cos\varphi + z_3\sin\varphi + e - r_2\sin\alpha)^2 + (z_3\cos\varphi - r_3\sin\beta\sin\varphi - z_2)^2]^{3/2}} \tag{附1-11}$$

$$F_{23z} = \frac{B_r^2}{4\pi\mu_0}\int_0^{2\pi}\int_0^{2\pi}\int_{R_{d1}}^{R_{D1}}\int_{R_{d2}}^{R_{D2}} \frac{(z_3\cos\varphi - r_3\sin\beta\sin\varphi - z_2)r_2 r_3 \cdot \mathrm{d}r_2\mathrm{d}r_3\mathrm{d}\alpha\mathrm{d}\beta}{[(r_3\cos\beta - r_2\cos\alpha)^2 + (r_3\sin\beta\cos\varphi + z_3\sin\varphi + e - r_2\sin\alpha)^2 + (z_3\cos\varphi - r_3\sin\beta\sin\varphi - z_2)^2]^{3/2}} \tag{附1-12}$$

$$F_{14y} = \frac{B_r^2}{4\pi\mu_0}\int_0^{2\pi}\int_0^{2\pi}\int_{R_{d1}}^{R_{D1}}\int_{R_{d2}}^{R_{D2}} \frac{(r_4\sin\beta\cos\varphi + z_4\sin\varphi + e - r_1\sin\alpha)r_1 r_4 \cdot \mathrm{d}r_1\mathrm{d}r_4\mathrm{d}\alpha\mathrm{d}\beta}{[(r_4\cos\beta - r_1\cos\alpha)^2 + (r_4\sin\beta\cos\varphi + z_4\sin\varphi + e - r_1\sin\alpha)^2 + (z_4\cos\varphi - r_4\sin\beta\sin\varphi - z_1)^2]^{3/2}} \tag{附1-13}$$

$$F_{14z} = \frac{B_r^2}{4\pi\mu_0}\int_0^{2\pi}\int_0^{2\pi}\int_{R_{d1}}^{R_{D1}}\int_{R_{d2}}^{R_{D2}} \frac{(z_4\cos\varphi - r_4\sin\beta\sin\varphi - z_1)r_1 r_4 \cdot \mathrm{d}r_1\mathrm{d}r_4\mathrm{d}\alpha\mathrm{d}\beta}{[(r_4\cos\beta - r_1\cos\alpha)^2 + (r_4\sin\beta\cos\varphi + z_4\sin\varphi + e - r_1\sin\alpha)^2 + (z_4\cos\varphi - r_4\sin\beta\sin\varphi - z_1)^2]^{3/2}} \tag{附1-14}$$

$$F_{13y} = \frac{B_r^2}{4\pi\mu_0}\int_0^{2\pi}\int_0^{2\pi}\int_{R_{d1}}^{R_{D1}}\int_{R_{d2}}^{R_{D2}} \frac{(r_3\sin\beta\cos\varphi + z_3\sin\varphi + e - r_1\sin\alpha)r_1 r_3 \cdot \mathrm{d}r_1\mathrm{d}r_3\mathrm{d}\alpha\mathrm{d}\beta}{[(r_3\cos\beta - r_1\cos\alpha)^2 + (r_3\sin\beta\cos\varphi + z_3\sin\varphi + e - r_1\sin\alpha)^2 + (z_3\cos\varphi - r_3\sin\beta\sin\varphi - z_1)^2]^{3/2}} \tag{附1-15}$$

$$F_{13z} = \frac{B_r^2}{4\pi\mu_0}\int_0^{2\pi}\int_0^{2\pi}\int_{R_{d1}}^{R_{D1}}\int_{R_{d2}}^{R_{D2}} \frac{(z_3\cos\varphi - r_3\sin\beta\sin\varphi - z_1)r_1 r_3 \cdot \mathrm{d}r_1\mathrm{d}r_3\mathrm{d}\alpha\mathrm{d}\beta}{[(r_3\cos\beta - r_1\cos\alpha)^2 + (r_3\sin\beta\cos\varphi + z_3\sin\varphi + e - r_1\sin\alpha)^2 + (z_3\cos\varphi - r_3\sin\beta\sin\varphi - z_1)^2]^{3/2}} \tag{附1-16}$$

$$F_{24y} = \frac{B_r^2}{4\pi\mu_0}\int_0^{2\pi}\int_0^{2\pi}\int_{R_{d1}}^{R_{D1}}\int_{R_{d2}}^{R_{D2}} \frac{(r_4\sin\beta\cos\varphi + z_4\sin\varphi + e - r_2\sin\alpha)r_2 r_4 \cdot \mathrm{d}r_2\mathrm{d}r_4\mathrm{d}\alpha\mathrm{d}\beta}{[(r_4\cos\beta - r_2\cos\alpha)^2 + (r_4\sin\beta\cos\varphi + z_4\sin\varphi + e - r_2\sin\alpha)^2 + (z_4\cos\varphi - r_4\sin\beta\sin\varphi - z_2)^2]^{3/2}} \tag{附1-17}$$

$$F_{24z} = \frac{B_r^2}{4\pi\mu_0}\int_0^{2\pi}\int_0^{2\pi}\int_{R_{d1}}^{R_{D1}}\int_{R_{d2}}^{R_{D2}} \frac{(z_4\cos\varphi - r_4\sin\beta\sin\varphi - z_2)r_2 r_4 \cdot \mathrm{d}r_2\mathrm{d}r_4\mathrm{d}\alpha\mathrm{d}\beta}{[(r_4\cos\beta - r_2\cos\alpha)^2 + (r_4\sin\beta\cos\varphi + z_4\sin\varphi + e - r_2\sin\alpha)^2 + (z_4\cos\varphi - r_4\sin\beta\sin\varphi - z_2)^2]^{3/2}} \tag{附1-18}$$

$$F_y = F_{23y} + F_{14y} - F_{13y} - F_{24y} \tag{附1-19}$$

$$F_z = F_{23z} + F_{14z} - F_{13z} - F_{24z} \tag{附1-20}$$

$$M_{23y} = \frac{B_r^2}{4\pi\mu_0}\int_0^{2\pi}\int_0^{2\pi}\int_{R_{d1}}^{R_{D1}}\int_{R_{d2}}^{R_{D2}}\frac{(z_3\cos\varphi - r_3\sin\beta\sin\varphi)(r_3\sin\beta\cos\varphi + z_3\sin\varphi + e - r_2\sin\alpha)r_2r_3 \cdot \mathrm{d}r_2\mathrm{d}r_3\mathrm{d}\alpha\mathrm{d}\beta}{[(r_3\cos\beta - r_2\cos\alpha)^2 + (r_3\sin\beta\cos\varphi + z_3\sin\varphi + e - r_2\sin\alpha)^2 + (z_3\cos\varphi - r_3\sin\beta\sin\varphi - z_2)^2]^{3/2}} \tag{附1-21}$$

$$M_{23z} = \frac{B_r^2}{4\pi\mu_0}\int_0^{2\pi}\int_0^{2\pi}\int_{R_{d1}}^{R_{D1}}\int_{R_{d2}}^{R_{D2}}\frac{(r_3\sin\beta\cos\varphi + z_3\sin\varphi + e)(z_3\cos\varphi - r_3\sin\beta\sin\varphi - z_2)r_2r_3 \cdot \mathrm{d}r_2\mathrm{d}r_3\mathrm{d}\alpha\mathrm{d}\beta}{[(r_3\cos\beta - r_2\cos\alpha)^2 + (r_3\sin\beta\cos\varphi + z_3\sin\varphi + e - r_2\sin\alpha)^2 + (z_3\cos\varphi - r_3\sin\beta\sin\varphi - z_2)^2]^{3/2}} \tag{附1-22}$$

$$M_{14y} = \frac{B_r^2}{4\pi\mu_0}\int_0^{2\pi}\int_0^{2\pi}\int_{R_{d1}}^{R_{D1}}\int_{R_{d2}}^{R_{D2}}\frac{(z_4\cos\varphi - r_4\sin\beta\sin\varphi)(r_4\sin\beta\cos\varphi + z_4\sin\varphi + e - r_1\sin\alpha)r_1r_4 \cdot \mathrm{d}r_1\mathrm{d}r_4\mathrm{d}\alpha\mathrm{d}\beta}{[(r_4\cos\beta - r_1\cos\alpha)^2 + (r_4\sin\beta\cos\varphi + z_4\sin\varphi + e - r_1\sin\alpha)^2 + (z_4\cos\varphi - r_4\sin\beta\sin\varphi - z_1)^2]^{3/2}} \tag{附1-23}$$

$$M_{14z} = \frac{B_r^2}{4\pi\mu_0}\int_0^{2\pi}\int_0^{2\pi}\int_{R_{d1}}^{R_{D1}}\int_{R_{d2}}^{R_{D2}}\frac{(r_4\sin\beta\cos\varphi + z_4\sin\varphi + e)(z_4\cos\varphi - r_4\sin\beta\sin\varphi - z_1)r_1r_4 \cdot \mathrm{d}r_1\mathrm{d}r_4\mathrm{d}\alpha\mathrm{d}\beta}{[(r_4\cos\beta - r_1\cos\alpha)^2 + (r_4\sin\beta\cos\varphi + z_4\sin\varphi + e - r_1\sin\alpha)^2 + (z_4\cos\varphi - r_4\sin\beta\sin\varphi - z_1)^2]^{3/2}} \tag{附1-24}$$

$$M_{13y} = \frac{B_r^2}{4\pi\mu_0}\int_0^{2\pi}\int_0^{2\pi}\int_{R_{d1}}^{R_{D1}}\int_{R_{d2}}^{R_{D2}}\frac{(z_3\cos\varphi - r_3\sin\beta\sin\varphi)(r_3\sin\beta\cos\varphi + z_3\sin\varphi + e - r_1\sin\alpha)r_1r_3 \cdot \mathrm{d}r_1\mathrm{d}r_3\mathrm{d}\alpha\mathrm{d}\beta}{[(r_3\cos\beta - r_1\cos\alpha)^2 + (r_3\sin\beta\cos\varphi + z_3\sin\varphi + e - r_1\sin\alpha)^2 + (z_3\cos\varphi - r_3\sin\beta\sin\varphi - z_1)^2]^{3/2}} \tag{附1-25}$$

$$M_{13z} = \frac{B_r^2}{4\pi\mu_0}\int_0^{2\pi}\int_0^{2\pi}\int_{R_{d1}}^{R_{D1}}\int_{R_{d2}}^{R_{D2}}\frac{(r_3\sin\beta\cos\varphi + z_3\sin\varphi + e)(z_3\cos\varphi - r_3\sin\beta\sin\varphi - z_1)r_1r_3 \cdot \mathrm{d}r_1\mathrm{d}r_3\mathrm{d}\alpha\mathrm{d}\beta}{[(r_3\cos\beta - r_1\cos\alpha)^2 + (r_3\sin\beta\cos\varphi + z_3\sin\varphi + e - r_1\sin\alpha)^2 + (z_3\cos\varphi - r_3\sin\beta\sin\varphi - z_1)^2]^{3/2}} \tag{附1-26}$$

$$M_{24y} = \frac{B_r^2}{4\pi\mu_0}\int_0^{2\pi}\int_0^{2\pi}\int_{R_{d1}}^{R_{D1}}\int_{R_{d2}}^{R_{D2}}\frac{(z_4\cos\varphi - r_4\sin\beta\sin\varphi)(r_4\sin\beta\cos\varphi + z_4\sin\varphi + e - r_2\sin\alpha)r_2r_4 \cdot \mathrm{d}r_2\mathrm{d}r_4\mathrm{d}\alpha\mathrm{d}\beta}{[(r_4\cos\beta - r_2\cos\alpha)^2 + (r_4\sin\beta\cos\varphi + z_4\sin\varphi + e - r_2\sin\alpha)^2 + (z_4\cos\varphi - r_4\sin\beta\sin\varphi - z_2)^2]^{3/2}} \tag{附1-27}$$

$$M_{24z} = \frac{B_r^2}{4\pi\mu_0}\int_0^{2\pi}\int_0^{2\pi}\int_{R_{d1}}^{R_{D1}}\int_{R_{d2}}^{R_{D2}}\frac{(r_4\sin\beta\cos\varphi + z_4\sin\varphi + e)(z_4\cos\varphi - r_4\sin\beta\sin\varphi - z_2)r_2r_4 \cdot \mathrm{d}r_2\mathrm{d}r_4\mathrm{d}\alpha\mathrm{d}\beta}{[(r_4\cos\beta - r_2\cos\alpha)^2 + (r_4\sin\beta\cos\varphi + z_4\sin\varphi + e - r_2\sin\alpha)^2 + (z_4\cos\varphi - r_4\sin\beta\sin\varphi - z_2)^2]^{3/2}} \tag{附1-28}$$

$$M_x = (M_{23z} - M_{23y}) + (M_{14z} - M_{14y}) - (M_{13z} - M_{13y}) - (M_{24z} - M_{24y}) \quad (附1-29)$$

式中：R_{d1} 、R_{D1} 为静磁环内表面半径与外表面半径；R_{d2} 、R_{D2} 为动磁环内表面半径与外表面半径；e 为动磁环相对于静磁环的径向位移，沿 y 坐标；z_0 为动磁环相对于静磁环的轴向位移，沿 z 坐标；L_1 为静磁环轴向长度；L_2 为动磁环轴向长度；α 、β 为静、动磁环的极位角；B_r 为磁环的剩余磁感应强度；F_{aby} 为面 a、b 之间产生的 y 方向上的力；F_{abz} 为面 a、b 之间产生的 z 方向的力；M_{abz} 为面 a、b 之间的轴向力产生的绕 x 方向的偏转力矩；M_{aby} 为面 a、b 之间的径向力产生的绕 x 方向的偏转力矩，其中 $a=1$、2；$b=3$、4。

附 1.2　轴向被动磁轴承

平动时其承载力 F_y 以及轴向力 F_z 为

$$F_{23y} = \frac{B_r^2}{4\pi\mu_0}\int_0^{2\pi}\int_0^{2\pi}\int_{R_{d1}}^{R_{D1}}\int_{R_{d2}}^{R_{D2}} \frac{(r_3\sin\beta + e - r_2\sin\alpha) r_2 r_3 \cdot \mathrm{d}r_2\mathrm{d}r_3\mathrm{d}\alpha\mathrm{d}\beta}{[(r_3\cos\beta - r_2\cos\alpha)^2 + (r_3\sin\beta + e - r_2\sin\alpha)^2 + (z_3 - z_2)^2]^{3/2}} \quad (附1-30)$$

$$F_{23z} = \frac{B_r^2}{4\pi\mu_0}\int_0^{2\pi}\int_0^{2\pi}\int_{R_{d1}}^{R_{D1}}\int_{R_{d2}}^{R_{D2}} \frac{(z_3 - z_2) r_2 r_3 \cdot \mathrm{d}r_2\mathrm{d}r_3\mathrm{d}\alpha\mathrm{d}\beta}{[(r_3\cos\beta - r_2\cos\alpha)^2 + (r_3\sin\beta + e - r_2\sin\alpha)^2 + (z_3 - z_2)^2]^{3/2}} \quad (附1-31)$$

$$F_{14y} = \frac{B_r^2}{4\pi\mu_0}\int_0^{2\pi}\int_0^{2\pi}\int_{R_{d1}}^{R_{D1}}\int_{R_{d2}}^{R_{D2}} \frac{(r_4\sin\beta + e - r_1\sin\alpha) r_1 r_4 \cdot \mathrm{d}r_1\mathrm{d}r_4\mathrm{d}\alpha\mathrm{d}\beta}{[(r_4\cos\beta - r_1\cos\alpha)^2 + (r_4\sin\beta + e - r_1\sin\alpha)^2 + (z_4 - z_1)^2]^{3/2}} \quad (附1-32)$$

$$F_{14z} = \frac{B_r^2}{4\pi\mu_0}\int_0^{2\pi}\int_0^{2\pi}\int_{R_{d1}}^{R_{D1}}\int_{R_{d2}}^{R_{D2}} \frac{(z_4 - z_1) r_1 r_4 \cdot \mathrm{d}r_1\mathrm{d}r_4\mathrm{d}\alpha\mathrm{d}\beta}{[(r_4\cos\beta - r_1\cos\alpha)^2 + (r_4\sin\beta + e - r_1\sin\alpha)^2 + (z_4 - z_1)^2]^{3/2}} \quad (附1-33)$$

$$F_{13y} = \frac{B_r^2}{4\pi\mu_0}\int_0^{2\pi}\int_0^{2\pi}\int_{R_{d1}}^{R_{D1}}\int_{R_{d2}}^{R_{D2}} \frac{(r_3\sin\beta + e - r_1\sin\alpha) r_1 r_3 \cdot \mathrm{d}r_1\mathrm{d}r_3\mathrm{d}\alpha\mathrm{d}\beta}{[(r_3\cos\beta - r_1\cos\alpha)^2 + (r_3\sin\beta + e - r_1\sin\alpha)^2 + (z_3 - z_1)^2]^{3/2}} \quad (附1-34)$$

$$F_{13z} = \frac{B_r^2}{4\pi\mu_0}\int_0^{2\pi}\int_0^{2\pi}\int_{R_{d1}}^{R_{D1}}\int_{R_{d2}}^{R_{D2}} \frac{(z_3 - z_1) r_1 r_3 \cdot \mathrm{d}r_1\mathrm{d}r_3\mathrm{d}\alpha\mathrm{d}\beta}{[(r_3\cos\beta - r_1\cos\alpha)^2 + (r_3\sin\beta + e - r_1\sin\alpha)^2 + (z_3 - z_1)^2]^{3/2}} \quad (附1-35)$$

$$F_{24y} = \frac{B_r^2}{4\pi\mu_0}\int_0^{2\pi}\int_0^{2\pi}\int_{R_{d1}}^{R_{D1}}\int_{R_{d2}}^{R_{D2}} \frac{(r_4\sin\beta + e - r_2\sin\alpha) r_2 r_4 \cdot \mathrm{d}r_2\mathrm{d}r_4\mathrm{d}\alpha\mathrm{d}\beta}{[(r_4\cos\beta - r_2\cos\alpha)^2 + (r_4\sin\beta + e - r_2\sin\alpha)^2 + (z_4 - z_2)^2]^{3/2}} \quad (附1-36)$$

$$F_z = F_{23z} + F_{14z} - F_{13z} - F_{24z} \quad (附1-37)$$

发生偏转时，承载力 F_r 、轴向力 F_z 以及动磁环绕 x 轴的偏转力矩 M_x 为

$$F_{23y} = \frac{B_r^2}{4\pi\mu_0}\int_0^{2\pi}\int_0^{2\pi}\int_{R_{d1}}^{R_{D1}}\int_{R_{d2}}^{R_{D2}} \frac{(r_3\sin\beta\cos\varphi - z_3\sin\varphi + e - r_2\sin\alpha) r_2 r_3 \cdot \mathrm{d}r_2\mathrm{d}r_3\mathrm{d}\alpha\mathrm{d}\beta}{[(r_3\cos\beta - r_2\cos\alpha)^2 + (r_3\sin\beta\cos\varphi - z_3\sin\varphi + e - r_2\sin\alpha)^2 + (z_3\cos\varphi + r_3\sin\beta\sin\varphi - z_2)^2]^{3/2}}$$

(附1-38)

$$F_{23z} = \frac{B_r^2}{4\pi\mu_0}\int_0^{2\pi}\int_0^{2\pi}\int_{R_{d1}}^{R_{D1}}\int_{R_{d2}}^{R_{D2}} \frac{(z_3\cos\varphi + r_3\sin\beta\sin\varphi - z_2)r_2 r_3 \cdot \mathrm{d}r_2\mathrm{d}r_3\mathrm{d}\alpha\mathrm{d}\beta}{[(r_3\cos\beta - r_2\cos\alpha)^2 + (r_3\sin\beta\cos\varphi - z_3\sin\varphi + e - r_2\sin\alpha)^2 + (z_3\cos\varphi + r_3\sin\beta\sin\varphi - z_2)^2]^{3/2}} \tag{附1-39}$$

$$F_{14y} = \frac{B_r^2}{4\pi\mu_0}\int_0^{2\pi}\int_0^{2\pi}\int_{R_{d1}}^{R_{D1}}\int_{R_{d2}}^{R_{D2}} \frac{(r_4\sin\beta\cos\varphi - z_4\sin\varphi + e - r_1\sin\alpha)r_1 r_4 \cdot \mathrm{d}r_1\mathrm{d}r_4\mathrm{d}\alpha\mathrm{d}\beta}{[(r_4\cos\beta - r_1\cos\alpha)^2 + (r_4\sin\beta\cos\varphi - z_4\sin\varphi + e - r_1\sin\alpha)^2 + (z_4\cos\varphi + r_4\sin\beta\sin\varphi - z_1)^2]^{3/2}} \tag{附1-40}$$

$$F_{14z} = \frac{B_r^2}{4\pi\mu_0}\int_0^{2\pi}\int_0^{2\pi}\int_{R_{d1}}^{R_{D1}}\int_{R_{d2}}^{R_{D2}} \frac{(z_4\cos\varphi + r_4\sin\beta\sin\varphi - z_1)r_1 r_4 \cdot \mathrm{d}r_1\mathrm{d}r_4\mathrm{d}\alpha\mathrm{d}\beta}{[(r_4\cos\beta - r_1\cos\alpha)^2 + (r_4\sin\beta\cos\varphi - z_4\sin\varphi + e - r_1\sin\alpha)^2 + (z_4\cos\varphi + r_4\sin\beta\sin\varphi - z_1)^2]^{3/2}} \tag{附1-41}$$

$$F_{13y} = \frac{B_r^2}{4\pi\mu_0}\int_0^{2\pi}\int_0^{2\pi}\int_{R_{d1}}^{R_{D1}}\int_{R_{d2}}^{R_{D2}} \frac{(r_3\sin\beta\cos\varphi - z_3\sin\varphi + e - r_1\sin\alpha)r_1 r_3 \cdot \mathrm{d}r_1\mathrm{d}r_3\mathrm{d}\alpha\mathrm{d}\beta}{[(r_3\cos\beta - r_1\cos\alpha)^2 + (r_3\sin\beta\cos\varphi - z_3\sin\varphi + e - r_1\sin\alpha)^2 + (z_3\cos\varphi + r_3\sin\beta\sin\varphi - z_1)^2]^{3/2}} \tag{附1-42}$$

$$F_{13z} = \frac{B_r^2}{4\pi\mu_0}\int_0^{2\pi}\int_0^{2\pi}\int_{R_{d1}}^{R_{D1}}\int_{R_{d2}}^{R_{D2}} \frac{(z_3\cos\varphi + r_3\sin\beta\sin\varphi - z_1)r_1 r_3 \cdot \mathrm{d}r_1\mathrm{d}r_3\mathrm{d}\alpha\mathrm{d}\beta}{[(r_3\cos\beta - r_1\cos\alpha)^2 + (r_3\sin\beta\cos\varphi - z_3\sin\varphi + e - r_1\sin\alpha)^2 + (z_3\cos\varphi + r_3\sin\beta\sin\varphi - z_1)^2]^{3/2}} \tag{附1-43}$$

$$F_{24y} = \frac{B_r^2}{4\pi\mu_0}\int_0^{2\pi}\int_0^{2\pi}\int_{R_{d1}}^{R_{D1}}\int_{R_{d2}}^{R_{D2}} \frac{(r_4\sin\beta\cos\varphi - z_4\sin\varphi + e - r_2\sin\alpha)r_2 r_4 \cdot \mathrm{d}r_2\mathrm{d}r_4\mathrm{d}\alpha\mathrm{d}\beta}{[(r_4\cos\beta - r_2\cos\alpha)^2 + (r_4\sin\beta\cos\varphi - z_4\sin\varphi + e - r_2\sin\alpha)^2 + (z_4\cos\varphi + r_4\sin\beta\sin\varphi - z_2)^2]^{3/2}} \tag{附1-44}$$

$$F_{24z} = \frac{B_r^2}{4\pi\mu_0}\int_0^{2\pi}\int_0^{2\pi}\int_{R_{d1}}^{R_{D1}}\int_{R_{d2}}^{R_{D2}} \frac{(z_4\cos\varphi + r_4\sin\beta\sin\varphi - z_2)r_2 r_4 \cdot \mathrm{d}r_2\mathrm{d}r_4\mathrm{d}\alpha\mathrm{d}\beta}{[(r_4\cos\beta - r_2\cos\alpha)^2 + (r_4\sin\beta\cos\varphi - z_4\sin\varphi + e - r_2\sin\alpha)^2 + (z_4\cos\varphi + r_4\sin\beta\sin\varphi - z_2)^2]^{3/2}} \tag{附1-45}$$

$$F_y = F_{23y} + F_{14y} - F_{13y} - F_{24y} \tag{附1-46}$$

$$F_z = F_{23z} + F_{14z} - F_{13z} - F_{24z} \tag{附1-47}$$

$$M_{23y}=\frac{B_r^2}{4\pi\mu_0}\int_0^{2\pi}\int_0^{2\pi}\int_{R_{d1}}^{R_{D1}}\int_{R_{d2}}^{R_{D2}}\frac{(z_3\cos\varphi+r_3\sin\beta\sin\varphi)(r_3\sin\beta\cos\varphi-z_3\sin\varphi+e-r_2\sin\alpha)r_2r_3\cdot \mathrm{d}r_2\mathrm{d}r_3\mathrm{d}\alpha\mathrm{d}\beta}{[(r_3\cos\beta-r_2\cos\alpha)^2+(r_3\sin\beta\cos\varphi-z_3\sin\varphi+e-r_2\sin\alpha)^2+(z_3\cos\varphi+r_3\sin\beta\sin\varphi-z_2)^2]^{3/2}} \tag{附1-48}$$

$$M_{23z}=\frac{B_r^2}{4\pi\mu_0}\int_0^{2\pi}\int_0^{2\pi}\int_{R_{d1}}^{R_{D1}}\int_{R_{d2}}^{R_{D2}}\frac{(r_3\sin\beta\cos\varphi-z_3\sin\varphi+e)(z_3\cos\varphi+r_3\sin\beta\sin\varphi-z_2)r_2r_3\cdot \mathrm{d}r_2\mathrm{d}r_3\mathrm{d}\alpha\mathrm{d}\beta}{[(r_3\cos\beta-r_2\cos\alpha)^2+(r_3\sin\beta\cos\varphi-z_3\sin\varphi+e-r_2\sin\alpha)^2+(z_3\cos\varphi+r_3\sin\beta\sin\varphi-z_2)^2]^{3/2}} \tag{附1-49}$$

$$M_{14y}=\frac{B_r^2}{4\pi\mu_0}\int_0^{2\pi}\int_0^{2\pi}\int_{R_{d1}}^{R_{D1}}\int_{R_{d2}}^{R_{D2}}\frac{(z_4\cos\varphi+r_4\sin\beta\sin\varphi)(r_4\sin\beta\cos\varphi-z_4\sin\varphi+e-r_1\sin\alpha)r_1r_4\cdot \mathrm{d}r_1\mathrm{d}r_4\mathrm{d}\alpha\mathrm{d}\beta}{[(r_4\cos\beta-r_1\cos\alpha)^2+(r_4\sin\beta\cos\varphi-z_4\sin\varphi+e-r_1\sin\alpha)^2+(z_4\cos\varphi+r_4\sin\beta\sin\varphi-z_1)^2]^{3/2}} \tag{附1-50}$$

$$M_{14z}=\frac{B_r^2}{4\pi\mu_0}\int_0^{2\pi}\int_0^{2\pi}\int_{R_{d1}}^{R_{D1}}\int_{R_{d2}}^{R_{D2}}\frac{(r_4\sin\beta\cos\varphi-z_4\sin\varphi+e)(z_4\cos\varphi+r_4\sin\beta\sin\varphi-z_1)r_1r_4\cdot \mathrm{d}r_1\mathrm{d}r_4\mathrm{d}\alpha\mathrm{d}\beta}{[(r_4\cos\beta-r_1\cos\alpha)^2+(r_4\sin\beta\cos\varphi-z_4\sin\varphi+e-r_1\sin\alpha)^2+(z_4\cos\varphi+r_4\sin\beta\sin\varphi-z_1)^2]^{3/2}} \tag{附1-51}$$

$$M_{13y}=\frac{B_r^2}{4\pi\mu_0}\int_0^{2\pi}\int_0^{2\pi}\int_{R_{d1}}^{R_{D1}}\int_{R_{d2}}^{R_{D2}}\frac{(z_3\cos\varphi+r_3\sin\beta\sin\varphi)(r_3\sin\beta\cos\varphi-z_3\sin\varphi+e-r_1\sin\alpha)r_1r_3\cdot \mathrm{d}r_1\mathrm{d}r_3\mathrm{d}\alpha\mathrm{d}\beta}{[(r_3\cos\beta-r_1\cos\alpha)^2+(r_3\sin\beta\cos\varphi-z_3\sin\varphi+e-r_1\sin\alpha)^2+(z_3\cos\varphi+r_3\sin\beta\sin\varphi-z_1)^2]^{3/2}} \tag{附1-52}$$

$$M_{13z}=\frac{B_r^2}{4\pi\mu_0}\int_0^{2\pi}\int_0^{2\pi}\int_{R_{d1}}^{R_{D1}}\int_{R_{d2}}^{R_{D2}}\frac{(r_3\sin\beta\cos\varphi-z_3\sin\varphi+e)(z_3\cos\varphi+r_3\sin\beta\sin\varphi-z_1)r_1r_3\cdot \mathrm{d}r_1\mathrm{d}r_3\mathrm{d}\alpha\mathrm{d}\beta}{[(r_3\cos\beta-r_1\cos\alpha)^2+(r_3\sin\beta\cos\varphi-z_3\sin\varphi+e-r_1\sin\alpha)^2+(z_3\cos\varphi+r_3\sin\beta\sin\varphi-z_1)^2]^{3/2}} \tag{附1-53}$$

$$M_{24y}=\frac{B_r^2}{4\pi\mu_0}\int_0^{2\pi}\int_0^{2\pi}\int_{R_{d1}}^{R_{D1}}\int_{R_{d2}}^{R_{D2}}\frac{(z_4\cos\varphi+r_4\sin\beta\sin\varphi)(r_4\sin\beta\cos\varphi-z_4\sin\varphi+e-r_2\sin\alpha)r_2r_4\cdot \mathrm{d}r_2\mathrm{d}r_4\mathrm{d}\alpha\mathrm{d}\beta}{[(r_4\cos\beta-r_2\cos\alpha)^2+(r_4\sin\beta\cos\varphi-z_4\sin\varphi+e-r_2\sin\alpha)^2+(z_4\cos\varphi+r_4\sin\beta\sin\varphi-z_2)^2]^{3/2}} \tag{附1-54}$$

$$M_{24z}=\frac{B_r^2}{4\pi\mu_0}\int_0^{2\pi}\int_0^{2\pi}\int_{R_{d1}}^{R_{D1}}\int_{R_{d2}}^{R_{D2}}\frac{(r_4\sin\beta\cos\varphi-z_4\sin\varphi+e)(z_4\cos\varphi+r_4\sin\beta\sin\varphi-z_2)r_2r_4\cdot \mathrm{d}r_2\mathrm{d}r_4\mathrm{d}\alpha\mathrm{d}\beta}{[(r_4\cos\beta-r_2\cos\alpha)^2+(r_4\sin\beta\cos\varphi-z_4\sin\varphi+e-r_2\sin\alpha)^2+(z_4\cos\varphi+r_4\sin\beta\sin\varphi-z_2)^2]^{3/2}} \tag{附1-55}$$

$$M_x=(M_{23z}-M_{23y})+(M_{14z}-M_{14y})-(M_{13z}-M_{13y})-(M_{24z}-M_{24y}) \tag{附1-56}$$

式中符号定义同径向被动磁轴承,在此不再赘述。

内 容 简 介

磁悬浮惯性动量轮技术是未来航天器姿态控制系统实现跨代式发展的一个前沿核心技术。磁悬浮惯性动量轮具有高精度、长寿命、低噪声，以及能够实现多自由度动量交换和高速储能等显著的技术优势，是高分辨力对地观测卫星、激光通信卫星、空间武器平台和空间望远镜等实现高精度空间指向和高稳定度姿态控制的关键执行机构。本专著是在作者及其研究团队十几年来取得研究成果和国内外姿态控制执行机构领域的最新研究成果的基础上撰写而成，突出基础性、创新性和前瞻性的研究成果及工程应用中的关键技术研究内容。

全书共 7 章，内容涵盖四大部分。第一部分，磁悬浮惯性动量轮总体设计，包括第 1 章和第 2 章，主要介绍空间用惯性执行机构的基础理论知识，以及磁悬浮惯性动量轮的工作原理、分类和总体设计；第二部分，磁轴承设计技术，为第 3 章，介绍新型永磁偏置磁轴承的分析方法与电磁设计方法；第三部分，磁轴承控制技术，包括第 4 章和第 5 章，主要介绍磁悬浮动量轮转子的稳定性判据和分析方法、稳定控制方法、弹性模态振动抑制方法、动框架控制方法以及不平衡主动振动控制方法等；第四部分，磁悬浮惯性动量轮空间应用，包括第 6 章和第 7 章，主要介绍主被动磁悬浮反作用飞轮和磁悬浮大力矩偏置动量轮的设计及其空间应用。

本书可供从事相关专业技术研究和应用领域的工程技术人员参考，也可作为高等学校相关专业研究生的教材或教学参考书。

Magnetically suspended inertial momentum wheel technology is core technology to realize cross generation development for spacecraft attitude control system. As a new generation high performanceinertial actuator, magnetically suspended inertial momentum wheel is of high precision, long life, low noise, and has significant advantages in multi-degrees of freedom momentum exchange realization, and high speed energy storage, et al. It becomes a key actuator to realize high precision of space orientation and high stability of the attitude control for high resolution earth observation satellite, laser communication satellite, space weapon platform and space telescope. The monograph is written on the basis of the more than 10 years research results of the author and his groups, and the latest developments in aboard attitude control actuator field. It is focus on the key technology of basic, prospective and innovative research results and engineering application.

The book is divided into 7 chapters. The contents of the book are composed of four parts. Part 1 includes chapter 1 and 2, which presents magnetically suspended inertial momentum wheel overall design. It mainly introduces basic theory knowledge of inertial actuator in space, working principles, classification and overall design. Part 2 includes chapter 3, which introduces analysis method and electromagnetic design method of permanent magnet biased magnetic bearings. Part 3 includes chaper 4 and 5, which describes stability criteria, analysis method, stability control method, elastic modal vibration rejection, moving gimbal control method and unbalance active vibration control method. Part 4 includes chapter 6 and 7, which mainly introduce design and space application of active/passive magnetically suspended reaction flywheel and high torque magnetically suspended bias momentum wheel.

The monograph is not only provided for the materials and reference books for the related graduates in colleges and universities, but also for the references for the engineering and technical researchers in the magnetically suspended inertial momentum wheel field.